S-100:
通用海洋测绘数据模型
（4.0.0版）

S-100: UNIVERSAL HYDROGRAPHIC DATA MODEL
EDITION 4.0.0

国际海道测量组织　著
陈长林　译

海洋出版社
2023年・北京

图书在版编目(CIP)数据

S-100 : 通用海洋测绘数据模型 : 4.0.0版 / 国际海道测量组织著 ; 陈长林译. -- 北京 : 海洋出版社, 2023.10

ISBN 978-7-5210-1170-8

Ⅰ. ①S… Ⅱ. ①国… ②陈… Ⅲ. ①海洋测量－数据模型 Ⅳ. ①P71-39

中国国家版本馆CIP数据核字(2023)第176824号

责任编辑：杨　明
责任印制：安　淼

海洋出版社 出版发行
http://www.oceanpress.com.cn
北京市海淀区大慧寺路 8 号　邮编：100081
鸿博昊天科技有限公司印刷
2023年10月第1版　2023年11月第1次印刷
开本：889mm × 1194mm　1/16　印张：46.75
字数：1251千字　定价：300.00元
发行部：010-62100090　总编室：010-62100034
海洋版图书印、装错误可随时退换

《国际海道测量组织 S-100 系列标准》编译委员会

主 任 委 员： 赖云俊

副主任委员： 于　波　侯　健　谭冀川

委　　　员： 徐显强　平　刚　申家双　王　川

编 译 人 员：

S-100：通用海洋测绘数据模型（4.0.0 版）

陈长林

S-101：电子航海图产品规范（1.0.0 版）

陈长林　卢　涛　梁志诚　杨管妍　黄　毅　李庆伟　吴礼龙

S-102：测深表面产品规范（2.1.0 版）

陈长林　梁志诚　李明辉　杨管妍　卢　涛　洪安东　黄贤源

S-111：表层流产品规范（1.1.1 版）

陈长林　梁志诚　贾俊涛　赵　健　卢　涛　洪安东　黄　毅

S-129：富余水深管理信息产品规范（1.0.0 版）

陈长林　李明辉　肖付民　卢　涛　洪安东　兰莉莎　崔文辉

推荐序

今天，人类社会进入数字时代，数据成为重要的生产要素，成为一个国家的战略性资源。数据的标准化则是挖掘数据价值，发挥数据潜力的重要科学保障。作为构成地球表层系统主体的海洋，则是一个复杂的四维动态系统，更是一个“要素多元多维、现象耦合关联、环境复杂多变”的巨系统，如何实现各类地理信息资源的内在有机表达、整合与关联是地学领域需要重点研究的难题之一。

面对海洋空间各类地理信息的融合应用需求，国际海道测量组织（IHO）在充分借鉴 ISO 19100 地理信息系列标准的基础上，结合海洋领域特点加以裁剪或扩展，提出了“1+N+X”（1 个通用模型，N 个应用领域，X 个产品规范）的 S-100 系列标准体系，构成了海洋领域全空间信息建模、表达与应用统一框架，为海洋地理信息系统的蓬勃发展提供了新的契机，也为海陆地理信息深度融合提供了重要机遇。

《国际海道测量组织 S-100 系列标准》丛书出版恰逢其时、意义重大、影响深远。相比于 ISO 19100 地理信息系列标准，S-100 系列标准在某些设计方面更加先进，例如即插即用符号化机制。S-100 系列标准将于 2026 年进入实质性推广应用阶段，到 2029 年将成为国际海事组织（IMO）的强制标准，但目前国内相关知识和技术储备尚无法应对标准体系换代带来的一系列问题。为此，建议国内相关人员尽早开展研究学习，充分消化吸收国际先进理念，集智攻关解决数据生产转换、综合集成和智能应用等难题，积极参与甚至主导后续相关标准规范的制定工作，为加快海洋强国建设、凸显国际责任担当和提高国际影响力发挥应有的贡献。

中国科学院 院士

中国科学院地理科学与资源研究所 研究员

2023 年 9 月 1 日

总　序

标准是人类智慧的结晶，是行业发展水平的重要体现，是经济活动和社会发展的技术支撑，是国家基础性制度的重要方面。标准在推动人类发展进步、推进国家治理体系和治理能力现代化中发挥着基础性、引领性作用。海洋测绘标准建设是海洋测绘事业的重要组成部分，是促进海洋测绘事业转型发展、提升海洋测绘服务保障能力、确保海上航行安全的重要基础支撑。

国际海道测量组织（英文缩写 IHO）属政府间技术咨询性国际组织，旨在全球范围内制定海洋测绘数据、产品、服务和技术标准，促进各国标准统一，确保海上航行安全。我国是 IHO 创始成员国之一，对于 IHO 标准具有履约职责和推广应用义务。

作为我国海洋基础测绘主管部门和我国在 IHO 的官方代表机构，中国人民解放军海军海道测量局一直负责我国海洋测绘领域国家标准归口管理，在国家标准化管理委员会指导下，开展涵盖海洋测量、海洋制图、海洋测绘数据库建设、海洋信息标准化处理等方面的国家标准建设。新中国成立 70 多年来，我国海洋测绘标准从无到有，从直接引进转化到自行研究制定，从相对零散到形成体系，先后发布实施了《海道测量规范》《中国海图图式》等九项国家标准和数十项国家军用标准，有效支撑了我国海洋测绘工作，保障了海上航行安全。

当前，IHO 正在持续推动新一代通用海洋测绘数据模型（标准编号为 S-100）落地与应用，为海洋时空信息表达与智能航海应用提供统一框架，基于该标准研究制定系列海洋测绘产品规范（统称为 S-100 系列标准），计划 2025 年开始启用新一代电子航海图标准，推动 S-100 系列标准进入实质应用阶段。为紧跟国际标准发展，完善我国海洋测绘标准体系，中国人民解放军海军海道测量局于 2010 年在国内公开出版了 S-100 标准 1.0 版中文译本，随后紧密开展跟踪研究，于 2018 年初步完成了样例数据解析、转换与显示应用等关键技术攻关，与国际先进水平基本保持同步发展。为深入贯彻落实我国“建设海洋强国”的重大决策部署，加速提升我国海洋地理信息技术水平，考虑 S-100 系列标准已趋于完善，我国海洋测绘标准建设正处于重要转型阶段，中国人民解放军海军海道测量局 2019 年启动新版 S-100 系列标准的翻译出版工作，并于 2021 年形成初步成果。经 IHO 授权，现将相关译稿公开出版，为广大海洋测绘研究与应用人员提供参考。

中国人民解放军海军海道测量局

2023 年 8 月 27 日

本书说明

S-100标准是以ISO TC211地理信息系列标准为基本依据，并结合海洋测绘特定需求，进行定制扩展后的领域标准。S-100标准在不少方面对ISO标准进行了具体化，但是仍然延续了ISO标准内容表述的抽象风格，因此，对于缺乏相关具体实践经验的读者而言，初次阅读可能有一定理解上的困难。国际标准翻译的准确性和通顺度，不仅仅取决于译者的外文水平，还与译者对标准内容所涉及多领域知识的理解掌握程度息息相关。虽然译者在翻译过程中努力做到字斟句酌，但是限于自身能力水平有限，仍有可能存在翻译不够准确通顺的情况。

为了方便读者阅读，本译稿在以下几个方面进行了调整：

（1）S-100标准中含有大量的类名或属性名，保留其原有英文表达更符合实际应用需求，但是对部分读者而言可能会带来阅读不便问题。为此，本书翻译过程采用一种折中处理方式：以双引号囊括类名或属性名，当有必要时在其后加上一个括号，括号内写明其主要含义，特别是当第一次出现该类名或属性名时。

（2）S-100标准是海洋地理信息领域标准，不限于海道测量。对于S-100标准英文名称中的“hydrographic”，按照字面意思应用翻译为“海道测量”，但是实际上采用“海洋测绘”更加贴切，因为前一种译法很可能导致普通读者对S-100标准形成狭隘认识，也不利于海洋测绘行业走向更加广阔的舞台。因此，除了相关机构名称沿用“海道测量”表述外，本译稿通常选用“海洋测绘”这一词汇。

（3）“附录A术语和定义”相关内容在S-100标准4.0版原文终稿中已被删除，但是为了方便读者能够快速查阅相关术语和定义，本译稿对其进行了全文保留。

如果发现译稿中存在翻译错误或者不准确之处，敬请批评指正，相关意见建议可发至电子邮箱：gisdevelope@126.com。

IHO 授权信息

国际海道测量组织（IHO）秘书处代表国际海道测量组织做出许可 [许可编号：06/2021]，允许对 IHO 出版物资料《S-100: Universal Hydrographic Data Model, Edition 4.0.0》内容进行复制。IHO 对出版物复制内容的准确性不承担任何责任，如有疑问，以 IHO 出版物原文为准。援引 IHO 的内容不代表 IHO 认可该产品。

本出版物译自 IHO 出版物《S-100：Universal Hydrographic Data Model，Edition 4.0.0》。IHO 未对译文进行检查，故不对其准确性承担任何责任。如有疑问，请查询英文原始版本。

目 录

第 0 部分　概述（Overview）

前　言……3
引　言……4
0-1　范围……5
0-2　出版物中使用的缩写……5
0-3　S-100 的目标……7
0-4　S-100 各部分……7
0-4.1　专用标准……9
0-4.2　第 1 部分—概念模式语言……9
0-4.3　第 2 部分—IHO 地理空间信息注册表管理……9
0-4.4　第 2a 部分—要素概念字典注册表……9
0-4.5　第 2b 部分—图示表达注册表……9
0-4.6　第 3 部分—通用要素模型……9
0-4.7　第 4 部分—元数据……10
0-4.8　第 5 部分—要素目录……10
0-4.9　第 6 部分—坐标参照系……10
0-4.10　第 7 部分—空间模式……11
0-4.11　第 8 部分—影像和格网数据……11
0-4.12　第 9 部分—图示表达……11
0-4.13　第 9a 部分—图示表达（Lua）……11
0-4.14　第 10 部分—编码格式……11
0-4.15　第 10a 部分—ISO/IEC 8211 编码……12
0-4.16　第 10b 部分—GML 数据格式……12
0-4.17　第 10c 部分—HDF5 数据格式……12
0-4.18　第 11 部分—产品规范……12
0-4.19　第 12 部分—S-100 维护程序……12
0-4.20　第 13 部分—脚本化……12
0-4.21　第 14 部分—在线数据交换……12

0-4.22 第 15 部分—数据保护模式 ········ 13

第 1 部分 概念模式语言（Conceptual Schema Language）

1-1 范围 ········ 17
1-2 一致性 ········ 17
1-3 规范性引用文件 ········ 17
1-4 S-100 UML 专用标准 ········ 18
1-4.1 引言 ········ 18
1-4.2 UML 的基本用法 ········ 18
1-4.3 类 ········ 18
1-4.4 属性 ········ 19
1-4.5 基本数据类型 ········ 19
1-4.6 预定义的派生类型 ········ 24
1-4.7 枚举类型 ········ 25
1-4.8 代码表类型 ········ 25
1-4.9 关系和关联 ········ 26
1-4.10 构造型 ········ 29
1-4.11 可选、条件必选和必选—属性和关联 ········ 30
1-4.12 命名和命名空间 ········ 30
1-4.13 注释 ········ 31
1-4.14 包 ········ 31
1-4.15 S-100 中模型的文档 ········ 32

第 2 部分 注册表管理（Management of Registers）

2-1 范围 ········ 37
2-2 一致性 ········ 37
2-3 规范性引用文件 ········ 37
2-4 基本概念 ········ 37
2-4.1 注册系统 Registry ········ 37
2-4.2 注册表 Register ········ 38

2-5 注册表管理的角色及责任 …… 38
2-5.1 注册表所有者 Register Owner …… 38
2-5.2 注册表管理者 Register Manager …… 38
2-5.3 注册表用户 Register User …… 38
2-5.4 控制组 Control Body …… 39
2-5.5 提交组织 Submitting Organizations …… 39
2-5.6 提案处理 Processing of Proposals …… 39
2-6 注册表管理者的职能 …… 39
2-6.1 提案合法性 …… 40
2-6.2 提交组织列表 …… 43
2-6.3 发布 …… 44
2-6.4 完整性 …… 44
2-7 注册表模式 …… 44
2-7.1 引言 …… 44
2-7.2 S100_RE_Register（注册表） …… 45
2-7.3 S100_RE_RegisterItem（注册项） …… 45
2-7.4 RE_ItemStatus（项状态） …… 46
2-7.5 S100_RE_ReferenceSource（引用来源） …… 46
2-7.6 S100_RE_SimilarityToSource（来源相关度） …… 47
2-7.7 S100_RE_Reference（引用） …… 47
2-7.8 S100_RE_ManagementInfo（管理信息） …… 47
2-7.9 RE_DecisionStatus（决议状态） …… 48
2-7.10 S100_RE_ProposalType（提案类型） …… 48
2-7.11 RE_Disposition（处置） …… 49

第 2a 部分 要素概念字典注册表 （Feature Concept Dictionary Registers）

2a-1 范围 …… 53
2a-1.1 一致性 …… 53
2a-2 规范性引用文件 …… 53
2a-3 基本概念 …… 54

2a-3.1 注册表 …… 54
2a-3.2 要素概念字典 …… 54
2a-3.3 要素目录 …… 54
2a-4 IHO 要素概念字典 …… 54
2a-4.1 注册项的类型 …… 54
2a-4.2 要素概念字典中的数据模型 …… 55
附录 2a-A 复杂属性示例（资料性） …… 62

第 2b 部分 图示表达注册表（Portrayal Register）

2b-1 范围 …… 67
2b-1.1 一致性 …… 67
2b-2 规范性引用文件 …… 67
2b-3 基本概念 …… 67
2b-3.1 注册表 …… 67
2b-3.2 图示表达注册表 …… 67
2b-3.3 图示表达目录 …… 68
2b-4 IHO 图示表达注册表 …… 68
2b-4.1 注册项的类型 …… 68
2b-4.2 图示表达注册表的数据模型 …… 68

第 3 部分 通用要素模型和应用模式规则（General Feature Model and Rules for Application Schema）

3-1 范围 …… 81
3-2 一致性 …… 81
3-3 引用文件 …… 82
3-4 内容 …… 82
3-4.1 对象 …… 82
3-4.2 通用要素模型的派生 …… 83
3-5 定义要素和信息类型的基本原则 …… 84
3-5.1 可标识对象 …… 84

3-5.2 通用要素模型 General Feature Model …… 84
3-5.3 要素类型的属性 …… 89
3-5.4 命名类型之间的关系 …… 92
3-5.5 要素类型的行为 …… 94
3-5.6 约束 …… 94
3-6 应用模式规则（ISO 19109 条款 8） …… 94
3-6.1 应用建模过程（ISO 19109 条款 8.1） …… 94
3-6.2 应用模式（ISO 19109 条款 8.2） …… 95
3-6.3 UML 中应用模式规则（ISO 19109 条款 8.3） …… 95
3-6.4 标准模式的专用标准（ISO 19109 条款 8.4） …… 96
3-6.5 空间规则（ISO 19109 条款 8.7） …… 97
3-6.6 编目规则（ISO 19109 条款 8.8） …… 98
3-6.7 代码表 …… 99
3-7 覆盖的应用模式 …… 99
3-7.1 引言 …… 99
3-7.2 格网数据 …… 100
3-7.3 单元大小可变的格网 …… 101
3-7.4 面向要素的影像 …… 101
3-8 时间间隔和周期的模型解释 …… 102
3-9 截断日期特定格式类型的使用 …… 103
3-10 实例标识符 …… 103

第 4a 部分 元数据（Metadata）

4a-1 范围 …… 107
4a-2 一致性 …… 107
4a-2.1 该专用标准连同其他标准的一致性 …… 107
4a-2.2 向后兼容性 …… 108
4a-3 该专用标准的一致性 …… 108
4a-4 规范性引用文件 …… 108
4a-4.1 专用标准定义 …… 108
4a-4.2 资料性引用文件 …… 108

4a-5 需求 …… 109
4a-5.1 商业目的和预期用途 …… 109
4a-5.2 描述地理数据和其他资源的元数据 …… 110
4a-5.3 约束 / 条件 …… 111
4a-5.4 元数据最低要求 …… 111
4a-5.5 地理数据集的推荐元数据 …… 115
4a-5.6 变化和优先选择 …… 117
4a-5.7 服务元数据 …… 120
附录 4a-A 元数据模式类信息（规范性） …… 123
附录 4a-B 数据字典（规范性） …… 125
附录 4a-C 元数据实现（规范性） …… 126
附录 4a-D 信息交换目录的发现元数据（规范性） …… 127
附录 4a-E 元数据扩展（规范性） …… 146

第 4b 部分　影像和格网数据的元数据（Metadata for Imagery and Gridded Data）

4b-1 范围 …… 149
4b-2 规范性引用文件 …… 149
4b-2.1 资料性引用文件 …… 149
4b-3 影像和格网数据的元数据 …… 150
4b-3.1 相关的 ISO 标准 …… 150
4b-3.2 元数据包 …… 150
4b-4 UML 图和数据字典 …… 153

第 4c 部分　元数据—数据质量（Metadata—Data Quality）

4c-1 范围 …… 157
4c-2 引用文件 …… 157
4c-3 内容 …… 158
4c-3.1 ISO 19138 质量度量和 UML 类 …… 158

4c-3.2 核心元数据……158
附录 4c-A 海洋测绘质量元数据专用标准，UML 图（资料性）……159
附录 4c-B 海洋测绘质量元数据专用标准数据字典（规范性）……160
附录 4c-C 海洋测绘质量元数据属性定义……165

第 5 部分 要素目录（Feature Catalogue）

5-1 范围……177
5-2 一致性……177
5-3 规范性引用文件……177
5-4 基本要求……177
5-4.1 要素目录（Feature Catalogue）……177
5-4.2 信息元素（Information Element）……178
附录 5-A 要素目录模型（规范性）……183

第 6 部分 坐标参照系（Coordinate Reference Systems）

6-1 范围……195
6-2 规范性引用文件……195
6-3 包总览……195
6-3.1 包图……195
6-4 包明细……196
6-4.1 可标识对象包……196
6-4.2 坐标参照系包……198
6-4.3 单一坐标参照系……198
6-4.5 基准包……202
6-4.6 坐标操作包……205
附录 6-A 示例（资料性）……208

第 7 部分 空间模式（Spatial Schema）

7-1 范围……219
7-2 一致性……219

7-3 引用文件……220
7-3.1 规范性文件引用……220
7-3.2 非规范性文件引用……220
7-4 几何……220
7-4.1 引言……220
7-4.2 简单几何……223
7-4.3 几何构造……233
附录 7-A 示例（资料性）……235

第 8 部分　影像和格网数据（Imagery and Gridded Data）

8-1 范围……241
8-2 一致性……241
8-3 规范性引用文件……241
8-4 符号以及缩略词……242
8-5 影像和格网数据框架……242
8-5.1 框架结构……242
8-5.2 抽象层次……245
8-5.3 内容模型层次……245
8-6 影像和格网数据的空间模式……248
8-6.1 覆盖……248
8-6.2 点集、格网和 TIN……249
8-6.3 数据集结构……257
8-7 切片模式（Tiling Scheme）……260
8-7.1 空间模式……260
8-7.2 校正或地理可参照性的格网……266
8-8 数据空间参照……267
8-8.1 格网数据空间参照……267
8-8.2 点集数据和 TIN 三角形顶点空间参照……269
8-8.3 影像和格网数据元数据……269
8-8.4 质量……270
8-9 影像和格网数据的图示表达……270

8-10 影像和格网数据的编码 …… 271
8-11 点集空间模式 …… 271
8-11.1 格网数据 …… 271
8-11.2 扫描影像 …… 271
8-11.3 单元大小可变格网 …… 273
8-11.4 面向要素的影像 …… 274
附录 8-A 抽象测试套件（规范性） …… 276
附录 8-B 术语表（资料性） …… 279
附录 8-C 影像和格网数据质量模型（资料性） …… 280
附录 8-D 元数据（资料性） …… 282
附录 8-E 面向要素的影像（资料性） …… 287

第 9 部分 图示表达（Portrayal）

9-1 范围 …… 291
9-2 一致性 …… 291
9-3 规范性引用文件 …… 291
9-4 图示表达目录 …… 291
9-5 通用图示表达模型 …… 292
9-5.1 图示表达过程 …… 292
9-6 包总览 …… 293
9-7 数据输入模式 …… 294
9-7.1 引言 …… 294
9-7.2 枚举 …… 294
9-7.3 坐标 …… 296
9-7.4 关联 …… 298
9-7.5 空间关系 …… 298
9-7.6 对象 …… 300
9-7.7 空间对象 …… 301
9-8 信息对象 …… 305
9-9 要素对象 …… 306
9-10 图示表达过程 …… 306

9-11 绘图指令 …… 308
9-11.1 绘图指令概念 …… 308
9-11.2 绘图指令包模型 …… 312
9-12 符号定义 …… 316
9-12.1 概述 …… 316
9-12.2 GraphicBase（基本图元）包 …… 317
9-12.3 Symbol（符号）包 …… 322
9-12.4 LineStyles（线型）包 …… 324
9-12.5 AreaFills（面填充）包 …… 327
9-12.6 Text（文本）包 …… 329
9-12.7 Coverage（覆盖）包 …… 333
9-13 图示表达库 …… 337
9-13.1 概述 …… 337
9-13.2 结构 …… 337
9-13.3 目录模型 …… 338
9-13.4 像素图文件的模式 …… 345
附录 9-A XML 模式（规范性） …… 349
附录 9-B XML 模式（资料性） …… 404
附录 9-C SVG 专用标准（规范性） …… 422

第 9a 部分 图示表达（Lua）（Portrayal-LUA）

9a-1 范围 …… 429
9a-2 一致性 …… 429
9a-3 规范性引用文件 …… 429
9a-4 图示表达目录 …… 429
9a-5 通用图示表达模型 …… 429
9a-5.1 图示表达过程 …… 429
9a-5.2 Lua 图示表达过程 …… 430
9a-6 包总览 …… 432
9a-7 数据输入模式 …… 432
9a-8 信息对象 …… 433
9a-9 要素对象 …… 433

9a-10 图示表达过程……433
9a-11 绘图指令……433
9a-11.1 绘图指令概念……433
9a-11.2 绘图指令的模型……433
9a-12 符号定义……453
9a-13 图示表达库……453
9a-14 图示表达域特定函数……453
9a-14.1 图示表达域特定目录函数……453
9a-14.2 图示表达域的特定主机函数……455

第 10a 部分 ISO/IEC 8211 编码（ISO/IEC 8211 Encoding）

10a-1 范围……459
10a-2 一致性……459
10a-3 规范性引用文件……459
10a-3.1 指令……459
10a-3.2 本条款中所用的符号说明……459
10a-3.3 树结构图……459
10a-3.4 字段表格……460
10a-3.5 数据格式……461
10a-3.6 数据描述性字段……462
10a-4 公共字段……462
10a-4.1 属性字段……462
10a-4.2 属性字段的更新……464
10a-4.3 属性字段结构……466
10a-4.4 信息关联字段……467
10a-5 数据集描述性记录……468
10a-5.1 数据集通用信息记录……468
10a-5.2 数据集坐标参照系记录……473
10a-5.3 信息类型记录……479
10a-5.4 空间类型记录……480
10a-5.5 点记录……485

10a-5.6 多点记录 ……486
10a-5.7 曲线记录 ……488
10a-5.8 组合曲线记录 ……494
10a-5.9 曲面记录 ……496
10a-5.10 要素类型记录 ……497
10a-5.11 要素类型记录结构 ……498

第 10b 部分 GML 数据格式（GML Data Format）

10b-1 范围 ……505
10b-2 一致性 ……505
10b-3 引用文件 ……505
10b-4 引言 ……506
10b-5 通用概念 ……506
10b-6 符号和图表约定 ……507
10b-7 组件及其与标准的关系 ……507
10b-7.1 专用标准的使用 ……507
10b-7.2 解释 ……507
10b-8 要素数据的专用标准 ……508
10b-8.1 要素和信息类型 ……508
10b-8.2 要素集合 ……508
10b-8.3 关联 ……509
10b-8.4 数据类型 ……510
10b-8.5 空间类型 ……511
10b-8.6 不支持的 GML 功能 ……512
10b-8.7 兼容性级别 ……513
10b-9 要素数据的 S-100 基础模式 ……514
10b-9.1 引言 ……514
10b-9.2 要素 ……514
10b-9.3 信息类型 ……515
10b-9.4 空间类型 ……515
10b-9.5 关联 ……516
10b-9.6 数据集结构信息 ……519

10b-9.7 要素对象标识符 ······ 522
10b-9.8 坐标参照系 ······ 523
10b-9.9 数据集结构定义 ······ 523
10b-10 约束和验证 ······ 523
10b-11 数据集级别元数据和完整性检查 ······ 524
10b-12 模式的位置和命名空间 ······ 524
10b-13 与普通 GML 惯例的差异 ······ 524
10b-14 S-100 GML 数据格式的约定 ······ 525
10b-15 GML 数据集的处理（资料性） ······ 525
附录 10b-A 应用模式（资料性） ······ 527
附录 10b-B 专用标准在 GML 应用数据集中的使用（资料性） ······ 531

第 10c 部分 HDF5 数据格式（HDF5 Data Format）

10c-1 范围 ······ 538
10c-2 引言 ······ 538
10c-3 一致性 ······ 538
10c-4 引用文件 ······ 538
10c-4.1 规范性引用文件 ······ 538
10c-4.2 资料性引用文件 ······ 538
10c-5 HDF5 规范 ······ 539
10c-5.1 抽象数据模型 ······ 540
10c-5.2 HDF5 库和编程模型 ······ 545
10c-5.3 禁止的 HDF5 构造 ······ 545
10c-6 HDF5 的 S-100 专用标准 ······ 545
10c-7 数据类型 ······ 546
10c-8 命名约定 ······ 547
10c-9 数据产品的结构 ······ 548
10c-9.1 通用结构 ······ 548
10c-9.2 元数据 ······ 549
10c-9.3 通用维度以及坐标和数据的存储 ······ 550
10c-9.4 根组 Root Group ······ 552

10c-9.5 要素信息组 Feature Information Group ……556
10c-9.6 要素容器组 Feature Container Group……558
10c-9.7 要素实例组 Feature Instance Group……561
10c-9.8 切片信息组 Tiling Information Group ……568
10c-9.9 索引组 Indexes Group ……569
10c-9.10 定位组 Positioning Group ……569
10c-9.11 数据值组 Data Values Group……571
10c-10 公共枚举 ……575
10c-10.1 CV_CommonPointRule（公共点规则） ……575
10c-10.2 CV_SequenceType（序列类型） ……576
10c-10.3 S100_CV_InterpolationMethod（插值方法） ……576
10c-11 支持文件 ……577
10c-12 目录和元数据文件……578
10c-13 矢量空间对象、要素和信息类型 ……578
10c-14 约束和检核 ……578
10c-14.1 检核测试……578
10c-15 更新……579
10c-16 模型概述 ……579
10c-17 产品规范开发者的规则……580
10c-17.1 定义此专用标准中产品规范的格式……580
10c-17.2 其他规则……580
10c-17.3 该专用标准的扩展……580
10c-17.4 添加元数据的扩展……581
10c-18 实现指南 ……581

第 11 部分 产品规范（Product Specifications）

11-1 范围 ……585
11-2 引用文件 ……585
11-2.1 规范性引用文件……585
11-2.2 资料性引用文件……585
11-3 数据产品规范的通用数据结构和内容 ……586

11-4 概述 ……586
11-5 规范范围 ……588
11-6 数据产品标识 ……589
11-7 数据内容和结构 ……590
11-7.1 基于要素的数据 ……590
11-7.2 基于覆盖的数据和影像数据 ……590
11-7.3 坐标参照系 ……591
11-7.4 对象标识符 ……591
11-8 数据质量 ……592
11-9 数据分类和编码指南 ……592
11-10 数据维护 ……593
11-11 图示表达 ……593
11-12 数据产品格式（编码）……594
11-12.1 GML 数据格式的说明 ……594
11-13 数据产品分发 ……595
11-14 其他信息 ……595
11-15 元数据 ……595
11-16 数字签名 ……595
附录 11-A 创建 S-100 产品规范（资料性）……596
附录 11-B 产品规范示例（资料性）……599
附录 11-C 代码表指南（资料性）……607
附录 11-D 产品规范模板（资料性）……610
附录 11-E 唯一标识符指南（资料性）……611

第 12 部分 S-100 维护程序（S-100 Maintenance Procedures）

12-1 范围 ……615
12-2 维护程序 ……615
12-2.1 更正 ……615
12-2.2 修订 ……615
12-2.3 新版 ……615
12-3 版本管理 ……616

12-3.1　更正版本管理……616
12-3.2　修订版本管理……616
12-3.3　新版版本管理……616
附录 12-A　S-100 维护—修改提案表（规范性）……617

第 13 部分　脚本化（Scripting）

13-1　范围……621
13-2　一致性……621
13-3　规范性引用文件……621
13-4　用途……621
13-5　脚本目录……621
13-5.1　分发……622
13-5.2　域特定的目录函数……622
13.6　数据交换……623
13-6.1　数据交换格式（DEF）模式……623
13-6.2　属性路径……625
13-7　主机要求……625
13-7.1　Lua 版本……626
13-7.2　字符编码……626
13-7.3　错误处理……626
13-7.4　数组参数……626
13-7.5　主机函数……626
13-8　标准脚本函数……627
13-8.1　标准目录函数……628
13-8.2　标准主机函数……640

第 14 部分　在线数据交换（Online Data Exchange）

14-1　范围……653
14-2　规范性引用文件……653
14-2.1　开放式系统互联（OSI）……653

14-3 引言 ……654
14-3.1 通信栈 ……654
14-4 面向会话的通信 ……655
14-5 无会话交互通信 ……657
14-6 消息流 ……657
14-7 基于 IP 的技术 ……658
14-7.1 SOAP ……658
14-7.2 REST ……659
14-8 服务定义模型 ……659
14-8.1 类型 ……660
14-8.2 代码表和枚举 ……664
14.9 通信管理数据类型 ……666
14-9.1 类型 ……666
附录 14-A 示例：高效数据广播（资料性） ……668
附录 14-B 示例：基于会话的 Web 服务（资料性） ……669
附录 14-C 操作（资料性） ……672

第 15 部分 数据保护模式（Data Protection Scheme）

15-1 范围 ……675
15-2 规范性引用文件 ……675
15-3 通用说明 ……676
15-4 保护模式参与者 ……676
15-4.1 模式管理员 ……676
15-4.2 数据服务器 ……677
15-4.3 数据客户端 ……677
15-4.4 原始设备制造商 ……677
15-4.5 参与者关系 ……678
15-5 数据无损压缩 ……678
15-5.1 概述 ……678
15-5.2 压缩算法 ……678
15-5.3 编码 ……679

15-6 数据加密 ……679
15-6.1 哪些数据需加密 ……679
15-6.2 如何加密 ……679
15-7 数据加密和许可 ……683
15-7.1 引言 ……683
15-7.2 位串到整数的转换 ……684
15-7.3 用户许可证 ……687
15-7.4 数据许可证 ……688
15-8 数据认证 ……692
15-8.1 数据认证和完整性检核简介 ……692
15-8.2 数据保护模式设置、数据服务器注册和验证序列 ……693
15-8.3 数字签名、密钥和证书的数据格式和标准 ……694
15-8.4 密钥材料和证书签名请求的生成（已签名的公钥） ……695
15-8.5 示例公钥 ……696
15-8.6 数据服务器创建数字签名 ……697
15-8.7 使用 S-100 数字签名验证数据完整性和数字身份 ……698
15.9 S-100 数据保护模式和计算术语词汇表 ……698

附录 A 术语和定义 ……700

第 0 部分

概述
（Overview）

前 言

IHO 于 2001 年，正式把开发“通用海洋测绘数据模型”（S-100）纳入工作计划，现已由 IHO 传输标准维护和应用开发（TSMAD）工作组开发完成，同时，也得到了来自海洋测绘、工业界和学术界的积极参与。2015 年以来，S-100 工作组（S100WG）进一步丰富完善了 S-100 内容。

S-100 提供了一个现代化的海洋地理空间数据标准，可支持各种各样与海洋测绘相关的数字化数据源，与国际主流地理空间标准相兼容，特别是 ISO 19100 系列地理信息标准，因而，使海洋测绘数据和应用更易于集成到地理空间解决方案中。

S-100 的主要目标是支持更多海洋测绘数字化数据源、产品和用户，包含影像和格网数据的使用、增强的元数据规范、无限制的编码格式以及一个更加灵活的维护制度。这样就可以开发超出传统海洋测绘范围的新应用——比如，高密度测深、海底分类、海洋 GIS，等等。S-100 是可扩展的、考虑到了未来需求，例如 3 维数据、时变数据（x，y，z 和时间）以及用于获取、处理、分析、存取和表达海洋测绘数据的 web 服务，一旦需要，可以容易地加入或嵌入。

S-100 的目的是方便和推动非 IHO 相关人员或机构的进入，尽最大可能降低不同专业领域中，使用海洋测绘数据和技术的门槛。

S-100 最终将取代目前的“海道测量数字传输标准”（S-57）。尽管 S-57 具有许多好的方面，但它也有以下局限性：

- S-57 几乎只是用于“电子海图显示与信息系统”（ECDIS）中电子航海图（ENCs）的编码；
- S-57 不是一个被 GIS 领域广泛认可和接受的现代化标准；
- 维护制度不灵活，长期冻结标准会适得其反；
- 按照目前的结构，难以支持未来的需求（比如，网格化测深或者时变信息）；
- 数据模型嵌入在数据封装中（也就是文件格式），限制了模型的灵活性和扩展性；
- 许多人认为它不是一个开放的标准，只是服务于 ENC 数据的生产和交换。

由 S-57 到 S-100 的转换受到 IHO 的严格监控，以确保现有的 S-57 用户，特别是 ENC 相关用户不会受到不利影响。在可预见的未来，S-57 仍将会继续作为 ENC 的指定格式而存在。

同时，鼓励所有现有的和潜在的用户，如果涉及海洋测绘数据和应用，特别是需求没有固化时，建议使用 S-100 开发，以便为标准的发展和完善提供支持。

引 言

标准应是经过大量实践检验的最佳方法与过程的总结和固化，涉及指导如何实现高效生产的方法、如何优化一个组织机构产品和服务的质量、如何使完全不同的技术能够通过它们的公共接口实现互操作。S-100 标准试图实现所有这些目标。同时，它还提供了一个组件框架，供感兴趣的团体开发自己的海洋地理空间产品和服务。

S-100 标准的开发借鉴了现有“海道测量数字传输标准”（S-57）开发和使用的经验。按照面向对象的方法，S-100 标准采用 UML 语言编写（UML 定义了 9 类图，但是 S-100 中只用到了类图、对象图和包图）。

S-100 标准提供了一个符合 ISO 19100 系列标准和规范的理论框架。ISO 19100 系列标准和规范也是目前大多数地理空间标准开发的基础，并且与其他标准化机构有着紧密的关联，比如开放地理信息联盟（OGC）。

目前，IHO 已经开发了一个相关的注册系统，与 S-100 标准配合使用。IHO 注册系统包含了以下额外组件：

- 要素概念字典注册表；
- 图示表达注册表；
- IHO 生产商编码注册表。

IHO 注册系统提供了管理和维护上述资源的基础框架和机制，并且可以按需扩展。

注释　针对注册系统和注册表，S-100 标准提供了一个架构方法和总的管理程序，IHO 注册系统使用这些概念进行实现。

0-1 范围

IHO 通用海洋测绘数据模型（S-100）由一组相关部分组成，为用户提供一套合适的工具和框架，供开发和维护海洋测绘相关数据、产品和注册表使用。对于海洋测绘相关的信息，该标准指定了一些方法和工具，用于数据管理、处理、分析、存储、展现并以数字 / 电子形式在不同用户、系统和位置传输这些数据。通过遵守这些海洋地理空间标准，用户可以创建符合 S-100 产品规范的相关部分。

S-100 尽可能遵照 ISO TC211 地理信息系列标准，并在必要时做了一些裁剪以满足海洋测绘的需求。为满足国家海道测量局或其他机构开展海洋测绘及相关地理空间数据的交换，以及制造商、航海人员和其他用户的数据分发，S-100 又做了必要的细化。

S-100 标准中的多个部分是基于 ISO/TC211 开发而来的专用标准。ISO TC211 负责 ISO 系列地理信息标准，目的是为使用地理信息的特定行业应用构建一个开发框架。S-100 就是这样一个应用实例。S-100 标准规定了应该遵守的程序：

1）建立和维护一个海洋测绘及相关信息的注册表；

2）创建产品规范、要素目录以及一个通用要素模型；

3）使用空间、影像、格网数据和符合海洋测绘需求的元数据。

0-2 出版物中使用的缩写

缩写	英文全名	中文名
2-D	Two-dimensional	二维 / 2 维
2.5D	Two and a half dimensional	2.5 维
API	Application Programming Interface	应用程序编程接口
ASCII	American Standard Code for Information Interchange	美国信息交换标准代码
CRS	Coordinate Reference System	坐标参照系
CSL	Conceptual schema language	概念模式语言
DEF	Data Exchange Format	数据交换格式
DIS	Draft International Standard	国际标准草案
ECDIS	Electronic Chart Display and Information System	电子海图显示与信息系统
ECS	Electronic Chart System	电子海图系统
ENC	Electronic Navigational Chart	电子航海图
EPSG	European Petroleum Survey Group	欧洲石油调查组
FCD	Feature Concept Dictionary	要素概念字典
FDIS	Final Draft International Standard	国际标准最终草案

续表

缩写	英文全名	中文名
GFM	General Feature Model	通用要素模型
GML	Geography Markup Language	地理标记语言
HDF	Hierarchical Data Format	分层数据格式
HSSC	IHO Hydrographic Services and Standards Committee (formerly CHRIS)	IHO 海道测量服务和标准委员会（原 CHRIS）
IALA	International Association of Lighthouse Authorities	国际航标协会
ICC	International Colour Consortium	国际色彩联盟
IEC	International Electrotechnical Commission	国际电工委员会
IETF	Internet Engineering Task Force	互联网工程任务组
IHB	International Hydrographic Bureau	国际海道测量局
IHO	International Hydrographic Organization	国际海道测量组织
IMO	International Maritime Organization	国际海事组织
IOGP	International Association of Oil and Gas Producers (formerly OGP)	国际油气生产者协会
ISO	International Organization for Standardization	国际标准化组织
ISO/TC211	ISO Technical Committee for Geographic information/Geomatics	ISO 地理信息技术委员会
JPEG	Joint Photographic Experts Group	联合图像专家组
MRN	Maritime Resource Name	海事资源名称
OCL	Object Constraint Language	对象约束语言
ODP	Open Distributed Processing	开放分布式处理
OEM	Original Equipment Manufacturer	原始设备制造商
OGC	Open Geospatial Consortium	开放地理空间信息联盟
OMG	Object Management Group	对象管理组
OSI	Open Systems Interconnection	开放式系统互连
RENC	Regional ENC Coordinating Centre	区域 ENC 协调中心
RFC	Request for Comments	请求评议
RNC	Raster Navigational Chart	光栅海图
RSS	Recommended Security Scheme	推荐的安全模式
SENC	System-ENC	系统 ENC
SKOS	Simple Knowledge Organization System	简单知识组织系统
TC	Technical Committee	技术委员会

续表

缩写	英文全名	中文名
TIFF	Tagged Image File Format	标记图像文件格式
TS	Technical Specification	技术规范
TSMAD	Transfer Standard Maintenance and Application Development Working Group	传输标准维护及应用开发工作组
S-100WG	S-100 Working Group	S-100 工作组
SVG	Scalable Vector Graphics	可缩放矢量图形
UML	Unified Modelling Language	统一建模语言
URI	Uniform Resource Identifier	统一资源标识符
URL	Universal Resource Locator	统一资源定位器
XLink	XML Linking Language	XML 链接语言
XMI	XML Metamodel Interchange	XML 元模型交换
XML	Extensible Markup Language	可扩展标记语言
XSD	World Wide Web Consortium XML Schema Definition	万维网联盟 XML 模式定义
XSL	eXtensible Stylesheet Language	可扩展样式语言

0-3 S-100 的目标

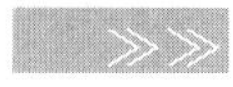

S-100 的目标是：

1）遵照目前 ISO/TC211 颁发的 ISO 地理信息标准；

2）支持更多与海洋或者海洋测绘相关的数据、产品和用户；

3）实现数据内容与编码格式的分离，允许格式无关的产品规范；

4）提高管理的灵活性以适应需求的变化。产品规范允许被扩展，而无需发布新版本；

5）提供一个符合 ISO 规范的注册系统，且由 IHO 管理的注册系统，例如，要素概念字典和产品要素目录，具有灵活性和可控的扩展性；

6）为不同的用户团体分别提供注册表。

0-4 S-100 各部分

S-100 中多个部分是由 ISO 19100 系列标准中继承而来。表 0-1 列出了各部分的名称、编号及对应的 ISO 19100 标准。

表 0-1　S-100 各部分

名称	编号	ISO19100 标准
概念模式语言	S-100 第 1 部分	ISO 19103：2005，地理信息—ISO 概念模式语言
IHO 地理空间信息注册表管理	S-100 第 2 部分	ISO 19135：2005，地理信息—地理信息项目注册程序
要素概念字典注册表	S-100 第 2a 部分	ISO 19135：2005，地理信息—地理信息项目注册程序 ISO 19126：2009，地理信息—要素概念字典和注册表
图示表达注册表	S-100 第 2b 部分	ISO 19135：2005，地理信息—地理信息项目注册程序 ISO 19126：2009，地理信息—要素概念字典和注册表 ISO 19117：2012，地理信息—图示表达
通用要素模型和应用模式规则	S-100 第 3 部分	ISO 19109：2005，地理信息—应用模式规则
元数据	S-100 第 4a 部分	ISO 19115-1：2014，地理信息—元数据，由 2018 年修订版 1 修订
影像和格网数据的元数据	S-100 第 4b 部分	ISO 19115-1：2004，地理信息—元数据—第 1 部分：基础，由 2018 年修订版 1 修订 19115-2:2009 地理信息—元数据—第 2 部分：影像和格网数据的扩展
元数据—数据质量	S-100 第 4c 部分	ISO 19113，地理信息—质量基本元素 ISO 19114，地理信息—质量评价程序 ISO 19138，地理信息—数据质量度量
要素目录	S-100 第 5 部分	ISO 19110：2005，地理信息—要素编目方法
坐标参照系	S-100 第 6 部分	ISO 19111：2007，地理信息—基于坐标的空间参照
空间模式	S-100 第 7 部分	ISO 19107：2003，地理信息—空间模式
影像和格网数据	S-100 第 8 部分	ISO 19123：2007，地理信息—覆盖几何特征与函数模式 ISO 19129，地理信息—影像、格网和覆盖的数据框架
图示表达	S-100 第 9 部分	
图示表达 (Lua)	S-100 第 9a 部分	Lua 图示表达实现
编码格式 [1]	S-100 第 10 部分	
ISO/IEC 8211 编码	S-100 第 10a 部分	ISO/IEC 8211：1994，信息交换用数据描述文件规范
GML 数据格式	S-100 第 10b 部分	ISO 19136：2007，地理信息—地理标记语言
HDF5 数据格式	S-100 第 10c 部分	HDF5 数据模型和文件格式
产品规范	S-100 第 11 部分	ISO 19131：2008，地理信息—数据产品规范
S-100 维护程序	S-100 第 12 部分	
脚本化	S-100 第 13 部分	为基于 S-100 的产品规范提供脚本支持
在线数据交换	S-100 第 14 部分	指定 S-100 的在线交换机制
数据保护模式	S-100 第 15 部分	指定基于 S-100 产品的加密和数据保护

1　译者注：后续无对应内容，原文已删除该部分内容。

0-4.1 专用标准

ISO 基础标准为有意将它们用于实际应用的开发者提供了诸多选择。专用标准提供了改编基础标准的理念，使这些标准满足特定应用需求。

专用标准可以是若干个基础标准的集合，也可以是由基础标准中的条款、类、子集、选项和参数的集合，这对于完成具体功能是必要的。ISO 19106 从两个一致性级别上描述如何通过 ISO 19100 系列标准形成专用标准。S-100 每个部分都记录着该部分的一致性级别。

S-100 是一个 ISO TC211 地理信息标准的专用标准集合。S-100 标准核心部分与 ISO 基础类之间的关系见表 0-1 所示。

0-4.2 第 1 部分—概念模式语言

本部分定义了概念模式语言和在 IHO 团体中使用的基本数据类型。它将统一建模语言（UML）的静态结构图和一组基本数据类型定义相结合，作为地理信息规范的概念模式语言。

0-4.3 第 2 部分—IHO 地理空间信息注册表管理

IHO 已开发了一个注册系统，符合 ISO 19135—地理信息项目注册程序。这个注册系统包含了大量的注册表，包括要素概念字典、图示表达和元数据。该部分描述了这些注册表的内容、结构和管理。

0-4.4 第 2a 部分—要素概念字典注册表

要素概念字典规定了可用于描述地理信息的定义。采用注册表来存储定义将会显著提高 IHO 管理和扩展多种基于 S-100 产品的能力，而 S-100 将会在近期内得到应用。注册表通过公开已注册项并提升潜在用户直观性，将会使已注册项得到更广阔的应用。

0-4.5 第 2b 部分—图示表达注册表

本部分介绍了图示表达注册表的内容。图示表达注册表规定了数据的图示表达。数据的图示表达独立于数据，但又与数据密切相关。即数据集内的属性驱动着图示表达过程，但是对于同一数据可能有多个不同的图示表达。采用注册表来存储定义将会显著提高 IHO 管理和扩展多种基于 S-100 产品的能力，而 S-100 将会在近期内得到应用。注册表通过公开已注册项并提升潜在用户可见性，将会使已注册项得到更广阔的应用。

0-4.6 第 3 部分—通用要素模型

该部分介绍了开发应用模式的规则。应用模式是 S-100 产品规范的基本元素。同样，创建应用模式的基础是通用要素模型（GFM），它是要素、属性、关联的概念模型，同时也引入了信息类型的概念。该部分 GFM 是“ISO 19109 应用模式规则”中所提 GFM 的一个专用标准。

0-4.7 第 4 部分—元数据

海道测量组织正在不断收集、存储和存档大量的数字化数据，它们正成为一项重要的国家资产。为便于用户理解有关数据资源的设想和局限性，评估资源对于其预期用途的适用性，需要对数据资源进行特征描述并促进数据的发现、访问、检索和使用。此外，海洋测绘数据的质量情况对于这些数据的应用是至关重要的，因为不同的用户和不同的应用往往有着不同的数据质量需求。为了实现这一目标，数据管理者需要记录数据特征和质量信息（即元数据），便于发现、访问、检索和使用并确保可靠性。

ISO 19115-1、ISO 19115-2 和 ISO 19157 通过定义资源的特征和质量元数据元素，以及建立一套通用的元数据术语、定义和扩展程序，为描述数字地理信息提供了一种抽象结构。

该部分还介绍了如何使用 ISO 19115-1、ISO 19115-2 和 ISO 19157 元数据类、元素和条件，包含填写质量元数据的规则；也引入了 ISO 19113、ISO 19114 和 ISO 19157 中描述的质量度量。

0-4.8 第 5 部分—要素目录

要素目录是一个描述数据产品内容的文档。它使用了来自若干个要素数据字典的项类型，比如，要素和属性。要素目录中分类的基础层次是要素类型和信息类型。对于任何包含要素的地理信息数据集，要素目录不仅可采用电子表格的方式，也可遵照 S-100 该部分相关规定，采用不依赖于任何现有地理空间数据集的方式。

要素目录用于定义产品规范，要素和属性在要素目录中绑定。要素和属性的定义来自要素概念字典。

该标准定义了要素类型的编目方法，并规定了如何将要素类型的分类组织成一个要素目录以及如何呈现给地理数据集用户。该部分可用于对以前未编目的要素类型建立目录，也可按照此标准规定修订现有要素目录。该部分用于对数字形式表示的要素类型进行编目。它的基本元素可以扩展，从而用于为其他形式的地理数据编目。

第 5 部分在类型层次上定义地理要素。该标准不适用于表示每个类型的单个实例。

0-4.9 第 6 部分—坐标参照系

该部分适用于海洋测绘信息的生产者和用户，但它的基本元素可以扩展到许多其他形式的地理资料，如地图、海图以及文本文件等。

该部分定义了描述坐标参照系的概念模式，规定了表示一维、二维和三维坐标参照系所需的最小数据，涵盖了按照坐标系和基准面的方式，定义一个完整的空间参考框架所必需的全部元素。同时，也描述了不同坐标参照系变换必需的信息，以及投影和基准转换等坐标操作参数和方法所必需的全部元素。

坐标参照系信息的表示可充分使用该标准中定义的各种元素，或者引用一个坐标参照系信息注册表。坐标参照系信息注册表可按照 ISO 19135 进行管理（见第 2 部分）。

IHO 没有计划实现坐标参照系注册表。一个可参考使用的现有坐标参照信息注册表示例是 EPSG 大地参数数据集，该数据集由 IOGP 地学委员会大地测量小组委员会管理。完整的 CRS 定义可通过命名空间 EPSG 和诸如 4326 的代码来表示（即 EPSG:4326）。这个在 EPSG 命名空间的代码标识了基于

WGS84 基准的椭球坐标系。EPSG 数据库并不是按照 ISO 19135 来管理的。

0-4.10 第 7 部分—空间模式

该部分定义了描述和操作要素空间特征所需要的信息。它基于 ISO 19107—地理信息—空间模式，然而S-100的空间需求并没有ISO 19107那么全面。该专用标准包含了用于S-100的ISO 19107类的子集。

0-4.11 第 8 部分—影像和格网数据

该部分规定了海洋测绘及相关应用中格网数据的内容模型，包括影像和格网数据。它描述了格网数据的组织和类型、关联元数据以及空间参照框架。尽管影像和格网数据的编码和图示表达方法已经确定，但其内容不在 S-100 该部分范围内。该部分基于 ISO 19129—影像、格网和覆盖的数据框架。

0-4.12 第 9 部分—图示表达

该部分规定了一个图示表达模型，用于定义和组织展现 S-100 产品要素所需的符号集和图示表达规则集。

0-4.13 第 9a 部分—图示表达（Lua）

该部分定义了实现 S-100 第 13 部分中脚本化机制所需对 S-100 第 9 部分的添加和更改。采用该部分图示表达目录描述方式的产品也必须按 S-100 第 13 部分要求实现。

0-4.14 第 10 部分—编码格式[1]

该部分讨论编码格式。S-100 并不强制要求某一特定编码格式，而是让产品规范开发者来决定合适的编码规范，并将他们选择的数据格式文档化。因为有许多可选的编码标准，所以使得这个编码信息问题变得复杂。表 0-2 列出了可用编码标准的不完整列表，基于这些标准，可根据需要开发出一个 S-100 扩展的编码标准。

表 0-2 编码标准示例

编码名称	说明
ISO/IEC 8211	该编码标准目前用于 S-57 ENC 数据编码
GML	地理标记语言
XML	可扩展标记语言
GeoTIFF	面向地理信息扩展的 TIFF 规范
HDF-5	分层数据格式第 5 版
JPEG2000	联合图像专家组—图像压缩的常用方法

1 译者注：第 10 部分相应内容在原文已被删除。

成功的数据交换依赖于对以下信息的了解：在要素目录中定义的内容、在应用模式中定义的数据集结构以及采用的编码规则。

0-4.15 第 10a 部分—ISO/IEC 8211 编码

本部分规定了实现用 ISO 8211 格式编码交换数据集所需的数据结构和物理构造。

0-4.16 第 10b 部分—GML 数据格式

该部分规定了实现地理标记语言数据格式所需的数据结构和物理构造。

0-4.17 第 10c 部分—HDF5 数据格式

本部分规定了实现 HDF5 交换数据集所需的数据结构和物理构造。

0-4.18 第 11 部分—产品规范

该部分阐释了产品规范。它是一个数据产品的 IHO 专用标准，并且完全符合 ISO 19131 规范的要求，描述了与海洋测绘相关的地理数据产品规范。

该专用标准的目的在于为任意一种数据产品规范提供一个清晰、一致的结构，并适用于按照 IHO S-100 框架开发的所有其他标准。

产品规范描述了一个特定应用中所有的要素、属性和关系，以及它们到数据集的映射。它是一个特定地理数据产品所需所有元素的完整表述。

0-4.19 第 12 部分—S-100 维护程序

该部分详细说明了维护和发布 S-100 各个部分需要遵循的程序。它没有涉及 S-100 注册系统的维护，因为注册表的所有者可以指定更新其注册表的程序。另外，它没有涉及未遵照 S-100 编写的产品规范的维护制度。

注释　所有基于 S-100 的产品规范都将包含一个维护部分。

0-4.20 第 13 部分—脚本化

本部分定义了一种支持 S-100 产品脚本化的标准机制，通过 Lua 脚本文件处理 S-100 数据集。

0-4.21 第 14 部分—在线数据交换

该部分描述了在线信息交换所需的组件和过程。它可以是一组数据或具有连续性的数据。后者也称为“流数据”，即在数据中包含更多动态信息流的情况，也就是说，并非通常作为文件处理的静态数据集交换。

0-4.22 第 15 部分—数据保护模式

该部分规定了 S-100 产品规范中实施版权保护或认证方法所需的机制、结构和内容；定义了以数据集、要素目录和图示表达目录等作为文件组成内容的标准化加密方法和算法；定义了数字签名所用的算法和方法，以及 IHO 数据保护模式中密钥管理和身份保证所需的周边基础设施。

第 1 部分

概念模式语言
（Conceptual Schema Language）

1-1 范围

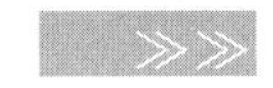

本部分定义了概念模式语言以及 IHO 团体中使用的基本数据类型。它将统一建模语言（UML）的静态结构图和一组基本数据类型定义相结合，作为地理信息规范的概念模式语言（UML 是软件工程领域中的一个标准化通用建模语言，它包含了一组用于为具体系统创建抽象模型的图形符号。UML 集成了数据建模概念中的最佳实践，比如实体关系图、工作流、对象建模以及组件建模）。

该标准提供了如何按照 UML 创建一个标准化地理信息及服务模型的指南，而这些是实现互操作目标的基础。由于涉及 UML，与 UML 相关的术语和定义，除了附录 1（术语和定义）外，该标准使用专门的一节进行介绍。

1-2 一致性

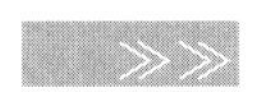

任何声称与 S-100 标准该部分内容一致的规范所使用的概念模式，都应当和条款 5[1] 所述的规则保持一致。该专用标准遵照 ISO 19106:2004 级别 2。

1-3 规范性引用文件

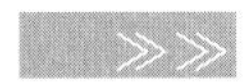

该文档的应用需要以下引用文件。标注日期的引用，只有引用的版本才有效。未标注日期的引用，引用文件（包含所有更正）的最新版本才有效。

ISO 19103：2005（E），地理信息—概念模式语言（Geographic information—Conceptual schema language）

ISO 8601：2004（E），数据元素和交换数据格式—信息交换—日期和时间的表示（Data elements and interchange formats—Information interchange—Representation of dates and times）

ISO 19136：地理信息—地理标记语言（Geographic information—Geography Markup Language）

ISO 25964-1：信息与记录—分类词典和与其他词汇之间的互操作性—第 1 部分：信息检索分类词典（Information and documentation — Thesauri and interoperability with other vocabularies—Part 1: Thesauri for information retrieval）

ISO 25964-2：信息与记录—分类词典和与其他词汇之间的互操作性—第 2 部分：与其他词汇之间的互操作性（Information and documentation — Thesauri and interoperability with other vocabularies—Part 2: Interoperability with other vocabularies）

OGC 10-129r1：地理信息—地理标记语言（GML）—扩展模式和编码规则（Geographic Information—Geography Markup Language (GML)—Extended schemas and encoding rules）

OMG 统一建模语言，上层构造，V2.1.2（OMG Unified Modeling Language (OMG UML), Superstructure, V2.1.2）

RFC 3986，统一资源标识符（URI）：通用语法（RFC 3986, Uniform Resource Identifier (URI):Generic

1 即：3-5 定义要素和信息类型的基本元素。——译者注

Syntax）T. Berners-Lee, R. Fielding, L. Masinter. 互联网标准 66，IETF.URL：http://www.ietf.org/rfc/rfc3986.txt 或 http://www.rfc-editor.org/info/std66

RFC2141，URN 语法（URN Syntax）。R. Moats. IETF RFC 2141，1997 年 5 月，URL：http://www.rfc- editor.org/info/rfc2141

SKOS：SKOS—简单知识组织系统—参考（SKOS—Simple Knowledge Organization System – Reference）W3C 建议，2009 年，http://www.w3.org/TR/2009/REC-skos-reference-20090818/.

1-4 S-100 UML 专用标准

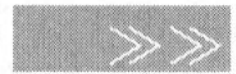

1-4.1 引言

本章提供了地理信息领域使用 UML 的规则和指南。

各小节按如下结构安排：

1）UML 的基本用法

2）类

3）属性

4）基本数据类型

5）预定义的派生类型

6）枚举类型

7）代码表类型

8）关系和关联

9）构造型

10）可选、条件必选和必选—属性和关联

11）命名和命名空间

12）注释

13）包

14）S-100 中模型的文档

1-4.2 UML 的基本用法

UML（统一建模语言）的使用应该与 UML2 相一致。规范性模型应使用类图和包图。其他 UML 类型的图可以用作提供资料性信息。规范性模型都应包含属性、关联和操作的完整定义以及适当的数据类型定义。

1-4.3 类

类是对共享相同属性、操作、方法、关系、行为和约束的一组对象的描述。类表示被建模的一个概念。根据模型的不同，概念的实现可以基于现实世界（概念模型），也可以基于平台无关的系统概念（规范模型），或与具体平台有关的系统概念（实现模型）。

类元是类的泛化，包含了其他似类元素，比如数据类型、角色和组件。UML 类具有一个名称、一组属性、一组操作和约束。S-100 中没有使用操作。类可以参与多个关联。

根据 S-100 系列标准，类被视为一个技术规定，而不是一个实现。

应尽量减少多重继承的使用，因为它会增加模型的复杂性。

抽象类的类名使用斜体表示。

1-4.4　属性

UML 的属性符号约定形式如下：

$_{opt}$ 可见性 $_{opt}$ 名称 : $_{opt}$ 包 ::$_{opt}$ $_{opt}$ 类型 $_{opt}$ $_{opt}$[多重性] $_{opt}$ $_{opt}$= 初始值 $_{opt}$ $_{opt}${ 属性 - 字符串 }$_{opt}$

属性在类及其超类型的环境中必须是唯一的，也可以是派生属性，即根据超类重新定义的属性。

属性的可见性可用符号表示，如表 1-1 所示。受保护和私有的可见性一般情况下不能用在本标准规范中。应该使用合适的可见性符号。相同的可见性符号可用于表示关联。

表 1-1　属性可见性

符号	说明
+	公有可见性
#	受保护可见性
-	私有可见性
/	继承属性

所有的属性都必须赋予类型，且必须是已构造 / 已定义的类型。必须指定一个类型，没有缺省类型。

如果没有显式指明多重性，可以认为多重性为 1。

属性可以定义一个缺省值，当创建该类型的一个对象时使用该值。通过 UML 属性定义，可显式定义缺省值。

以下特性会被用到：

- readOnly（只读的）—属性值不能被修改并且必须初始化。
- ordered（有序的）—用于多重性超过 1 的属性，这些元素的顺序是有意义的，且必须保持不变。

示例　+ center: Point = (0,0) { 只读的 }

　　+ origin: Point [0..1]// 多重性 0..1 意味着这是可选的。

　　+ controlPoints : Point [2..*]{ 有序的 }

1-4.5　基本数据类型

1-4.5.1　概述

基本数据类型可分为两类：

1）简单类型：最基础的数据类型，例如“CharacterString”（字符串）、“Integer”（整型）、“Boolean”（布尔型）、“Date”（日期型）、“Time”（时间型），等等。

2）复杂类型：多种类型的组合，例如度量类型和度量单位的组合。

以下子条款分别描述上述基本数据类型。

1-4.5.2 简单类型

S-100 UML 图支持如下简单类型。

表 1-2 数据类型

名称	说明
Integer（整型）	带正负号的整数，整数长度是有界的，且依赖于用法。 示例 29，-65547
PositiveInteger（正整型）	不带正负符号的整数，大于 0。
NonNegativeInteger（非负整型）	不带正负符号的整数，大于或等于 0。
Real（实型）	由一个小数和一个指数组成的有正负的浮点数，浮点数的长度是有界的，且依赖于用法。 示例 23.501，-1.234E-4，-23.0
Boolean（布尔型）	代表二元逻辑，值可以是 True（真）或 False（假）。
CharacterString（字符串）	字符串是一个任意长的字符序列，包含取自采用字符集中的重音符和特殊字符。
Date（日期型）	日期使用格林尼治时间的年、月、日表示。日期的字符编码是一个符合 ISO 8601 日期格式的字符串（完整的表示，基本的格式）。 示例 19980918（YYYYMMDD）
Time（时间型）	在 24 小时制中，时间采用时、分、秒表示。时间的字符编码应当是 ISO 8601 中定义的基本格式进行完整表示。完整表示意味应包括小时、分钟和秒。基本格式意味省略分隔符。 建议采用协调世界时（UTC）表示时间。 示例 183059Z 时间可以表示为带有 UTC 时差的当地时间。 示例 183059+0100 时间也可以表示为不带有 UTC 时差的当地时间。 示例 183059 如果考虑当地时间和 UTC 的时差，日内瓦（冬天比 UTC 早一小时）和纽约（冬天比 UTC 晚五小时）的“15 小时 27 分钟 46 秒”分别是： 日内瓦：152746+0100 纽约：152746-0500 在 UTC 时差受夏令时影响的地区，全年可用的服务工时可以用当地时间表示，无需指定时差。 开放：074500 关闭：161500

续表

名称	说明
DateTime（日期时间型）	日期时间型是日期和时间类型的组合。日期时间型的字符编码应符合 ISO 8601 相关规定要求（如上所述）。 示例　19850412T101530
TruncatedDate（截断日期型）	截断日期允许给出部分日期。必须存在以下组成中的至少一个，并使用适当数量的连字符替换省略的元素。此类型的编码如下： YYYYMMDD 组成： YYYY　年　介于 0000 和 9999 之间的整数 MM　月　介于 01 和 12（含）之间的整数 DD　日　介于 01 和 28、29、30 或 31（含）之间的整数，如果指定了年份和月份值，则与之保持一致 必须至少指定一个组成。未指定的组成必须用适当数量的连字符表示。

1-4.5.3　复杂类型

1-4.5.3.1　UnlimitedInteger（无限整数）

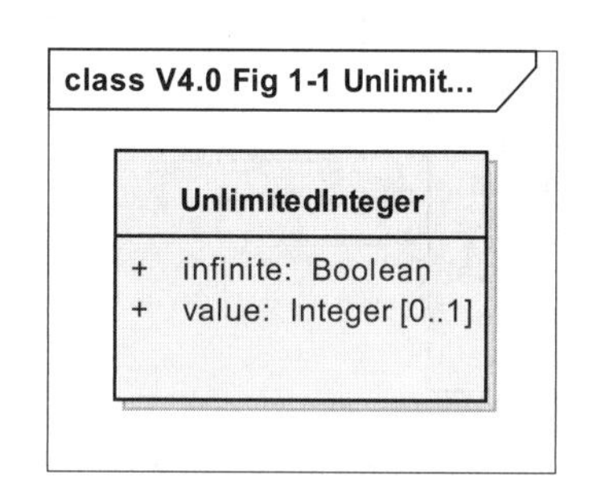

图1-1　无限整数

带有正负号并且值可能是无穷大的整数。

1-4.5.3.2　Matrix（矩阵）

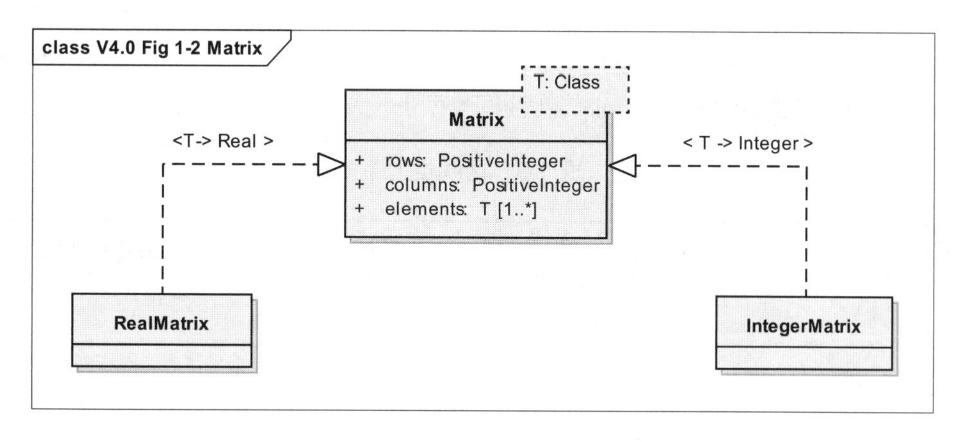

图1-2　矩阵

包含 Real 或者 Integer 元素的格网。

1-4.5.3.3　S100_Multiplicity（多重性）

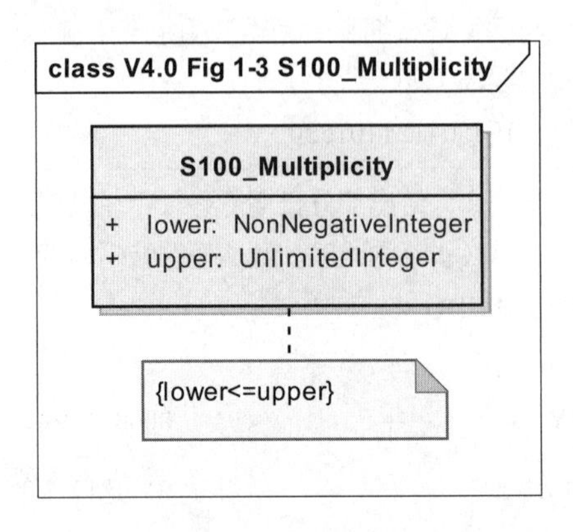

图1-3　S100_Multiplicity（多重性）

定义了从 lower（低）到 upper（高）的多重性范围。上边界可能为无穷大。

1-4.5.3.4　S100_NumericRange（数值范围）

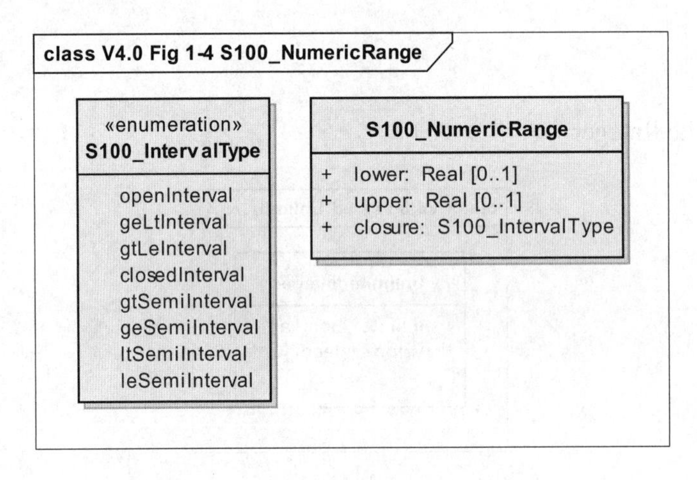

图1-4　S100_NumericRange（数值范围）

由上下限和区间闭合类型确定的数值区间。

注释　属性"lower"（下限）必须用于除"ltSemiInterval"或者"leSemiInterval"之外所有的闭合区间。属性"upper"（上限）必须用于除"gtSemiInterval"或者"geSemiInterval"之外所有的闭合区间。

注释　单值区间应使用"upper=lower"编码，"closure"（闭区间）设置为"closedInterval"。

区间闭合通过枚举"S100_IntervalType"（区间类型）定义，具体意义如下：

表 1-3　区间类型

名称	说明	符号	定义（假定 a ≤ b）
openInterval	开区间	(a, b)	$a<x<b$
geLtInterval	右半开区间	[a, b)	$a \leq x < b$
gtLeInterval	左半开区间	(a, b]	$a < x \leq b$

续表

名称	说明	符号	定义（假定 a ≤ b）
closedInterval	闭区间	[a, b]	$a \leqslant x \leqslant b$
gtSemiInterval	左半开射线	(a, ∞)	$a < x$
geSemiInterval	左闭射线	[a, ∞)	$a \leqslant x$
ltSemiInterval	右半开射线	(-∞, a)	$x < a$
leSemiInterval	右闭射线	(-∞, a]	$x \leqslant a$

注释　圆括号表示的区间被称为开区间，比如区间（a, b）或者（-1, 3）和（2, 4），集合内不包含区间的端点。方括号表示的区间被称为闭区间，比如区间 [a, b] 或 [-1, 3] 和 [2, 4]，集合内包含区间的端点。同时使用方括号和圆括号，即利用“[和)”或“(和]”构成的区间 (a, b] 和 [a, b)，或者具体例子 [-1, 3) 和 (2, 4]，称为半闭区间或者半开区间。

注释　其中有一个端点是 ±∞ 的区间称为射线或者半线。

示例　区间“（10, 42）”表示介于 10 和 42 的所有浮点数集合，但是不包含 10 和 42，即区间的第一个数和最后一个数。区间“[10, 42]”包含了 10 和 42 之间所有的数，包括 10 和 42。

1-4.5.3.5　S100_UnitOfMeasure（度量单位）

度量单位是一个量级比较的单位。

在 S-100 中，度量单位由名称和可选的定义及符号组成。

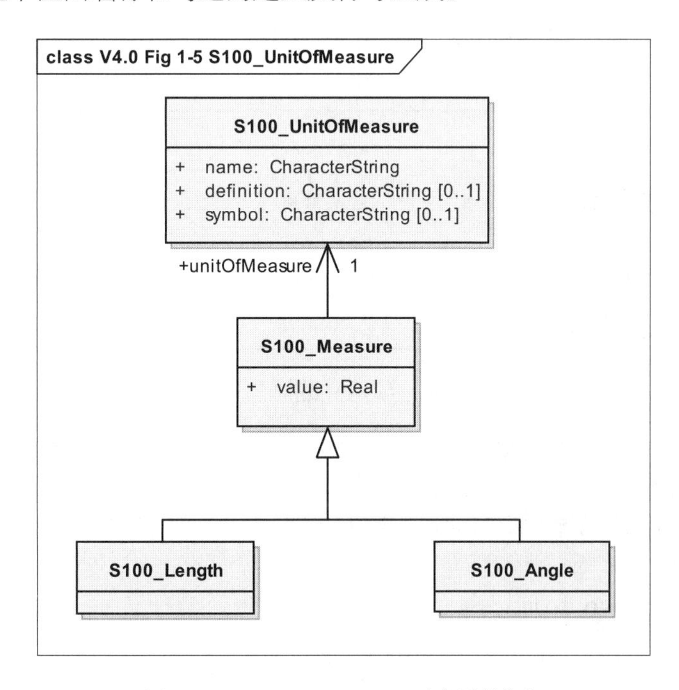

图1-5　S100_UnitOfMeasure（度量单位）

1-4.5.3.6　S100_Measure（度量）

度量是测量的结果。度量是采用某个度量单位，对实体某个特征的量级的评估，比如长度或者重量。度量由实际量级（值）和度量的单位组成。

1-4.5.3.7　S100_Length（长度）

长度是距离积分的度量，比如曲线长度，或者多边形边界的周长。

1-4.5.3.8　S100_Angle（角度）

将一条线移动到另一条线，或将一个平面移动到另一个平面所需要旋转的量，通常采用弧度或者度。

1-4.5.3.9　S100_IndeterminateDate（不确定日期）

不确定日期是通过与截断格式日期建立特定时间关系的时段，可使用“before”（之前）和“after”（之后）两个时间关系，分别表示给定时间之前或之后。

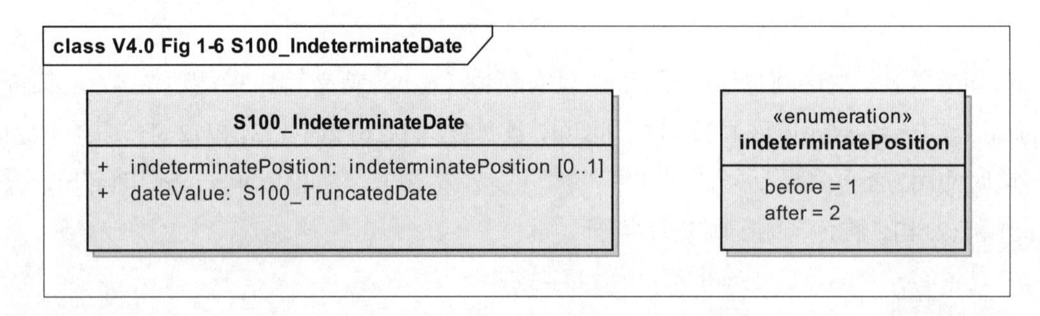

图1-6　S100_IndeterminateDate（不确定日期）

示例（资料性）：某航海报告记录日期为 1950 年之前某天，采用属性“reportDate”（报告日期）表示，其子属性显示如下所示：

子属性（英文）	子属性（中文）	值	备注
indeterminatePosition	不确定日期关系	1（之前）	1950 年 1 月 1 日之前的不确定日期
value	值	1950----	

1-4.6　预定义的派生类型

派生类型通过限制允许值的范围，从基本类型或其他派生类型派生。S-100 中定义了以下派生类型。产品规范可以定义其他派生类型。

表 1-4　预定义的派生类型

名称	说明	派生于
URI	RFC 3986 中定义的统一资源标识符。URI 的字符编码应遵循 RFC 3986 中定义的语法规则。 示例　http://registry.iho.int	CharacterString
URL	统一资源定位符（URL）是一种 URI，它通过描述资源的主要访问机制（RFC 3986）提供了一种定位资源的方法。 示例　http://registry.iho.int	URI
URN	一种持久的、与位置无关的资源标识符，遵循 RFC 2141 中指定的 URN 语法和语义。 示例　urn:iho:s101:1:0:0: AnchorageArea	URI

1-4.7 枚举类型

枚举类型是一组具有助记词的有效标识符的列表。枚举类型的属性只能从该列表中取值。

示例

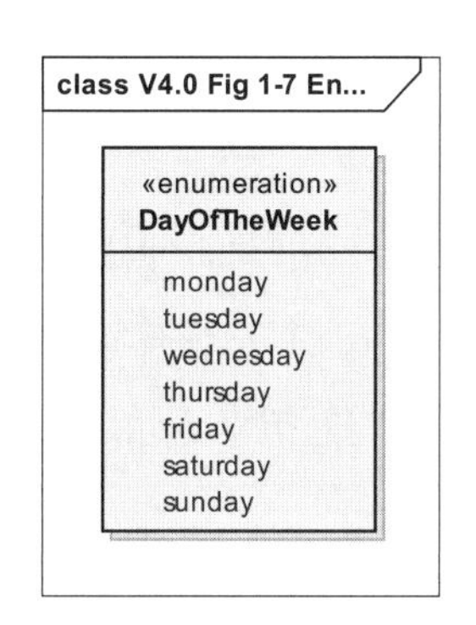

图1-7 枚举

枚举可建模为构造型 <<enumeration>>（枚举）的类。枚举类只能包含表示枚举值的简单属性。枚举类中的其他信息为空。枚举是一个用户可以自定义的数据类型，其实例形成一个命名文字的列表。通常，枚举名称及其文字都需要加以声明。枚举类型的扩展隐含着一个模式的修改。

1-4.8 代码表类型

代码表类型可用于在产品规范级别无法知道其成员的开放枚举、信息模型片段的重用或更为高效的目录管理。具体来说，它们可用于：

a）其成员在应用模式级别不是全部已知的枚举；

b）由外部机构定义或控制的列表；

c）多个 S-100 域共有的列表；

d）需要在不对数据规范进行重大修改的情况下进行扩展的允许值集合；

e）使要素目录混乱或臃肿的一长串可能值。

例如，ISO 19115（元数据）定义了多个代码表，因为枚举类型的成员由域和环境（例如分发介质）决定。

代码表类型声明必须是以下 3 种类型之一：

1）“open enumeration”（开放枚举），它是有效键值组合（即“代码—值”映射）的列表，规定可以允许用户团体按照指定格式填入允许值。

2）“closed dictionary”（闭合字典），它是一种已知格式的键值组合的字典（词汇表），可由统一资源标识符识别，并可通过标准化现代资源定位技术实现定位。无法提供其他值。

3）“open dictionary”（开放字典），它是一种已知格式的键值组合的字典（词汇表），可由统一资源标识符（如上定义）标识，附加条件是可提供符合指定格式的其他值。

代码表可建模为构造型 <<S100_Codelist>>（代码表）的类。第一种类型的代码表必须列出已知文字作为属性；在第二种和第三种类型中，未列出任何属性，但词汇表由 URI 标识。代码表类元必须具有 tags 标记值，这些值定义了它的表示形式，可扩展性和预期编码。图 1-8 是代码表的 3 个示例：

1）“VerticalDatum”（垂直基准）代码表是可扩展枚举建模的代码表示例（通过标记值“codelistType=open enumeration”表示），可由“other: ...”形式的值扩展，通过标记值“encoding=other: [something]”表示。

2）“ENCProducerCodes”（ENC 生产者代码）代码表是由外部字典建模的代码表示例，该外部字典只能采用该字典中的值（通过标记值“codelistType=closed dictionary”表示）。该字典通过标记值“URI=http://www.iho.int/producers/enc/ver1_5.”标识。

3）“Agency”（代理机构）代码表是由外部字典建模的代码表示例，该字典可以采用其他值（通过标记值“codelistType=open dictionary”表示）。该字典由标记值“URI=http://www.iho.int/agency/ver1_5”标识。该列表可采用“other: ..”形式的值扩展，通过标记值“encoding=other: [something]”表示。

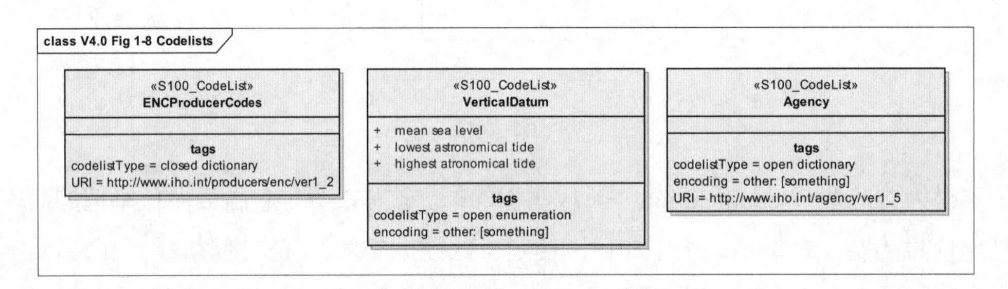

图1-8　代码表

实现（及特定的编码）可不按照编码提示进行。不同的实现可使用不同的编码方案（以及将表转换为其他编码方案）。例如，为 ISO 8211 编码提供要素目录时，可将字典转换为 XML 片段，嵌入到（或包含在）XML 要素目录（显然，维护还需要额外的过程）。这使得 XML/GML 编码可直接使用字典，也可在其功能约束条件下采用其他编码。

1-4.9　关系和关联

1-4.9.1　关系

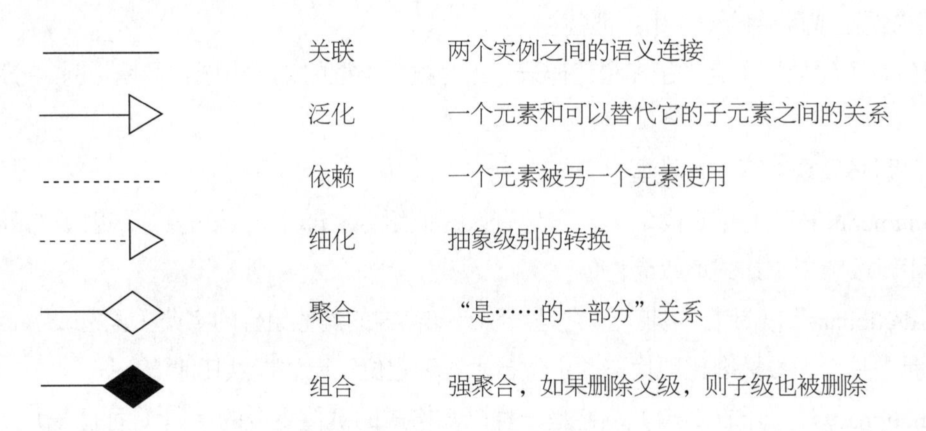

图1-9　不同类型的关系

在 UML 中，关系是模型元素中一个具体化的语义连接。关系的类型包括关联、泛化、聚合 / 组合、元关系、流向（flow）以及按依赖性分组的几种类型。ISO 19103 中对概括性术语“关系”和更具体的术语“关联”做了明显的区分。二者被定义为类与类之间的连接，但是将“关联”作为真实实例之间连接的关系。“泛化”“实现”和“依赖”是类与类之间的关系。“聚合”以及其他对象与对象间的关系被更严格地称为“关联”。在任何情况下使用最严格的术语总是合适的，所以对于可实例化的关系，应使用术语“关联”。

在 S-100 系列标准中，泛化、依赖和细化是按照 UML 标准的符号表示和用法进行使用的。下面进一步描述关联、聚合和组合的用法。

1-4.9.2　关联、组合和聚合

UML 中的关联是两个或多个类元（例如类、接口、类型等）之间的语义关系，涉及实例间的连接。

关联用于描述两个或多个类之间的关系。除了常规的关联外，UML 还定义了两个特殊类型的关联，聚合和组合。这三种类型有不同的语义。常规的关联用于表示两个类之间的一般关系。聚合和组合关联用于表达两个类之间部分—整体关系。

一个双向关联包括一个名称和两个关联端。关联端有一个角色名称、一个多重性声明和一个可选的聚合符号。关联端应始终连接到类。

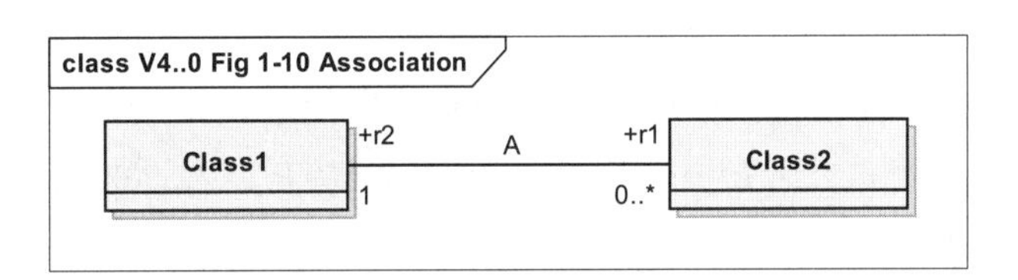

图1-10　关联

图 1-10 表示了具有两个关联端，名为“A”的关联。角色名称用于标识关联端，角色名称“r1”标识与类“Class2”连接的关联端。关联端的多重性可以是下列中的一个：1（1）、0 或 1（0..1）、1 或多（1..*）、0 或多（0..*）或者一个区间（n..m）。从类的角度看，另一端的关联角色名称标识了目标类的角色。可以说，“Class2”和“Class1”具有用角色“r2”标识的关联，多重性为 1。反过来，“Class1”和“Class2”具有用角色名“r1”标识的关联，多重性为 0 或多。在该实例模型中，“Class1”对象与 0 或多个“Class2”对象对应，“Class2”对象只与 1 个“Class1”对象对应。

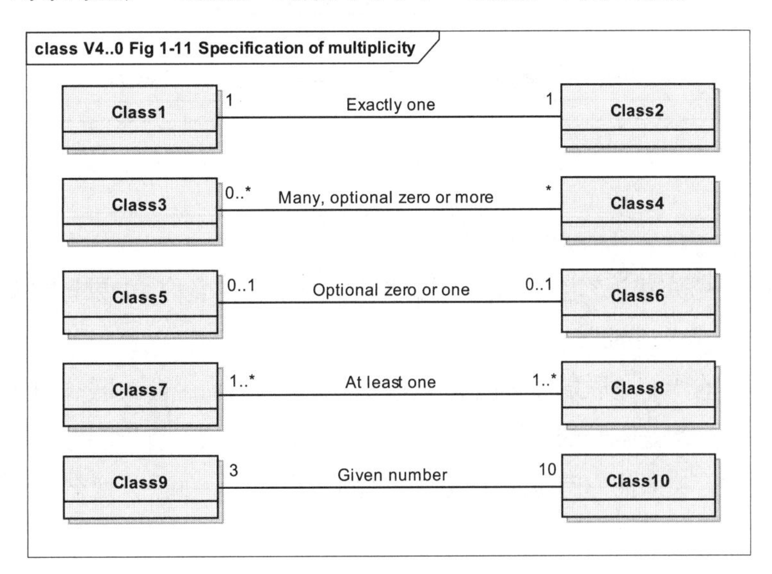

图1-11　多重性规定

图 1-11 表示有几个实例数据能够参与在关联（或属性）的一端。

聚合关联是两个类之间的关系，其中一个类担当容器的角色，另一个类担当被包容者的角色。图 1-12 表示聚合的一个示例。在接近“Class1”的关联端有一个菱形聚合符号，表明“Class1”是由“Class3”组成的聚合。指的是“Class3”为“Class1”的一个部分。在实例模型中，“Class1”对象将包含 1 个或多个“Class3”对象。当没有容器对象，被包容对象（表示容器对象的组成部分）也能够存在时，应该使用聚合关联。聚合是“是……的一部分”关联的简化符号，但是没有显式的语义。它允许在多重聚合中共享相同的对象。如果需要一个强聚合语义，应该使用下述的组合关系。也可在菱形端定义角色名称和多重性。

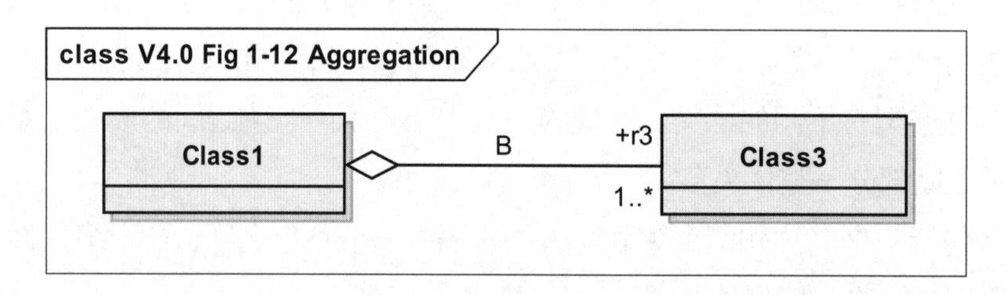

图1-12　聚合

组合关联是一个强聚合。在组合关联中，如果删除容器对象，则与它相关的所有被包容对象也会被删除。当容器对象不存在，表示容器对象组合部分的那些对象也不存在时，应该使用组合关联。图 1-13 表示一个组合关联，其中菱形组合符号是实心的。在这里，“Class1”对象是由 1 或多个“Class4”对象组成，并且除非“Class1”对象存在，否则“Class4”对象不存在。拥有者类（隐含）多重性总是 1。被包容者或部分不能在多重拥有者中共享。

菱形终端也可以定义角色名称，并且多重性总是 1。组合关系应用于具有包含的语义效果。应特别谨慎使用组合。在引入这种约束之前，应充分考虑来自各种应用的不同需求。组合结构的使用应该在一个模型的相关语境中加以考虑（而不是范围），其中语境是指应用域，应用域内的应用必须是一致的，以防止不同的应用对组合存在不同需求的问题。

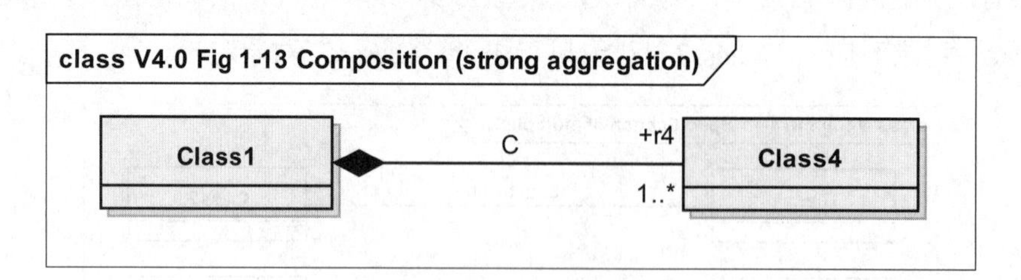

图1-13　组合（强聚合）

所有的关联在两个关联端应该定义基数。至少要定义一个角色名称。如果只定义了一个角色名称，则另一个是缺省值“inv_rolename”。

表示一个关系方向的所有关联端（角色）或关联本身必须被命名。关联端的名称（角色名称）在一个类和超类的语境中必须是唯一的。关联的方向必须指明。如果没有指明方向，则认为是一个双向关联。如果是单向关联，关联的方向应该在线的一端用箭头标记。如果只命名了一个关联，则应该给出该关联的方向。

一个 UML 的关联也具有导航属性，指出关联中的一个角色进入另一个角色的方向。无标记关联被默认是双向的。对于“客户—服务器”关系，关联只是由客户端到服务端的单向导航，图上是由该关联的服务器端的一个箭头表示的。没有导航属性的关联是双向的，两个参与者可同等地进入到对方。许多“客户—服务器”操作中，双向导航是不常见或不必要的。这种情况的反例是通告型服务，其中服务器通常会启用一个预先设置的通信。由于双向关系容易出现不合理的依赖关系，应减少双向关系的使用。只要能够满足需要，应该尽量使用单向关系。

如果关联在一个特定方向是可导航的，对于一个与源对象相对应的目标对象，该模型应该提供一个“角色名称”。因此，在一个双向关联中，宜提供两个角色名称。缺省角色名称是“<target class name>”（目标类名称），其中目标类被源类引用（在许多 UML 工具中，这是缺省名称）。关联名称是次重要的，实际上更多是为了编制文档。但是，如果关联被用于创建关联—管理者对象时，关联则是一个最重要的概念。

多重性是指一个对象可包含特定要素类型关系的数量。如果关联端是不可导航的，则需要增加一个多重性约束，以便跟踪被其他对象使用的关联（或者能够查询到关联的多重性）。如果这对于模型是重要的，关联应该是双向导航，使得约束的执行更可靠。换句话说，面对一个无导航的导航端，单向关系隐含着一种“无关紧要”的状态。

应尽可能避免 N>2 的 N—元关系，以减少重复性。关联基数可按照 UML 的多重性标准确定。关联的角色名称可类似于定义了两个类的带有附加约束的属性，并且两端的更新和删除是一致的。对于单向关联，则类似于定义了一个类的属性，除非涉及了基本数据类型的属性，否则，按照 S-100 的要求，都应使用关联标识。

1-4.10 构造型

1-4.10.1 类 / 类元 UML 构造型的标准用法

S-100 中使用下列构造型：

a）<<Interface>>（接口）：一组操作的定义，具有这个接口的对象支持这些操作。

b）<<Type>>（类型）：一个构造型类，用于说明实例（对象）的域，以及对该对象进行的操作。类型可以有属性和关联。

c）<<Enumeration>>（枚举）：一个数据类型，其实例形成一个命名文字的列表。枚举名称和文字都需要声明。枚举是指一个类中，由预先已知的可选项组成的一个简表。典型示例是布尔类型，只有 2 个（或 3 个）可选项“True”（真），“False”（假）（以及“Null”[空]）。除非另外指定，大多数枚举宜编码为一组顺序的整数集合。实际的编码通常只用于编程语言的编译程序。在 S-100 中，从 ISO 19100 中获得的代码表是按照枚举来分类的。

d）<<MetaClass>>（元类）：其实例是一个类。元类主要用于构造元模型。元类的含义是一个对象类，其主要目的是保存一个类的元数据。例如“要素类型”和“属性类型”是“要素”和“属性”的元类。

e）<<DataType>>（数据类型）：一组无标识值的描述符（独立存在，并可能有边界效应（side

effects））。数据类型包括基本预定义类型和用户定义类型。因而，一个数据类型是一个具有很少或没有操作的类，其主要目的是保存另一个类的抽象状态，以进行传输、存储、编码或持久地存储。

f）<<Codelist>>（代码表）：一种数据类型，其实例构成命名文字的列表，其中部分或全部成员可能未知。代码表名称在应用模式中声明。可以通过以下方式描述列表成员：（i）代码列表和相应的文字，通过允许特定格式其他值的模式进行扩充，或者（ii）指向由“代码 / 文字”映射列表组成的资源。该资源称为词汇表或字典。代码表声明上的附加标记值表示了使用哪种形式以及资源的位置（通常为 URI）。仅当枚举不可用或效率低下时（例如，如果规范制定者不知道完整的值列表，或者允许的值列表较长、易变，由另一机构控制和 / 或被多个域共享时）才应使用代码表。

1-4.11　可选、条件必选和必选—属性和关联

在 UML 中，所有属性的缺省值是必选的。属性和关联角色名称的多重性表示提供了一种描述可选和条件必选属性的方法。

由于缺省值是必选，因此不需要特别规定。多重性 0..1 或 0..* 的含义是这个属性可以存在，也可以省略掉。条件必选属性在 OCL 中应该表示为具有约束声明的可选属性，该条件应表示为与类声明有关的 OCL 约束。这意味着必须在实例模型中表示出一个空值，例如一个元素位置或一个空值。可选或条件必选属性永远没有一个预先定义的缺省值。

属性可以被定义为条件必选，含义是对它的选择需依赖其他属性。依赖性可以是其他（可选的）属性的“存在依赖”，或者是其他“属性值的依赖”。条件必选属性可视为带有条件表达式的可选属性。应该把条件写在与属性或与类和第一行属性名直接关联的注释中。条件必选属性不可存在预先定义的缺省值。

如果没有特别指明，关联的缺省多重性是 0..*，属性的缺省多重性是 1。

1-4.12　命名和命名空间

所有类都必须有一个唯一名称。所有类都应该在一个包内定义。类名应该以一个大写字母开头。一个类不应有基于其外部用法的名称，因为这会限制其重新使用。类名不得包含空格。类名中的各个单词应串联在一起。名称中每个单词应该用一个大写字母开头，例如“XnnnYmmm”。

为了保证类名的全局唯一性，所有的类应该用双字母前缀定义。双字母前缀应该用在“_”之前，例如“GM_Object”（对象）。几何模型使用双字母前缀（GM 和 TP）。可以为其他领域定义别的前缀。

在一个类和其超类的语境中，关联的名称必须是唯一的，除非它是派生的。

属性名称应该用一个小写字母开头。示例：firstName，lastName。

属性和操作应该使用准确的技术名称，避免混淆。示例：alphaCodeIdentifier，dataOfLastChange。

应该广泛地使用文档字段来描述元素。

不要在属性名称内重复类名，保持名称尽可能的短。示例：类 S100_WorkingGroup，属性 workingGroupName。

使用命名约定有多种原因，主要是可读性、一致性和规范大小写组合。

UML 元素命名应该是：

1）类、属性、操作和参数的命名应尽量使用准确的、可理解的技术名称。

示例　使用 index 而不使用 i。

2）对于属性和关联角色，除了第一个单词以外，每一个单词的第一个字母应大写。每个类名、包名、类型 - 说明和关联名称的第一个词的第一个字母也要大写。

示例　computerPartialDerivatives（不是 computerpartialderivatives 或者 COMPUTERPARTIALDERIVATIVES）。

示例　CoordinateTransformation（不是 coordinateTransformation）。

3）保持名称尽可能简短。可使用标准的缩略词，省略介词，如果动词不显著改变名称的含义时，去掉动词。

- numSegment 而不是 numberOfSegments
- Equals 而不是 IsEqual
- value() 而不是 getValue()
- initObject 而不是 initializeObject
- length() 而不是 computeLength()

UML 使用诸如"package::package::className"的命名空间，允许在不同的包中定义相同的类名。但是，许多 UML 工具目前不允许这样做。因此，应采取更严格的命名约定：

尽管模型是区分大小写的，但是应保证不区分大小写情况下，所有类名也是唯一的。

类名在整个模型中应该是唯一的（以便在众多 UML 工具中不会产生问题）。

包名在整个模型中应该是唯一的（出于同样的原因）。

应努力消除多个类表示相同概念的现象。

1-4.13　注释

注释框一般用于注释模型（如图 1-14）或模型的特殊项（例如：类或关联）。

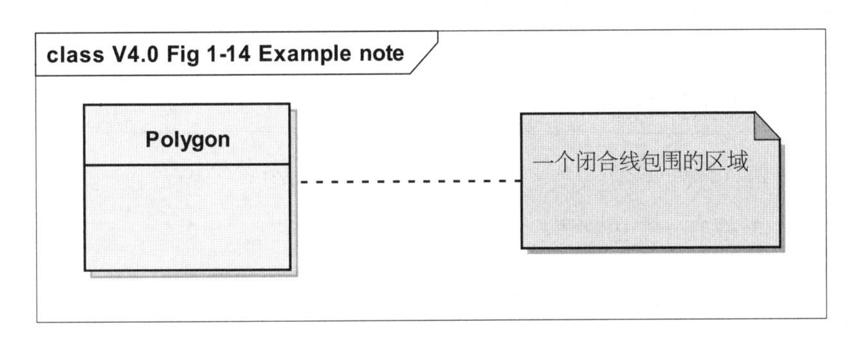

图1-14　注释示例

1-4.14　包

UML 包是用于对子包、类和关联进行分组声明的一个容器。UML 的包结构是一个由子包、类声明和关联组成的层次结构。一个包用来表示一个模式。

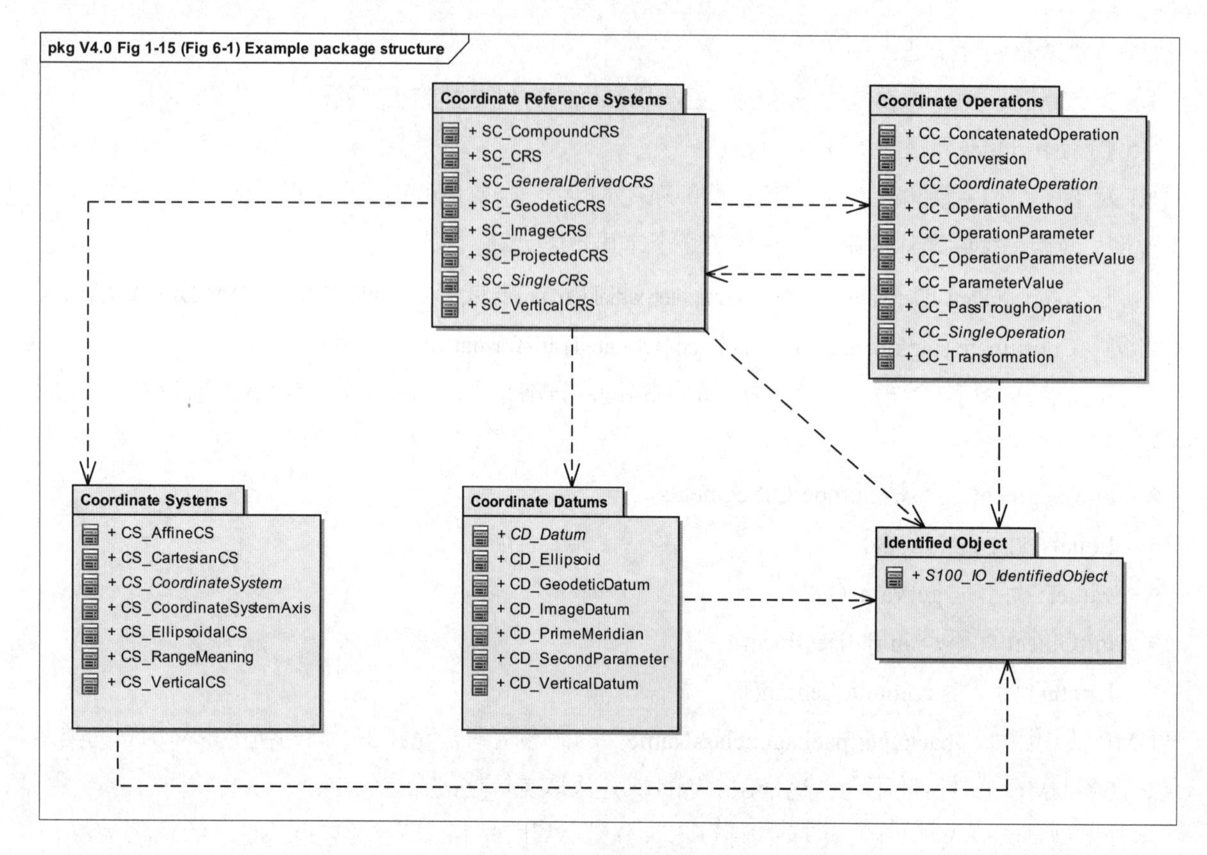

图1-15　包结构示例

在模式模型中，包、类和属性是由一个约束名称标识的。约束名称的格式是名称 1:: 名称 2:: 名称 3，其中名称 1 是最外面的包名，名称 2 是出现在名称 1 命名空间内的名称，名称 3 是出现在名称 2 命名空间内的名称。标准 UML “::” 符号被用作名称分隔符。命名空间的层次深度是没有限制的。

示例：在 “Spatial” （空间）模式中，有一个称为 “Geometry” （几何）的子包，它定义了一个类 “GM_Object” （对象）。该类有一个角色名为 “SRS” （空间参照系）的关联。该关联的完整约束名称为：Spatial.Geometry::GM_Object.SRS。

1-4.15　S-100 中模型的文档

除了图外，还需要编写模型的语义文档。需要解释属性、关联、操作和约束等的含义。这是通过语义表来实现的。每个类都有一个语义表；它有以下几列：

- 角色名称
- 名称
- 说明
- 多重性
- 数据类型
- 备注

“角色名称” 这一列规定了描述类所具有的特性。可能的值有：

- 类—类本身

- 属性—该类的一个属性
- 关联—指向另一个类的关联
- 枚举——一个枚举数据类型
- 文字——一个枚举数据类型的值

“名称”列包含了特性的名称。对于关联而言，它指的是指定类的角色名称。“说明”列给出了特性的语义。“多重性”列给出了特性在类中出现的次数，同时也描述了特性是必选的或者可选的。“数据类型”列给出了特性的数据类型名称。“备注”列可包含该特性的附加信息，包括约束或条件。枚举类型语义表不使用“多重性”和“数据类型”这两列。

以下的实例说明了如何使用语义表：

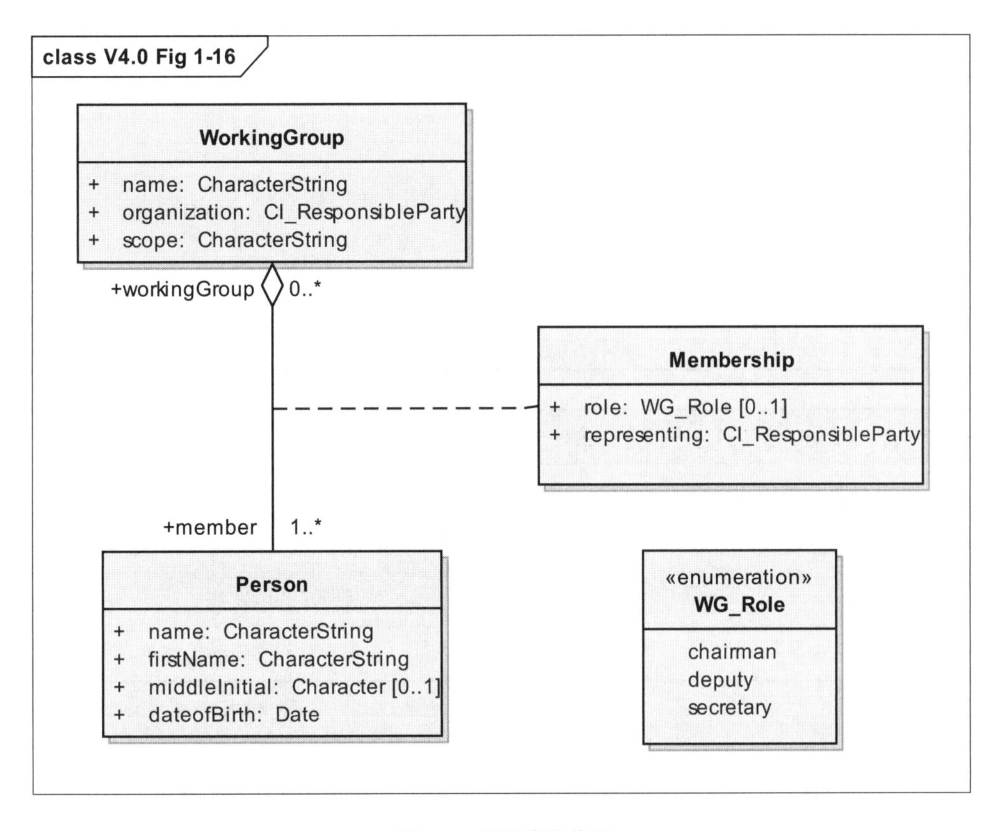

图1-16　语义表的使用

角色名称	名称（英文）	名称（中文）	说明	多重性	数据类型	备注
类	WorkingGroup	工作组	实际参与工作的专家组	—	—	
属性	name	名称	专家组名称	1	CharacterString	
属性	organization	组织	负责此专家组的组织	1	CI_ResponsibleParty	
属性	scope	范围	参加环球旅行的原因	1	CharacterString	
关联	member	成员	担负任务的人员	1..*	Person	

角色名称	名称（英文）	名称（中文）	说明	多重性	数据类型	备注
类	Person	个人	一个人	—	—	
属性	name	名称	人名	1	CharacterString	
属性	firstName	名	名（first name）	1	CharacterString	
属性	middleInitial	中间名首字母	中间名的第一字母	0..1	Character	
属性	dateOfBirth	出生日期	出生日期	1	Date	
关联	workingGroup	工作组	服务的工作组	0..*	WorkingGroup	

角色名称	名称（英文）	名称（中文）	说明	多重性	数据类型	备注
类	Membership	成员	工作组中的成员资格	—	—	
属性	role	角色	工作组中的担任角色	0..1	WG_Role	普通成员没有角色
属性	representing	代表	该工作组的人所代表的组织	1	CI_ResponsibleParty	

角色名称	名称（英文）	名称（中文）	说明	备注
枚举	WG_Role	WG_ 角色	工作组中的角色	
文字	chairman	主席	主席	
文字	deputy	副主席	主席最好的朋友	
文字	secretary	秘书	一个不得不整天敲键盘的可怜人	

第 2 部分

注册表管理
（Management of Registers）

2-1 范围

该部分标准规定了维护和发布一个具有唯一、清晰并且持久标识符的注册表应该遵守的程序，而那些持久标识符被指派给地理信息、海洋测绘信息以及元数据信息。为了实现此目标，该部分标准描述了管理注册系统及其注册表的角色和责任。关于 IHO 地理空间信息注册系统（IHO Geospatial Information Registry）和注册表的具体管理信息详见 IHO 出版物 S-99。

2-2 一致性

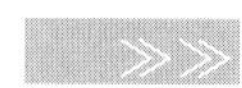

该专用标准遵照 ISO 19106：2004 级别 2。以下是该专用标准与 ISO 19135：2005 在泛化和特化不同之处的简要说明：

1）“S100_RE_Register”限制了属性“alternativeExpression”（可选表达式）的使用。

2）“S100_RE_RegisterItem” 限制了属性“fieldOfApplication”（应用领域）和属性“alternativeExpression”（可选表达式）的使用。

3）“S100_RE_RegisterItem”将“attribute description”（属性说明）改为“remarks”（备注）。

4）“S100_RE_ManagementInfo”是一个新类，它合并了类“RE_DecisionStatus”“S100_RE_ProposalType”“S100_RE_SubmittingOrganization”“RE_ItemStatus”以及“RE_Disposition”。

5）“S100_RE_ProposalType”是一个新类，它合并了 19135 中的类“RE_AdditionInformation”“RE_ClarificationInformation”“RE_AmendmentInformation”以及“RE_AmendmentType”。

2-3 规范性引用文件

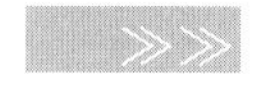

ISO 19135：2005，地理信息—地理信息项目的注册程序（Geographic Information–Procedures for registration of items of geographic information）

ISO 8601：2004，数据元素和交换格式—信息交换—日期和时间的表示（Data elements and interchange formats-Information interchange–Representation of dates and times）

IHO S-99：2012，S-100 地理空间信息注册系统的组织和管理操作程序（Operational Procedures for the Organization and Management of the S-100 Geospatial Information Registry）

2-4 基本概念

2-4.1 注册系统 Registry

注册系统是用来管理注册表的信息系统。

2-4.1.1 注册系统所有者 Registry Owner

注册系统所有者可以登记注册表并且建立访问策略。注册系统所有者决定一个提交的注册表是否应该放置于注册系统中。

2-4.1.2 注册系统管理者 Registry Manager

注册系统管理者负责注册系统的日常操作，包括：

1）为注册表管理者、控制组以及注册表用户等提供注册系统访问；

2）确保注册表信息项对用户可用，涉及哪些信息项是有效的、或是取代的、或是停用的；

3）接受提案并把它们提交给所有的注册表管理者；

4）管理持久 URI 标识符指向适当资源的解析，但前提是注册表服务器上提供解析服务。

2-4.2 注册表 Register

简单地说，注册表是一个受管理的列表。它比固定的文档要好管理，因为只要需要，新的项可以很容易加到注册表中，注册表中已有的项可以更正、取代或者停用。每一个注册项都关联着若干个日期，用以指明每一次的状态变化。这意味着如果一个产品规范是在某一日期定义的，则应该引用注册表中某一个具体时间点的项。

2-5 注册表管理的角色及责任

2-5.1 注册表所有者 Register Owner

注册表所有者是一个这样的组织：

1）发布若干个注册表；

2）主要负责注册表的管理、分发及其知识内容；

3）可委派其他组织来担任注册表管理者；

4）应建立一套程序来处理提交组织的提案和申诉。

2-5.2 注册表管理者 Register Manager

注册表管理者负责注册表的管理，包括：

1）与其他注册表管理者、提交组织、相关的控制组、注册表所有者和注册系统管理者进行协调；

2）管理注册表内的项；

3）维护和发布提交组织列表；

4）分发一个包含注册表说明以及如何提交提案的信息包；

5）定期提供报告给注册表所有者和 / 或控制组。每一个报告都应该说明自上次报告起，收到的提案以及采取的决议。这些报告的间隔不能超过 12 个月。

一个注册表管理者可能管理多个注册表。

2-5.3 注册表用户 Register User

注册表用户是任何需要访问或者决定注册表内容的个人或组织。

2-5.4 控制组 Control Body

控制组由注册表所有者委派的技术专家组成，可决定是否接受一项修改注册表内容的提案。该组必须由注册表内容相关领域的专家组成。

2-5.5 提交组织 Submitting Organizations

2-5.5.1 符合条件的提交组织

提交组织是一个符合注册表所有者所制定标准的组织，负责申请修改注册表内容。注册表管理者判定一个提交组织是否符合注册表所有者建立的标准。

2-5.6 提案处理 Processing of Proposals

2-5.6.1 引言

提交组织可以提交申请来增加、更正、取代或者停用已有的注册项。

2-5.6.2 注册项的增加

增加是插入一个注册项，它描述了一个尚未由已有注册项充分描述的概念。

2-5.6.3 注册项的更正

更正用于修正书写、标点符号、语法的错误或者是内容和措词上的改进。更正不应导致注册项有任何实质性的语义变化。有三个特征可以更正，它们是定义、其他引用和备注。

2-5.6.4 注册项的取代

项的取代意味着任何提案都将会导致已有项实质性的语义变化。通过在注册表中增加带有新标识符和最新日期的若干个项的方式，实现项的取代。原有项应该保留在注册表中，但是应该包含被取代的日期和取代它的项的引用。

2-5.6.5 注册项的停用

将其保留在注册表中，标记为已停用并增加停用的日期就可以实现停用。

2-6 注册表管理者的职能

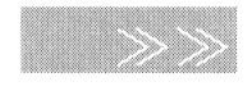

1）接受提交组织的提案；

2）检查提案的完整性；

3）如果提案不完整，将其返回给提交组织；

4）检查注册表中是否有类似的提案，如果类似，注册表管理者会联系该提交组织；

5）自收到两星期内，与其他注册表管理者协调此提案；

6）生成一个提案的管理记录，将其“状态”设为“pending”（未决）；

7）启动批准程序。

2-6.1 提案合法性

注册表管理者应该使用以下标准来决定一个提案是否完整以及是否驳回此提案：

1）提交者不是具有资格的提交组织；

2）提案项不属于注册表管理者掌管的项类别；

3）提案项没有在注册表的范围内；

4）提案项已经提议。

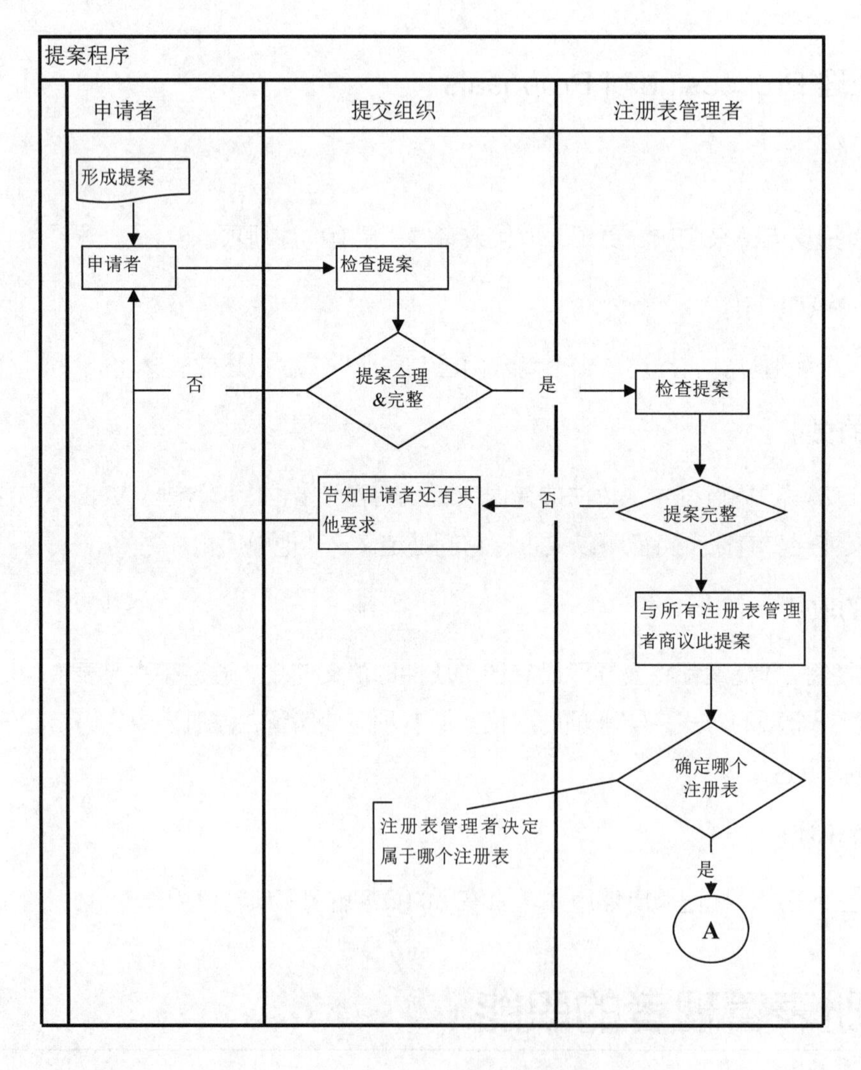

图2-1 提案程序

2-6.1.1 批准程序

图 2-2 说明了决定是否采纳一个提案的程序，该程序应当在注册表所有者指定的时间段内完成。注册表管理者应该确保：

1）如果该提案是对某一注册项的更正或者停用，将此提案交给控制组。

2）如果该提案是一个新项的注册或是对已有注册项的取代：

a）为新的或者用来取代的项分配一个项标识符；

b）将此项“状态”改为“notValid”（无效）并将此提案交给控制组。

控制组应该：

1）决定接受无修改的提案，或是与提交组织商议修改后的提案，或是不接受该提案。不接受提案的标准包括：

a）项的说明不完善或者难以理解；

b）注册表或者注册系统的其他注册表中已存在一个同样的或者十分相似的项；

c）提案的项不属于该注册表包含的项类别；

d）提案的项不在注册表的范围之内；

e）提案的理由不充分。

2）在注册表所有者规定的时间限制内将决议和相应解释告知注册表管理者。

注册表管理者应该：

1）针对控制组指定为接受条件的提案修改问题，如果提交组织和控制组之间需要协商，它应该作为联系方；

2）将提案的处理结果告知提交组织。

如果控制组的决议是正面的，注册表管理者应该依照该注册表的规定：

1）将“状态”设为“final”（终结）以完成提案的管理记录，将“处理”设为“accepted”（接受），“处理日期”设为控制组决议的日期；

2）将核准过的修改应用于注册项的内容；

3）将注册项的“状态”设为相应的“valid”（有效）、“superseded”（取代）或是“retired”（停用）。

如果控制组的决议是负面的，注册表管理者应：

1）更新提案的管理记录，将“状态”设为“tentative”（暂定），“处理”设为“notAccepted”（不接受），“处理日期”设为控制组决议的日期；

2）告知提交组织申诉控制组决议的最后时间。

提交组织应该：

1）针对控制组指定为接受条件的提案修改问题，通过注册表管理者与控制组协调；

2）将注册表管理者针对提案的决议传达到各自的团体或组织。

注册表管理者应该：

1）将提案批准程序的结果告知公众。

2-6.1.2 撤销

提交组织可以在批准程序内任意时间决定撤销提案。

注册表管理者应该：

1）将提案管理的“状态”从“pending”（未决）修改为“final”（终结）；

2）将提案管理的“处理”改为“withdrawn”（撤销），将“处理日期”的值改为当前日期。

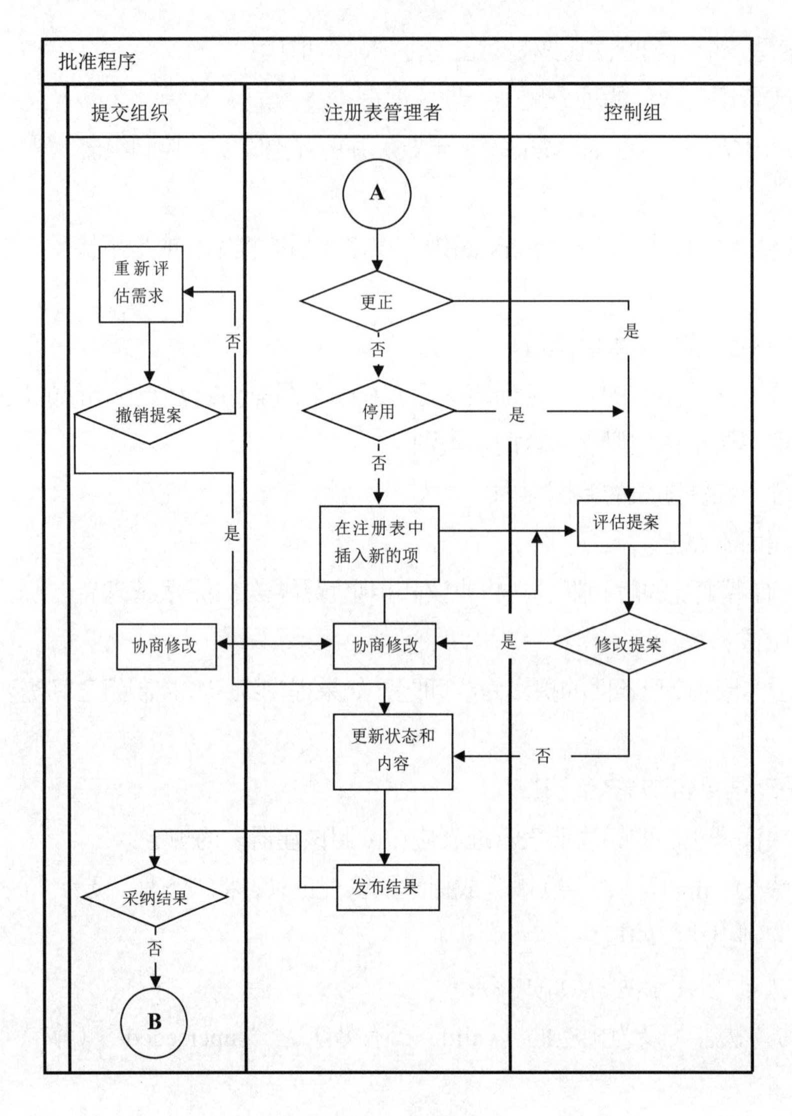

图2-2　批准程序

2-6.1.3　申诉

如果提交组织不同意控制组拒绝提案增加、更正、停用或者取代一个注册表中的现有项，它可以向注册表所有者申诉。一次申诉应至少包括情况描述、申诉理由以及如果该申诉不成功将导致的影响。申诉的流程如图 2-3 所示。

提交组织应该：

1）决定是否可以接受关于该注册提案的决定；

2）如果不能，向注册表管理者提交申诉。

注册表管理者应该：

1）将申诉提交给注册表所有者。

如果在规定时间内没有提交申诉，注册表管理者应该将提案管理记录的“状态”改成“final”（终结）并将“处理日期”改成当前日期。

注册表所有者应该：

1）按照它建立的程序处理该申诉；

2）决定采纳或者拒绝该申诉；

3）向注册表管理者反馈结果。

注册表管理者应该：

1）更新提案管理记录的“处理”和“处理日期”两个字段；

2）更新注册项的状态；

3）将控制组的决议告知提交组织。

提交组织应该：

1）将此次申诉的结果传达给他们的团体或组织。

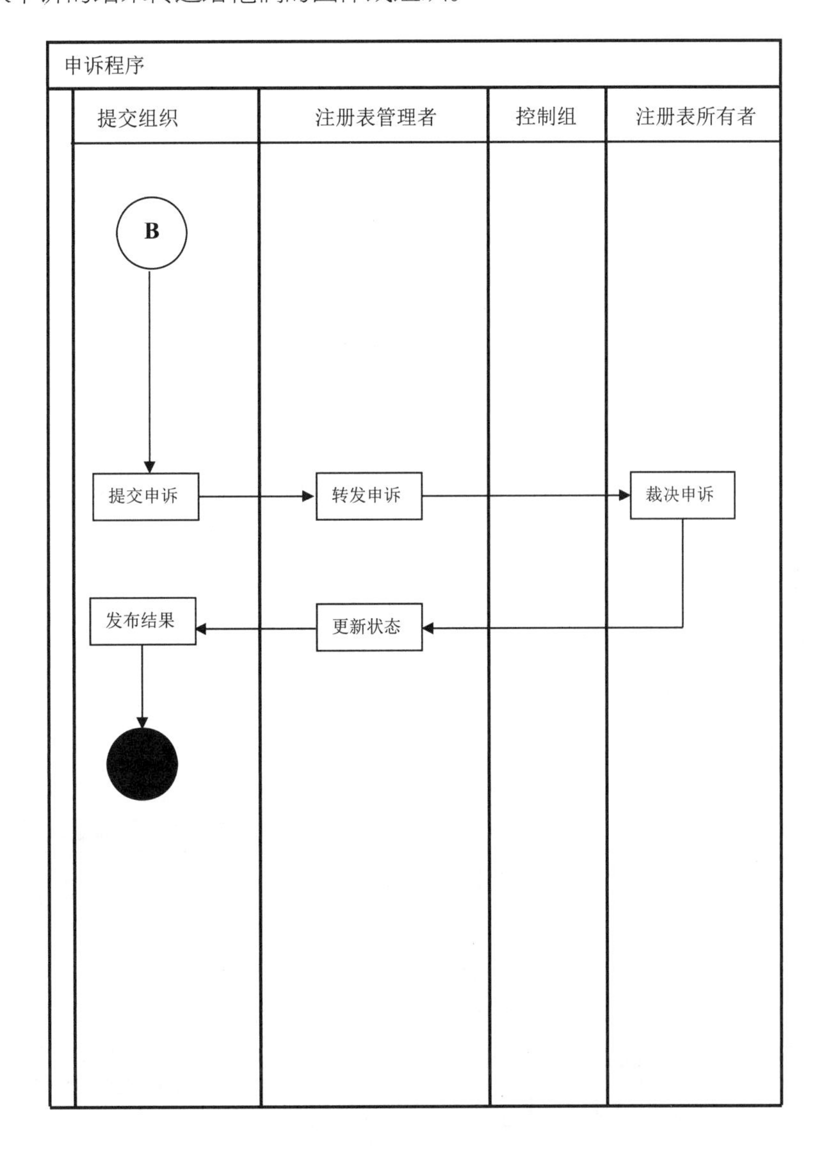

图2-3　申诉程序

2-6.2　提交组织列表

注册表管理者应该针对每一个注册表，维护和发布一个符合条件的提交组织的列表，这些提交组织可能会提交提案以修改一个受管理注册表的内容。每一个列表应包含每个提交组织的名称和联系信息。注册系统应包含成为一个提交组织的申请。注册表所有者负责接受或者拒绝申请。

2-6.3 发布

注册表管理者应该确保注册表中有效、取代或者停用项的信息对于用户而言是容易使用的。提供信息的方法可能依赖于用户群体的需求。

2-6.4 完整性

注册表管理者应该确保每一个注册表按照以下方式管理：

1）注册流程所有的方面都应该依照优秀的商业实践来处理；

2）注册表的内容是准确的；

3）只有授权的人员才可以对注册表内容进行修改。

注册系统管理者应该采用 IT 界最佳实践以确保注册系统的安全性和完整性。

2-7 注册表模式

2-7.1 引言

该节规定的模式描述了 IHO 地理空间信息注册表（IHO Geospatial Information Register）结构。

有关注册表的信息以及在注册表中的项应该：

1）可以通过在线接口访问注册表；

2）包含在注册表的任意一个拷贝中；

3）包含在有关注册表的任意信息包中。

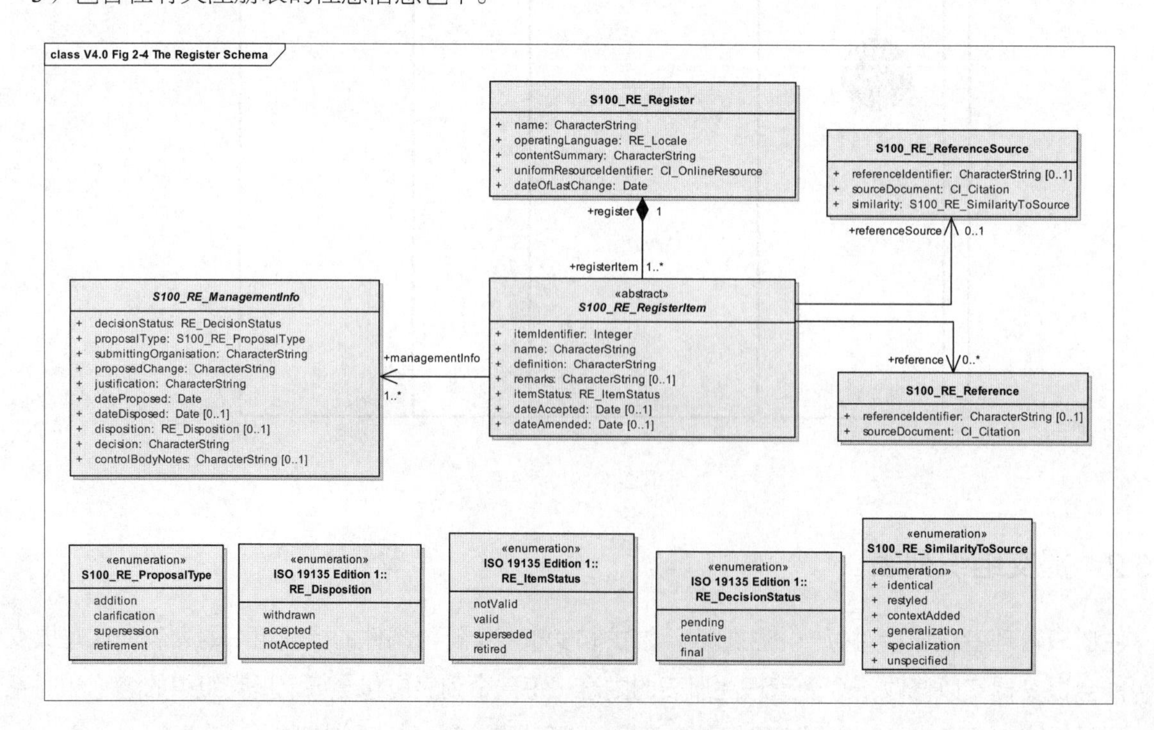

图2-4　注册表模式

2-7.2 S100_RE_Register（注册表）

类“S100_RE_Register”指明了注册表本身的信息。

角色名称	名称（英文）	名称（中文）	说明	多重性	数据类型	备注
类	S100_RE_Register	S100_RE_注册表		—	—	
属性	name	名称	注册表的名称	1	CharacterString	在注册系统内唯一
属性	operatingLanguage	操作语言	注册表使用的语言	1	RE_Locale	
属性	contentSummary	内容概要	内容的概要	1	CharacterString	
属性	uniformResourceIdentifier	统一资源标识符	该注册表接口的网上链接	1	CI_OnlineResource	
属性	dateOfLastChange	最后修改日期	注册表的最新修改日期	1	Date	
关联	registerItem	注册项	注册表的项	1..*	S100_RE_RegisterItem	

2-7.3 S100_RE_RegisterItem（注册项）

类“S100_RE_RegisterItem”具有所有注册项共同的特征。域的特定扩展可以加到 S-100 合适的部分，比如第 2a 部分 - 要素概念字典。

角色名称	名称（英文）	名称（中文）	说明	多重性	数据类型	备注
类	S100_RE_RegisterItem	S100_RE_注册项		—	—	该类是抽象的
属性	itemIdentifier	项标识符	每个项在注册表中都有其唯一标识	1	Integer	
属性	name	名称	项概念的简要表示	1	CharacterString	
属性	definition	定义	项所实现概念的本质、特征、范围或者基本性质的精确描述	1	CharacterString	
属性	remarks	备注	补充信息	0..1	CharacterString	备注
属性	itemStatus	项目状态	已注册项的状态	1	RE_ItemStaus	
属性	dateAccepted	采纳日期	已注册项生效的日期	0..1	Date	
属性	dateAmended	修改日期	已注册项更正、取代或者停用的日期	0..1	Date	

续表

角色名称	名称（英文）	名称（中文）	说明	多重性	数据类型	备注
关联	register	注册表	包含此项的注册表	1	S100_RE_Register	
关联	referenceSource	引用来源	注册表定义所使用的来源信息	0..1	S100_RE_ReferenceSource	
关联	reference	引用	对其他相关标准或文档的引用	0..*	S100_RE_Reference	比如 INT1 或者 M4
关联	managmentInfo	管理信息	描述注册表中项管理的信息集合	1..*	S100_RE_ManagmentInfo	

2-7.4 RE_ItemStatus（项状态）

枚举型“RE_ItemStaus”标识了注册项的注册状态。

角色名称	名称（英文）	名称（中文）	说明	备注
枚举	RE_ItemStaus	RE_ 项状态		
文字	notValid	无效	该项已经进入到注册表，但是控制组尚未接受提案	
文字	valid	有效	该项已采纳，建议使用，尚未被取代或者停用	
文字	superseded	取代	该项被若干个其他项取代，不再建议使用	
文字	retired	停用	已形成决议，该项不再建议使用。该项未被其他项取代	

2-7.5 S100_RE_ReferenceSource（引用来源）

类“S100_RE_ReferenceSource”指定了注册项的来源信息，来源是外部文档或者注册表。

角色名称	名称（英文）	名称（中文）	说明	多重性	数据类型	备注
类	S100_RE_ReferenceSource	S100_RE_ 引用来源		—	—	
属性	referenceIdentifier	引用标识符	文档引用位置的标识符	0..1	CharacterString	
属性	sourceDocument	来源文档	来源文档	1	CI_Citation	
属性	similarity	相关度	表示该定义和来源文档的相关程度	1	S100_RE_SimilarityToSource	

2-7.6 S100_RE_SimilarityToSource（来源相关度）

枚举型“S100_RE_SimilarityToSource”标识了相对于外部项的变化类型。

角色名称	名称（英文）	名称（中文）	说明	备注
枚举	S100_RE_ SimilarityToSource	S100_RE_ 来源相关度		
文字	identical	相同	对定义没有修改	
文字	restyled	重新定义	定义方式已经改变，以便与注册表中其他定义的方式和结构相一致	
文字	contextAdded	增加内容	该定义增加了有关内容的信息，这些信息在外部来源规范中不够清晰	
文字	generalization	泛化	注册项的定义已经被泛化，比起外部来源中的项具有更广的含义	
文字	specialization	特化	注册项的定义已经被特化，比起外部来源中的项具有更窄的含义	
文字	unspecified	未指定	没有指明注册项和外部来源中类似项的区别	

2-7.7 S100_RE_Reference（引用）

类“S100_RE_Reference”指明了来源的信息和 / 或从外部文档或注册表中得到的某一注册项的数据志。

角色名称	名称（英文）	名称（中文）	说明	多重性	数据类型	备注
类	S100_RE_ Reference	S100_RE_ 引用		—	—	
属性	referenceIdentifier	引用标识符	文档引用位置的标识符	0..1	CharacterString	
属性	sourceDocument	来源文档	来源文档	1	CI_Citation	

2-7.8 S100_RE_ManagementInfo（管理信息）

类“S100_RE_ManagementInfo”指明了注册项的管理记录。

角色名称	名称（英文）	名称（中文）	说明	多重性	数据类型	备注
类	S100_RE_ ManagmentInfo	S100_RE_ 管理信息		—	—	
属性	decisionStatus	决议状态	提案的当前状态	1	RE_ DecisionStatus	

角色名称	名称（英文）	名称（中文）	说明	多重性	数据类型	备注
属性	proposalType	提案类型	提案的类型	1	S100_RE_proposalType	
属性	submittingOrganisation	提交组织	提案的发起者	1	CharacterString	
属性	proposedChange	提案的修改	提案修改的文字	1	CharacterString	
属性	justification	理由	提案的主要理由，包括应该如何使用	1	CharacterString	
属性	dateProposed	提案日期	提案的日期	1	Date	
属性	dateDisposed	处理日期	处理提案的日期	1	Date	
属性	disposition	处置	提供一些值来描述提案的处理意见，包括增加或者修改注册项	1	RE_Disposition	
属性	decision	决议	决议意见	1	CharacterString	
属性	controlBodyNotes	控制组注释	补充管理信息	0..*	CharacterString	

2-7.9 RE_DecisionStatus（决议状态）

枚举型“RE_DecisionStatus”指明了注册项的状态。

角色名称	名称（英文）	名称（中文）	说明	备注
枚举	RE_DecisionStatus	RE_ 决议状态	决议的可能值	
文字	Pending	未决	尚未决议	
文字	Tentative	暂定	已形成决议，但是还需要申诉	
文字	Final	终结	已形成决议，并且申诉的时间期限已到或者申诉已经解决	

2-7.10 S100_RE_ProposalType（提案类型）

枚举型“S100_RE_ProposalType”指明了注册项的提案类型。

角色名称	名称（英文）	名称（中文）	说明	备注
枚举	S100_RE_ProposalType	S100_RE_ 提案类型		
文字	Addition	增加	项需要加到注册表中	
文字	Clarification	更正	对注册表中项的非实质性修改	
文字	Supersession	取代	项已被其他项取代，不再建议使用	
文字	Retirement	停用	已形成决议，该项不再建议使用。该项未被其他项取代	

2-7.11 RE_Disposition（处置）

枚举型“RE_Disposition”指明了如何处理关于增加或修改注册项的提案。

角色名称	名称（英文）	名称（中文）	说明	备注
枚举	RE_Disposition	RE_ 处置		
文字	withdrawn	撤销	提交组织已撤销提案	
文字	accepted	采纳	控制组决定采纳提案	
文字	notAccepted	不采纳	控制组决定不采纳提案	

第 2a 部分

要素概念字典注册表
（Feature Concept Dictionary Registers）

2a-1 范围

IHO 注册系统包含大量注册表，而其中许多注册表是要素概念字典（Feature Concept Dictionaries，FCD）。要素概念字典规定了描述地理信息所用的海洋测绘词汇定义。采用注册表存储定义可大幅提升 IHO 对多种 S-100 产品进行管理和扩展的能力，相关产品可在较短的时间内投入使用。注册表将注册项对外公布，并提高其在潜在用户中的曝光度，便于支持注册项用于多种目的。该部分阐述了注册表的内容，同时也规定了建立、维护和发布具有唯一性、明确性和持久性的标识符注册表所需遵循的程序，标识符是给地理信息、海洋测绘信息和元数据信息分配的项。为了实现该目的，该部分规定了对注册项进行标识和定义所需的信息元素。

2a-1.1 一致性

该专用标准遵照 ISO 19106:2004 级别 2。以下是该专用标准和 ISO 19126：2008 在泛化和特化不同之处的简要说明：

1）引入一个新类“S100_CD_InformationConcept”。

2）引入新类“S100_CD_FeatureBinding”“S100_CD_InformationBinding”以及“S100_FC_AttributeBinding”。

3）引入一个新类“S100_CD_AttributeConstraints”。

4）类“FC_FeatureAttribute”被改为抽象类“S100_CD_Attribute”。

5）引入新类“S100_CD_SimpleAttributeConcept”和“S100_CD_ComplexAttributeConcept”。

6）引入一个新类“S100_CD_InformationRole”。

7）不再使用“CD_InheritanceRelation”“CD_FeatureOperation”“CD_Binding”“CD_Constraint”以及“CD_BoundFeatureAttribute”。

2a-2 规范性引用文件

该文档的应用需要以下引用文件。标注日期的引用，只有引用的版本才有效。未标注日期的引用，引用文件（包含所有更正）的最新版本才有效。

ISO 19135：2005，地理信息—地理信息项目的注册程序（Geographic Information—Procedures for registration of items of geographic information）

ISO 19126：2009，地理信息—要素概念字典和注册表（Geographic Information—Feature concept dictionaries and registers）

ISO 8601：2004，数据元素和交换格式—信息交换—日期和时间的表示（Data elements and interchange formats—Information interchange—Representation of dates and times）

ISO/IEC 10646:2017，信息技术—通用字符集（Information Technology–Universal Coded Character Set）

RFC 3986，统一资源标识符（URI）：通用语法（Uniform Resource Identifier: Generic Syntax. T.

Berners-Lee，R. Fielding，L. Masinter. Internet Standard 66，IETF.URL: http://www.ietf.org/rfc/rfc3986.txt or http://www.rfc-editor.org/info/std66）

RFC 2141，URN 语法（URN Syntax，R. Moats. IETF RFC 2141，1997 年 5 月。URL: http://www.rfc- editor.org/info/rfc2141）

2a-3 基本概念

2a-3.1 注册表

如第 2 部分所述，注册表只是一个受管理的列表。它比固定的文档要好管理，因为只要需要，新的项可以很容易加到注册表中，注册表中已有的项可以更正、取代或者停用。每一个注册项都关联着若干个日期，用以指明每一次的状态变化。这意味着如果一个产品规范是在某一日期定义的，它应该引用注册表中某一个具体时间点的项。

2a-3.2 要素概念字典

一个要素概念字典规定了独立的定义集，包括要素、属性、枚举值以及信息类型，这些定义可能用于描述地理信息、海洋测绘信息或者元数据信息。要素概念字典可用来开发要素目录。与要素目录不同的是，要素概念字典和要素没有关联，也没有绑定属性到要素。

要素信息的注册表可作为由其他地理信息团体建立的类似注册表的参考源，进而作为一个交叉引用系统的组成部分。

2a-3.3 要素目录

要素目录是一个描述数据产品内容的文档。它使用来自一个或者多个概念字典的项类型，并把它们绑定到一块，比如，要素和属性。另外，约束、度量单位和属性描述格式也可以被规范化。要素目录在 S-100 第 5 部分中有详细描述。

2a-4 IHO 要素概念字典

2a-4.1 注册项的类型

可以注册的项类型如下：

1）Feature Concept（要素概念）—现实世界现象的抽象。

2）AttributeConcept（属性概念）—要素概念的特征。

3）EnumeratedValueConcept（枚举值概念）—组成属性值域的一组互斥值中。

4）InformationConcept（信息概念）—可标识的对象，包含属性以及和其他信息概念的关联，但是不包含空间信息。

5）Codelist（代码表）—开放枚举或词汇表的标识符（代码、标签和定义之间的映射）。

2a-4.2　要素概念字典中的数据模型

2a-4.2.1　UML 模型

下图表示海洋测绘要素概念字典的信息模型：

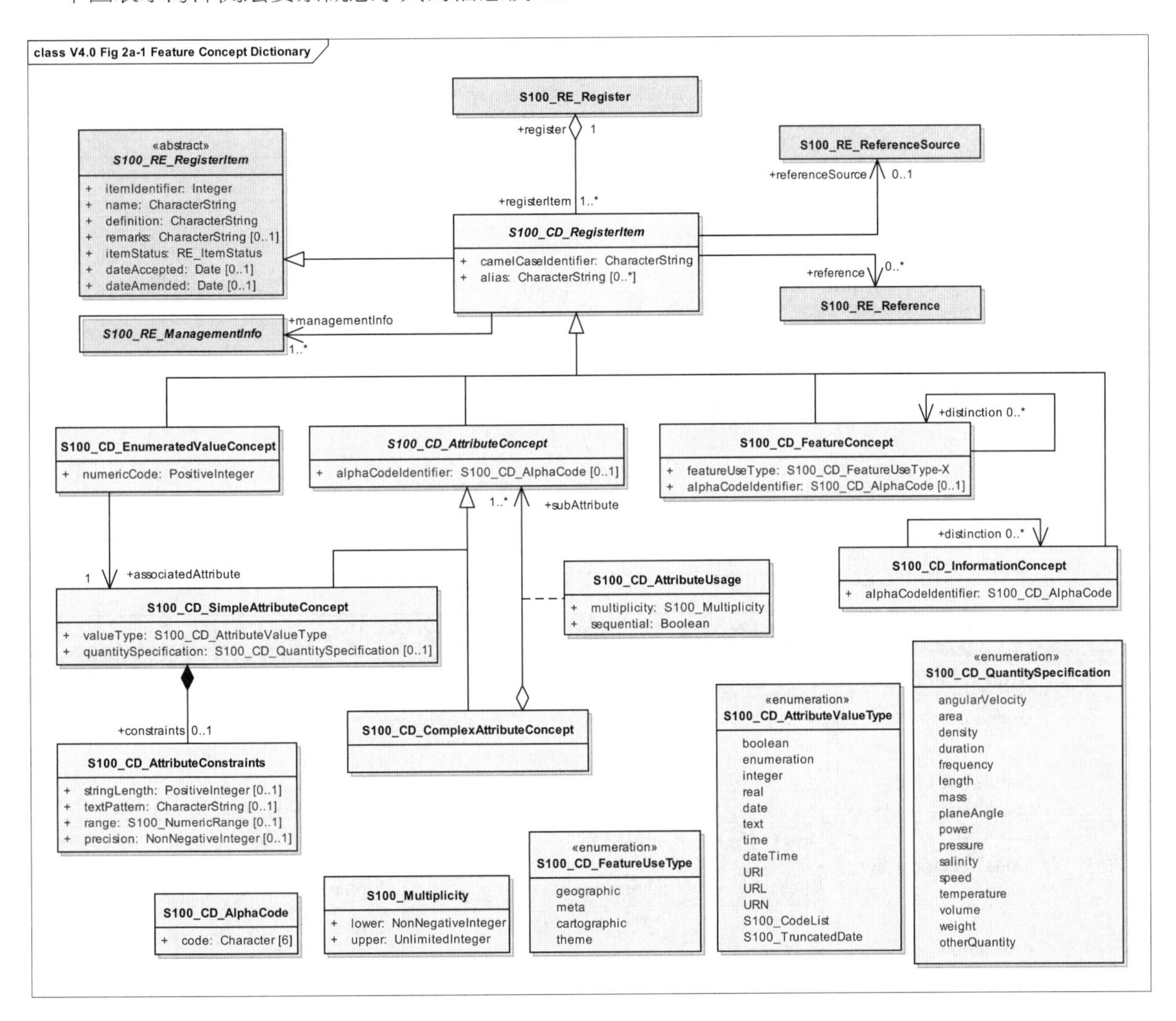

图2a-1　要素概念字典

2a-4.2.2　S100_RE_Register（注册表）

类“S100_RE_Register”建立了要素概念字典中注册表的模型。更多细节可以在 S-100 第 2 部分中找到。

2a-4.2.3　S100_CD_RegisterItem（注册项）

类“S100_CD_RegisterItem”是类“S100_RE_RegisterItem”的特化，它具有列在 2a-4.1 节中各类已注册项的共同特征。

角色名称	名称（英文）	名称（中文）	说明	多重性	数据类型	备注
属性	camelCaseIdentifier	驼峰式拼写标识符	使用驼峰式拼写符号的标识符	1	CharacterString	如下所示
属性	alias	别名	该项等同的名称	0..*	CharacterString	

驼峰式拼写标识符必须符合以下要求：

1）采用单词组合，并且单词与单词之间没有空格，在组合内部进行大写。

2）在注册系统中唯一。

3）遵照 ISO 646 关于大写字符 A-Z，0-9，“_”和小写字符 a-z 的规定。

4）要素和信息类型必须以大写字母 A-Z 开头。

5）属性和枚举值必须以小写字母 a-z 开头。

示例 1 “Beacon Cardinal”是要素“Beacon Cardinal”的驼峰式拼写标识符。

示例 2 “category of Landmark”是属性“Category of Landmark”的驼峰式拼写标识符。

2a-4.2.4 RE_ItemStatus（项状态）

类“RE_ItemStaus”标识了“S100_CD_RegisterItem”的注册状态。更多细节可以在 S-100 第 2 部分中找到。

2a-4.2.5 S100_CD_FeatureConcept（要素概念）

该类继承自“S100_CD_RegisterItem”。它定义了以下附加特性：

角色名称	名称（英文）	名称（中文）	说明	多重性	数据类型	备注
类	S100_CD_Feature Concept	S100_CD_要素概念	要素概念字典的要素类型	—	—	继承自“S100_CD_RegisterItem”
属性	featureUseType	要素用途类型	要素类型的预期用途	1	S100_CD_FeatureUseType	
属性	alphaCodeIdentifier	字母代码标识符	要素类型的简写	0..1	S100_CD_AlphaCode	如下所示
关联角色	distinction	区分	指向其他要素类型的引用	0..*	S100_CD_FeatureConcept	

2a-4.2.6 S100_CD_FeatureUseType（要素用途类型）

角色名称	名称（英文）	名称（中文）	说明	备注
枚举	S100_CD_FeatureUseType	S100_CD_要素用途类型	要素用途类型	
文字	geographic	地理	带有现实世界实体的描述性特征	
文字	meta	元	描绘元信息可用的地理位置，与信息类型不同，信息类型可以携带与对应要素相关联的信息	
文字	cartographic	制图	带有关于现实世界实体的制图表示（包括文本）的信息	
文字	theme	专题	按照专题对要素进行分类	

2a-4.2.7 S100_CD_AttributeConcept（属性概念）

属性可以是简单的，也可以是复杂的。简单属性携带一个具体的值，例如日期。复杂属性是其他简单或复杂属性的聚合。复杂属性的示例见附录 2a-A。该类源自“S100_CD_RegisterItem”，描述了所有属性类型的共同特征。

角色名称	名称（英文）	名称（中文）	说明	多重性	数据类型	备注
类	S100_CD_AttributeConcept	S100_CD_属性概念	要素概念字典中所有属性类型的基类	—	—	继承自“S100_CD_RegisterItem”，并且是抽象类
属性	alphaCodeIdentifier	字母代码标识符	属性类型的简写	0..1	S100_CD_AlphaCode	见 2a-4.2.16

2a-4.2.8 S100_CD_SimpleAttributeConcept（简单属性概念）

角色名称	名称（英文）	名称（中文）	说明	多重性	数据类型	备注
类	S100_CD_SimpleAttributeConcept	S100_CD_简单属性概念	要素概念字典中的一个简单属性	—	—	继承自 S100_CD_AttributeConcept
属性	valueType	值类型	描述值的表示、解释和结构	1	S100_CD_AttributeValueType	见 2a-4.2.10
属性	quantitySpecification	数量规范	数量规范，例如长度、体积、深度、重量等	0..1	S100_CD_QuantitySpecification	
关联	constraints	约束	属性类型的约束	0..1	S100_CD_AttributeConstraints	必须与数据类型一致

如果“valueType”是“S100_Codelist”，则必须满足以下条件之一：

1）有一个与 GI 注册表中所列字典的命名空间相关联的“S100_RE_Reference”。

2）至少有一个“S100_CD_EnumeratedValueConcept”与属性概念关联。

第一个条件中代码表字典为“开放字典”或“闭合字典”类型。第二个条件通过“开放枚举”类型的代码表提供枚举值。具体代码表类型在各个产品规范中规定。

2a-4.2.9 S100_CD_QuantitySpecification（数量规范）

角色名称	名称（英文）	名称（中文）	说明	备注
枚举	S100_CD_QuantitySpecification	S100_CD_数量规范	数量度量的类型	改编自 ISO 19103 度量类型
文字	angularVelocity	角度速度	角度位移随时间的瞬时变化率	来自 ISO 19103

续表

角色名称	名称（英文）	名称（中文）	说明	备注
文字	area	面积	度量任何二维几何对象的物理范围	来自 ISO 19103
文字	density	密度	单位体积质量；单位面积数量；另外：比重（S-32）。水深密度是水深测线之间或同一测线水深之间的间隔（S-32）	“密度”可在不同的意义上使用，度量单位和属性定义必须明确其用途
文字	duration	持续时间	时间间隔	
文字	frequency	频率	每单位时间的振动或循环次数	IHO S-32
文字	length	长度	物体的最长尺寸；沿直线或曲线测量的距离	
文字	mass	质量	物体惯性的数值测量；一个物体所含物质的数量，不论其体积大小	
文字	planeAngle	平面角度	将一条线移动到另一条线或一个平面移动到另一个平面所需要旋转的量，通常采用弧度或者度来度量	来自 ISO 19103“angle”（角度）
文字	power	功率	做功或传递能量的速率；放大率	S-32 将“power”（功率）称为“magnifying power”（放大率）：通过光学仪器观测的线性尺寸表观长度与肉眼观测的比值。度量单位和属性定义必须明确其含义
文字	pressure	压强	单位面积的压力	
文字	salinity	盐度	溶解盐的数量的度量	IHO S-32（缩写）
文字	speed	速率	位置随时间变化的速度	通常使用简单公式计算给定时间间隔内的位置变化。速率是一个标量物理量，具有大小但没有方向。与“velocity”（速度）不同，速度是同时具有大小和方向的矢量（改编自 ISO 19103“速度”）
文字	temperature	温度	热的强度或程度	IHO S-32
文字	volume	体积	任何三维地理对象的物理空间的度量	来自 ISO 19103
文字	weight	重量	物体在重力作用下承受的力	
文字	otherQuantity	其他数量	与该枚举其他文字不同的数量	

2a-4.2.10 S100_CD_AttributeValueType（属性值类型）

角色名称	名称（英文）	名称（中文）	说明	备注
枚举	S100_CD_AttributeValueType	S100_CD_属性值类型	简单属性的值类型	
文字	boolean	布尔型	真或假	
文字	enumeration	枚举型	一些给定值的列表，可以扩展也可以收缩	
文字	integer	整型	有确定的范围、单位和格式的数字值	
文字	real	实型	浮点值	
文字	text	文本	字符序列	
文字	date	日期型	按照 ISO 8601 日期格式规定进行编码的字符	
文字	time	时间型	按照 ISO 8601 时间格式规定进行编码的字符	
文字	dateTime	日期时间型	按照 ISO 8601 日期和时间格式规定进行编码的字符	
文字	URI	URI	按照 RFC 3986 URI 格式规定进行编码的字符	
文字	URL	URL	按照 RFC 3986 URL 格式规定进行编码的字符	
文字	URN	URN	按照 RFC 2141 URN 格式规定进行编码的字符	
文字	S100_CodeList	S100_代码表	词汇表中条目的开放枚举或标识符	
文字	S100_TruncatedDate	S100_截断日期	日期的截断格式	

2a-4.2.11 S100_CD_AttributeConstraints（属性约束）

角色名称	名称（英文）	名称（中文）	说明	多重性	数据类型	备注
类	S100_CD_AttributeConstraints	S100_CD_属性约束	简单属性的约束	—	—	
属性	stringLength	字符串长度	应以正整数表示（也就是＞0），规定了分配给文本属性类型的最多字符数。如果没有指定，那么文本的长度将不受约束	0..1	PositiveInteger	
属性	textPattern	文本模式	一个字符串，规定了可能分配给文本属性值的若干个结构约束。这是通过正则表达式来实现的。本标准应使用 W3C XML 标准第 2 部分附录 F（正则表达式）来定义文本模式	0..1	CharacterString	
属性	range	范围	规定了数字值允许的范围	0..1	S100_NumericRange	
属性	precision	精度	规定了实型的精度	0..1	NonNegativeInteger	

2a-4.2.12 S100_CD_ComplexAttributeConcept（复杂属性概念）

角色名称	名称（英文）	名称（中文）	说明	多重性	数据类型	备注
类	S100_CD_ComplexAttributeConcept	S100_CD_复杂属性概念	要素概念字典中的一个复杂属性类型	—	—	派生自 S100_CD_AttributeConcept
关联	subAttribute	子属性	引用子属性	1..*	S100_CD_AttributeConcept	由“S100_CD_AttributeUsage”定义其特征

2a-4.2.13 S100_CD_AttributeUsage（属性用法）

该类规定了复杂属性与其子属性的关联的特征。

角色名称	名称（英文）	名称（中文）	说明	多重性	数据类型	备注
类	S100_CD_AttributeUsage	S100_CD_属性用法	复杂属性与其子属性的关联的特征	—	—	
属性	multiplicity	多重性	子属性出现的数目	1	S100_Multiplicity	
属性	sequential	有序性	逻辑值，表示复杂属性的子属性是否有一定的顺序	1	Boolean	只有在子属性的多重性 >1 时才适用

2a-4.2.14 S100_CD_EnumeratedValueConcept（枚举值概念）

该类派生自“S100_CD_RegisterItem”，它描述了一个枚举值类型的特征。

角色名称	名称（英文）	名称（中文）	说明	多重性	数据类型	备注
类	S100_CD_EnumeratedValueConcept	S100_CD_枚举值概念	要素概念字典中枚举值类型的特征	—	—	
属性	numeric Code	数字代码	代表域中唯一值的正整数	1	PositiveInteger	
关联	associated Attribute	关联属性	这是个域值所对应的属性类型项	1	Boolean	

2a-4.2.15 S100_CD_InformationConcept（信息概念）

角色名称	名称（英文）	名称（中文）	说明	多重性	数据类型	备注
类	S100_CD_InformationConcept	S100_CD_信息概念	要素概念字典中信息类型的特征	—	—	
属性	alphaCodeIdentifier	字母代码标识符	信息类型项的简写	0..1	S100_CD_AlphaCode	见 2a-4.2.16
关联	distinction	区分	与该信息类型不同的信息类型	0..1	S100_CD_InformationConcept	

2a-4.2.16 S100_CD_AlphaCode（字母代码）

角色名称	名称（英文）	名称（中文）	说明	多重性	数据类型	备注
类	S100_CD_AlphaCode	S100_CD_字母代码	项的简写	—	—	
属性	code	代码	代码	6	Character	如下所示

“code”必须符合以下要求：

1）在注册系统内必须唯一，以便每个注册项都有一个字母代码；

2）严格使用六个字母；

3）遵照 ISO 646 标准，大写字母是 A-Z，0-9，“_”，“$”，小写字母是 a-z；

4）以大写 A-Z、小写 a-z 或者“$”开头。

示例：“PUBREF”是要素类型“Publication Reference”的字母代码。

2a-4.2.17 S100_RE_ReferenceSource（引用来源）

要素概念字典中的每一个项都有定义。如果定义是从外部来源引入的，该类描述了来源文档的引用。更多细节可以在 S-100 第 2 部分中找到。

2a-4.2.18 S100_RE_Reference（引用）

该类定义了其他文档的引用，从中可以找到注册项的其他信息。更多细节可以在 S-100 第 2 部分中找到。

2a-4.2.19 S100_RE_ManagementInfo（管理信息）

该类包含了注册项的管理信息。更多细节可以在 S-100 第 2 部分中找到。

附录 2a-A　复杂属性示例（资料性）

一个灯标可能有多个光弧，所有光弧共享相同的灯质及序列。其他共有的属性有高度和名称。

所有描述光弧的属性构成了复杂属性“Light sector”（扇形光弧），也定义了一个复杂属性“rhythm”（灯光节奏）。

“lightSector”中使用的简单属性有：

- sectorLimit1（扇形界限 1，类型：Real）
- sectorLimit2（扇形界限 2，类型：Real）
- colour（颜色，类型：Enumeration）
- valueOfNominalRange（标准射程，类型：Real）

因此该复杂属性是：

特征	值	
名称	Light sector（扇形光弧）	
定义	光弧是从中心到圆周绘制的两条直线之间的一段圆弧（牛津高阶英语词典，第 2 版）	
备注	n/a	
驼峰式拼写	lightSector	
字母代码	LITSEC	
子属性	属性绑定	
驼峰式代码标识符	多重性	有序性
sectorLimit1（扇形界限 1）	1	n/a
sectorLimit2（扇形界限 2）	1	n/a
colour（颜色）	1	n/a
valueOfNominalRange（标准射程）	0..1	n/a

注释　多重性和有序性包含在复杂属性和子属性之间的属性中。

“Rhythm of light”（灯光节奏）由以下几个组成：

- lightCharacteristic（灯质）
- signalPeriod（信号周期）
- signalGroup（信号组）

特征	值
名称	灯光节奏
定义	
备注	n/a
驼峰式拼写	rhythmOfLight
字母代码	RHYLGT

续表

子属性	属性绑定	
驼峰式代码标识符	多重性	有序性
lightCharacteristic（灯质）	1	n/a
signalPeriod（信号周期）	0..1	n/a
signalGroup（信号组）	0..1	n/a

描述灯光节奏的第二种方法是“signal sequence”（信号序列），使用的是 S-57 SIGSEQ 属性。一个信号序列由一些信号开和关的间隔表示（这里是照明或者遮蔽）。

特征	值	
名称	信号序列间隔	
定义	tbd.	
备注	n/a	
驼峰式拼写	signalSequenceInterval	
字母代码	SGSQIN	
子属性	属性绑定	
驼峰式代码标识符	多重性	有序性
signalStatus（信号状态）	1	n/a
duration（持续时间）	1	n/a

一个信号序列正是上述间隔的有序列表。

特征	值	
名称	信号序列	
定义	所有“light characteristics”（灯质）发光和熄灭所占据时间的序列（改编自 S-57 第 3.1 版，附录 A，第 2 章，2.191 页，2000 年 11 月）	
备注	n/a	
驼峰式拼写	signalSequence	
字母代码	SIGSEQ	
子属性	属性绑定	
驼峰式代码标识符	多重性	有序性
signalSequenceInterval（信号序列间隔）	1..*	真

灯标对象可由以下几个成分组成：

Light（灯标）：

- rhythmOfLight（灯光节奏）[1..*]
- lightSector（扇形光弧）[1..*]
- signalSequence（信号序列）[0..1]
- objectName（对象名称）[0..1]
- height（高度）[0..1]

尽管数据字典给出相关属性的定义，但是该定义是在要素目录中的。

第 2b 部分

图示表达注册表

（Portrayal Register）

2b-1 范围

IHO 注册系统包含大量注册表，其中一个注册表用于图示表达。图示表达注册表给出数据图示表达相关资源。数据的图示表达不依赖于数据，但又与数据密切相关，即数据集内的属性决定着图示表达的过程，同一个数据可能有多个不同的图示表达。采用注册表存储定义可大幅提升 IHO 对多种 S-100 产品进行管理和扩展的能力，相关产品可在相对较短的时间内投入使用。注册表将注册项对外公布，并在潜在用户中提高其曝光度，便于支持注册项用于多种目的。该部分介绍图示表达注册表的内容。

2b-1.1 一致性

该专用标准遵照 ISO 19106:2004 级别 2。

2b-2 规范性引用文件

该文档的应用需要以下引用文件。标注日期的引用，只有引用的版本才有效。未标注日期的引用，引用文件（包含所有更正）的最新版本才有效。

ISO 19135：2005，地理信息—地理信息项目的注册程序（Geographic Information—Procedures for registration of items of geographic information）

ISO 19126：2009，地理信息—要素概念字典和注册表（Geographic Information—Feature concept dictionaries and registers）

ISO 19117：2012，地理信息—图示表达（Geographic Information—Portrayal）

2b-3 基本概念

2b-3.1 注册表

如第 2 部分所述，注册表只是一个受管理的列表。它比固定的文档要好管理，因为只要需要，新的项可以很容易加到注册表中，注册表中已有的项可以更正、取代或者停用。每一个注册项都关联着若干个日期，用以指明每一次的状态变化。这意味着一个产品规范，是在某一日期定义的，它应该引用注册表中某一个具体时间点的项。

2b-3.2 图示表达注册表

图示表达注册表给出了点符号、图案符号、复杂线型和颜色符号等独立定义集。另外，图示表达注册表可以细分为不同的域。图示表达注册表可用于开发图示表达目录。图示表达注册表与图示表达目录不同，它不定义图示表达规则，也不将图示表达绑定到要素上。

图示表达信息的注册表可作为由其他地理信息团体建立的类似注册表的引用来源，进而作为一个带有交叉引用的系统的一部分。

2b-3.3 图示表达目录

图示表达目录包含将要素映射到符号体系的图示表达函数，还包含符号定义、颜色定义、图示表达参数和图示表达管理概念（例如可视组）。图示表达目录在 S-100 第 9 部分中有详细描述。

2b-4 IHO 图示表达注册表

2b-4.1 注册项的类型

可以注册的项类型如下：

1）Pixmap（像素图）

2）Colour Token（颜色标记）

3）Colour Profile（颜色配置文件）

4）Symbol（符号）

5）Line Style（线型）

6）Area Fill（面填充）

7）Font（字体）

8）Viewing Group（可视组）

9）Viewing Group Layer（可视组图层）

10）Display Mode（显示模式）

11）Display Plane（显示平面）

12）Context Parameter（上下文参数）

13）Symbol Schema（符号模式）

14）Line Style Schema（线型模式）

15）Area Fill Schema（面填充模式）

16）Pixmap Schema（像素图模式）

17）Colour Profile Schema（颜色配置文件模式）

18）Cascading Style Sheet（级联样式表）

19）Display priority（显示优先级）

2b-4.2 图示表达注册表的数据模型

2b-4.2.1 UML 模型

图 2b-1 和图 2b-2 分别表示海洋测绘图示表达注册表的注册表管理模型和信息模型：

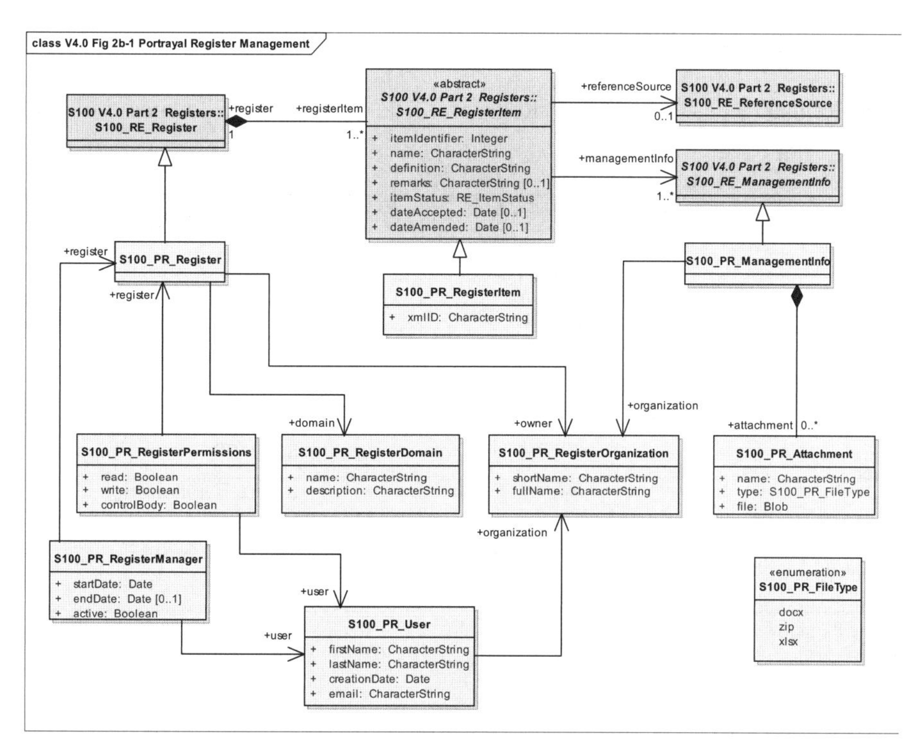

图2b-1 图示表达注册表管理模型

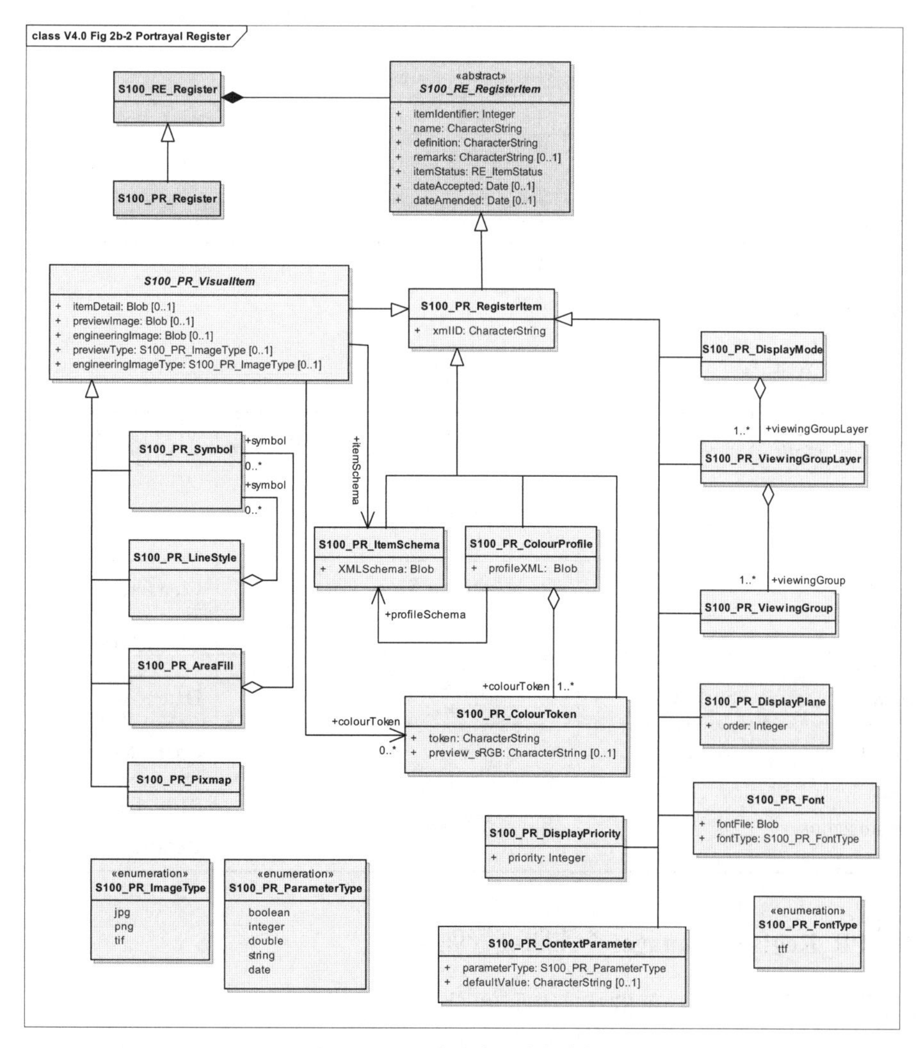

图2b-2 图示表达注册表信息模型

2b-4.2.2 S100_PR_Register（注册表）

类“S100_PR_Register”是类“100_RE_Register”的特化，扩展了“owner”和“domain”。每个组织都可以有一个专用注册表，而注册表针对特定领域。

角色名称	名称（中文）	名称（英文）	说明	多重性	数据类型	备注
类	S100_PR_Register	S100_PR_注册表	S100_RE_Register 的图示表达注册表扩展	—	S100_RE_Register	继承 S100_RE_RegisterItem 所有的特征，用域和所有者进行扩展
Association	owner	所有者	负责注册表内容管理的组织	1	S100_PR_RegisterOrganization	
Association	domain	域	注册表主要应用领域	1	S100_PR_Register Domain	

2b-4.2.3 S100_PR_RegisterDomain（注册表域）

该类表示注册表主要应用领域。

角色名称	名称（中文）	名称（英文）	说明	多重性	数据类型	备注
类	S100_PR_RegisterDomain	S100_PR_注册域	域的定义	—	—	
属性	name	名称	域的名称	1	CharacterString	
属性	description	说明	域的说明	1	CharacterString	

2b-4.2.4 S100_PR_User（用户）

该类表示注册表的用户。

角色名称	名称（英文）	名称（中文）	说明	多重性	数据类型	备注
类	S100_PR_RegisterUser	S100_PR_注册用户	表示注册表用户	—	—	
属性	firstName	第一个名	用户的第一个名	1	CharacterString	
属性	lastName	最后一个名	用户的最后一个名	1	CharacterString	
属性	creationDate	创建日期	用户登入日期	1	Date	
属性	email	电子邮箱	用户的 Email	1	CharacterString	
关联	organization	组织	指向某个组织	1	S100_PR_RegisterOrganization	

2b-4.2.5 S100_PR_RegisterManager（注册表管理员）

该类表示注册表管理员及其当前的状态和时间段。

角色名称	名称（英文）	名称（中文）	说明	多重性	数据类型	备注
类	S100_PR_RegisterManager	S100_PR_注册表管理员	表示一个注册表的管理员	—	—	
属性	startDate	起始日期	管理员的起始日期	1	Date	
属性	endDate	结束日期	管理员职责结束的日期	0..1	Date	
属性	active	活跃	如管理员当前活跃则进行标记	1	Boolean	
关联	register	注册表	管理员管理的注册表	1	S100_PR_Register	
关联	user	用户	用户是管理员	1	S100_PR_User	

2b-4.2.6 S100_PR_RegisterOrganization（注册表组织）

该类表示一个注册表组织。

角色名称	名称（英文）	名称（中文）	说明	多重性	数据类型	备注
类	S100_PR_RegisterOrganization	S100_PR_注册组织	注册表组织的定义	—	—	
属性	shortNmae	简称	名称缩写或简写	1	CharacterString	
属性	fullName	全称	组织的全名	1	CharacterString	

2b-4.2.7 S100_PR_RegisterPermissions（注册表许可）

该类用于向注册表用户分派许可。

角色名称	名称（英文）	名称（中文）	说明	多重性	数据类型	备注
类	S100_PR_RegisterPermissions	S100_PR_注册表许可	注册表用户许可	—	—	
属性	read	读取	读取注册项的许可	1	Boolean	
属性	write	写入	写入注册项的许可	1	Boolean	
属性	controlBody	控制组	用户是控制组	1	Boolean	参见第 2 部分注册表的管理
关联	register	注册表	管理员所管理的注册表	1	S100_PR_Register	
关联	user	用户	用户是管理员	1	S100_PR_User	

2b-4.2.8 S100_PR_ ManagementInfo（管理信息）

该类是“S100_RE_ManagementInfo”类的图示表达扩展，增加了对组织对象及其潜在附件的引用。

角色名称	名称（英文）	名称（中文）	说明	多重性	数据类型	备注
类	S100_PR_ ManagementInfo	S100_PR_ 管理信息	S100_RE_ ManagementInfo 的扩展	—	S100_RE_ ManagementInfo	
关联	organization	组织	提交注册项的组织	1	S100_PR_ RegisterOrganization	
关联	attachment	附件	单个或多个附件	0..*	S100_PR_Attachment	

2b-4.2.9 S100_PR_Attachment（附件）

该类处理附件。

角色名称	名称（英文）	名称（中文）	说明	多重性	数据类型	备注
类	S100_PR_ Attachment	S100_PR_ 附件	存放附件	—	—	
属性	name	名称	附件名称	1	CharacterString	
属性	type	类型	附件类型	1	S100_PR_FileType	
属性	file	文件	附件	1	Blob	

2b-4.2.10 S100_PR_RegisterItem（注册项）

类“S100_PR_RegisterItem”是类“S100_RE_RegisterItem”的特化，携带一个有效 XML 标识符以便在图示表达目录中使用。

角色名称	名称（英文）	名称（中文）	说明	多重性	数据类型	备注
类	S100_PR_ RegisterItem	S100_PR_ 注册项	S100_RE_RegisterItem 的扩展	—	S100_RE_ RegisterItem	
属性	xmlID		有效 XML 的标识字符串	1	CharacterString	

2b-4.2.11 S100_PR_VisualItem（可视项）

“S100_PR_RegisterItem”的一个抽象特化，用于表示“symbol”（符号）、“LineStyle”（线型）、“areaFill”（面填充）或“pixmap”（像素图）。每一个可视项都带有一个 XML 标识串和 XML 文档，以及预览图像和工程图像，等等。

角色名称	名称（英文）	名称（中文）	说明	多重性	数据类型	备注
类	S100_PR_VisualItem	S100_PR_可视项	抽象类表示图形要素，如符号或线型	—	S100_PR_RegisterItem	
属性	itemDetail	项细节	项的 XML 文件	0..1	Blob	
属性	previewImage	预览图像	项的一个预览图像	0..1	Blob	
属性	engineeringImage	工程图像	有度量的工程图像	0..1	Blob	
属性	previewType	预览类型	预览图像的文件类型	0..1	S100_PR_ImageType	与“previewImage”（预览图像）配套
属性	engineeringImageType	工程图像类型	工程图像的文件类型	0..1	S100_PR_ImageType	与“engineeringImage”（工程图像）配套
关联	itemSchema	项模式	使项有效的 XML 模式	1	S100_PR_ItemSchema	
关联	colourToken	颜色标记	可视项所用的颜色标记	0..*	S100_PR_ColourToken	构建“Portrayal Catalogue”（图示表达目录）时，用于指定依赖关系

2b-4.2.12 S100_PR_ Symbol（符号）

类“S100_PR_Symbol”是类“S100_PR_VisualItem”的一个特化，使得符号可按照第 9 部分“Portrayal”（图示表达）进行注册。

角色名称	名称（英文）	名称（中文）	说明	多重性	数据类型	备注
类	S100_PR_Symbol	S100_PR_ 符号	符号可视项	—	S100_PR_VisualItem	

2b-4.2.13 S100_PR_LineStyle（线性）

类“S100_PR_LineStyle”是类“S100_PR_VisualItem”的一个特化，使得线型可按照第 9 部分“Portrayal”（图示表达）进行注册。

角色名称	名称（英文）	名称（中文）	说明	多重性	数据类型	备注
类	S100_PR_LineStyle	S100_PR_ 线型	线型可视项	—	S100_PR_VisualItem	
关联	symbol	符号	线型所用的符号	0..*	S100_PR_Symbol	用于指定依赖关系

2b-4.2.14 S100_PR_ AreaFill（面填充）

类“S100_PR_AreaFill”是类“ S100_PR_VisualItem”的一个特化，使得面填充可按照第 9 部分“Portrayal”（图示表达）进行注册。

角色名称	名称（英文）	名称（中文）	说明	多重性	数据类型	备注
类	S100_PR_ AreaFill	S100_PR_ 面填充	面填充可视项	—	S100_PR_ VisualItem	
关联	symbol	符号	面填充所用的符号	0..*	S100_PR_ Symbol	用于指定依赖关系

2b-4.2.15 S100_PR_ Pixmap（像素图）

类“S100_PR_Pixmap”是类“S100_PR_VisualItem”的一个特化，使得像素图可按照第 9 部分“Portrayal”（图示表达）进行注册。

角色名称	名称（英文）	名称（中文）	说明	多重性	数据类型	备注
类	S100_PR_Pixmap	S100_PR_ 像素图	像素图可视项	—	S100_PR_ VisualItem	

2b-4.2.16 S100_PR_ ItemSchema（项模式）

类“S100_PR_ItemSchema”是类“S100_PR_RegisterItem”的一个特化，使得图示表达项模式可按照第 9 部分“Portrayal”（图示表达）进行注册。

角色名称	名称（英文）	名称（中文）	说明	多重性	数据类型	备注
类	S100_PR_ ItemSchema	S100_PR_ 项模式	一个 XML 图示表达项的模式	—	S100_PR_ RegisterItem	
属性	XMLSchema	XML 模式	XML 模式存储为一个 Blob	1	Blob	源于第 9 部分“Portrayal”（图示表达）中的模式

2b-4.2.17 S100_PR_ColourToken（颜色标记）

类“S100_PR_ColourToken”是类“S100_PR_RegisterItem”的一个特化。颜色标记的定义作为“colourToken”类型的一个注册项，带有标记串和 Hex 编码的预览 RGB 值。具体的颜色 CIE 值等内容存储在一个颜色配置文档结构中。

角色名称	名称（英文）	名称（中文）	说明	多重性	数据类型	备注
类	S100_PR_ ColourToken	S100_PR_ 颜色标记	颜色标记的定义	—	S100_PR_ RegisterItem	
属性	token	标记		1	CharacterString	
属性	preview_sRGB	预览 _sRGB		0..1	CharacterString	

2b-4.2.18 S100_PR_ColourProfile（颜色配置文件）

类“S100_PR_ColourProfile”是类“S100_PR_RegisterItem”的一个特化。

角色名称	名称（英文）	名称（中文）	说明	多重性	数据类型	备注
类	S100_PR_ColourProfile	S100_PR_颜色配置文件	颜色配置文件的具体内容作为类型“colourProfile”（颜色配置文件）的一个注册项	—	S100_PR_RegisterItem	
属性	profileXML	配置文 XML	颜色配置文件的 XML 文件	1	Blob	
关联	profileSchema	配置文件模式	颜色配置文件 XML 文件的模式	1	S100_PR_ItemSchema	

2b-4.2.19 S100_PR_DisplayMode（显示模式）

这是类“S100_PR_RegisterItem”的特化，使得显示模式可按照第 9 部分“Portrayal”（图示表达）进行注册。

角色名称	名称（英文）	名称（中文）	说明	多重性	数据类型	备注
类	S100_PR_DisplayMode	S100_PR_显示模式	用于注册“DisplayMode”（显示模式）	—	S100_PR_RegisterItem	见第 9 部分“Portrayal”（图示表达）
聚合	viewingGroupLayer	可视组图层	若干个可视组图层，详见第 9 部分“Portrayal”（图示表达）中的定义	1..*	S100_PR_ViewingGroupLayer	

2b-4.2.20 S100_PR_ViewingGroupLayer（可视组图层）

这是类 “S100_PR_RegisterItem”的特化，使得可视组图层可按照第 9 部分“Portrayal”（图示表达）进行注册。

角色名称	名称（英文）	名称（中文）	说明	多重性	数据类型	备注
类	S100_PR_ViewingGroupLayer	S100_PR_可视组图层	用于注册“ViewingGroupLayer”（可视组图层）	—	S100_PR_RegisterItem	见第 9 部分“Portrayal”（图示表达）
聚合	viewingGroup	可视组	一个或多个可视组，详见第 9 部分“Portrayal”（图示表达）中的定义	1..*	S100_PR_ViewingGroup	

2b-4.2.21 S100_PR_ViewingGroup（可视组）

这是类“S100_PR_RegisterItem”的特化，使得可视组可按照第 9 部分“Portrayal”（图示表达）进行注册。

角色名称	名称（英文）	名称（中文）	说明	多重性	数据类型	备注
类	S100_PR_ViewingGroup	S100_PR_ 可视组	用于注册一个“ViewingGroup”（可视组）	—	S100_PR_RegisterItem	见第 9 部分“Portrayal”（图示表达）

2b-4.2.22 S100_PR_DisplayPlane（显示平面）

这是类“S100_PR_RegisterItem”的特化。

角色名称	名称（英文）	名称（中文）	说明	多重性	数据类型	备注
类	S100_PR_DisplayPlane	S100_PR_ 显示平面	显示平面定义的具体内容，作为“displayPlane”（显示平面）类型的一个注册项	—	S100_PR_RegisterItem	见第 9 部分“Portrayal”（图示表达）
属性	Order	顺序	用于显示平面绘图顺序的排序	1	Integer	

2b-4.2.23 S100_PR_Font（字体）

这是“S100_PR_RegisterItem”的一个特化。用于“Portrayal Catalogue”（图示表达目录）中字体文件的注册。

角色名称	名称（英文）	名称（中文）	说明	多重性	数据类型	备注
类	S100_PR_Font	S100_PR_ 字体	字体文件定义的具体内容，作为“font”（字体）类型的一个注册项	—	S100_PR_RegisterItem	见第 9 部分“Portrayal”（图示表达）
属性	fontFile	字体文件	图示表达目录中所包含的字体文件	1	Blob	
属性	fontType	字体类型	字体文件的类型	1	S100_PR_FontType	最初仅限于“True Type Font”（真类型字体）

2b-4.2.24 S100_PR_DisplayPriority（显示优先级）

“S100_PR_DisplayPriority”是“S100_PR_RegisterItem”的一个特化。

角色名称	名称（英文）	名称（中文）	说明	多重性	数据类型	备注
类	S100_PR_DisplayPriority	S100_PR_ 显示优先级	用于在图示表达目录中注册显示优先级	—	S100_PR_RegisterItem	见第 9 部分“Portrayal”（图式表达）
属性	priority	优先级	用于绘图指令中绘图顺序的分类	1	Integer	

2b-4.2.25 S100_PR_ContextParameter（上下文参数）

“S100_PR_ContextParameter”是“S100_PR_RegisterItem”的一个特化。

角色名称	名称（英文）	名称（中文）	说明	多重性	数据类型	备注
类	S100_PR_ContextParameter	S100_PR_上下文参数	上下文参数的具体内容，作为“ContextParameter”（上下文参数）类型的一个注册项	—	S100_PR_RegisterItem	见第 9 部分“Portrayal”（图式表达）
属性	parameterType	参数类型	上下文参数的数据类型	1	S100_PR_ParameterType	
属性	defaultValue	缺省值	缺省值或最初的值	0..1	CharacterString	

2b-4.2.26 S100_PR_FileType（文件类型）

角色名称	名称（英文）	名称（中文）	说明	代码	备注
枚举	S100_PR_FileType	S100_PR_文件类型	类型和文件格式	—	
值	docx	docx	Office Open XML 文件	—	基于 Zip 和 XML 的文件格式。不会与 OpenOffice 或通用 XML 混淆
值	zip	zip	Zip 存档格式	—	
值	xlsx	xlsx	Office Open XML 工作簿	—	基于 Zip 和 XML 的电子表格。不会与 OpenOffice 格式或通用 XML 混淆

2b-4.2.27 S100_PR_FontType（字体类型）

角色名称	名称（英文）	名称（中文）	说明	代码	备注
枚举	S100_PR_FontType	S100_PR_字体类型	一种字体规范	—	
值	ttf	ttf	“TrueType”（真类型）字体	—	

2b-4.2.28 S100_PR_ImageType（图像类型）

角色名称	名称（英文）	名称（中文）	说明	代码	备注
枚举	S100_PR_Image Type	S100_PR_图像	一种图像规范	—	
值	jpg	jpg	JPEG 2000 图像编码系统	—	
值	png	png	可移植网络图形格式	—	
值	tif	tif	标记图像文件格式	—	

2b-4.2.29 S100_PR_ParameterType（参数类型）

“S100_PR_ParameterType”的定义和枚举成员，与第 9 部分第 9-13.3.23 条款中的“ParameterType”（参数类型）相同。

第 3 部分

通用要素模型和应用模式规则

（General Feature Model and Rules for Application Schema）

3-1 范围

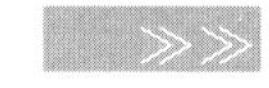

该部分介绍了通用要素模型（General Feature Model，GFM），它是要素及其特征和关联的概念模型。该部分也描述了开发应用模式的规则，是任何基于 S-100 产品规范的基础部分。

该部分的范围包括：

1）从现实世界对要素及其特征进行概念建模；

2）对信息类型及其属性进行概念建模；

3）应用模式的定义；

4）应用模式规则。

不涉及以下内容：

1）要素类型及其特征、信息类型及其特征在目录中的表示；

2）元数据的表示；

3）一个应用模式映射到另一个应用模式的规则；

4）计算机环境下应用模式的实现；

5）计算机系统以及应用模式的软件设计；

6）编程。

此文档中不涉及计算机系统、软件设计和编程。

3-2 一致性

该专用标准遵照 ISO 19106：2004 级别 2。以下是该专用标准与 ISO 19109 在泛化和特化不同之处的简要说明：

1）引入新类 S100_GF_NamedType。

2）引入新类“S100_GF_ObjectType”，作为类“S100_GF_NamedType”的特化。

3）引入新类“S100_GF_InformationType”作为“S100_GF_ObjectType”的特化，它受到与“S100_GF_ThematicAttributeType”关联的约束。

4）“S100_GF_FeatureType”是“S100_GF_ObjectType”的特化。

5）“S100_GF_AttributeType”是“GF_AttributeType”的特化，因为在 S-100 中后者是抽象类。

6）引入新的抽象类“S100_GF_SimpleAttributeType”，作为类“S100_GF_ThematicAttributeType”的特化。

7）不使用“GF_Operation”。

8）不使用“GF_InheritanceRelation”，要素继承用关联继承表示。

9）不使用关联“attributeOfAttribute”，S-100 使用复杂属性实现类似的功能。

10）“S100_GF_AssociationType”不使用“GF_AssociationType”和“GF_FeatureType”之间的泛化关联。相反，它是“S100_GF_NamedType”的特化。

11）“S100_GF_AssociationType”通过 UML 聚合关系与“S100_GF_ThematicAttributeType”关联。即关联可以具有描述性特征。

12）引入新的元类“S100_GF_FeatureAssociationType”和“S100_GF_InformationAssociationType”，作为“S100_GF_AssociationType”的特化。

13）ISO 19109 中“GF_FeatureType”/“GF_AssociationType”关系的关联角色“linkBetween”的实现如下：

a）“S100_FeatureType”/“S100_GF_FeatureAssociationType”关系的角色“linkBetween”；

b）“S100_InformationType”/“S100_GF_InformationAssociationType”关系的角色“linkBetween”；

c）“S100_ObjectType”/“S100_InformationAssociationType”关系的角色“informationLink”。

即只包含要素类型的关联具有语义约束和多重性约束，这些约束与至少包含一种信息类型的关联不同。

14）不使用“GF_LocationAttributeType”“GF_TemporalAttributeType”“GF_Meta DataAttributeType”以及“GF_QualityAttributeType”。

更多上述变更的参考信息或解释可以在以下文本中适当位置找到。

3-3 引用文件

ISO 8601：2004，数据元素和交换格式—信息交换—日期和时间的表示（Data elements and interchange formats-Information interchange–Representation of dates and times）

ISO 19106：2003，地理信息—地理信息—专用标准（Geographic information—Geographic Information – Profiles）

ISO 19108：2002，地理信息—时间模式（Geographical Information—Temporal Schema）（已由技术勘误 1-2006 纠正）

ISO 19107：2003，地理信息—空间模式（Geographic information—Spatial schema）

ISO 19109：2005，地理信息—应用模式规则（Geographic information—Rules for application schema）

ISO 19110：2005，地理信息—要素编目方法（Geographic Information—Methodology for feature cataloguing）

ISO 19115-1：2018，地理信息—元数据—第 1 部分：基础（Geographic information—Metadata— Part 1 – Fundamentals）（由 2018 年修订版 1 更新）

ISO/CD 19115-2，地理信息—元数据—第 2 部分：影像和格网数据的扩展（Geographic information—Metadata—Part2 – Extensions for imagery and gridded data）

3-4 内容

3-4.1 对象

地理应用的数据内容，是根据对现实世界特征的观察和具体应用的相关需求来定义的。数据内容以对象的形式构造。该文档考虑两类对象：

1）要素—要素是和它们的特征一起定义的。

2）信息类型—信息类型被用于不同要素或者其他信息类型之间共享信息。信息类型只有专题属性特征。

GFM 提供了这些对象的概念模型。对象类型的定义详见要素目录。GFM 同时作为要素目录的概念模型。

3-4.2　通用要素模型的派生

本文档介绍了 S-100 产品中各种类型的概念模型，即 GFM，它通过实现 ISO 19109 通用要素模型（General Feature Model）的所有类实现继承（图 3-1）。

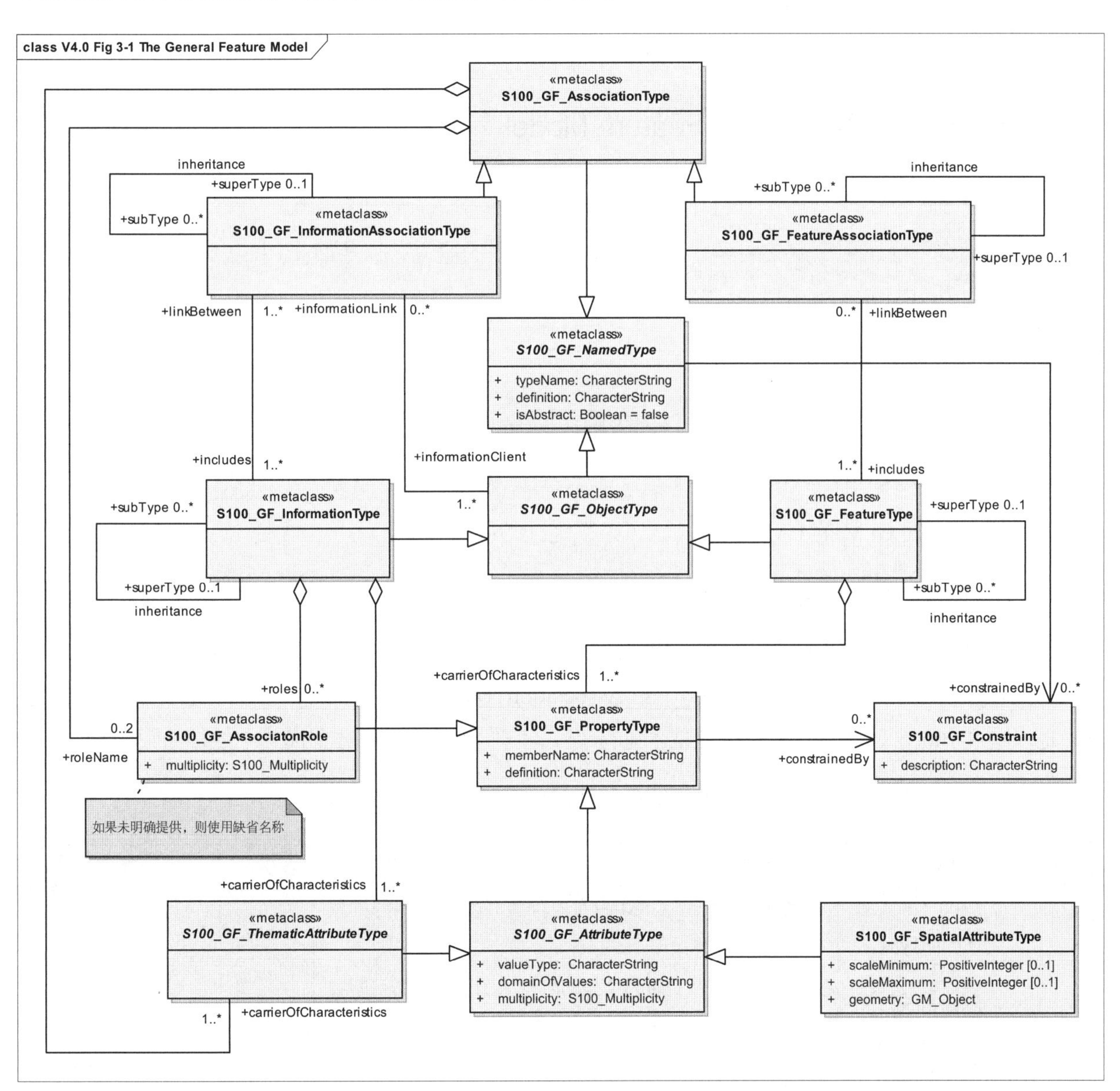

图3-1　通用要素模型

3-5 定义要素和信息类型的基本原则

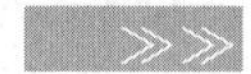

3-5.1 可标识对象

3-5.1.1 要素 Feature

要素是对现实世界现象的抽象表示。要素具有两方面—要素类型和要素实例。要素类型是在要素目录中定义的类。要素实例是要素类型的单次体现，在数据集中以对象的形式表示。

3-5.1.2 信息类型 InformationType

信息类型是要素目录中定义的对象类。信息类型实例是数据集中可标识的信息单元。信息类型只有专题属性特征。信息类型实例可以与若干个要素实例或者其他信息类型关联。

示例 海图注记可以建模为信息类型。

3-5.2 通用要素模型 General Feature Model

3-5.2.1 引言

本条款确定并描述用于定义要素、信息类型及其关联的概念，这些概念用概念模型表达，也称为通用要素模型（GFM）。

3-5.2.2 通用要素模型的用途

GFM 是要素、信息类型及其特征的分类基础，也是要素目录结构的基础。

3-5.2.3 通用要素模型的主要结构

图 3-1 是 S-100 GFM 的 UML 模型。以下条款定义 GFM 中的元素。

3-5.2.4 S100_GF_NamedType（命名类型）

类“S100_GF_NamedType”不是 ISO 19109 的实现，而是专门为 S-100 GFM 而引入的。它是“S100_GF_ObjectType”（对象类型）和“S100_GF_AssociationType”（关联类型）的抽象超类。引入此类的目的是表明 S-100 中对象类型和关联类型之间的共性，它们都是 S-100 数据模式中的核心可识别对象。

表 3-1 S100_GF_NamedType（命名类型）

角色名称	名称（英文）	名称（中文）	说明	多重性	类型
类	S100_GF_NamedType	S100_GF_命名类型	GFM 中对象类型和关联类型的抽象基类	—	—
属性	typeName	类型名称	命名类型的名称。名称在命名空间中应是唯一的	1	CharacterString
属性	definition	定义	描述该命名类型的定义	1	CharacterString
属性	isAbstract	是否抽象	如果为真，该命名属性就是抽象超类。无法创建抽象类型的实例	1	Boolean
角色	constrainedBy	约束	该角色规定对命名类型进行约束	0..*	S100_GF_Constraint

3-5.2.5 S100_GF_ObjectType（对象类型）

类“S100_GF_ObjectType”不是 ISO 19109 的实现，而是专门为 S-100 GFM 而引入的。它是“S100_GF_FeatureType”（要素类型）和“S100_GF_InformationType”（信息类型）的抽象超类。引入该类的目的是表明要素类型和信息类型之间的共性，特别是这些类可通过信息关联与信息类型链接的能力。

表 3-2 S100_GF_ObjectType（对象类型）

角色名称	名称（英文）	名称（中文）	说明	多重性	类型
类	S100_GF_ObjectType	S100_GF_对象类型	GFM 中对象类型的抽象基类	—	—
角色	informationLink	信息链接	链接到一个信息关联，该信息关联标识与某一信息类型实例的关系	0..*	S100_GF_InformationAssociationType

3-5.2.6 S100_GF_FeatureType（要素类型）

类“S100_GF_FeatureType”是 ISO 19109 中类“GF_FeatureType”的实现。它和 ISO 类有以下区别：

1）它是“S100_GF_NamedType”的子类型；

2）它没有通过“GF_InheritanceRelation”实现泛化和特化这两个关联。相反，该类和自身关联，具有“subType”（子类型）和“superType”（超类型）两种角色。“GF_InheritanceRelation”在 S-100 GFM 中没有实现；

3）“超类型”的多重性为 0..1，表示一个要素最多可以拥有一个超类型，其目的是防止 S-100 中出现多重继承；

4）由于“S100_GF_PropertyType”（S-100 对“GF_PropertyType”的实现）的引入，角色“carrierOfCharacteristics”的多重性从 0..* 改为了 1..*。S-100 要素必须具有特征。

表 3-3 S100_GF_FeatureType（要素类型）

角色名称	名称（英文）	名称（中文）	说明	多重性	类型
类	S100_GF_FeatureType	S100_GF_要素类型	现实世界现象的抽象表示类型	—	—
角色	superType	超类型	更通用的要素类型，该要素类型继承的来源	0..1	S100_GF_FeatureType
角色	subType	子类型	更具体的要素类型，从该要素类型继承而来	0..*	S100_GF_FeatureType
角色	linkBetween	链接	指向要素关联的链接，规定一种要素类型与同种或另一种要素类型之间的关系	0..*	S100_GF_FeatureAssociationType
角色	carrierOfCharacteristics	携带特征	用于描述要素类型特征的属性和角色	1..*	S100_GF_PropertyType

3-5.2.7 S100_GF_PropertyType（特征类型）

类“S100_GF_PropertyType”是 ISO 19109 中类“GF_PropertyType”的实现。它和 ISO 类有以下区别：

1）与“S100_GF_FeatureType”（要素类型）关联的多重性从 1 变为 1..*，表示要素和特征在 S-100 要素目录中的描述方式发生了改变。特征类型定义可以在一个或若干个要素类型定义中使用。

2）由于上述多重性的变化，与“S100_GF_FeatureType”（要素类型）关联的关联类型从组合变为聚合。

表 3-4 S100_GF_PropertyType（特征类型）

角色名称	名称（英文）	名称（中文）	说明	多重性	类型
类	S100_GF_PropertyType	S100_GF_特征类型	要素类型所有特征的抽象基类，包括属性和角色	—	—
属性	memberName	成员名称	属性或角色的名称	1	CharacterString
属性	definition	定义	要素类型的属性或角色的说明	1	CharacterString
角色	constrainedBy	约束	该角色规定了一个作用于特征的约束	0..*	S100_GF_Constraint

3-5.2.8 S100_GF_AttributeType（属性类型）

类“S100_GF_AttributeType”是类“GF_AttributeType”在 S-100 中的实现。很大程度上与 ISO 19109 类相同，但存在以下区别：

1）在 S-100 GFM 中没有实现关联“attributeOfAttribute”（属性的属性）。相反，S-100 引入了复杂属性概念。复杂属性在 ISO 19109 条款 7.4 中有更详细的描述。

表 3-5 S100_GF_AttributeType（属性类型）

角色名称	名称（英文）	名称（中文）	说明	多重性	类型
类	S100_GF_AttributeType	S100_GF_属性类型	要素类型所有属性的抽象基类。该模型中有两个子类：专题属性和空间属性	—	—
属性	valueType	值类型	属性值的数据类型	1	CharacterString
属性	domainOfValues	值域	对一组值的描述。对于代码表类型，可以是标识字典或“词汇表”的 URI	1	CharacterString
属性	multiplicity	多重性	可以与单个要素类型实例相关联的属性实例的个数	1	S100_Multiplicity

3-5.2.9 S100_GF_AssociationRole（关联角色）

类“S100_GF_AssociationRole”是 ISO 19109 中类“GF_AssociationRole”在 S-100 中的实现。

表 3-6 S100_GF_AssociationRole（关联角色）

角色名称	名称（英文）	名称（中文）	说明	多重性	类型
类	S100_GF_AssociationRole	S100_GF_关联角色	用于关联的角色	—	—
属性	multiplicity	多重性	可能关联的对象数	1	S100_Multiplicity

3-5.2.10 GF_Operation（操作）

S-100 GFM 中没有实现类“GF_Operation”，因为 S-100 只支持数据传输模型，数据集不能包含操作。

3-5.2.11 S100_GF_AssociationType（关联类型）

类“S100_GF_AssociationType”是 ISO 19109 中类“GF_AssociationType”在 S-100 中的实现。它与 ISO 19019 类的区别在于：

1）ISO 19109 GFM 将“GF_AssociationType”（关联类型）建模为“GF_FeatureType”（要素类型）的子类型。这样做的原因见 ISO 19109 条款 7.3.9。S-100 模型没有将该类定义为“S100_GF_FeatureType”的子类型。在 S-100 中，特征类型之间的关联不视为对现实世界现象的抽象。GFM 采用这种建模方法的结果是，只有专题属性才能有特征关联。

2）“roleName”（角色名称）的多重性是 0..2 而不是 1..*。下限 0 意味着角色为缺省角色“source”（源）或“target”（目标）之一，这从关联类型名称的应用模式语义以及参与要素或信息类的名称可以明显看出。上限表示 S-100 不允许与两个以上参与类的关联。

表 3-7 S100_GF_AssociationType（关联类型）

角色名称	名称（英文）	名称（中文）	说明	多重性	类型
类	S100_GF_AssociationType	S100_GF_关联类型	要素关联和信息关联的抽象基类	—	—
角色	carrierOfCharacteristics	携带特征	描述关联的专题属性	0..*	S100_GF_ThematicAttributeType
角色	roleName	角色名称	用于描述关联端的角色	0..2	S100_GF_AssociationRole

3-5.2.12 S100_GF_InformationType（信息类型）

“S100_GF_InformationType”是 S-100 中表示信息类型的类。信息类型是一个可标识对象，可与要素进行关联，便于携带该关联要素的相关信息。信息类型的一个示例是海图注记。如有与信息类型相关的补充信息，或者需要翻译信息，信息类型也可以彼此关联，例如带有海图注记的主要信息对象可能包含英文文本，相关补充信息对象可能带有同一文本的德语版。

信息类型的特征只能由专题属性类型携带。因此，“S100_GF_InformationType”只与“S100_GF_ThematicAttributeType”（专题属性类型）相关联，而不是与更通用的类“S100_GF_PropertyType”（特征类型）关联。信息类型的关联通过“S100_InformationAssociationType”（信息关联类型）建模。

表 3-8　S100_GF_InformationType（信息类型）

角色名称	名称（英文）	名称（中文）	说明	多重性	类型
类	S100_GF_InformationType	S100_GF_信息类型	可识别对象类型，包括其他对象的补充信息	—	—
角色	superType	超类型	更通用的信息类型，该信息类型从它继承而来	0..1	S100_GF_InformationType
角色	subType	子类型	更具体的信息类型，从该信息类型继承而来	0..*	S100_GF_InformationType
角色	linkBetween	链接	指向信息关联的链接，用于指定一种对象类型与该信息类型之间的关系	0..*	S100_GF_InformationAssociationType
角色	carrierOfCharacteristics	携带特征	描述信息类型特征的专题属性	1..*	S100_GF_ThematicAttributeType
角色	roles	角色	与提供补充信息的其他信息类型关联的角色	0..*	S100_GF_AssociationRole

3-5.2.13　S100_GF_FeatureAssociationType（要素关联类型）

类“S100_GF_FeatureAssociationType”不是 ISO 19109 的实现，而是专门为 S-100 GFM 而引入的，原因在于 S-100 区分了两种类型的关联：要素关联和信息关联，它们的语义和模型都不同。该类描述了要素关联。要素关联描述了不同要素类型的两个实例之间的关系。它可以通过专题属性来表征，通常具有两个角色，分别描述了关系的两端，即这种关系通常是不对称的。

表 3-9　S100_GF_FeatureAssociationType（要素关联类型）

角色名称	名称（英文）	名称（中文）	说明	多重性	类型
类	S100_GF_FeatureAssociationType	S100_GF_要素关联类型	用于描述两种要素类型之间关系的类	—	—
角色	superType	超类型	更一般的要素关联，该要素关联从它继承而来	0..1	S100_GF_FeatureAssociationType
角色	subType	子类型	更具体的要素关联，从该要素关联继承而来	0..*	S100_GF_FeatureAssociationType
角色	includes	包含	该关系中包括的要素类型	1..*	S100_GF_FeatureType

3-5.2.14　S100_GF_InformationAssociationType（信息关联类型）

类“S100_GF_InformationAssociationType”不是ISO 19109的实现，而是专门为S-100 GFM而引入的，原因在于 S-100 区分了两种类型的关联：要素关联和信息关联，它们的语义和模型都不同。该类描述了信息关联。信息关联描述了任意对象与为该对象提供附加信息的信息类型之间的关系，可通过专题属性和角色来表征。

表 3-10 S100_GF_InformationAssociationType（信息关联类型）

角色名称	名称（英文）	名称（中文）	说明	多重性	类型
类	S100_GF_InformationAssociationType	S100_GF_信息关联类型	用于描述对象和信息类型之间关系的类	—	—
角色	superType	超类型	更一般的信息关联，该信息关联从它继承而来	0..1	S100_GF_InformationAssociationType
角色	subType	子类型	更具体的要素关联，从该要素关联继承而来	0..*	S100_GF_InformationAssociationType
角色	includes	包含	该关系包括的信息类型	1..*	S100_GF_InformationType
角色	informationClient	信息终端	在信息关联中充当终端的对象类型	1..*	S100_GF_ObjectType

3-5.2.15 S100_GF_Constraint（约束）

类“S100_GF_Constraint”是 ISO 19109 中类“GF_Constraint”的实现，与“S100_GF_NamedType”（命名类型）关联，而不是 ISO 19109 中与“GF_FeatureType”（要素类型）的关联。

表 3-11 S100_GF_Constraint（约束）

角色名称	名称（英文）	名称（中文）	说明	多重性	类型
类	S100_GF_Constraint	S100_GF_约束	可与命名类型或其特征进行关联的约束	—	—
属性	description	说明	采用自然语言和/或非正式符号描述	1	CharacterString

3-5.3 要素类型的属性

3-5.3.1 引言

该条款更加详细描述了要素和信息类型的属性。

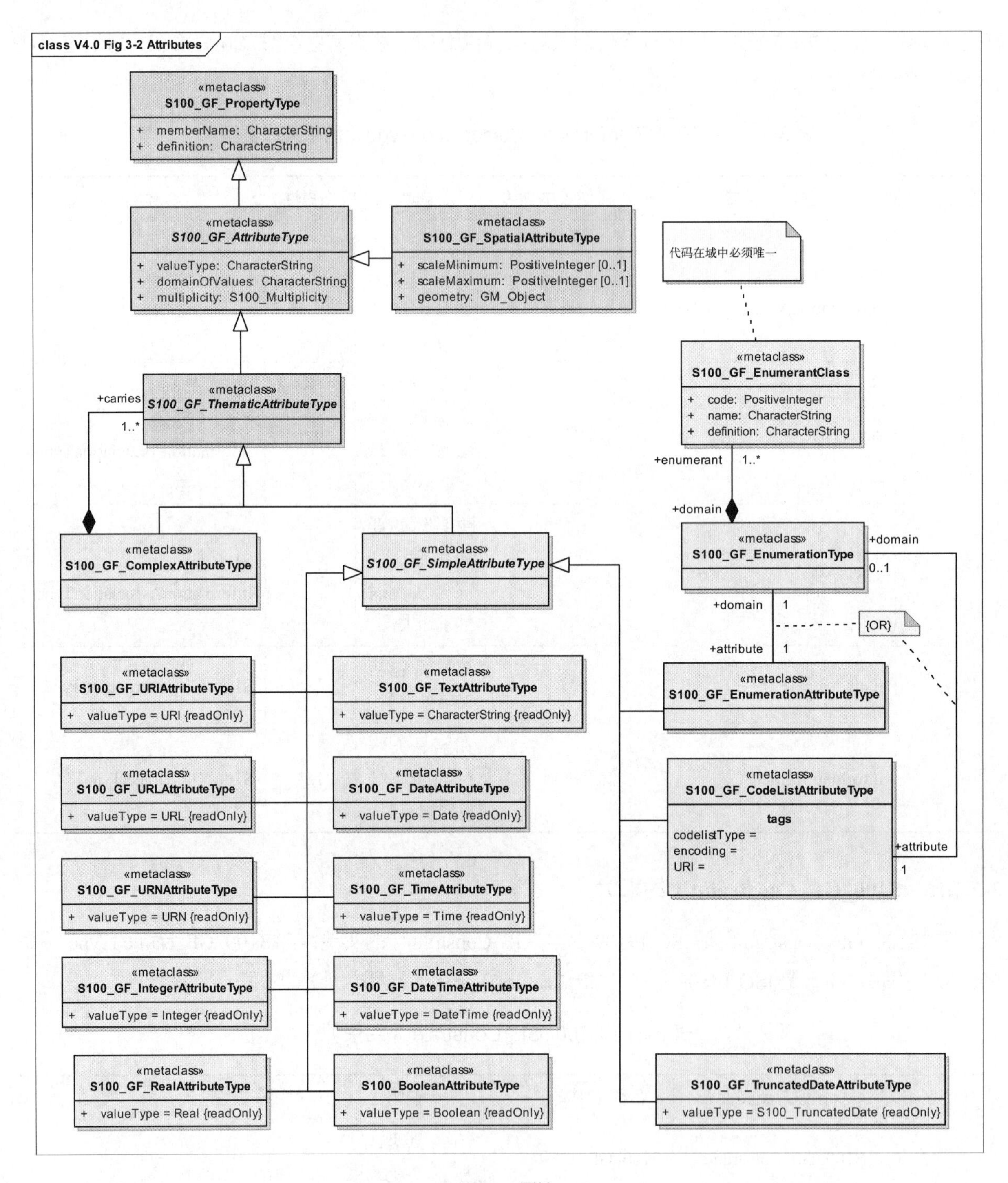

图3-2 属性

3-5.3.2 S100_GF_ThematicAttributeType（专题属性类型）

类“S100_GF_ThematicAttributeType”是 ISO 19109 中类“GF_ThematicAttributeType”的实现。专题属性类型带有对象的描述特征，与 ISO 19109 7.4.3—7.4.7 条款的规定不同。该类和 ISO 19109 类的区别在于：

1）“GF_ThematicAttributeType”在 ISO 19109 中被定义为具体类，而 S-100 GFM 的实现是两个具体子类的抽象类——“S100_GF_SimpleAttributeType”（简单属性类型）以及“S100_GF_

ComplexAttributeType”（复杂属性类型）。

2）时间信息应该通过类型“Date”（日期）、“Time”（时间）、“DateTime”（日期时间）、“S100_TruncatedDate”（截断日期），或者使用简单时间类型组合而成的复杂结构，定义其值的类型。

表 3-12 S100_GF_ThematicAttributeType（专题属性类型）

角色名称	名称（英文）	名称（中文）	说明	多重性	类型
类	S100_GF_ThematicAttributeType	S100_GF_专题属性类型	空间属性以外的所有属性的抽象基类	—	—

3-5.3.3 S100_GF_ComplexAttributeType（复杂属性类型）

S-100 GFM 引入了类“S100_GF_ComplexAttributeType”。复杂属性是其他简单或复杂属性的组合。

3-5.3.4 S100_GF_SimpleAttributeType（简单属性类型）

S-100 GFM 引入了类“S100_GF_SimpleAttributeType”。简单属性类型带有命名类型的描述性特征。

3-5.3.5 S100_GF_SpatialAttributeType（空间属性类型）

类“S100_GF_SpatialAttributeType”是 ISO 19109 类“GF_SpatialAttributeType”的实现。空间属性类型必须含有一个“GM_Object”（对象）类型的属性。“GM_Object”及其子类型的定义详见 S-100 第 7 部分空间模式。

表 3-13 S100_GF_SpatialAttributeType（空间属性类型）

角色名称	名称（英文）	名称（中文）	说明	多重性	类型
类	S100_GF_SpatialAttributeType	S100_GF_空间属性类型	表示空间属性的类，表达要素类型的空间特征	—	—
属性	scaleMinimum	最小比例尺	要素类型实例可用比例尺的最小分母（例如，用于图示表达）	0..1	PositiveInteger
属性	scaleMaximum	最大比例尺	要素类型实例可用比例尺的最大分母（例如，用于图示表达）	0..1	PositiveInteger
属性	geometry	几何	描述要素类型实例几何形状的对象	1	GM_Object

3-5.3.6 GF_TemporalAttributeType（时间属性类型）

ISO 19109 中类“GF_TemporalAttributeType”在 S-100 GFM 中没有明确的实现。时间信息应采用专题属性类型“S100_GF_ThematicAttributeType”建模（详见 6.3.3 节）。

3-5.3.7 GF_MetaDataAttributeType（元数据属性类型）

ISO 19109 中类“GF_MetaDataAttributeType”在 S-100 GFM 中没有明确的实现。元数据类型应该用“S-100 第 4a 部分”元数据部分的复杂专题属性建模。复杂专题属性的定义详见要素目录。

3-5.3.8 GF_QualityAttributeType（质量属性类型）

ISO 19109 中类“GF_QualityAttributeType”在 S-100 GFM 中没有明确的实现。质量元数据类型应该用“S-100 第 4c 部分附录 4c-A 数据质量”的复杂专题属性建模。复杂专题属性的定义详见要素目录。

3-5.3.9 GF_LocationAttributeType（位置属性类型）

ISO 19109 中类“GF_LocationAttributeType”在 S-100 GFM 中没有实现。

3-5.3.10 S100_Truncated DateAttributeType（截断日期属性类型）

类“S100_Truncated DateAttributeType”用于对省略若干个重要部分的日期值进行建模，允许使用部分日期，例如用于重复周期。

3-5.3.11 S100_GF_CodelistAttributeType（代码表属性类型）

S-100 GFM 引入了类“S100_GF_CodelistAttributeType”，用于 S-100 代码表的建模。代码表属性必须与枚举（开放枚举代码表）或字典（开放和闭合字典代码表）相关联，但不能同时与两者关联。字典的结构由外部规范定义。

表 3-14 S100_GF_CodelistAttributeType（代码表属性类型）

角色名称	名称（英文）	名称（中文）	说明	多重性	类型	备注
类	S100_GF_ CodelistAttributeType	S100_GF_ 代码表属性类型	S100_ 代码表属性的抽象基类	—	—	—
标记	codelistType	代码表类型	代码表的类型	1	CharacterString	必须为以下之一：开放枚举、开放字典、闭合字典
标记	URI	统一资源标识符	标识开放或闭合字典代码表的字典	0..1	CharacterString	仅用于开放或闭合字典代码表
标记	encoding	编码	附加信息的编码提示	0..1	CharacterString	仅用于开放枚举或开放字典代码表

3-5.3.12 S100_GF_EnumerationType（枚举类型）

“S100_GF_EnumerationType”和“S100_GF_EnumerantClass”（枚举类）共同实现枚举型的建模，定义了枚举属性的允许值及其语义。枚举类型的实例可用于定义枚举属性、代码列表属性或两者的允许值。

3-5.4 命名类型之间的关系

3-5.4.1 引言

本条款详细描述命名类型之间的关系。关系的总体分类如下：

1）要素类型和信息类型的泛化 / 特化。

2）要素类型和信息类型之间的关联。

3-5.4.2 GF_InheritanceRelation（继承关系）

S-100 中的 GFM 中未实现类“GF_InheritanceRelation”，但通过在类“S100_GF_FeatureType”（要素类型）和类“S100_GF_InformationType”（信息类型）上使用相同的关联，允许对象继承（如图 3-3 所示）。一个关联中，超类型端的多重性类似于子类型只能有一个超类型，其目的是防止多重继承。继承关系这一关联在具体类层次而非抽象类“S100_GF_NamedType”（命名类型）层次，其目的是防止一个要素类型从一个信息类型继承过来，反之亦然。

继承关联只存在于命名类型（类）之间，不存在于命名类型的实例之间（也就是数据集中的实体）。

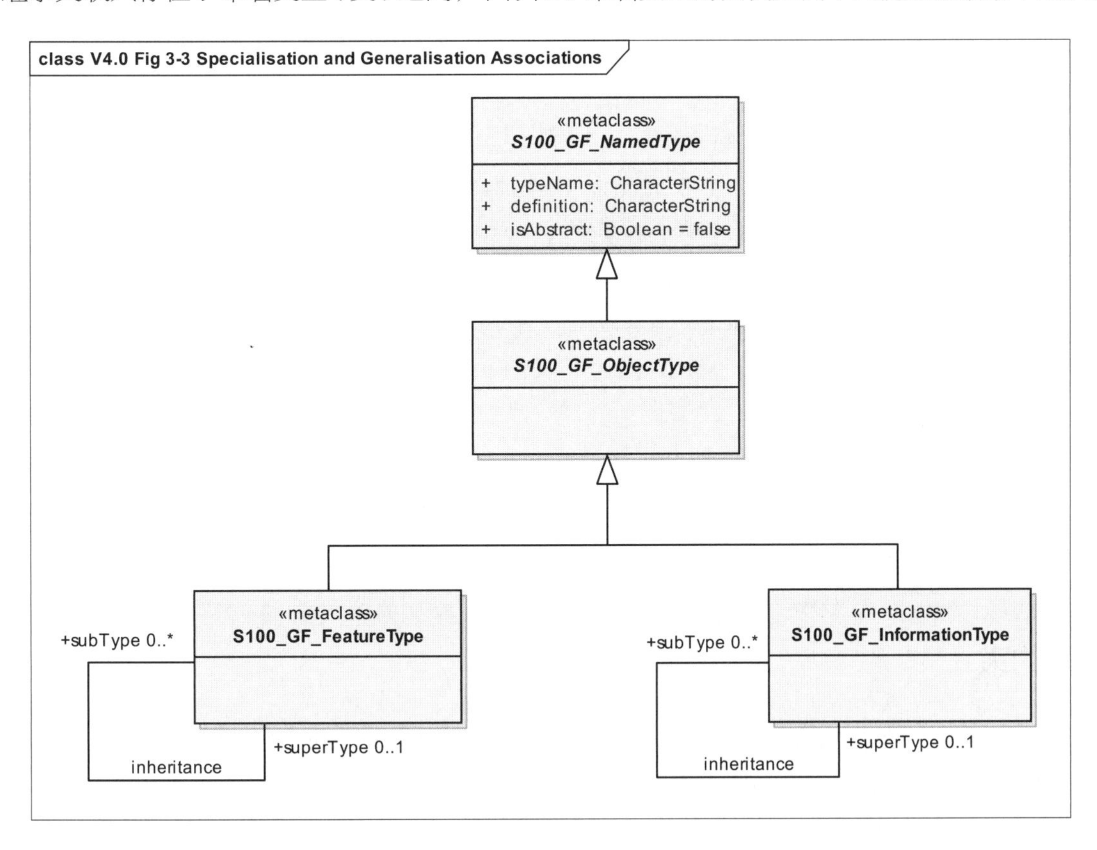

图3-3 特化和泛化关联

3-5.4.3 S100_GF_AssociationType（关联类型）

关联通过类“S100_GF_AssociationType”定义，类“S100_GF_AssociationType”带有两个角色和一个定义。ISO 19109 中类“GF_AggregationType”（聚合类型）、“GF_SpatialAssociationType”（空间关联类型）以及“GF_TemporalAssociationType”（时间关联类型）在 S-100 GFM 中没有明确实现。ISO 19109 GFM 规定了只有一个关联带有特征时，才可使用上述类，因为“GF_AssociationType”是“GF_FeatureType”（要素类型）的子类型，但“S100_GF_AssociationType”不是“S100_GF_FeatureType”的子类型。

3-5.4.4 指向信息类型的关联

S-100 GFM 中引入了“S100_GF_ObjectType”（对象类型）和“S100_GF_InformationType”（信息类型）

之间的关联。“additionalInformation”（附加信息）角色是 S-100 GFM 中该关联的缺省值，这意味着可以为命名类型提供其他信息。

3-5.4.5 关联端的缺省名

应用模式可以指定关联端名称（角色名称）。如果未明确提供名称，应使用以下缺省名称。

1）如果指定了一个关联端的显式名称“<rolename>”（角色名称），另一端应使用缺省名称“inv_<rolename>”（反向角色名称）。

2）如果关联的两端都没有明确名称，缺省角色名称为“the<target class name>”（目标类名称），从源类中引用目标类。

3）上述规则可能不会为应用程序架构中的每个关联端生成不同的名称，因此，如果需要，产品规范可以定义不同规则或附加规则。

4）如需标准名称，可使用以下缺省名称，不使用上文所列的缺省名称。

a）“additionalInformation”（附加信息）角色是从要素到信息类型关联的缺省角色名称。

b）只能在一个方向上指向的要素 / 要素或信息 / 信息关联，可以使用缺省端名称“source”（源）和“target”（目标）。名称“associatedWith”（与之关联）可用于双向关联的两端。

产品规范可以混合使用单个缺省名称和标准缺省名称，但必须明确哪个名称适用特定的关联端。

3-5.5 要素类型的行为

要素类型的行为是通过被作用或者发起操作的某要素类型实例来描述的。操作只适用于互操作模型，不适用于数据传输模型。

3-5.6 约束

可以引入约束以确保数据的完整性。约束通过规定数据组合是否被允许，限制随意应用以防止创建错误的数据。应用模式应当以明确方式标识约束。

只有命名类型和特征可以携带约束。

3-6 应用模式规则（ISO 19109 条款 8）

3-6.1 应用建模过程（ISO 19109 条款 8.1）

应用模式服务于两种目的：

1）实现对具体应用领域中数据内容和结构通用的正确理解。

2）其次是提供计算机可读格式，以便实现数据的自动化管理。

这两个角色隐含了创建应用模式的步骤过程。上述步骤可以简单地描述为：

1）对要实现的应用领域（论域）进行需求调查。

2）使用通用要素模型（GFM）中定义的概念建立应用概念模式。该项任务包含识别要素类型及其特征和约束。

3）必要时使用正规建模语言描述应用模式元素。S-100 应用模式应当使用 UML 按 S-100 该部分定义的规则进行描述。

4）将正规的应用模式和其他标准化的模式（空间模式、质量模式等）集成到完整的应用模式中。

3-6.2 应用模式（ISO 19109 条款 8.2）

3-6.2.1 应用模式的概念模式语言

如果选择一个概念语言用来设计 S-100 应用模式的话，那么它一定是 UML。

3-6.2.2 主要规则

应用模式的数据结构应当在应用模式中建模。

应用模式中用于数据传输的所有类均应当可实例化。这就意味着集成类不能是构造型 <<interface>>（接口）。

3-6.2.3 应用模式识别

1）每个应用模式的标识均应包括名称和版本。版本的引入，可确保供应商和用户就选用哪个版本应用模式来描述特定数据集内容达成共识。S-100 应用模式应建立一个指定唯一名称和版本的体系。

2）在 UML 中，应用模式应当用一个“PACKAGE”（包）来描述，包文件带有应用模式的名称和版本。

3-6.2.4 应用模式存档

1）应用模式应该存档。应当定义记录 S-100 应用模式的方法，确保 S-100 产品规范的统一性。

2）采用 UML 对应用模式进行存档时，如果相关信息可以导出，可以利用创建应用模式所使用软件工具中的存档工具创建应用模式。

3）如果一个类或其他 UML 元素与一个要素目录信息对应，编目参照信息应当存档。

4）在一个应用模式中，要素类型应当存档到一个具有源自 GFM 结构的目录中，比如在一个符合 S-100 第 5 部分的目录中。可以是文本格式或者带有 XSLT 的 XML，XSLT 用于创建文本版本。

3-6.3 UML 中应用模式规则（ISO 19109 条款 8.3）

3-6.3.1 主要规则（ISO 19109 条款 8.3.1）

用 UML 创建应用模式的主要规则是:

1）“S100_GF_NamedType”（命名类型）的实例应作为类实现。

2）“S100_GF_ObjectType”（对象类型）的实例应作为类实现。

3）“S100_GF_FeatureType”（要素类型）的实例应作为类实现。

4）“S100_GF_InformationType”（信息类型）的实例应作为类实现。

5）“S100_GF_FeatureAssociationType”（要素关联类型）的实例和“S100_GF_FeatureType”（要

素类型）的实例具有“linkBetween”（链接）角色，“S100_GF_FeatureType”的实例作为类实现。它应按照下列情况之一实现：

a）情况 1：与“S100_GF_ThematicAttributeType”（专题属性类型）任何实例不相关的“S100_FeatureAssociationType”（要素关联类型）的实例应被实现为这些类之间的关联。

b）情况 2：与若干个“S100_GF_ThematicAttributeType”（专题属性类型）实例相关联的“S100_FeatureAssociationType”的实例应实现为关联类；“S100_GF_ThematicAttributeType”的关联实例应实现为关联类的属性。

6）“S100_GF_InformationAssociationType”（信息关联类型）的实例与“S100_GF_FeatureType”（要素类型）或“S100_GF_InformationType”（信息类型）的实例具有“informationLink”（信息链接）角色，“S100_GF_InformationType”的实例作为类实现。它应按照下列情况之一实现：

a）情况 1：与“S100_GF_ThematicAttributeType”（专题属性类型）任何实例不相关的“S100_InformationAssociationType”（信息关联类型）的实例应被实现为这些类之间的关联。

b）情况 2：与若干个“S100_GF_ThematicAttributeType”（专题属性类型）实例相关联的“S100_InformationAssociationType”（信息关联类型）的实例应实现为关联类；“S100_GF_ThematicAttributeType”的关联实例应实现为关联类的属性。

7）“S100_GF_AttributeType”（属性类型）的实例应作为属性实现。

8）“S100_GF_SimpleAttributeType”（简单属性类型）的实例应作为属性实现。

9）“S100_GF_ComplexAttributeType”（复杂属性类型）的实例应作为类实现。实例化的类应当具有若干个“S100_GF_SimpleAttributeType”（简单属性类型）或“S100_GF_ComplexAttributeType”作为其属性。

10）关联“InheritanceRelation”（继承关系）的实例应该用 UML 的泛化关系表示。

3-6.4 标准模式的专用标准（ISO 19109 条款 8.4）

3-6.4.1 标准模式添加信息规则

标准模式不应当在应用模式中扩展。标准模式在 S-100 中存档，比如空间模式、要素目录模式等。

3-6.4.2 标准模式的限制性使用

对于某些标准模式，比如 S-100 第 7 部分（空间模式），有可能重新定义标准模式，即只选用其中部分模式，且只用部分类的定义和关系。

1）一个标准模式的受限专用标准规范应当使用一个新的 UML 包，并通过从标准模式中复制实际定义（类和关系）的方式来描述。类的属性和操作可以省略。

2）对标准模式的简化应当符合实际标准给出的一致性条款。

3-6.4.3 元数据模式的使用规则（ISO 19109 条款 8.5）

S-100 第 4 部分中定义的元数据模式是元数据数据集合的一个应用模式。元数据是描述和存档数据的数据。地理信息的元数据提供有关数据识别、内容、质量、空间和时间方面、空间参照和分发等方面的信息。

元数据类型应该作为 S-100 第 4 部分中定义的复杂属性来实现。因此，元数据属性应当是专题属性类型。

3-6.4.4 时间规则（ISO 19109 条款 8.6）

S-100 不包含 ISO 19108 中的专用标准。时间属性应当使用类型“Date”（日期）、“Time”（时间）、“TimeDate”（日期时间）、“S100_TruncatedDate”（截断日期）或组合上述时间类型的复杂属性来建模。使用上述类型，属性将相应成为“S100_GF_SimpleAttributeType”（简单属性类型）或“S100_GF_ComplexAttributeType”（复杂属性类型）的一个实例。

3-6.5 空间规则（ISO 19109 条款 8.7）

3-6.5.1 通用空间规则（ISO 19109 条款 8.7.1）

空间属性类型的值域应当符合 S-100 第 7 部分的规定，而该规定提供了用于描述要素空间特征的概念模式，同时提供了一组与上述模式一致的空间操作。

S-100 第 7 部分明确表示不包括拓扑单形，因而 ISO 19109 条款 8.7 中所列的拓扑规则都不在该专用标准中。

3-6.5.2 空间属性

1）要素的空间特征应当用若干个空间属性描述。在应用模式中，空间属性是要素属性的一个子类（见 5.3），属性值的分类方法详见 S-100 第 7 部分。

2）在应用模式中，空间属性应当按照下列两种方法之一表示：

a）情形 1：作为 UML 类的属性来表示一个要素，在这种情况下，属性应当采用 ISO 19107 应用模式中定义的空间对象作为其属性值的数据类型；

b）情形 2：作为 UML 关联，表示要素类与 ISO 19107 空间模式中定义的空间对象两者之间的关联。

3）空间属性应以空间对象作为其值。空间对象被分类为几何单形、几何复形或几何聚合等不同子类的几何对象。空间属性的值类型必须是第 7 部分中描述的类型或其子类型。

3-6.5.3 空间质量

空间对象的位置质量应当以一种与“S100_GF_InformationType”（信息类型）关联的方式描述，“S100_GF_InformationType”与带有位置精度的“S100_GF_SimpleAttributeType”（简单属性类型）相关联。

3-6.5.4 表示要素空间的几何聚合和复形

3-6.5.4.1 引言

许多要素的空间构造无法用一个简单的几何单形表示。“*GM_Aggregate*”（几何聚合）和“*GM_Complex*”（几何复形）可以将那些要素以几何对象集合的方式表示。

3-6.5.4.2 几何聚合（*Geometric Aggregate*）

S-100 空间专用标准仅支持“GM_Multipoint”（多点）几何聚合类型。“GM_Multipoint”应当用于表示点集要素的空间属性值。

3-6.5.4.3 几何复形（Geometric Complex）

几何复形用于把要素的空间特征表示为由一系列相互连接的几何单形。此外，“*GM_Complex*”的实例允许不同要素的空间属性共享几何单形。“*GM_Complex*”内的各个“*GM_Primitive*”（几何单形）之间无显式联系，但“*GM_Primitive*”之间的连接性可以从坐标数据中导出。

1）除了边界上的“*GM_Object*”（对象）是不连接的以外，如果一个要素是由一组相互连接的“*GM_Object*”组成的集合，应该使用“*GM_Complex*”用于表示该要素的空间属性值，“*GM_Complex*”子类可限制被用于表示一个特殊空间形态的“*GM_Complex*”结构。

2）共享几何元素的要素应当表示为“*GM_Complex*”，该“*GM_Complex*”是一个更大的“*GM_Complex*”的子复形。

3-6.5.4.4 几何组合（Geometric Composite）

除了由相同类型较小的几何单形所组成以外，一个几何组合是一个具有几何单形所有特征的几何复形。几何组合表示由相同几何类型的较小几何对象组成的复杂要素。“*GM_Composite*”应当表示具有几何单形几何特征的复杂要素。

3-6.5.4.5 共享几何特征的要素

不同要素在同一位置出现时，不同要素可以部分或完全共享同一几何特征。为共享同一几何特征，空间要素的属性也应当共享若干个“*GM_Object*”（对象）。

共享几何特征有两种方式。当两个要素实例将同一“*GM_Object*”（对象）实例作为空间属性的值时，就出现了完全共享的情况。通过在应用模式中添加一个约束说明，就可以要求或排除这种情况。在没有这种约束的情况下，可以在必要时共享几何。

1）通过“表示要素的 *GM_Object* 必须相等”这一约束，应用模式可以要求两个或多个要素类型的实例完全共享其几何特征。

2）通过“表示要素的 *GM_Object* 必须不相等”这一约束，应用模式可以排除两个或多个要素类型的实例完全共享其几何特征。

3-6.6 编目规则（ISO 19109 条款 8.8）

3-6.6.1 引言（ISO 19109 条款 8.8.1）

要素目录是描述对特定论域有意义的现实世界现象的库。要素编目方法提供了以目录方式组织代表这些现象的细节，以便使结果信息尽可能准确，易于理解和使用。

3-6.6.2 基于要素目录的应用模式（ISO 19109 条款 8.8.2）

S-100 应用模式应当全部通过要素目录提供的定义进行构造，该要素目录执行 S-100 要素目录专用标准。

3-6.6.3 字符编码

数据集使用的字符编码应当在应用模式中定义。如果使用多个字符编码，应用模式应当用文档说明它们在数据集中的使用方法。

3-6.7 代码表

使用代码表类型属性的应用模式应包括具有以下标记的类。代码表类型在第 1 部分中进行了描述。

表 3-15 代码表类型的标记

代码表类型	标签和值
开放枚举	codelistType=open enumeration encoding=other: [something]
闭合字典	codelistType=closed dictionary URI=<dictionary URL>
开放字典	codelistType=open dictionary URI=<dictionary URL> encoding=other: [something]

“other: [something]”编码的规范形式应是以下指定格式的字符串：

单词“other”后跟冒号和单个空格字符（即“other: ”，不带引号），后跟若干个由单个空格分隔的字母数字字符串。

“other: ”部分的规范化模式指定为（使用 XML 架构 1.0/1.1 模式）：

[a-zA-Z0-9]+([a-zA-Z0-9]+)*

请注意，左括号后跟一个空格，并且该模式以星号结尾。

示例：

表 3-16 代码表属性的“附加”值示例

other: loxodromic	允许
other: Seeschifffahrtsstraßen Ordnung	不允许（包含不在允许集中的字符 ß）
other: German Shipping Regulations	允许
other: German Shipping Regulations	不允许（连续 2 个空格）
German Shipping Regulations	不允许（没有以“other: ”开头）
other: 287	允许
other: 1,3,5-Trinitroperhydro-1,3,5-triazine	不允许（不允许使用连字符和逗号）

3-7 覆盖的应用模式

3-7.1 引言

应用模式的规则集主要针对面向要素的数据，但应用模式也可用于定义覆盖。

该部分举例说明如何为影像和格网数据定义应用模式。该部分应用模式内容在 ISO 19123 中，而不是 ISO 19109 中。然而，覆盖可能基于要素类型几何体，在这种情况下，与要素集合在概念上相似。下文讨论这种面向要素的覆盖。

3-7.2 格网数据

该应用模式定义了带有关联元数据的四边形格网覆盖（图 3-4）。元数据通常参考 ISO 19115-1 和 ISO 19115-2。该模式中未选择特定的元数据。根据所选的元数据，该模式可用于“矩阵”或“栅格”数据。

格网数据由单个要素——“image”（图像）或“matrix”（矩阵）以及从“MD_Metadata”（或者“MI_Metadata”）获取的关联元数据共同组成。“CV_Coverage”（覆盖，它的相关子类型，例如“CV_ContinuousQuadrilateralGridCoverage”）用作格网数据集的空间属性，它定义了一个由覆盖函数“覆盖”的区域。对于该应用模式中定义的连续覆盖，覆盖函数基于插值函数，返回覆盖区域内每一点对应的值。格网值矩阵（Grid Value Matrix）是一组驱动该插值函数的值。这种情况下，值矩阵是采用线性扫描（x，y）遍历的规则格网。空间参照用坐标参照系来定义。

该应用模式模板支持大部分影像和格网数据的应用。

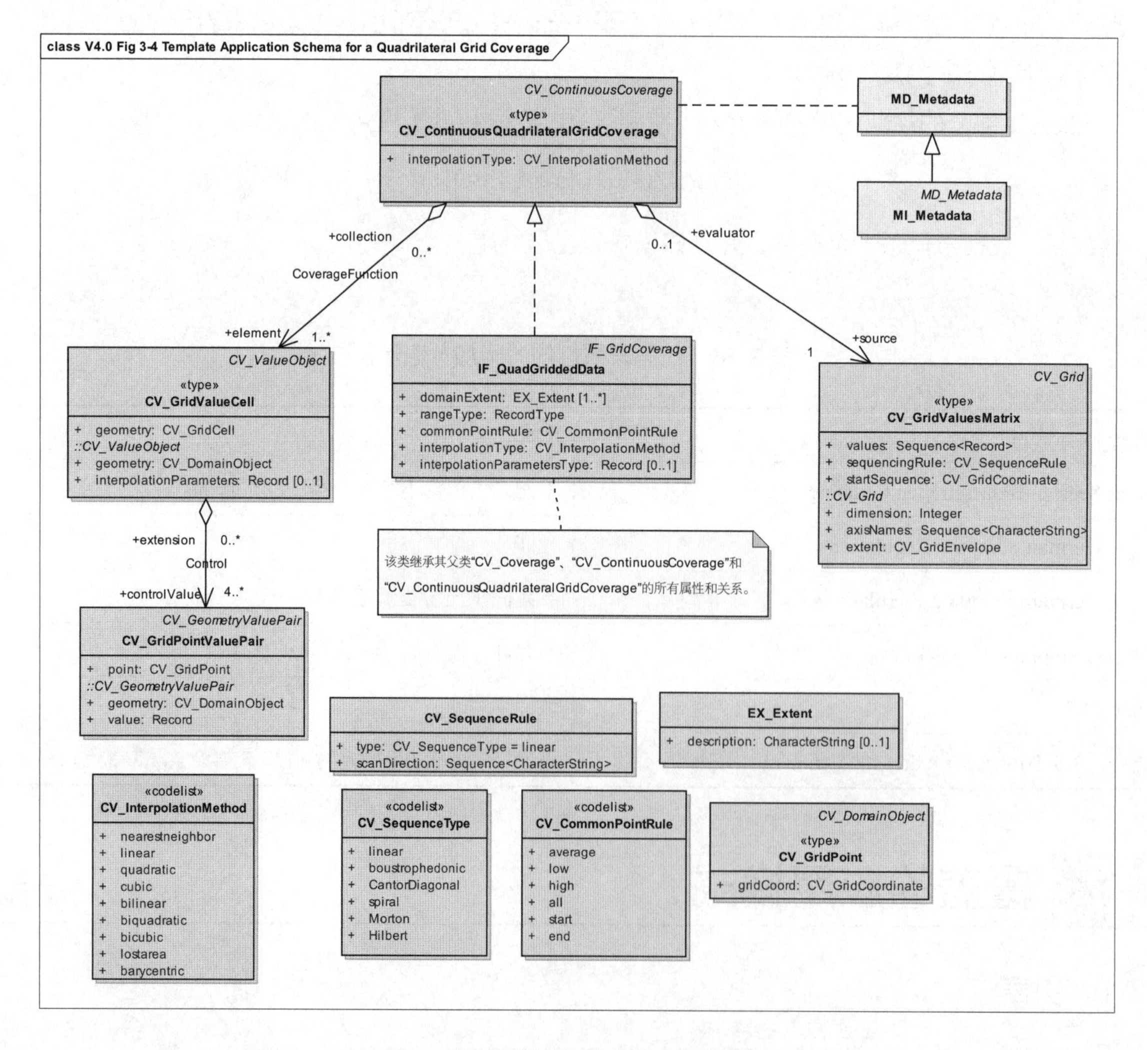

图3-4 四边形格网覆盖的应用模式模板

3-7.3 单元大小可变的格网

该应用模式描述了一个单元大小可变的格网（ISO 19123）。为了支持三维（或更多维），采用莫顿（Morton）遍历顺序。其目的是满足海洋测绘数据的特殊用途，因为海量的声纳数据形成了 3D 格网形式的广阔海底覆盖，但是其中近似深度的区域很容易聚合。

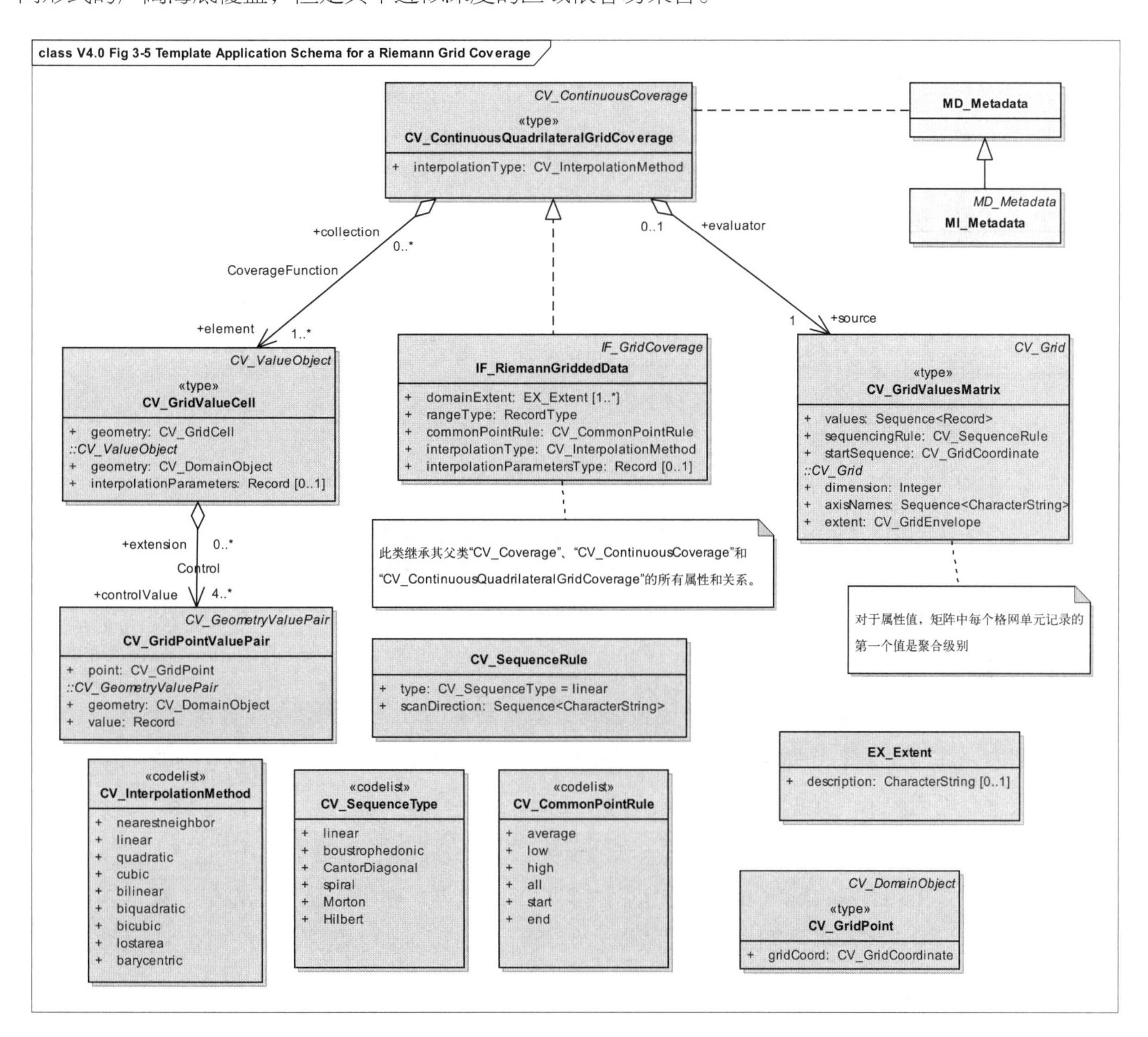

图3-5　黎曼（Riemann）格网覆盖的应用模式模板

3-7.4 面向要素的影像

所有格网数据集均面向要素，覆盖也是要素的一个子类型。这意味着整个格网数据集都可以视为一个单一的要素。一个要素结构可以采用两种不同的方式应用于格网数据。首先，一个离散覆盖可以带有一个要素编码，作为属性。比如，一个对应于邮政编码系统的覆盖，对于每一个邮政编码都有离散的值，而又将整个国家完全覆盖。应用模式的唯一区别是离散覆盖和要素的关系。

图 3-6 中应用模式模板描述了“离散点”和“离散格网点”的覆盖类。典型的产品规范会根据所需的覆盖类型选择其中一个（或两者）。

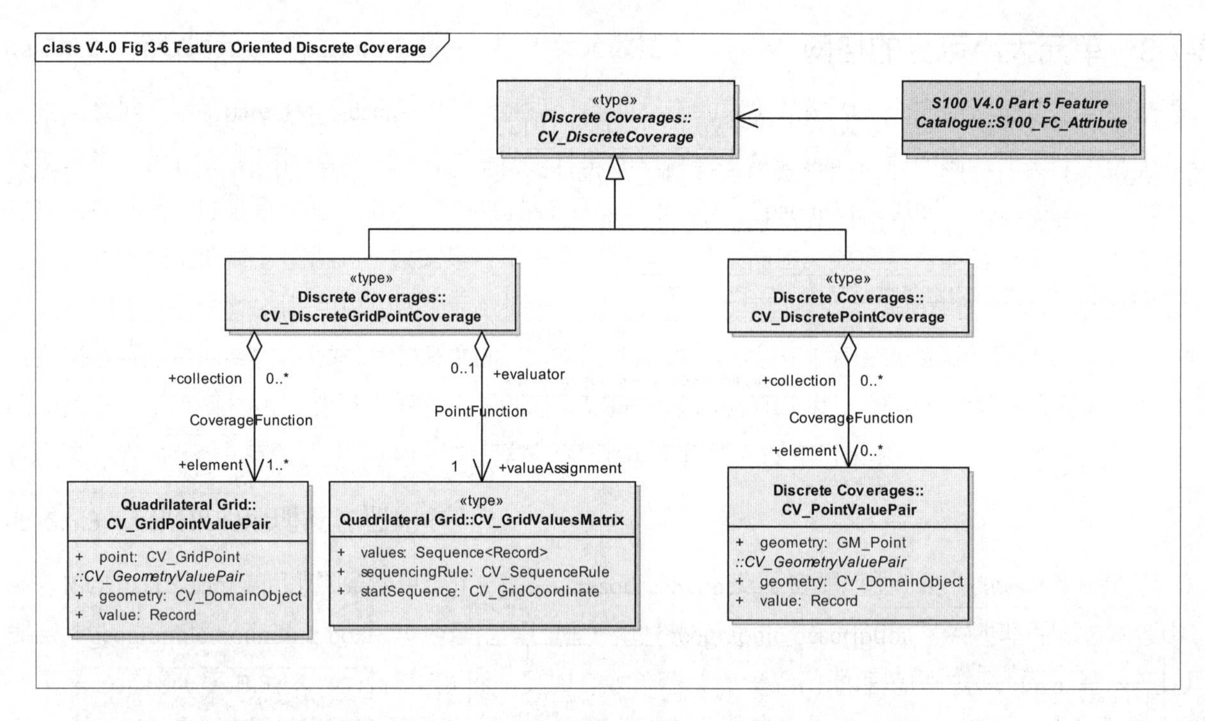

图3-6 面向要素的离散覆盖

建立要素结构的第二种方法是开发一个复合数据集，用于包含许多分开但是邻接的覆盖。这些覆盖可能是连续的，也可能是离散的。这与“矢量”数据集是由一些具有各自几何和属性的要素复合而成非常类似。实际上，矢量数据可能会在同一数据集中与覆盖数据混合在一起。该应用模式完全支持要素的多重实例。

诸如格网这样的几何元素可以在多个要素之间共享，要素可以是使用组合或者其他 ISO 19109 统一要素模型中允许的关系进行关联。复杂要素可以包含一个连续格网覆盖，也可以包含类似多边形边界的矢量数据。面向要素的数据集可以包含声纳收集而来的海洋连续覆盖，也可以包含对应于导航设备的点和线要素。拓扑单形可以将所有要素关联起来。这顾及到了某些有趣和有用的结构。

栅格航海图（Raster Nautical Chart）可包含附加的矢量数据，用于描述导航设备、灾害和危险区域等这些不可见但是在栅格航海图中有用的要素，从而让海员可以判断船是否在一个危险区域，或执行其他 ECDIS 的功能。

3-8 时间间隔和周期的模型解释

除非产品规范给出了不同解释，否则周期（和间隔）的起止时刻应包含在周期（或间隔）中。根据 ISO 8601：2004 § 2.1.3，时间间隔的定义是“时间轴上由两个时刻界定的部分”，并规定“一个时间间隔包括两个起止时刻之间的所有时刻，除非另有说明，否则包括起止时刻”。不允许在间隔前使用“before”（之前）或“after”（之后）属性。

起始时刻和结束时刻由最小粒度的日期 / 时间组件定义。例如，如果月份是结束时刻中给定的最小部分，则结束时刻是整月，时间间隔在该月的最后一天结束时结束。

示例 将其应用于低精度表示形式或“截断日期”类型的时间间隔编码，结果见表 3-17 的解释。

该表还指出了如何处理闰年的特殊情况。

表 3-17 周期示例

<table>
<tr><td rowspan="2"><S100_Truncated DateAttributeType> periodStart</td><td>----01--</td><td rowspan="4">从 1 月 1 日 000000 起，至闰年 2 月 29 日或非闰年 2 月 28 日 240000 止</td></tr>
<tr><td>年和日未编码</td></tr>
<tr><td rowspan="2"><S100_Truncated DateAttributeType> periodEnd</td><td>----02--</td></tr>
<tr><td>年和日未编码</td></tr>
<tr><td rowspan="2"><S100_Truncated DateAttributeType> periodStart</td><td>----0101</td><td rowspan="4">从每年 1 月 1 日 000000 起，至 2 月 28 日 240000 止</td></tr>
<tr><td>年未编码</td></tr>
<tr><td rowspan="2"><S100_Truncated DateAttributeType> periodEnd</td><td>----0228</td></tr>
<tr><td>年未编码</td></tr>
<tr><td><S100_DateAttributeType> dateStart</td><td>20120105</td><td rowspan="2">从 2012 年 1 月 5 日 000000 起，至 2012 年 6 月 18 日 240000 止</td></tr>
<tr><td><S100_DateAttributeType> dateEnd</td><td>20120618</td></tr>
</table>

3-9 截断日期特定格式类型的使用

不同数据格式可通过相应特定类型实现对截断日期值的处理。在这种情况下，格式说明必须给出“S100_Truncated DateAttributeType”（截断日期属性类型）值与特定格式类型的值两者之间的映射关系。

示例 基于 XML 编码可以使用“gMonthDay”简单属性类型（这是 XML 模式内置类型）作为“每年 12 月 17 日”的等效表示形式：

xs:gMonthDay: --12-17

这等效于严格遵循 S-100 的数据格式中的值 ----1217。

3-10 实例标识符

实例的标识符应使用海事资源名称（Maritime Resource Name，MRN）概念和命名空间。MRN 命名空间由国际航标协会（IALA）通过网站 http://mrnregistry.org 管理，该网站还包含对适用于 MRN 概念的全套规则的引用。最顶端的命名空间 urn:mrn 保持固定，后续命名空间用冒号分隔，并且可以通过网站上说明的应用过程使用。任何希望发布符合 MRN 标识符的组织，都应向 IALA 或已注册了命名空间的组织申请命名空间。

例如，IHO 申请了一个命名空间，随后在 urn:mrn:iho 命名空间下为所有成员国提供了一个子命名空间；对于美国国家海洋和大气管理局（NOAA），可能是 urn:mrn:iho:us；对于加拿大水文局（CHS），可能是 urn:mrn:iho:ca。然后，NOAA 和 CHS 将根据需要按照 MRN 规则管理其各自的命名空间。

以下规则适用于 MRN 命名空间。

使用“mrn”NID 的所有 URN，其命名空间特定字符串（Namespace Specific String，NSS）必须

具有以下结构：

<URN> ::= “urn:mrn:”<OID> “:”<OSS>

<OID> ::= 1*(ALPHA / DIGIT) ; 组织 ID

<OSS> ::= <OSNID> “:”<OSNS> ; 组织的特定字符串

<OSNID> ::= 1*(ALPHA / DIGIT / “-”) ; 组织的特定命名空间 ID

<OSNS> ::= 1*<URN chars> ; 组织的特定命名空间字符串

DIGIT ::= %x30-39 ; 0-9

ALPHA ::= %x61-7A ; a-z

使用以下 ABNF（增强型巴克斯范式）基本符号：

“ “　　文字（终结符）；不在引号内的符号是非终结符

/　　备选

()　　表示一个序列组，用作单个备选或单个重复组

<a>*<b>　　表示以下术语或组可以重复至少 <a> 且最多 <b> 次；缺省值分别为 0 和无穷大

;　　注释

整个 URN 不区分大小写。

<URN chars>　　如 RFC2141 中所定义

分配唯一组织 ID 的过程由 IALA 管理。有关详细信息和申请过程，请参见 <http://www.mrnregistry.org>.

第 4a 部分

元数据
（Metadata）

4a-1 范围

第 4a、4b 和 4c 部分中描述的 S-100 元数据专用标准提供了一套规范，用于描述、验证和交换通常由海道测量组织生产的地理数据集元数据；其目的是创建元数据记录，提供有关标识、空间和时间范围、质量、应用模式、空间参照系以及数字地理数据的分发等信息；可用于数据集的编目、数据交换活动以及地理和非地理资源的完整描述。尽管它主要用于描述数字地理数据，但也可用于描述类似海图、地图、图像、文本以及非地理资源。它提供以下描述词汇：“attributes”（属性）、“attributeTypes”（属性类型）、“features”（要素）、“FeatureTypes”（要素类型）、“collectionHardware”（数据采集设备）、“collectionSession”（数据采集阶段）、“datasets”（数据集）、“dataset series”（数据集系列）、“nonGeographicDatasets”（非地理数据集）、“PropertyTypes”（特征类型）、“fieldSession”（外业）、“software”（软件）以及“services”服务。需要注意的是，该专用标准不限于 ISO 19115 代码表 MD_ScopeCode<<Codelist>>（ISO 19115-1-B.3.28）中列出的资源，它可以根据需要进行扩展以包含其他资源。

该专用标准基于“ISO 19115-1 元数据（Metadata）”和“19115 第 2 部分　影像和格网数据的元数据（Metadata for imagery and gridded data）”，它也顾及到了“ISO/TS 19115-3 元数据—基础概念的 XML 模式实现（Metadata–XML schema implementation）”。

ISO 19115-1 通过定义元数据元素，并建立一组通用元数据术语、定义及程序扩展，提供了描述数字地理信息的抽象结构。ISO/TS 19115-3 为 ISO 19115-1 提供了可扩展标记语言（XML）的实现，为开发专用标准和扩展提供了指引。

该文档面向开发者和元数据应用的实现者，提供了对基本元素的基本认识和地理信息标准化的整体需求。该文档应当与条款 4a-4“规范性引用文件”中列出的标准一起使用。

有关 S-100 元数据实现、编码和质量基本元素的信息详见以下相关文档。

1）S-100 第 4b 部分　影像和格网数据的元数据扩展

2）S-100 第 4c 部分　元数据质量基本元素

3）附录 4a–C　元数据实现

4a-2 一致性

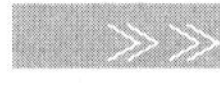

4a-2.1 该专用标准连同其他标准的一致性

除 ISO 19115-1 中所列的元素外，该专用标准也采用了所有相关的 19115-1 约束和条件，但“metadataIdentifier”（元数据标识符）除外，它从可选变为必选。通过允许创建元数据记录副本的实例，以及子元数据记录及其父元数据记录之间关系的定义，促进了元数据记录的实现和管理。任何元数据层次关系的细节都会在产品规范中详细介绍。

鉴于上述变化以及 ISO 19106：2004 中的需求，该专用标准满足一致性级别 1。该专用标准是 ISO 19115-1 的社区专用标准，包含基础标准允许的内容扩展。

该专用标准包含“parentMetadata”（父元数据），作为地理数据集的一个核心元数据元素。如果该数据集元数据有父元数据记录，该元素变为必选，因而应当认为是“核心”元素。该专用标准 XML

的实现指南详见附录 4a-C。

4a-2.2 向后兼容性

根据 ISO 19115-1：2014，ISO 计划继续提供 ISO 19115：2003/Cor 1：2006 中的 UML 模型。将使用转换服务实现向后兼容性。

4a-3 该专用标准的一致性

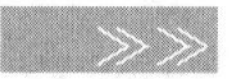

任何声称与该专用标准一致的元数据均应符合以下要求：

内容应符合 ISO 19115-1 附录 B 中的数据字典定义（包含 ISO 19115-1 修订版 1：2018 要求的更改），除了具有强制性约束的元数据元素“metadataIdentifier”（元数据标识符）；

依照 S-100 元数据专用标准模式—可从 IHO 网站的专用标准栏目中找到，通过更新 XML 文档实例来改善一致性。

该专用标准的所有产品规范实现应当提供一个可扩展样式语言（XSL）转换文件 / 资源，以便将 XML 文档实例转换为 S-100 元数据专用标准 XML 格式。上述 XML 结果文档应当使用 ISO/TS 19115-3 XML 模式定义文件（XSDs）进行验证。

4a-4 规范性引用文件

该文档的应用需要以下引用文件。标注日期的引用文件，只有引用的版本才有效。未标注日期的引用文件，引用文件（包含所有更正）的最新版本才有效。

4a-4.1 专用标准定义

该文档用以下引用定义 S-100 元数据专用标准：ISO 19115-1：2014，地理信息—元数据—第 1 部分：基础（Geographic information—Metadata—Part 1 - Fundamentals）

ISO 19115-1/Amdt01：2018，地理信息—元数据—第 1 部分：基础（修订版 1）（Geographic information – Metadata—Part 1—Fundamentals (Amendment 1)）

ISO 19115-2：2009，地理信息—元数据—第 2 部分：影像和格网数据的扩展（Geographic information—Metadata—part 2 - Extensions for imagery and gridded data）

ISO 19119：2016，地理信息—服务（Geographic information-Services）

ISO/TS 19115-3：2016，地理信息—元数据—基础概念的 XML 模式实现（Geographic information—Metadata—XML schema implementation for fundamental concepts）

4a-4.2 资料性引用文件

ISO 19115：2003，地理信息—元数据（Geographic information—Metadata）

ISO 19115：2003/Cor.1：2006，地理信息—元数据（Geographic information—Metadata （Technical Corrigendum 1））

ISO/TS 19139：2007，地理信息—元数据—XML 模式实现（Geographic information—Metadata—XML schema implementation）

4a-5 需求

4a-5.1 商业目的和预期用途

元数据可以满足多种用途：

1）数据发现—内容和质量的概要说明、详细联系信息、离线分发和在线查看的在线引用（URL）。

2）数据使用—关于数据覆盖、维护、内容和数据创建细节的更详尽信息。包含附加的联系、分发和质量等细节。

3）数据可用性—关于使用、限制、格式、年代和范围的其他细节。该层次的元数据帮助用户决定数据是否适合使用。

4）数据共享—关于数据内容、传输格式以及空间表示的更详细细节。

5）数据管理—最详尽的元数据信息，包含了数据质量体制和数据质量测试结果的信息。此类信息有时在不同组织之间交换数据时有用。

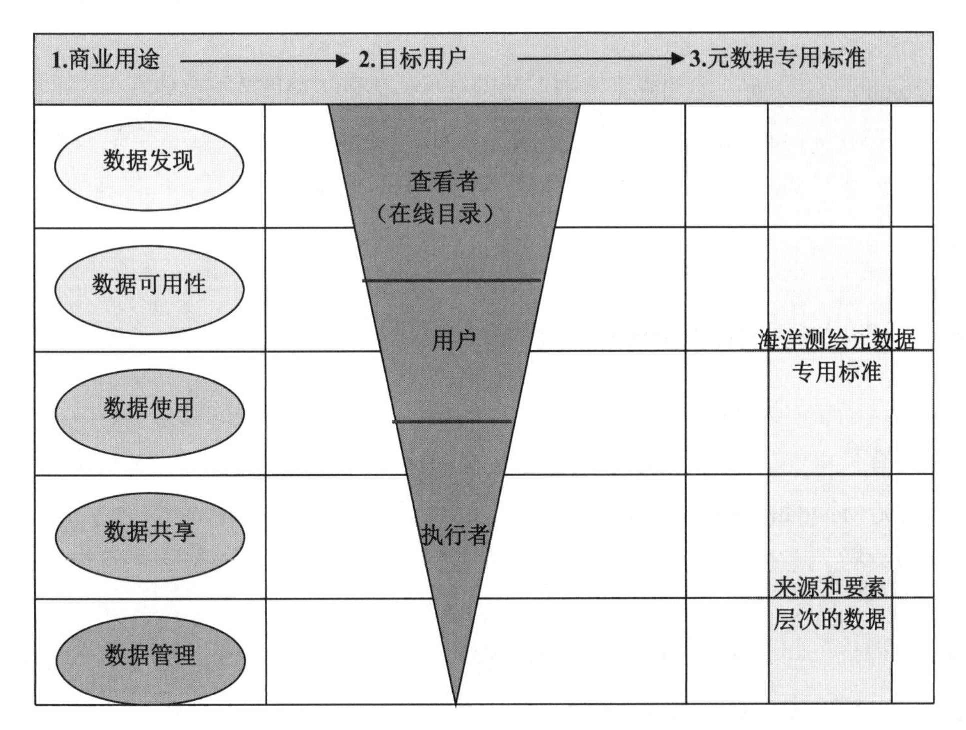

图4a-1 商业目的

上图 4a-1 是不同用户群体所需的不同类型元数据之间的关系，以及该专用标准的范围。每个基于 S-100 的产品规范都应当描述“来源和要素层次的元数据”，以便支持数据使用、数据共享和数据管理。对综合元数据的要求更为严格（如图 4a-1 所示的“执行者”），需要更多的属性进行来源选择和要素分析。

ISO 19115-1 并没有提供描述影像所需的全部元数据，ISO 19115 第 2 部分包含了描述影像和格网数据所需的各种元素。ISO 19130—“传感器及影像和格网的数据模型”，是与 ISO 19115 第 2 部分相关的重要标准，该标准规定了支持地理可参照性影像进行地理定位所需的信息，包括传感器说明以及由传感器模型、拟合函数和地面控制点等定义的相关物理信息。ISO 19130 描述了传感器测量和地理定位信息的逻辑关系，特别对海洋测绘声纳所需要的传感器和数据模型以及关联元数据做了特别说明。相关产品规范会予以描述。

ISO 19115-1 的 XML 实现，描述了 ISO 19115-1 中的抽象 UML 模型如何转换为 XML，该实现在 ISO 出版物 ISO/TS 19115-3 中记录。

尽管该专用标准主要基于上述标准，但引用其他标准也需要声明（请参见“规范性引用文件”部分）。

该专用标准定义了：

1）必选和条件必选的元数据子集、元数据实体和元数据元素；

2）任意资源的元数据元素最小集，以便符合该专用标准；

3）地理数据集的核心元数据；

4）可选元数据，以便对资源进行更广泛的标准描述；

5）扩展专用标准，以满足特殊需求的选项。

该专用标准的实现基于 ISO/TS 19115-3：2016，包含：

1）ISO/TS 19115-3：2016 XML 模式定义文件（XSDs）的使用；

2）包含实现 ISO 19115-1：2014 代码表的字典 XML 文档（GML 格式的 ISO 19115-1：2014 代码表的 XML 数据字典）；

3）S-100 Geographic Extent（地理覆盖范围）标识符代码表的 XML 数据字典[1]。

尽管 UML 类“S100_Metadata”（元数据）是类“MD_Metadata”的特化，但是该特化只涉及对父类的限制。因此，出于 XML 实现的目的，“MD_Metadata”元素应当用于支持与其他 ISO 19100 地理信息标准的互操作。

4a-5.2 描述地理数据和其他资源的元数据

该专用标准确定了描述数字地理数据和资源所需的元数据，可在独立的数据集、数据集聚合、地理要素、要素类和属性中使用。元数据通过 XML 文档创建实例进行存档，通过 S-100 元数据专用标准 XSD 文件（S-100 Metadata Profile XSDs）以及相应的代码表和枚举进行验证[2]。

如果产品规范扩展了此专用标准的元数据，则必须遵循附录 4a-E 中的规则，并且产品规范必须提供元数据模式来验证元数据。

元数据记录必须包含一个遵照此专用标准所必须的核心元素最小集（见 4a-5.3 节）。用于发现所需的一些额外元素也在附录 4a-C 中进行了确定和描述。

质量信息对于评价数据集或资源是否适合使用非常重要，质量元数据详见第 4c 部分。

1 参考地理标识符代码表，它们没有在 ISO 19115 代码表中出现。

2 枚举：一个固定列表，包含命名文字的有效标识符。枚举类型的属性只能从该列表中取值（来源：ISO 19136：地理信息—地理标记语言（GML））。

4a-5.3 约束 / 条件

约束描述符用于说明元数据实体或元素是否必须选用，或是有条件或无条件让元数据编码者决定。该描述符可以有以下值：M（必选）、C（条件必选）或者 O（可选）。下文中的定义引自 ISO 19115-1 中的 B.1.4“约束 / 条件”。

必选（M）（mandatory）：必选约束意味着元数据类或元数据元素应当选用。

条件必选（C）（conditional）：条件约束指定了一种电子可控的条件，至少有一个元数据类或一个元数据元素是必选的。“条件必选”用于下面三种情况：

1）表示在两个或多个选项中选择一个。至少有一个选项是必选的且必须选用。

2）当另一个元素已经被选用时，选用一个元数据类或者元数据元素。

3）当另一个元素已经选择了某个特定值时，选用元数据元素。

如果对条件的回答是肯定的，该元数据实体或元数据元素应当是必选的。

可选（O）（optional）：可选约束意味着元数据类或元数据元素可以选用，也可以不选用。已定义可选元数据类和可选元数据元素，以便为那些希望完整记录数据的人提供指导（使用该组共同定义的元素，有助于促进全球范围内地理数据用户和生产者之间的互操作）。如果一个可选类未被使用，那么其包含的元素也不会被使用（包括必选元素）。可选类可以有必选元素，但那些元素只有在可选实体被选用时才是必选的。

4a-5.4 元数据最低要求

选用元数据的最低要求包括一些为符合该专用标准而完成的元素。需要注意的是，约束并不是对所有元素都是必选的，然而，在某些条件下，一些条件必选元素可以变为必选（比如“resourceType” [资源类型]）。

表 4a-1 确定了元数据元素的最小集，对于数据集和其他资源而言应当是完整的。这些元素也构成了表 4a-2 中地理数据集最小元数据的一部分。

表 4a-1 地理数据集及其他资源的最小元数据

名称（英文）	名称（中文）	路径	数据集	其他资源
Metadata file identifier	元数据文件标识符	MD_Metadata.metadataIdentifier > MD_Identifier.code	M	M
Metadata language	元数据语种	MD_Metadata.defaultLocale > PT_Locale.language	C（如果编码过程没有定义，则选用）	C（和数据集一样）
Metadata character set	元数据字符集	MD_Metadata.defaultLocale > PT_Locale.characterEncoding	C（如果编码过程没有使用 ISO 10646-1，则选用）	C（和数据集一样）

续表

名称（英文）	名称（中文）	路径	数据集	其他资源
Metadata file parent identifier	元数据父标识符	MD_Metadata.parentMetadata > CI_Citation.identifier	C（如果存在一个更高的层次，则选用）	C（和数据集一样）
Party responsible for the metadata information	负责元数据信息的一方	MD_Metadata.contact > CI_Responsibility.CI_Individual (table 4a-2) 或 MD_Metadata.contact > CI_Responsibility.CI_Organisation (table 4a-3)	M（必须填写"Organisation"（组织）或"Individual"（个体））	M（和数据集一样）
Date(s) associated with the metadata	与元数据关联的日期	MD_Metadata.dateInfo > CI_Date	M（需要创建日期，可能会提供其他日期）	M（和数据集一样）
Resource title	资源标题	MD_Metadata.identificationInfo > MD_DataIdentification.citation >CI_Citation.title	M	M（见注释 2）
Resource reference date	资源引用日期	MD_Metadata.identificationInfo > MD_DataIdentification.citation > CI_Citation.date > CI_Date.date	M	M（见注释 2）
Resource reference date type	资源引用数据类型	MD_Metadata.identificationInfo > MD_DataIdentification.citation > CI_Citation.date > CI_Date.dateType > CI_DateTypeCode	M	M（见注释 2）
Abstract describing the resource	描述该资源的摘要	MD_Metadata.identificationInfo > MD_DataIdentification.abstract	M	M（见注释 2）
Resource default language	资源缺省语种	MD_Metadata.identificationInfo > MD_DataIdentification.defaultLocale > PT_Locale.language	M	C（只用于 MD_DataIdentification 被使用的情形）
Resource default character set	资源缺省字符集	MD_Metadata.identificationInfo > MD_DataIdentification.defaultLocale > PT_Local.characterEncoding	C 如果未使用 UTF-8，则选用	C 如果未使用 UTF-8，则选用
Topic category	专题类型	MD_Metadata.identificationInfo > MD_DataIdentification.topicCategory	M	C（如果 resourceType = 'series'），则 topicCategory 为必选

续表

名称（英文）	名称（中文）	路径	数据集	其他资源
Geographic location of the resource (by description)	资源的地理位置（通过说明）	MD_Metadata.identificationInfo > MD_DataIdentification. extent > EX_Extent > EX_GeographicDescription. geographicIdentifier > MD_Identifier.code	C（见注释3和注释4）	O（见注释 4）
West longitude	西边经度	MD_Metadata.identificationInfo > MD_DataIdentification. extent > EX_Extent > EX_GeographicBoundingBox. westBoundLongitude	C（见注释3和注释4）	O（见注释 4）
East longitude	东边经度	MD_Metadata.identificationInfo > MD_DataIdentification. extent > EX_Extent > EX_GeographicBoundingBox. eastBoundLongitude	C（见注释3和注释4）	O（见注释 4）
South latitude	南边纬度	MD_Metadata.identificationInfo > MD_DataIdentification. extent > EX_Extent > EX_GeographicBoundingBox. southBoundLatitude	C（见注释3和注释4）	O（见注释 4）
North latitude	北边纬度	MD_Metadata.identificationInfo > MD_DataIdentification. extent > EX_Extent > EX_GeographicBoundingBox. northBoundLatitude	C（见注释3和注释4）	O（见注释 4）
Name of the scope/type of resource for which the metadata is provided	元数据资源范围 / 类型的名称	MD_Metadata.metadataScope > MD_MetadataScope. resourceScope > MD_ScopeCode (codelist – ISO 19115-1)	M（缺省 = “dataset”）	M
Description of scope of resource for which the metadata is provided	元数据资源范围的说明	MD_Metadata.metadataScope > MD_MetadataScope.name	O	O

注释 1 ISO 10646-1 信息技术—通用多重 8 位编码字符集（UCS）。

注释 2 如果 hierarchyLevel = “service”，“MD_ServiceIdentification”可用于替换“MD_DataIdentification”。

注释 3 对于地理数据集，它包含了地理范围边框的元数据（西边经度、东边经度、南边纬度和北边纬度）或者地理说明标识符（推荐使用地理范围边框—见 5.6.3 节）。

注释 4　如果西边经度、东边经度、南边纬度和北边纬度中有一个存在，则其余三个也必须是完整的。

表 4a-2　个体

名称（英文）	名称（中文）	路径	数据集	其他资源
Name of the individual	个体名称	CI_Individual.name	C（如果没有记录 *"positionName"* 和 *"partyIdentifier"*，则选用）	C（和数据集一样）
Position of the individual in an organization	个体在组织中的职位	CI_Individual. positionName	C（如果没有记录 *"name"* 和 *"partyIdentifier"*，则选用）	C（和数据集一样）
Contact information for the individual	个体的联系信息	CI_Individual > contactInfo > CI_Contact	M（见注释 6）	M（见注释 6）
Identifier for the party	参与方标识符	CI_Individual. partyIdentifier	C（如果没有记录 *"name"* 和 *"positionName"*，则选用）	C（和数据集一样）

表 4a-3　组织

名称（英文）	名称（中文）	路径	数据集	其他资源
Name of the organisation	组织名称	CI_Organisation.name	C（如果没有记录 *"positionName"*，则选用 — 参见注释 5）	C（和数据集一样）
Position of an individual in the organisation	个体在组织中的职位	CI_Organisation. positionName	C（如果没有记录 "*name*"，则选用 — 参见注释 5）	C（和数据集一样）
Contact information for the organisation	组织的联系信息	CI_Organisation.contactInfo > CI_Contact	M（见注释 6）	M（见注释 6）
An individual in the named organisation	在命名组织中的个体	CI_Organisation.individual > CI_Individual	M	M
Identifier for the party	参与方标识符	CI_Organisation. partyIdentifier	C（如果没有记录 *"name"* 和 *"positionName"*，则选用）	C（和数据集一样）

注释 5　S-100 对 ISO 19115-1 进行了约束，即选用“CI_Organisation”的“logo”（徽标）属性时不应同时省略“name”（名称）和“positionName”（职位名称）。

注释 6 “CI_Contact”属性必须选用“phone”（电话）、“address”（地址）、“onlineResource”（在线资源）、“contactInstructions”（联系指南）中的至少一项。

4a-5.5 地理数据集的推荐元数据

尽管 ISO 19115-1 定义了可扩展元数据元素集，但仅使用子集。最少元数据元素能基本满足数据集的维护（见表 4a-1）。但描述地理数据集时，建议使用附加的元数据元素（除地理数据集的最低要求外）。此类包含最少元数据集和部分其他可选元素的元数据集合，称之为“recommended metadata”（推荐元数据）。表 4a-4 列出了描述数据集所需的推荐元数据，特别是为了编目。该列表包含的元数据回答了以下问题：

1）该特定专题的数据集存在吗（什么）？

2）覆盖特定的地区（何处）？

3）具有特定的日期或时段（何时）？

4）了解更多情况或定购该数据集的联系方（谁）？

使用下列核心元数据可以加强互操作性，便于潜在用户准确地理解地理数据集或资源的特征。

表 4a-4 地理数据集的推荐元数据

名称（英文）	名称（中文）	路径	约束
Unique identifier for this metadata record	元数据记录的唯一标识符	MD_Metadata.metadataIdentifier > MD_Identifier.code	M_a
Metadata language	元数据语种	MD_Metadata.defaultLocale > PT_Locale.language	C_b
Metadata character set	元数据字符集	MD_Metadata.defaultLocale > PT_Locale.characterEncoding	C_c
Metadata file parent identifier	元数据文件父标识符	MD_Metadata.parentMetadata > CI_Citation.identifier	C_d
Party responsible for the metadata information	负责元数据信息的一方	MD_Metadata.contact > CI_Responsibility.CI_Individual 或 MD_Metadata.contact > CI_Responsibility.CI_Organization	M
Date(s) associated with the metadata	与元数据关联的日期	MD_Metadata.dateInfo > CI_Date	M
Metadata standard name	元数据标准名称	MD_Metadata.metadataStandard > CI_Citation.title	O
Metadata standard version	元数据标准版本	MD_Metadata.metadataStandardVersion	O
Dataset title	数据集标题	MD_Metadata.identificationInfo > MD_DataIdentification.citation > CI_Citation.title	M

续表

名称（英文）	名称（中文）	路径	约束
Dataset reference date	数据集引用日期	MD_Metadata.identificationInfo > MD_DataIdentification.citation > CI_Citation.date	M
Resource identifier	资源标识符	MD_Metadata.identificationInfo > MD_DataIdentification.citation > CI_Citation.identifier > MD_Identifier.code	O
Abstract describing the data	描述数据的摘要	MD_Metadata.identificationInfo > MD_DataIdentification.abstract	M
Resource point of contact	资源联系方	MD_Metadata.identificationInfo > MD_DataIdentification.pointOfContact > CI_Responsibility	O
Spatial representation type	空间表示类型	MD_Metadata.identificationInfo > MD_DataIdentification.spatialRepresentationType	O
Spatial resolution of the dataset	数据集的空间分辨率	MD_Metadata.identificationInfo > MD_DataIdentification.spatialResolution > MD_Resolution.distance 或 MD_Resolution.equivalentScale 或 MD_Resolution.vertical 或 MD_Resolution.angularDistance 或 MD_Resolution.levelOfDetail	O_e
Dataset language	数据集语种	MD_Metadata.identificationInfo > MD_DataIdentification.language	M
Dataset character set	数据集字符集	MD_Metadata.identificationInfo > MD_DataIdentification.defaultLocale > PT_Locale.characterEncoding	C_f
Dataset topic category	数据集专题类别	MD_Metadata.identificationInfo > MD_Identification.topicCategory	M
Geographic location of the dataset (by four coordinates or by description)	数据集的地理位置（通过四个坐标或者通过说明）	MD_Metadata.identificationInfo > MD_Identification.extent > EX_Extent > EX_GeographicBoundingBox 或 EX_GeographicDescription	$C_{g,h}$
Temporal extent information for the dataset	数据集时间覆盖范围信息	MD_Metadata.identificationInfo > MD_Identification.extent > EX_Extent.temporalElement	O
Vertical extent information for the dataset	数据集垂直覆盖范围信息	MD_Metadata.identificationInfo > MD_DataIdentification.extent > EX_Extent.verticalElement > EX_VerticalExtent	O
Lineage	数据志	MD_Metadata.resourceLineage > LI_Lineage	O

续表

名称（英文）	名称（中文）	路径	约束
Reference system	参照系	MD_Metadata.referenceSystemInfo > MD_ReferenceSystem.referenceSystemIdentifier > RS_Identifier	O
Distribution Format	分发格式	MD_Metadata.distributionInfo > MD_Distribution > MD_Format	O
On-line link to resource	在线资源链接	MD_Metadata.distributionInfo > MD_Distribution > MD_DigitalTransferOption.onLine > CI_OnlineResource	O
Constraints on resource access and use	资源访问和使用的约束	MD_Metadata.identificationInfo > MD_DataIdentification > MD_Constraints.useLimitations 和 / 或 MD_LegalConstraints 和 / 或 MD_SecurityConstraints	O
Name of the scope/type of resource for which the metadata is provided	元数据资源范围 / 类型的名称	MD_Metadata.metadataScope > MD_MetadataScope.resourceScope	C_i

a）该专用标准规定元数据元素的“metadataIdentifier”（元数据标识符）为必选。

b）“language”（语种）：如果编码过程中没有定义，则选用。

c）“characterEncoding”（字符编码）：如果未使用 UTF-8 且编码过程未定义 UTF-8，则选用。

d）如果存在一个更高层次的级别，则选用（比如，如果地理“dataset”是“series”的一部分）。

e）“distance”（距离）优先于“equivalentScale”（等效比例尺），因为在屏幕上按不同规格显示时比例尺会发生变化。如果可用，必须选用“distance”或“equivalentScale”。

f）“characterSet”（字符集）：如果未使用 ISO 10646-1，则选用。

g）包含地理范围边框（边界）或者地理说明（推荐使用地理范围边框—见 5.6.3 节）。

h）如果西边经度、东边经度、南边纬度和北边纬度中有一个存在，则其余三个也必须是完整的。

来源：修改自“地理数据集核心元数据—表 3（ISO 19115：2005）”。

必选属性可为空。

4a-5.6　变化和优先选择

4a-5.6.1　元数据元素“metadataIdentifier”（元数据标识符）

在 ISO 19115-1 中，元数据元素的“metadataIdentifier”（元数据标识符）是“可选的”，然而，该专用标准采用了更加严格的约束，定义了一个扩展以使该约束成为“mandatory”（必选）。每个产品规范都应当提供创建标识符的规则。比如，它使得元数据的父记录和子记录间建立链接。子记录的“parentMetadata/CI_Citation.identifier”（父元数据的标识符）元素与父记录的“metadataIdentifier”元素的标识符代码相同，从而支持元数据记录间的层次关系。

4a-5.6.2 元数据元素“parentMetadata”（父元数据）

元数据元素“parentMetadata”（父元数据，条件必选约束）是作为一个描述地理数据集的推荐元数据元素，包含在专用标准中。在某些条件下，该元数据元素是必选的。比如说，在某些情况下，数据集元数据是数据集系列的一部分。在这些情况下，应该填写“parentMetadata”。

元数据范围的概念使得同一数据集可用多个元数据记录来描述。数据集可能是一个集合的组成部分，在这种情况下，数据集可以用两个元数据记录来描述：作为其自身的数据集和作为集合的组成部分。数据集也可能更加离散，比如，可以单独描述一幅海图，也可以将该幅海图视为某个集合（或海图系列）的一部分。组织机构可以选择为每个海图创建元数据记录，也可以为一个集合（海图系列）创建元数据记录。有关元数据范围及其实现的信息详见 ISO 19115-1 附录 D 和附录 E。

4a-5.6.3 数据集的地理覆盖范围

ISO 19115-1 的空间范围条件决定了：如果“resourceScope”（资源范围）是“dataset”（数据集），那么“geographic bounding box”（地理范围边框）和“geographic description”（地理说明）两者中有一项是必选的（表 B.3）。为了让空间查询更加有效，建议优先采用地理范围边框，而不是地理说明来描述范围。只采用地理说明代码无法满足空间查询的需求，因为范围可能不明确（比如，“法国”可能只代表大陆，也可能包含所有的外部领地）。然而，在其他情况下，地理说明可以被清晰界定，可作为有效的描述手段。因而，产品规范应该指定数据集的地理覆盖范围该如何描述。

4a-5.6.4 数据和日期时间信息

元数据和实际数据必须附有日期。在“MD_Metadata”（元数据）中，元数据有一个时间戳。在引文中，“MD_Identification”（标识符）中的一部分提供了数据集生产、发布或修订的日期。这些日期没有必要一样。在某些情况下，一组元数据可以用于多组数据，这些数据可能在不同的时间内生产、发布或修订。对来源的相关日期的需求并不局限于数字或地理数据。从再加工数据中获得结果的用户需要知道他们所用数据的版本。

该专用标准对 ISO 19115 中可用的选项做了限制，ISO 19115 引用的是 ISO 19103 和 ISO 8601。这些类在 ISO/TS 19103 中有全文记录。“Date”（日期）和“DateTime”（日期时间）应该遵照完全规范的基本格式，如 ISO 8601 中所述那样。

1）Date（日期）：日期的格式应该是年、月和日，并按照字符串编码（即 CCYYMMDD）。

2）DateTime（日期时间）：是 date（日期）和 time（时间）（通过小时、分钟和秒来确定）的组合，带有时区，即 CCYYMMDDTHHMMSS ± hhmm（对于 UTC 则是‘Z’）。注意，+0100 表示 UTC 之前一个小时，比如日内瓦（Geneva）就是这样。

3）如果日期中某一部分未知，那么就按照 ISO 8601，存储低精度的日期或日期时间，比如，如果知道是 1990 年某个时候，但是不知道确切的月份和日，该日期应为 1990 年。

4a-5.6.5 元数据扩展信息

类“S100_Metadata”（元数据）对类“MD_Metadata”作了特化处理，将约束“metadataIdentifier”（元数据标识符）从可选改为必选。表 4a-5 和表 4a-6 是“S100_Metadata”扩展的相关信息。附录 4a-A 包含修改后的 UML 图，数据字典的修改值详见附录 4a-B（表 B-1　ISO 19115 数据字典变更）。

表 4a-5 S100_Metadata（元数据）的元数据扩展

MD_MetadataExtensionInformation		
MD_ExtendedElementInformation		
名称	S100_Metadata	
定义	MD_Metadata 的 S-100 元数据专用标准	
约束	必选	
条件		
数据类型	特化类	
最大出现次数	1	
域值		
父实体	MD_Metadata	
规则	新类	
理由	扩展 “MD_Metadata” 以包含 “fileIdentifier” 的约束条件变更	
来源	组织名	国际海道测量组织
	角色	所有者
概念名称	项的名称（在 IHO GI 注册系统中）	
代码	语种中性标识符（在 IHO GI 注册系统中的代码）	

表 4a-6 S100_Metadata（元数据）的元数据扩展

MD_MetadataExtensionInformation		
MD_MetadataElementInformation		
名称	metadataIdentifier	
定义	ISO 19115-1：2014 表 B.2	
约束	必选	
条件		
数据类型	Class	
最大出现次数	1	
域值	MD_Identifier	
父实体	S100_Metadata	
规则	修改约束为必选	
理由	确保文件标识符总是被输入	
来源	组织名	国际海道测量组织
	角色	所有者
概念名称	项的名称（在 IHO GI 注册系统中）	
代码	语种中性标识符（在 IHO GI 注册系统中的代码）	

4a-5.7 服务元数据

表 4a-7 列出了用于服务发现的元素。这些元素与数据集所用的元素相似，除了使用“SV_ServiceIdentification”（服务标识）替换“MD_DataIdentification”（数据标识），并添加了两个条件元素记录服务与数据集之间的耦合（如有）。

该版服务元数据的 S-100 专用标准未记录服务提供的操作。因此，该专用标准省略了与 ISO 19115-1 中定义的操作信息相关的可选元数据元素和属性。

表 4a-7 用于服务发现的元数据

名称（英文）	名称（中文）	路径	约束
Unique identifier for this metadata record	此元数据记录的唯一标识符	MD_Metadata.metadataIdentifier > MD_Identifier.code	M_a
Metadata language	元数据语种	MD_Metadata.defaultLocale > PT_Locale.language	C_b
Metadata character set	元数据字符集	MD_Metadata.defaultLocale > PT_Locale.characterEncoding	C_c
Metadata parent identifier	元数据父标识符	MD_Metadata.parentMetadata > CI_Citation.identifier	C_d
Party responsible for the metadata information	负责元数据信息的一方	MD_Metadata.contact > CI_Responsibility.CI_Individual 或 MD_Metadata.contact > CI_Responsibility.CI_Organization	M
Date(s) associated with the metadata (creation date)	与元数据关联的日期（创建日期）	MD_Metadata.dateInfo > CI_Date	M
Metadata standard name	元数据标准名称	MD_Metadata.metadataStandard > CI_Citation.title	O
Metadata standard version	元数据标准版本	D_Metadata.metadataStandard > CI_Citation.edition	O
Service title	服务标题	MD_Metadata.identificationInfo > SV_ServiceIdentification.citation > CI_Citation.title	M
Date used to identify the service	用于标识服务的日期	MD_Metadata.identificationInfo > SV_ServiceIdentification.citation > CI_Citation.date	M
Resource identifier	资源标识符	MD_Metadata.identificationInfo > SV_ServiceIdentification.citation > CI_Citation.identifier > MD_Identifier	O

续表

名称（英文）	名称（中文）	路径	约束
Resource abstract	资源摘要	MD_Metadata.identificationInfo > SV_ServiceIdentification.abstract	M
Responsible party	责任方	MD_Metadata.identificationInfo > SV_ServiceIdentification.pointOfContact > CI_Responsibility	O
Spatial representation type	空间表示类型	MD_Metadata.identificationInfo > MD_DataIdentification.spatialRepresentationType	O
Spatial resolution of the dataset	数据集的空间分辨率	MD_Metadata.identificationInfo > MD_Identification.spatialResolution > MD_Resolution.distance 或 MD_Resolution.equivalentScale 或 MD_resolution.vertical 或 MD_Resolution.angularDistance 或 MD_Resolution.levelOfDetail	O_e
Dataset language	数据集语种	MD_Metadata.identificationInfo > MD_DataIdentification.defaultLocale > PT_Locale.language	M
Dataset character set	数据集字符集	MD_Metadata.identificationInfo > MD_DataIdentification.defaultLocale > PT_Locale.characterEncoding	C_f
Service topic category	服务专题类别	MD_Metadata.identificationInfo > SV_ServiceIdentification.topicCategory	M
Geographic location of the service (by four coordinates or by description)	服务的地理位置（通过四个坐标或者通过说明）	MD_Metadata.identificationInfo > SV_ServiceIdentification.extent > EX_Extent.geographicElement > EX_GeographicExtent > EX_GeographicBoundingBox 或 EX_GeographicDescription	$C_{g,h}$
Temporal extent information for the service	服务的时间范围信息	MD_Metadata.identificationInfo > SV_ServiceIdentification.extent > EX_Extent.temporalElement	O
Vertical extent information for the dataset	数据集垂直覆盖范围信息	MD_Metadata.identificationInfo > SV_ServiceIdentification.extent > EX_Extent.verticalElement > EX_VerticalExtent	O
Lineage	数据志	MD_Metadata.resourceLineage > LI_Lineage	O
Reference system	参照系	MD_Metadata.referenceSystemInfo > MD_ReferenceSystem.referenceSystemIdentifier > RS_Identifier	O
Distribution Format	分发格式	MD_Metadata.distributionInfo > MD_Distribution > MD_Format	O

续表

名称（英文）	名称（中文）	路径	约束
On-line link	线上链接	MD_Metadata.identificationInfo > SV_ServiceIdentification.citation > CI_Citation.onlineResource > CI_OnlineResource	O
Constraints on resource access and use	资源访问和使用的约束	MD_Metadata.identificationInfo > SV_ServiceIdentification > MD_Constraints.useLimitations 和 / 或 MD_LegalConstraints 和 / 或 MD_SecurityConstraints	O
Resource scope	资源范围	MD_Metadata.metadataScope > MD_Scope.resourceScope	C_i
Operated dataset	操作数据集	MD_Metadata > SV_ServiceIdentification.operatedDataset > CI_Citation	C_j
Operates on	操作于	MD_Metadata > SV_ServiceIdentification.operatesOn > MD_Identifier	C_j

a）该专用标准规定元数据元素的“metadataIdentifier”（元数据标识符）为必选。

b）“language”（语种）：如果编码过程中没有定义，则选用。

c）“characterSet”（字符集）：如果未使用 UTF-8 且编码过程未定义 UTF-8，则选用。

d）如果存在一个更高层次的级别，则选用（比如，如果地理“数据集”是“数据集系列”的一部分）。

e）“distance”（距离）优先于“equivalentScale”（等效比例尺），因为在屏幕上以不同规格进行显示时比例尺会发生变化。如果可用，必须选用“distance”或“equivalentScale”。

f）“characterSet”（字符集）：如果未使用 UTF-8，则选用。

g）包含地理范围边框（范围）或者地理说明标识符（建议使用地理范围边框—见 5.6.3 节）。

h）如果西边经度、东边经度、南边纬度和北边纬度中有一个存在，其余的三个也必须完整。

i）对非数据集的资源，是必选的。

j）服务操作资源的引用。任何一种资源都使用“operated dataset”（操作数据集）或“operates on”（操作于）（即，同一资源不得使用两种方式）。

附录 4a-A 元数据模式类信息（规范性）

S-100 元数据专用标准中包含的元数据结构是参考 UML 图进行定义的，这些 UML 图标识了 ISO 19115-1：2014 中（以及更多在 ISO 19115-1：2018 修订版 1 中的修改信息）包含的元数据包和类。

新类“S100_Metadata”（元数据）表明了它和“MD_Metadata”的关系，以及相关的元数据类。根据该专用标准的需要，元数据模式相关类替换了 ISO 19115-1 中等价的图 4。

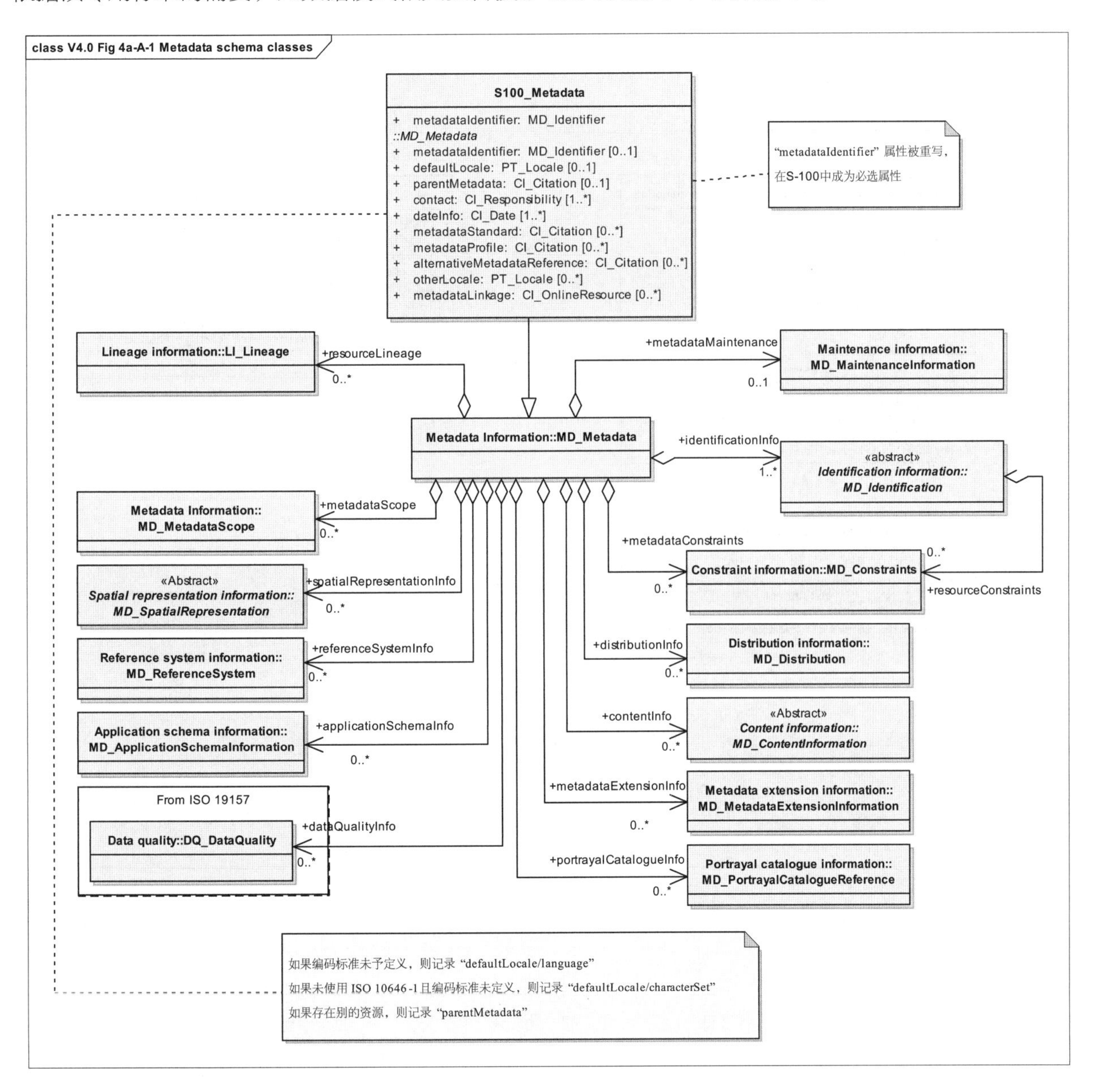

图4a-A-1 元数据模式类

来源：改编自ISO 19115-1：2014

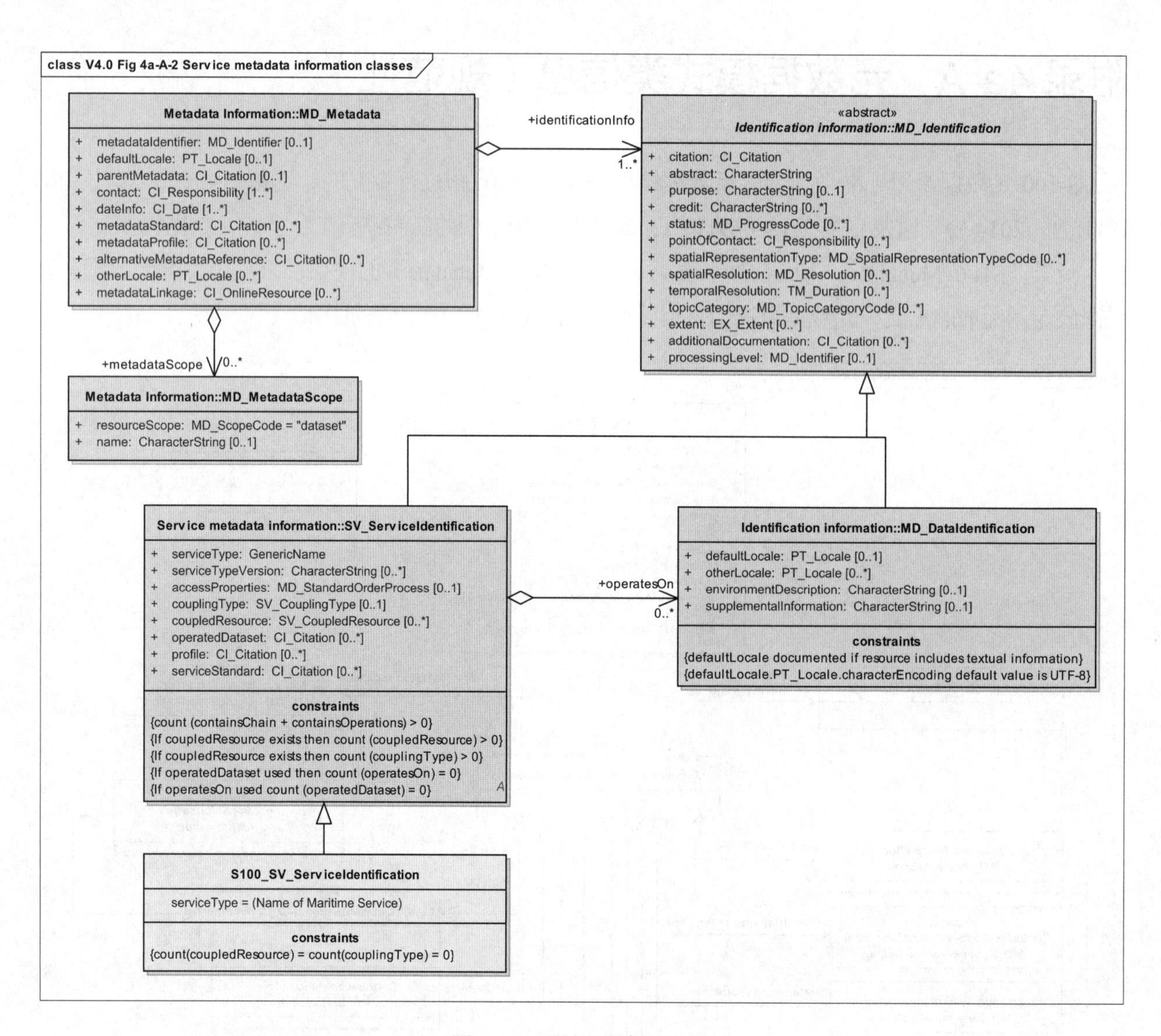

图4a-A-2　服务元数据信息类

来源：改编自ISO 19115-1：2014

附录 4a-B 数据字典（规范性）

ISO 19115-1：2014附录B中的数据字典（并由“ISO 19115-1：2014/修订版1：2018”进一步修改）描述了ISO 19115-1中UML包图中元数据的特征。

数据字典的修改内容详见表4a-B.1，它是用于识别该专用标准中提到的元数据元素“metadataIdentifier”（元数据标识符）扩展。表中包含的信息用于替换或补充ISO 19115-1：2014附录B中B.2和ISO 19115-1：2014/修订版1：2018提供的信息。

表 4a-B-1 对数据字典 ISO 19115-1：2014 的修改

	名称/角色名称（英文）	名称/角色名称（中文）	定义	Ob	Max Occ	数据类型	注释
1	MD_Metadata	MD_元数据	根实体，定义一个资源或多个资源的元数据	M	1	Class	见ISO 19115：2014附录B，B.2
1.1	S100_Metadata	S100_元数据	根实体，定义一个资源或多个资源的元数据	M	1	Class	类MD_Metadata的特化
2	metadataIdentifier	元数据标识符	元数据文件的唯一标识符	M	1	CharacterString	自由文本（将约束由可选改为必选）

Ob=约束/条件；Max Occ=最大出现次数

附录 4a-C 元数据实现（规范性）

背景

ISO 19115-1：2014 定义了元数据元素集的内容、定义、数据类型及内在的依赖关系。元数据的逻辑模型规定了内容，但是没有规定实现形式或者表现形式。资源元数据管理的主要目标是提供访问元数据及其描述相关资源的能力。这需要使用常用编码方法进行软件实现，以达到对元数据的操作。

需要实现该专用标准以检验其一致性。ISO/TS 19115-3：2016 是 ISO 19115-1：2014 的一个 XML 模式实现，可用于部分检验 ISO 19115-1：2014 以及 S-100 元数据专用标准的一致性。IHO 已开发了附加的 Schematron 规则，以对“metadataIdentifier”（元数据标识符）元素实施附加限制。S-100 元数据专用标准的一致性检验，需通过 XML 文档实例与 ISO/TS 19115-3：2016XML 模式定义（XML Schema Definition，XSDs）和 S-100 Schematron 规则的验证实现。

虽然类“S100_Metadata”（元数据）特化了类“MD_Metadata”，但特化仅涉及将“metadataIdentifier”（元数据标识符）的范围从可选限制为必选。因此，对于 S-100 元数据的 XML 实例，必须使用“MD_Metadata”根元素，不得使用“S100_Metadata”，确保与 ISO 标准和软件工具的互操作性。

支持的地理数据粒度：将一组相关文档按照可发现系列进行编目，这一概念是地图编目中惯用的方法。对于数字空间数据，定义数据集由哪些成分构成更加成为问题，也反映了生产组织的制度和软件环境。通用元数据可来源于相关地理数据集系列，这样的元数据通常与每个数据集实例相关，也可以从实例中继承而来。支持在编目系统中进行地理数据元数据继承的软件，可以简化数据的输入、更新和报告。

存在潜在的可重用元数据层次，可用于实现元数据集合。通过创建多个抽象层次，一个链接的层次可以帮助用户查询过滤或者命中用户请求的详细级别。该层次无需解释为需要在线管理元数据的多个副本。相反，通用元数据可以用空间专用元数据进行补充，查询时，可以继承或覆盖该通用元数据。

该方法可以通过指针减少网站元数据冗余，为用户提供不同的视图。此类“指针”通过 XSD 文件中“XLink”属性实现。

元数据文档元素和其他元数据文档之间可能存在依赖，为的是允许不同层次级别元数据的继承。元数据文档元素和来自标准注册表的资源之间可能存在依赖关系，为的是允许在不复制内容的情况下重用标准资源。无论出于何种目的，都可以通过使用“XLink”属性来明确依赖关系，这些属性在 XML 表示中的大多数属性元素上都可用。XLink:href 用于指向可重用资源；XLink:arcrole 用于表明重用的类型；XLink:role 用于表明重用资源的性质。

附录 4a-D 信息交换目录的发现元数据（规范性）

引言

信息交换需要多个元数据分类：总体交换目录的元数据、目录中每个数据集的元数据以及组成该包的支持文件的元数据。

概述

图 4a-D-1 到 4a-D-3 概括了 S-100 交换集的总体概念，用于地理空间数据及其相关元数据的交换。图 4a-D-1 描绘了 ISO 19115-3 类的实现，这些类构成了交换集的基础。S-100 交换集的总体结构在图 4a-D-3 中建模。类的详细信息参见 4a-D-2，文字说明详见条款 3 中的表格。

发现元数据相关类具有许多属性，这些属性描述了数据集的重要信息以及随附待检查的支持文件，但是这种检查无需处理数据，例如解密、解压或加载等。其他目录可包含在交换集中以支持数据集，比如要素、图示表达、坐标参照系、代码表等方面。支持文件元数据的属性“purpose”（用途）可提供一种机制，便于更容易地更新支持文件。

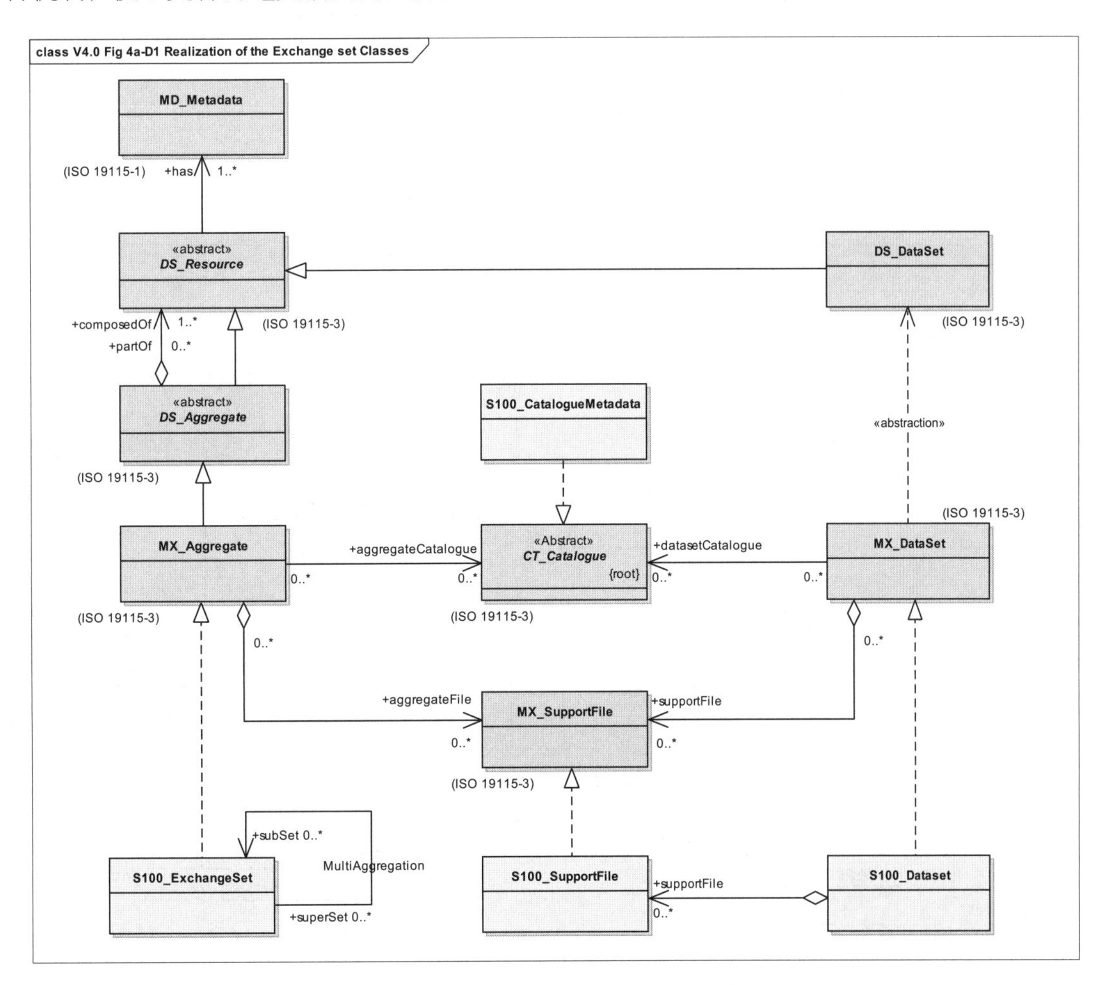

图4a-D-1 交换集相关类的实现

"S100_ExchangeCatalogue"（交换目录）是 XML 实例，它提供利用交换集全部组件所需的信息。它由目录和数据集的部分组成，其中数据集包括用于支持文件元数据的子部分和对类 ISO 19115-1 数据集元数据的引用。

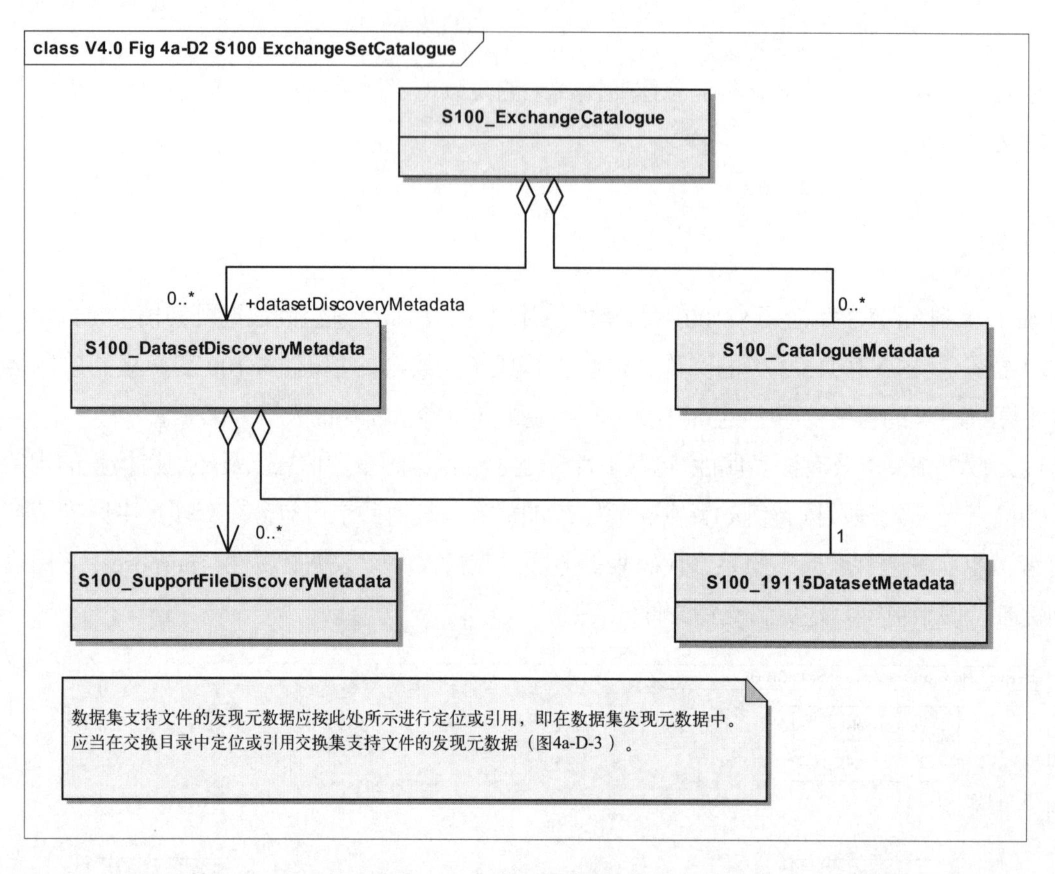

图4a-D-2　S-100交换集目录

"S100_ExchangeSet"（交换集）是一个容器，其中包含交换 S-100 数据所需的所有元素。交换集可以包括基于 S-100 的数据集、文件、要素目录和图示表达目录，如下图 4a-D-3 所示。

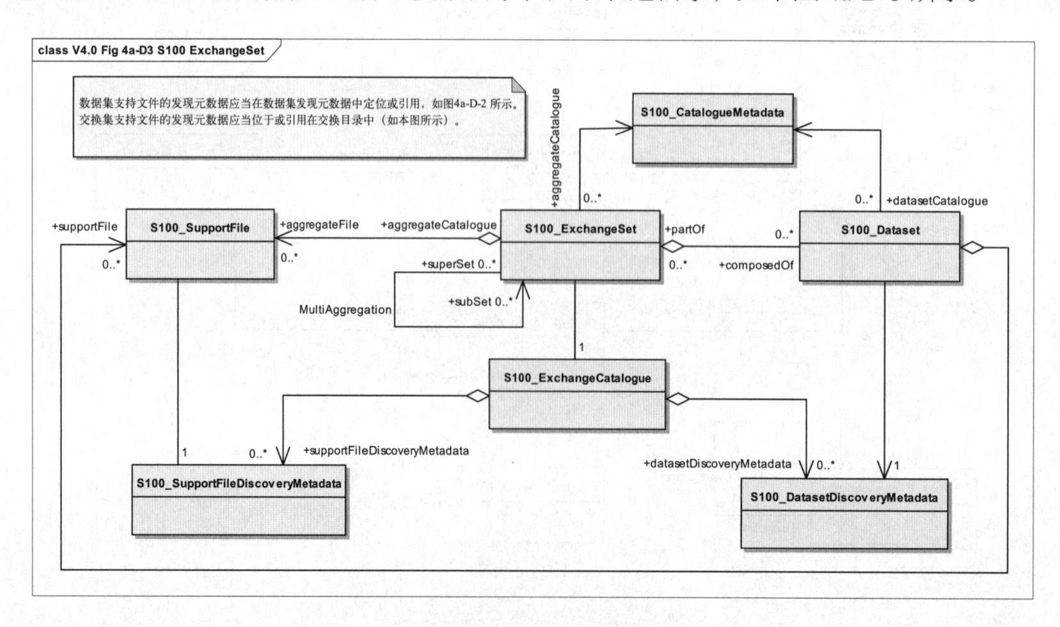

图4a-D-3　S-100交换集

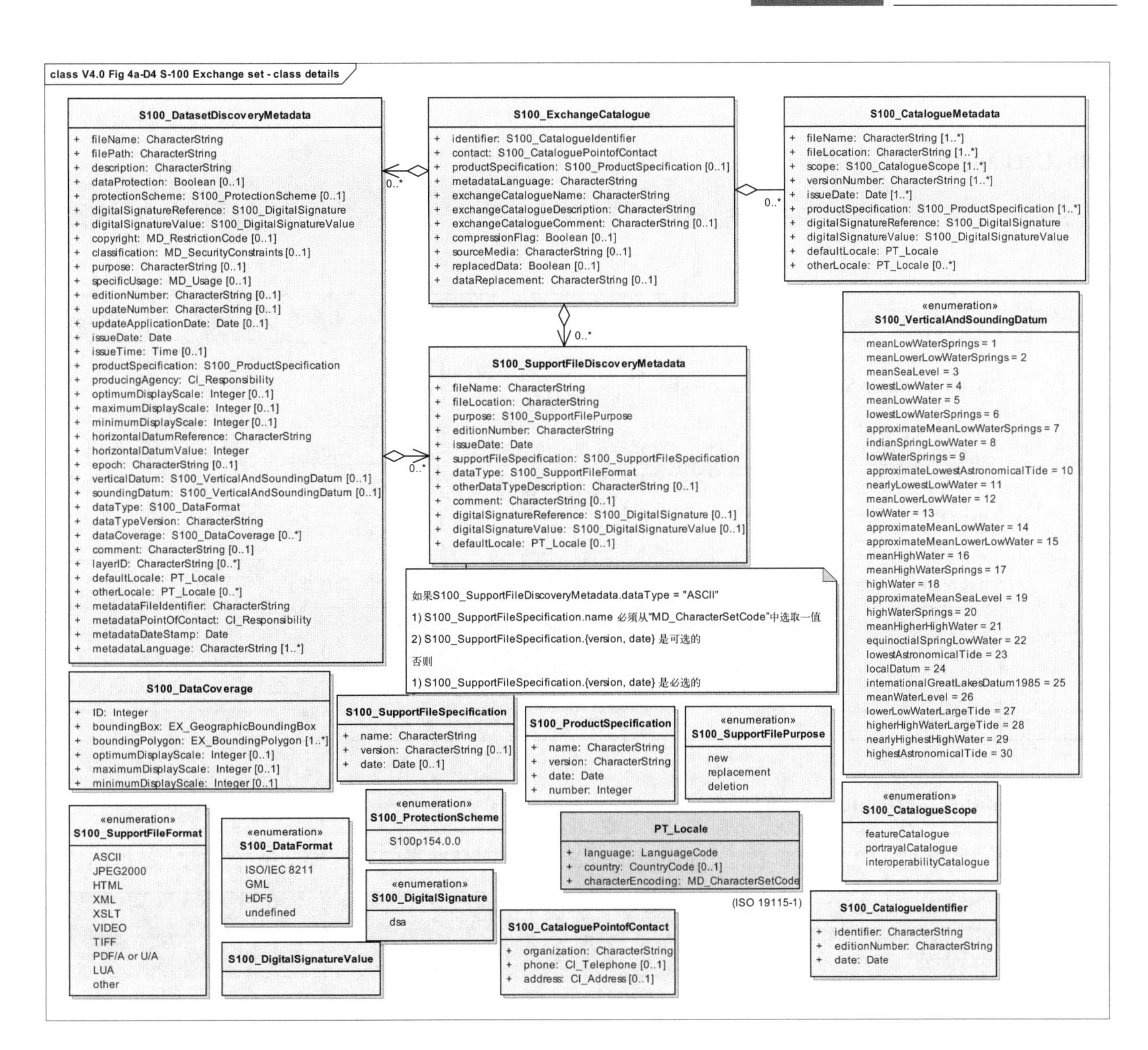

图4a-D-4 S-100交换集-类明细

交换集元素

S100_ExchangeSet（交换集）

S-100 交换集是各类用于支持地理空间数据和元数据交换的元素集合。“MultiAggregation”（多聚合）关联引入了面向域的使用子集概念，比如按比例尺、生产者或者区域等进行组织。

角色名称	名称（英文）	名称（中文）	说明	多重性	类型	备注
类	S100_ExchangeSet	S100_ 交换集	包含用于数据传输的交换集元素聚合	—	—	—
角色	aggregateFile	集合文件	交换集中的支持文件集合	0..*	—	
角色	partOf	部分	数据集的集合，是交换集的一部分	0..*	—	
角色	aggregateCatalogue	目录集合	目录集合	0..*	—	
角色	superSet	超集	交换集的总容器，可以包含交换集的一个子集	0..*		
角色	subSet	子集	交换集，是超集的一部分	0..*		

S100_ExchangeCatalogue（交换目录）

每个交换集都有一个“S100_ExchangeCatalogue”，包含交换集内数据和支持文件的元数据信息。

角色名称	名称（英文）	名称（中文）	说明	多重性	类型	备注
类	S100_ExchangeCatalogue	S100_ 交换目录	交换目录包含有关交换数据集以及支持文件的发现元数据	—	—	—
属性	identifier	标识符	该交换目录的唯一标识	1	S100_CatalogueIdentifier	
属性	contact	联系方式	此交换目录发行者的详细信息	1	S100_CataloguePointOfContact	
属性	productSpecification	产品规范	交换目录内数据集产品规范的详细信息	0..1	S100_ProductSpecification	对使用相同产品规范的所有数据集为条件必选
属性	metadataLanguage	元数据语言	语言信息	1	CharacterString	
属性	exchangeCatalogueName	交换目录名称	目录文件名	1	CharacterString	在 S-101 中为 CATLOG.101

续表

角色名称	名称（英文）	名称（中文）	说明	多重性	类型	备注
属性	exchangeCatalogueDescription	交换目录说明	交换目录内容的说明	1	CharacterString	
属性	exchangeCatalogueComment	交换目录备注	其他补充信息	0..1	CharacterString	
属性	compressionFlag	压缩标志	数据是否压缩	0..1	Boolean	是（1）或否（0）
属性	sourceMedia	资源媒介	分发媒介	0..1	CharacterString	
属性	replacedData	是否替换数据	如果数据文件被作废，是否替换为其他数据	0..1	Boolean	
属性	dataReplacement	替换数据	单元名称	0..1	CharacterString	
角色	datasetDiscoveryMetadata	数据集发现元数据	交换目录可以包含或引用交换集中数据集的发现元数据	0..*	聚合 S100_DatasetDiscoveryMetadata	
角色	--	--	目录的元数据	0..*	聚合 S100_CatalogueMetadata	要素、图示表达和互操作目录（如有）的元数据
角色	supportFileDiscoveryMetadata	支持文件发现元数据	交换目录可以包含或引用交换集中支持文件的发现元数据	0..*	聚合 S100_ SupportFileDiscoveryMetadata	

S100_CatalogueIdentifier（目录标识符）

角色名称	名称（英文）	名称（中文）	说明	多重性	类型	备注
类	S100_ CatalogueIdentifier	S100_ 目录标识符	交换目录包含关于交换数据集和支持文件的发现元数据	—	—	—
属性	identifier	标识符	交换目录的唯一标识符	1	CharacterString	
属性	editionNumber	版次号	该交换目录的版次号	1	CharacterString	
属性	date	日期	交换目录的创建日期	1	Date	

S100_CataloguePointofContact（目录联系方）

角色名称	名称（英文）	名称（中文）	说明	多重性	类型	备注
类	S100_ CataloguePointOfContact	S100_ 目录联系方	该交换目录发行者的联系信息	—	—	—
属性	organization	组织	分发此交换目录的发行组织	1	CharacterString	可以是个体生产商，也可以是增值分销商等
属性	phone	电话	发行组织的电话号码	0..1	CI_Telephone	
属性	address	地址	发行组织的地址	0..1	CI_Address	

S100_Dataset（数据集）

角色名称	名称（英文）	名称（中文）	说明	多重性	类型	备注
类	S100_Dataset	S100_ 数据集		—	—	—
角色	composedOf	组成	一个交换集由 0 或多个数据集组成	0..*	—	
角色	datasetCatalogue	数据集目录	与此数据集相关的目录	0..*	—	

S100__DatasetDiscoveryMetadata（数据集发现元数据）

角色名称	名称（英文）	名称（中文）	说明	多重性	类型	备注
类	S100__ DatasetDiscoveryMetadata	S100_ 数据集发现元数据	交换目录中单个数据集的元数据	—	—	—
属性	fileName	文件名	数据集文件名	1	CharacterString	
属性	filePath	文件路径	交换集根目录的完整路径	1	CharacterString	相对于交换集根目录的路径。交换集解压到目录 <EXCH_ROOT> 后文件的位置将是 <EXCH_ROOT>/<filePath>/<filename>

续表

角色名称	名称（英文）	名称（中文）	说明	多重性	类型	备注
属性	description	说明	该数据集覆盖的区域或地点的简要说明	1	CharacterString	例如，港湾、港口名称或两者之间其他概念，等等
属性	dataProtection	数据保护	指示数据是否已加密	0..1	Boolean	0 指示未加密的数据集，1 指示已加密的数据集
属性	protectionScheme	保护模式	用于数据保护的规范或方法	0..1	S100_ProtectionScheme	例如 S-63
属性	digitalSignatureReference	数字签名引用	文件的数字签名	1	S100_DigitalSignature	规定用于计算数字签名值的算法
属性	digitalSignatureValue	数字签名值	数字签名的派生值	1	S100_DigitalSignatureValue	根据 digitalSignatureReference 得出的值。 按照第 15 部分中规定的数字签名格式
属性	copyright	版权	指示数据集是否受版权保护	0..1	MD_LegalConstraints-> MD_RestrictionCode <copyright> (ISO 19115-1)	
属性	classification	密级	指示数据集的安全分类	0..1	Class MD_SecurityConstraints> MD_ClassificationCode (codelist)	1.unclassified（非保密） 2.restricted（受限） 3.confidential（秘密） 4.secret（机密） 5.top secret（绝密） 6.sensitive but unclassified（敏感但非保密） 7.for official use only（仅供官方使用） 8.protected（受保护） 9.limited distribution（限制发行）
属性	purpose	用途	发布此数据集的用途	0..1	MD_Identification>purpose CharacterString	比如，新数据集、再版、新版和更新，等等

续表

角色名称	名称（英文）	名称（中文）	说明	多重性	类型	备注
属性	specificUsage	具体用途	该数据集的用途	0..1	MD_USAGE>specificUsage (CharacterString) MD_USAGE>userContactInfo (CI_Responsibility)	比如，对于 ENC 来说，其分类为导航用途
属性	editionNumber	版次号	该数据集版次号	0..1	CharacterString	首次创建数据集时，版次号记为 1。每发布一个新版次，版次号都增加 1。再版时版次号保持一致
属性	updateNumber	更新号	标记数据集的更新号，每次后续更新都增加 1	0..1	CharacterString	新数据集的更新号记为 0
属性	updateApplicationDate	更新应用日期	该日期只用于基础单元文件（即新数据集、再版和新版），不用于更新单元文件。所有当天或者之前的更新必须由生产者来执行	0..1	Date	
属性	issueDate	发布日期	生产者使数据可用的日期	1	Date	
属性	issueTime	发布时间	生产者使数据可用的时间	0..1	Time	S-100 数据类型时间
属性	productSpecification	产品规范	用于创建该数据集的产品规范	1	S100_ProductSpecification	

续表

角色名称	名称（英文）	名称（中文）	说明	多重性	类型	备注
属性	producingAgency	生产部门	负责生成数据的部门	1	CI_Responsibility>CI_Organisation 或 CI_Responsibility>CI_Individual	参见表 4a-2 和 4a-3
属性	optimumDisplayScale	最佳显示比例尺	显示数据的最佳比例尺	0..1	Integer	示例：比例尺 1:25,000 的编码为 25,000
属性	maximumDisplayScale	最大显示比例尺	数据显示的最大比例尺	0..1	Integer	
属性	minimumDisplayScale	最小显示比例尺	数据显示的最小比例尺	0..1	Integer	
属性	horizontalDatumReference	水平基准引用	注册表的引用，据此获取水平基准值	1	CharacterString	例如，EPSG
属性	horizontalDatumValue	水平基准值	整个数据集的水平基准	1	Integer	例如，4326
属性	epoch	纪元	表示 CRS 使用的大地基准纪元的代码	0..1	CharacterString	例如，G1762 是 WGS84 大地基准 2013-10-16 的实现
属性	verticalDatum	垂直基准	整个数据集的垂直基准	0..1	S100_VerticalAndSoundingDatum	
属性	soundingDatum	水深基准	整个数据集的水深基准	0..1	S100_VerticalAndSoundingDatum	
属性	dataType	数据类型	该数据集的编码格式	1	S100_DataFormat	
属性	dataTypeVersion	数据类型版本	数据类型的版本号	1	CharacterString	

续表

角色名称	名称（英文）	名称（中文）	说明	多重性	类型	备注
属性	dataCoverage	数据覆盖范围	提供有关数据集中数据覆盖范围的信息	0..*	S100_DataCoverage	
属性	comment	备注	任何其他信息	0..1	CharacterString	
属性	layerID	图层 ID	标识其他层，使用或图示表达该数据集所需	0..*	CharacterString	例如，海洋保护区数据集需要 ENC 数据集才能按照 ECDIS 的要求进行图示表达
属性	defaultLocale	默认区域	交换目录中使用的缺省语种和字符集	1	PT_Locale	
属性	otherLocale	其他区域	交换目录中使用的其他语种和字符集	0..*	PT_Locale	
属性	metadataFileIdentifier	元数据文件标识符	元数据文件的标识符	1	CharacterString	例如，ISO 19115-3 元数据文件
属性	metadataPointOfContact	元数据联系方	元数据的联系方	1	CI_Responsibility>CI_Individual 或 CI_Responsibility>CI_Organisation	
属性	metadataDateStamp	元数据日期戳	元数据的日期戳	1	Date	可能是，也可能不是发布日期
属性	metadataLanguage	元数据语言	提供元数据所使用的语言	1..*	CharacterString	
角色	--	--	包含或引用，指向数据集支持文件的发现元数据	0..*	聚合 S100_SupportFileDiscoveryMetadata	

S100_DataCoverage（数据覆盖范围）

角色名称	名称（英文）	名称（中文）	说明	多重性	类型	备注
类	S100_DataCoverage	S100_数据覆盖范围		—	—	—
属性	ID	ID	唯一标识该覆盖范围	1	Integer	—
属性	boundingBox	边界框	数据集边界的范围	1	EX_GeographicBoundingBox	—
属性	boundingPolygon	边界多边形	定义实际数据边界的多边形	1..*	EX_BoundingPolygon	—
属性	optimumDisplayScale	最佳显示比例尺	显示数据的最佳比例尺	0..1	Integer	示例：比例尺 1:25,000 的编码为 25,000
属性	maximumDisplayScale	最大显示比例尺	数据显示的最大比例尺	0..1	Integer	
属性	minimumDisplayScale	最小显示比例尺	数据显示的最小比例尺	0..1	Integer	

S100_DigitalSignature（数字签名）

角色名称	名称（英文）	名称（中文）	说明	代码	类型	备注
枚举	S100_DigitalSignature	S100_数字签名	用于计算数字签名的算法	—	—	—
值	dsa	dsa	数字签名算法	—	—	FIPS 186-4 (2013)

S100_DigitalSignatureValue（数字签名值）

角色名称	名称（英文）	名称（中文）	说明	多重性	类型	备注
类	S100_DigitalSignatureValue	S100_数字签名值	经签署公钥的数字签名	—		数字签名值的数据类型

S100_VerticalAndSoundingDatum（垂直和水深基准）

角色名称	名称（英文）	名称(中文)	说明	代码	类型	备注
枚举	S100_VerticalAndSoundingDatum	S100_垂直和水深基准	允许的垂直和水深基准	—	—	—

续表

角色名称	名称（英文）	名称（中文）	说明	代码	类型	备注
值	meanLowWaterSprings	平均大潮低潮面		1	—	（MLWS）
值	meanLowerLowWaterSprings	平均大潮低低潮面		2	—	—
值	meanSeaLevel	平均海平面		3	—	（MSL）
值	lowestLowWater	最低低潮面		4	—	—
值	meanLowWater	平均低潮面		5	—	（MLW）
值	lowestLowWaterSprings	最低大潮低潮面		6	—	—
值	approximateMeanLowWaterSprings	近似平均大潮低潮面		7	—	—
值	indianSpringLowWater	印度大潮低潮面		8	—	—
值	lowWaterSprings	大潮低潮面		9	—	—
值	approximateLowestAstronomicalTide	近似最低天文潮面		10	—	—
值	nearlyLowestLowWater	略最低低潮面		11	—	—
值	meanLowerLowWater	平均低低潮面		12	—	（MLLW）
值	lowWater	低潮面		13	—	（LW）
值	approximateMeanLowWater	近似平均低潮面		14	—	—
值	approximateMeanLowerLowWater	近似平均低低潮面		15	—	—
值	meanHighWater	平均高潮面		16	—	（MHW）
值	meanHighWaterSprings	平均大潮高潮面		17	—	（MHWS）
值	highWater	高潮面		18	—	（HW）
值	approximateMeanSeaLevel	近似平均海平面		19	—	—
值	highWaterSprings	大潮高潮面		20	—	—
值	meanHigherHighWater	平均高高潮面		21	—	（MHHW）
值	equinoctialSpringLowWater	分点大潮低潮面		22	—	—

续表

角色名称	名称（英文）	名称（中文）	说明	代码	类型	备注
值	lowestAstronomicalTide	最低天文潮面		23	—	（LAT）
值	localDatum	当地基准面		24	—	—
值	internationalGreatLakesDatum1985	1985 年国际大湖基准面		25	—	—
值	meanWaterLevel	平均水平面		26	—	—
值	lowerLowWaterLargeTide	大潮低低潮面		27	—	—
值	higherHighWaterLargeTide	大潮高高潮面		28	—	—
值	nearlyHighestHighWater	略最高高潮面		29	—	—
值	highestAstronomicalTide	最高天文潮面		30	—	（HAT）
值	balticSeaChartDatum2000	2000 年波罗的海海图基准		44		

注释　数字代码是在 IHO GI 注册系统中指定的，与 IHO Hydro 域属性“Vertical datum”（垂直基准）具有等效列表值，因为注册系统当前（2018 年 6 月 20 日）不包含交换集元数据和数据集元数据属性的条目。

S100_DataFormat（数据格式）

角色名称	名称（英文）	名称（中文）	说明	代码	类型	备注
枚举	S100_DataFormat	S100_数据格式	编码格式	—	—	—
值	ISO/IEC 8211	ISO/IEC 8211	第 10a 部分中定义的 ISO 8211 数据格式	—	—	—
值	GML	GML	第 10b 部分中定义的 GML 数据格式	—	—	—
值	HDF5	HDF5	第 10c 部分中定义的 HDF5 数据格式			—
值	undefined	未定义	编码在产品规范中定义	—	—	使用产品规范内特定编码，表示数据产品和产品规范不适用 IHO S–100 兼容的系统

S100_ProductSpecification（产品规范）

角色名称	名称（英文）	名称(中文)	说明	多重性	类型	备注
类	S100_ProductSpecification	S100_产品规范	产品规范包含构建指定产品所需的信息	—	—	—
属性	name	名称	用于创建数据集的产品规范名称	1	CharacterString	
属性	version	版本	产品规范的版本号	1	CharacterString	
属性	date	日期	产品规范的版本日期	1	Date	
属性	number	编号	用于在 IHO GI 注册系统产品规范注册表中查找产品的编号（注册系统索引）	1	Integer	源于 IHO 地理空间信息注册系统中产品规范注册表

S100_ProtectionScheme（保护模式）

角色名称	名称（英文）	名称（中文）	说明	代码	类型	备注
枚举	S100_ProtectionScheme	S100_保护模式	数据保护模式	—	—	—
值	S63e2.0.0	S63e2.0.0	IHO S-63	—	—	见第 15 部分

S100_SupportFile（支持文件）

角色名称	名称（英文）	名称（中文）	说明	多重性	类型	备注
类	S100_SupportFile	S100_支持文件		—	—	—
角色	aggregateFile	集合文件	支持文件的集合	0..*	—	
角色	supportFile	支持文件	数据集相关信息文件	0..*	—	

S100_SupportFileDiscoveryMetadata（支持文件发现元数据）

角色名称	名称（英文）	名称（中文）	说明	多重性	类型	备注
类	S100_SupportFileDiscoveryMetadata	S100_支持文件发现元数据	交换目录中独立支持文件的元数据	—	—	—
属性	fileName	文件名	支持文件的名称	1	CharacterString	

续表

角色名称	名称（英文）	名称（中文）	说明	多重性	类型	备注
属性	fileLocation	文件位置	交换集根目录的完整路径	1	CharacterString	相对于交换集根目录的路径。交换集解压到目录 <EXCH_ROOT> 后文件的位置将是：<EXCH_ROOT>/ <filePath>/ <filename>
属性	purpose	用途	发布此数据集的用途	1	S100_SupportFilePurpose	比如，新数据集、再版、新版及更新，等等
属性	editionNumber	版次号	该数据集版次号	1	CharacterString	首次创建数据集时，版次号记为 1。每发布一个新版次，版次号都增加 1。再版时版次号保持一致
属性	issueDate	发布日期	生产者使数据可用的日期	1	Date	
属性	supportFileSpecification	支持文件规范	创建该数据集的支持文件规范	1	S100_SupportFileSpecification	
属性	dataType	数据类型	支持文件的格式	1	S100_SupportFileFormat	
属性	otherDataTypeDescription	其他数据类型说明	列表以外的支持文件格式	0..1	CharacterString	
属性	comment	备注		0..1	CharacterString	
属性	digitalSignatureReference	数字签名引用	文件的数字签名	0..1	CharacterString	引用恰当的数字签名算法
属性	digitalSignatureValue	数字签名值	数字签名的派生值	0..1	S100_DigitalSignatureValue	根据 digitalSignatureReference 得出的值 按照第 15 部分中规定的数字签名格式
属性	defaultLocale	默认区域	交换目录中使用的缺省语种和字符集	0..1	PT_Locale	单个支持文件只能使用一个语种，因为其他语种可以创建其他文件

S100_SupportFileFormat（支持文件格式）

角色名称	名称（英文）	名称（中文）	说明	代码	类型	备注
枚举	S100_ SupportFileFormat	S100_ 支持文件格式	支持文件所用的格式	—	—	—
值	ASCII	ASCII		—	—	
值	JPEG2000	JPEG2000		—	—	
值	HTML	HTML		—	—	
值	XML	XML		—	—	
值	XSLT	XSLT		—	—	
值	VIDEO	VIDEO		—	—	
值	TIFF	TIFF				
值	PDF/A or UA	PDF/A 或 UA				产品规范开发人员在使用 PDF 作为支持文件格式时应慎重；不建议在导航系统产品中使用 PDF，因为它可能妨害夜视效果
值	LUA	LUA	Lua 脚本文件			
值	other	其他		—	—	

S100_SupportFilePurpose（支持文件用途）

角色名称	名称（英文）	名称（中文）	说明	代码	类型	备注
枚举	S100_ SupportFilePurpose	S100_ 支持文件用途	该交换集中包含支持文件的原因	—	—	—
值	new	新建	新文件	—	—	表示新文件
值	replacement	替换	用于替换现有文件的文件	—	—	表示替换同名文件
值	deletion	删除	删除现有文件	—	—	表示删除该名称的文件

S100_SupportFileSpecification（支持文件规范）

角色名称	名称（英文）	名称（中文）	说明	多重性	类型	备注
类	S100_ SupportFileSpecification	S100_ 支持文件规范	支持文件符合的标准或规范	—	—	—
属性	name	名称	创建支持文件所用的产品规范名称	1	CharacterString	
属性	version	版本	产品规范的版本号	0..1	CharacterString	
属性	date	日期	产品规范的版本日期	0..1	Date	

S100_CatalogueMetadata（目录元数据）

角色名称	名称（英文）	名称（中文）	说明	多重性	类型	备注
类	S100_CatalogueMetadata	S100_ 目录元数据	S-100 目录元数据的类	—	—	—
属性	filename	文件名	该目录的名称	1..*	CharacterString	
属性	fileLocation	文件位置	交换集根目录的完整路径	1..*	CharacterString	相对于交换集根目录的路径。交换集解压到目录 <EXCH_ROOT> 后文件的位置将是 <EXCH_ROOT>/<filePath>/ <filename>
属性	scope	范围	该目录的专题域	1..*	S100_CatalogueScope	
属性	versionNumber	版本号	产品规范的版本号	1..*	CharacterString	
属性	issueDate	发布日期	产品规范的版本日期	1..*	Date	
属性	productSpecification	产品规范	创建该文件的产品规范	1..*	S100_ ProductSpecification	
属性	digitalSignatureReference	数字签名引用	文件的数字签名	1	S100_DigitalSignature	引用恰当的数字签名算法
属性	digitalSignatureValue	数字签名值	数字签名的派生值	1	S100_ DigitalSignatureValue	根据 digitalSignatureReference 得出的值 按照第 15 部分中规定的数字签名格式
属性	defaultLocale	默认区域	交换目录中使用的缺省语种和字符集	1	PT_Locale	
属性	otherLocale	其他区域	交换目录中使用的其他语种和字符集	0..*	PT_Locale	

S100_CatalogueScope（目录范围）

角色名称	名称（英文）	名称（中文）	说明	代码	类型	备注
枚举	S100_CatalogueScope	S100_ 目录范围	目录的范围	—	—	—
值	featureCatalogue	要素目录	S-100 要素目录			

续表

角色名称	名称（英文）	名称（中文）	说明	代码	类型	备注
值	portrayalCatalogue	图示表达目录	S-100 图示表达目录			
值	interoperabilityCatalogue	互操作性目录	S-100 互操作性信息			

S100_SV_ServiceIdentification（服务标识）

角色名称	名称（英文）	名称（中文）	说明	多重性	类型	备注
类	S100_SV_ServiceIdentitification	S100_SV_服务标识	服务提供者通过定义行为的一组接口向服务用户提供的功能	—	—	是“SV_ServiceIdentitification”（ISO 19115-1）的特化，也是“MD_Identitification”的特化（不使用 ISO 属性 coupledResource 和 couplingType）
（继承特征）	（继承于“SV_ServiceIdentitification”）					
属性	serviceType	服务类型	一个服务类型名称	1	Class GenericName	属名是命名空间中所有名称的抽象类。属名的每个实例都是本地名或域名。本地名引用可从命名空间直接访问的本地对象；域名是用于定位另一个命名空间的本地名和在命名空间中有效的属名的组合（ISO 19103）。简而言之：在命名空间中定义的名称。 建议 S-100 服务的命名空间采用 IALA/IMO/IHO 列出的海事服务（截至 2018 年 5 月为待建状态）
属性	serviceTypeVersion	服务类型版本	服务的版本，支持基于服务类型的版本进行搜索	0..*	CharacterString	
属性	accessProperties	访问特征	有关服务可用性的信息，包括费用、计划的可用日期和时间、订购说明、周转时间	0..1	MD_StandardOrderProcess	ISO 19115-1 B.11.5

续表

角色名称	名称（英文）	名称（中文）	说明	多重性	类型	备注
属性	operatedDataset	操作数据集	提供对服务在其上运行的资源的引用	0..*	CI_Citation	对于所引用的任何单个资源，仅允许选用“operatedDataset”或“operatesOn”之中的一个（同一资源不能同时选用两者）
属性	profile	专用标准	服务遵循的专用标准	0..*	CI_Citation	serviceStandard 引用的专用标准 数据产品的规格可在此处标识
属性	serviceStandard	服务标准	服务遵循的标准	0..*	CI_Citation	例如，对 OGC WFS，WMS 等的引用
角色	operatesOn	操作于		0..*	MD_DataIdentification	对于所引用的任何单个资源，仅允许选用“operatedDataset”或“operatesOn”之中的一个（同一资源不能同时选用两者）
（继承特征）	（继承自“MD_ 标识”）（未显示）					

PT_Locale（区域）

角色名称	名称（英文）	名称（中文）	说明	多重性	类型	备注
类	PT_Locale	PT_ 区域	区域的说明	—	—	来自 ISO 19115-1
属性	language	语言	指定区域的语言	1	LanguageCode	ISO 639-2 3- 字母语言代码
属性	country	国家	指定区域语言的具体国家	0..1	CountryCode	ISO 3166-2 2- 字母国家代码
属性	characterEncoding	字符编码	指定用于对区域文本值进行编码的字符集	1	MD_CharacterSetCode	使用来自于 IANA 字符集注册表的（“Name”）：http://www.iana.org/assignments/character-sets.（ISO 19115-1 B.3.14） 例如，UTF-8

类“PT_Locale”（区域）详见 ISO 19115-1。“LanguageCode”（语言代码）、“CountryCode”（国家代码）和“MD_CharacterSetCode”（字符集代码）是 ISO 代码表，应在资源文件中定义并编码为（字符串）代码，或由“备注”所列命名空间中的相应文字表示。

附录 4a-E　元数据扩展（规范性）

这些规则是对 ISO 19115-1：2014 附录 C 中元数据扩展规则的改编。这些规则的目标用途是扩展 S-100 元数据的通用规则集，旨在提前为实现者创建一个通用流程。

扩展类型

允许以下类型的扩展：

1）添加新的元数据包；

2）创建一个新的元数据代码表，以替换将“自由文本”列为其域值的现有元数据元素的域；

3）创建新的元数据代码表元素（扩展代码表）；

4）添加一个新的元数据元素；

5）添加一个新的元数据类；

6）对现有元数据元素施加更严格的约束；

7）对现有元数据元素限制更严格的域。

创建扩展时

在扩展元数据之前，必须对 ISO 19115-1 现有的元数据进行仔细检查，确认尚不存在合适的元数据。如果 ISO 19115-1 中存在合适的元数据，则必须使用。对于每一个扩展的元数据包、类和 / 或元素，都应定义名称、定义、约束、条件、最大出现次数、数据类型和域值。必须定义关系，以便于确定结构和模式。关系应定义清楚，以便明确扩展元数据与 S-100 的各个组件（包括现有元数据）的关系，这些元数据用于创建使用扩展元数据的产品。

创建扩展的规则

1）扩展的元数据元素不得改变现有元素的名称、定义或数据类型。

2）扩展的元数据可以被定义为类，可以包括扩展的和现有的元数据元素，作为其组成部分。

3）允许对现有元数据元素施加比标准要求更严格的约束（本标准中可选的元数据元素在扩展中可能是必选的）。

4）允许对元数据元素的域施加比标准更为严格的限制（本标准中域为“自由文本”的元数据元素，在专用标准中可以限定为适当值的闭合列表）。

5）允许对本标准允许的域值的使用加以限定（如本标准在现有元数据元素的域值有 5 个值，在扩展后可规定它的域只包含其中 3 个值，扩展应要求用户从这 3 个域值中选择 1 个）。

6）允许对代码表或枚举表中值的数量进行扩展。不推荐扩展代码表或枚举表，即使在专用标准中也不推荐。如果必须扩展，应注意尽量减少附加条目的数量。同样，扩展的代码表或枚举表也应发布或以其他方式提供。

7）不得扩展 S-100 不允许的任何内容。

第 4b 部分

影像和格网数据的元数据
（Metadata for Imagery and Gridded Data）

4b-1 范围

第 4a、4b 和 4c 部分的大致范围已经在第 4a 部分做了说明。大多数海洋测绘机构除了处理矢量数据外，还需要管理海量的影像和格网数据，该部分专门关注这种不断增长的需求。有很多不同的影像和格网数据格式，这些类型的数据集经常存储在分布式系统中，进而导致了数据发现、管理和交换的问题。

影像和格网数据的生产过程，通常是始于数据收集、图表和参考资料的扫描以及其他获取方法。这些类型的数据集常用于纸质海图产品、电子航海图（ENC）、栅格航海图以及航海出版物。需要记录它们的生产过程，以便对最终产品进行质量控制。此外，有关测量过程几何结构和测量设备特征的元数据，需要与原始数据一起保留，用于支持生产和维护过程。

S-100 的元数据部分基于 ISO 19115-2：2009。

4b-2 规范性引用文件

以下参考资料是应用该文档所必须的。标注日期的引用，只有引用的版本才有效。未标注日期的引用，引用文件的最新版本（包含所有更正）才有效。

ISO/TS 19103，地理信息—概念模式语言（Geographic information—Conceptual schema language）

ISO 19107：2003, 地理信息—空间模式（Geographic information—Spatial schema）

ISO 19115-1：2018，地理信息—元数据—第 1 部分：基础（Geographic information—Metadata—Part 1 - Fundamentals）（发布为 ISO 19115-1：2014，由 2018 年修订版 1 修订）

ISO 19115-2：2009，地理信息—元数据—第 2 部分：影像和格网数据的扩展（Geographic information—Metadata—Part 2 - Extensions for imagery and gridded data）

ISO 19119：2016，地理信息—服务（Geographic information—Services）

ISO/TS 19115-3：2016，地理信息—元数据—基础概念的 XML 模式实现（Geographic information—Metadata—XML schema implementation for fundamental concepts）

ISO 19157：2018，地理信息—数据质量（Geographic information—Data Quality）（发布为 ISO 19157：2013，由 2018 年修订版 1 修订）

IHO S-61 栅格航海图产品规范（Product Specification for Raster Navigational Charts）

4b-2.1 资料性引用文件

以下引用文件已被更新版本取代，或者尽管它们不是规范性的，但在某些方面仍然有用：

ISO 19115：2005，地理信息—元数据（Geographic information—Metadata）

ISO/TS 19139，地理信息—元数据—XML 模式实现（Geographic information-Metadata—XML schema implementation）

ISO 19119：2005，地理信息—服务（Geographic information—Services）

4b-3 影像和格网数据的元数据

ISO 19115-1 规定了描述数字地理数据所需的元数据，该部分描述的扩展规定了描述数字地理空间影像和格网数据所需的元数据。数字地理空间影像和格网的元数据也应该提供给数据集的集合。

4b-3.1 相关的 ISO 标准

ISO 19115-1 在设计上是适用于所有地理数据集的通用元数据标准。该标准确定了一组由多个元数据元素构成的核心元数据，规定了它们的使用条件（即必选、条件必选或者可选）。尽管 ISO 19115-1 中有某些服务元数据（特别是在标识方面），但大量服务元数据在 ISO 19119（服务）中定义。ISO 19115 提供了有限的元数据，用于描述空间和时间模式。

ISO 19115-2 扩展了 ISO 19115 中定义的元数据，规定了描述影像和格网数据所需的其他元数据（诸如数据质量、空间表示、内容以及获取信息），提供了用于获取数据的测量设备的特征、测量设备所使用测量过程的几何特征以及数字化原始数据的生产过程。

地理定位信息对于影像来说是非常重要的元数据部分。ISO 19115-1 和 19115-2 不包括足够的影像和格网数据地理定位元数据。因而需要引用 ISO 19130。该标准规定了支持地理定位所需的其他信息，定义了传感器测量和地理定位信息如何逻辑关联。ISO 19130 中的地理参照信息是 ISO 19115-2 中所述信息的子集。开发影像元数据的完整集合，需要将 ISO 19115-1、ISO 19115-2 中的相关部分和 ISO 19130 中的地理定位信息或传感器特征进行整合。

ISO 19115-3—基本概念的 XML 模式实现，通过定义新的约束类型，扩展了 ISO 19115-1 和 ISO 19115-2，这些约束类型对元数据元素做了细化以便实现。它也定义了一些规则，用于从 ISO 抽象 UML 模型中导出 XML 模式。

4b-3.2 元数据包

包含在 ISO 19115-1 的包与地理空间影像和格网数据扩展之间的关系如下图 4b-1 所示。图中还显示了对其他包的依赖关系。ISO 19115-2 包显示为无填充，ISO 19115-1 包显示为灰色填充，其他包（ISO 19107（几何），ISO 19157（数据质量）和 ISO 19103（概念模式语言））以其他颜色填充。这些元数据扩展已经完全用 UML 模型和数据字典进行了存档，分别在 ISO/TC211 19115-2—附录 A 和附录 B 中。

需要注意的是，为了确保全局的唯一性，ISO/TS 19103 要求所有类名称都必须按照双前缀方式定义，以标识该类所归属的包。ISO 19115 使用前缀“MD”（Metadata，元数据），“CI”（Citation，引用），“DQ”（Data quality，数据质量），“EX”（Extent，覆盖范围）和“LI”（Lineage，数据志）。为了区分 ISO 19115-1 中使用的类和 ISO 19115-2（影像和格网数据扩展）中使用的类，“MI”前缀用于影像和格网元数据，“LE”和“QE”分别用于扩展的数据志和数据质量类（数据质量类目前在 ISO 19157 中定义）。表 4b-1 给出了用于元数据类的包标识符列表。

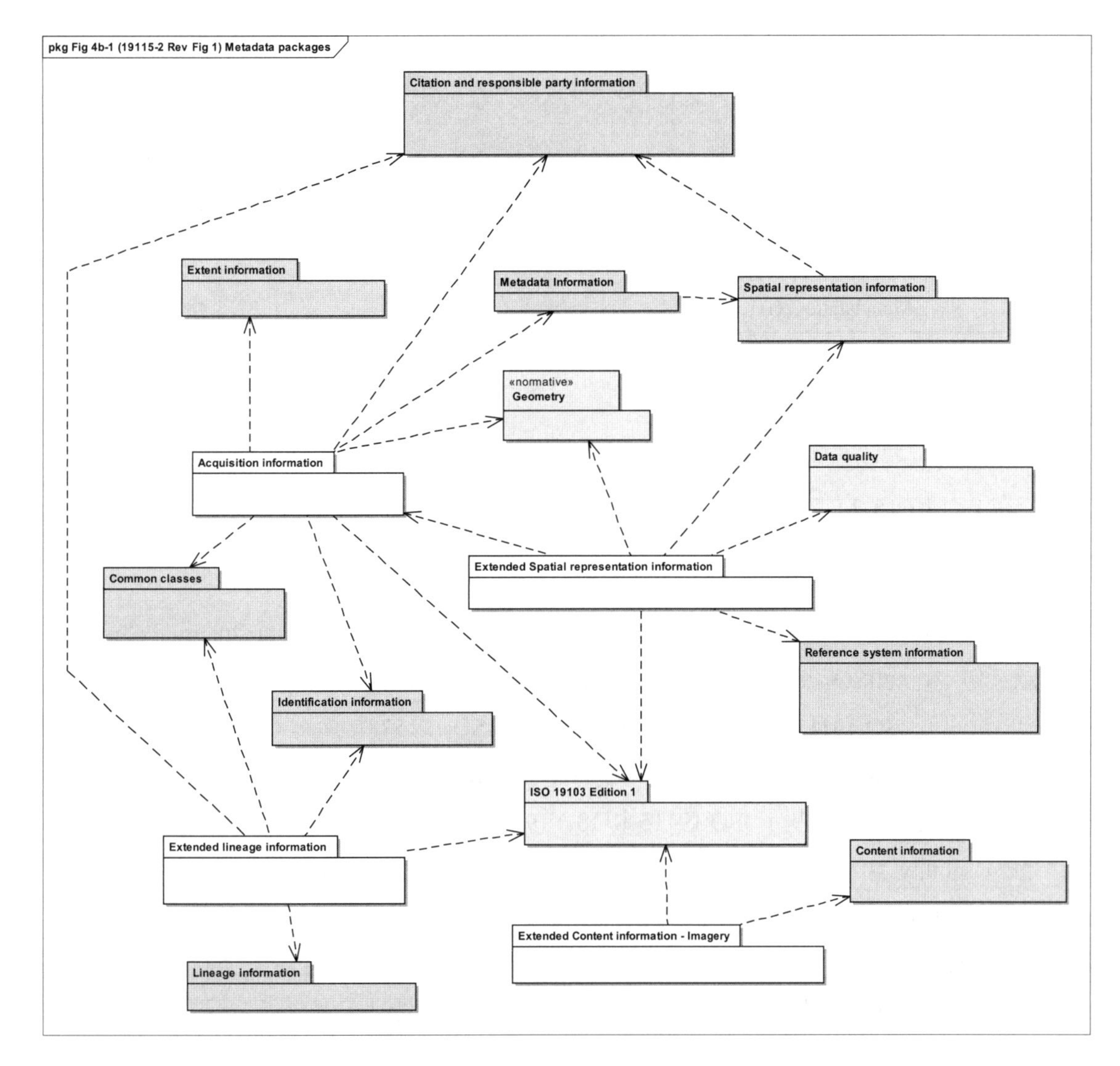

图4b-1 元数据包（来源于ISO 19115-2：2018）

表 4b-1 UML 包标识符

标识符	信息类型（英文）	信息类型（中文）	标准
MD	Metadata	元数据	ISO 19115-1
MI	Metadata for Imagery	影像元数据	ISO 19115-2
DQ	Data Quality	数据质量	ISO 19157
QE	Data quality Extended	扩展的数据质量	ISO 19115-2
CI	Citation	引用	ISO 19115-1
LI	Lineage	数据志	ISO 19115-1
LE	Lineage Extended for Imagery	影像的扩展数据志	ISO 19115-2
EX	Extent	覆盖范围	ISO 19115-1
GM	Geometry	几何	ISO 19107
MX	Metadata-XML schema	元数据—XML 模式	ISO/TS 19139

续表

标识符	信息类型（英文）	信息类型（中文）	标准
PT	Polylinguistic Text	多语言文本	ISO/TS 19103
RS	Reference System	参照系	ISO 19115-1
SC	Spatial Coordinates	空间坐标	ISO 19111
SV	Metadata for services	服务的元数据	ISO 19115-1

4b-3.2.1 影像的元数据实体集

“MI_Metadata”（元数据）是“MD_Metadata”的子类，聚合了可选实体“MI_AcquisitionInformation”（获取信息）。在 ISO 19115-2 的 A.2.1 和 B.2.1 中，可以分别找到其他描述性信息和数据字典。

4b-3.2.2 影像的数据质量信息

关于影像或格网数据集的来源和生产过程的信息，已经包含在附加的“Data Quality for Imagery”（影像数据质量）包中，而 ISO 19115-1 只提供了质量的一般评价。附加的类如下所示。详细说明以及相关数据字典，分别在 ISO 19115-2 的 A.2.2 和 B.2.2，以及 ISO 19157 中。

1）“QE_CoverageResult”（覆盖结果）是“DQ_Result”（结果）的特化子类，包含了报告覆盖的数据质量所需要的信息。它基于 ISO 19115 和 ISO 19139 中的概念。

2）“QE_Usability”（可用性）是“DQ_Element”（元素）的特化子类，旨在提供特定于用户的功能。

3）关于数据集是否适合特定应用程序的质量信息。

4）“LE_ProcessStep”（处理步骤）是“LI_ProcessStep”的特化子类，包含了一些附加信息，涉及采用算法的历史记录和生产数据的过程。“LE_Processing”（处理）聚合了以下实体：

a）“LE_Processing”（处理），描述为了从源数据中生成数据采用的算法过程（如使用的软件、参数和处理文档）。“LE_Processing”聚合了“LE_Algorithm”（算法），后者描述了从源数据导出数据的方法；

b）“LE_ProcessStepReport”（处理步骤报告）标识了描述数据处理的补充信息；

c）“LE_Source”（来源）是“LI_Source”的特化子类，描述每一处理步骤的输出。

4b-3.2.3 影像的空间表示信息

该包包含了用于表示空间信息机制的信息。该包定义以下实体：

1）“MI_Georectified”（地理校正）包含了检查点信息，以便进一步确定影像和格网数据的地理校正信息。它聚合了“MI_GCP”；

2）“MI_Georeferenceable”（可参照性）包含了用于地理定位数据的附加信息，聚合了“MI_GeolocationInformation”（地理位置信息）。

4b-3.2.4 影像的内容信息

尽管该包是 ISO 19115-1 的一部分，但是包含以下实体可以更好地满足影像和格网数据的需求：

1）“MI_Band”（波段，“MD_Band”的子类），定义了部分附加属性，用于确定影像和格网数据集中单个波段的特征；

2）“MI_ImageDescription”（影像说明，“MD_ImageDescription”的子类），用于聚合“MI_RangeElementDescription”（范围元素说明）；

3）“MI_CoverageDescription”（覆盖说明，“MD_CoverageDescription”的子类），用于聚合“MI_RangeElementDescription”（范围元素说明）；

4）“MI_RangeElementDescription”（范围元素说明），用于提供覆盖数据集的范围元素。

4b-3.2.5 影像的获取信息

“MI_AcquisitionInformation”（获取信息）是以下实体的聚合：

1）“MI_Instrument”（设备，用于获取数据的测量设备）；

2）“MI_Operation”（操作，数据的总体收集程序）；

3）“MI_Platform”（平台，获取该数据的平台）；

4）“MI_Objective”（目标，待观测目标对象的特征和几何特征）；

5）“MI_Requirement”（需求，用于导出获取计划的用户需求）；

6）“MI_Plan”（计划，表示为获取数据而制定的获取计划）；

需要两个附加类，以提供数据获取的信息。它们是：

1）“MI_Event”（事件），描述发生在数据获取过程中的一个重要事件。该事件可以与操作、目标或平台轨迹相关联；

2）“MI_PlatformPass”（平台轨迹），标识了数据获取过程中平台的某一特定轨迹。平台轨迹用于为事件或者某一目标的数据获取提供标识信息。

4b-4 UML 图和数据字典

影像和格网数据的元数据模式以 UML 类图形式包含在 ISO 19115-2（附录 A）中。这些图扩展了 ISO 19115-1 中的 UML 图。

ISO 19115-2 附录 B 包含了附录 A 中元数据模式的元素和实体定义。ISO 19115-2 附录 A 中出现的数据字典和图，与 ISO 19115-1 中的数据字典和 UML 图相结合，构成了定义元数据的总体抽象模型。

ISO 19115-1 中列出的枚举及其值是规范性的。用户对枚举进行扩展时，应遵循 ISO 19115-1 和 S-100 附录 4a-E 中的规则。

第 4c 部分

元数据—数据质量
（Metadata—Data Quality）

4c-1 范围

第 4a、4b 和 4c 部分的大致范围已经在前文第 4a 部分做了说明。该部分是元数据质量的使用指导，集成了 ISO 19113、19114 和 19138 中描述的质量度量，遵照 ISO 19106 地理信息—专用标准—描述了开发 19100 系列标准的专用标准规则。该使用指导适用于 IHO 海洋测绘数据集、数据集系列以及单独的要素和要素属性，旨在满足海洋测绘的需求，并描述如何记录数字地理数据的质量信息。

该部分的目的有：

1）为数据生产者提供合适的信息，对地理数据进行恰当的描述。

2）便于用户判断其所拥有的数据是否有用。

它定义了：

1）必选和条件必选元数据子集，元数据实体和元数据元素。

2）可选元数据元素，以便对地理数据进行详细说明。

尽管该文档主要基于上文中的标准，某些情况下也需要引用其他标准（见 4c-2 “引用文件” 部分）。

4c-2 引用文件

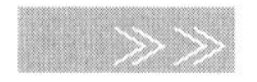

以下规范性文件中的条款通过本文引用，构成该元数据指导条款。

ISO 19104，地理信息—术语（Geographic information—Terminology）

ISO 19106，地理信息—专用标准（Geographic information—Profiles）

ISO 19107，地理信息—空间模式（Geographic information—Spatial schema）

ISO 19108，地理信息—时间模式（Geographic information—Temporal schema）

ISO 19115：2003，地理信息—元数据（Geographic information—Metadata）

ISO 19113，地理信息—质量基本元素（Geographic information—Quality principles）

ISO 19114，地理信息—质量评价过程（Geographic information—Quality evaluation procedures）

ISO 19138，地理信息—质量度量（Geographic information—Quality measures）

ISO 19139，地理信息—元数据—XML 模式实现（技术规范草案初稿）（Geographic information—Metadata—XML schema implementation （Preliminary Draft Technical Specification））

ISO 639，语种名称代码（Code for the representation of names of languages）

ISO 3166-1，世界各国和地区名称代码表示法—第 1 部分：国家代码（Codes for the representation of names of countries and their subdivisions—Part 1: Country codes）

ISO 8601：2000，数据元素和交换格式—信息交换—日期和时间的表示（Data elements and interchange formats—Information interchange—Representation of dates and times）

ISO 639-1：2002，语种名称代码—第 1 部分：2- 字母代码（Codes for the representation of names of languages-Part 1: Alpha-2 code）

ISO 639-2：1998，语种名称代码—第 2 部分：3- 字母代码（Codes for the representation of names of languages—Part 2: Alpha-3 code）

4c-3 内容

ISO 19115 定义了将近 300 个元数据元素，其中包含了一组核心元数据元素。S-100 第 4c 部分（元数据）概述了如何在 S-100 中使用这些元数据。然而，仍然需要充分描述海洋测绘数据的附加元素。该文档描述了质量度量元素，正如 ISO 19138 中的定义和描述。

4c-3.1 ISO 19138 质量度量和 UML 类

"IHO 质量元数据指导"（IHO Quality Metadata Guidance）包含针对海洋测绘需求的可选质量元数据元素。其他的 19115 元素也可使用，然而，不遵照该专用标准的系统可能无法识别它们。该专用标准使用的元数据包详见附录 4c-A 中的 UML 类图。

"S-100 Quality Measure"（质量度量）的类结构源自"ISO 19115 地理信息—元数据"。"S-100 Quality"（质量）类中描述的每一个属性都对应单个质量度量。这些度量的完整说明详见"ISO 19138 地理信息—数据质量度量"。

所有 S-100 质量度量都是可选的，不同的度量可用于不同类型的数据。如果多个属性以不同的方式描述同一度量，要么只使用一个度量，要么必须以一致的方式来描述这些度量。

其他的质量度量可在质量度量注册表中描述，详见 ISO 19138 附录 B。

4c-3.2 核心元数据

核心元数据元素详见 S-100 第 4a 部分。数据集和要素的质量元数据可以链接到更高层次级别的领域，而所有这些级别可能由若干个元数据文件提供。

附录 4c-A　海洋测绘质量元数据专用标准，UML 图（资料性）

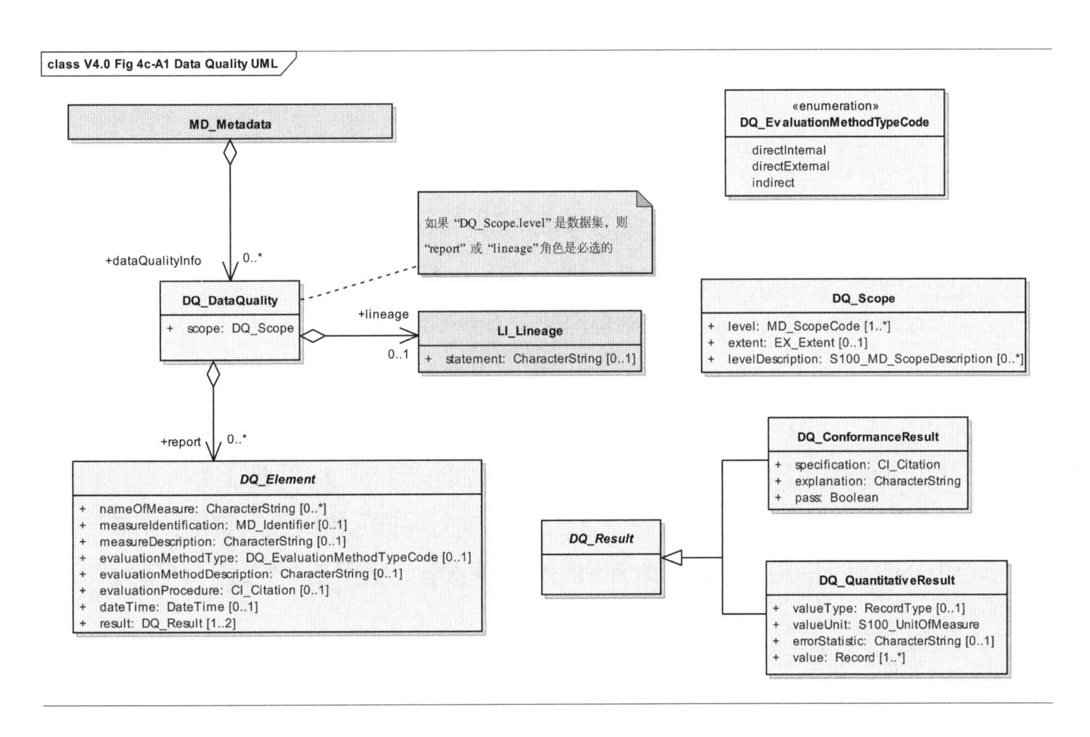

图4c-A-1　数据质量UML（源自ISO 19115）

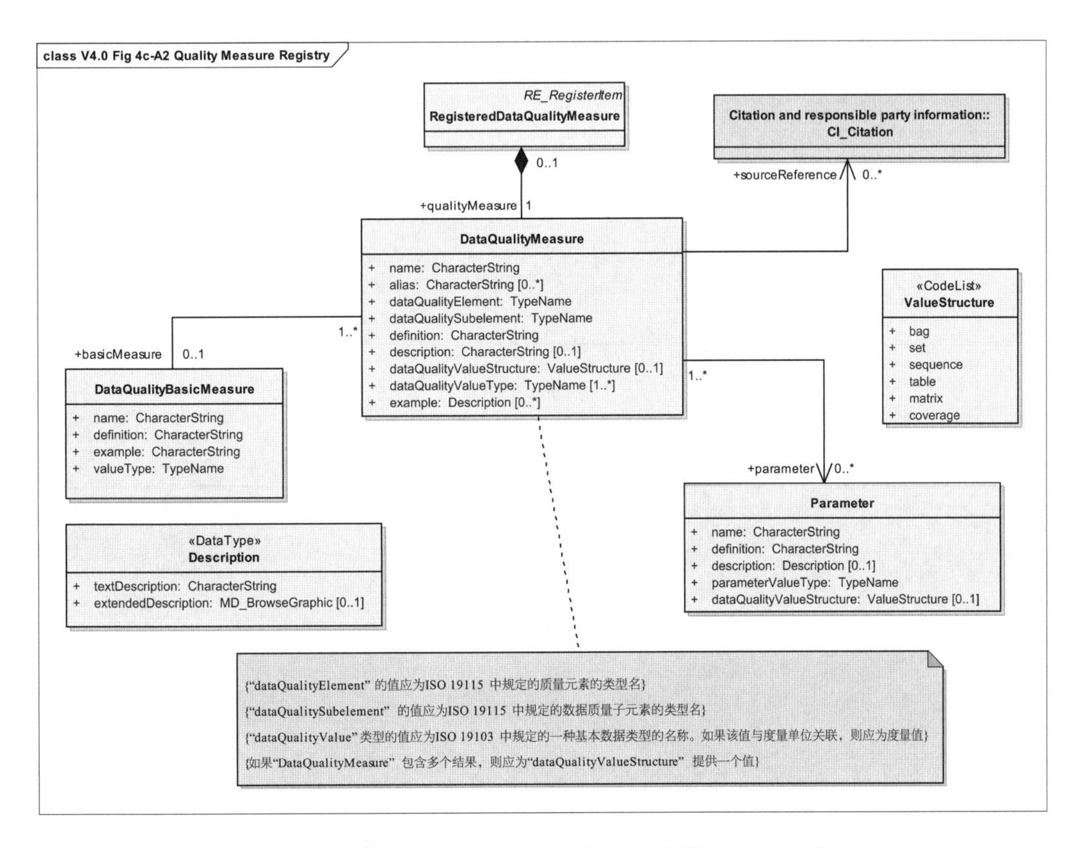

图4c-A-2　数据质量度量注册系统的UML（源自ISO 19138）

附录 4c-B　海洋测绘质量元数据专用标准数据字典（规范性）

海洋测绘元数据目录从 ISO 19115 标准派生而来，如下表所示。

表中包含以下信息：

1）第一列“LineNO.”（ISO 行号）指的是 ISO 19115 标准中的行号，但是该专用标准没有使用所有 ISO 19115 中的元素，所以行号不一定都是连续的。

2）“Name/roleName”（名称 / 角色名称）是分配给元数据实体或者元数据元素的标签。其他列可以给出其他语言的名称或含义。

3）“Definition”（定义）列提供了元数据的实体 / 元素的一个说明。

4）“Obligation”（约束）表示一个元数据实体或元数据元素是否应该总是被选用或只是有时候才选用。该描述符可以具有以下值：M（必选）、C（条件必选）或 O（可选）。

5）“Occurrence”（出现次数）列规定了元数据实体或元数据元素的最大实例数。单次出现用“1”表示；重复出现用“N”表示。可以使用 1 以外的固定出现次数，采用相应的数字（即“2”，“3”... 等等）。

6）“Data Type”（数据类型）规定了一组用于表示元数据元素的不同值；比如，“Integer”（整型），“Real”（实型），“CharacterString”（字符串），“DateTime”（日期时间型），以及“Boolean”（布尔型）。数据类型的属性也用于定义元数据实体、构造型以及元数据关联。

7）“Domain”（域）—域表示实体所覆盖的行编号。

ISO 行号	名称 / 角色名称（英文）	名称 / 角色名称（中文）	定义	约束	最大出现次数	数据类型	域
	B.2.4 Data quality information	B.2.4 数据质量信息					
	B.2.4.1 General	B.2.4.1 概述					
78	DQ_DataQuality	DQ_ 数据质量	“Scope” 所指定数据的质量信息	使用参照对象的约束条件	使用参照对象的最大出现次数	Aggregated Class (MD_Metadata)	行号 79—81
79	scope	范围	数据质量信息作用的特定数据	M	1	Class	DQ_Scope <<DataType>> (B.2.4.4)
80	Role Name:report	角色名称：数据质量报告	“Scope” 所指定数据的定量质量信息	C/ 未选用 “lineage” ？	N	Association	DQ_Element <<Abstract>> (B 2.4.2)
81	Role Name:lineage	角色名：数据志	“Scope” 所指定数据的数据志非定量质量信息	C/ 未选用 “report” ？	1	Association	LI_Lineage (B 2.4.1)
	B.2.4.2 Lineage information	B.2.4.2 数据志信息					
	B.2.4.2.1 General	B.2.4.2.1 概述					
82	LI_Lineage	LI_ 数据志	“Scope” 所指定数据的生产相关事件或数据源信息，或需要了解的数据志信息	使用参照对象的约束条件	使用参照对象的最大出现次数	Aggregated Class (DQ_DataQuality)	行号 83—85
83	statement	说明	数据生产者关于数据集数据志信息的一般说明	C/（DQ_DataQuality.scope.DQ_Scope.level = “dataset” 或 “series” ）？	1	CharacterString	Free text

续表

ISO 行号	名称 / 角色名称（英文）	名称 / 角色名称（中文）	定义	约束	最大出现次数	数据类型	域
84	RoleName: processStep	角色名称：处理步骤	“Scope”所指定数据的处理过程事件信息	C/ 如果未选用“statement”和“source”，则为必选	N	Association	LI_ProcessStep (B.2.4.1.1)
85	RoleName: source	角色名称：数据源	“Scope”所指定数据的源数据信息	C/ 如果未选用“statement”和“processStep”，则为必选？	N	Association	LI_Source (B.2.4.1.2)
	B.2.4.2.2 Process step information	B.2.4.2.2 处理步骤信息					
86	LI_ProcessStep	LI_ 处理步骤	“Scope”所指定数据的处理过程事件信息	使用参照对象的约束条件	使用参照对象的最大出现次数	Aggregated Class (LI_Lineage)	行号 86-91
87	description	说明	事件处理说明，包括相关的参数或者容差	M	1	CharacterString	Free text
88	rationale	理由	该处理步骤的需求或目的	O	1	CharacterString	Free text
89	dateTime	日期时间	处理步骤发生的日期和时间或者日期和时间段	O	1	Class	DateTime（B.4.2）
90	processor	处理者	处理步骤的相关人员或者组织的标识及联系方式	O	N	Class	CI_ResponsibleParty <<DataType>> (B.3.2)

续表

ISO 行号	名称 / 角色名称（英文）	名称 / 角色名称（中文）	定义	约束	最大出现次数	数据类型	域
91	RoleName: source	角色名称：数据源	“Scope”所指定数据的源数据信息	O	N	Association	LI_Source (B.2.4.1.2)
	B.2.4.2.3 Source information	B.2.4.2.3 来源信息					
92	LI_Source	LI_ 数据源	“Scope”所指定数据的源数据信息	使用参照对象的约束条件	使用参照对象的最大出现次数	Aggregated Class (LI_Lineage)	行号 93—98
93	description	说明	数据源所在层次的详细说明	C/ 如果未选用“sourceExtent”？	1	CharacterString	Free text
94	scaleDenominator	比例尺分母	数据源地图分数式比例尺的分母	O	1	Class	MD_RepresentativeFraction <<DataType>> (B.2.2.3)
95	sourceReferenceSystem	数据源参照系	数据源资料使用的空间参照系	O	1	Class	MD_ReferenceSystem (B.2.7)
96	sourceCitation	数据源引用	该数据源使用的推荐参考资料	O	1	Class	CI_Citation <<DataType>> (B.3.2)
97	sourceExtent	数据源覆盖范围	有关数据源资料的空间、垂直和时间上的覆盖范围信息	C/ 未选用“description”？	N	Class	EX_Extent <<DataType>> (B.3.1)
98	RoleName: sourceStep	角色名称：数据源处理步骤	数据源资料处理过程中某一事件的信息	O	N	Association	LI_ProcessStep (B.2.4.1.1)
	B.2.4.2 Data quality element information	B.2.4.2 数据质量元素信息					
99	DQ_Element	DQ_ 元素	对“Scope”所指定数据进行检查的类型	使用参照对象的约束条件	使用参照对象的最大出现次数	Aggregated Class	行号 100-107

续表

ISO 行号	名称 / 角色名称（英文）	名称 / 角色名称（中文）	定义	约束	最大出现次数	数据类型	域
100	nameOfMeasure	度量名称	对数据进行检查的名称	O	N	CharacterString	Free text
101	measureIdentification	度量标识	用于标识已注册标准度量程序的代码	O	1	Class (19138 List)	MD_Identifier.IHO_DqMeasure <<DataType>> (B.2.7.2)
102	measureDescription	度量说明	度量的说明	O	1	CharacterString	Free text
103	evaluationMethodType	评价方法类型	数据集质量评价方法的类型	O	1	Class	DQ_EvaluationMethodTypeCode << Enumeration >> (B.5.6)
104	evaluationMethodDescription	评价方法说明	对评价方法所作的说明	O	1	CharacterString	Free text
105	evaluationProcedure	评价程序	有关评价程序的信息	O	1	Class	CI_Citation <<DataType>> (B 3.2)
106	dateTime	评价日期时间	进行数据质量度量的日期或一段时间	O	1	Class	DateTime（B.4.2）
107	result	评价结果	从数据质量度量获得的值（或一组值），或将获得的值（或一组值）与确定可接受的一致性质量等级进行对比的结果	M	2	Class	DQ_Result <<DataType>> (B.2.4.3)

附录 4c-C 海洋测绘质量元数据属性定义

DQ_AbsoluteExternalPositionalAccuracy（绝对或外部位置精度）

报告值与其公认值或者真值的接近度 [依据 ISO 19115]

公共属性：

meanValuePositionalUncertainties（位置不确定性的均值）[0..1] : Real

一组位置不确定性平均值，位置不确定性是通过测量得到的位置值与对应理论真值之间的距离来定义的 [改自 ISO 19138]

meanExcludingOutliers（超限点的位置不确定性的均值）[0..1] : Real

位置不确定性的平均值，不包括轮廓。对于一组距离不超过给定阈值的点，他们的测量得到的位置值与对应理论真值之间的距离的算术平均值 [改自 ISO 19138]

numberOfPositionalUncertaintiesAboveThreshold（超出给定容差的位置不确定性的数量）[0..1] : Integer

一组点中位置不确定性超过给定阈值的数量。误差定义为测量得到的位置值与对应理论真值之间的距离 [改自 ISO 19138]

rateOfPositionalErrorsAboveThreshold（超出给定容差的位置误差的比率）[0..1] : Real

一组点中位置不确定性超过给定阈值的比例。误差定义为测量得到的位置值与对应理论真值之间的距离 [改自 ISO 19138]

covarianceMatrix（协方差矩阵）[0..1] : Real Matrix

对称方矩阵，主对角线是点坐标的方差，而斜对角线是这些点的协方差 [改自 ISO 19138]

linearErrorProbable（线性误差概率）[0..1] : Real

由最大最小界限所限定区间的长度的一半，真值落在此区间的概率为 50%[改自 ISO 19138]

standardLinearError（标准线性误差）[0..1] : Real

由最大最小界限所限定区间的长度的一半，真值落在此区间的概率为 68.3%[改自 ISO 19138]

linearMapAccuracy2Sigma（90% 置信水平的线划地图的准确性）[0..1] : Real

由最大最小界限所限定区间的长度的一半，真值落在此区间的概率为 90%[改自 ISO 19138]

linearMapAccuracy3Sigma（95% 置信水平的线划地图的准确性）[0..1] : Real

由最大最小界限所限定区间的长度的一半，真值落在此区间的概率为 95%[改自 ISO 19138]

linearMapAccuracy4Sigma（99% 置信水平的线划地图的准确性）[0..1] : Real

由最大最小界限所限定区间的长度的一半，真值落在此区间的概率为 99%[改自 ISO 19138]

nearCertainityLinearError（近似确定线性误差）[0..1] : Real

由最大最小界限所限定区间的长度的一半，真值落在此区间的概率为 99.8%[改自 ISO 19138]

RMSError（均方根误差）[0..1] : Real

标准离差，其真值不是从观测值中估计而来，而是根据先验知识 [改自 ISO 19136]

circularStandardDeviation（圆形的标准离差）[0..1] : Real

描述一个圆的半径，该点位置的真实值落在圆中的概率是 39.4%[改自 ISO 19138]

circularErrorProbable（圆形的概率离差）[0..1] : Real

描述一个圆的半径，该点位置的真实值落在圆中的概率是 50%[改自 ISO 19138]

circularMapAccuracyStandard（圆形的地图准确度标准）[0..1] : Real

描述一个圆的半径，该点位置的真实值落在圆中的概率是 90%[改自 ISO 19138]

circularError95（95% 置信水平的圆形误差）[0..1] : Real

描述一个圆的半径，该点位置的真实值落在圆中的概率是 95%[改自 ISO 19138]

circularNearCertaintyError（圆形的近似误差）[0..1] : Real

描述一个圆的半径，该点位置的真实值落在圆中的概率是 99.8%[改自 ISO 19138]

RMSErrorPlanimetry（平面几何的均方根误差）[0..1] : Real

围绕一个已知点的一个圆的半径，该点真值落在此圆中的概率是 P[改自 ISO 19138]

CMASError（偏离数据在 90% 置信水平上的绝对圆误差）[0..1] : Real

圆误差为 90% 概率下，数据坐标的绝对水平精度，依据的是 ISO 19138 中表格 D48 的等式 [改自 ISO 19138]

ACE_CE90（偏离数据在 90% 置信水平的绝对圆误差）[0..1] : Real

圆误差为 90% 概率下，数据坐标的绝对水平准精度，依据的是 ISO 19138 中表格 D49 的等式 [改自 ISO 19138]

uncertaintyEllipse（不确定性椭圆）[0..1] : Record

二维椭圆，两个主轴表示二维点不确定性最大值和最小值的方向和大小。数据的值以实数表示了长半轴的方向“phi”，以及两个轴的长度“a”和“b”，依据的是 ISO 19138 中表格 D50 的等式 [改自 ISO 19138]

confidenceEllipse（置信椭圆）[0..1] : Record

二维椭圆，两个主轴表示二维点不确定性最大值和最小值的方向和大小。数据的值以实数表示了长半轴的方向“phi”，以及两个轴的长度“a”和“b”，依据的是 ISO 19138 中表格 D51 的等式以及一个显著性水平参数 [改自 ISO 19138]

DQ_AccuracyOfATimeMeasurement（时间测量精度）

某一项时间引用的正确性（使用时间度量报告错误）[依据 ISO 19115]

公共属性：

attributeValueUncertaintyMean（属性值不确定度平均值）[0..1] : Real

该数据质量度量表明了不确定性的属性值，不确定性是最大最小界限所限定区间的长度的一半，定量属性真值落在此区间的概率为 50%[改自 ISO 19138]

attributeValueUncertainty1Sigma（68.3% 置信水平的属性值准确度）[0..1] : Real

数据质量度量表明了不确定性的属性值，不确定性是最大最小界限所限定区间的长度的一半，定量属性真值落在此区间的概率为 68.3%[改自 ISO 19138]

attributeValueUncertainty2Sigma（90% 置信水平的属性值准确度）[0..1] : Real

该数据质量度量表明了不确定性的属性值，不确定性是最大最小界限所限定区间的长度的一半，定量属性真值落在此区间的概率为 90%[改自 ISO 19138]

attributeValueUncertainty3Sigma（95% 置信水平的属性值准确度）[0..1] : Real

该数据质量度量表明了不确定性的属性值，不确定性是最大最小界限所限定区间的长度的一半，定量属性真值落在此区间的概率为 95%[改自 ISO 19138]

attributeValueUncertainty4Sigma（99% 置信水平的属性值准确度）[0..1] : Real

该数据质量度量表明了不确定性的属性值，不确定性是最大最小界限所限定区间的长度的一半，定量属性真值落在此区间的概率为 99%[改自 ISO 19138]

attributeValueUncertainty5Sigma（99.8% 置信水平的属性值准确度）[0..1] : Real

该数据质量度量表明了不确定性的属性值，不确定性是最大最小界限所限定区间的长度的一半，定量属性真值落在此区间的概率为 99.8%[改自 ISO 19138]

DQ_CompletenessCommission（完整性多余）

数据集中多余的数据 [依据 ISO 19115]

公共属性：

excessItem（超出项）[0..1] : Boolean

该数据质量度量表明某一项在数据中没有被正确表示 [改自 ISO 19138]

它是 Boolean 类型，当为 True 时表示该项数据是多余的。

numberOfExcessItems（超出项数）[0..1] : Integer

该数据质量度量表明数据集不应该有的项的数目 [改自 ISO 19138]

它是 Integer 类型的，表示多余项的数目。

rateOfExcessItems（超出项率）[0..1] : Real

该数据质量度量表示数据集中多余项与本应该有的项之间的比值 [改自 ISO 19138]

它是 Rate 类型，代表一个比率，使用 Real 类型数字表示有理分式（相当于比率的分子和分母）。比如，如果有 5 个测量值，4 个有效值，那么比率为 5/4，结果就是 1.25。

numberOfDuplicateFeatureInstances（重复要素实例数）[0..1] : Integer

该数据度量表示数据内要素实例确切重复的总数。这是数据中带有重复几何的错误项总数 [改自 ISO 19138]

它用 Integer 类型表示错误的数量。

DQ_CompletenessOmission （完整性遗漏）

数据集中缺失的数据 [依据 ISO 19115]

公共属性：

missingItem（缺失项）[0..1] : Boolean

该数据质量度量是一个指示器，表明了数据缺失了某一项 [改自 ISO 19138]

它是 Boolean 类型，如果值为 True，则表明该项缺失。

numberOfMissingItems（缺失项数）[0..1] : Integer

该数据质量度量表明了本该在数据集中却缺失的项的总数 [改自 ISO 19138]

它是 Integer 类型，表示缺失项的总数。

rateOfMissingItems（缺失项率）[0..1] : Real

该数据质量度量表明了数据集中缺失项和本应该有的项之间比率 [改自 ISO 19138]

它是 Rate 类型，代表一个比率，使用 Real 类型数字表示有理分式（相当于比率的分子和分母）。

比如，如果需要 5 个值但是只有 3 个测量值，那么比率为 3/5，结果就是 0.6。

DQ_ConceptualConsistancy（概念一致）

遵守概念模式的规则 [依据 ISO 19115]

公共属性：

conceptualSchemaNonCompliance（不符合概念模式）[0..1] : Boolean

该数据质量度量指明了某一项不符合相关的概念模式规则 [改自 ISO 19138]

它是 Boolean 类型的，如果值为 True，则表示某一项不符合概念模式的规则。

conceptualSchemaCompliance（符合概念模式）[0..1] : Boolean

该数据质量度量指明了某一项符合相关的概念模式规则 [改自 ISO 19138]

它是 Boolean 类型的，如果值为 True，则表示某一项符合概念模式的规则

numberOfNonCompliantItems（不符合概念模式的项数）[0..1] : Integer

该数据质量度量指明了数据集中不符合相关概念模式规则的项的总数。如果概念模式显式或者隐式说明了规则，那么就必须遵照这些规则。不符合这些规则的，比如：在给定容差范围内要素的无效放置，要素的重复以及无效的要素之间重叠 [改自 ISO 19138]

它使用 Integer 类型表示数量。

numberOfInvalidSurfaceOverlaps（表面无效叠置的数量）[0..1] : Integer

该数据质量度量用于表示数据中不正确的重叠总数。表面可能重叠，不能依赖于应用。并不是所有重叠的表面都不正确。当报告该数据质量度量时，不符合的重叠表面对应要素类的类型也应该被报告 [改自 ISO 19138]

在 ISO 19107 地理信息空间模式的联合专用标准 IHO/DGIWG 中，描述了允许使用的拓扑级别。特定拓扑结构可能与某一特定数据集一起被使用，前者在数据产品类型的产品规范中定义，比如 IHO S-101 的“链节点拓扑”。

它表示错误个数。

nonComplianceRate（不一致率）[0..1] : Real

该数据质量度量指明了数据集中不符合相关概念模式规则的项数与本应该有的项数之间的比率 [改自 ISO 19138]

它是 Rate 类型，代表一个比率，使用 Real 类型数字表示有理分式（相当于比率的分子和分母）。

比如，如果数据集中有 5 个不符合的项，而总共有 100 项，那么比率为 5/100，结果就是 0.05。

complianceRate（一致率）[0..1] : Real

该数据质量度量指明了数据集中符合相关概念模式规则的项数与本应该有的项数之间的比率 [改自 ISO 19138]

它是 Rate 类型，代表一个比率，使用 Real 类型数字表示有理分式（相当于比率的分子和分母）。比如，如果数据集中有 95 个符合的项，而总共有 100 项，那么比率为 95/100，结果就是 0.95。

DQ_DomainConsistancy（域一致性）

值符合值域的程度 [依据 ISO 19115]

公共属性：

valueDomainNonConformance（值域不一致）[0..1] : Boolean

该数据质量度量表示某一项和它的值域不一致 [改自 ISO 19138]

它是 Boolean 类型，如果值为 True，则表示该项和它的值域不一致。

valueDomainConformance （值域一致）[0..1] : Boolean

该数据质量度量表示某一项和它的值域一致 [改自 ISO 19138]

它是 Boolean 类型，如果值为 True，则表示该项和它的值域一致。

numberOfNonconformantItems（不一致项数）[0..1] : Integer

该数据质量度量表示数据集中所有与其值域不一致的项的总数 [改自 ISO 19138]

它是一个整数。

valueDomainConformanceRate（值域一致率）[0..1] : Real

该数据质量度量指明了数据集中与其值域一致的项数与总的项数之间的比率 [改自 ISO 19138]

它是 Rate 类型，代表一个比率，使用 REAL 类型数字表示有理分式（相当于比率的分子和分母）。比如，如果数据集中有 95 个一致的项，而总共有 100 项，那么比率为 95/100，结果就是 0.95。

valueDomainNonConformanceRate（值域不一致率）[0..1] : Real

该数据质量度量指明了数据集中与其值域不一致的项数与总的项数之间的比率 [改自 ISO 19138]

它是 Rate 类型，代表一个比率，使用 Real 类型数字表示有理分式（相当于比率的分子和分母）。比如，如果数据集中有 5 个不一致的项，而总共有 100 项，那么比率为 5/100，结果就是 0.05。

DQ_FormatConsistancy （格式一致性）

数据按照数据集物理结构存储的程度 [依据 ISO 19115]

公共属性：

physicalStructureConflicts（物理结构矛盾）[0..1] : Integer

该数据质量度量是数据集中存储方式与数据集物理结构有冲突的项数 [改自 ISO 19138]

它是个整数。

physicalStructureConflictRate（物理结构矛盾的比率）[0..1] : Real

该数据质量度量表示数据集中存储方式与数据集物理结构有冲突的项数除以项的总数 [改自 ISO

19138]

它是 Rate 类型，代表一个比率，使用 Real 类型数字表示有理分式（相当于比率的分子和分母）。比如，如果数据集中有 3 个有冲突的项，而总共有 100 项，那么比率为 3/100，结果就是 0.03。

DQ_GriddedDataPositionalAccuracy（栅格数据点位置准确度）

栅格数据点值与其理论真值的接近度 [依据 ISO 19113]

公共属性：

circularStandardDeviation（圆形的标准离差）[0..1] : Real

描述一个圆的半径，点位置的真值落在此圆内的概率是 39.4%[改自 ISO 19138]

circularErrorProbable（圆形的概率离差）[0..1] : Real

描述一个圆的半径，点位置的真值落在此圆内的概率是 50%[改自 ISO 19138]

circularMapAccuracyStandard（圆形的地图准确度标准）[0..1] : Real

描述一个圆的半径，点位置的真值落在此圆内的概率是 90%[改自 ISO 19138]

circularError95（95% 置信水平的圆形误差）[0..1] : Real

描述一个圆的半径，点位置的真值落在此圆内的概率是 95%[改自 ISO 19138]

circularNearCertaintyError（圆形的近似误差）[0..1] : Real

描述一个圆的半径，点位置的真值落在此圆内的概率是 99.8%[改自 ISO 19138]

RMSErrorPlanimetry（平面几何的均方根误差）[0..1] : Real

围绕一个已知点的一个圆的半径，该点真值落在此圆中的概率是 P[改自 ISO 19138]

CMASError（偏离数据在 90% 置信水平上的绝对圆误差）[0..1] : Real

圆误差为 90% 概率下，数据坐标的绝对水平精度，依据的是 ISO 19138 中表格 D48 的等式 [改自 ISO 19138]

ACE_CE90（偏离数据在 90% 置信水平的绝对圆误差）[0..1] : Real

圆误差为 90% 概率下，数据坐标的绝对水平精度，依据的是 ISO 19138 中表格 D49 的等式 [改自 ISO 19138]

uncertaintyEllipse（不确定性椭圆）[0..1] : Record

二维椭圆，两个主轴表示二维点不确定性最大值和最小值的方向和大小。数据的值以实数表示了长半轴的方向“phi”，以及两个轴的长度“a”和“b”，依据的是 ISO 19138 中表格 D50 的等式 [改自 ISO 19138]

confidenceEllipse（置信椭圆）[0..1] : Record

二维椭圆，两个主轴表示二维点不确定性最大值和最小值的方向和大小。数据的值以实数表示了长半轴的方向“phi”，以及两个轴的长度“a”和“b”，依据的是 ISO 19138 中表格 D51 的等式以及一个显著性水平参数 [改自 ISO 19138]

DQ_NonQuantitativeAttributeAccuracy（非定量属性的准确度）

非定量属性的正确性 [依据 ISO 19115]

公共属性：

numberOfIncorrectAttributeValues（错误属性值的数量）[0..1] : Integer

该数据质量度量是数据集相关部分中不正确属性值的总数。它是所有具有错误值的属性值的总数 [改自 ISO 19138]

rateOfCorrectAttributeValues（正确属性值的比率）[0..1] : Real

该数据质量度量表明了正确属性值的数目与所有属性值数目的比值 [改自 ISO 19138]

它是 Rate 类型，代表一个比率，使用 Real 类型数字表示有理分式（相当于比率的分子和分母）。

比如，如果数据集中有 97 个正确属性值，而总共有 100 个属性值，那么比率为 97/100，结果就是 0.97。

rateOfIncorrectAttributeValues（错误属性值的比率）[0..1] : Real

该数据质量度量表明了不正确属性值的数目与所有属性值数目的比值 [改自 ISO 19138]

它是 Rate 类型，代表一个比率，使用 Real 类型数字表示有理分式（相当于比率的分子和分母）。

比如，如果数据集中有 3 个不正确属性值，而总共有 100 个属性值，那么比率为 3/100，结果就是 0.03。

S100_QualityMetadata（S100_ 质量元数据）

DQ_QuantitativeAttributeAccuracy（定量属性的准确度）

定量属性的准确度 [依据 ISO19115]

公共属性：

attributeValueUncertaintyMean（属性值不确定性的均值）[0..1] : Real

该数据质量度量表明了不确定性的属性值，不确定性是最大最小界限所限定区间的长度的一半，质量属性真值落在此区间的概率为 50%[改自 ISO 19138]

attributeValueUncertainty1Sigma（68.3% 置信水平的属性值准确度）[0..1] : Real

该数据质量度量表明了不确定性的属性值，不确定性是最大最小界限所限定区间的长度的一半，质量属性真值落在此区间的概率为 68.3%[改自 ISO 19138]

attributeValueUncertainty2Sigma（90% 置信水平的属性值准确度）[0..1] : Real

该数据质量度量表明了不确定性的属性值，不确定性是最大最小界限所限定区间的长度的一半，质量属性真值落在此区间的概率为 90%[改自 ISO 19138]

attributeValueUncertainty3Sigma（95% 置信水平的属性值准确度）[0..1] : Real

该数据质量度量表明了不确定性的属性值，不确定性是最大最小界限所限定区间的长度的一半，质量属性真值落在此区间的概率为 95%[改自 ISO 19138]

attributeValueUncertainty4Sigma（99% 置信水平的属性值准确度）[0..1] : Real

该数据质量度量表明了不确定性的属性值，不确定性是最大最小界限所限定区间的长度的一半，质量属性真值落在此区间的概率为 99%[改自 ISO 19138]

attributeValueUncertainty5Sigma（99.8% 置信水平的属性值准确度）[0..1] : Real

该数据质量度量表明了不确定性的属性值，不确定性是最大最小界限所限定区间的长度的一半，质量属性真值落在此区间的概率为 99.8%[改自 ISO 19138]

DQ_RelativeInternalPositionalAccuracy（相对或内部位置准确度）

数据集中相对位置与其对应真值的接近度 [依据 ISO 19115]

公共属性：

relativeVerticalError（相对垂直误差）[0..1] : Real

在同一数据集中或同一地图 / 海图中，某一地形要素相对于其他地形要素的随机误差的估算。它是同一垂向基准下，两个高程值的随机误差函数 [改自 ISO 19138]

relativeHorizontalError（相对水平误差）[0..1] : Real

在同一数据集中或同一地图 / 海图中，某一水平位置相对于其他水平位置的随机误差的估算 [改自 ISO 19138]

DQ_TemporalConsistancy （时间一致性）

有序事件或次序（如果有报告的话）的正确性 [依据 ISO 19115]

公共属性：

temporalConsistencyStatement（时间一致性说明）[0..1] : CharacterString

它是时间度量一致性的定性评价。对于这里的数据质量子元素，没有定性度量 [改自 ISO 19138]

DQ_TemporalValidity（时间有效性）

有关时间的数据的有效性 [依据 ISO 19115]

公共属性：

valueDomainNonConformance（不符合值域）[0..1] : Boolean

该数据质量度量表示某一项和其值域不一致 [改自 ISO 19138]

它是 Boolean 类型，如果值为 True，则表示该项和其值域不一致。

valueDomainConformance（符合值域）[0..1] : Boolean

该数据质量度量表示某一项和其值域一致 [改自 ISO 19138]

它是 Boolean 类型，如果值为 True，则表示该项和其值域一致。

numberOfNonConformantItems（不符合值域的项数）[0..1] : Integer

该数据质量度量表示数据集中与自身值域不一致的项的总数 [改自 ISO 19138]

它是整数。

valueDomainConformanceRate（符合值域的比率）[0..1] : Real

该数据质量度量表示了数据集中与自身值域相一致的项数目和所有项的总数的比率 [改自 ISO 19138]

它是 Rate 类型，代表一个比率，使用 Real 类型数字表示有理分式（相当于比率的分子和分母）。

valueDomainNonConformanceRate（不符合值域的比率）[0..1] : Real

该数据质量度量表示了数据集中与自身值域不一致的项数目和所有项的总数的比率 [改自 ISO 19138]

它是 Rate 类型，代表一个比率，使用 Real 类型数字表示有理分式（相当于比率的分子和分母）。

比如，如果数据集中有 5 个不一致的项，而总共有 100 个项，那么比率为 5/100，结果就是 0.05。

DQ_ThematicClassificationCorrectness（专题分类正确性）

在某一论域下，指定给要素或者其属性的分类之间的比较。

比如：地面实况或者参考数据集。

公共属性：

numberOfIncorrectlyClassifiedItems（不正确分类要素的数量）[0..1] : Integer

该数据质量度量表示没有被正确分类的要素数目 [改自 ISO 19138]

它是个整数。

miscalculationRate（误分类比率）[0..1] : Real

该数据质量度量表示了被错误分类的要素数目与实际应该在其中的要素数目之间的比率 [改自 ISO 19138]

它是 Rate 类型，代表一个比率，使用 Real 类型数字表示有理分式（相当于比率的分子和分母）。

比如，如果数据集中有 1 个错误分类的项，而总共有 100 个项，那么比率为 1/100，结果就是 0.01。

misclassificationMatrix（误分类矩阵）[0..1] : Integer Matrix

该数据质量度量是一个整数矩阵，表示类别（i）中有几个项被归类到了类别（j）中。误分类矩阵是一个二次矩阵，它有 n 列 n 行，n 代表了讨论类别的数目。MCM(i, j) =（# 类别（i）中的项被归类到类别（j）的数目）。该矩阵的对角元素包含了被正确归类的项数目，斜对角线元素包含了误分类错误的数目 [改自 ISO 19138]

relativeMiscalculationMatrix（相对误分类矩阵）[0..1] : Real Matrix

该数据质量度量是一个实数矩阵，表示类别（i）中的项被归类到类别（j）的数目，再除以类别（i）的项总数 *100，是一个百分比。该误分类矩阵有 n 列 n 行，n 代表了讨论类别的数目。MCM(i, j) =（# 类别（i）中的项被归类到类别（j）的数目 / 类别（i）中的项总数）*100[改自 ISO 19138]

kappaCoefficient（K 系数）[0..1] : Real

该数据质量度量是一个实数系数，用于表示同意移除误分类的比例 [改自 ISO 19138]

DQ_TopologicalConsistency（拓扑一致性）

要素几何表示的拓扑一致性的度量 [改自 ISO 19138]

注释　在 ISO 19115 中，它是“数据集显式编码拓扑特性的正确性”，但是 ISO 19138 指出该度量“不能用作拓扑显式描述的一致性度量，其中，拓扑使用的是 ISO 19107 规定的拓扑对象”。而 S-100 没有显式编码几何。

公共属性：

numberOfFaultyPointCurveConnections（不正确点 – 线连接的数量）[0..1] : Integer

该数据质量度量表示数据集中错误的点 – 线连接数量。点线连接存在于不同的线相交时。这些线有其内在的拓扑关系，它们会对真实的网络产生影响。比如，本应该只有一个，却出现了两个点 - 线连接 [改自 ISO 19138]

它是整数。

rateOfFaultyPointCurveConnections（不正确点 - 线连接的比率）[0..1] : Real

该数据质量度量表示错误链 - 节点连接数量与本应该有的链 - 节点数量之间的比率。该数据质量度量给出了错误的点 - 线连接数量与总的点 - 线连接数量之间的比率 [改自 ISO 19138]

它是 Rate 类型，代表一个比率，使用 Real 类型数字表示有理分式（相当于比率的分子和分母）。

比如，如果数据集中有 2 项有错误的链 - 节点连接，而总共有 100 个连接，那么比率为 52/100，结果就是 0.02。

numberOfMissingConnectionsUndershoots（由于未及连接引起错配的数量）[0..1] : Integer

该数据质量度量表示数据集中在参数容差内由于未及而导致错配的项的数量 [改自 ISO 19138]

它是个整数。

numberOfMissingConnectionsOvershoots（由于过伸连接引起错配的数量）[0..1] : Integer

该数据质量度量表示数据集中在参数容差内由于过伸而导致错配的项的数量 [改自 ISO 19138]

它是个整数。

numberOfInvalidSlivers（无效裂隙的数量）[0..1] : Integer

该数据质量度量表示数据集中无效破碎表面的数量。破碎表面指的是由于邻近表面没有被正确采集而出现的异常区域。该邻近表面的边界可能会出现间隙或者重叠，导致拓扑错误 [改自 ISO 19138]

它是个整数。

numberOfInvalidSelfIntersects（无效的自相交误差的数量）[0..1] : Integer

该数据质量度量表示数据集中不合理自相交的项的总数 [改自 ISO 19138]

它是个整数。

numberOfInvalidSelfOverlaps（无效的自身重叠误差的数量）[0..1] : Integer

该数据质量度量表示数据集中不合理自重叠的项的总数 [改自 ISO 19138]

它是个整数。

第 5 部分

要素目录
（Feature Catalogue）

5-1 范围

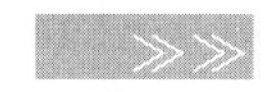

该部分提供了按照一组地理数据的方式来组织和报告现实世界现象分类的标准框架。它定义了要素类型分类的方法，规定了如何将要素类型的分类组织成一个要素目录以及如何呈现给地理数据集用户。该部分可用于对以前未编目的要素类型建立目录，也可按照此标准规定修订现有要素目录。该部分用于对数字形式表示的要素类型进行编目。它的基本元素可以扩展，从而为其他形式地理数据编目。

对于每个产品规范，都应该定义要素目录。

该部分在类型层次上定义地理要素，不适用于表示每个类型的单个实例。

5-2 一致性

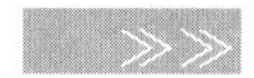

该专用标准遵照 ISO 19106：2004 级别 2。以下是该专用标准与 ISO 19110 在泛化和特化不同之处的简要说明：

1）引入新的抽象类“S100_FC_Item”“S100_FC_NamedType”和“S100_FC_ObjectType”。

2）引入一个新类“S100_FC_InformationType”。

3）引入新类“S100_FC_FeatureBinding”“S100_FC_InformationBinding”和“S100_FC_AttributeBinding”。

4）引入一个新类“S100_CD_AttributeConstraints”。

5）类“FC_FeatureAttribute”被改为抽象类“S100_FC_Attribute”。

6）引入新类“S100_FC_SimpleAttribute”和“S100_FC_ComplexAttribute”。

7）不再使用类“FC_InheritanceRelation”“FC_FeatureOperation”“FC_Binding”“FC_Constraint”和“FC_BoundFeatureAttribute”。

更多上述变更的参考信息或解释可以在以下文本中适当位置找到。

5-3 规范性引用文件

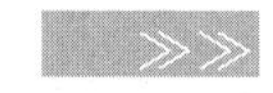

该文档的应用需要以下引用文件。标注日期的引用，只有引用的版本才有效。未标注日期的引用，引用文件（包含所有更正）的最新版本才有效。

ISO 19110：2005，地理信息—要素编目方法（Geographic Information—Methodology for feature cataloguing）

5-4 基本要求

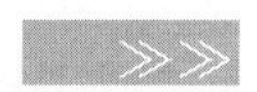

5-4.1 要素目录（Feature Catalogue）

S-100 要素目录按照已定义的现象分类，将现实的抽象表示为一组或多组地理数据。要素目录中分类的基础级别是要素类型。要素和属性在要素目录中绑定。要素和属性的定义可以从要素概念字典中提取。对于包含要素的任意地理数据集，其要素目录都应当用电子表格表示（比如，XML）。要素目录也可以遵照 S-100 该部分规范，采用不依赖于任何现有地理空间数据集的方式。

5-4.2 信息元素（Information Element）

5-4.2.1 引言

以下条款规定了要素目录信息元素的一般和特殊要求。一个要素目录通常包含一个命名类型的列表、一个命名类型特征的列表以及两者如何链接的信息。此外，它还包含了一个其定义来源的列表。该模型主要是基于 ISO 19110 标准，但是还存在着扩展和不同之处。

对于要素类型有两个主要扩展：信息类型和复杂属性。为了实现更加灵活地对数据集中的数据进行建模，需要定义信息的复杂结构。两个扩展可支撑创建那些复杂结构。复杂属性为一个命名类型、可共享的信息类型定义了复杂特征。

要素类型是现实世界现象的抽象，而信息类型与要素类型不同，它只是信息中可以共享、结构化的部分。在地理数据集中，它们会被关联到一个要素类型或其他信息类型。两种类型：要素和信息，有许多共同特征。这也正是让它们都派生自同一个抽象基类“命名类型”的原因。

复杂属性是其他简单属性或复杂属性的聚合。

内容的组织方式会根据格式不同而不同，比如打印文档、XML、超文本，等等。

5-4.2.2 命名类型（NamedType）

5-4.2.2.1 公共特征

要素和信息类型都是从抽象类“S100_FC_NamedType”继承而来（见 5-4.2.2.2）。该抽象类描述了所有的公共特征，比如，相应类型的名称和定义。此外，需要为类型定义一个代码。该代码后面将用于在地理数据集中标识一个命名类型的实例。如果定义是从要素概念字典中获得的，那么也要给出引用。

要素和信息类型可以从其他要素或信息类型继承。这包括某些类型可能是抽象的，即数据集中不能有该类型的实例。命名类型可以用属性来描述，而附加信息可以通过关联信息类型实现。前者通过属性绑定实现，而后者通过信息绑定实现。

5-4.2.2.2 继承

在数据建模中，继承是使用已定义类型来构造新类型的途径。新类型，也就是派生类（或子类），继承已有类型的属性—即基类型（或超类型）。派生类可以定义某些其他属性，也可能改变已有属性，后者称为重载。这用于为子类型指派唯一的特征值，如名称和定义，但是像属性绑定这样的特征重载，是应该避免的，而应该只包含超类型中的公共特征。在要素目录的范围内，要素和信息类型都可以从其他要素或信息类型派生。但要素类型不能从信息类型派生，反之亦然。超类型的属性和关联也属于子类型。子类型的定义通常会被重新定义。在该标准中，继承始终都是简单的，即每个类型不能从多个超类型派生而来。

示例 1 方位标和侧面标都派生自（抽象）类型浮标。超类型已经定义了一些属性，比如颜色、形状、名称以及和灯或顶标之间的关联。派生类分别增加只对具体类有效的具体信息，比如方位标的种类或侧面标的种类。

继承构建了层次结构，如果这些结构太复杂或者不够成熟，那么就会变得难以管理。一般而言，较好做法是保持继承树越浅越好。另一方面，有时继承树通过对源自相同基本概念且具有相同特征的类型进行分组来简化模型，因此，在适当情况下，甚至应使用多个级别的继承。

要素目录中类型之间的继承关系通常与应用模式中的继承关系对应。判断何时使用继承，判断在何种程度和级别上进行信息建模，应由应用模式设计人员和项目团队在考虑应用模式和要素目录复杂性、维护、应用需求等因素后确定。

示例 2 在 ENC 产品规范的信息模型中，所有地理要素类型都具有与信息类型“SupplementaryInformation”（补充信息）的绑定，也具有对制图要素“TextAssociation”（文本关联）的要素绑定。定义一个所有地理要素通用的超类型，可以将前述两种绑定放入超类型，而无需在每种地理要素类型中重复。

示例 3 在“Aids to Navigation”（助航标志）产品规范的应用模式中，不同类型的立标类带有大量相同属性。同样，不同类型的浮标类也有相同特征，为此定义了超类型“GenericBuoy”（通用浮标）和“GenericBeacon”（通用立标）。此外，浮标和立标都可以充当结构对象，还有其他要素也可以作为结构对象，因此为通用结构要素引入了另一超类型。“AidsToNavigation”（助航标志）、“StructureObject”（结构对象）、“GenericBuoy”（通用浮标）和“GenericBeacon”（通用立标）都是抽象类。“Structure/Equipment”（结构 / 设备）在结构类和设备类之间建立关联，并适用于这些类的所有子类型，例如，在“Structure/Equipment”关联中，任何“CardinalBuoy”（方位浮标）均可作为“Equipment”所有子类型的父角色。

5-4.2.2.2.1 产品规范的相关考虑（资料性）

一般来说，继承的需求随着概念数量的增加而增加，这些概念可以分组到更高级别的概念，或者相似类型之间的通用特征增加，或者即使是几个不同的类型也带有某些共同的特征。

从要素目录中排除继承的优点主要是结构简单（从而简化处理），因为抽象类型和继承层次结构不需要实现；同样在基于 S-100 的产品规范中，对于不同子类型，继承的枚举属性可以具有不同的允许值列表。缺点包括（可能）要素目录的数量增加，尤其是多个要素或信息类型具有共同属性或关联的情况下，维护的复杂性也会增加（当更新某个名义上绑定到超类型的属性时，需要对所有相关子类型一起更新，且必须在发布要素目录之前进行检查）。同样，继承是面向对象编程中的常见范例，对于实现而言可能不是重要问题。

5-4.2.2.3 要素类型（FeatureType）

要素类型是要素目录中分类的基础级别。除了公共特征，还定义了要素用途类型来实现归类。要素类型可通过要素关联和其他要素类型相关联。这个是通过要素绑定来确定的，而要素绑定规定了此关联，同时也规定了与其他要素类型关系的角色。

5-4.2.2.4 信息类型（InformationType）

信息类型是数据集中信息的复杂部分，它们可以被许多其他的要素类型之间或者信息类型之间共享。就其结构而言，它们也可以视为没有几何特征的要素类型，结构与要素类型类似，被归类为独立的项类型。

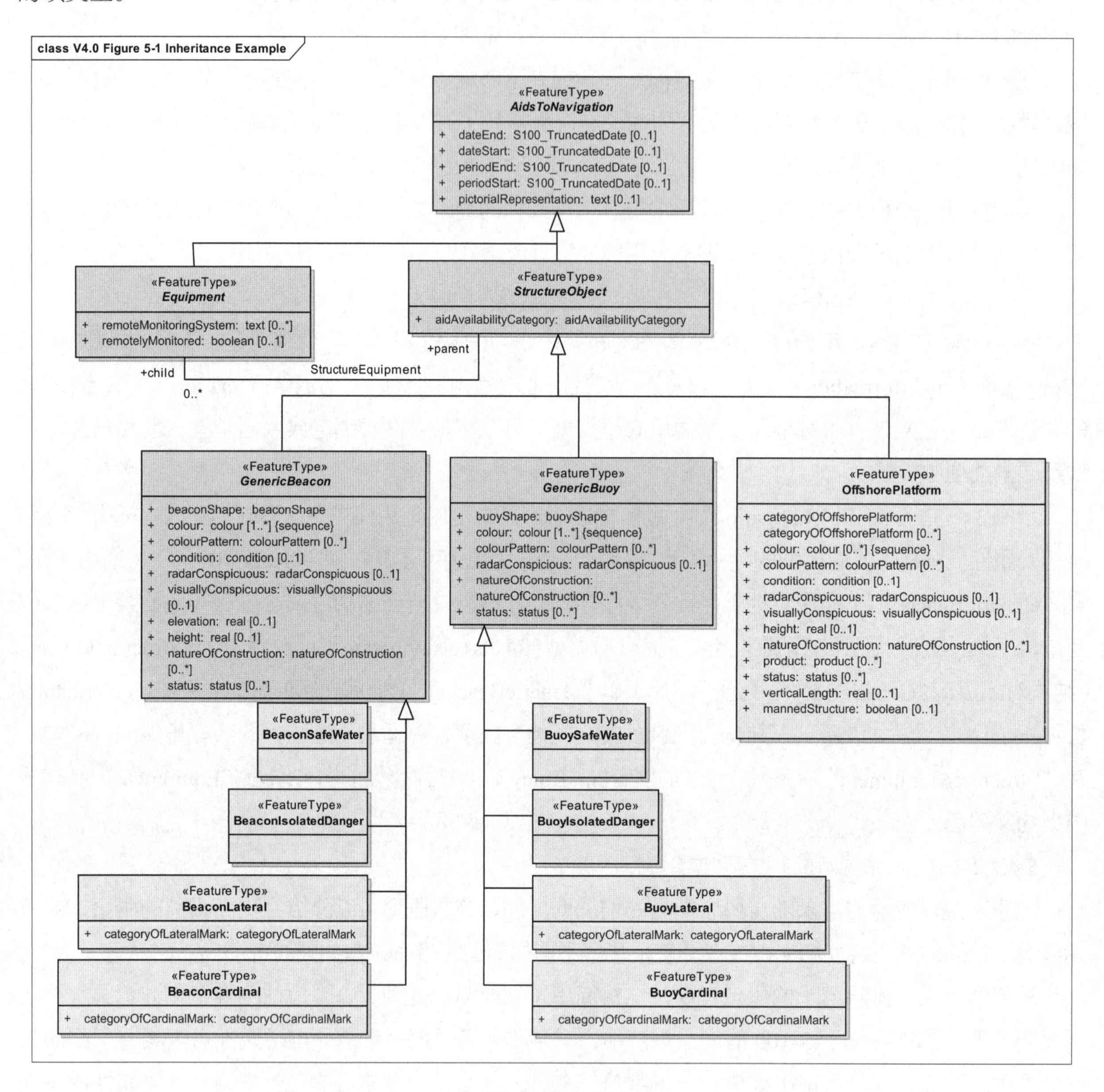

图5-1 继承示例

5-4.2.3 特征

5-4.2.3.1 公共特征

要素和信息类型的特征是属性和关联角色，尽管关联角色只适用于要素类型。公共特征包括名称、定义、备注等。如果引用要素概念字典，则应该定义。

5-4.2.3.2 属性

属性具有要素和信息类型的特征。与信息类型不同，它们不能在不同实例之间共享。即，属性的实例属于一种且仅属于一种要素或信息类型。在本标准中有两类属性：简单和复杂。简单属性具有值本身，而复杂属性是其他属性的聚合，用于实现复杂和层次数据结构。

5-4.2.3.3 简单属性

简单属性用于携带一个值。值域应该被指定在要素目录中。所有属性值都是值类型。第 2a-4.2.10 部分包含值类型及其定义的完整列表。如果值的类型为枚举或“open enumeration”（开放枚举）类型的代码表，则定义“Listed Values”（列举值）表。对于开放或闭合字典类型的代码表，提供一个标识某个字典或词汇表的 URI 作为定义。

此外，值域受到以下约束：

1）文本的长度；

2）结构化文本的格式规范；

3）数值范围。

详见附录 5-A。

5-4.2.3.4 复杂属性

复杂属性是其他简单或复杂属性的聚合。这里的聚合是通过属性绑定来确定的。

5-4.2.3.5 关联角色

关联角色描述了要素关联中一个要素指向另一要素的关系的性质。本标准中每个关联严格上都有两个角色。两者之一或者两者都可能是缺省值。应用模式的文档必须指定缺省名称所用的规则。缺省名称的不同规则可以应用于同一应用模式中的不同关联，但是每个角色都应具有明确的名称，可以是显式角色名称或缺省角色名称。

5-4.2.4 要素关联

要素关联描述了要素类型间的关系。要素关联具有名称、定义、备注和代码，等等。每个关联使用两个角色来定义关系的定向使用。如第 3 部分所述，这两个角色中的一个或两个都可以是缺省角色。

示例 1：“Master–Slave”（主 - 从）是一个带有两个角色的关联示例。

示例 2：“theAuthority–theContactDetails”（机构 - 联系信息）是“Authority”（机构）和“ContactDetails”（联系信息）两个类之间的关联示例，使用了两个缺省角色。

5-4.2.5 绑定

5-4.2.5.1 属性绑定

存在以下属性绑定使用案例：

1）定义要素类型的属性；

2）定义信息类型的属性；

3）定义要素关联的属性；

4）定义信息关联的属性；

5）定义复杂属性的属性聚合。

绑定规定了目标属性和属性的多重性。多重性表明可以使用多少个属性实例。绑定被用来定义一个属性是必选（1..n）或可选（0..n）。如果多重性允许多于 1 个的属性实例，一个布尔型标记会用来表示属性序列是否有意义。

如果某属性是带有枚举类型的简单属性，应当给出列举值的列表。如果是空列表，则表明该属性对于所有在要素目录中定义的值都是有效的。

5-4.2.5.2　要素绑定

要素绑定描述了两个要素类型间的关联。要素关联和关联角色都会和目标要素类型一块被指明。此外，还定义了多重性和角色类型，后者描述了角色的性质。

示例　分道通航制（TSS）使用“Lane”（航道）角色，用于连接各个航道分道，角色类型是“聚合”，航道分道到 TSS 使用“Scheme”（制度）角色，角色类型是“关联”。

5-4.2.5.3　信息绑定

信息绑定描述了可以关联到要素或信息类型的信息类型。除了目标信息类型外，还需要定义绑定的多重性。

5-4.2.6　定义和来源的引用

5-4.2.6.1　定义来源

这是一个为了在要素目录中使用定义的来源文档列表。在列出它们时，还带有它们的引用信息。通常这些定义来自要素概念字典，但也有可能来自其他来源。一个定义来自要素目录也是有效的；那样的话将没有定义来源的引用。

5-4.2.6.2　定义引用

该信息具有定义来源的链接。它指向一个定义来源，并通过一个标识符定义了在来源中的位置。如果来源是一个按照注册表来管理的要素概念字典，那么该引用就是项标识符。

5-4.2.7　完整性

以下模型中规定了表示要素分类信息的模板（附录 5-A（规范性），图 5-A-1）。按照此模板准备的要素目录，应该记录在指定地理数据集中发现的所有要素类型和信息类型。要素目录应当按规定包含标识信息。要素目录应当包含数据中所有要素和信息类型的定义和描述，包含数据中任何与要素类型关联的要素属性和要素关联。为确保要素目录内容在不同应用中具有可预测性和可比性，建议要素目录只收录以下附录 5-A（规范性）表格中规定的元素。

附录 5-A　要素目录模型（规范性）

该附录列出了 S-100 要素目录。图 5-A-1 是用 UML 建模的 S-100 要素目录，表 5-A-1 至表 5-A-20 阐述符合所示模型的要素目录结构。

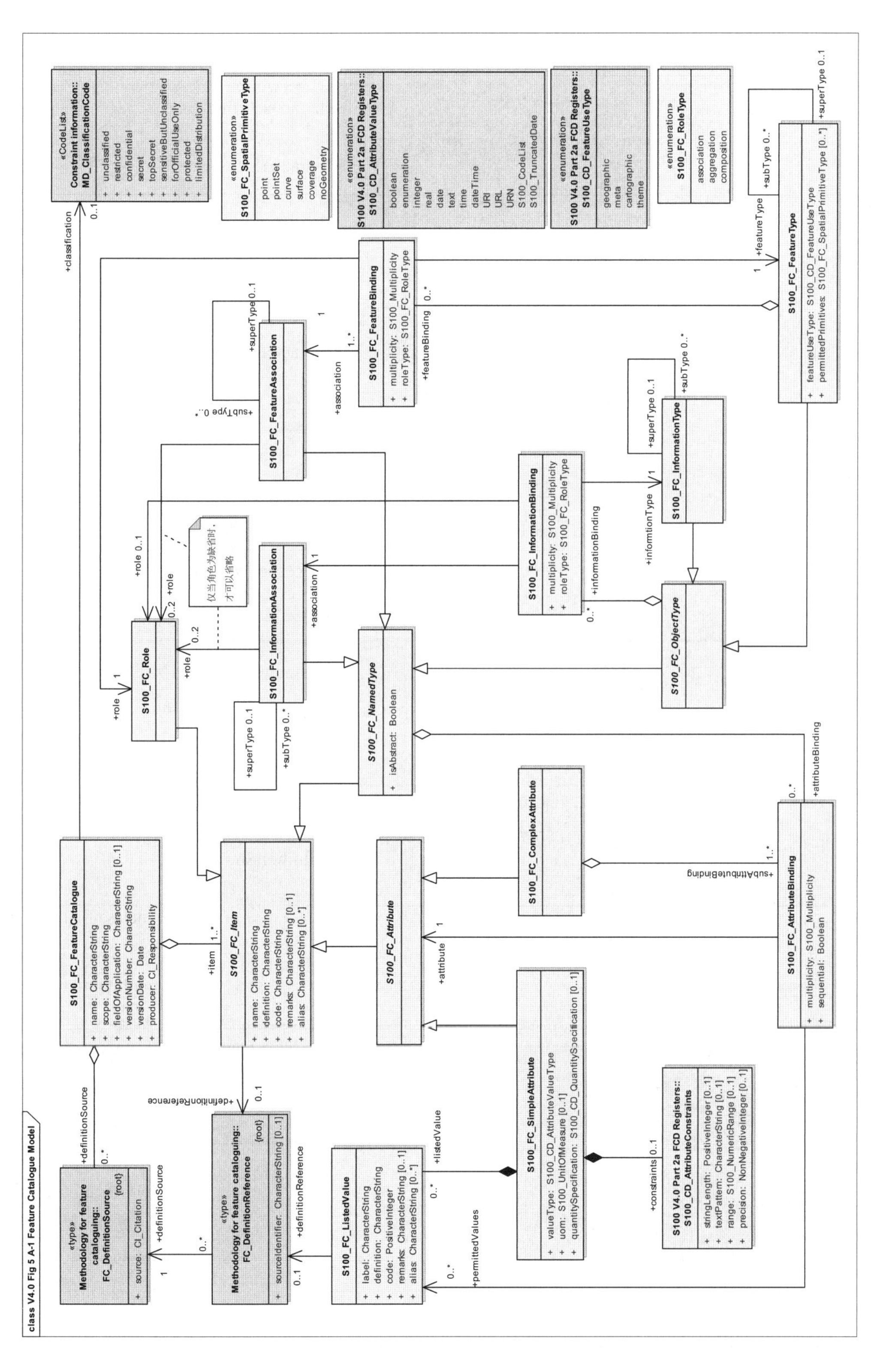

图5-A-1　要素目录—UML模型

表 5-A-1 S100_FC_FeatureCatalogue（要素目录）

角色名称	名称（英文）	名称（中文）	说明	多重性	类型	备注
类	S100_FC_FeatureCatalogue	S100_FC_要素目录	要素目录包含了它的标识和联系信息、一些要素类型的定义以及这些定义所需要的其他信息	—	—	—
属性	name	名称	该要素目录的名称	1	CharacterString	
属性	scope	范围	该要素目录中定义的要素类型所属的主题域	1	CharacterString	
属性	fieldOfApplication	应用领域	该要素目录应用范围的说明	0..1	CharacterString	
属性	versionNumber	版本号	该要素目录的版本号，可能包含一个主版本号或字母以及一系列次级发行号或字母，比如“3.2.4a”。该属性的格式因编目方的不同而不同	1	CharacterString	
属性	versionDate	版本日期	该要素目录的生效日期	1	Date	
属性	producer	生产者	对该要素目录内容具有主要责任的个人或组织的名称、地址、国家以及通信地址	1	CI_Responsibility	CI_Responsibility>CI_Individual 或 CI_Responsibility>CI_Organisation
角色	item	项	该要素目录定义的项目列表；项目包括要素类型、信息类型、要素关联、信息关联、属性和角色	1..*	S100_FC_Item	聚合
角色	definitionSource	定义来源	该要素目录定义的项和列举值的定义来源列表。那些来源通常是要素数据字典	0..*	FC_DefinitionSource	聚合
角色	classification	密级	要素目录的密级	0..1	MD_ClassificationCode	1.unclassified（非保密） 2.restricted（受限） 3.confidential（秘密） 4.secret（机密） 5.top secret（绝密） 6.sensitive but unclassified（敏感但非保密） 7.for official use only（仅供官方使用） 8.protected（受保护） 9.limited distribution（限制发行）

表 5-A-2　FC_DefinitionSource（定义来源）

角色名称	名称（英文）	名称（中文）	说明	多重性	类型	备注
类	FC_ DefinitionSource	FC_ 定义来源	指定定义来源的类	—	—	—
属性	source	来源	该来源的实际引用，能够用于识别文档以及获取该来源	1	CI_Citation	

表 5-A-3　FC_DefinitionReference（定义引用）

角色名称	名称（英文）	名称（中文）	说明	多重性	类型	备注
类	FC_ DefinitionReference	FC_ 定义引用	将一个数据实例链接到其定义来源的类	—	—	—
属性	sourceIdentifier	来源标识符	用于在来源文档中定位该定义的信息；该信息的格式由来源文档的结构来指定	1	CharacterString	包含字典类型代码表属性使用的在线字典或词汇表
角色	definitionSource	定义来源	定义的来源	1	FC_ DefinitionSource	

表 5-A-4　S100_FC_Item（项）

角色名称	名称（英文）	名称（中文）	说明	多重性	类型	备注
类	S100_FC_Item	S100_FC_ 项	抽象基类，定义要素目录中所有项的公共特征。项包括要素类型、信息类型、要素关联、信息关联、属性和角色	—	—	抽象类
属性	name	名称	项名称	1	CharacterString	
属性	definition	定义	以自然语言定义该命名类型	1	CharacterString	
属性	code	代码	唯一标识了要素目录中的命名类型的代码	1	CharacterString	
属性	remarks	备注	该项的进一步解释	0..1	CharacterString	
属性	alias	别名	该项的等效名称	0..*	CharacterString	
角色	definitionReference	定义引用	指向其定义来源的链接	0..1	FC_ DefinitionReference	

表 5-A-5　S100_FC_NamedType（命名类型）

角色名称	名称（英文）	名称（中文）	说明	多重性	类型	备注
类	S100_FC_NamedType	S100_FC_ 命名类型	定义要素类型和信息类型公共特征的抽象基类	—	—	抽象类
属性	isAbstract	是否抽象	表明该命名类型的实例是否可以存在于地理数据集中。抽象类型是不能实例化的，但是可以作为其他类型（非抽象类型）的基类	1	Boolean	
角色	attributeBinding	属性绑定	描述该命名类型特征的属性绑定表	0..*	S100_FC_AttributeBinding	聚合

表 5-A-6　S100_FC_ObjectType（对象类型）

角色名称	名称（英文）	名称（中文）	说明	多重性	类型	备注
类	S100_FC_ObjectType	S100_FC_ 对象类型	定义要素类型和信息类型公共特征的抽象基类	—	—	抽象类；派生于“S100_FC_NamedType”
角色	informationBinding	信息绑定	信息类型绑定列表，可通过信息关联与该对象类型进行关联	0..*	S100_FC_InformationBinding	聚合

表 5-A-7　S100_FC_InformationType（信息类型）

角色名称	名称（英文）	名称(中文）	说明	多重性	类型	备注
类	S100_FC_InformationType	S100_FC_ 信息类型	定义了信息类型所有特征的类	—	—	派生自“S100_FC_NamedType”
角色	superType	超类型	表示某信息类型从哪派生而来的信息类型。子类型继承其超类型的所有属性：名称、定义和代码，通常会被子类型重载，尽管子类型可以添加新特征	0..1	S100_FC_InformationType	
角色	subType	子类型	表示派生自某信息类型的信息类型	0..*	S100_FC_InformationType	

表 5-A-8　S100_FC_FeatureType（要素类型）

角色名称	名称（英文）	名称（中文）	说明	多重性	类型	备注
类	S100_FC_FeatureType	S100_FC_要素类型	定义了要素类型所有特征的类	—	—	派生自“S100_FC_NamedType”
属性	featureUseType	要素用途类型	该要素类型的用途类型	1	S100_CD_FeatureUseType	
属性	permittedPrimitives	允许的单形	0 个或多个可用于要素类型的空间单形的组合	0..*	S100_FC_SpatialPrimitiveType	
角色	featureBinding	要素绑定	通过一个要素关联，可以关联到此要素类型的要素类型绑定的列表	0..*	S100_FC_FeatureBinding	聚合
角色	superType	超类型	表示某要素类型从哪派生而来的要素类型。子类型继承其超类型的所有属性：名称、定义和代码，通常会被子类型重载，尽管子类型可以添加新特征。 如果子类型中存在 permittedPrimitives，则它将重载其任何超类型中的 permittedPrimitives	0..1	S100_FC_FeatureType	
角色	subType	子类型	表示派生自某要素类型的要素类型	0..*	S100_FC_FeatureType	

示例　如果超类型允许点、曲面单形，而子类型仅允许曲线单形，则子类型的实例必须指定曲线空间对象的位置。子类型的子类型仅接受曲线单形，除非它们指定了自身允许的单形。

表 5-A-9　S100_FC_InformationAssociation（信息关联）

角色名称	名称（英文）	名称（中文）	说明	多重性	类型	备注
类	S100_FC_InformationAssociation	S100_FC_信息关联	信息关联描述对象（要素或信息类型）与信息类型之间的关系	—	—	派生自“S100_FC_NamedType”，单个产品规范可以限制其方向性

续表

角色名称	名称（英文）	名称（中文）	说明	多重性	类型	备注
角色	role	角色	关联的角色	0..2	S100_FC_Role	如果缺失，则为缺省角色名称 产品规范可能会进一步施加约束
角色	superType	超类型	表示某信息关联从哪派生而来的信息关联。子类型继承其超类型的所有属性：名称、定义和代码，通常会被子类型重载，尽管子类型可以添加新特征	0..1	S100_FC_InformationAssociation	
角色	subType	子类型	表示派生自某信息关联的信息关联	0..*	S100_FC_InformationAssociation	

表 5-A-10　S100_FC_FeatureAssociation（要素关联）

角色名称	名称（英文）	名称（中文）	说明	多重性	类型	备注
类	S100_FC_FeatureAssociation	S100_FC_要素关联	要素关联描述两种要素类型之间的关系 要素关联是双向的，在每个方向上都有各自的角色	—	—	
角色	role	角色	关联的角色	0..2	S100_FC_Role	
角色	superType	超类型	表示某要素关联从哪派生而来的要素关联。子类型继承其超类型的所有属性：名称、定义和代码，通常会被子类型重载，尽管子类型可以添加新特征	0..1	S100_FC_FeatureAssociation	
角色	subType	子类型	表示派生自某要素类型的要素类型	0..	S100_FC_FeatureAssociation	

表 5-A-11　S100_FC_Role（角色）

角色名称	名称（英文）	名称（中文）	说明	多重性	类型	备注
类	S100_FC_Role	S100_FC_角色	可在要素关联或信息关联中使用的角色	—	—	派生自“S100_FC_Item”

表 5-A-12　S100_FC_Attribute（属性）

角色名称	名称（英文）	名称（中文）	说明	多重性	类型	备注
类	S100_FC_Attribute	S100_FC_属性	是两类属性的抽象基类：简单属性和复杂属性。属性具有命名类型的特征	—	—	抽象类；派生于“S100_FC_Item”

表 5-A-13　S100_FC_SimpleAttribute（简单属性）

角色名称	名称（英文）	名称(中文)	说明	多重性	类型	备注
类	S100_FC_SimpleAttribute	S100_FC_简单属性	带有一个值的属性	—	—	派生自“S100_FC_Attribute”
属性	valueType	值类型	该要素属性的值类型	1	S100_CD_AttributeValueType	
属性	uom	度量单位	该要素属性值的度量单位	0..1	S100_UnitOfMeasure	
属性	quantitySpecification	数量规范	数量的规范	0..1	S100_CD_QuantitySpecification	
角色	constraints	约束	可以应用于该属性的约束	0..1	S100_FC_AttributeConstraints	组合
角色	listedValue	列举值	枚举类型属性域的一组列举值	0..*	S100_FC_ListedValue	组合仅适用于 valueType=Enumeration 或 S100_Codelist（同时 codelistType=enumeration）

表 5-A-14　S100_FC_ComplexAttribute（复杂属性）

角色名称	名称（英文）	名称（中文）	说明	多重性	类型	备注
类	S100_FC_ComplexAttribute	S100_FC_复杂属性	复杂属性由一系列子属性组成，这些子属性可以是简单属性也可以是复杂属性	—	—	派生自“S100_FC_属性”
角色	subAttributeBinding	子属性绑定	子属性的属性绑定列表	1..*	S100_FC_AttributeBinding	聚合

表 5-A-15　S100_FC_ListedValue（列举值）

角色名称	名称（英文）	名称（中文）	说明	多重性	类型	备注
类	S100_FC_ListedValue	S100_FC_列举值	枚举类型属性域的值，包括它的代码和定义	—	—	
属性	label	标签	唯一标识要素属性的一个值的描述性标签	1	CharacterString	

续表

角色名称	名称（英文）	名称（中文）	说明	多重性	类型	备注
属性	definition	定义	以自然语言定义该列举值	1	CharacterString	
属性	code	代码	唯一标识要素属性相应的列举值的数值代码	1	PositiveInteger	
属性	remarks	备注	该列举值的进一步解释	0..1	CharacterString	
属性	alias	别名	该列举值的等效名称	0..*	CharacterString	
角色	definitionReference	定义引用	指向其定义来源的链接	0..1	FC_ DefinitionReference	

表 5-A-16　S100_FC_AttributeBinding（属性绑定）

角色名称	名称（英文）	名称（中文）	说明	多重性	类型	备注
类	S100_FC_ AttributeBinding	S100_FC_ 属性绑定	类，描述了一个属性如何与某一特定命名类型或复杂属性相关联的规定	—	—	
属性	multiplicity	多重性	定义了有多少个属性实例可以作为命名类型或复杂属性的一部分	1	S100_ Multiplicity	
属性	sequential	有序性	描述了属性的序列是否有意义	1	Boolean	仅适用于出现多次的属性
角色	permittedValues	允许值	属性的允许值	0..*	S100_FC_ ListedValues	仅适用于数据类型枚举的属性
角色	attribute	属性	绑定到项或复杂属性的属性	1	Attribute	

表 5-A-17　S100_FC_InformationBinding（信息绑定）

角色名称	名称（英文）	名称(中文）	说明	多重性	类型	备注
类	S100_FC_ InformationBinding	S100_FC_ 信息绑定	描述了如何使用信息类型绑定到命名类型的类	—	—	
属性	multiplicity	多重性	定义了目标信息类型有多少个实例可以链接到命名类型的一个实例	1	S100_Multiplicity	
属性	roleType	角色类型	关联端的性质	1	S100_FC_RoleType	
角色	role	角色	用于绑定的角色，它必须是用于绑定的关联的一部分，且需要定义关联的端	0..1	S100_FC_Role	

续表

角色名称	名称（英文）	名称（中文）	说明	多重性	类型	备注
角色	association	关联	用于绑定的关联；也定义角色	1	S100_FC_InformationAssociation	
角色	InformationType	信息类型	目标信息类型	1	S100_FC_InformationType	

表 5-A-18　S100_FC_FeatureBinding（要素绑定）

角色名称	名称（英文）	名称（中文）	说明	多重性	类型	备注
类	S100_FC_FeatureBinding	S100_FC_要素绑定	类，通过一个要素关联描述了一个要素类型与另一个要素类型的关系	—	—	
属性	multiplicity	多重性	定义了目标要素类型有多少个实例可以链接到来源要素类型的一个实例	1	S100_Multiplicity	
属性	roleType	角色类型	关联端的性质	1	S100_FC_RoleType	
角色	featureType	要素类型	目标要素类型	1	S100_FC_FeatureType	
角色	role	角色	用于绑定的角色。它必须是用于绑定的关联的一部分，且需要定义关联的端	1	S100_FC_Role	
角色	association	关联	用于绑定的关联	1	S100_FC_FeatureAssociation	

表 5-A-19　S100_FC_RoleType（角色类型）

角色名称	名称（英文）	名称（中文）	说明	备注
枚举	S100_FC_RoleType	S100_FC_角色类型	定义了角色的类型	
文字	association	关联	用来描述两个要素类型之间的关系，这种关系牵涉到它们实例间的连接	
文字	aggregation	聚合	用来描述两个要素类型之间的关系，其中一个要素类型担当容器的角色，另一个担当被包容者的角色	
文字	composition	组合	组合关联是一个强聚合。在组合关联中，如果删除容器对象，所有被包容对象也会被删除。换句话说，没有容器对象就不存在被包容对象	

表 5-A-20　S100_FC_SpatialPrimitiveType（空间单形类型）

角色名称	名称（英文）	名称（中文）	说明	备注
枚举	S100_FC_SpatialPrimitiveType	S100_FC_空间单形类型	指定了要素实例可以使用的空间单形	
文字	point	点	点空间单形	GM_Point
文字	pointSet	点集	点集空间单形	GM_MultiPoint
文字	curve	曲线	曲线空间单形	GM_OrientableCurve
文字	surface	曲面	曲面空间单形	GM_OrientableSurface
文字	coverage	覆盖	覆盖空间单形	CV_Coverage
文字	noGeometry	无几何	要素类型不与实例位置的空间单形相关联	在某些情况下，需要显式说明来指示实例位置没有空间单形。请参阅“S100_FC_FeatureType”中有关子类型和超类型的规则

第 6 部分

坐标参照系
（Coordinate Reference Systems）

6-1 范围

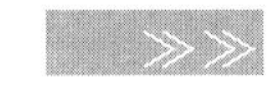

S-100 该标准针对海洋测绘信息生产者和用户而设计，但是它的基本元素可以扩展到许多其他形式的地理资料，包括地图、海图以及文本文件等。

在 S-100 标准中，对象的位置是通过坐标来定义的。这些坐标将要素和位置关联起来。该标准描述用来完整定义采用坐标系的空间参照和基准的所有必需元素。它定义了说明基于坐标空间参照的概念模式，描述了定义一维、二维和三维空间坐标参照系所需的最小数据。

该部分除了定义坐标参照系所需的元素外，还描述了将坐标从一个坐标参照系转换到另一个参照系的操作。包括基准转换和地图投影的操作。

坐标参照系，连同定义它们的简单元素，都可以在某个注册表中注册或者由某个组织在文档中定义。该标准描述此类元素如何被标识。

在该部分的范围内，坐标参照系不应该随时间而变化。

6-2 规范性引用文件

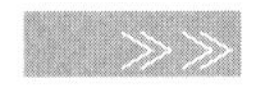

以下参考资料是应用该文档所必须的。标注日期的引用，只有引用的版本才有效。未标注日期的引用，引用文件（包含所有更正）的最新版本才有效。

ISO 19111：2007，地理信息—基于坐标的空间参照（Geographic information—Spatial referencing by coordinates）

ISO/TS 19103，地理信息—概念模式语言（Geographic information—Conceptual schema language）

ISO 19115，地理信息—元数据（Geographic information—Metadata）

6-3 包总览

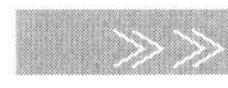

6-3.1 包图

图 6-1 给出了该标准使用的包及其依赖。

基于坐标对空间对象进行参照的元素被定义在五个包中。所有的包都依赖于包“Identified Objects”（可标识对象），后者描述了链接元素到外部定义的机制。

它同时确保了每个元素被唯一命名，以在数据集或者软件应用中进行标识。为了方便类名称的管理，每个包应当为它包含的类和数据类型加前缀。下列的表 6-1 给出各个包的前缀。

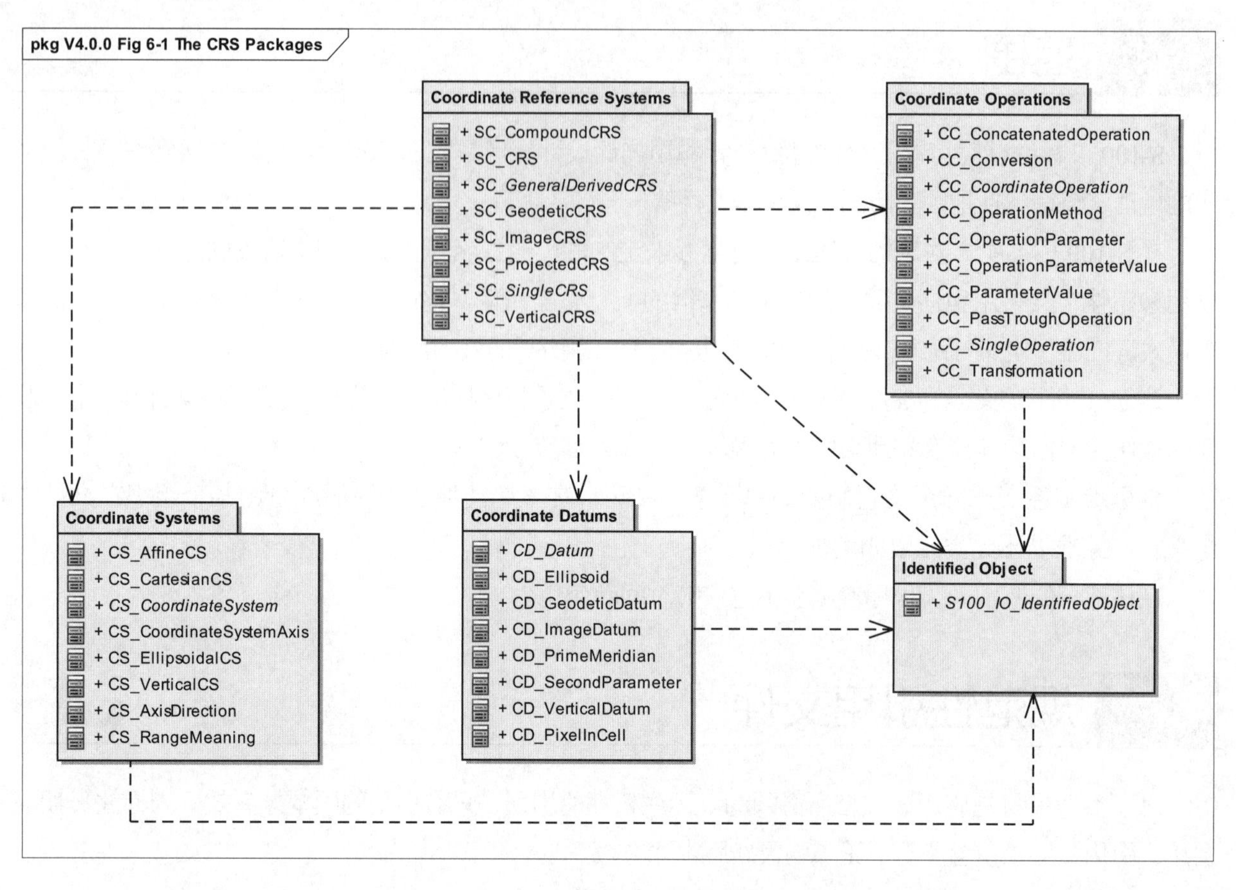

图6-1　坐标参照系（CRS）包

表 6-1　包前缀

包名称（英文）	包名称（中文）	前缀
Identified Objects	可标识对象	IO
Coordinate Reference Systems	坐标参照系	SC
Coordinate Systems	坐标系	CS
Datums	基准	CD
Coordinate Operations	坐标操作	CC

6-4 包明细

6-4.1　可标识对象包

注释　如果包中有一个类图显示的是其他包中的类或者类型的话，那么应该使用灰色背景来显示。在这种情况下，并不会将该类的所有细节都显示出来；该类的完整细节会在它所属包的类图中描述。

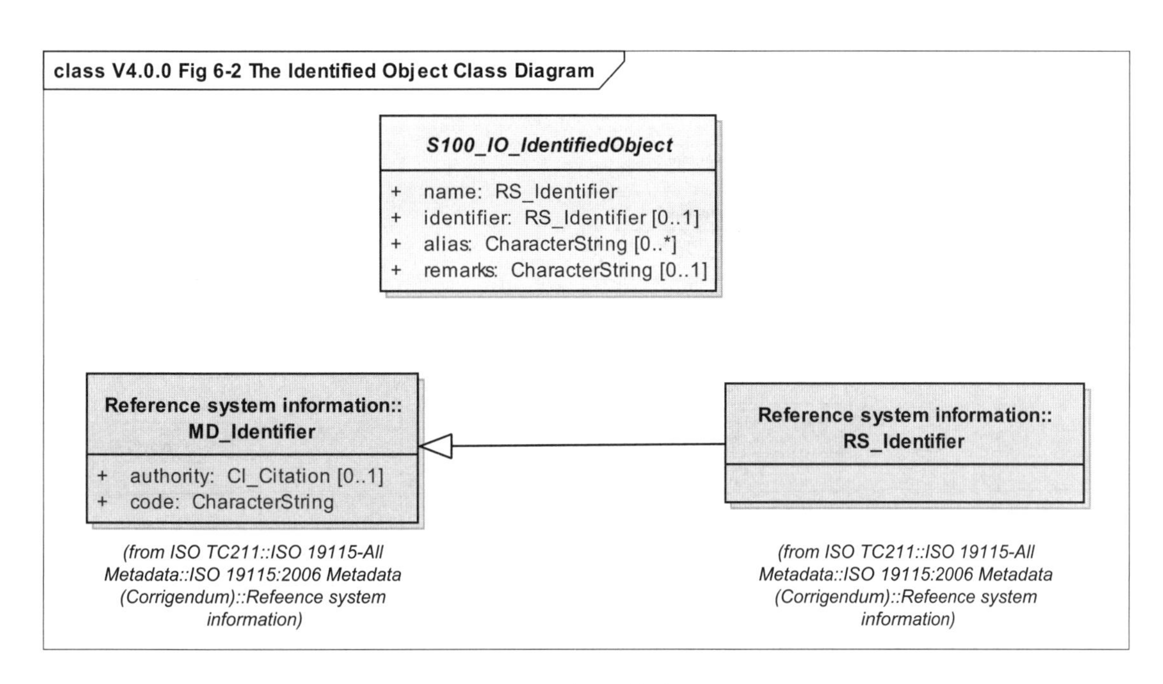

图6-2 可标识对象类图

6-4.1.1 S100_IO_IdentifiedObject（可标识对象）

该标准中每个类都应可被标识，且（或）可标识派生于类“S100_IO_IdentifiedObject”的外部来源。

与 ISO 19111 不同的是，该类并不是派生于外部文档的，而是使用了外部标准中定义的成员。此外，该部分没有其他类派生于外部标准。在 ISO 19111 中，那些类所继承的基本成员将会在这里相应的包图中介绍。这将会改善该部分的可读性，并且避免非完全必要的多重继承。

6-4.1.2 类明细

表 6-2 类 IO_IdentifiedObject（可标识对象）的特征

名称（英文）	名称（中文）	类型	基数	说明
name	名称	RS_Identifier	1	该对象可被标识的主要名称
identifier	标识符	RS_Identifier	0..1	引用（外部）对象定义的标识符
alias	别名	GenericName	0..*	该对象的另一个名称
remarks	备注	CharacterString	0..1	该对象的注释或信息

类型“RS_Identifier”（来自 ISO 19115）具有如下三个部分：

1）authority（引证）：CI_Citation[0..1]；

2）code（代码）：CharacterString；

3）codeSpace（代码空间）：CharacterString[0..1] version：CharacterString[0..1]。

类型“CI_Citation”在 ISO 19115 中也有定义，更多详情可以参考 ISO 19115。

6-4.2 坐标参照系包

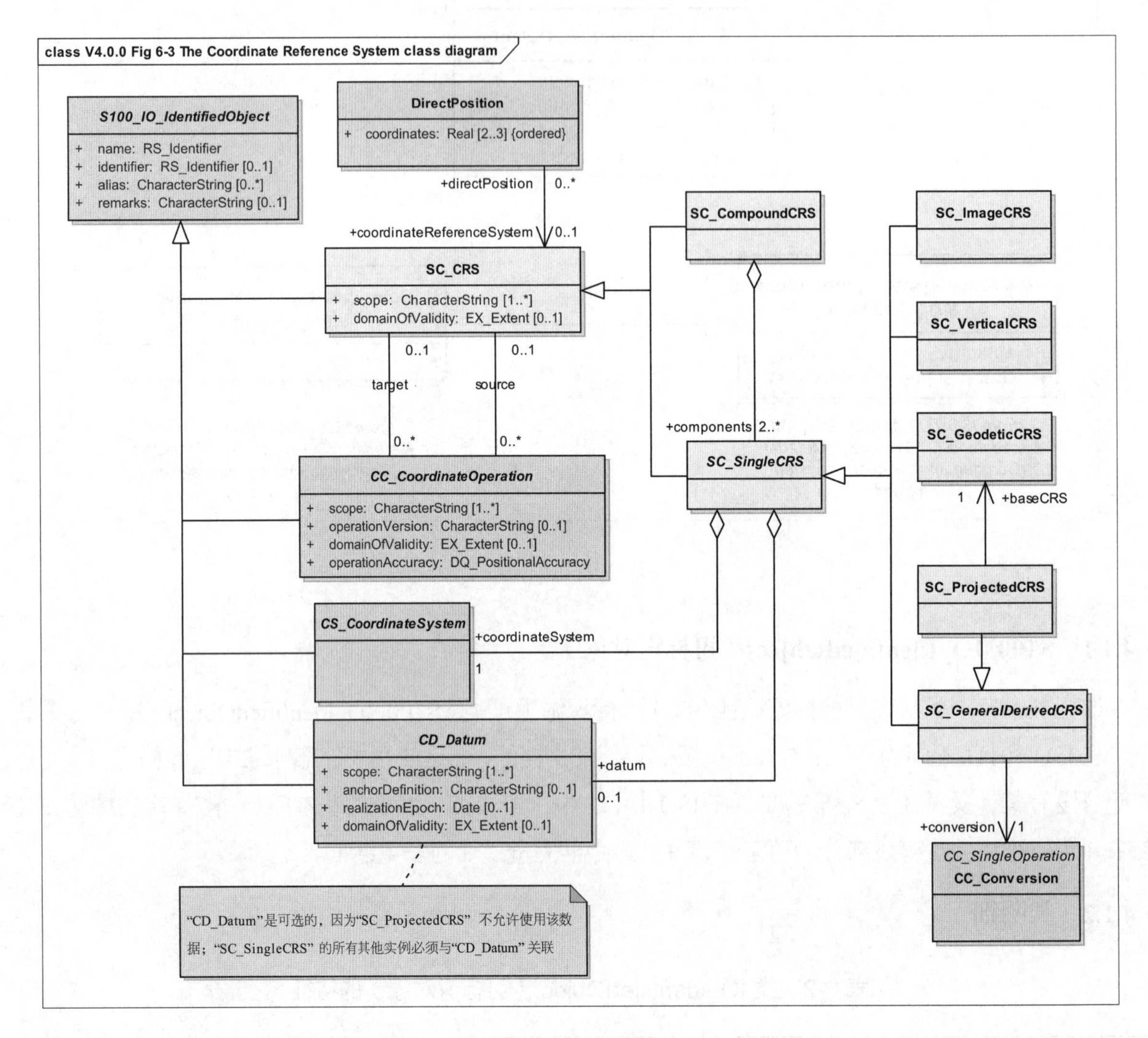

图6-3 坐标参照系类图

该包描述了用于所有坐标参照系的基类，以及该组件支持的所有派生子类。该图也表示了与其他包中类的关系。

坐标参照系是一个通过一个基准与现实世界相关联的坐标系统。通常，现实世界指的是地球，尽管它的原理并不局限于地球。坐标参照系（CRS）要么是一个单一坐标参照系（single CRS），要么是一个复合坐标参照系（compound CRS）。

6-4.3 单一坐标参照系

单一坐标参照系（single CRS）是通过一个坐标系统和一个相关的基准来定义的。S-100 支持以下几种单一 CRS：

1）大地坐标参照系（Geodetic CRS）；

2）投影坐标参照系（Projected CRS）；

3）垂直坐标参照系（Vertical CRS）；

4）影像坐标参照系（Image CRS）。

大地坐标参照系是和大地基准相关联的。它通常使用椭球坐标系（大地纬度、大地经度和椭球高（三维情况））。大地坐标参照系也可以使用笛卡尔坐标系（三维的，固定在地球上的）。在数据集中，很少将坐标参照到笛卡尔坐标系中，但是可以在某个坐标转换中当作中间坐标。

投影坐标参照系是从二维大地坐标参照系得到的坐标参照系，并使用地图投影来实现坐标转换。该坐标参照系通常是笛卡尔坐标系。投影坐标参照系经常用于国家坐标系。

垂直坐标参照系是基于垂直基准、用于报告高度或深度的一维坐标系。椭球高度不能在垂直坐标系中获取。椭球高度是大地坐标参照系下三维坐标元组中不可缺少的一部分，不能单独存在。

影像坐标参照系与影像基准相关联，后者描述了影像坐标和影像如何关联。这种关联与该影像是否有地理参照无关。地理参照是通过将影像坐标参照系变换为大地坐标参照系或投影坐标参照系来实现的。

6-4.3.1 复合坐标参照系

复合坐标参照系（compound CRS）是两个或多个单一坐标参照系的组合，尽管使用两个以上坐标系是很不可能的。复合坐标参照系的组件之间应该是相互独立的。对于两个坐标参照系来说，如果它们之间不能通过某种坐标操作实现变换的话，那么它们就是相互独立的。比如，水平坐标参照系和垂直坐标参照系是相互独立的，而两个垂直坐标参照系则不是。不允许嵌套复合坐标参照系，即所有组件都必须是单个坐标参照系。

数据集中的每个位置，是通过类“DirectPosition”（直接位置）来指定的，且必须遵照坐标参照系。如果数据集中每个位置使用的是不同的垂直基准，那么必须定义垂直坐标系。然后那些垂直坐标系可以用作复合坐标系的一个组件，从而描述三维坐标。

如果数据产品规范允许选择大地基准，甚至如果给定数据集只能选择一个的话，那么转换方法必须指明，允许在一个应用中同时使用多个数据集。

6-4.3.2 类信息

表 6-3 类 SC_CRS（坐标参照系）的特征

名称（英文）	名称（中文）	类型	基数	说明
scope	范围	CharacterString	1..*	保证该 CRS 有效的使用或使用限制说明
domainOfValidity	有效域	EX_Extend	0..1	该坐标参照系有效的地区或区域

表 6-4 类 SC_SingleCRS（单一坐标参照系）的特征

名称（英文）	名称（中文）	类型	基数	说明
datum	基准	CD_Datum	0..1	该 CRS 关联的基准。必须选用适合于该 CRS 的某种合适类型（垂直或水平）基准。它是必选的，如果是投影 CRS 则不能指定一投影 CRS 使用该基准作为其基础 CRS
coordinateSystem	坐标系	CS_CoordinateSystem	1	该 CRS 使用的坐标系

表 6-5　类 SC_GeneralDerivedCRS（普通派生坐标参照系）的特征

名称（英文）	名称（中文）	类型	基数	说明
conversion	转换	CC_Operation	1	将坐标从基础 CRS 转换到衍生 CRS 的坐标转换方法（比如地图投影）

表 6-6　类 SC_ProjectedCRS（投影坐标参照系）的特征

名称（英文）	名称（中文）	类型	基数	说明
baseCRS	基础参照坐标系	SC_GeodeticCRS	1	该 CRS 所使用的大地 CRS，特别是当衍生 CRS 也使用基础 CRS 的基准时

6-4.4　坐标系包

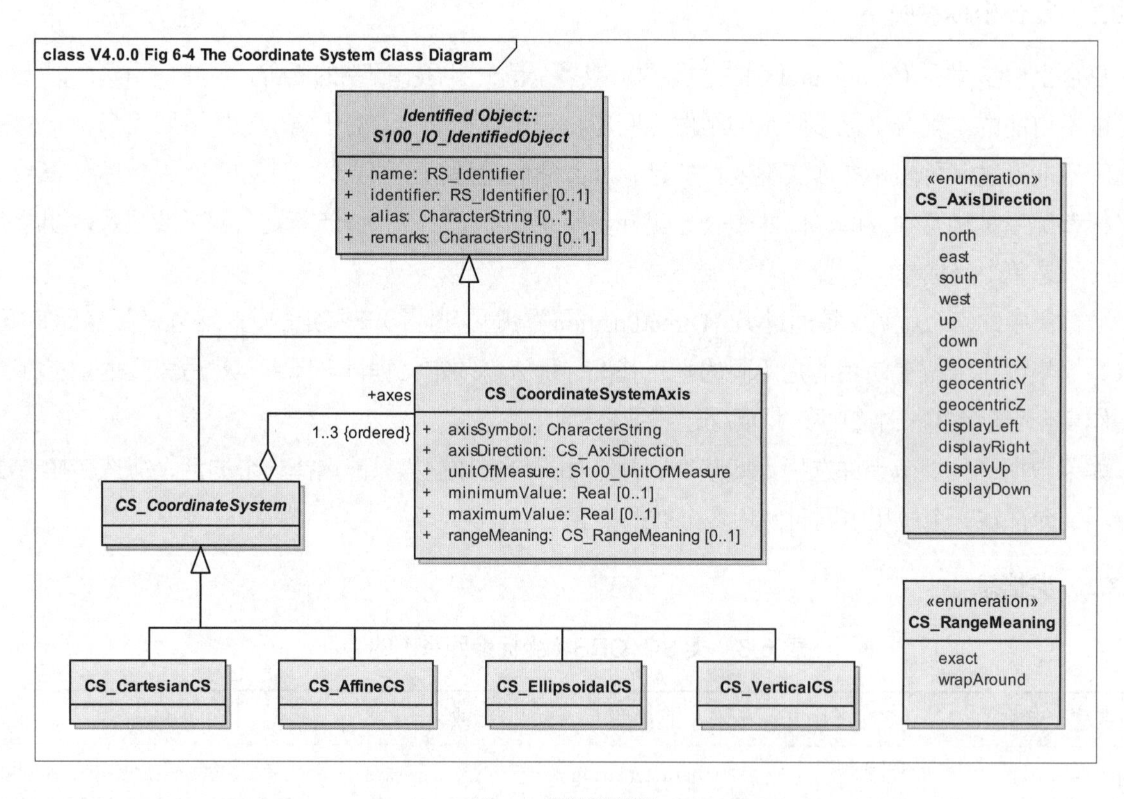

图6-4　坐标系类图

坐标系包含了一个不重复、有顺序的坐标轴。轴的数量等于坐标参照系描述几何所采用的空间维数。坐标轴的顺序与坐标参照系中描述每个坐标元组的坐标顺序一致。

该组件定义了四种坐标系类型：

1）笛卡尔坐标系（Cartesian coordinate system）

2）仿射坐标系（Affine coordinate system）

3）椭球坐标系（Ellipsoidal coordinate system）

4）垂直坐标系（Vertical coordinate system）

每个轴都是通过方向、值域以及使用的度量单位来定义的。

笛卡尔坐标系是二维或三维的坐标系统，且每个轴之间相互垂直。所有的轴应当具有同样长度的单位。

仿射坐标系是各轴之间不必相互垂直的二维或三维坐标系。所有的轴应当具有同样长度的单位。

椭球坐标系是描述椭球体表面或近似椭球体表面的二维或三维坐标系。它的坐标是：大地纬度、大地经度和椭球高（三维情况）。

大地纬度是从赤道平面与通过给定点的椭球法线间的夹角，向北为正。

大地经度是从首子午面与通过给定点子午面间的夹角，向东为正。

大地高是沿从椭球面到点的法线方向测量的该点到椭球面的距离，向上或向外为正。

垂直坐标系是用于重力高度或深度测量的一维坐标系。该坐标系通常依赖于地球重力场。下表 6-7 指明了每类坐标参照系可以使用的坐标系类型。

表 6-7　不同坐标参照系可以使用的坐标系

坐标参照系	坐标系	维数
大地坐标参照系（Geodetic CRS）	椭球坐标系 笛卡尔坐标系	2，3 3
投影坐标参照系（Projected CRS）	笛卡尔坐标系	2
垂直坐标参照系（Vertical CRS）	垂直坐标系	1
影像坐标参照系（Image CRS）	笛卡尔坐标系 仿射坐标系	2 2

6-4.4.1　类信息

表 6-8　CS_CoordinateSystem（坐标系）的特征

名称（英文）	名称（中文）	类型	基数	说明
axes	轴	CS_CoordinateSystemAxis	1..3	坐标系的轴。坐标轴的顺序与相应坐标点的坐标顺序一致。轴的数量等于坐标参照系描述几何所采用的空间维数

表 6-9　类 CS_CoordinateSystemAxis（坐标系轴）的特征

名称（英文）	名称（中文）	类型	基数	说明
axisSymbol	轴符号	CharacterString	1	坐标系轴的缩写
axisDirection	轴方向	CS_AxisDirection	1	坐标系轴的方向。对于地球坐标系，该值往往是近似的，用于给轴提供一个人们可以理解的含义
minimumValue	最小值	double	0..1	按照轴的度量单位，该轴允许的最小值
maximumValue	最大值	double	0..1	按照轴的度量单位，该轴允许的最大值
rangeMeaning	范围意义	CS_RangeMeaning	0..1	值范围的含义
unit of measure	度量单位	S100UnitOfMeasure	1	该轴的度量单位

表 6-10　枚举类型 CS_AxisOrentation（轴向）的定义

名称（英文）	名称（中文）	说明
north	北	轴的正向是北。在大地或投影 CRS 中，北是通过大地基准定义的
east	东	轴的正向是由北顺时针方向旋转 90°（π/2）
south	南	轴的正向是由北顺时针方向旋转 180°（π）
west	西	轴的正向是由北顺时针方向旋转 270°（3π/2）
up	上	轴的正向是相对于重力的上方向
down	下	轴的正向是相对于重力的下方向
geocentricX	地心坐标 X	轴的正向是在赤道平面上，从参考地球的中心起始，指向赤道和首子午线的交点
geocentricY	地心坐标 Y	轴的正向是在赤道平面上，从参考地球的中心起始，指向赤道和位于首子午线东面 π/2 角度的子午线的交点
geocentricZ	地心坐标 Z	轴的正向起始于参考地球旋转轴的平行面中心，指向北极
displayLeft	屏幕左	轴的正向是屏幕的左边
displayRight	屏幕右	轴的正向是屏幕的右边
displayUp	屏幕上	轴的正向是屏幕的上边
displayDown	屏幕下	轴的正向是屏幕的下边

表 6-11　枚举类型 CS_RangeMeaning（范围意义）的定义

名称（英文）	名称（中文）	说明
exact	精确	任何介于最小值和最大值之间（包含最小值最大值）的值都是有效的
wrapAround	环绕	该轴是连续的，它的值环绕在最小值和最大值之间。重复模（最大值 − 最小值）的值具有同样的含义。举一个例子，对于大地经度，它的轴被定义为一个圆，它的值范围是 ±π(±180°)

6-4.5　基准包

基准是一个参数或者一组定义了原点位置、尺度以及坐标系方向的参数。S-100 定义了三类基准：

1）大地基准；

2）垂直基准；

3）影像基准。

大地基准描述地球二维或三维坐标系关系的基准。这是通过以椭球体作为地球模型，并以首子午线作为大地经度的起算。

垂直基准确立了重力高或深度与地球的关系。它用来作为垂直坐标系的参照。这个关系可能很复杂。

椭球面高用于一个参照大地基准的三维椭球坐标系中。它们不能通过垂直基准进行参照。

影像基准是描述坐标系和影像关系的基准。这种关系与该影像是否有地理参照无关。一个影像的坐标系是用于在影像内部的位置进行定位，而不适用于现实世界中对象的位置。

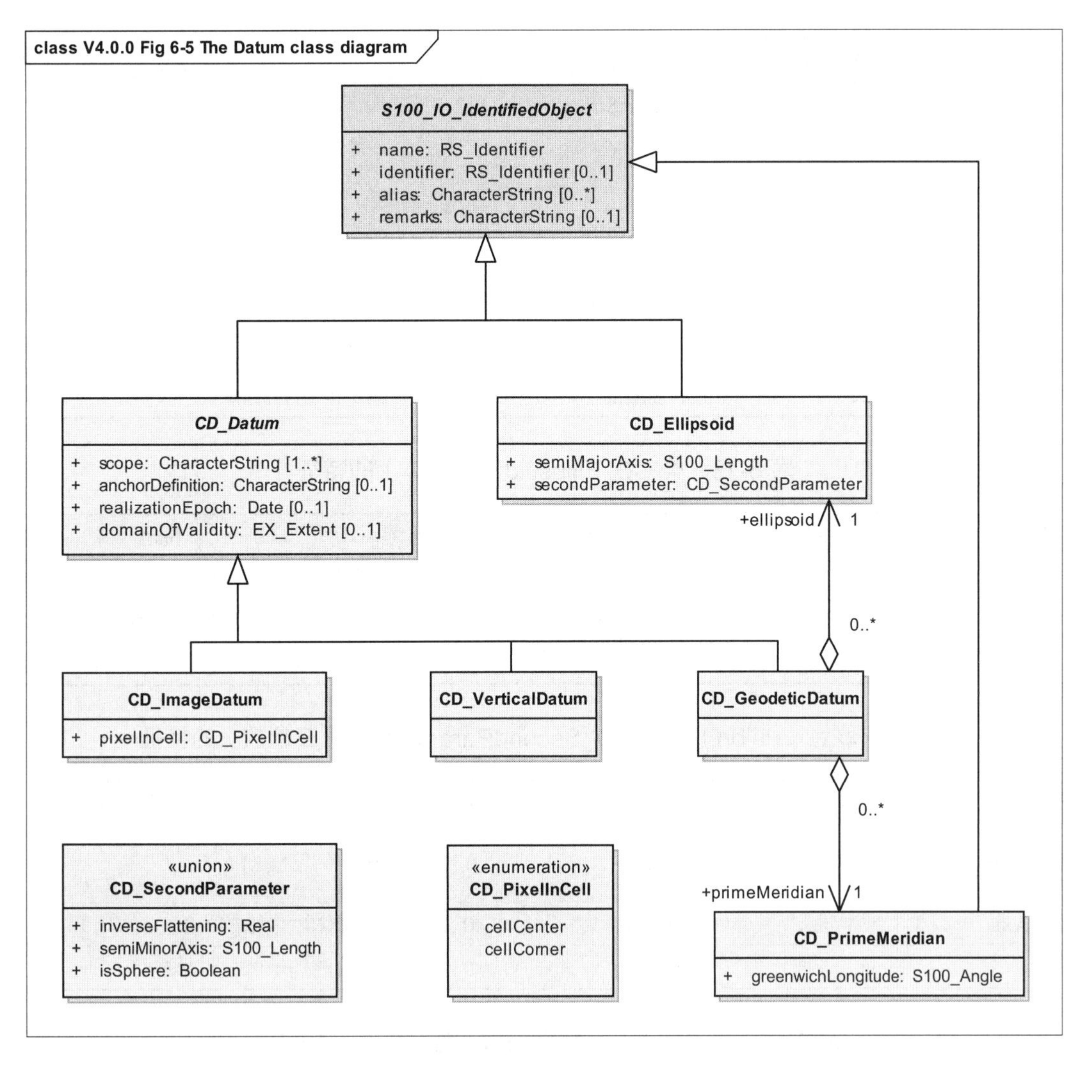

图6-5 基准类图

一个椭球体通常是一个二次曲面，可以用笛卡尔坐标表示：

$$\frac{x^2}{a^2}+\frac{y^2}{b^2}+\frac{z^2}{c^2}=1$$

其中，a，b，c 称为椭球体的半轴。

在大地测量领域，a 和 b 两个半轴是相等的，而 $a>c$。这种图也叫扁球体。在 S-100 中，椭球体这个名称有专门的含义：两个半轴指的是长半轴 a 和短半轴 b，且 $a>b$。

椭球体可以同两个半轴或其中一个半轴加上倒数扁率（inverse flattening）：

$$f^{-1}=\frac{a}{a-b}$$

如果两个半轴相等，那么该椭球体就是球。在这种情况下，倒数扁率不能定义（扁率是 0）。

为了定义大地经度在（圆）轴上的起始端，使用了首子午线。以此起算，确定其他子午线经度的子午线。

6-4.5.1 类信息

表 6-12 类 CD_Datum_（基准）的特征

名称（英文）	名称（中文）	类型	基数	说明
scope	范围	CharacterString	1..*	保证该基准有效的使用说明或使用限制
anchorDefinition	锚点定义	CharacterString	0..1	一个说明，可能包含了一个标识点或一些点的坐标，以及确立坐标系和地球或其他对象关系的坐标。 对于大地基准，称为图像基准的基本点，它通常是图像的角点或其中心
realizationEpoch	实现纪元	Date	0..1	该基准定义生效的纪元
domainOfValidity	有效域	EX_Extent	0..1	该基准的有效域

表 6-13 类 CD_Ellipsoid（椭球体）的特征

名称（英文）	名称（中文）	类型	基数	说明
semiMajorAxis	长半轴	Length	1	椭球体长半轴的长度
secondParameter	第二参数	CD_SecondParameter	1	定义椭球体的第二参数，要么是短半轴的长度，要么是椭球体的倒数扁率

表 6-14 联合（union）类型 CD_SecondParameter（第二参数）的特征

名称（英文）	名称（中文）	类型	基数	说明
inverseFlattening	倒数扁率	double	0..1[1]	椭球体倒数扁率为：$f^{-1}=\frac{a}{a-b}$
semiMinorAxis	短半轴	Length	0..1	椭球体短半轴的长度
isSphere	是否球体	boolean	0..1	如果该椭球体是球体的话，则为真

表 6-15 类 CD_PrimeMeridian（首子午线）的特征

名称（英文）	名称（中文）	类型	基数	说明
greenwichLongitude	格林尼治经度	Angle	1	首子午线的经度是从格林尼治子午线开始起算的，向东为正

表 6-16 类 CD_GeodeticDatum（大地基准）的特征

名称（英文）	名称（中文）	类型	基数	说明
Ellipsoid	椭球体	CD_Ellipsoid	1	用作地球模型的椭球体
primeMeridian	首子午线	CD_PrimeMeridian	1	该基准的首子午线

表 6-17 类 CD_ImageDatum（影像基准）的特征

名称（英文）	名称（中文）	类型	基数	说明
pixelInCell	单元像素	CD_PixelInCell	1	影像格网与影像数据属性关联方式的规范

1 有且只有一项需要定义。

表 6-18　枚举类型 CD_PixelInCell（单元像素）的定义

名称（英文）	名称（中文）	说明
cellCenter	单元中心	影像坐标系的原点是在格网单元或影像像素的中心
cellCorner	单元角点	影像坐标系的原点是格网单元的角点，或邻近影像像素中心的中间

6-4.6　坐标操作包

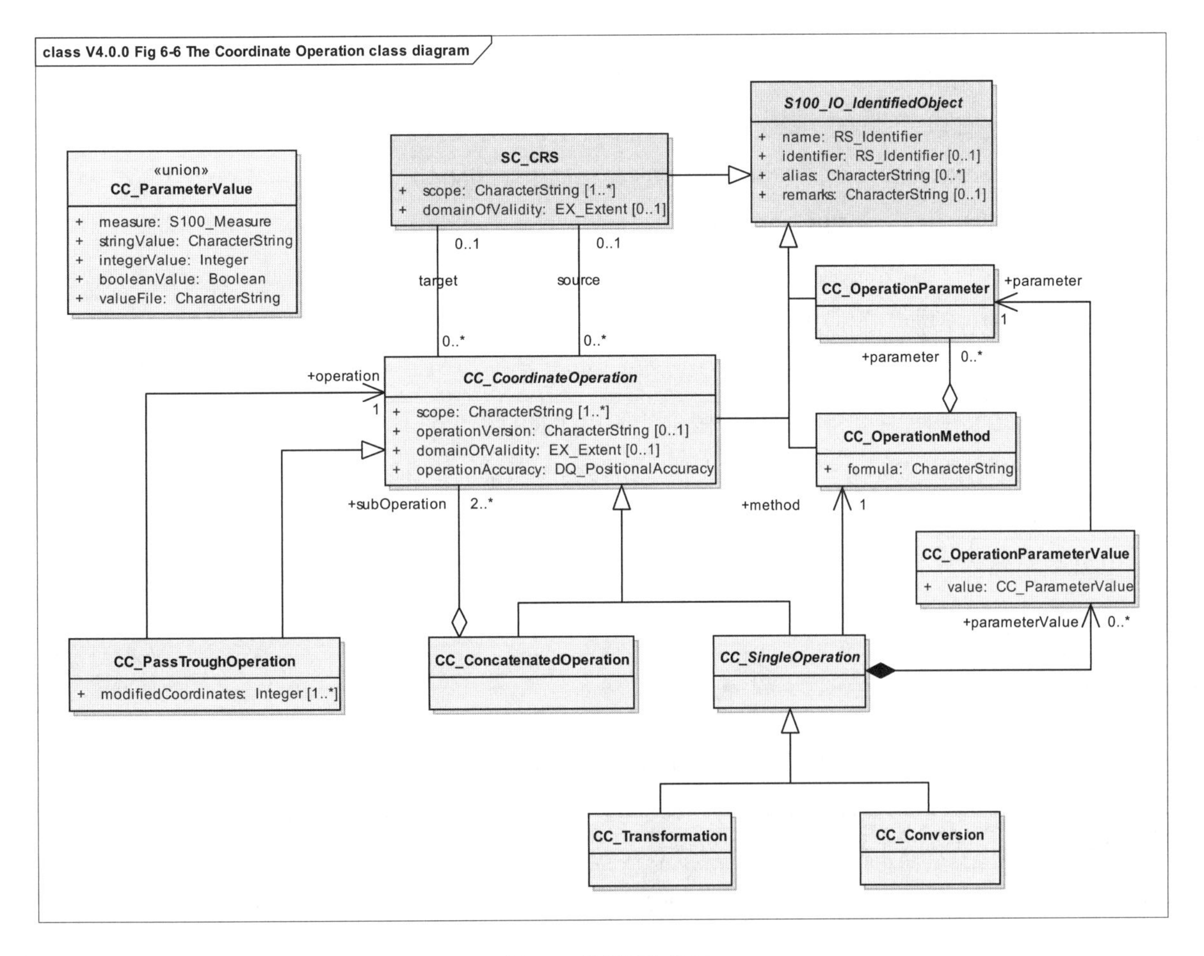

图6-6　坐标操作类图

坐标操作用于从一个坐标参照系到另一个参照坐标系的坐标转换。因此，每个坐标操作都有一个源坐标参照系和一个目的坐标参照系。

S-100 定义了以下几种类型的坐标操作：

1）坐标变换（Coordinate Transformation）；

2）坐标转换（Coordinate Conversion）；

3）传递操作（Pass Through Operation）；

4）级联操作（Concatenated Coordinate Operation）。

坐标变换基于不同基准的，从一个坐标参照系到另一个坐标参照系一一对应的坐标操作。这些操作的参数通常是根据经验而来。参数的随机性可能导致同一坐标变换有不同的结果。因而对于给定的一对坐标参照系，可能有多种坐标变换，不同之处在于它们的方法、参数值或者精度特征。

坐标转换是基于同一基准的，从一个坐标参照系到另一个坐标参照系一一对应的坐标操作。这种坐标操作包括地图投影。传递操作规定了哪些坐标元组子集可以采用请求的坐标操作。它表现为两个形式：参照其他坐标操作；规定一串数字，用于定义了坐标元组中受坐标操作影响的坐标的位置。

示例　对于作用于垂直坐标（来自复合参照系中定义的元组）的坐标操作，传递操作会出垂直坐标，并将其传送给相应的坐标操作。

级联操作是多个不重复的坐标操作形成的序列。该坐标操作序列受到以下约束：每一步的目的坐标参照系应当和下一步的源坐标参照系一致。第一步的源参照坐标系和最后一步目的坐标参照系，分别是级联操作的源和目的坐标参照系。级联操作可能包括坐标转换和坐标变换。如果源坐标参照系和目的坐标参照系的基准是不同的，那么整个操作就是一个坐标变换。

级联操作的一个例子是“位置矢量 7 参数变换”（EPSG 9606），包含了这样一个级联：

1）“地理 / 地心转换”（EPSG9602）；

2）对地心坐标进行赫尔墨特变换；

3）“地理 / 地心转换”的逆转换。

尽管第一步和最后一步是转换，没有改变基准，但是第二步却改变了，因而整个操作是一个变换。

坐标变换和转换是使用了类似的数学概念的简单坐标操作。那些概念（算法或过程）由操作方法来定义。每个操作方法可以由一个数学公式和一组参数（可能为空）完全确定。

一个操作的数学公式是通过文本形式或引用一个来源文档来指定的。

简单坐标操作的每个实例都定义了相应操作方法中每个参数的一个值。参数和方法都是可标识的对象，可以通过引用来定义。

6-4.6.1　类信息

表 6-19　类 CC_CoordinateOperation（坐标操作）的特征

名称（英文）	名称（中文）	类型	基数	说明
scope	范围	CharacterString	1..*	保证该操作有效的使用或使用限制说明
operationVersion	操作版本	CharacterString	0..1	坐标变换的版本。当描述一个坐标变换时是必选的，而且不能用于坐标转换
domainOfValidity	有效域	EX_Extent	0..1	该坐标操作有效域
operationAccuracy	操作精度	DQ_PositionalAccuracy	0..1	该坐标操作对点精度影响的评估

表 6-20　类 CC_SingleOperation（单一操作）

名称（英文）	名称（中文）	类型	基数	说明
method	方法	CC_OperationMethod	1	用于实现坐标操作的方法（算法或过程）
parameterValue	参数值	CC_OperationParameterValue	0..*	相关方法中每个参数的一个值

表 6-21　类 CC_ConcatenatedOperation（级联操作）的特征

名称（英文）	名称（中文）	类型	基数	说明
subOperation	子操作	CC_CoordinateOperation	2..*	级联操作的顺序

表 6-22　类 CC_PassThroughOperation（传递操作）的特征

名称（英文）	名称（中文）	类型	基数	说明
modifiedCoordinate	待修改坐标	Integer	1..*	一组有序正整数，定义了坐标元组中受坐标操作影响的坐标的位置
operation	操作	CC_CoordinateOperation	1	该传递操作规定的坐标子集可以采用的坐标操作

表 6-23　类 CC_OperationMethod（操作方法）的特征

名称（英文）	名称（中文）	类型	基数	说明
formula	公式	CharacterString	1	操作方法使用的公式或者过程
parameter	参数	CC_OperationParameter	0..*	坐标操作方法使用的一组参数

表 6-24　类 CC_OperationParameterValue（操作参数值）的特征

名称（英文）	名称（中文）	类型	基数	说明
value	值	CC_ParameterValue	1	坐标操作参数值的值。大多数参数值是数字型的，但是其他类型的参数值也是有可能的
parameter	参数	CC_OperationParameter	1	定义了值的参数

表 6-25　联合（union）类型 CC_ParameterValue（参数值）的特征

名称（英文）	名称（中文）	类型	基数	说明
measure	度量	S100_Measure	0..1[1]	坐标操作参数相关度量单位的数值
stringValue	字符串值	CharacterString	0..1	坐标操作参数的字符串值
integerValue	整型值	Integer	0..1	坐标操作参数的 Integer 值。通常用于计数或者索引
booleanValue	布尔值	Boolean	0..1	坐标操作参数的布尔型值
valueFile	值文件	CharacterString	0..1	引用到一个包含若干个参数值的文件。可以是文件名或 URL 或引用到文件的其他方法

1　有且只有一项需要定义。

附录 6-A　示例（资料性）

该附录中给出了四个例子，以说明如何使用所需信息描述坐标参照系：

1. 引用到外部来源的二维大地坐标参照系（2D geodetic CRS）；
2. 引用到外部来源的投影坐标参照系（Projected CRS）；
3. 在适当位置定义所有细节的同一个坐标参照系（CRS）；
4. 复合坐标参照系，组合了第一个例子和垂直坐标参照系（vertical CRS）。

例子中使用了类似于 XML 的符号。UML 标识符被用作元素的名称。值以粗体显示。为了更好地浏览，数据类型可能包含在元素名称中，并且蓝色显示。

6-A-1　引用到外部来源的二维大地坐标参照系

该例子引用了 EPSG 大地参数数据集（EPSG Geodetic Parameter DataSet）。请注意，类“SC_CRS”是用来引用的，所有的细节都定义在了引用来源中。有一个例外是范围（scope），因为在类“SC_CRS”中，它是必须的字段。

```
<SC_CRS:example1>
<RS_Identifier:name>
  <code>WGS 84</code>
</RS_Identifier:name>
<RS_Identifier:identifier>
  <CI_Citation:authority>
    <title>EPSG Geodetic Parameter DataSet</title>
    <edition>6.5</edition>
    <CI_Date:date>
      <date>20040113</date>
      <dateType>revision</dateType>
    </CI_Date:date>
  </CI_Citation:authority>
  <code>4326</code>
</RS_Identifier:identifier>
 <scope>
  Horizontal component of the 3D geodetic CRS used by the GPS satellite system.
 </scope>
 </SC_CRS:example1>
```

6-A-2　引用到外部来源的投影坐标参照系

该例子类似于 A.2。它通过引用 EPSG 大地参数数据集（EPSG Geodetic Parameter DataSet），定义了一个投影坐标参照系（projected CRS）。

```
<SC_CRS:example2>
<RS_Identifier:name>
  <code>Amersfoort / RD new</code>
</RS_Identifier:name>
<RS_Identifier:identifier>
  <CI_Citation:authority>
    <title>EPSG Geodetic Parameter DataSet</title>
    <edition>6.5</edition>
    <CI_Date:date>
      <date>20040113</date>
      <dateType>revision</dateType>
    </CI_Date:date>
  </CI_Citation:authority>
  <code>28992</code>
</RS_Identifier:identifier>
<scope>
  Large and medium scale topographic mapping and engineering survey.
</scope>
</SC_CRS:example2>
```

6-A-3 定义所有细节的投影坐标参照系

该例子是 A.3 的详细细节：

```
<SC_ProjectedCRS:example3>
<!-- name and scope -->
<RS_Identifier:name>
  <code>Amersfoort / RD new</code>
</RS_Identifier:name>
<scope>
  Large and medium scale topographic mapping and engineering survey.
</scope>

<!-- the coordinate system -->
<CS_CartesianCS:coordinateSystem>
  <!-- axis # 1 -->
  <CS_CoordinateSystemAxis:axis>
    <RS_Identifier:name>
      <code>Easting</code>
    </RS_Identifier:name>
    <axisSymbol>X</axisSymbol>
```

```
        <axisDirection>east</axisDirection>
        <CS_UnitOfMeasure:unitOfMeasure>
            <RS_Identifier:name>
                <code>Metre</code>
            </RS_Identifier:name>
            <symbol>m</symbol>
            <type>length</type>
        </CS_UnitOfMeasure:unitOfMeasure>
    </CS_CoordinateSystemAxis:axis>
    <!-- axis # 2 -->
    <CS_CoordinateSystemAxis:axis>
        <RS_Identifier:name>
            <code>Northing</code>
        </RS_Identifier:name>
        <axisSymbol>Y</axisSymbol>
        <axisDirection>north</axisDirection>
        <CS_UnitOfMeasure:unitOfMeasure>
            <RS_Identifier:name>
                <code>Metre</code>
            </RS_Identifier:name>
            <symbol>m</symbol>
            <type>length</type>
        </CS_UnitOfMeasure:unitOfMeasure>
    </CS_CoordinateSystemAxis:axis>
</CS_CartesianCS:coordinateSystem>
<!-- end of the coordinate system -->

<!-- the coordinate conversion -->
<CC_Conversion:conversion>
    <RS_Identifier:name>
        <code>RD New</code>
    </RS_Identifier:name>
   <scope>
        Large and medium scale topographic mapping and engineering survey.
   </scope>
    <!-- the operation method including the list of parameters -->
    <CC_OperationMethod:method>
        <RS_Identifier:name>
            <code>Oblique Stereographic</code>
        </RS_Identifier:name>
        <formula>See EPSG guidance No. 7</formula>
```

```
    <CC_OperationParameter:parameter>
        <RS_Identifier:name>
            <code>Latitude of natural origin</code>
        </RS_Identifier:name>
    </CC_OperationParameter:parameter>
    <CC_OperationParameter:parameter>
        <RS_Identifier:name>
            <code>Longitude of natural origin</code>
        </RS_Identifier:name>
    </CC_OperationParameter:parameter>
    <CC_OperationParameter:parameter>
        <RS_Identifier:name>
            <code>Scale factor at natural origin</code>
        </RS_Identifier:name>
    </CC_OperationParameter:parameter>
    <CC_OperationParameter:parameter>
        <RS_Identifier:name>
            <code>False easting</code>
        </RS_Identifier:name>
    </CC_OperationParameter:parameter>
    <CC_OperationParameter:parameter>
        <RS_Identifier:name>
            <code>False northing</code>
        </RS_Identifier:name>
    </CC_OperationParameter:parameter>
</CC_OperationMethod:method>
<!-- The parameter value # 1 -->
<CC_OperationParameterValue:parameterValue>
    <parameter>Latitude of natural origin</parameter>
    <CC_ParameterValue:value>
        <CC_Measure:measure>
            <value>52° 9’ 22.1780" N</value>
            <CS_UnitOfMeasure:uom>
                <RS_Identifier:name>
                    <code>Degree</code>
                </RS_Identifier:name>
                <type>angle</type>
            </CS_UnitOfMeasure:uom>
        </CC_Measure:measure>
    </CC_ParameterValue:value>
</CC_OperationParameterValue:parameterValue>
```

```
<!-- The parameter value # 2 -->
<CC_OperationParameterValue:parameterValue>
    <parameter>Longitude of natural origin</parameter>
    <CC_ParameterValue:value>
        <CC_Measure:measure>
            <value>5° 23’ 15.5" E</value>
            <CS_UnitOfMeasure:uom>
                <RS_Identifier:name>
                    <code>Degree</code>
                </RS_Identifier:name>
                <type>angle</type>
            </CS_UnitOfMeasure:uom>
        </CC_Measure:measure>
    </CC_ParameterValue:value>
</CC_OperationParameterValue:parameterValue>
<!-- The parameter value # 3 -->
<CC_OperationParameterValue:parameterValue>
    <parameter>Scale factor at natural origin</parameter>
    <CC_ParameterValue:value>
        <CC_Measure:measure>
            <value>0.9999079</value>
            <CS_UnitOfMeasure:uom>
                <RS_Identifier:name>
                    <code>Scale</code>
                </RS_Identifier:name>
                <type>scale</type>
            </CS_UnitOfMeasure:uom>
        </CC_Measure:measure>
    </CC_ParameterValue:value>
</CC_OperationParameterValue:parameterValue>
<!-- The parameter value # 4 -->
<CC_OperationParameterValue:parameterValue>
    <parameter>False easting</parameter>
    <CC_ParameterValue:value>
        <CC_Measure:measure>
            <value>155000</value>
            <CS_UnitOfMeasure:uom>
                <RS_Identifier:name>
                    <code>Metre</code>
                </RS_Identifier:name>
                <symbol>m</symbol>
```

```
                <type>length</type>
            </CS_UnitOfMeasure:uom>
        </CC_Measure:measure>
    </CC_ParameterValue:value>
</CC_OperationParameterValue:parameterValue>
<!-- The parameter value # 5 -->
<CC_OperationParameterValue:parameterValue>
    <parameter>False northing</parameter>
    <CC_ParameterValue:value>
        <CC_Measure:measure>
            <value>463000</value>
            <CS_UnitOfMeasure:uom>
                <RS_Identifier:name>
                    <code>Metre</code>
                </RS_Identifier:name>
                <symbol>m</symbol>
                <type>length</type>
            </CS_UnitOfMeasure:uom>
        </CC_Measure:measure>
    </CC_ParameterValue:value>
</CC_OperationParameterValue:parameterValue>
</CC_Conversion:conversion>
<!-- end of coordinate conversion -->

<!-- the base geodetic CRS -->
<SC_GeodeticCRS:baseCRS>
    <!-- the coordinate system of the base CRS-->
    <CS_GeodeticCS:coordinateSystem>
        <!-- axis # 1 -->
        <CS_CoordinateSystemAxis:axis>
            <RS_Identifier:name>
                <code>Latitude</code>
            </RS_Identifier:name>
            <axisSymbol>φ</axisSymbol>
            <axisDirection>north</axisDirection>
            <CS_UnitOfMeasure:unitOfMeasure>
                <RS_Identifier:name>
                    <code>Degree</code>
                </RS_Identifier:name>
                <symbol>°</symbol>
                <type>angle</type>
```

```
        </CS_UnitOfMeasure:unitOfMeasure>
    </CS_CoordinateSystemAxis:axis>
    <!-- axis # 2 -->
    <CS_CoordinateSystemAxis:axis>
        <RS_Identifier:name>
            <code>Longitude</code>
        </RS_Identifier:name>
        <axisSymbol>λ</axisSymbol>
        <axisDirection>east</axisDirection>
        <CS_UnitOfMeasure:unitOfMeasure>
            <RS_Identifier:name>
                <code>Degree</code>
            </RS_Identifier:name>
            <symbol>°</symbol>
            <type>angle</type>
        </CS_UnitOfMeasure:unitOfMeasure>
    </CS_CoordinateSystemAxis:axis>
</CS_GeodeticCS:coordinateSystem>
<!-- end of coordinate system of the base CRS -->

<!-- the geodetic datum -->
<CD_GeodeticDatum:datum>
    <RS_Identifier:name>
        <code>Amersfoort</code>
    </RS_Identifier:name>
    <scope>
        Geodetic survey, cadastre, topographic mapping, engineering survey.
    </scope>
    <CD_Ellipsoid:ellipsoid>
        <RS_Identifier:name>
            <code>Bessel 1841</code>
        </RS_Identifier:name>
        <semiMajorAxis>6377397.155 m</semiMajorAxis>
        <CD_SecondParameter:secondParameter>
            <inversFlattening>299.1528128</inversFlattening>
        <CD_SecondParameter:secondParameter>
    </CD_Ellipsoid:ellipsoid>
    <CD_PrimeMeridian:primeMeridian>
        <RS_Identifier:name>
            <code>Greenwich</code>
        </RS_Identifier:name>
```

```
          <greenwichLongitude>0</greenwichLongitude>
        <CD_PrimeMeridian:primeMeridian>
      </CD_GeodeticDatum:datum>
      <!-- end of the geodetic datum -->
    </SC_GeodeticCRS:baseCRS>
    <!-- end of base geodetic CRS -->
     </SC_ProjectedCRS:example3>
```

6-A-4 复合坐标参照系（将第一个示例和垂直坐标参照系组合）

这里定义了一个复合坐标参照系。水平组件是通过引用定义的，而垂直组件是通过详细信息进行定义的（只有垂直基准使用了引用）。

```
     <SC_CompoundCRS:example4>
    <!-- The horizontal component -->
    <SC_CRS:component>
      <RS_Identifier:name>
        <code>WGS 84</code>
      </RS_Identifier:name>
      <RS_Identifier:identifier>
        <CI_Citation:authority>
          <title>EPSG Geodetic Parameter DataSet</title>
          <edition>6.5</edition>
          <CI_Date:date>
            <date>20040113</date>
            <dateType>revision</dateType>
          </CI_Date:date>
        </CI_Citation:authority>
        <code>4326</code>
      </RS_Identifier:identifier>
     <scope>
        Horizontal component of the 3D geodetic CRS used by the GPS satellite system.
     </scope>
    </SC_CRS:component>
    <!-- The vertical component -->
    <SC_VerticalCRS:component>
      <RS_Identifier:name>
        <code>Mean low water springs</code>
      </RS_Identifier:name>
      <scope>Hydrography</scope>
     <CS_VerticalCS:coordinateSystem>
        <RS_Identifier:name>
```

```
            <code>Gravity related depth</code>
        </RS_Identifier:name>
        <!-- axis # 1 -->
        <CS_CoordinateSystemAxis:axis>
            <RS_Identifier:name>
                <code>Depth</code>
            </RS_Identifier:name>
            <axisSymbol>z</axisSymbol>
            <axisDirection>down</axisDirection>
            <CS_UnitOfMeasure:unitOfMeasure>
                <RS_Identifier:name>
                    <code>Metre</code>
                </RS_Identifier:name>
                <symbol>m</symbol>
                <type>length</type>
            </CS_UnitOfMeasure:unitOfMeasure>
        </CS_CoordinateSystemAxis:axis>
        <!-- The vertical datum (referenced to S-57 Attribute Catalogue) -->
        <CD_VerticalDatum:datum>
            <RS_Identifier:name>
                <code>Mean low water springs</code>
            </RS_Identifier:name>
            <RS_Identifier:identifier>
                <CI_Citation:authority>
                    <title>
                        IHO TRANSFER STANDARD for DIGITAL HYDROGRAPHIC DATA - Annex A
                    </title>
                    <edition>3.1</edition>
                    <CI_Date:date>
                        <date>200011</date>
                        <dateType>publication</dateType>
                    </CI_Date:date>
                </CI_Citation:authority>
                <code>VERDAT 1</code>
            </RS_Identifier:identifier>
            <scope>Hydrography</scope>
        </CD_VerticalDatum:datum>
    </CS_VerticalCS:coordinateSystem>
</SCVerticalCRS:component>
    </SC_CompoundCRS:example4
```

第 7 部分

空间模式
（Spatial Schema）

7-1 范围

S-100 的空间需求没有像 ISO 19107“地理信息—空间模式”那么全面，后者包含了描述和操作地理要素空间特征所必须的所有信息，这也是此标准的基础。因此，此标准只包含了 S-100 所需要的 ISO 19107 类的子集。这个版本只包含几何，如果将来有拓扑的需求，那么该标准将会扩展以适应这些需求。

该标准规定了：

1）ISO 19107 类的一个子集，是支持 0、1、2 和 2.5 维空间模式所需要的最小集。因此，它只限于规定数据，而不包括操作。

2）该专用标准用于给这些类施加的附加约束（省略可选元素或约束基数）。

3）某些曲线几何的附加类。这些附加类预期将在下一版 ISO 19107 中使用的规范。

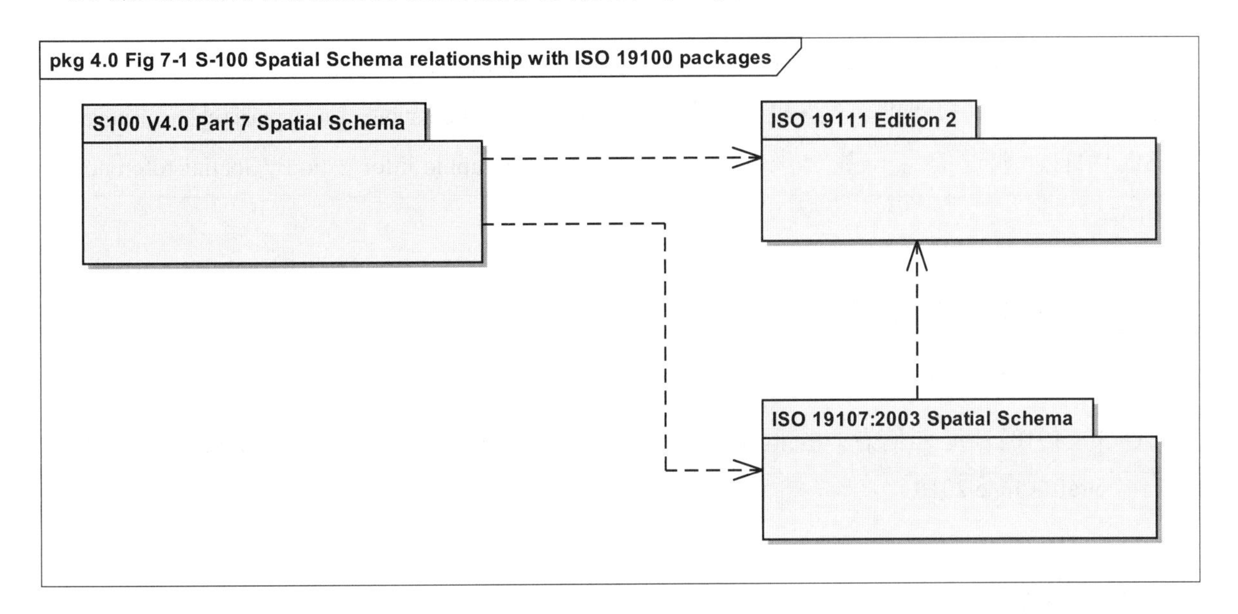

图7-1 S-100空间模式与ISO 19100包的关系

7-2 一致性

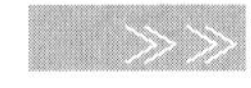

该专用标准由基于三个标准（复杂度、维度和功能复杂度）的简单几何构成。前两个标准（复杂度和维度）决定了该专用标准中定义的类型，这些类型应当按照符合指定一致性选项的应用模式进行实现。

有两个级别的复杂度：

1）几何单形

2）几何复形

有四个维度级别：

1）0 维对象

2）0 维和 1 维对象

3）0 维、1 维和 2 维对象

4）0 维、1 维、2 维和 2.5 维对象

有一个级别的功能复杂度：

1）只有数据类型（不包含操作）

该专用标准满足 ISO 19107 中的类 A.1.1.1，A.1.1.2，A.1.1.3，A.2.1.1 和 A.2.1.2 的一致性。该专用标准遵照 ISO 19106：2004 级别 2。

7-3 引用文件

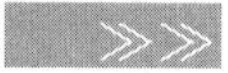

7-3.1 规范性文件引用

该文档的应用需要以下引用文件。标注日期的引用，只有引用的版本才有效。未标注日期的引用，引用文件（包含所有更正）的最新版本才有效。

ISO 19107：2003，地理信息—空间模式（Geographic information—Spatial schema）

ISO TS 19103：2005，地理信息—概念模式语言（Geographic information—Conceptual schema language）

ISO 19111，地理信息—基于坐标的空间参照（Geographic information—Spatial referencing by coordinates）

7-3.2 非规范性文件引用

列出以下引用文件仅供参考或阐明本文档的某些部分。草案可能会更改，尚未形成国际标准。

ISO/DIS 19107，地理信息—空间模式（草案 -2018 年 6 月）（Geographic information—Spatial schema（Draft – June 2018））

7-4 几何

7-4.1 引言

该专用标准由简单几何组成，这些简单几何可以按照 ISO 19107：2003 条款 6.1.3 描述的多重构造进行表达。

7-4.1.1 S-100 空间模式几何类及它们的 ISO 19107：2003 引用

表 7-1 空间类型

坐标几何	几何单形	几何复形	几何聚合
DirectPosition (6.4.1)	GM_Curve (6.3.16)	GM_Complex (6.6.2)	GM_Aggregate (6.5.2)
CurveInterpolation (6.4.8)	GM_CurveBoundary (6.3.5)	GM_Composite (6.6.3)	GM_MultiPoint (6.5.4)

续表

坐标几何	几何单形	几何复形	几何聚合
GM_CurveSegment (6.4.9)	GM_OrientableCurve (6.3.14)	GM_CompositeCurve (6.6.5)	
GM_Position (6.4.5)	GM_OrientableSurface (6.3.15)		
GM_Polygon (6.4.36)	GM_Point (6.3.11)		
GM_SurfacePatch (6.4.34)	GM_Primitive (6.3.10)		
SurfaceInterpolation (6.4.32)	GM_Ring (6.3.6)		
S100_ArcByCenterPoint (none)	GM_Surface (6.3.17)		
S100_CircleByCenterPoint (none)	GM_SurfaceBoundary(6.3.7)		
S100_GM_SplineCurve			
S100_GM_PolynomialSpline			

7-4.1.1.1　样条模型（资料性）

该版 S-100 中的样条类“S100_GM_SplineCurve”（样条曲线）和“S100_GM_PolynomialSpline”（多项式样条）对 ISO 19107：2003 与 ISO 19107 修订草案中的曲线和样条模型进行了折中，该修订草案正在开发中，相应更新也需要融入 S-100。折中的考虑是：

- 新版 ISO 模型草案删除了曲线段的概念：“……‘Curve’（曲线）、‘CurveSegment’（曲线段）、‘GenericCurve’（平凡曲线）和‘CompositeCurve’（组合曲线）都由单个类实现。出于同样的原因，没有单独的曲线段或曲线片。”如果要将这一概念严格集成到 S-100 中，就需要对第 7 部分进行全面检查，S-100 数据格式也可能需要进行全面检查。
- ISO 19107：2003 中的模型在节点建模方面存在缺陷，并且已传播到 ISO 19136 中的 GML 模式中。
- 新版 ISO 19107 的最终定稿尚需时日——当前草案尚未成为 ISO 国际标准，同时可能会发生变化。
- 一些样条类（或接口）与其泛化相比，仅添加约束和 / 或更改固定的属性值，没有定义任何新属性。

下表是 S100 样条类对 ISO 19107：2003 以及截至 2017 年 8 月的 ISO 19107 类草案的交叉引用：

表 7-2　S-100 样条类的 ISO 引用文件

S-100 类	ISO 19107：2003 引用文件	ISO 19107 模型草案引用文件
S100_GM_SplineCurve	GM_SplineCurve (6.4.26); GM_BSplineCurve (6.4.30)	<interface>SplineCurve; <interface>BSplineCurve <datatype>BSplineData
S100_GM_PolynomialSpline	GM_PolynomialSpline (6.4.27); GM_CubicSpline (6.4.28)	<interface>PolynomialSpline; <interface>CubicSpline

ISO 19107 修订草案中的所有“类”都是“接口”，坐标的表示由实现决定。因此，新类被赋予一个“S100_”前缀。

7-4.1.2 DirectPosition（直接位置）

7-4.1.2.1 语义

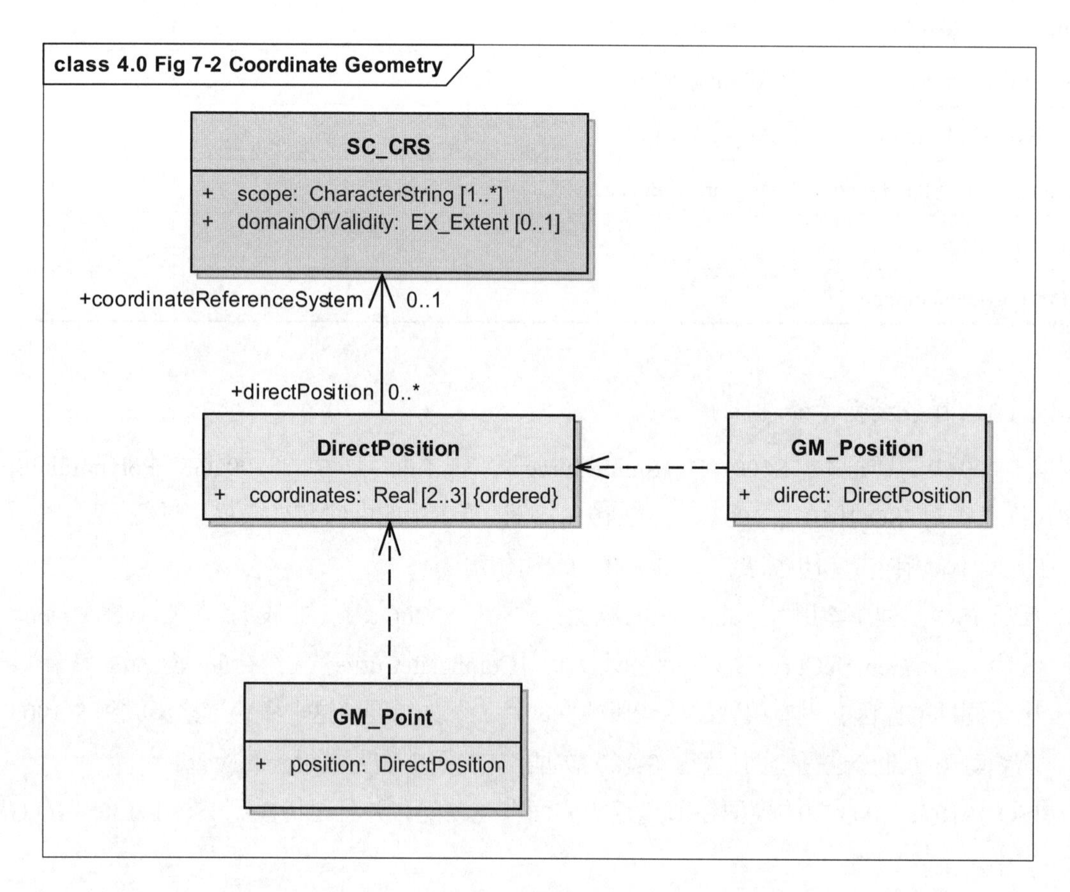

图7-2 坐标几何

“DirectPosition”（直接位置）具有某一坐标参照系下位置的坐标。在该专用标准中，相关的“SC_CRS”（坐标系）必须在“*GM_Aggregate*”（几何聚合）层次进行链接，而不能直接链接到一个“DirectPosition”。

7-4.1.3 GM_Position（位置）

7-4.1.3.1 语义

数据类型“GM_Position”（图 7-2）由一个“DirectPosition”（直接位置）或者可以从中获取“DirectPosition”的“GM_PointRef”构成。

该专用标准不允许使用间接位置（GM_PointRef）。

7-4.2 简单几何

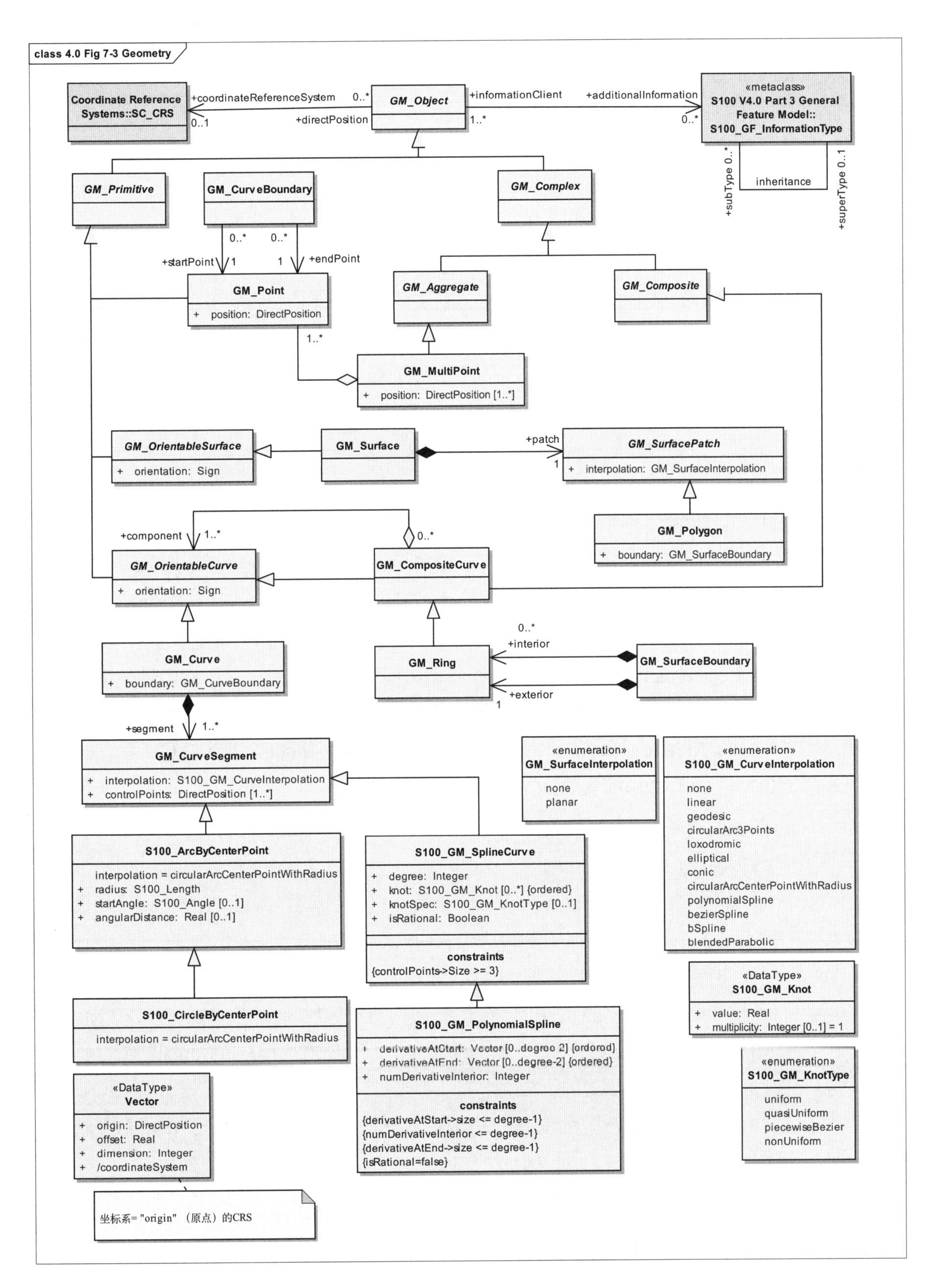

图7-3 几何

7-4.2.1 S100_GM_CurveInterpolation（曲线插值）

7-4.2.1.1 语义

“S100_GM_CurveInterpolation”（图 7-3）是由应用模式定义的代码表，可用来区分插值机制。在该专用标准中，可用的插值类型只限于以下几类：

1）“none”（无）——未指定插值机制。如果曲线符合空间对象类型，则无论有无约束（例如弧或者圆），都是斜驶线。

2）“linear”（线性）——该插值机制返回在每个连贯“控制点对”所构成直线上的直接位置。

3）“geodesic”（测地线）——该插值机制将返回每个连贯“控制点对”所构成的测地曲线上的直接位置。测地线是一条沿地球大地水准面具有最短长度的曲线。测地曲线应当由“GM_Curve”（曲线）的坐标参照系来决定，而“GM_Curve”又使用了“GM_CurveSegment”（曲线段）。

4）“circularArc3Points”（3 点圆弧）——对于每一个有三个连贯控制点组成的集合，该插值机制将返回在圆弧上通过首点、中点到达第三点的直接位置。中点位于首点和末点之间。

5）“loxodromic”（斜驶线）——该插值机制应当返回每个连贯“控制点对”所构成的斜驶曲线上的直接位置。斜驶线与所有子午线成同一角度，也就是说，是方位固定的一条路径。

6）“elliptical”（椭圆弧）——对于每一个由四个构造性控制点组成的集合，该插值机制将返回在椭圆弧上从第一个控制点出发，通过中间的控制点依次到达第四个控制点的所有直接位置。注释：如果四个控制点是共线的，则该弧变为直线。如果四个控制点在同一圆上，则该弧变为圆弧。

7）“conic”（圆锥曲线弧）——类似于椭圆弧，但使用五个构造性点来确定一个圆锥曲线段。

8）“circularArcCenterPointWithRadius”（圆心和半径表示的圆弧）——该插值机制根据某一控制点为圆心，以指定半径构造圆弧。圆弧范围从起始角度参数算起，延伸到角距参数指定的角度。该插值类型只能与“S100_ArcByCenterPoint”和“S100_CircleByCenterPoint”两类几何一起使用。各参数的准确语义参见 7-4.2.20（“S100_ArcByCenterPoint”）条款。

9）“polynomialSpline”（多项式样条）——控制点以一行字符串顺序表示，但它们由多项式函数展开。连续性一般由所选多项式的阶数决定。

10）“bezierSpline”（贝塞尔样条）——数据以一行字符串顺序表示，但是它们由使用贝塞尔方程定义的多项式或样条函数展开。连续性一般由所选多项式的阶数决定。

11）“bSpline”（B 样条）——控制点以一行字符串顺序表示，但是它们由使用 B 样条基函数（分段多项式）定义的多项式或有理（多项式的商）样条函数展开。有理函数的使用由布尔型标志“isRational”（是否有理）确定。如果“isRational”为真，则与控制点关联的所有“DirectPosition”（直接位置）都是齐次的。连续性一般由所选多项式的阶数决定。

12）“blendedParabolic”（混合抛物线）——控制点以一行字符串顺序表示，但由多段抛物线曲线构成的混合函数展开，通过由连续数据点构成的三元组序列表示。每个三元组都包括前一个三元组的最后两个点。语义信息详见条款 7-4.2.2.2。

7-4.2.2 GM_CurveSegment（曲线段）

7-4.2.2.1 语义

“GM_CurveSegment”（图 7-3）定义了单个“GM_Curve”（曲线）的位置、形状和方向。一个” GM_

CurveSegment”由一些点组成，而这些点要么是按照直线连接的，要么它们所在的线遵照 7-5.2.1 中描述的某种插值类型。

7-4.2.2.2 具体插值的语义

曲线插值类型“blendedParabolic”（混合抛物线）旨在使用少量控制点表示平滑曲线（或线段）。这种插值类型意味着控制点数组所表示的曲线由混合抛物线曲线组成。混合抛物线曲线由三元组序列确定。每个三元组都共享前一个三元组的最后两个点。下图说明了此概念。

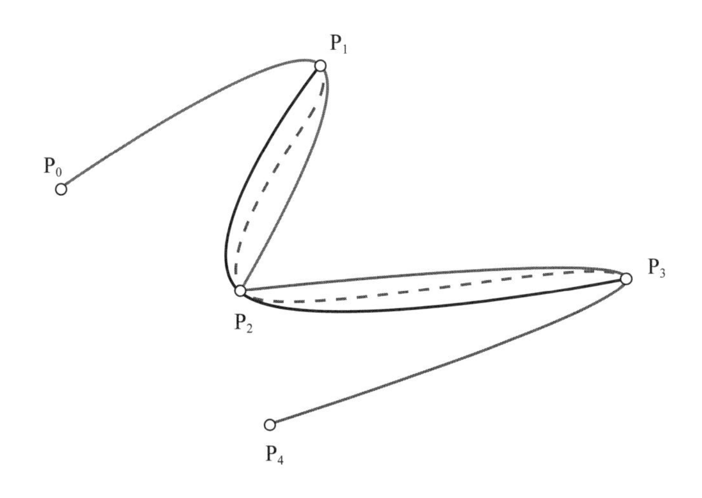

图7-4 混合抛物线插值的示意图

P_0–P_4 这 5 个点序列确定了 3 个抛物线段：S1（P_0–P_1–P_2），S2（P_1–P_2–P_3）和 S3（P_2–P_3–P_4）。通过混合 S1 和 S2 的 P_1–P_2 段确定 P_1 和 P_2 之间的曲线，通过混合 S2 和 S3 的 P_2–P_3 段确定 P_2 和 P_3 之间的曲线。P_1–P_3 之间的合成曲线由虚线表示。

两个控制点之间的合成曲线可采用相邻两个抛物线组合计算而来，例如，可以使用凸组合 $S(P_i, P_{i+1}) = (1-t)*S_j + t*S_{j+1}$，随着路径从 P_i 到 P_{i+1} 的变化，t 从 0 变为 1。

实际上，无需计算混合抛物线方程，可以使用控制点坐标计算插值点。例如，前述凸组合可导出从 P_k 到 P_{k+1} 的下列曲线公式，分别应用于 X 和 Y 维度：

$$\begin{aligned} P(t) = P_k &+ \tfrac{1}{2}\, t\,(P_{k+1} - P_{k-1}) \\ &- \tfrac{1}{2}\, t^2\,(P_{k+2} - 4P_{k+1} + 5P_k - 2P_{k-1}) \\ &+ \tfrac{1}{2}\, t^3\,(P_{k+2} - 3P_{k+1} + 3P_k - P_{k-1}) \end{aligned}$$

对于开放曲线，可通过在控制点数组第一个点之前添加一个虚拟点，使用坐标值生成整个曲线段的第一个内插段，这样 t 空间中的第二个导数（曲线的加速度）在控制点数组的第一个点为空（这允许在曲线其余部分使用相同的混合公式）。通过在数组中最后一个点之后添加虚拟控制点，可以用类似的方式计算最后的插值段。

对于闭合曲线，为保证控制点数组第一个和最后一个点的连续性和平滑度，要求第一个三元组与最后一个三元组相同（或同样，将曲线指定为闭合曲线，便于构造程序将控制点数组的起点和终点“环绕”）。

由于将平面方法应用于曲面会导致变形，因此在合成曲线的精确位置很重要的情况下，不应使用混合抛物线插值法（可以通过增加控制点的数量来实现更高的精度，但这违背了此插值类型的初衷）。

具有这种插值类型的曲线具有以下特征：

- 使用较少控制点实现平滑表示。但是，平滑度不如三次样条曲线质量高；
- 在计算上比三次样条便捷；
- 更好的局部控制——例如，移动控制点仅影响两个起止曲线段及其直接相邻的曲线段；
- 控制点数组中必须至少有 3 个点。

7-4.2.3　GM_SurfaceInterpolation（曲面插值）

7-4.2.3.1　语义

“GM_SurfaceInterpolation”（图 7-3）是一个代码表，用于标识插值的方法。

在该专用标准中，插值类型局限于以下两种：

1）“none”（无）—曲面内部没有规定。假定该曲面符合坐标参照系定义的参照曲面。

2）“planar”（平面）—该插值是平面上的一部分，该平面可能是平面，也可能是曲面。此种情况下，边界应当包含在平面内。

7-4.2.4　GM_SurfacePatch（曲面片）

7-4.2.4.1　语义

“*GM_SurfacePatch*”（图 7-3）是所有 2 维几何构造的抽象根类。它使用了一个简单的插值以定义相关的“GM_Surface”（曲面）单形的形状和位置。

7-4.2.5　GM_Polygon（多边形）

7-4.2.5.1　语义

“GM_Polygon”（图 7-3）是由一个边界（见 7-4.2.7 条款）和该边界相连的潜在曲面来定义的。多边形使用平面插值。“GM_Polygon”是“*GM_SurfacePatch*”（曲面片）的子类型。

7-4.2.6　GM_Curve（曲线）

7-4.2.6.1　语义

“GM_Curve”（图 7-3）是“*GM_Primitive*”（几何单形）通过“*GM_OrientablePrimitive*”（可定向单形）派生的子类。它是 1 维几何对象的基本成分。曲线是一个开放区间的连续映射，因此可以写成一个形如 $c(t):(a, b) \rightarrow E_n$ 的参数函数，其中“t”是 Real 参数，E_n 是由坐标参照系决定的 *n* 维（通常是 2 或 3）欧几里得空间。任何沿着同样方向，产生同样的映射曲线的其他方法，如任何的线性平移和缩放，例如 $e(t)=c(a+t(b-a)):(0, 1) \rightarrow E_n$，是同一曲线的一个等量表示。为了简单起见，“GM_Curve”应当以弧长进行参数化处理，这样继承于“*GM_GenericCurve*”（平凡曲线，见 ISO 19107 条款 6.4.7）的参数化操作，在 0 和弧长之间的参数都是有效的。

曲线是连续的、相连的，并根据坐标系有一个可度量的长度。曲线的方向决定于参数化过程，并与正切函数相一致，而正切函数近似于参数化的导出函数，且应当总是指向“前进”的方向。由 $c(t):(a, b) \rightarrow E_n$ 定义的曲线，其相反方向的参数化由函数 $s(t)=c(a+b-t):(a, b) \rightarrow E_n$ 定义。

一条曲线是一条或多条曲线段的组合。曲线上每个曲线段可以使用不同的插值方法进行定义。每一个曲线段在端点与另一个曲线段相连，除非在曲线段列表中上一个曲线段指定了下一个曲线段的起点。

个别产品规范可以限制空间属性允许的插值类型。

示例 等值线要素被约束为仅由插值类型“polynomialSpline”（多项式样条）和阶数3（即三次样条）的线段组成的曲线。

7-4.2.7 GM_CurveBoundary（曲线边界）

7-4.2.7.1 语义

“GM_Curve”的边界应该表示为“GM_CurveBoundary”。

7-4.2.8 GM_OrientableCurve（可定向曲线）

7-4.2.8.1 语义

“*GM_OrientableCurve*”（图7-3）是一个“GM_Curve”，带有从“*GM_OrientablePrimitive*”（可定向单形）继承而来的一个方向。

7-4.2.9 GM_OrientableSurface（可定向曲面）

7-4.2.9.1 语义

“*GM_OrientableSurface*”（图7-3）是一个“GM_Surface”，带有从“*GM_OrientablePrimitive*”（可定向单形）继承而来的一个方向。

7-4.2.10 GM_Point（点）

7-4.2.10.1 语义

“GM_Point”（图7-3）是0维“*GM_Primitive*”（几何单形）。

“GM_Point”是有且仅有一个点组成的几何对象的数据类型。

7-4.2.11 GM_Primitive（几何单形）

7-4.2.11.1 语义

“*GM_Primitive*”（图7-3）是该专用标准中定义的所有几何单形的抽象根类。一个“*GM_Primitive*”是一个“*GM_Object*”。“*GM_Primitive*”有三个子类型：“GM_Point”（点）是0维的；”GM_Curve”（曲线）是1维的；“GM_Surface”（曲面）是二维的。所有的“*GM_Primitive*”都必须是至少一个“*GM_Aggregate*”（聚合，见ISO 19107条款8.10.1）的一部分。每个“*GM_Primitive*”和用于定义其位置的坐标参照系“SC_CRS”之间没有直接的链接。所有包含在“*GM_Aggregate*”的“*GM_Primitive*”使用同一个定义它们坐标的“SC_CRS”。

7-4.2.12 GM_Ring（环）

7-4.2.12.1 语义

“GM_Ring”（图7-3）是由一些“*GM_OrientableCurve*”（可定向曲线）的引用构成。第n个“*GM_*

OrientableCurves”的终点是第 n+1 个“*GM_OrientableCurve*”的起点，并且第一个起点与最后一个终点相一致，也就是说，“GM_Ring”是闭合的。“GM_Ring”必须是简单的，也就是说，它不能自相交。

7-4.2.13　GM_Surface（曲面）

7-4.2.13.1　语义

“GM_Surface”（图 7-3）是“*GM_Primitive*”（几何单形）的一个子类，它是二维几何对象的基础。它是个带有正向的“*GM_OrientableSurface*”（可定向曲面）。

该专用标准没有使用“GM_Surface”的实例。该专用标准中一个“GM_Surface”必须以“GM_Polygon”子类型的形式出现。

7-4.2.14　GM_SurfaceBoundary（曲面边界）

7-4.2.14.1　语义

“GM_Surface”（曲面）的边界应当表示为“GM_SurfaceBoundary”（图 7-3）。

“GM_SurfaceBoundary”由至少一个外部“GM_Ring”和零个或多个内部“GM_Ring”（环）组合构成。如 ISO 19107 条款 6.6.11.1 中描述的，这些环必须是闭合的。

7-4.2.15　GM_Complex（几何复形）

7-4.2.15.1　语义

“*GM_Complex*”（图 7-3）是若干几何上分离的简单“*GM_Primitive*”（几何单形）的集合。如果其中有一个“*GM_ Primitive*”（除了 GM_Point）在某一个“*GM_Complex*”中，那么这个几何复形就存在更低维度几何单形的一个集合，形成这个非“GM_Point”的几何单形的边界。比如说，“GM_Surface”（曲面）是一个 2 维对象，它的边界由 1 维的”GM_Curve”（曲线）组成。

7-4.2.16　GM_Composite（组合）

7-4.2.16.1　语义

几何的组合“*GM_Composite*”（图 7-3），是一些几何单形的集合，这些几何单形必须具有相同类型的几何，并且可以作为该几何单形的单独例子存在。比如，一个组合曲线是一些曲线，这些曲线可以各自表示为简单曲线。这不适用于“GM_Point”（点），因为它只能包含一个点。

7-4.2.17　GM_CompositeCurve（组合曲线）

7-4.2.17.1　语义

“GM_CompositeCurve”（图 7-3）具有一条曲线的所有几何特征。组合曲线是一组“*GM_OrientableCurve*”（可定向曲线），每个曲线（除了第一个）的起点是上一个曲线的终点。

7-4.2.18　GM_Aggregate（几何聚合）

7-4.2.18.1　语义

“*GM_Aggregate*”（图 7-3）是一个几何聚合，用于将几何对象聚集在一起。由于它们通常会使用方向修改，因此曲线引用和曲面引用不直接指向“GM_Curve”（曲线）和“GM_Surface”（曲面），而是指向“*GM_OrientableCurve*”（可定向曲线）和“*GM_OrientableSurface*”（可定向曲面）。

大多数几何对象是包含在要素中的，而不能包含在强聚合的集合中。因此，此条款描述的集合都是指弱聚合，应当使用引用以包含几何对象。

注释　“*GM_OrientablePrimitive*”（可定向单形）的子类采用的是这样一种处理方式：引用对象可以链接到该对象的具体方向上。

7-4.2.19　GM_MultiPoint（多点）

7-4.2.19.1　语义

“GM_MultiPoint”是一个只包含点的几何聚合类。其关联角色“element”（元素）应当是该“GM_MultiPoint”包含的一组“GM_Point”。

7-4.2.20　S100_ArcByCenterPoint（圆心表示的圆弧）

7-4.2.20.1　语义

“S100_CircleByCenterPoint”是圆上的弧，其圆心由单个控制点指定，半径由“radius”（半径）参数指定。半径是距中心的大地距离。圆弧开始于由“start angle”（起始角度）属性给定的方位角，终止于通过将“angular distance”（角距）参数值添加到起始角度而计算出的方位角。圆弧的方向由角距符号给出，正值表示相对于圆心垂直上方的观察者的顺时针方向。方位角参照真北，除了以任一极点为中心的弧（真北是未定义的或不明确的）之外，应使用首子午线作为参考方向。

起始角度必须以度为单位，并且限制在 [0.0, 360.0] 范围内。角距离必须以度为单位，并且限制在 [−360.0, +360.0] 范围内。半径的上限随位置和参考大地水准面而变化，但应小于从中心位置到其对跖点的最小大地距离。工具或产品规范可以规定半径的下限。

7-4.2.21　S100_CircleByCenterPoint（圆心表示的圆）

7-4.2.21.1　语义

“S100_CircleByCenterPoint”是一个圆，其圆心由单个控制点指定，半径由“radius”（半径）参数指定。起始角度和角距可以省略。属性的语义和限制与“S100_ArcByCenterPoint”相同，如果未提供，则起始角度假定为 0.0°，角距假定为 +360.0°。如果有提供，角距必须为 +360.0° 或 −360.0°。

7-4.2.22　S100_GM_SplineCurve（样条曲线）

7-4.2.22.1　语义

所有样条都具有可以用参数函数表示的特征，这些参数函数映射到它们将表示的几何对象的坐标系中。“Spline Curves”（样条曲线）主要有两种形式：插值和近似。

插值样条（“插值”）穿过每个给定的控制点。一般情况下，曲线由边界点（线段两端的数据点）的附加条件数据点和连续性水平（例如，某点处的 C^0 连续性表示曲线在该点处连接；C^1 表示任意一侧的线段在该点处具有相同的一阶导数）定义。三次样条穿过每个数据点，是连续的，在每个点处都具有平滑的切线。

第二种类型（“近似值”）仅接近控制点。这些样条曲线使用实值函数集，这些实值函数集都在一个公共域上定义（例如，区间 [0.0, 1.0]）；值始终为非负；并始终将其整个域的总和作为一个完整集计算为 1.0。这些函数用在矢量方程式中，因此曲线的轨迹是加权平均值。样条曲线始终位于控制点的凸包中。由于此类函数是以矢量形式定义的，因此通常可以在任何目标维度坐标系中使用它们。

近似值具有良好的特征，包括易于表示、易于计算、平滑和某种形式的凸度。它们通常不会穿过控制点，但如果控制点数组足够密集，则局部特征将强制对其进行良好的近似处理，生成形状和平滑度良好的曲线。

“S100_GM_SplineCurve”及其子类必须具有曲线类型适配的“curveInterpolation”（曲线插值）值；也就是“polynomialSpline”（多项式样条），“bezierSpline”（贝塞尔样条）或“bSpline”（b 样条）之一。

由于将平面方法应用于曲面，以及样条曲线和混合曲线作为近似值的本质会造成变形，如果合成曲线的位置精度非常重要（如定义限制区域的边界），不应使用各种样条和混合抛物线插值（原则上可通过增加控制点数量生成高精度曲线，但是这违背了使用这些插值类型的初衷）。

出于 7-4.1.1.1 中提到的原因以及省略“curveForm”（曲线形式）的原因，该类被赋予了“S100_”前缀。

7-4.2.22.2 属性

“knot”（节点）：属性“knot”是一个节点数组，每个节点都在样条的参数空间中定义一个值，并将用于定义样条基函数。“节点”数据类型保存有关节点多重性的信息。此数组中的参数值必须是单调递增的；也就是说，每个值都必须大于前一个值。

“degree”（阶次）：属性“degree”应当是用于定义插值多项式的阶次。有理样条具有阶次，作为插值有理函数分子和分母的极限阶次。

“knotSpec”（节点规格）：属性“knotSpec”给出了用于定义该样条的节点分布类型。这是为了提供信息和可能的实现优化，必须根据不同的构造函数进行设置。

“isRational”（是否有理）：属性“isRational”表示样条是否使用有理函数来定义曲线，这是通过在齐次坐标上创建多项式样条，并在完成所有计算后投影回常规坐标来完成的。当且仅当样条的控制点在齐次坐标中且每个点都具有权重时，属性“isRational”必须是“True”。

不使用 ISO 19107 属性“curveForm”（曲线形式），因为它仅用于用于表达原始意图的信息。

7-4.2.22.3 特定变体的语义

B 样条曲线是根据控制点和基函数描述的分段参数多项式或有理曲线。如果不存在“knotSpec”（节点规格），以及除了第一个和最后一个具有多重性为 1 的情况外，则“knotType”（节点类型）是均匀的，节点的间距是均匀的。在末点，节点的多重性为阶次 +1。如果“knotType”统一，则无需规定。B 样条曲线必须将“curveInterpolation”（曲线插值）设置为“bSpline”。B 样条曲线的基函数取决于阶次，数学、计算机图形学和计算机辅助几何设计的教科书中有定义。

如果 B 样条曲线是准均匀的，则 B 样条曲线是分段的贝塞尔曲线，除非内部节点属性“multiplicity”[1] 等于“degree”（阶次）而不是等于 1。在该子类型中，节点间距应为 1.0，从 0.0 开始。分段贝塞尔

1　类“GM_Knot”（节点）的属性“multiplicity”（多重性）。

曲线只有两个节点（0.0 和 1.0），每个节点的“multiplicity”（阶次 +1）与简单贝塞尔曲线相等。

贝塞尔样条是使用贝塞尔或伯恩斯坦多项式进行插值的多项式样条。这些多项式在数学、计算机图形学和计算机辅助几何设计的教科书中有定义。贝塞尔样条必须将“curveInterpolation”（曲线插值）设置为“bezierSpline”（贝塞尔样条）。

7-4.2.23 S100_GM_PolynomialSpline（多项式样条）

7-4.2.23.1 语义

多项式样条是穿过控制点数组中各个点的多项式曲线。此类样条的构造取决于约束条件，其中可能包括：

- 限制数据点上样条的值或导数；
- 限制各种导数在选定点的连续性；
- 所用多项式的阶次。

n 次多项式样条应在节点参数值之间分段定义，作为 n 阶次多项式，在多项式控制点位置具有最多 C^{n-1} 的连续性。

该连续性级别应由属性“numDerivativesInterior”控制，该属性默认为（阶次 -1）。

可在构造参数上施加约束，使得每个节点具有多项式“阶次 –1”的导数。

多项式样条、B 样条（基本样条）和贝塞尔样条之间的主要区别在于，多项式样条通过它们的控制点，使控制点和采样点数组相同。

7-4.2.23.2 属性

“derivativeAtStart”（起点导数）、“derivativeAtEnd”（终点导数，矢量）：属性“derivativeAtStart”（起点导数）用作第一个导数值（不超过阶次 –2），该导数用于曲线插值过程中在该样条的起点。属性“derivativeAtEnd”（终点导数）用作最后一个导数值（不超过阶次 –2），该导数用于曲线插值过程中在该样条的终点。这些属性用于确保前导曲线和后继曲线（如果有）的连续性和平滑性，例如，如果此曲线段是一系列曲线段之一，或者该曲线是复合曲线的一部分。

“numDerivativesInterior”（内部导数数量，整型）：属性“numDerivativesInterior”是内部节点（即第一个节点与最后一个节点之间）所需连续的导数的数量。属性“numDerivativesInterior”指定了在曲线内部保证的连续性类型。值“0”表示 C^0 连续性（这是强制性的最小连续性级别），值“1”表示 C^1 连续性，依此类推。

7-4.2.23.3 特定变体的语义

三次样条是阶次为 3 的多项式样条。控制点数组中的点数必须为 3*N+1，其中 N 是三次样条曲线段的数量。

7-4.2.24 S100_GM_Knot（节点）（数据类型）

7-4.2.24.1 语义

节点是曲线、曲面和体等构造性参数空间中的值[1]。每个节点序列用于参数空间 $k_i=\{u_0,u_1,u_2...\}$ 的

1 S-100 中未实现“体”。

维度。因此，在使用函数插值（例如 B 样条）的曲面中，将存在两个节点序列，每个参数一个，$k_{i,j} = (u_i, v_j)$。

在 B 样条的节点序列中，可以重复一个节点（影响基础样条公式）。在其他曲线中，所有节点的多重性为 1。在 S-100 中，节点序列的表示方式与 ISO 19107（2017 草案）模型相同；也就是说，多重性不同的节点，表示为 $k_i = (t \in R, m \in Z)$。如果数据格式所用的编码标准要求，可采用数据格式的替代存储形式（简单序列，每个节点重复或根据其多重性）。

7-4.2.24.2　属性

“value”（值，Real）：属性“value”是样条节点处的参数值。节点的值必须依次单调递增。

“Multiplicity”（多重性，Integer）：属性“multiplicity”是节点的多重性。

7-4.2.25　S100_GM_KnotType（节点类型）

7-4.2.25.1　语义

当且仅当所有节点的多重性为 1，且与前一个节点相差一个正值常数时，B 样条才是均匀的。当且仅当节点在末端具有多重性（阶次 +1），在其他地方多重性为 1，且它们与前一个节点相差一个正值常数时，B 样条才是准均匀的。该枚举用于描述各种样条参数空间中节点的分布。可能的值有：

1）“uniform”（均匀）：节点等距分布，所有多重性为 1。

2）“nonUniform”（非均匀）：节点具有不同的间距和多重性。

3）“quasiUniform”（准均匀）：内部节点均匀，但第一个和最后一个节点的多重性比样条曲线的阶次大 1（p+1）。

4）“piecewiseBezier”（分段贝塞尔）：基础样条形式上是贝塞尔样条，但节点多重性始终是样条的阶次，末端除外，其节点阶次为（p+1）。这样的样条是其不同节点之间的纯贝塞尔样条。

7-4.2.26　Vector（矢量）

数据类型“Vector”（矢量）必须与 GeometricReferenceSurface 上的一个点（例如，大地水准面的曲面）相关联，以进行良好定义。“Vector”的属性还指定了矢量的“起始位置”。

7-4.2.26.1　属性

“origin”（原点）：DirectPosition（直接位置）—属性“origin”是一个点位置，在用于表示矢量切线的 GeometricReferenceSurface 上。直接位置与坐标系关联；这确定了矢量的坐标系。直接位置的空间维度决定了矢量的维度。

“offset”（偏移）：Real[1 .. *]—属性“offset”使用直接位置的坐标系，并根据局部坐标的差异表示局部切线矢量。偏移值是矢量沿每个坐标轴的大小。

“dimension”（维数）：Integer—属性“dimension”是原点的维度，因此是矢量的局部切线空间的维度。

“coordinateSystem”（坐标系）：属性“coordinateSystem”与“origin”的坐标系相同。

对于曲线空间类型，“origin”将是定义矢量的点；“offset”将是纬度和经度差，它们共同指示矢量的大小和方向；对于控制点编码为纬度 / 经度的曲线，维度为 2；与“origin”一致的“coordinateSystem”不需要编码。

7-4.3　几何构造

图 7-3 描述了所有几何模型的总体情况，可以进一步约束它们的维度和复杂度。分为 5 个基本级别。

7-4.3.1　级别 1—0 维、1 维（无约束）

一组独立的点和曲线单形。曲线没有引用点（没有边界），点和曲线可能是一致的。区域是通过一个闭合曲线来表示的。

7-4.3.2　级别 2a—0 维、1 维

一组遵照以下约束的点和曲线单形：

1）每个曲线必须引用一个起点和终点（它们可能相同）。

2）曲线不得自相交，如图 7-5 所示。

3）区域是通过一个闭合曲线来表示的，并且起点和终点是公共点。

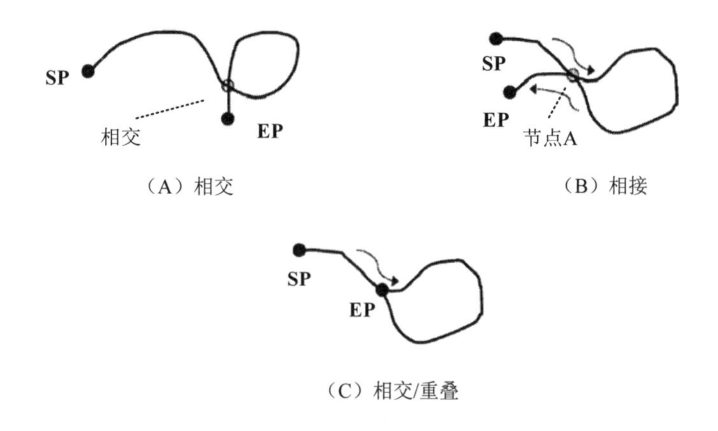

图7-5　自相交示例（无效几何）

4）对于带孔洞的区域，所有内部边界必须完全包含在外部边界中，内部边界不能与其他内部边界或者外部边界相交。如图 7-6 所示，内部边界可能与其他内部边界或外部边界相切（即在一个点上）。

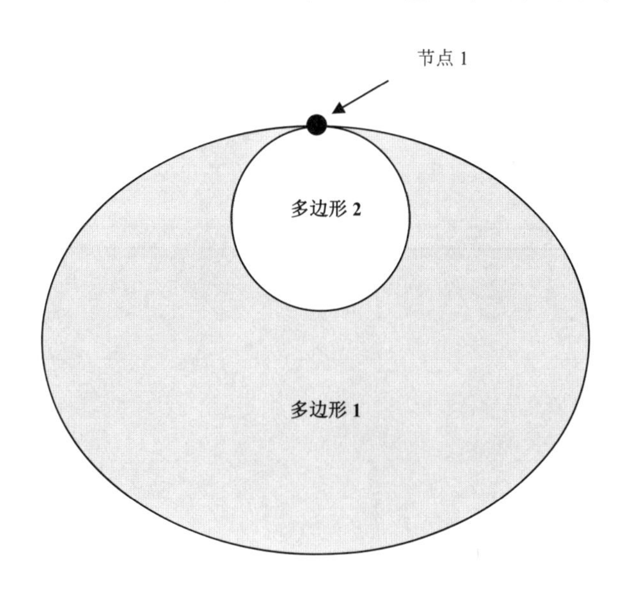

图7-6　有孔洞的区域（有效几何）

5）曲面的外边界必须是顺时针方向的（曲面在曲线的右端），并且曲线的方向是正向的。曲面的内边界必须是逆时针方向的（曲面在曲线的右端），并且曲线的方向是负向的，如图 7-7 所示。

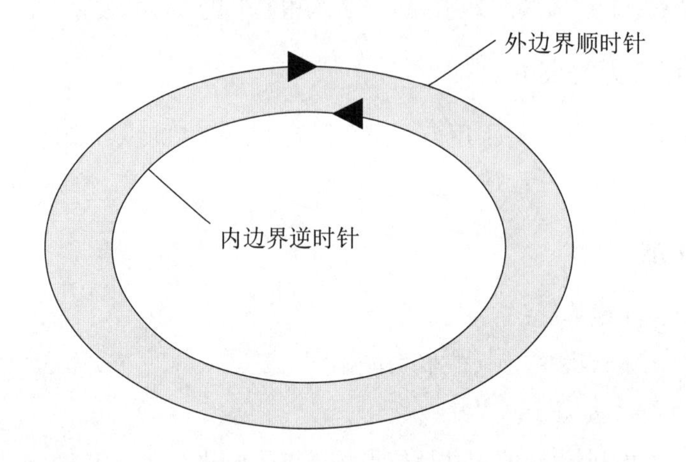

图7-7　边界方向

7-4.3.3　级别 2b—0 维、1 维

是一组点和曲线单形。在级别 2a 基础上，还增加了以下约束：

1）每组单形必须组成一个几何复形；

2）如果没有引用相交位置的点，则曲线不能自相交；

3）不允许有多个重合的几何。

7-4.3.4　级别 3a—0 维、1 维、2 维

一组点、曲线和曲面单形。级别 2a 的约束适用。

7-4.3.5　级别 3b—0 维、1 维、2 维

一组点、曲线和曲面单形。在级别 2a 和级别 2b 基础上，增加了以下约束：

1）曲面必须是互相排斥的，并且它们提供了完整的覆盖。

附录 7-A 示例（资料性）

7-A-1 曲线示例

下面介绍曲线示例中的几何元素（图 7-A-1）。

C1（GM_Curve）由 CS1、CS2 和 CS3（GM_CurveSegment）组成。CS1 使用“geodetic”（测地线）插值，CS2 使用“linear”（线性），而 CS3 使用“circularArc3Points”。SP（起点）和 EP（终点）（GM_Point）是 C1 的起点和终点，它们也可以间接地作为一个点要素的 0 维位置。每个曲线段的控制点数组都是由上图中的起点、终点和节点构成。C1 的方向（向前）是从 SP 到 EP。

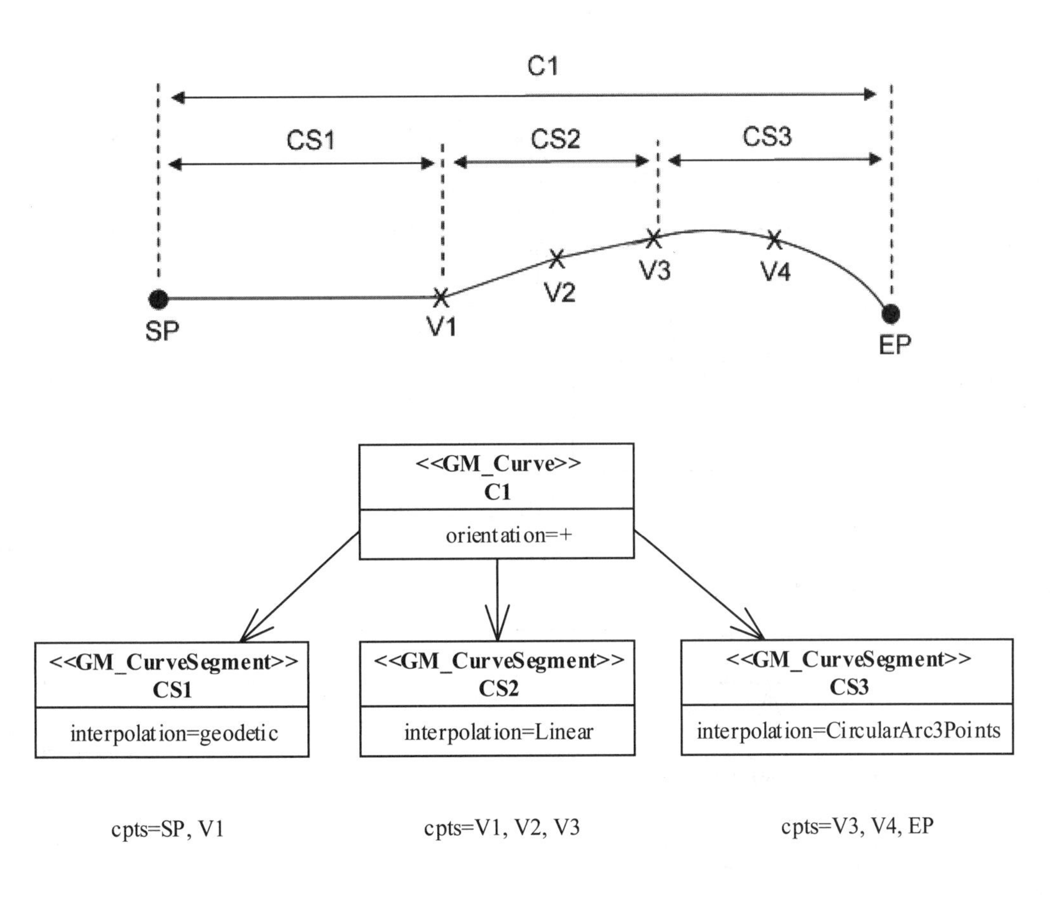

图7-A-1 曲线示例

7-A-2 曲面示例

下面介绍该曲面示例的几何元素（图 7-A-2）。

S1（GM_Curve）是由曲面片 P1（GM_Polygon）来表示的，P1 的边界由外环和内环共同组成的。外部环 CC1（GM_CompositeCurve）是 C1、C2 和 C3（GM_Curve）的聚合，内部环 C4 是一个简单“GM_Curve”。

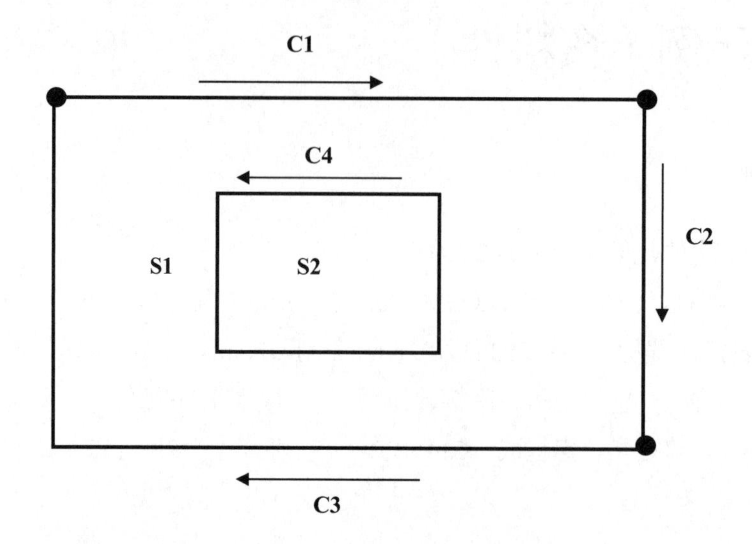

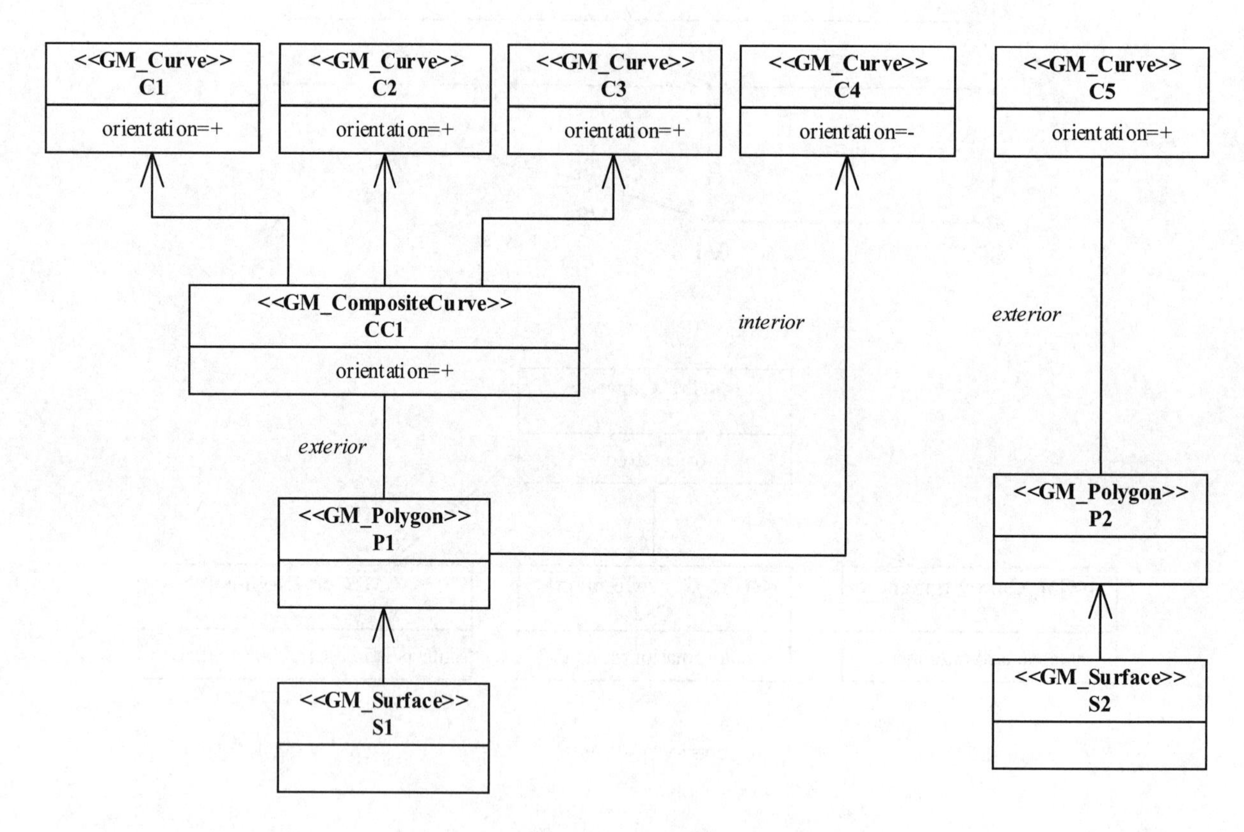

图7-A-2　曲面示例

7-A-3　2.5 维几何示例

在该示例中，构成“GM_Polygon”（多边形）外部边界的曲线是由一组 3 维控制点组成的。注意，曲面插值必须为“none”（无），也就意味着内部点的位置是不能决定的。“planar”（平面）插值只适用于所有点都在同一平面上的情况。

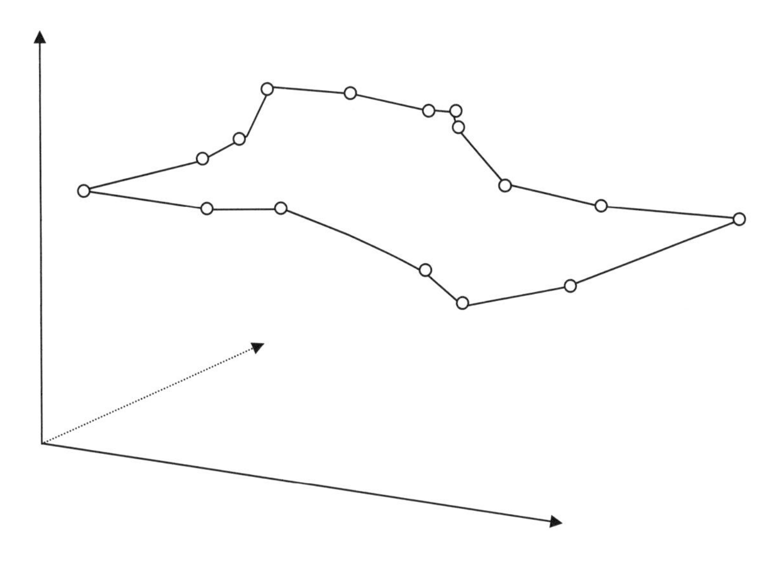

图7-A-3　2.5维示例

第 8 部分

影像和格网数据
（Imagery and Gridded Data）

8-1 范围

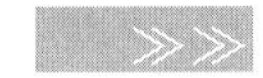

S-100 有能力支持影像、格网数据及多种其他类型的覆盖数据，并将其作为一个完整的部分。影像和格网数据是地理数据的常见形式，目前已经有许多其他标准用于该类数据。影像是一种特殊类型的格网数据结构，它可以被显示。因为大多数的格网数据可以图示表达为一个影像，所以影像的概念非常广。S-100 必须与外部数据源相兼容。

海洋测绘水深就其性质而言是一组测量数据点。这些数据点可以采用不同方式的格网结构进行表示，包括使用一个规则格网间距的高程模型，以及用单元大小可变的不规则格网。它们也可以用不规则三角网或者点集表示。影像对于海洋测绘数据也很重要，包括航空摄影或激光雷达等传感器的影像，它们可以和基于矢量面向要素的数据以及栅格 / 扫描纸质海图的产品（大家知道的“栅格海图”）相结合。所有这些影像和格网数据的应用都会在 S-100 该部分标准中涉及到。这个影像和格网数据部分与影像和格网数据的国际标准相一致，以支持多种数据源，并使用基于 ISO TC/211 19100 系列标准的公共信息结构，这些标准使得影像、格网数据和覆盖数据可以与边界定义（基于矢量的）数据以及其他类型数据相结合。

可用的分级术语在 ISO 19100 系列标准中进行了标准化。描述分布于某一个区域的一组属性值的一组数据叫做“覆盖”，该类数据有许多不同的类型，但是最常见的结构是格网。目前，S-100 只关注基于格网的覆盖、点集覆盖以及不规则三角网（TIN）覆盖。

S-100 该部分标准基于 ISO 19129—“地理信息—影像、格网及覆盖的数据框架”。然而，它比 ISO 19100 系列标准要具体，它定义了具体的格网组织以便用于海洋测绘数据及其相关的影像。定义了简单格网和复杂多维格网，以及点集和 TIN。该部分确定了海洋测绘应用中使用的覆盖数据的内容模型，包括作为格网数据类型的图像。它描述了格网或其他覆盖结构的组织和类型、相关的元数据以及地理参照数据的空间参照。尽管编码和图示表达使用相应内容模型的方式已经确定，影像、格网和覆盖数据的编码和图示表达不在 S-100 该部分范围内。

8-2 一致性

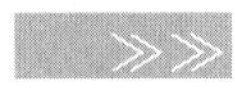

附录 8-A 的“抽象测试套件”指示了一个基于覆盖的产品如何遵照此文档中建立的内容模型。

任何有关影像、格网或覆盖数据的产品，如果宣称遵照 S-100，那么应当符合附录 8-A 中的抽象测试套件的要求。

8-3 规范性引用文件

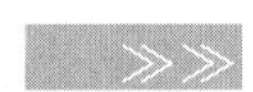

下列外部规范性文件包含了一些条款，它们通过文中的引用组成了本标准的条款。所有应用于 S-100 的基础标准相关信息都已经包含在此标准中。只有当想要开发包含和超过 S-100 范围的一般应用，才需要访问这些基础标准。S-100 的其他部分可能包含了从这些基础标准和其他外部标准中摘录的信息。

ISO 19103，地理信息—概念模式语言（Geographic information—Conceptual schema language）

ISO 19107，地理信息—空间模式（Geographic information—Spatial schema）

ISO 19108，地理信息—时间模式（Geographic information—Temporal schema）

ISO 19111，地理信息—基于坐标的空间参照（Geographic information—Spatial referencing by coordinates）

ISO 19113，地理信息—质量基本元素（Geographic information—Quality principles）

ISO 19114，地理信息—质量评价程序（Geographic information—Quality evaluation procedures）

ISO 19115-1：2018，地理信息—元数据—第1部分：基础（由2018年1月修订版1更新）

ISO 19115-2，地理信息—元数据—第2部分：影像和格网数据的扩展（Geographic information-Metadata—Part 2 - Extensions for imagery and gridded data）

ISO 19117，地理信息—图示表达（Geographic information—Portrayal）

ISO 19118，地理信息—编码（Geographic information—Encoding）

ISO 19123，地理信息—覆盖几何特征与函数模式（Geographic information—Schema for coverage geometry and functions）

ISO 19129，地理信息—影像、格网和覆盖的数据框架（Geographic information—Imagery, Gridded and Coverage Data Framework）

ISO 19130，地理信息—影像、格网数据的传感器和数据模型（Geographic information—Sensor and data models for imagery and gridded data）

ISO/IEC 12087-5：1998，计算机图形和图像处理—图像处理和交换 - 功能规范 - 基本图像交换格式（Computer graphics and image processing—Image Processing and Interchange (IPI)-Functional Specification-Basic Image Interchange Format (BIIF)）

ISO/IEC 15444-1：2004，信息技术—JPEG 2000图像编码系统（Information Technology—JPEG 2000 image coding system）

IHO S-52 ECDIS海图内容和显示规范（IHO S-52 Specifications for Chart Content and Display Aspects of ECDIS）

IHO S-61栅格航海图产品规范（IHO S-61 Product Specification for Raster Navigational Charts (RNC)）

美国国家标准T1.523—2001—电信术语2000（American National Standard T1.523—2001—Telecommunications Glossary 2000）

8-4 符号以及缩略词

S-100该部分使用以下符号和缩略词。

TIN　Triangulated Irregular Network　不规则三角网

8-5 影像和格网数据框架

8-5.1 框架结构

S-100该部分“影像、格网和覆盖的数据框架”继承于ISO 19129“影像、格网和覆盖的数据框架”。

S-100 中只需要 ISO 标准定义框架的一个子集[1]。ISO 中定义的框架支持地理参照的和地理可参照性的数据。S100 该部分只限于地理参照的数据，尽管它将来可容易地扩展为适用于地理可参照性的数据，比如传感器数据。

该框架确定了如何将区域覆盖数据的多种元素装配到一起。该框架提供了一个公共的结构用于实现不同的覆盖数据集之间的基本兼容。建立在 ISO 19129 中的公共框架促进了在“Content Model”（内容模型）层次上，不同的影像和格网数据集之间的统一——它们采用不同的标准进行表示，促进了采用这些标准的信息载体之间的统一。对于众多的影像和格网数据而言，内容模型层次上的基本兼容允许对已有标准的向后兼容。内容模型描述的信息与存储、传递或描述信息的方式无关。这允许对同一内容进行多种编码。

格网数据从根本讲是简单的，包括影像数据。它包含了一组按格网组织的属性值，以及描述属性值和定位数据的空间参照信息的元数据。其他的覆盖数据也是简单的，定义了一组点或三角形，它们驱动着一个覆盖函数以及元数据。元数据可能包含着标识信息、质量信息，比如数据收集的传感器。空间参照信息包含此组属性值如何被参照到地球上。空间参照信息本身是作为元数据表示的。

辅助信息，也是作为元数据表示的，可能用于辅助图示表达和编码。然而，基本内容可以采用不同的方式进行图示表达，或者采用不同的编码机制进行携带，所以，这些辅助信息不是影像和格网数据内容模型的一部分。图 8-1 说明了格网数据的简单结构。

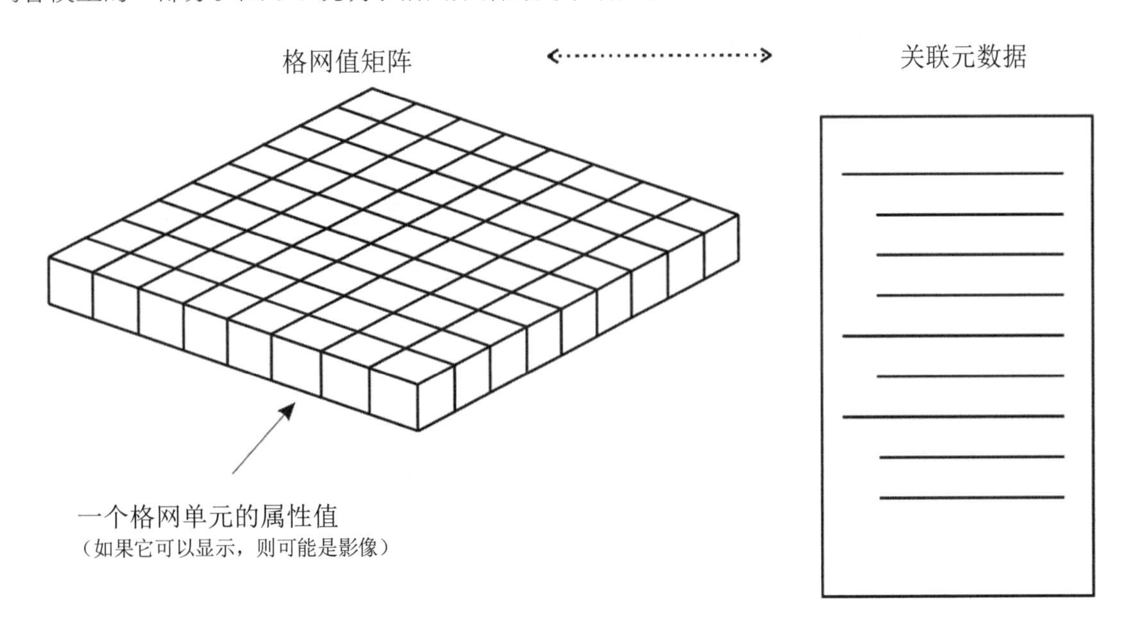

图8-1　格网数据的简单结构
（表示元数据和一组按照格网值矩阵表示的格网数据之间的关系）

ISO 19129 框架标准允许影像、格网和覆盖数据以多种层次描述。在 ISO 19123“地理信息—覆盖几何特征与函数模式”中有一个抽象层次，也就是内容模型层次和编码层次。编码层次独立于内容层次。多种不同的编码可能带有同样的内容。

大多数与图像和网格数据相关的现有标准都以交换格式描述数据内容。该格式定义了数据域，描

1　该标准与 ISO 19129 标准具有一些共同的地方，因为该文档的某些部分是作为 ISO 19129 开发的输入，因而被并入到了 ISO 文档中。

述了这些数据域的内容和意义。这隐含地定义了交换格式可以携带的信息。采用编码来定义内容，这种方式将内容和单一的编码格式绑定，使得数据转换很困难。

ISO 19100系列标准采用一个面向对象的数据模型定义地理信息内容，并以UML统一建模语言进行表达，这使得使用不同交换格式编码或存储在数据库中的内容与交换格式无关。根据ISO 19129，下图表示了该框架元素之间的总体关系。

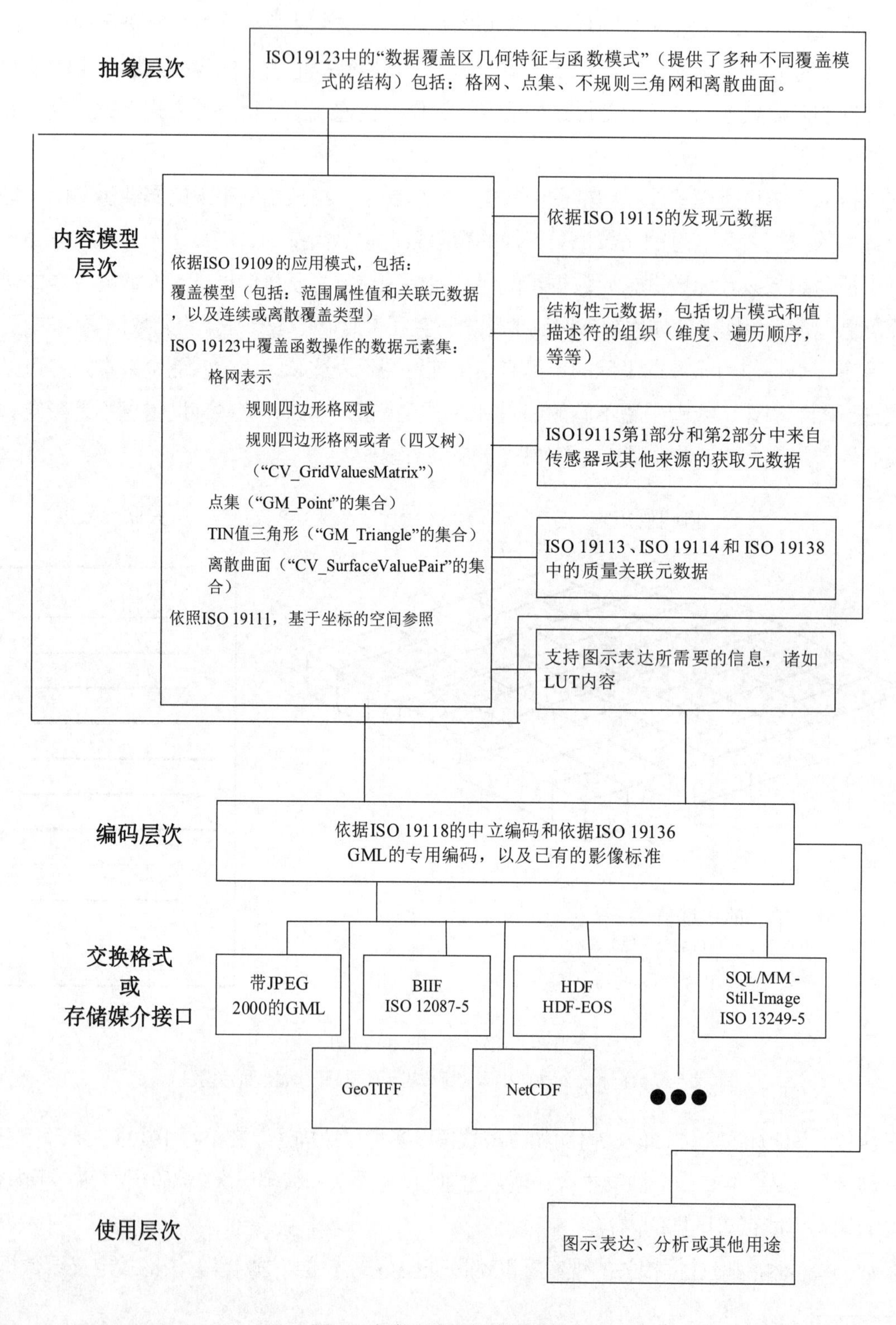

图8-2　框架元素之间的总体关系

8-5.2 抽象层次

抽象层次为所有类型的覆盖几何特征提供了一个通用结构，包括格网数据几何、点集以及 TIN 几何。这个抽象结构定义在“ISO 19123—地理信息—覆盖几何特征与函数模式”中。S-100 采用了 ISO 19123 中多种类型的格网结构，包括规则格网、不规则格网、单元大小可变的格网以及多维格网。瓦片格网实际上是一组格网。S-100 也包括了来自 ISO 19123 的点覆盖和 TIN 覆盖。

8-5.3 内容模型层次

内容模型层次定义了一组地理信息的信息内容，包含：空间模式、要素标识以及关联元数据，而其他方面诸如质量、地理参照等等都是在元数据中表示的。内容模型不包括图示表达、编码或为适应多种存储 / 交换媒体而进行的数据组织。描述信息的交换元数据不属于内容模型定义的信息。

内容模型层次由一组预定义的内容结构组成，它们作为针对影像和格网数据而开发的各种应用模式的核心部分。该层次定义了一小组带有遍历顺序的格网。为格网数据提供了空间组织。还定义了点集结构和 TIN 结构。

ISO 19109“地理信息—应用模式规则，影像和格网数据的应用”定义了要素模型。尽管传统的方法是考虑将影像单独作为一个独特的实体，而不是将其作为要素结构，但是将影像、格网和覆盖数据作为面向要素的数据是合适的。按照这种最简单的方式，一个影像或者任何格网数据集都可以当作是一个简单要素。比如，整个卫星影像可以当作一个简单要素——影像。然而，从影像上提取要素是可能的，因为影像上的像素集是要素的几何表示。某些特定的像素代表着一个桥，而其他的像素代表着一个岩石。应用模式可以包含要素模型，而要素模型的几何部分是由一些对应于影像格网结构中图像元素（像素）的几何点集组成的。然而，如果要素结构与影像相关联，则有必要提供一种方法链接要素标识号（ID）和影像上的独立像素。可以通过在格网值矩阵中携带其他属性或通过指针结构完成。比如，影像可能会以一种简单格网来表示，这种简单格网由一个集合或用于组织一组像素的行和列组成。每一个像素可能包含了诸如颜色和该点光线强度这样的额外信息。每一个像素也可能包含一个额外的属性，用于表示关联到该像素的要素 ID，从而将影像上对应于桥的像素标记为“桥”，将那些影像上对应于岩石的像素标记为岩石。可能有其他更有效的结构用于标识对应于某一给定要素的像素集。这种能力对于增加基于栅格扫描图像的海图产品的智能性，以及对于 S-100 矢量数据产品和影像及格网数据产品的融合非常有用。

内容模型包含了空间结构和元数据。编码结构是分开的，但是相关。用于数据的系统压缩是内容模型的一部分，而随机压缩不是。系统压缩的一个示例是删除应用程序中已知的不必要信息，包括无数据（子瓦片）区，以及为低精度数字而删除数字数据的低序位。当瓦片只定义在有数据的区域时，瓦片格网使用系统压缩。系统压缩还存于一个大小可变的像素结构中，具有同样属性值的邻近像素聚合为一个更大的像素。随机（统计的）压缩移除随机出现的重复信息。比如，重复的位模式可以使用算法进行压缩。经常用于压缩文件的 ZIP 算法就是随机压缩的一个例子。系统压缩与一个影像的具体类型有关，而随机压缩和具体的影像实例有关。

两类压缩都可以使用，但是随机压缩是编码结构的一部分，而系统压缩是内容模型的一部分。

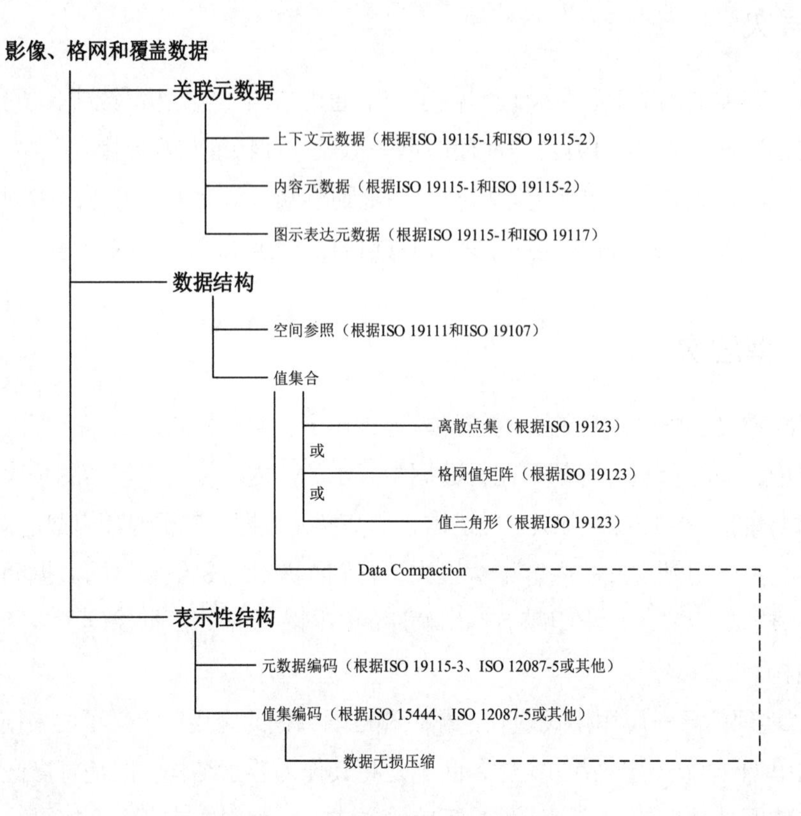

图8-3　影像和格网数据结构

图 8-4 展示了一个影像、格网和覆盖数据的公共内容模型所包含的元素。这是上图 8-3 的子集，其中表示性结构（Representational Structure）没有列出，因为它不是内容模式的一部分。系统压缩机制没有直接列出，因为它与格网值矩阵的结构相关。

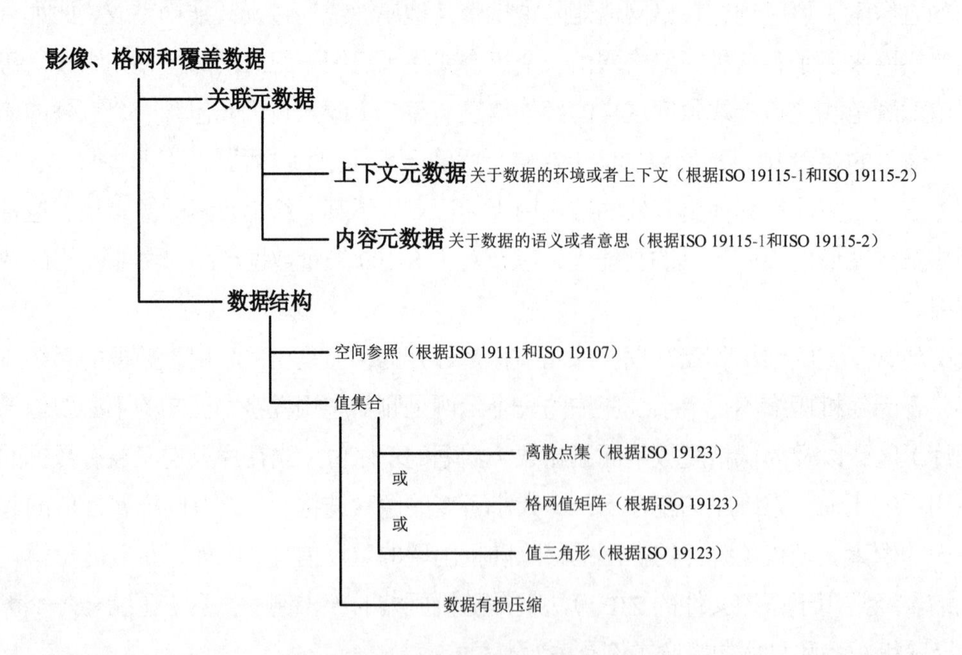

图8-4　通用影像和格网数据内容描述

8-5.3.1 元数据

用于影像、格网和覆盖数据的元数据元素列在了表 8-1 中。该表按照元数据是否与影像、格网和覆盖的数据内容，或它存在的环境，或数据的表示相关，来组织元数据元素。其他表示性元数据可能存在于编码格式中。

表 8-1 元数据元素

类型（元数据包）	说明	关系
元数据元素 ISO 19115-1		
元数据信息	元数据信息	环境
标识信息	用于唯一标识数据的信息。标识信息包含资源的引用、概述、目的、可信度、状态以及联络方	环境
约束信息	关于作用于数据上的约束的信息	环境
数据质量信息	数据质量的评价	内容
维护信息	范围和更新数据频率的信息	环境
空间表示信息	关于用于表示空间信息的机制的信息	内容
参照系信息	空间和时间参照系的说明	内容
内容信息	标识要素目录的信息	内容
图示表达目录信息	标识图示表达目录的信息	表示
分发信息	关于资源的分发和获取方法的信息	环境
元数据扩展信息	用户具体扩展的信息	多种的
应用模式信息	用于建立数据集的应用模式的信息	内容
元数据影像扩展 ISO 19115-2		
影像内容信息	用于标识覆盖数据的附加信息	内容
影像标识信息	唯一标识数据的信息，包括用于描述该数据引用的扩展，以及标识获取数据所使用组件的实体	环境
影像需求信息	为影像和格网数据收集相关的任务分配和规划提供详细说明	环境
影像获取信息	获取影像和格网数据的信息	
影像数据质量信息	影像数据质量的评价	内容
影像空间表示信息	关于用于表示影像空间信息的机制的附加信息	内容
元数据数据类型		
覆盖范围信息	描述空间和时间覆盖范围的元数据元素—“geographicElement”（地理元素）、“temporalElement”（时间元素）以及“verticalElement”（垂直元素）	内容
影像覆盖范围信息	定义了附加属性，用于说明数据集中最小和最大的垂直覆盖范围值	内容
引用和责任方信息	引用资源（数据集、要素、数据源、出版物，等等）标准化方法（“CI_Citation”）以及该资源的责任方信息（“CI_Responsibility”）	环境

8-5.3.2 编码

内容模型定义了编码规则应该遵照的结构。有非常多用于影像、格网和覆盖数据的不同编码，它们为此类信息提供了编码服务。这些编码中有许多被很好地用在了标准化交换格式中。S-100 提供了一个通用的内容模型结构，可以使用不同的编码格式（例如图 8-2，GeoTIF）对其进行编码或存储。

格网数据，包括影像，是地理信息中最简单的数据结构。然而，它是密集的数据，也就是说在数据集中有大量的图像元素或者格网单元。有两种不同的信息需要编码，它们是格网值矩阵元素（像素，格网单元）及其元数据。这些可以用同一个集成的标准来编码，或者两个分开而又相互链接的信息集合。另外，大部分用于影像和格网数据的编码规则都包含了随机压缩规则，以便压缩格网值矩阵中元素数据的数据容量。

已经有几个按照 ISO JTC1 信息技术（ISO JTC1 Information Technology）开发的 ISO 标准，它们用于图像编码和适用此文档中定义的内容模型结构的影像数据，特别是 JTC1 SC29、图像编码和 JTC1 SC24 计算机图形和图像处理（Computer Graphics and Image Processing）等标准。这些标准应在适用的地方使用。一些商业定义标准或其他组织定义的标准也可以使用。对这些标准的调研已经提交在 ISO 技术报告 19121（Technical Report 19121）中。

海洋测绘数据的影像数据可以使用多种不同编码，特别是用于处理栅格 / 扫描纸质海图数据的两种专有格式，它们具有广泛的使用。任一种格式都可以遵照公共内容模型，用于携带同样的扫描纸质海图的内容。对于像卫星影像或激光雷达（LIDAR）影像这样的影像数据可以采用其他编码方式。第三种编码方式适用于声纳数据。所有这些数据集应当遵照公共内容模型结构和根据特殊产品规范的特殊内容模型。点集数据和 TIN 三角数据需要特殊的编码。

为了促进可兼容的数据交换，有一个公共的中立的编码格式是有必要的，即使对于特定的数据集而言格式不是可选的。ISO 标准组织关于合适的、中立的格式独立编码方面尚无决定，这是因为 ISO 正忙于一个广泛的“信息群体”。一个可用于 S-100 的中立编码由两部分组成，一是 XML 编码的使用，用于描述影像和格网数据的元数据方面，二是从 ISO JTC1 SC29 标准图像编码部分引来的、合适的值元素编码机制。特别注意 ISO 15444-1 JPEG 2000 标准应当和 XML/GML（ISO 19136）一起使用，作为格网数据的中立编码。更通用的编码是分层数据格式（Hierachical Data Format，HDF version 5），它是面向对象的，适用于所有类型的覆盖数据，包括点集和 TIN 三角形。HDF 5 构建了 NetCDF 的基础，而 NetCDF 是用于科学数据的一种常用格式。不管采用了何种格式，内容模型肯定都是一样的，所以数据可以无损地从一个格式转换到另一种格式。

8-6 影像和格网数据的空间模式

8-6.1 覆盖

覆盖把一个有界空间的一些位置和属性值关联起来。覆盖是要素的子类型；就是说，它把一个有界空间的一些位置和该要素的属性值关联起来。一个连续覆盖的函数将该函数时空域内的每一个位置和一个值关联起来。一个离散覆盖的函数只在域内具体位置有效。时空域内的几何对象驱动覆盖函数。覆盖函数为时空域内的几何对象有效地起到了插值函数的作用，它为域内每个位置都建立了一个满足函数范围的值。

时空域内的几何对象是以直接的位置来描述的。几何对象可以完全分割时空域，从而形成类似格网或者 TIN 的镶嵌式分割。点集和其他非连续几何对象集不会形成镶嵌式分割。

ISO 19107 定义了一组几何对象（是 UML 类“GM_Object”（对象）的子类）用于要素的描述。这些几何对象中的一些可以用于定义覆盖的时空域。ISO 19123 定义了“GM_Object”的其他子类型，用于时空域的描述。另外，ISO 19108 定义了“TM_GeometricPrimitives”（几何单形），可用于定义覆盖的时空域。

覆盖的范围是一组要素属性值。该值集合是用带有公共模式的一组记录表示的。比如，一个值集合可能由某一时间，在海洋上某一有界区域里测量的温度和深度组成。覆盖函数可用于计算该有界区域内任何地方的深度和温度。

离散覆盖有一个时空域，这个时空域由一个有限的几何对象集合及包含在那些几何对象中的直接位置共同组成。离散覆盖将每一个几何对象映射到了一个单一的要素属性值记录。离散覆盖是一个离散或阶跃函数，这是与连续覆盖相反的。例如，将要素代码分配给格网中每个单元就是离散覆盖。每个格网单元都与特定要素关联或不关联。

连续覆盖有一个时空域，这个时空域由一组在坐标空间内的直接位置组成。连续覆盖将直接位置映射到值记录上。原则上，连续覆盖应该由不超过一个具有空间有界、但具有无限直接位置的集合，以及一个关联直接位置和要素属性值的数学函数共同组成。

覆盖的概念在该文档中描述是为了将覆盖函数与几何对象集合和直接位置相联系，而这些直接位置是驱动覆盖函数的。通过覆盖的概念，我们可以将要素的概念与格网、一组 TIN 三角形或点集联系起来。这个描述是从 ISO 19123 中改过来的。S-100 只关注格网、TIN 和点集。覆盖的其他类型参见 ISO 19123。

8-6.2 点集、格网和 TIN

8-6.2.1 点集

S-100 只限于与格网和点集相关的影像和格网数据。这两种构造组成了 S-100 此标准所使用的基本几何元素。

点集是一组有界区域内的“GM_Point”（点）对象。这些点对象中的每一个都可能关联着若干个要素。它们也可以形成一个覆盖，用于驱动一个覆盖函数。海洋测绘水深数据可以认为是一个点集。对于点集中每个点值都需要知道该点的位置及关联的属性值和要素引用。属性可以作为一个聚合关联到整个点集，也可以关联到独立点。

元数据可以被关联到由一组独立水深点集组成的水深数据，这是海洋测绘水深的常用做法。几个点集可以聚合成一个覆盖。图 8-5 说明了一个关联有元数据的简单点集的例子。

“Point Set”（点集）是空间中一组二维、三维或者 n 维点。“Point Set Coverage”（点集覆盖）是一个关联有二维点值对的覆盖函数。也就是说，覆盖函数是由一组点（有 X，Y 位置）以及该位置对应的若干个值的记录共同驱动。

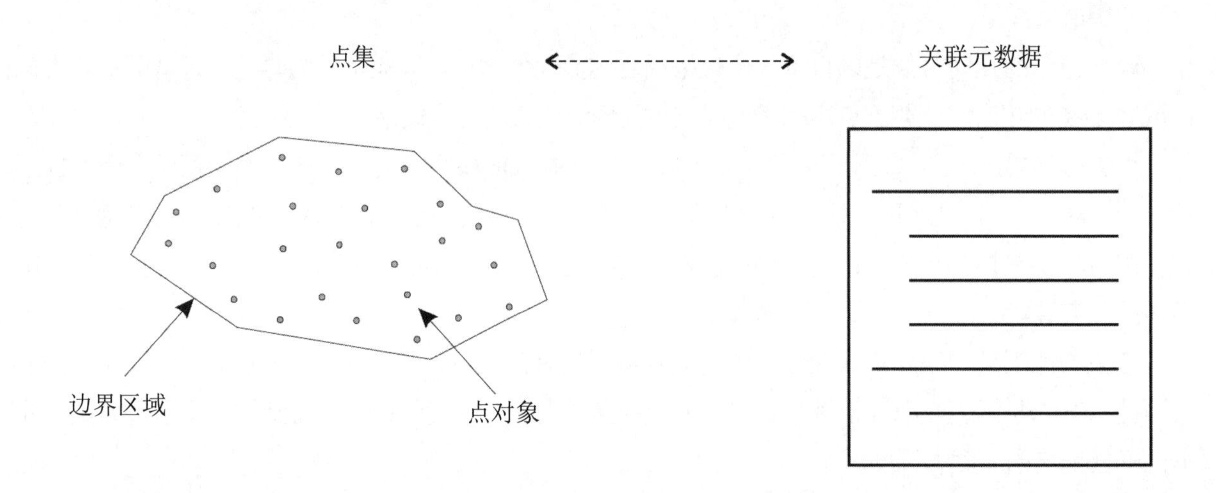

图8-5　带有关联元数据的点集

8-6.2.2　格网类型

格网是有界空间内的一个规则镶嵌式分割，具有两个或多个曲线集合，而这些集合之间的成员以系统的方式相交。这些曲线称为格网线；它们相交的点称为格网点，格网线之间的空隙称为格网单元。格网覆盖了整个有界空间。格网构成了格网数据覆盖的基本几何。空间中存在几种不同的格网镶嵌式分割，它们都是格网一般概念的子类型。所有格网都有的是隐含序列或遍历顺序。对于格网而言也存在多种不同的遍历顺序，在不同情况下它们各有用处。格网单元的位置由规则格网组织和遍历顺序隐式定义的。比如，在规则格网中，每个格网单元可以通过行和列号进行定位。所以没有必要维护每个格网单元的直接位置。更复杂的格网需要更复杂的遍历顺序，然而规则格网依然允许由格网结构和遍历顺序来决定格网内的位置。某一格网的属性值构成了格网值矩阵，该矩阵对应于格网单元。

S-100 只使用可能的格网和遍历顺序中的一小部分。它只使用了 ISO 19123 条款 8 中描述的“CV_ContinuousQuadrilateralGridCoverage”（连续四边形格网覆盖）。它使用了：

1）规则格网和不规则格网；

2）简单的瓦片格网；

3）单元大小固定和单元大小可变的格网；

4）二维或三维格网。

格网的遍历顺序定义在 ISO 19123 附录 C 中。S-100 有关的类型有：“Linear Scan”（线性扫描）；“Morton Order”（莫顿顺序）。图 8-6 表示了格网的线性扫描遍历以及一个莫顿顺序的遍历。莫顿排序容易适应不规则形状的格网以及单元大小可变的格网。莫顿顺序对应于一个二维的四叉树，并且可以扩展为更高维的。

这两种格网类型和遍历顺序已经应用在海洋测绘数据中（比如节 8-6.2.5　莫顿顺序）。

其他的遍历顺序定义在 ISO 13123 标准中。

二维线性扫描遍历顺序

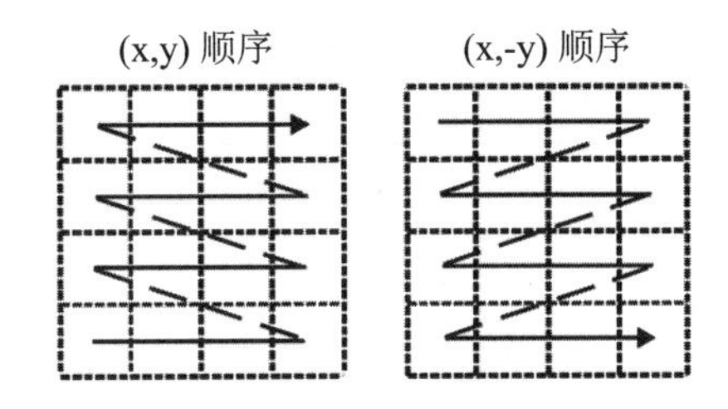

二维规则格网的莫顿顺序

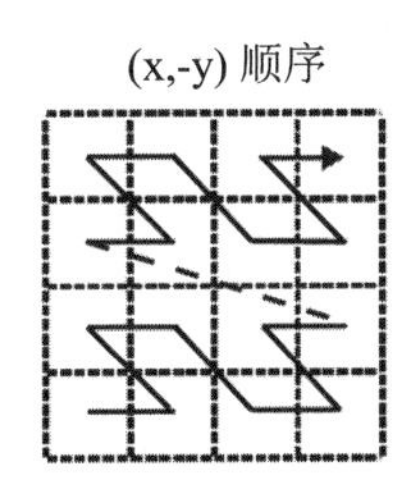

图8-6　线性扫描行列（X，Y）遍历顺序和莫顿（X，Y）顺序

8-6.2.3　规则格网和不规则格网

最普通的格网类型是规则格网。大部分影像是基于该格网定义的。规则格网是 ISO 19123 中定义的四边形格网的一个子类型。四边形格网是这样一个格网，它的曲线都是直线，格网空间的每一维都有一组格网线。这种情况下，格网单元是平行四边形或平行六面体。平行六面体是类似立方体的三维图，只不过它的面不是正方形，而是平行四边形。

一个格网有可能有非矩形或非四边形的边界。这些格网有时候会出现，是因为扫描纸质海图时存在"内凹"或"外凸"，它们会影响格网的边界。但是格网可以是任意一种形状，只要能将按照某个规定单元顺序的序列进行遍历。图 8-7 表示的是一个规则格网。图 8-8 给出了一个带有外凸的四边形格网，这种情况可能是因为扫描操作。

规则（正交四边形）格网

图8-7　规则格网

不规则形状的四边形格网

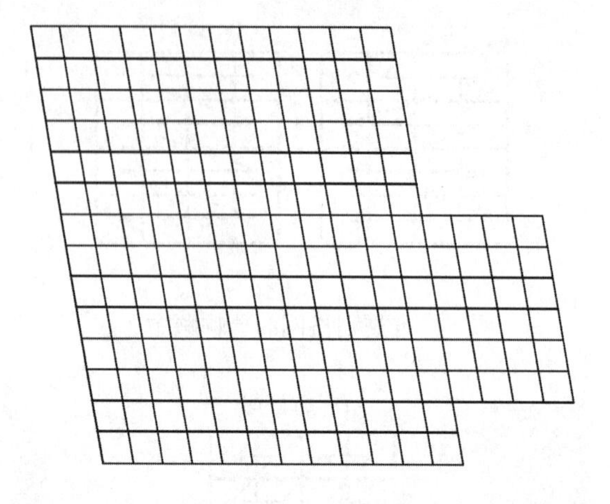

图8-8　带外凸的四边形格网

可以定义非常不规则形状的格网，但是需要一个比简单的线性扫描更加复杂的遍历规则。

8-6.2.4　简单格网和瓦片格网

瓦片格网是一组数据的两个或多个格网镶嵌式分割。切片模式本质上是叠加在第一个简单格网的第二个格网。瓦片模式格网中每个单元本身都是格网。一个瓦片模式格网有可能和矢量数据一块使用，其中每个单元定义了某个矢量数据集的边界。当数据比较稀疏时，瓦片模式很有价值。比如，美国的栅格地图可能用来切成瓦片，这样的话就没有必要包含覆盖加拿大或者海洋的数据，而包含阿拉斯加州和夏威夷。图 8-9 显示了一个瓦片格网。

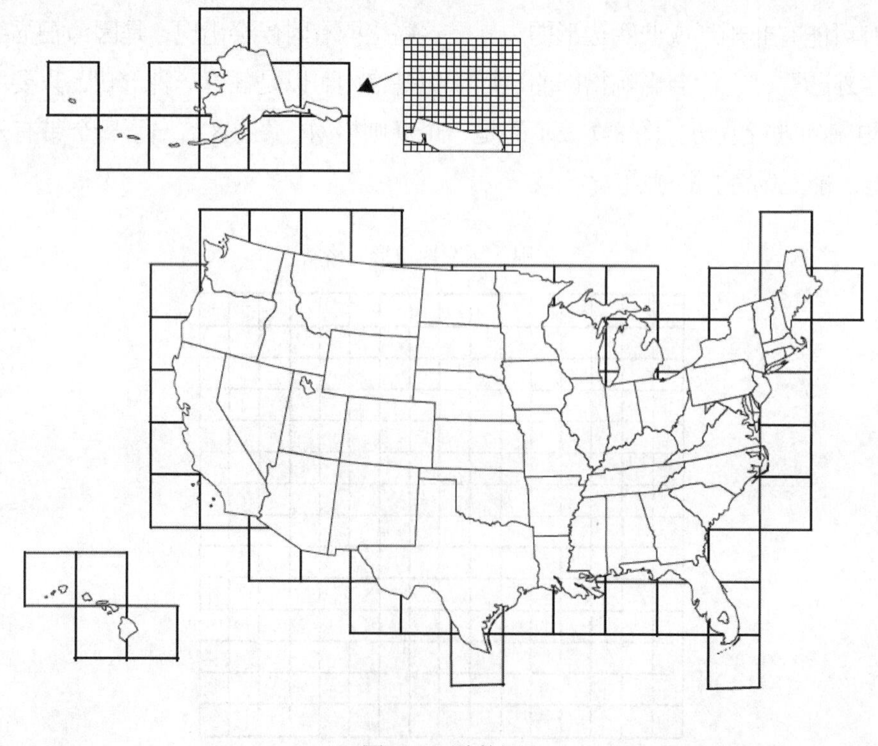

图8-9　瓦片格网

8-6.2.5 规则的格网和单元大小可变的格网

传统的格网是固定分辨率的，绝大部分是由一些每一维上等间距的正交直线构成的，单元是正方形或者矩形。格网化是一个生成点数据集合的标准方法，通过设定一个分辨率或者格网间距，然后根据每个单元所包含点群的单一属性，计算各个格网的值。同样的，影像数据根本上来说也是格网的、是基于传感器的分辨率或者统一的任意的像素间隔。

格网有可能建立在单元大小可变的基础上。一个常见的例子是“QuadTree”（四叉树），一些地理信息系统中经常使用它。具有单元大小可变的特点，使得格网曲面可以采用不同分辨率，这个格网曲线采用不等间距平行线，并定位到指定格网单元。这要求对每一维的数据进行规范化，并对每一维数据进行二元细分以便定位到任意指定单元。在点或影像数据中使用时，变化较大的区域可以用小格网单元表示，变化较小的区域可以用大格网单元表示。当然，如果格网中单元的大小是变化的，那么它必须是有序的，以保证格网镶嵌式分割依然可以覆盖有界区域，并且遍历方法必须能够对单元进行有序组织。此外，有必要包含描述各个单元大小的信息。

在单元大小可变格网中的数据中，具有类似属性的单元被聚合成了一个更大的单元，维护了原始同一间隔数据的完整性，同时使得存储量最小。单元大小可变的格网支持空值，所以不完整的数据—包含洞——可以存在，而不需要给没有数据的区域赋上任何值。这方便传统格网进行很大程度的压缩，因为没有数据的格网是空的——它们不存在。

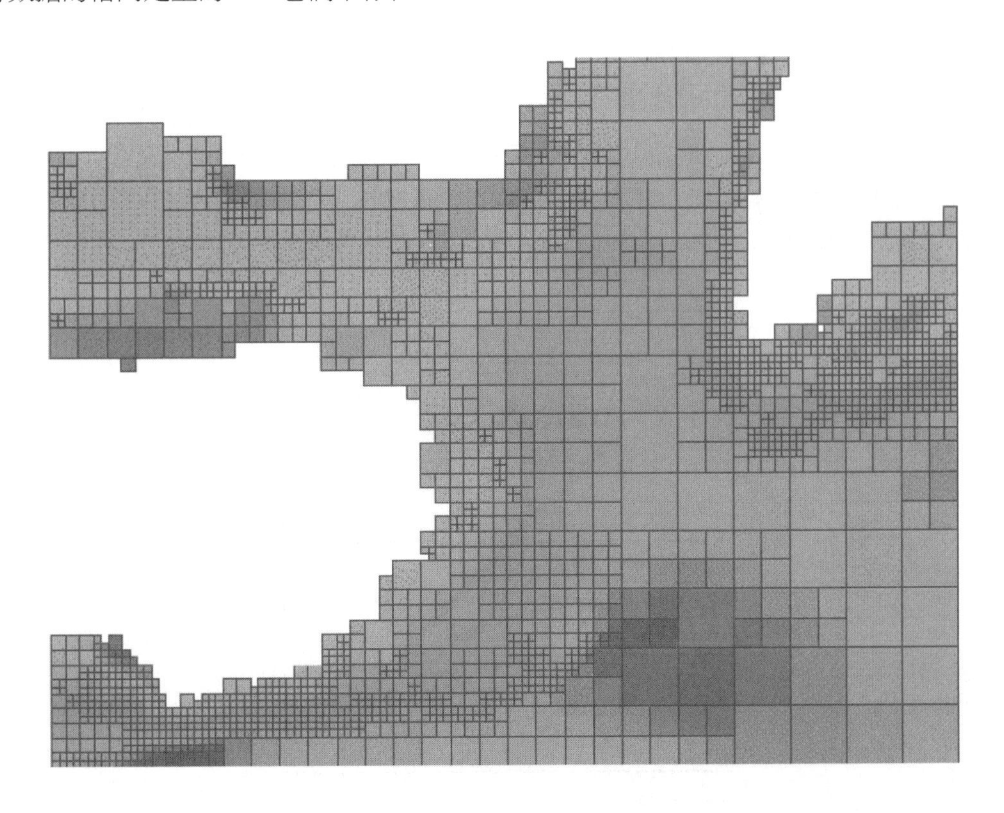

图8-10 黎曼超空间格网覆盖

（显示了从海洋测绘声纳数据中得到的深度）

图 8-10 显示了一些大小可变的单元。在格网值矩阵里，如果四个连续单元（二维）具有相同属性，那么它们会被聚合成一个更大的单元。在二维中，这被称为“QuadTree”（四叉树）。这对于分辨率

可变或者数据值需要分簇的应用，特别有用。

大小可变单元，如图 8-11 所示，对于海洋测绘数据极为有用。之前表示海底覆盖都是采用水深数据（点集），现在取而代之的是使用一组大小可变单元。每个单元可以携带几个属性值。邻近的单元可以聚合从而极大减少数据量。小单元存在于各个单元之间的属性值快速变化的地方。浅滩、海岸线和障碍物构成大量的小单元，其中较大的相对恒定区域或平坦区域（如水道底部）构成大量聚集单元。

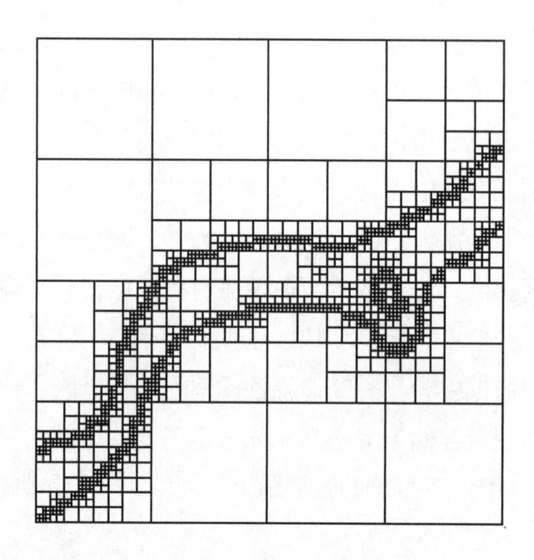

图8-11　大小可变单元

莫顿遍历顺序可以处理大小可变的单元。其遍历过程如图 8-12 所示。莫顿顺序是从左到右，从底到上，挨个单元、不考虑单元大小地遍历。它先增加 X 坐标，然后是 Y 坐标。这也可以扩展到多维的情况，先增加 X 坐标，然后 Y 坐标，再然后 Z 坐标，以此类推到更多的维度。图 8-13 说明了不规则格网和大小可变格网的莫顿排序。在这个例子中，使用了 Y，X 排序。

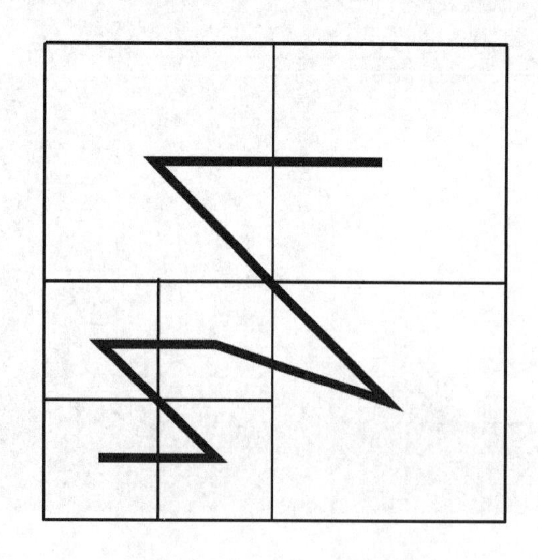

图8-12　莫顿顺序（X，Y）

任何填满曲线的空间都对有界空间进行了排序，但是莫顿顺序指定的顺序保留邻近关系。这是一个非常重要的特征。意味着在格网中邻近的两个点，在格网的遍历顺序中也是邻近的。该特征是从黎曼对毕达哥拉斯定理进行多维扩展的结论得来的，也就是黎曼超空间。

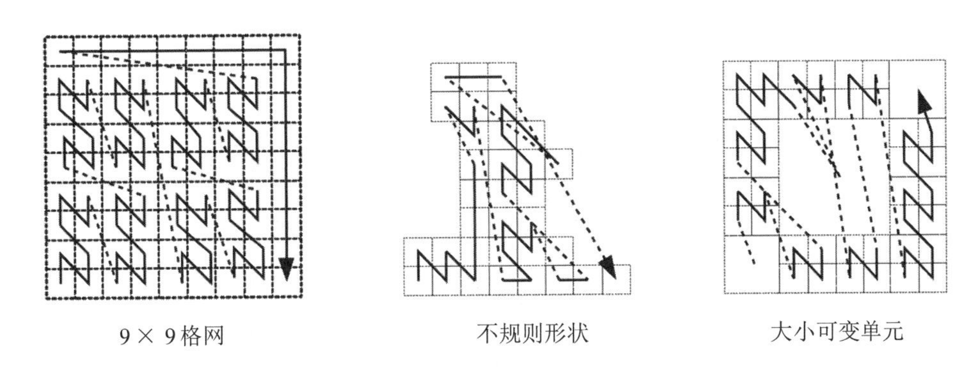

图8-13　不规则格网和大小可变格网的莫顿顺序

8-6.2.6　二维或三维格网

格网可能是二维或者三维的。并不是所有的遍历顺序适用于高维格网，但是线性扫描遍历和莫顿顺序遍历都可以扩展到三维。n 维格网中每一维都和其他正交。因此，在三维格网中，每一维上都有一组垂直相交的线，它们是等间距的，形成了一些立方体单元。这些可以认为是体元素—体元（voxel）。

四边形格网容易扩展成三维，可以通过在第三个维上对每一个单元“层”，重复其格网。为了支持具有相同单元结构的多波段数据的常见做法，然而对于真三维，第三维的单元数目是非常大的，数据量会变得巨大。图 8-14 给出了一个规则格网，通过重复数据在四个不同波段的格网，扩展成三维的。图 8-15 说明了一个规则格网如何扩展以覆盖一个体。

多维复杂格网存在于 n 维中，遵照这些结构的规则，允许创建多维的、多分辨率的聚合结构。在海道应用中，人们通常不关注三维实体，而是关心海底及物体的三维表达，包括海底水体中的漂浮物体。这些数据集是分离的，其中大部分体元是空的。如果允许三维单元在相同的情况下（在预定义容差范围内）聚合成更大的单元，那么大部分空的单元将会消失，变成一些更大的聚合。大小可变单元的使用对于处理三维或者更高维数据很有用。三维条件下，单元大小可变的格网如图 8-16 所示。

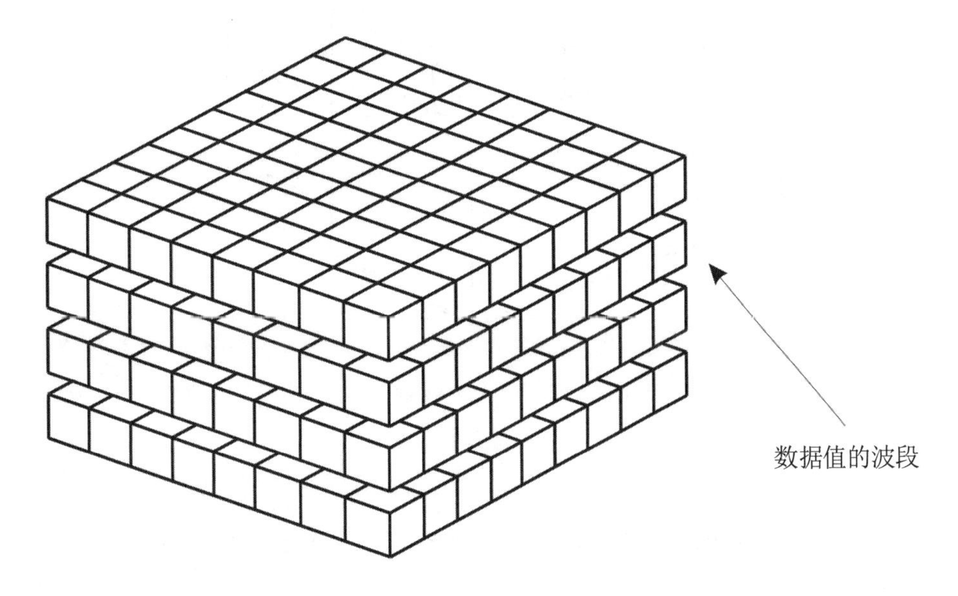

图8-14　规则格网中增加波段以扩展属性空间

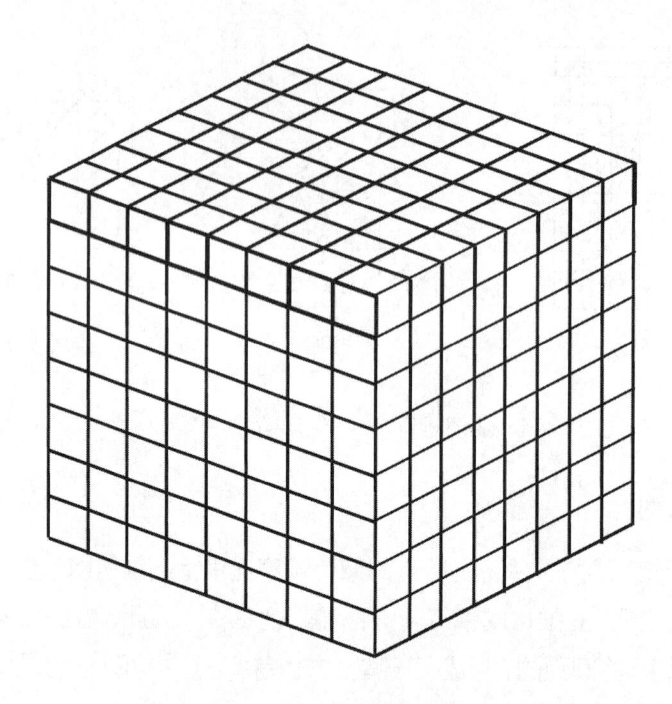

图8-15　扩展为覆盖三维体的规则格网

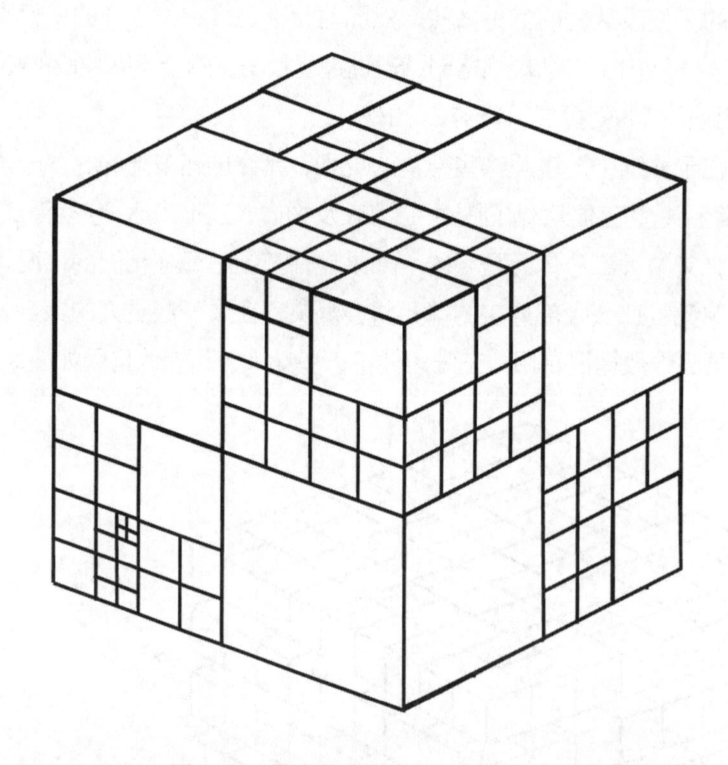

图8-16　三维条件下单元大小可变的格网

8-6.2.7　TIN

不规则三角网（Triangular Irregular Network）是一个描述可变密度的覆盖数据的方法，它是基于一组三角形。TIN 结构对于分析来说，非常灵活。因为每个三角形都是一个局部平面，可以直接计算出任意一曲线与表示为 TIN 的曲面的交点。属性可以应用于每个三角面，为了计算等值线，以几何方式处理这些面很容易，但计算量比较大。在一个动态导航系统中，可以容易计算船体与表示为 TIN 的底部曲面之间的交点，因此很容易就可以确定出一个动态的安全等值线。矢量数据与 TIN 三角形所组成的曲面的交点是线和面相交的简单运算。图 8-17 给出了一个 TIN 的例子，该图展示了大小可变的 TIN 三角形和 TIN 顶点。

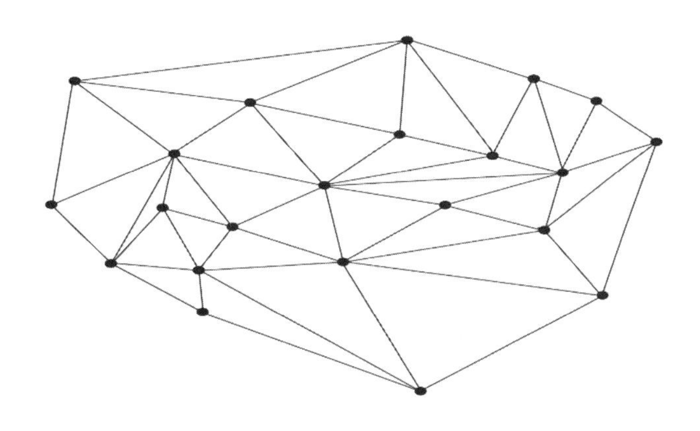

图8-17　TIN三角形构成的覆盖示例

TIN 由一组三角形组成。每个三角形的顶点都和相邻三角形共享。这些三角形构成了覆盖函数的控制点。在 TIN 中有一个固有的开销，因为必须同时存储三角形和顶点。属性值是附在三角形上的，而几何是从顶点位置中得到的。TIN 要么以带有共享顶点信息的三角形来描述，要么以带有关联三角形信息的顶点来描述。采用“带有共享顶点信息的三角形”是比较简单的结构，因为每个三角形都只有三个顶点，而一个顶点可能被多个三角形共享。

TIN 在表示可变密度的数据时很有用，因为如果数据是局部平滑的，那么三角形可能较大，而采用更大的密度来表示值变化很快的数据。如果认真筛选 TIN 中的点用于表示山脊、峡谷和其他重要要素，TIN 会大大有助于数据压缩；然而，如果 TIN 是从任意一组数据点集中自动生成的话，数据量将会超过原始的源数据，或者重要信息会丢失，这是因为 TIN 覆盖可以是任意形状，可以用于覆盖感兴趣的区域。

8-6.3　数据集结构

S-100 中使用的覆盖数据是相对简单的数据。它由一组数据值以及描述这些值的含义的元数据共同组成。数据值是按照空间模式来组织的。对于覆盖数据的大部分类型，采用的是覆盖模式。除了点集数据，它是一组点。

数据集是由“S100_IG_Collection”（集合）类型组成的，而“S100_IG_Collection”类型包含覆盖和点集。元数据被关联在不同层次。元数据可能被关联到整个数据集，或者覆盖或者点集。元数据也可以根据需要关联到某些数据元素。更低层次的更详细元数据重载了整个覆盖或集合的通用元数据。元数据也可能被关联到数据集中或者数据集元素其他分组中的某一区域。

元数据的描述可按照不同方式进行组织。在该标准中，元数据是按照模块进行组织的。“Discovery Metadata Module”（发现元数据模块）将数据集当作是一个整体，而其他元数据应用于“S100_IG_Collection”（集合）。“S100_Collection Metadata Module”（集合元数据模块）使用“S100_Discovery Metadata Module”（发现元数据模块）、“S100_Structure Metadata Module”（结构元数据模块）、“S100_Acquisition Metadata Module”（获取元数据模块）和“S100_Quality Metadata Module”（质量元数据模块）作为其子组件。

覆盖或者点集数据也可以按照瓦片进行组织。元数据也可以被关联到一个瓦片上。图 8-18 给出了数据集的总体结构。

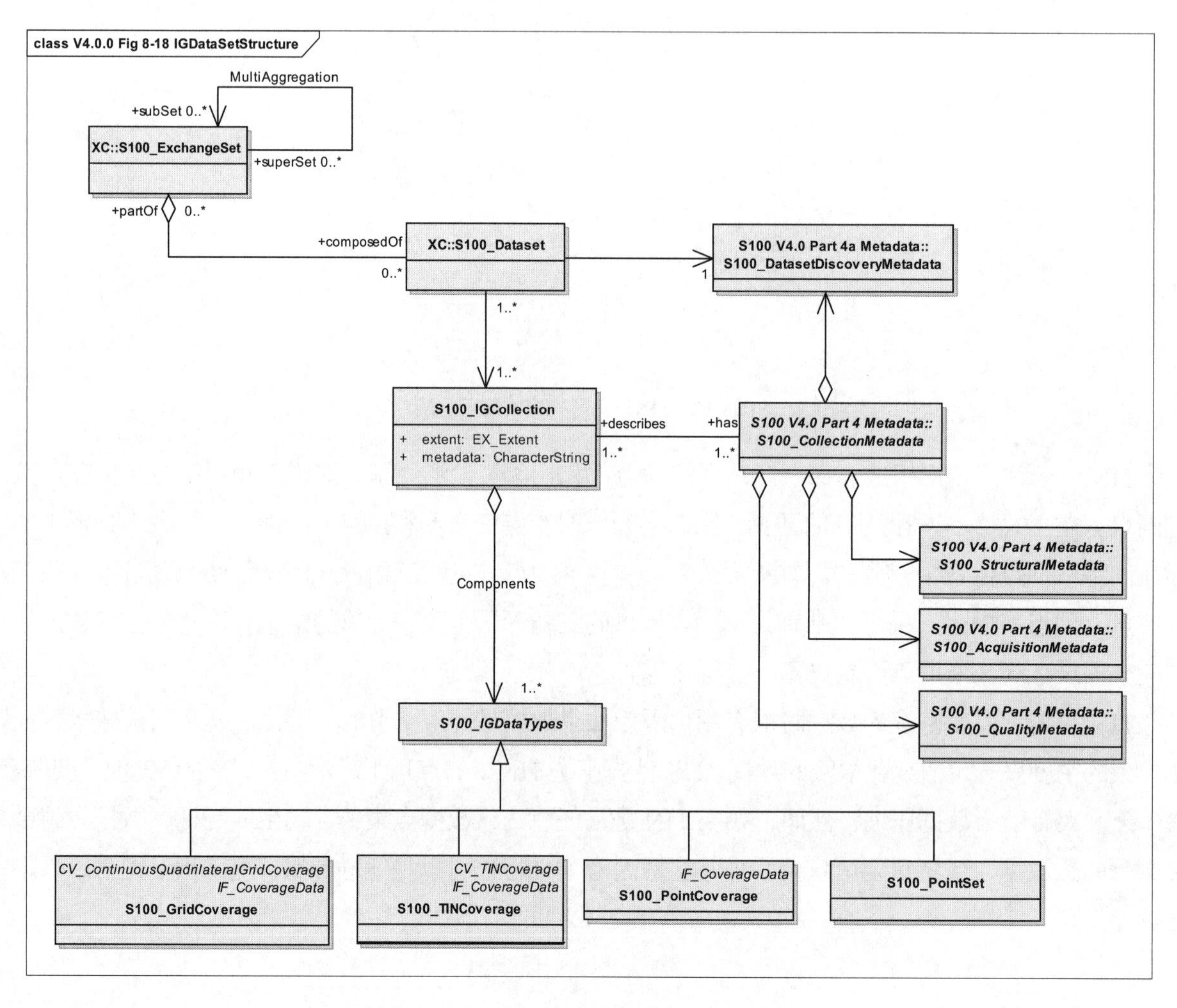

图8-18　数据集结构

8-6.3.1　数据集类

数据集是一个数据的可标识集合，可以表示为交换格式或者保存在存储媒介中。数据集可以表示整个或者部分逻辑数据集合，可能包含若干个数据块。数据集的内容由产品规范来定义，该产品规范针对该数据的特定类型，并且通常与该数据的使用相适应。某一数据类型的产品规范需要有一个轮廓，用于指明该数据产品的组织。比如，一个基于简单网格水深模型的产品可能只有一个水深格网覆盖，以及一个指明每个数据集包含一个瓦片的切片模式。更加复杂的产品可能包含多个共位的覆盖，以及更加复杂的切片模式，比如基于大小可变切片模式的四叉树——一个数据集可能有时会包含多个瓦片。数据集是可以被关联发现元数据识别的逻辑实体，而不是交换的物理实体。

8-6.3.2　S100_Discovery Metadata Module（发现元数据模块）

关联在数据集上的是一组发现元数据，它们描述了数据集，以便数据集可以被访问。它由 ISO

19115-1 中定义的“核心”元数据组成。

8-6.3.3 S100_Transmittal（传送）

传送是编码的交换格式，用于携带所有的、或者部分的或者几个数据集。它表示交换的物理实体。传送依赖于编码格式以及交换媒介。在物理媒介上的传送，如 DVD，可以携带许多数据集，而在低带宽电信线路上的传送可能只能携带一小部分的数据集。传送所附带的任何元数据都是传送的不可缺失的一部分，这些元数据可能会被交换机制转换为其他交换元数据，以满足传送的路线选择和分发。一个常见的交换机制是采用物理媒介，如 CD-ROM，来携带整个数据集。传送元数据没有被显示出来，因为任何传送的元数据，除了“Discovery Metadata Module”（发现元数据模块）中的信息之外，都依赖于交换所使用的机制，可能会因为交换媒介或者编码格式而不同。传送元数据的一个例子是交换数据的字节数。

8-6.3.4 S100_IG_Collection（集合）

“S100_IG_Collection”表示一个数据集合。一个集合可能包含某一区域的多种不同的数据类型，或者同一覆盖类型的、但是表示不同曲面的多个覆盖。比如一个集合可能由同一地区的一个格网覆盖以及一个点集组成，其中格网覆盖表示了水深曲面，而点集表示一些水深点。

8-6.3.5 S100_Collection Metadata Module（集合元数据模块）

与“S100_IG_Collection”相关联，是一组集合元数据，它描述了表示在集合中的数据产品。它是由一些子组件构成的，包括“S100_Discovery Metadata Module”（发现元数据模块）、“S100_Structure Metadata Module”（结构元数据模块）、“S100_Acquisition Metadata Module”（获取元数据模块）和“S100_Quality Metadata Module”（质量元数据模块）。“S100_Discovery Metadata Module”可能应用于一个集合，从而使得整个集合可以被发现。其他元数据模块是 ISO 19115-1 中定义的描述性元数据。

8-6.3.6 S100_Structure Metadata Module（结构元数据模块）

与数据类型关联，是一组结构元数据，描述了覆盖或者点集的结构。

8-6.3.7 S100_Acquisition Metadata Module（获取元数据模块）

与数据类型关联，是可选的，是一组或多组获取元数据，描述了数据来源。

8-6.3.8 S100_Quality Metadata Module（质量元数据模块）

与数据类型关联，是可选的，是一组或多组质量元数据，描述了数据的质量。

8-6.3.9 S100_IG_DataType（数据类型）

这是一个抽象类，用于表示所有可能出现在“S100_IG_Collection”（集合）中的覆盖或点集数据的类型。

8-6.3.10 components（组件）

角色名“components”（组件）标识了一个集合中包含的一组数据类型。

8-6.3.11　S100_Tiling Scheme（切片模式）

该类用于描述“S100_Collection”（集合）中使用的切片模式。用于标识瓦片具体实例的元数据包含在结构模块中。

8-7　切片模式（Tiling Scheme）

切片是减少数据集中数据量到可控比例的一种方法。条款 7.2.2.2 说明了如何使用切片。在数据集中应该同时有描述切片模式以及瓦片实例或者该数据集所携带瓦片的信息。类“S100_TilingScheme”（切片模式）携带切片模式的整体信息。对于某一数据集合，可能只定义了一个切片模式。在数据仓库（数据库）中，可能有多个重叠的切片模式，而任一种切片模式都可能作为从数据仓库中提取数据的基础。

切片模式本身是一个离散的覆盖。它通常是一个简单的规则格网，具有相同瓦片密度。这样一种格网覆盖也可能具有可变瓦片密度。更加复杂的切片模式也可能定义为一个离散的多边形覆盖。比如一个由高程组成的数据集合被政治疆界切割。这些切片模式的类型如图 8-19 所示。其他切片模式也是有可能的。实际上，任一种离散覆盖都可能用于建立一个切片模式。

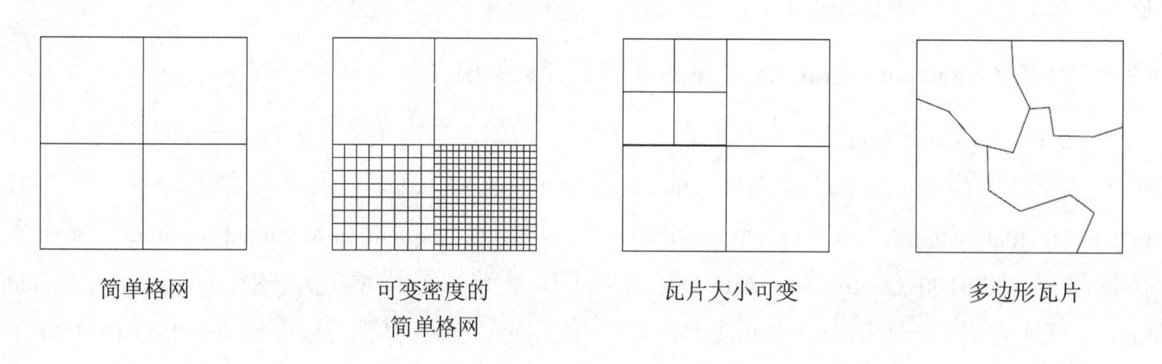

图8-19　切片模式类型

某一数据产品使用的任一种切片模式，都必须按照产品规范的一部分对其进行完整的描述。这包含了瓦片的维度、位置和数据密度以及瓦片标识机制（tileID）。

8-7.1　空间模式

每个“S100_IG_DataType”（数据类型）都具有一个专门用于描述数据类型结构的空间模式。“S100 影像、格网和覆盖”部分中指定了四种数据类型：

1）“S100_Point Set”（点集）；

2）“S100_Point Coverage”（点覆盖）；

3）“S100_TIN Coverage”（TIN 覆盖）；

4）“S100_GridCoverage”（格网覆盖）。

8-7.1.1　S100_PointSet（点集）空间模型

“S100_Point”（点）是一个具有三维坐标参照系的简单点。它的值是由坐标，而不是由属性来携带的。这样的点是由某种传感器生成的。“S100_PointSet”不是一个覆盖。点集中每个点只有一个值。点集可以用于生成点覆盖。类“S100_PointSet”如图 8-20 中所示。

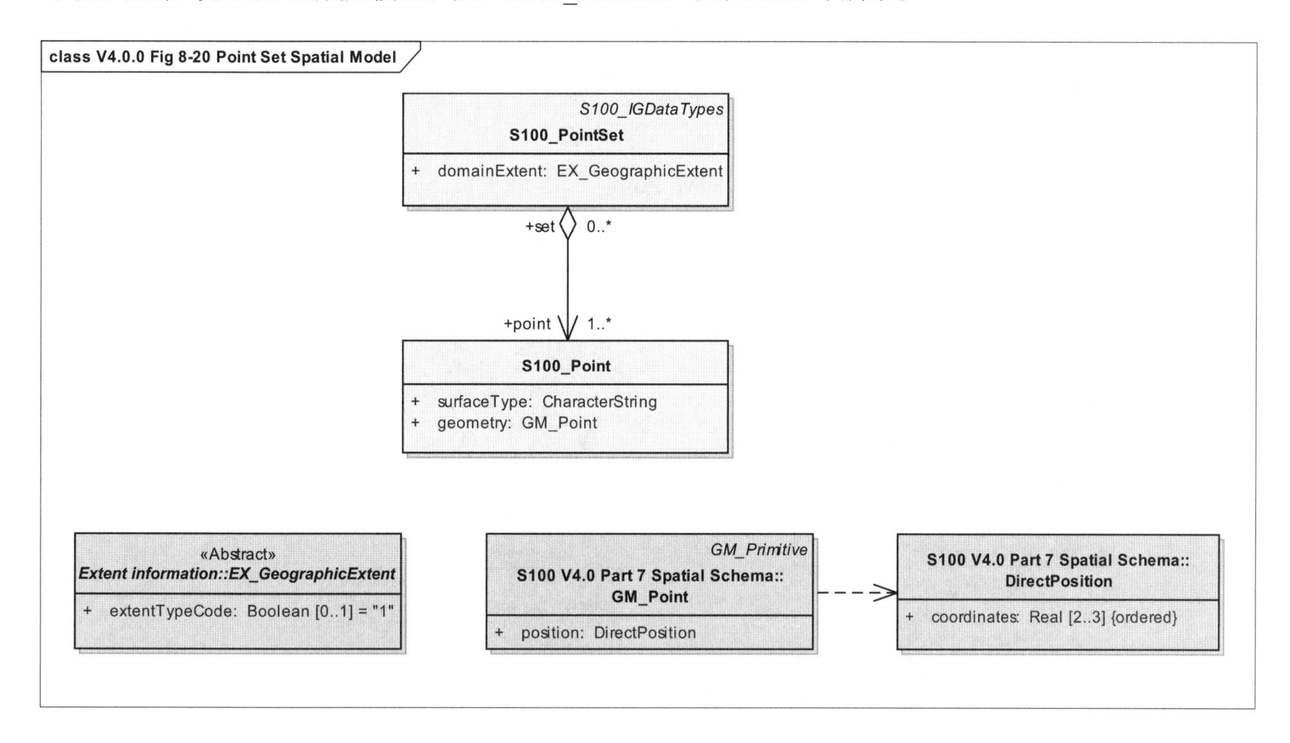

图8-20　S100_PointSet（点集）

属性“domainExtent”（域覆盖范围）描述了点集域的空间覆盖范围。

属性“metadata”（元数据）提供了描述点集的元数据的链接。逻辑上该链接可以是任意的 URI，但是它可以按照“CharacterString”（字符串）数据类型实现，用于标识关联的元数据文件。

属性“surfaceType”（曲面类型）标识了曲面的类型，而曲面是由点来描述的，比如，水深数据是由声纳测量而来的。

属性“geometry”（几何）包含了一个“GM_Point”的实例。

8-7.1.2　S100_PointCoverage（点覆盖）空间模型

“S100_PointCoverage”是属于 ISO 19123 中的“CV_DiscretePointCoverage”（离散点覆盖）类型。每个“CV_PointCoverage”值记录中的属性值表示了覆盖的值，比如海洋水深。

类“S100_PointCoverage”（图 8-21）表示了关联到一组任意 X，Y 点的一组值，比如水深值。每个点都是通过水平坐标几何对（X，Y）来标识的，并关联着若干个属性值。这些值是按照每个点一个记录进行组织的。

属性“domainExtent”（域覆盖范围）描述了覆盖域的空间覆盖范围。

属性“rangeType”（值域类型）描述了覆盖的值域。它使用 ISO/TS 19103 中规定的数据类型—“RecordType”（记录类型）。“记录类型”的一个实例是名称列表：一些数据类型对，其中每一个描述覆盖范围内所包含的数据类型。

属性“metadata”（元数据）提供了描述点集的元数据的链接。逻辑上该链接可以是任意的 URI，但是它可以按照“CharacterString”（字符串）数据类型实现，用于标识关联的元数据文件。

属性“commonPointRule”（公共点规则）描述了一种评价覆盖时采用的程序，该程序针对落在边界上或者在覆盖域内两个几何对象的重叠区域中的位置。它从 ISO 19123 中规定的代码表“CV_CommonPointRule”中取值。该规则应当应用于从评价该覆盖中每个几何对象所产生的一组值。“CV_CommonPointRule”的值包括“average”（平均），“high”（上限）以及“low”（下限）。比如，用于测深的数据可能使用“high”（上限）值来强调障碍物，比如岩石或者浅滩。

属性“geometry”（几何）包含了一个“GM_Point”（点）的实例。

属性“value”（值）包含了一个记录，该记录遵照“rangeType”（值域类型）属性规定的记录类型。

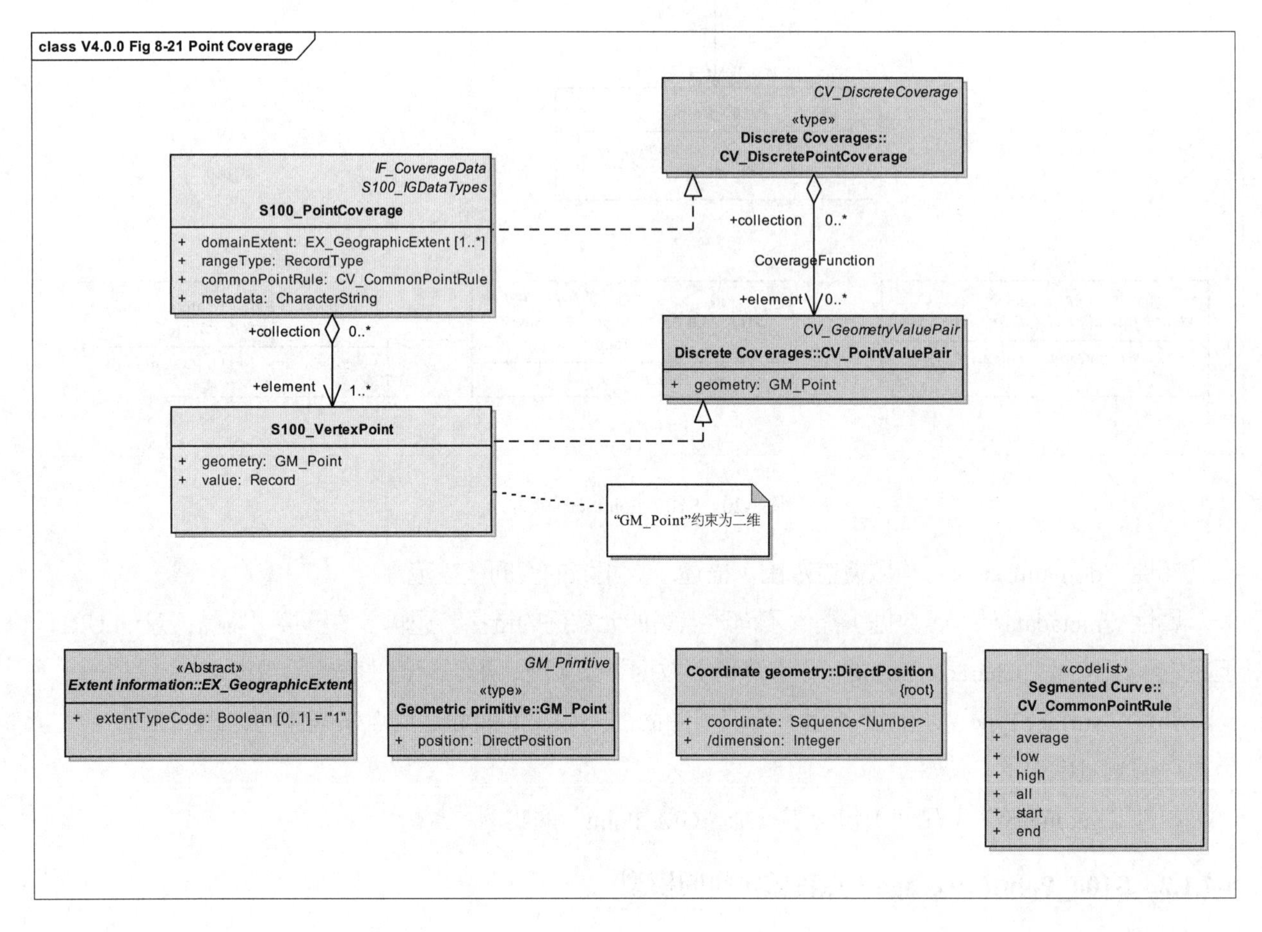

图8-21 S100_PointCoverage（点覆盖）

8-7.1.3 S100_TINCoverage（TIN 覆盖）空间模型

TIN 覆盖是 ISO 19123 描述的 CV_ContinousGridCoverage（连续格网覆盖）的一种。每个“CV_GeometryValuePair”（几何值对）值记录的属性值表示每个三角形顶点的值。任何关联到 TIN 三角形的附加属性都可以按照属性“CV_ValueTriangle”（值三角形）进行描述。

TIN 用一组不重叠三角形覆盖了一个区域，其中每个三角形都是由三个点构成的。TIN 的几何在 ISO 19107 中有描述，TIN 覆盖在 ISO 19123 中描述。TIN 覆盖在某些应用中对于表示高程或水深尤为有用。采用 TIN 表示可以更加方便地计算它与一个覆盖曲面的交点。图 8-22 说明了类“S100_TINCoverage”（TIN 覆盖）。

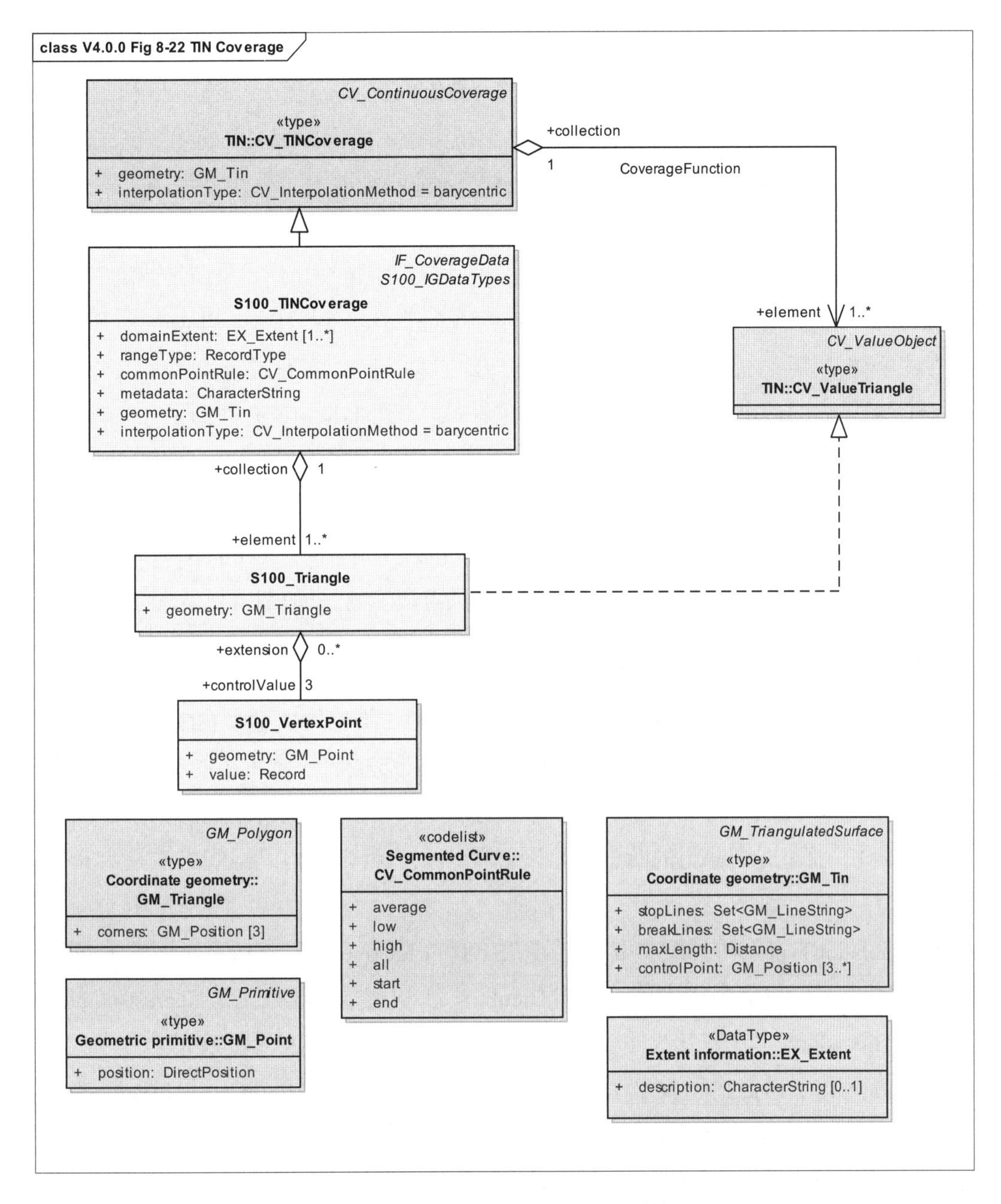

图8-22　S100_TINCoverage（TIN 覆盖）

属性“geometry”（几何）描述了构成 TIN 基础的三角网。三角形位于二维流形上，该流形具有三角形顶点的 X、Y 坐标以及属性，其中坐标表示流形的位置。

属性“interpolationType”（插值类型）规定了评估“S100_TIN 覆盖”时推荐使用的插值方法，该值取自代码列表“CV_InterpolationMethod”（插值方法），值为“barycentric”（质心）。三角形中质心位置 S 可以用三个“CV_PointValuePairs”（点值对）——（P1，V1）、（P2，V2）和（P3，V3）以及系数 is（i，j，k）共同表示，S=iP1+jP2+kP3，而其在 S 位置插值后的属性值为 V=iV1+jV2+kV3。

属性“domainExtent”（域覆盖范围）描述了覆盖域的空间覆盖范围。

属性“rangeType”（值域类型）描述了覆盖的值域。它使用 ISO/TS 19103 中规定的数据类型—“RecordType”（记录类型）。“记录类型”的一个实例是名称列表：一些数据类型对，其中每一个描述覆盖范围内所包含的数据类型。

属性“metadata”（元数据）提供了描述点集的元数据的链接。逻辑上该链接可以是任意的 URI，但是它可以按照“CharacterString”（字符串）数据类型实现，用于标识关联的元数据文件。

属性“commonPointRule”（公共点规则）描述了一种评价覆盖时采用的程序，该程序针对落在边界上或者在覆盖域内两个几何对象的重叠区域中的位置。它从 ISO 19123 中规定的代码表“CV_CommonPointRule”中取值。该规则应当应用于从评价该覆盖中每个几何对象所产生的一组值。“CV_CommonPointRule”的值包括“average”（平均），“high”（上限）以及“low”（下限）。比如，用于测深的数据可能使用“high”（上限）值来强调障碍物，比如岩石或者浅滩。在包含一组几何对象的情况下会使用“commonPointRule”（公共点规则），比如 TIN 中的三角形。

属性“geometry”（几何）包含了一个“GM_TIN”的实例。对于每个“S100_Triangle”（三角形）来说，属性“geometry”包含了“GM_Triangle”。

三个顶点决定一个三角形。“S100_VertexPoint”（顶点）的属性“geometry”是“GM_Point”的一个实例。属性值包含了一个记录，该记录只限于定义顶点覆盖值的项（比如，水深 TIN 顶点的深度）。

8-7.1.4　S100_GridCoverage（格网覆盖）空间模型

类“S100_GridCoverage”（图 8-23）表示一组关联到二维格网的值。ISO 19123 提供了几种可用的格网组织方法，它们具有不同的遍历顺序，以及大小可变或者固定大小的单元。S-100 使用了两种不同的组织方法，具有相同大小单元、按照线性序列规则遍历的简单四边形格网，以及单元大小可变、按照莫顿顺序序列规则遍历的四边形格网。单元大小可变的格网组织方法是大家知道的二维格网四叉树。

属性“interpolationType”（插值类型）描述“S100_GridCoverage”的推荐插值评估方法。可用的插值方法有：“Bilinear”（双线性插值）、“Bicubic”（双三次插值）、“Nearest-neighbour”（最近邻插值）和“Biquadratic”（双二次插值）。这些方法是在 ISO 19123 中定义的。

类 S100_Grid 是 ISO 19123 中“CV_RectifiedGrid”（校正格网）和“CV_GridValuesMatrix”（格网值矩阵）的实现。它的属性是从 ISO 19123 中的类继承而来。属性“dimension”（维数）规定了 S100 格网的维数。属性“axisNames”（轴名称）规定了格网轴的名称。属性“origin”（原点）规定了格网原点在一个外部坐标系中的坐标。

规定在 ISO 19107 的数据类型“DirectPosition”（直接位置），通过角色名称“coordinateReferenceSyetem”（坐标参照系）和 ISO 19111 中的类“SC_CRS”（坐标参照系）具有关联，而“SC_CRS”规定了外部的坐标参照系。

属性“offsetVectors”（偏移矢量）规定了在外部参照系下（通过属性“origin”（原点）确定），格网点之间的间隔以及格网轴的方向。它使用 ISO/TS 19103 中规定的数据类型“Vector”（矢量）。

对于具有相同大小单元的简单格网，偏移矢量确定单元大小。对于单元大小可变格网（四叉树格网），偏移矢量确定最小单元的大小。实际单元大小是以属性的方式包含在数据记录中的，而数据记录描述了四叉结构的聚合层次。

属性“extent”（覆盖范围）规定了该数据所在格网的覆盖范围。它使用 ISO 19123 中规定的类型 CV_GridEnvelope（格网外接矩形框），该类型提供了区域角点的最小格网坐标和最大格网坐标（CV_

GridCoordinates）。“CV_GridCoordinates”是在 ISO 19123 中规定的。

属性“extent”（覆盖范围）可以有效定义数据的外接矩形。对于单元大小一致的简单格网而言，如果在矩形区域内数据是不可用的，应当对这些没有数据的区域填以无效值。对于单元大小可变的格网（四叉树格网），莫顿顺序编码的一个特征是：非矩形区域也可以表示。这样的话，属性“覆盖范围”是数据所在格网区域的外接矩形。

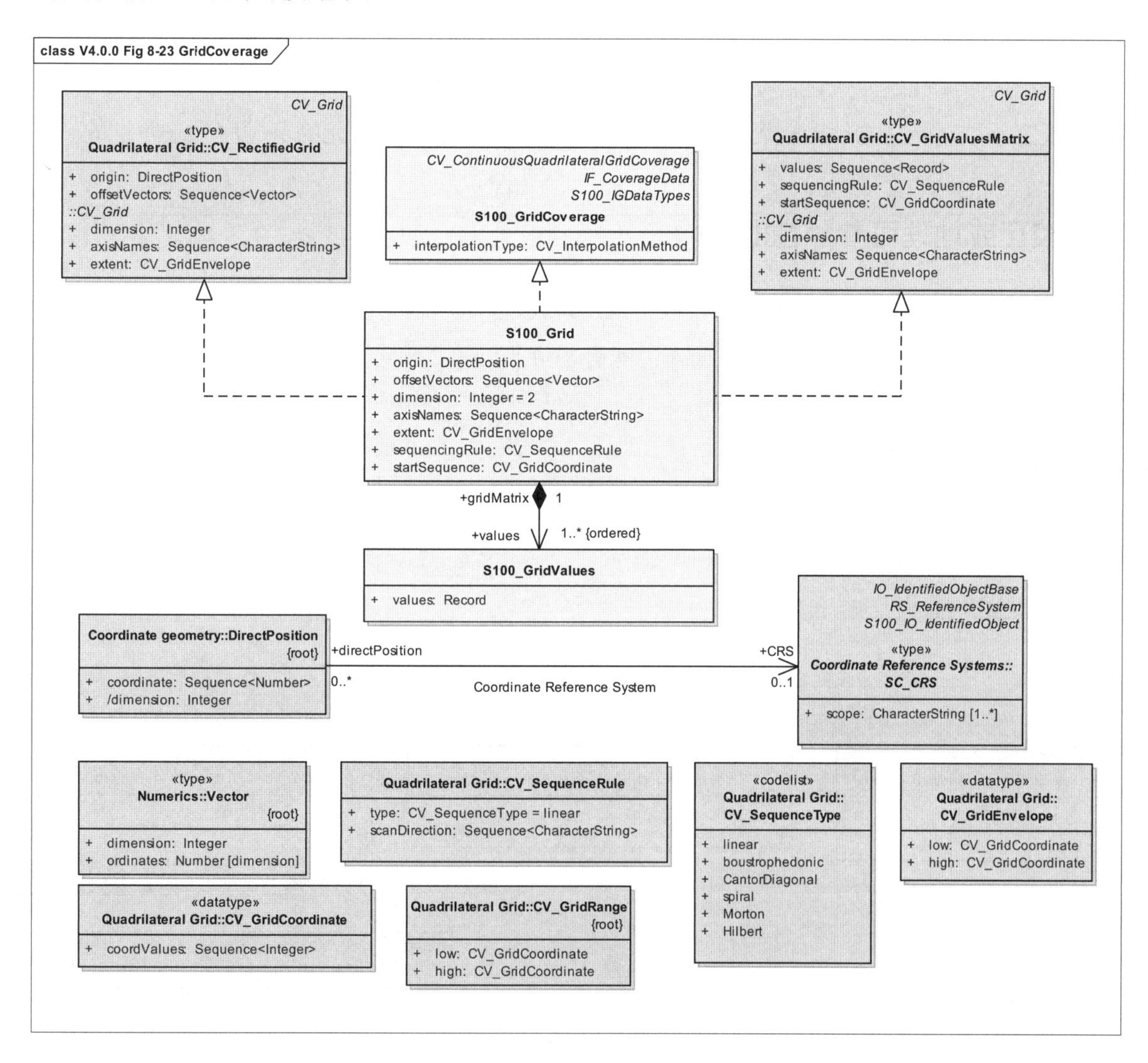

图8-23　S100_GridCoverage

属性“sequencingRule”（序列规则）规定了从值的顺序到格网坐标的对应方法。它使用了 ISO 19123 中规定的数据类型—“CV_SequenceRule”。遵照此标准，只有值“linear”（线性，对于矩形单元的简单格网）和“Morton”（莫顿，对于四叉树格网）可以用于数据。

对于矩形单元的格网，序列规则是简单的。因为所有的单元都是相同大小的，所以单元索引可以通过记录序列中的记录位置得出。对于单元大小可变的格网，序列顺序更加复杂。单元索引要么需要附加在每个关联的记录值上，要么可以通过每个单元大小来计算。

属性“startSequence”（起始序列）标识一个“CV_GridCoordinates”（格网坐标）的值，用于确定与值序列第一个记录相关联的格网点。选取哪个有效点作为起始序列是由序列规则决定的。

类“value”（值）应当是一个记录（Record）序列，其中每个记录包含了若干个关联到单一格网点的值。

记录应当符合记录类型（RecordType），而记录类型是与格网关联的“GridCoverage”（格网覆盖）的“rangeType”（值域类型）属性指定的。对于单元大小一致的简单格网，属性值可能只有数据值，但是对于单元大小可变的四叉树格网，记录类型应当包括索引以及单元大小（聚合层次）。

对于单元大小一致的简单格网，“S100_Grid”（格网）的“sequenceRule”（序列规则）属性等于“linear”（线性），它的偏移矢量确定了单元大小。属性“覆盖范围”规定了数据所在格网的区域。对于单元大小可变格网（四叉树格网），其“序列规则”属性等于“莫顿”，它的偏移矢量确定了最小单元大小。实际单元大小是以属性的方式包含在数据记录中的，而数据记录描述了四叉结构的聚合层次。属性“覆盖范围”规定了数据所在的外接矩形。哪些单元包含在数据集中是由单元的莫顿序列来决定的。

8-7.2　校正或地理可参照性的格网

图 8-24 给出的模型表示了一种格网，该格网可以是校正或者可参照性这两种类型，且它的格网值矩阵是普通格网对象的子类型。格网值矩阵可能有多种不同序列规则。它们列在了一个序列类型代码表中。该文档只使用线性顺序和莫顿顺序。

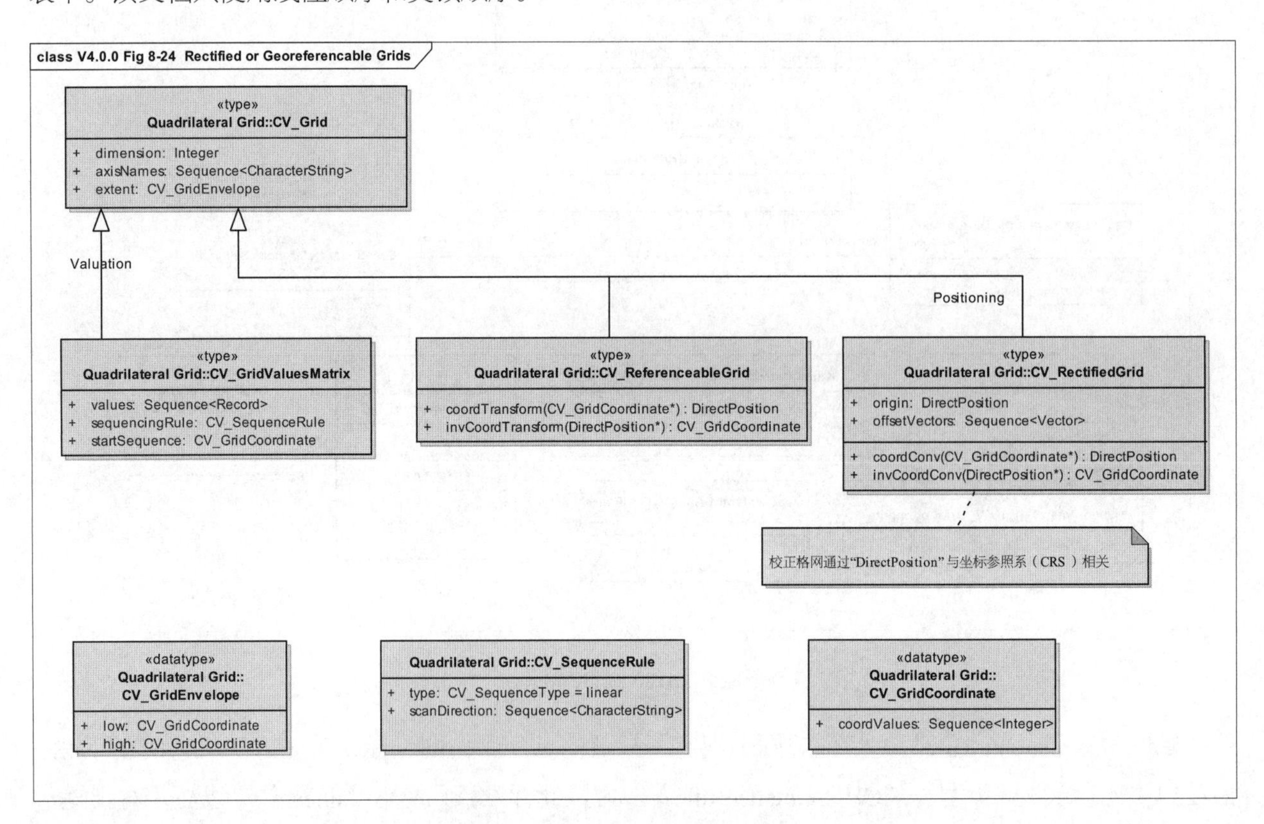

图8-24　校正或地理可参照性的格网

属性“dimension”（维数）规定了“S100_Grid”（格网）的维数。

属性“axisNames”（轴名称）规定了格网轴的名称。

属性“extent”（覆盖范围）规定了该数据所在格网的覆盖范围。它使用 ISO 19123 中规定的类型“CV_GridEnvelope”（格网外接矩形框），该类型提供了区域角点的最小格网坐标和最大格网坐标（CV_GridCoordinates）。CV_GridCoordinates 是在 ISO 19123 中规定的。

属性“extent”（覆盖范围）可以有效定义数据的外接矩形。

类“CV_GridValuesMatrix”（CV_格网值矩阵）的属性“Values”（值）定义了一串记录。它们是用类 S100_GridValues 进行描述的。

属性“sequencingRule”（序列规则）规定了从值的顺序到格网坐标的对应方法。

属性“startSequence”（起始序列）标识一个“CV_GridCoordinates”的值，用于确定与值序列第一个记录相关联的格网点。

校正格网（Rectified Grid）通过属性“DirectPosition”（直接位置）与坐标参照系关联起来。

可参照性格网（Referencable Grid）通过“Transform operation”（变换方法）与坐标参照系关联起来。

8-8 数据空间参照

对于格网数据的空间参照，与对于点集数据和 TIN 数据的空间参照相比，处理起来是不一样的。点集数据包含了数据集中每个点的直接位置坐标。TIN 数据包含了每个 TIN 三角形的顶点。直接位置的空间参照是在 ISO 19111“基于坐标的空间参照”（Spatial referencing by coordinates）中描述的，对于点集和 TIN 数据也是一样的，就像其他类型的矢量数据一样。格网数据将格网作为一个整体进行参照。

8-8.1 格网数据空间参照

格网数据的两种空间特征描述了空间覆盖范围如何镶嵌式分割到小单元中，以及如何参照到地球上。ISO 19123 标准指明一个格网应当定义在一个坐标参照系下。这需要一些附加信息，包括格网原点在坐标参照系中的位置、格网轴的方向、格网线之间间隙的度量。一个采用这种方法定义的格网就称之为校正格网。如果参照系是通过一个基准与地球关联的，该格网就称为地理校正格网。从一个格网坐标变换到外部坐标参照系的坐标称之为仿射变换。类“SC_CRS”是在 ISO 19111 中规定的。可参照性格网是可以通过坐标变换转为校正格网的。

8-8.1.1 地理校正

地理校正格网数据是统一间隔的格网数据。在给定单元间隔、格网原点和方向后，地理校正格网数据中的任一单元都可以进行唯一的地理定位。对于大部分地理校正格网数据，在整个覆盖中单元大小是固定的，也等于单元间隔（注意，如果统一间隔的格网数据可能是按照影像坐标进行统一间隔的，则不是可地理定位的）。对于地理校正的格网数据，一些简单的信息，类似行列都不同的任意两个单元的地图坐标值，就可以把覆盖内所有单元地理定位到地图坐标系统，这是因为单元间隔、格网原点和方向可以从两个单元的坐标中得出。

需要指出的是，上述定义的单元间隔（也就是单元大小）是根据地图投影坐标系测量的距离。地图坐标系中的统一间隔并不是必须要求地球曲面上等同间距，而是依赖于选择的地图投影。比如，在地理坐标系中（也就是经纬度），0.1° 经度的单元大小会因为纬度的高低而有不同的曲面距离（千米）。

“统一间隔”的概念意味着在某个定义的坐标系中有一个相等的间隔。“规则间隔”意味着存在某个函数，可以将位置对应到单元间隔。

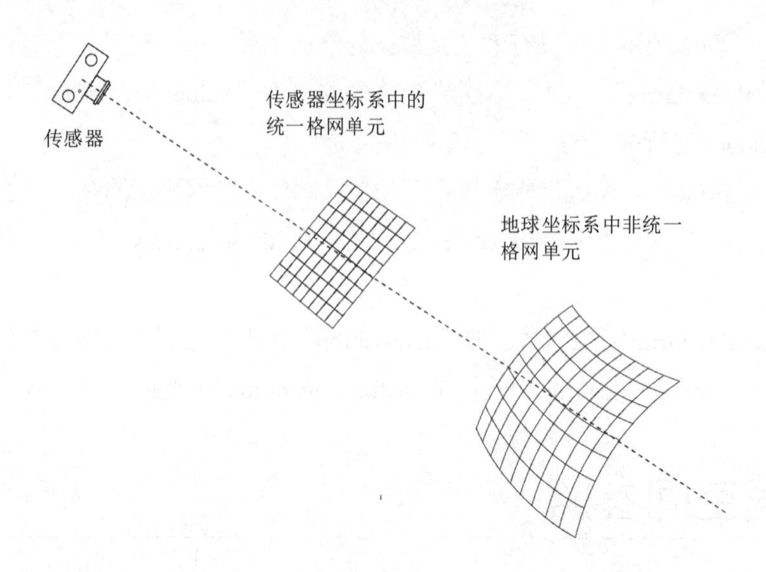

图8-25　格网单元的非统一间隔

8-8.1.2　未地理校正

未地理校正格网数据是这样一种地理空间格网数据：它的单元在地理 / 地图投影坐标系中都是非统一间隔的。因而，未地理校正格网数据中的一个单元位置不能基于其他单元位置来确定。

未地理校正格网数据可以进一步分为“georeferenced”（地理参照）和“georeferencable”（地理可参照性）两个子类，这决定于数据集中是否提供了用来对单元进行地理定位的信息。

8-8.1.3　地理参照

地理参照的格网数据是这样一种格网数据：借助于数据中提供的信息，它的单元位置可以通过某种地理定位算法，比如扭曲，进行唯一确定。大多数原始遥感数据和原始海洋测绘声纳数据是以地理可参照性的形式存在的。

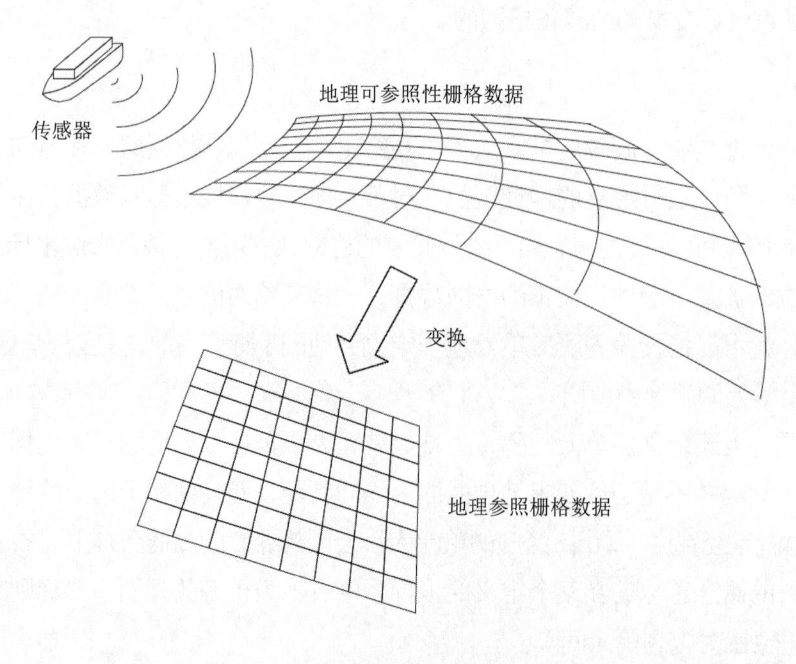

图8-26　地理校正数据

8-8.1.4 地理可参照性

地理可参照性格网数据是未地理校正的格网数据，它不包含任何可以用于确定单元地理坐标值的信息，比如，没有地理校正信息的数字透视航空摄影像片（可以通过一组地面控制点对航空摄影像片进行地理参照）。

地理校正和地理参照数据两者的区别是：在地理校正数据中单元间隔是固定的，而在地理参照数据中是可变的。在地理校正数据中，可以根据数据的单元间隔、格网方向和任何一个单元的坐标判断任何单元的位置。在地理参照数据中，一个单元的位置与另一单元的位置之间没有预定义的关联；每个单元的位置都可以单独计算。地理校正格网数据通常是通过地理校正（也叫地理纠正），从地理参照的数据中获得的。地理校正包括两个步骤。第一步是计算规则间隔单元的格网坐标（比如，行和列），这些单元是通过地图坐标 x，y 进行定位的。该步骤称为坐标映射（coordinate mapping）。第二步是基于对应和邻近格网坐标的属性值，将属性值关联到单元上。该步骤称为重采样（resampling）。影像数据的空间参照信息是以元数据的形式携带的。

8-8.2 点集数据和 TIN 三角形顶点空间参照

点集和 TIN 三角形是在 ISO 19107 空间模式标准中描述的，S-100 对其进行了专用标准化，作为它的一部分。点集中每个点都是通过直接位置进行定位的。与集合中直接位置相关的空间参照系是通过使用同一“SC_CRS”（坐标参照系）对象，由空间模式实现参照的。

8-8.3 影像和格网数据元数据

如图 8-3 所示的影像和格网数据通用结构，表明了元数据是影像和格网数据集的一个主要组件。格网数据集是由包含在格网值矩阵的属性数据和关联元数据共同组成的。除了实际格网单元大小这个属性外，所有的都是元数据。有一些元数据是结构性的，比如定义几何结构或空间参照所需的元数据，而有些元数据则描述了数据集的意义。有一些结构性元数据会以格网值矩阵对象（Grid Value Matrix Object）的属性被携带。图 8-27 是一个说明了所有覆盖数据和元数据之间关系的模型。

元数据标准 ISO 19115-1 元数据涵盖各类地理数据的元数据。该标准包含了描述数据集的必选标识的元数据。这被称为目录（Catalog）或者发现元数据（Discovery metadata）。它也包含了一些描述数据集内容的元数据。这在要素层次尤其如此。许多对应于矢量型几何数据的元数据并不适用于影像和格网数据。ISO 19115-1 中的元数据元素尽可用于满足影像、格网和覆盖数据的需求。部分基础影像元数据元素也已经在 ISO 19115-1 中进行定义。ISO 19115-2“地理信息—元数据—第 2 部分：影像和格网数据的扩展”（Geographic information—Metadata—Part 2: Extensions for imagery and gridded data）中介绍了与获取和处理有关的其他主要元数据元素。描述覆盖数据所需的元数据最小集在 ISO 19115-1 中进行了说明。传感器模型的细节以及它们相关的数据模型和元数据是由 ISO 19130“地理信息—影像、格网数据的传感器和数据模型”（Geographic information—Sensor and data models for imagery and gridded data）提供的。第 4 部分给出了针对 S-100 的元数据。针对 S-100 影像和格网数据的专门元数据列在了附录 8-D 中。

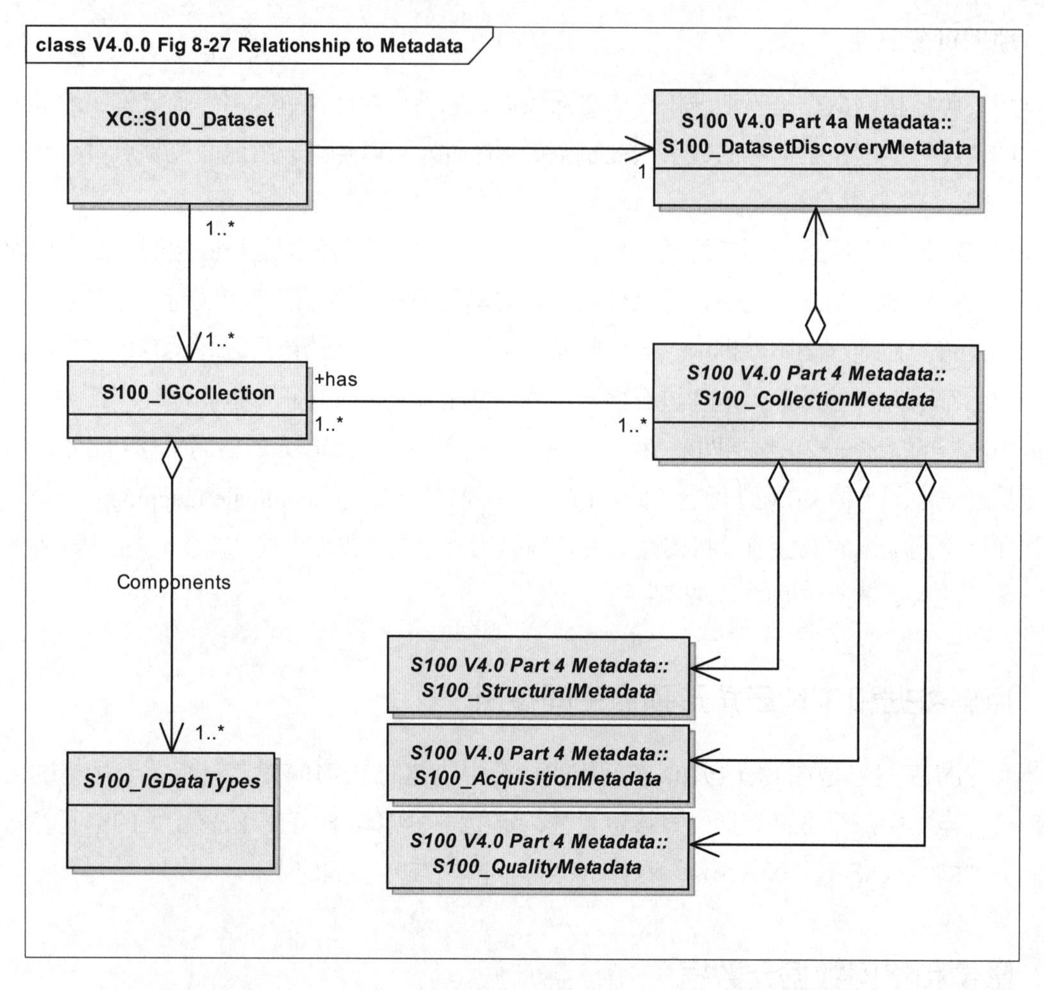

图8-27　与元数据的关系

8-8.4　质量

用于处理 ISO 19100 系列标准中质量的一般概念是由 ISO 19123“质量基本元素”（Quality principles）定义的。评价质量的程序是由 ISO 19114“地理信息质量评价程序”（Geographic information—Quality evaluation procedures）来定义的。

ISO 19138：2006“数据质量度量”（Data quality measures）提供了一组确定性的度量。ISO 19115：2003 中的元数据质量元素已移至新标准 ISO 19157：2013“地理信息—数据质量”（Geographic information—Data quality）。

ISO 19129 标准化了专门用于影像、格网和覆盖数据的质量的各个方面。根据该标准，质量的测试是基于模型的。质量度量是模型中类的属性或者约束。附录 8-C 给出了质量模型中推荐的最高层次类。

8-9　影像和格网数据的图示表达

图示表达的机制超出了 S-100 该部分的范围。它是由 S-100 第 9 部分“Portrayal”（图示表达）来描述的。对于基于要素为中心的图示表达，其基本机制已经由 ISO 19117“图示表达”给出。然而，某些信息需要与一组影像和格网数据一起被携带，以支持外部图示表达机制。

8-10 影像和格网数据的编码

编码细节不在该文档的范围之内，除了“图像 / 影像”编码标准和相关的数据编码标准的识别。也就是说，涉及 ISO/IEC JTC1/SC24（计算机图形和图像处理），相关的有 ISO 12087-5“基本图像交换标准 BIIF”（Basic Imagery Interchange Standard，BIIF）、ISO 15948“可移植的网络图片”（Portable Network Graphics，PNG）；还涉及 ISO/IEC JTC1/SC29（图像、音频和多媒体 / 超媒体信息的代码表示法），相关的有针对“图像 / 影像”的 ISO 15444 JPEG 2000 标准，以及 ISO 19118（地理信息—服务）。用于为影像 / 格网编码的其他已有标准，比如 CEOS、HDF-EOS、GeoTIFF 以及其他规范，应当增加它们的引用以便向后兼容。

8-11 点集空间模式

对于四种影像和格网数据，它们的点集空间模式在 S-100 该部分中得到了描述。S-100 空间模式第 7 部分第 7.5.2.19 条中描述了点集的应用模式。

8-11.1 格网数据

该应用模式定义了带有关联元数据的四边形格网覆盖。元数据一般参考 ISO 19115-1 和 ISO 19115-2。元数据的具体选择尚未在该模式中确定。根据所选的元数据，该模式可以服务于“矩阵”和“格网”数据 [见附录 8-D]。

格网数据是由一个简单要素——“影像”或“矩阵”以及从“MD_Metadata”（或者“MI_Metadata”，元数据）中得到的关联元数据共同组成的。“CV_Coverage”是作为格网数据集的空间属性来用的。它定义了一个由覆盖函数“覆盖”的区域。对于定义在该应用模式中的连续覆盖，覆盖函数基于插值（interpolation）函数，返回覆盖区域内每一点对应的值。格网值矩阵（Grid Value Matrix）是一组驱动该插值函数的值。这种情况下，这个值矩阵是一个采用线性扫描（x，y）遍历规则进行遍历的格网。空间参照是由坐标参照系来定义的。该应用模式模板支持大部分影像和格网数据的应用。

8-11.2 扫描影像

该应用模式定义了一个带有关联元数据的格网覆盖，它用于支持符合 S-61 的扫描纸质海图。该模型和图 8-28 一样，但它定义了更详细的元数据。

下表将 S-61 中标识的元数据与 ISO 19115-1 和 ISO 1915-2 中的元数据类进行了关联。

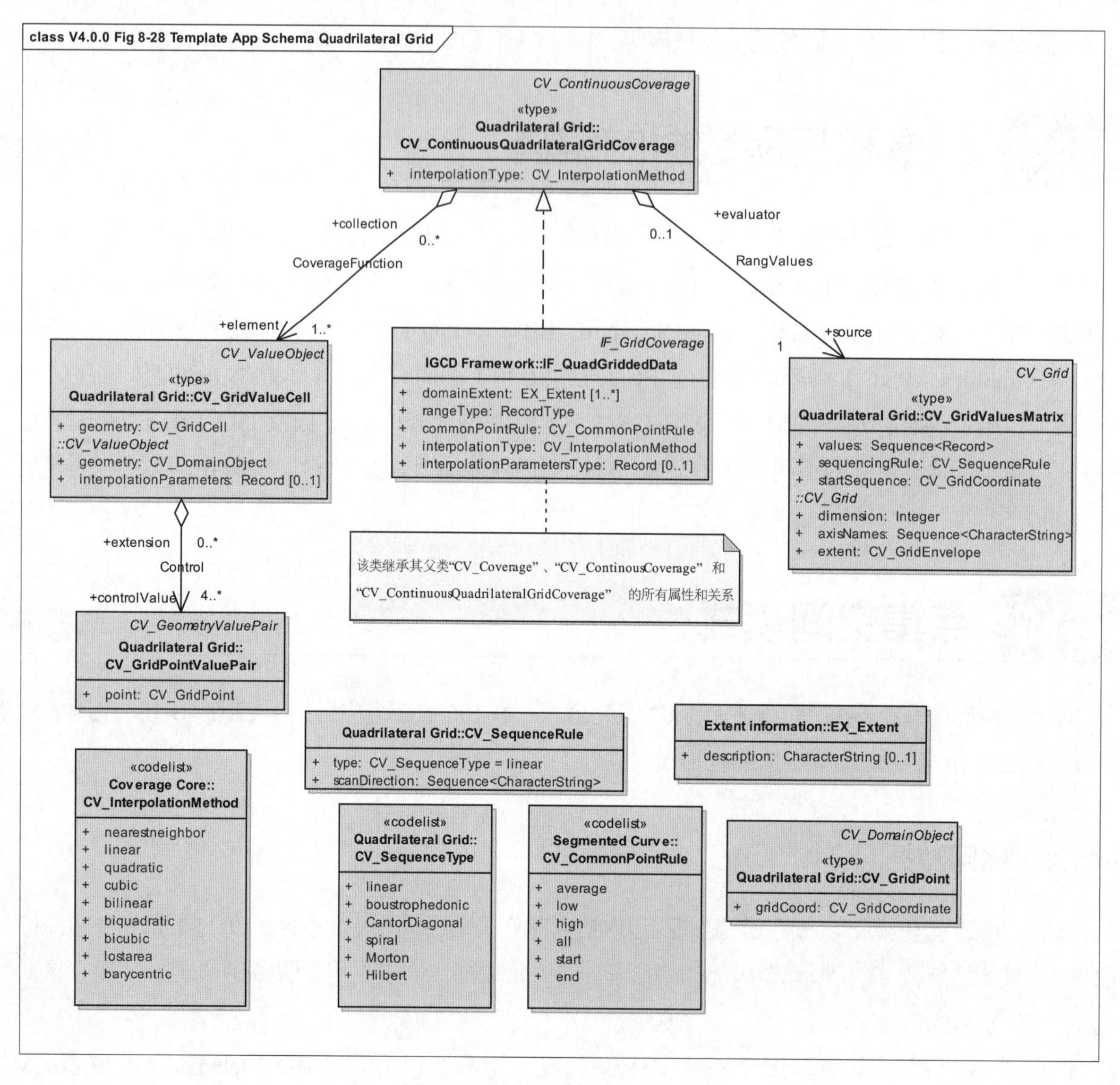

图8-28 四边形格网覆盖的应用模式模板

表 8-2 基于 ISO 19115-1 和 ISO 19115-2 的 S-61 元数据

S-61	ISO 19115-1/2 类
生产机构	MD_Metadata - contact - CI_Responsibility（包括组织名称、联系信息和生产机构的角色）
	MD_Metadata - identificationInfo - MD_Identification - purpose - “Raster Nautical Chart”（栅格航海图）
	MD_Constraints_useLimitation
	MD_Constraints_MD_LegalConstraints
RNC 编号	MD_Identification - citation - CI_Citation - identifier
海图标识符	LI_Lineage - LI_Source - sourceCitation - CI_Citation - identifier
RNC 版本日期	MD_Metadata - dateStamp - Date

续表

S-61	ISO 19115-1/2 类
海图版本日期	LI_Lineage - LI_Source - sourceCitation - CI_Citation - edition
给海员的最新实施的更新或通知	LI_Lineage - LI_Source - SourceStep - LI_ProcessStep_dateTime
	MD_DataIdentification - topicCategory - TopicCategoryCode
	MD_DataIdentification - SpatialRepresentationType - SpatialRepresentationTypeCode - “2” (grid)
海图比例尺	MD_ReferenceSystem
北的定位	MD_ReferenceSystem
投影和投影参数	MD_ReferenceSystem
水平基准	MD_ReferenceSystem
水平基准变换	MD_ReferenceSystem
垂直基准	MD_ReferenceSystem
深度和高度单位	MD_ReferenceSystem 或 MD_Identification – EX_Extent – EX_VerticalExtent – MD_ReferenceSystem 或 MD_Identification – EX_Extent – EX_VerticalExtent – SC_VerticalCRS – axisUnitID: unitOfMeasure
像素分辨率	MD_DataIdentification - spatialResolution - MD_Resolution
允许地理位置转换为 RNC 坐标的变换	MD_ReferenceSystem
白天、夜间和黄昏的调色板	MD_PortrayalCatalogueReference
处理注释、图表和旁注的信息	注释和文本旁注可能会以“MD_MetadataExtensionInformation”进行采集，而图表必须引用一个包含该图表的相关数据文件
数据源图表	数据源的文本描述可能会以“MD_MetadataExtensionInformation”进行采集，而数据源图表必须引用一个包含该图表的相关数据文件
更新元数据包括： 更新的生产者； 更新号； 日期； 适用 RNC 的标识符； 适用的海图版本； 修改元数据； 自动应用的信息	MD_MaintenanceInformation 和 MD_Identification

8-11.3 单元大小可变格网

借助于 ISO 19123 中单元大小可变格网的能力，该应用模式描述了一个单元大小可变的格网。为支持三维（或更多维），遍历顺序采用莫顿顺序。这是为了满足海洋测绘数据的特殊用途，因为海量的声纳数据形成了一个三维格网形式的广阔海底覆盖，但是近似高度的单元可以简单地合并。

图 8-29 给出的应用模式有小幅度修改：格网类型变为“RiemannGriddedData”（黎曼格网数据）。

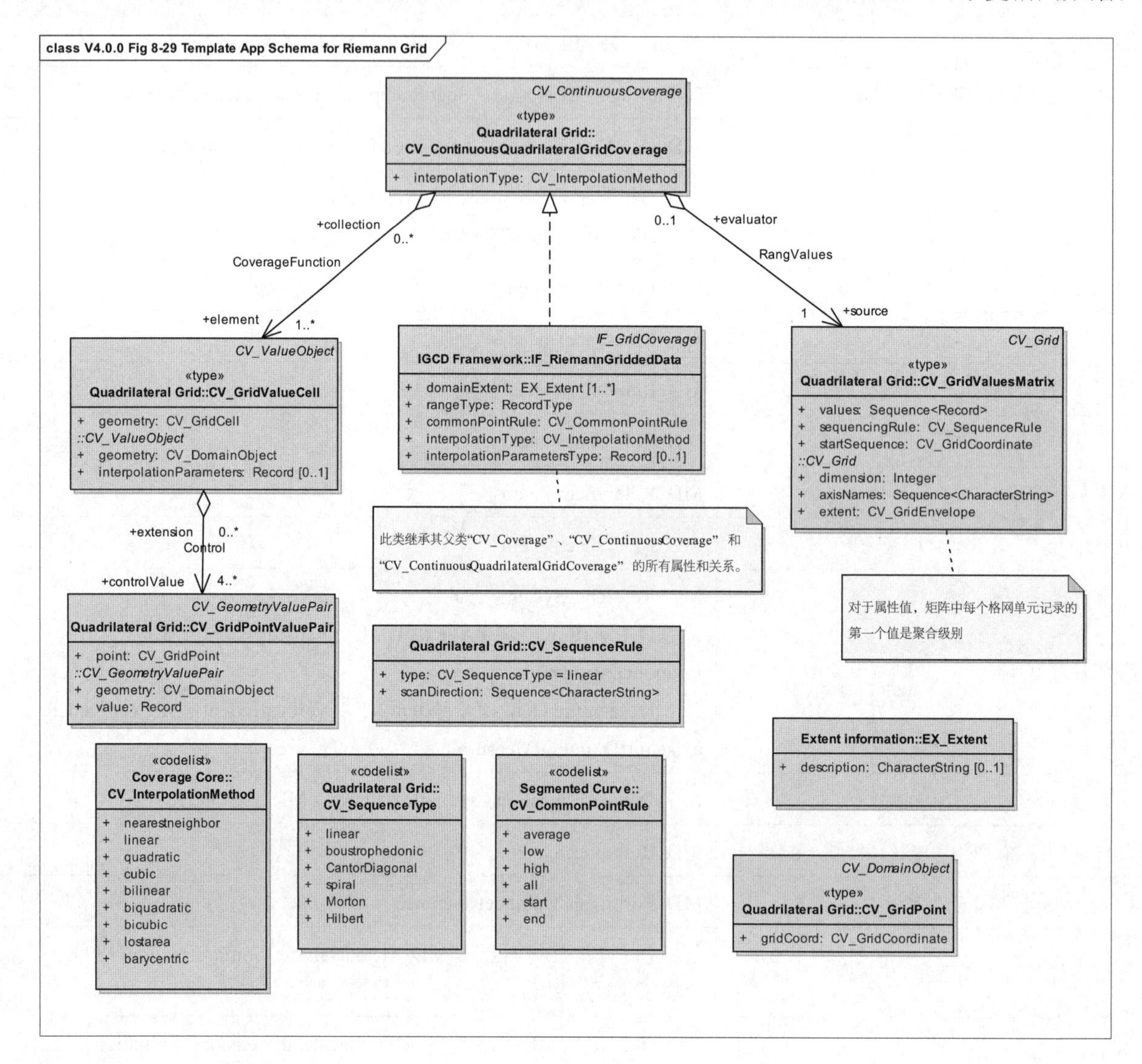

图8-29　黎曼格网覆盖的应用模式模板

8-11.4　面向要素的影像

所有的格网数据集都是面向要素的，那么覆盖也是要素的一个子类型。这意味着整个格网数据集可以被认为是一个单一的要素。一个要素结构可以采用两种不同的方式应用于格网数据。首先，一个离散覆盖可以带有一个要素编码，作为属性。比如，一个对应于邮政编码系统的覆盖，对于每一个邮政编码都有离散的值，而又将整个国家完全覆盖。应用模式的唯一区别是离散覆盖和要素的关系。如图 8-30 所示。

建立要素结构的第二种方法是开发一个复合数据集，用于包含许多分开但是邻接的覆盖。这些覆盖可能是连续的，也可能是离散的。这与“矢量”数据集是由一些具有各自几何和属性的要素复合而成非常类似。实际上，矢量数据可能会在同一数据集中与覆盖数据混合在一起。该应用模式完全支持多个要素实例。

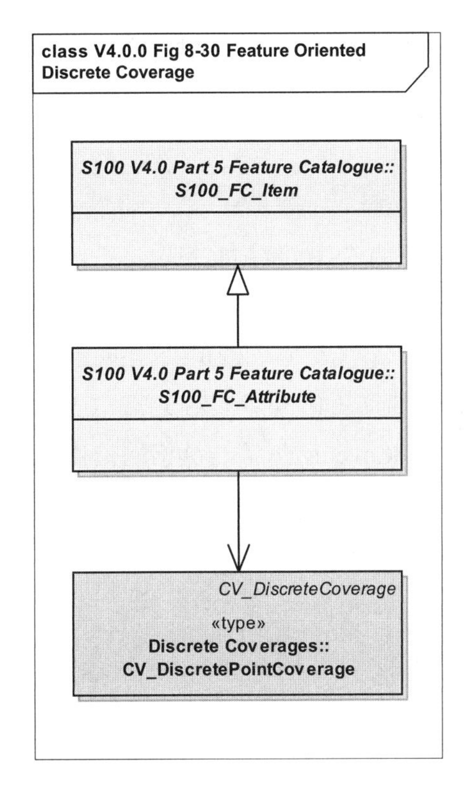

图8-30　面向要素的离散覆盖

诸如格网这样的几何要素可以在多个要素之间共享，要素可以是使用组合或者其他 ISO 19109 统一要素模型中允许的关系进行关联。复杂要素可以包含一个连续格网覆盖，也可以包含类似多边形边界的矢量数据。面向要素的数据集可以包含声纳收集而来的海洋连续覆盖，也可以包含对应于导航设备的点和线要素。拓扑单形可能关联所有的要素。这顾及到了某些有趣和有用的结构。

栅格航海图（Raster Nautical Chart）可包含附加的矢量数据，用于描述导航设备、灾害和危险区域等这些不可见、但是在栅格航海图中有用的要素，从而让海员可以判断船是否在一个危险区域，或执行其他 ECDIS 的功能。

面向要素格网数据的附加信息参见附录 8-E。

附录 8-A　抽象测试套件（规范性）

8-A-1　四边形格网

1）测试目的：针对该标准中定义的“S100_GridCoverage”（格网覆盖）、“S100_Grid”（格网）和“S100_GridValues”（格网值）这几个类，检查应用模式是否实例化 ISO 19123 中定义的类“CV_Grid”、“CV_GridPoint”（格网点）、“CV_GridCell”（格网单元）、“CV_GridValuesMatrix”（格网值矩阵）、“CV_GridPointValuePair”（格网点值对）、“CV_DiscreteGridPointCoverage”（离散格网点覆盖）或“CV_ContinuousGridCoverage”（连续格网覆盖）和“CV_GridValueCell”（格网值单元），及它们相应的属性、操作、关联和约束。

2）测试方法：检查该应用模式或专用标准的文档。

3）引用：ISO 19123，条款 8。

4）测试类型：能力测试。

8-A-2　扫描影像

1）测试目的：检查栅格扫描影像的应用模式是否满足 A.1 的要求，包含表 8-2 中标出的元数据元素。

2）测试方法：检查该应用模式或专用标准的文档。

3）引用：ISO 19115，IHO S-61。

4）测试类型：能力测试。

8-A-3　TIN 覆盖

1）测试目的：针对该标准中定义的“S100_TINCoverage”（TIN 覆盖）、“S100_Triangle”（三角形）和“S100_VertexPoint”（顶点）这几个类，检查 TIN 覆盖应用模式是否实例化了定义在 ISO 19123 中的类“CV_TINCoverage”、“CV_ValueTriangle”（值三角形）和“CV_GridPointValuePair”（格网点值对），及它们相应的属性、操作、关联和约束。

2）测试方法：检查该应用模式或专用标准的文档。

3）引用：ISO 19123。

4）测试类型：能力测试。

8-A-4　点覆盖

1）测试目的：针对该标准中定义的“S100_PointCoverage”（点覆盖）和“S100_VertexPoint”（顶点）这两个类，检查点覆盖应用模式是否实例化了定义在 ISO 19123 中的类“CV_DiscretePointCoverage”（离散点覆盖）和“CV_PointValuePair”（点值对），及它们相应的属性、操作、关联和约束。

2）测试方法：检查该应用模式或专用标准的文档。

3）引用：ISO 19123。

4）测试类型：能力测试。

8-A-5 点集

1）测试目的：针对该标准中定义的类“S100_PointSet”（点集）和“S100_Point”（点），检查点集应用模式是否实例化了定义在 ISO 19107 中的类“GM_Point”（点），及它相应的属性、操作、关联和约束。

2）测试方法：检查该应用模式或专用标准的文档。

3）引用：ISO 19107。

4）测试类型：能力测试。

8-A-6 单元大小可变格网

1）测试目的：检查单元大小可变格网的应用模式是否实例化 ISO 19123 中定义的类“CV_Grid”（格网）、“CV_GridPoint”（格网点）、“CV_GridCell”（格网单元）、“CV_GridValuesMatrix”（格网值矩阵）、“CV_GridPointValuePair”（格网点值对）、“CV_DiscreteGridPointCoverage”（离散格网点覆盖）或“CV_ContinuousGridCoverage”（连续格网覆盖）、“CV_GridValueCell”（格网值单元），及它们相应的属性、操作、关联和约束，以及“CV_ContinuousCoverage”（连续覆盖）的属性“CV_InterpolationMethod”（插值方法）是否设置为“NearestNeighbour”（最邻近）、“CV_GridValuesMatrix”（格网值矩阵）的属性“CV_SequenceRule”（序列规则）是否设置为“（x，y）Morton”（莫顿）。

2）测试方法：检查该应用模式或专用标准的文档。

3）引用：ISO 19123。

4）测试类型：能力测试。

8-A-7 面向要素的影像离散覆盖

1）测试目的：针对使用离散覆盖的面向要素影像，检查其应用模式是否实例化 ISO 19123 中定义的类“CV_Grid”（格网）、“CV_GridPoint”（格网点）、“CV_GridCell”（格网单元）、“CV_GridValuesMatrix”（格网值矩阵）、“CV_GridPointValuePair”（格网点值对）、“CV_DiscreteGridPointCoverage”（离散格网点覆盖）、“CV_DiscreteCoverage”（离散覆盖）和“CV_GeometryValuePair”（格网值单元），及它们相应的属性、操作、关联和约束。

2）测试方法：检查该应用模式或专用标准的文档。

3）引用：ISO 19123、ISO 19109。

4）测试类型：能力测试。

8-A-8　在多要素环境中的面向要素影像

1）测试目的：检查应用模式是否实例化 ISO 19123 中定义的类“CV_Grid”（格网）、“CV_GridPoint”（格网点）、“CV_GridCell”（格网单元）、“CV_GridValuesMatrix”（格网值矩阵）、“CV_GridPointValuePair”（格网点值对）、“CV_DiscreteGridPointCoverage”（离散格网点覆盖）或“CV_ContinuousGridCoverage”（连续格网覆盖）、“CV_GridValueCell”（格网值单元），及它们相应的属性、操作、关联和约束，还有分开的“CV_Coverage”（覆盖）或“GM_Object”（对象）是否允许多个要素。

2）测试方法：检查该应用模式或专用标准的文档。

3）引用：ISO 19123、ISO 19109、ISO 19107。

4）测试类型：能力测试。

附录 8-B 术语表（资料性）

S-100中使用的术语与ISO 19100系列标准中使用的术语是一致的，而和先前版本S-57是不一样的。先前版本 S-57 使用术语“raster”（光栅）和“matrix”（矩阵）来表示影像和一组属性值描述的数据。ISO 19100 系列标准具有更严格的术语定义，但这些新术语包括更多通常被认为是“光栅”或“矩阵”数据的术语。不幸的是，该领域目前正使用的术语，在意思上具有广泛的重叠，会产生混淆。

一个最容易用错的术语是“raster”（光栅）。从技术上来讲，该术语描述了一个规则格网的行列扫描，比如电视屏幕的光栅扫描。光栅扫描是格网的一个类型。然而，该术语往往被用于非常广泛的领域，代表了更多东西，但是并不是所有数据类型的数据都覆盖一个区域。S-100 现在按照更准确的技术角度，将它作为格网数据的遍历方法。

“matrix”（矩阵）是一个在不同情况以不同方式使用的术语。它有时用于表示所有对应于非成像传感器测量的格网数据。但是如果是成像传感器呢？影像呢？任何一项可以“看见的”都可以视为是影像。测量数据的图，诸如高程，甚至一个数据的二维图，都是可以被看见的。实际上，可视化是制图的目的。术语“矩阵”也具有数学意义，表示一组有序数字。当前术语“matrix”的通俗意义已经被 S-100 此版本废弃了，而其表示一组有序数字的数学意义保持不变。

ISO 通过定义“coverage”开始其术语定义。在 TC211 中，覆盖被定义为“为任意一个在时空域内的直接位置返回若干个要素属性值”。对于连续覆盖而言，时空域内的任一直接位置都有一个值。覆盖函数基本上是一组覆盖某区域的格网点或其他点之上的插值函数。这使得覆盖与我们通常认为的一组格网数据是不同的。从传感器接收而来的数据创建了一个值矩阵，驱动着该覆盖函数。该组值可能是以不同方式组织的。最简单的是规则格网，但是有许多方式的格网组织，比如瓦片格网或不规则形状格网。还有可能是多维空间下单元大小可变的格网，它们在处理海洋测绘水深数据的应用中显示出非常高效的特点。ISO 19123 标准定义了“Grid Value Matrix”（格网值矩阵）、“TIN Value Triangle”（TIN 值三角形）、“Segmented-Curve Value Curves”（分段－曲线值曲线）以及“Thiessen Value Polygons”（泰森值多边形），作为从传感器采样的一组数据。S-100 该组件只需要格网值矩阵的概念，不需要用到“Segmented-Curve Value Curves”或者“Thiessen Value Polygons”。

术语影像、格网和覆盖不是互斥的术语。影像是一种格网数据，而格网数据是一种覆盖数据。覆盖是一个广泛的术语。格网描述了一种支持覆盖函数的数据矩阵组织。影像是可以“看见”的数据。

S-100 需要使用与 ISO 及其他外部标准一致的术语。然而它也需要辨认 S-57 先前版本中使用的术语。光栅是一个格网遍历方法。因此“Raster Image Data”（光栅影像数据）表示按照一组格网值矩阵点来组织的数据，它代表一个影像。“光栅影像数据”对应于 S-57 版本 3 中使用的术语“Raster Data”（光栅数据）。格网数据表示所有按照一组格网值矩阵点组织的数据。因而“Gridded Data”（格网数据）对应于 S-57 版本 3 中使用的术语“Matrix Data”（矩阵数据）。

附录 8-C　影像和格网数据质量模型（资料性）

以下是 ISO 19129 中针对影像和格网数据的一组质量元素测试程序。

8-C-1　质量模型的最高层次类

通用影像质量

可视化检查和影像几何的评价

分析检查和影像几何的评价

可视化检查和影像辐射测量的评价

分析检查和影像辐射测量的评价

以下所列的是质量模型子类的不完全列表。

8-C-2　类通用影像质量

检查影响质量的参数（数据压缩等）

测试扫描或成像

8-C-3　类可视化检查和影像几何的评价

检查通道数（白 & 黑、彩色、多波段等等）

检查边缘匹配

检查模糊事件

检查校正错误

检查“像素拉伸”

检查与矢量数据的重叠（其他映射数据，地图框架）

检查与其他光栅或格网数据的重叠

确定数据的来源

检查传感器或扫描仪质量的文档（校准数据）

检查上一个处理步骤的文档（影像增强）

检查成像测试模式的分辨率

8-C-4　类分析检查和影像几何的评价

检查镶嵌的裂缝线

检查颜色稳定性 / 同质性 / 平衡性

检查影像光照等级（热点）

检查直方图

检查高对比度的彩色线边缘

8-C-5 类可视化检查和影像辐射测量的评价

计算二维和（或）三维中检查点的几何残差

计算在范围内检查点的残差

8-C-6 类分析检查和和影像辐射测量的评价

计算对比度

计算明度

附录 8-D　元数据（资料性）

S-100 的元数据尽可能取自 ISO 19115-1 元数据标准，以确保与基于相同元数据标准的其他标准高度兼容。这些元数据已经被组织在一些包中。以下列出了 ISO 19115-1 中定义的包。

元数据包与元数据类的关系

包	类
元数据信息	MD_Metadata
标识信息	MD_Identification
约束信息	MD_Constraints
数据质量信息	DQ_DataQuality (ISO 19157)
维护信息	MD_MaintenanceInformation
空间表示信息	MD_SpatialRepresentation
参照系信息	MD_ReferenceSystem
内容信息	MD_ContentInformation
图示表达目录信息	MD_PortrayalCatalogueReference
分发信息	MD_Distribution
元数据扩展信息	MD_MetadataExtensionInformation
应用模式信息	MD_ApplicationSchemaInformation
覆盖范围信息	EX_Extent
引用和责任方信息	CI_Citation CI_Responsibility

ISO TC211 已经完成了 ISO 19115-2“地理信息—元数据—第 2 部分：影像和格网数据的扩展”（Geographic information—Metadata—Part 2: Extensions for imagery and gridded data）。它包含了额外的包，包含了：“MI_AcquisitionInformation”（获取信息）、“Lineage”（数据源和过程）、“QE_CoverageResult”（覆盖结果）和“QE_Usability”（可用性）等相关类，这些都是 S100 中与影像和格网数据的描述相关的。

“MI_AcquisitionInformation”（获取信息）类提供影像和格网数据采集的具体信息，包括：

1）“MI_Instrument”（设备），表示用于获取数据的测量设备；

2）“MI_Operation”（操作），表示数据的总体收集程序；

3）“MI_Platform”（平台），表示获取该数据的平台；

4）“MI_Objective”（目标），表示待观测目标对象的特征和几何特征；

5）“MI_Requirement”（需求），表示用于导出获取计划的用户需求；

6）“MI_Plan”（计划），表示为获取数据而制定的获取计划；

7）“MI_Event”（事件），描述发生在数据获取过程中的一个重要事件。该事件可以与操作、目标或平台轨迹相关联；

8）“MI_PlatformPass”（平台轨迹），标识了数据获取过程中平台的某一特定轨迹。平台轨迹用于为事件或者某一目标的数据获取提供标识信息。

对于影像和格网数据，数据源和生产过程非常重要，用于处理它们的类有：

1）“QE_CoverageResult”（覆盖质量结果）是“DQ_Result”（质量结果）的特化子类，它包含了报告一个覆盖数据的数据质量所需要的信息；

2）“QE_Usability”（可用性）是“DQ_Element”（元素）的特化子类。它用于为用户提供关于数据集对某一特定应用适用性的专项质量信息；

3）“LE_ProcessStep”（处理步骤）是“LI_ProcessStep”的特化子类，包含了一些附加信息，涉及采用算法的历史记录和生产数据的过程。“LE_ProcessStep”聚合了以下实体：

a）“LE_Processing”（处理）描述为了从源数据中生成数据采用的算法过程；

b）“LE_ProcessStepReport”（处理步骤报告）确立了描述数据处理的额外信息；

c）“LE_Source”（来源）描述了每一处理步骤的输出。

8-D-1 ISO 19115-1 和 ISO 19157 的元数据类信息（MD_Metadata）

类“MD_Metadata”（元数据）是以下类（详细解释参见以下子条款）的聚合：

8-D-1.1 标识信息（MD_Identification）

标识信息包含了用于唯一标识数据的信息。它包含了一些信息，这些信息是关于资源的引用、概要、目的、信用、专题以及联系方。实体“MD_Identification”（标识信息）是必选的。它包含了必选、条件必选和可选元素。“MD_Identification”是以下实体的聚合：

1）“MD_Format”（数据格式），数据格式；

2）“MD_BrowseGraphic”（缩略图），数据的概略图形；

3）“MD_Usage”（用途），数据的特定应用；

4）“MD_Constraint”（约束），施加在资源上的约束；

5）“MD_Keyword”（关键字），描述资源的关键字；

6）“MD_MaintenanceInformation”（维护信息），数据更新的频率以及更新的范围。

8-D-1.2 约束信息（MD_Constraint）

该包包含了施加在数据上的约束信息。实体“MD_Constraint”（约束）是可选的，可能会被特化成“MD_LegalConstraint”（合法约束）和/或“MD_SecurityConstraint”（安全约束）。仅当“accessConstraint”（访问约束）和/或“useConstraint”（使用约束）元素的值为“otherRestriction”（其他约束）（可在“MD_ConstrictionCode”枚举中找到）时，“MD_LegalConstrictions”的“otherRestrictions”（其他约束）元素为非零（已使用）。

8-D-1.3 数据质量信息（DQ_DataQuality–ISO 19157）

该包包含了一个数据集质量的通用评价。“DQ_DataQuality”（数据质量）实体是可选的，它包含质量评价的范围。“DQ_DataQuality”是“LI_Lineage”（数据志）和“DQ_Element”（元素）的聚合。“DQ_Element”可以特化成“DQ_Completeness”（完整性）、“DQ_LogicalConsistency”（逻辑一致性）、“DQ_PositionalAccuracy”（位置精度），“DQ_ThematicAccuracy”（专题精度）和“DQ_TemporalAccuracy”（时间精度）。这五个实体代表了数据质量的元素，并且可以进一步细分为数据质量的子元素。用户可以通过划分“DQ_Element”的子类或适当的子元素，扩充数据质量元素和子元素。

该包也包含了生产数据集所使用的数据源和生产过程的相关信息。“LI_Lineage”（数据志）实体是可选的，包含了数据志的说明。“LI_Lineage”是“LI_ProcessStep”（处理步骤）和“LI_Source”（来源）的聚合。如果“DQ_DataQuality.scope.DQ_Scope.level”的值为“dataset”（数据集），则“DQ_DataQuality”的“report”（报告）和“lineage”（数据志）角色是必选的。如果“DQ_Scope”的元素“level”（层次）不具有值“dataset”（数据集）或“series”（系列）的话，则“DQ_Scope”的元素“levelDescription”（层次说明）是必选的。如果“DQ_DataQuality.scope.DQ_Scope.level”具有值“dataset”或“series”，以及“LI_Lineage”的角色“source”（来源）和“processStep”都没有被选用的话，则“LI_Lineage”的元素“statement”（说明）是必选的。

如果元素“statement”（说明）和“LI_Lineage”（数据志）的角色“processStep”（处理步骤）没有被选用，则“LI_Lineage”的角色“source”（来源）是必选的。如果元素“statement”和“LI_Lineage”的角色“数据源”没有被选用，则“LI_Lineage”的角色“processStep”是必选的。无论“LI_Source”的“description”（说明）元素还是“sourceExtent”（数据源覆盖范围）元素，都必须选用。

8-D-1.4　维护信息（MD_MaintenanceInformation）

该包包含了有关数据更新范围和频率的信息。“MD_MaintenanceInformation”（维护信息）实体是可选的，它包含了必选和可选的元数据元素。

8-D-1.5　空间表示信息（MD_SpatialRepresentation）

该包包含数据集中用于表示空间信息的机制信息。实体“MD_SpatialRepresentation”（空间表示信息）是可选的，它可以特化为实体“MD_GridSpatialRepresentation”（格网空间表示）和实体“MD_VectorSpatialRepresentation”（矢量空间表示）。每一种具体的实体都包含了必选和可选的元数据元素。如果需要进一步说明，“MD_GridSpatialRepresentation”可以特化为“MD_Georectified”（地理校正）和 / 或“MD_Georeferenceable”（地理可参照性）。空间数据表示的元数据是从 ISO 19107 导出的。

8-D-1.6　参照系信息（MD_ReferenceSystem）

该包包含数据集使用的空间和时间参照系的说明。“MD_ReferenceSystem”（参照系信息）包含标识所使用参照系的元素。“MD_ReferenceSystem”可以再分为“MD_CRS”（坐标参照系）和“MD_EllipsoidParameters”（椭球体参数），前者是“MD_ProjectionParameters”（投影参数）的聚合。“MD_ProjectionParameters”又是“MD_ObliqueLineAzimuth”（斜轴方位）和“MD_ObliqueLinePoint”（斜轴点）的聚合。“MD_ReferenceSystem”源自“RS_ReferenceSystem”，“RS_ReferenceSystem”可以被规定为“SC_CRS”“SI_SpatialReferenceSystemUsingGeographicIdentifiers”（地理标识符空间参照系）和“TM_ReferenceSystem”（参照系）。参照系信息的元数据源自 ISO 19108、ISO 19111 和 ISO 19112。

8-D-1.7 内容信息（MD_ContentInformation）

该包包含标识所使用的要素目录（“MD_FeatureCatalogueDescription”）信息和/或描述一个覆盖数据集的内容（“MD_CoverageDescription”）的信息。这两种说明实体均是“MD_ContentInformation”实体的子类。“MD_CoverageDescription”可以有“MD_ImageDescription”子类，且是“MD_RangeDimension”的聚合。“MD_RangeDimension”又可以有“MD_Band”子类。

8-D-1.8 图示表达目录信息（MD_PortrayalCatalogueReference）

该包包含了标识所使用的图示表达目录信息。它由可选的“MD_PortrayalCatalogueReference”（图示表达目录引用）实体组成。该实体包含必选的元素，用于说明数据集使用的图示表达目录。

8-D-1.9 分发信息（MD_Distribution）

该包包含了资源分发方的信息和获取资源的选项。它包含可选的“MD_Distribution”（分发信息）实体。“MD_Distribution”是数字数据集分发（MD_DigitalTransferOptions）、分发方标识（MD_Distributor）和分发格式（MD_Format）等选项的聚合，包含必选的和可选的元素。“MD_DigitalTransferOptions”包含用于数据集分发的介质（MD_Medium），且是“MD_DigitalTransferOptions”的聚合。“MD_Distributor”是分发订购程序（MD_StandOrderProccess）的一个聚合。

当“MD_Distributor”的“distributorFormat”（分发方格式）角色不选用时，“MD_Distribution”的“distributionFormat”（分发格式）角色必选。当“MD_Distribution”的“distributionFormat”（分发格式）角色不选用时，“MD_Distributor”的“distributorFormat”（分发方格式）角色必选。

8-D-1.10 元数据扩展信息（MD_MetadataExtensionInformation）

该包包含有关用户定义的扩展信息。它包括可选的“MD_MetadataExtensionInformation”（元数据扩展信息）实体。“MD_MetadataExtensionInformation”是描述扩展的元数据元素信息（MD_ExtendedElementInformation）的聚合。

8-D-1.11 应用模式信息（MD_ApplicationSchemaInformation）

该包包含了用于建立数据集的应用模式的信息。它包括可选的“MD_ApplicationSchemaInformation”（应用模式信息）实体。“MD_ApplicationSchemaInformation”是“MD_SpatialAttributeSupplement”（空间属性补充）的聚合，而“MD_SpatialAttributeSupplement”又是“MD_FeatureTypeList”（要素类型列表）的聚合。这些实体包括了必选的和可选的元素。

影像的元数据扩展来自于ISO 19115-2。ISO 19115-2的工作仍在发展状态（2009年6月）。然而一般类型的扩展已经确定。以下是此类扩展的例子。

“MI_AcquisitionInformation”（获取信息）是“Data Identification Package”（数据标识包）中的新类。

1）planningPoints（规划点）

2）instrumentIdentification（设备标识）

3）platformIdentification（平台标识）

4）missionIdentification（任务标识）

“MD_ImageDescription”（影像说明）

1）aerotriangulationReference（航空三角测量参照）

2）localElevationAngle（高度角）

3）localAzimuthAngle（方位角）

4）relativeAzimuth（相对方位）

5）platformDescending（平台降轨）

6）nadir（天底点）

其他元数据将从 ISO 19130 传感器模型（Sensor Model）以及 IHO 的任何输入中得到。特别需要的是关于海道测深传感器的元数据输入。

附录 8-E 面向要素的影像（资料性）

S-100 模型和 ISO 模型中的空间对象可以表示矢量数据或者影像、格网或覆盖数据。两者都参照外部定义的空间参照系统，且两者都是面向要素的。

大多数人并不认为影像、格网或覆盖数据是面向要素的。至少一个影像或一组格网测量值或一个 TIN 覆盖可以看作是一个单独的要素，所以本质上这样的数据是面向要素的。但是这是至少的情况。有可能在影像、格网或覆盖数据集中加入数据结构，该结构可以对像素进行分组，从而标识要素。比如说，每个像素都可以携带有一个要素 ID 号，而且每个像素都可以包含属性。这允许人们可以标识某种要素是否为一特殊的要素类型。在对应于扫描纸质海图的图像数据集中，人们可以标记多组像素，以表示各种海洋测绘要素。还有其他许多比给像素增加位更有效的方法，用于携带这种要素 ID。不一定需要创建这种复杂的面向要素的影像数据集，但是 S-100 和 ISO 标准都允许在需要的时候创建它们。这对于表示为影像的水深声纳数据与矢量海图数据的融合非常重要。

该附录讨论了面向要素的影像的功用，并给出了例子。支持面向要素的影像的结构是非常简单的，这些结构是应用的一部分。数据模型中的单个引用是否适用于整个能力，这并不明显，所以该资料性附录阐释了该能力如何实现以及如何使用。

所有的格网数据集都是面向要素的，那么覆盖也是要素的一个子类型。这意味着整个格网数据集可以被认为是一个简单的要素。一个要素结构可以采用两种不同的方式应用于格网数据。首先，一个离散覆盖可以带有一个要素编码，作为属性。比如，一个对应于邮政编码系统的覆盖，对于每一个邮政编码都有离散的值，而又将整个国家完全覆盖。应用模式的唯一区别是离散覆盖和要素的关系。如图 8-E-1。

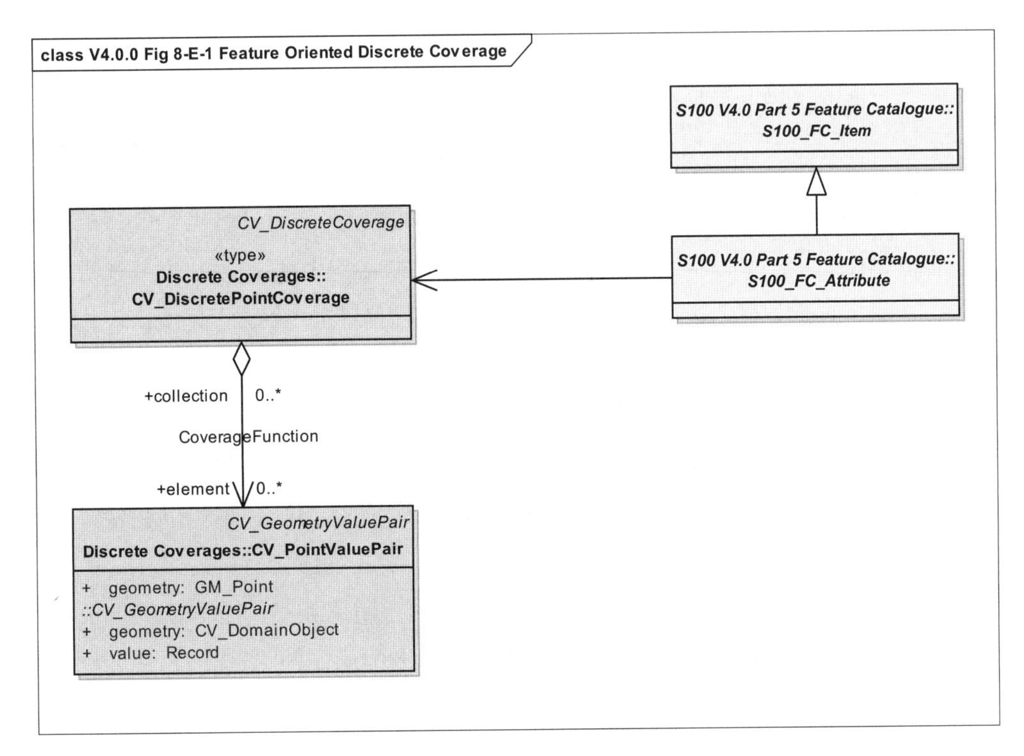

图8-E-1 面向要素的离散覆盖

图 8-E-2 中给出的模型表示两个格网的配置，通过一个格网值矩阵实现为指定单元指派要素 ID。离散覆盖允许为格网值矩阵的实体指派一些要素代码，而连续覆盖则允许指派一个要素代码以便处理该影像。

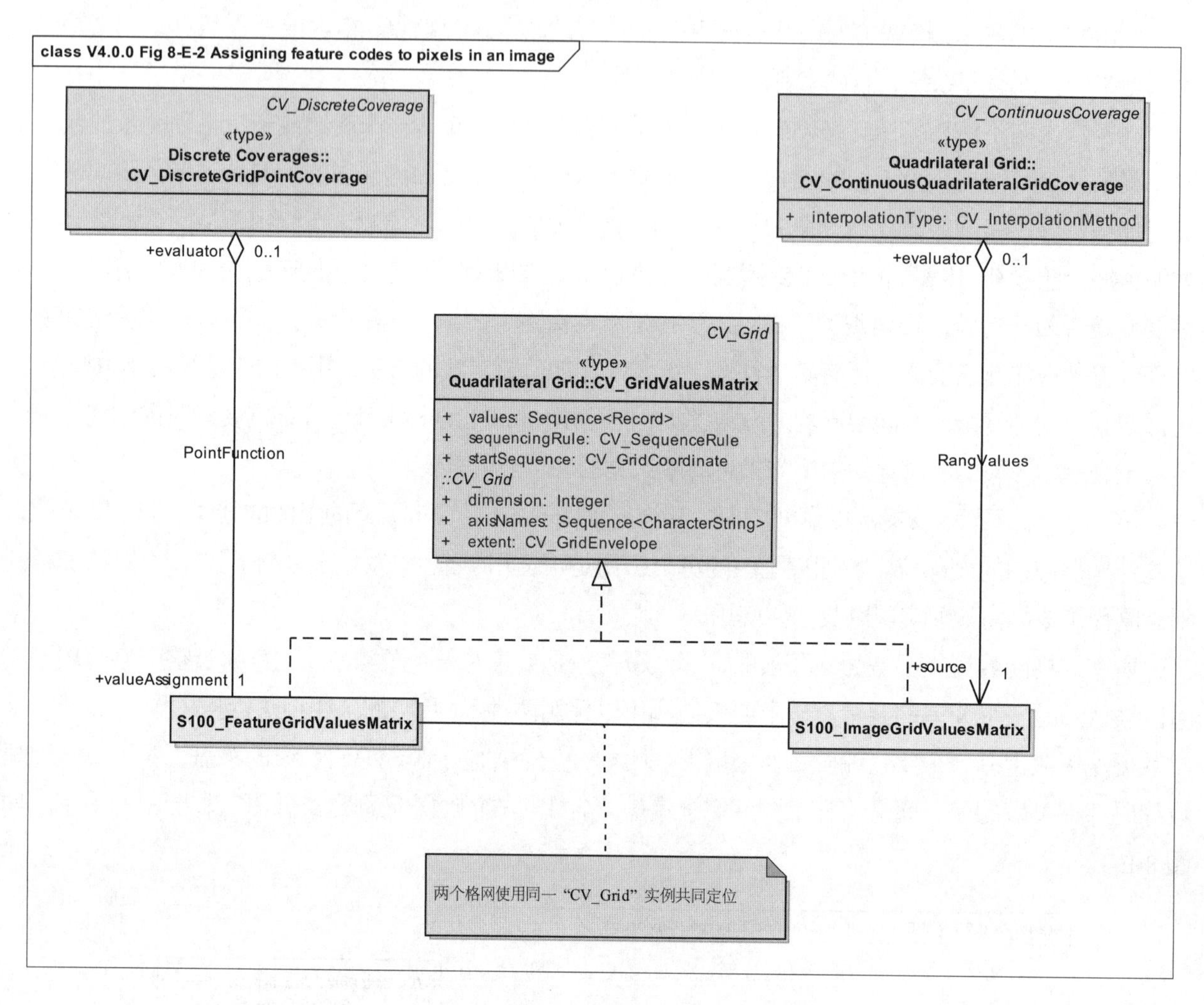

图8-E-2　为影像中的像素分配要素代码

建立要素结构的第二种方法是开发一个复合数据集，用于包含许多分开但是邻接的覆盖。这些覆盖可能是连续的，也可能是离散的。这与"矢量"数据集是由一些具有各自几何和属性的要素复合而成非常类似。实际上，矢量数据可能会在同一数据集中与覆盖数据混合在一起。该应用模式完全支持多个要素实例。

诸如格网这样的几何要素可以在多个要素之间共享，要素可以使用组合或者其他 ISO 19109 通用要素模型中允许的关系进行关联。复杂要素可以包含一个连续格网覆盖，也可以包含类似多边形边界的矢量数据。面向要素的数据集可以包含声纳收集而来的海洋连续覆盖，也可以包含对应于导航设备的点和线要素。拓扑单形可能关联所有的要素。这顾及到了某些有趣和有用的结构。比如，扫描纸质地图是以格网数据集表示的，可能包含了一些描述扫描地图上道路和其他要素的附加矢量数据，如果它们没有被显示，它们是不可见的，但是它们又是有用的，因为用户可能查询要素名称或者沿着格网数据集中出现的路进行仔细研究。

第 9 部分

图示表达
（Portrayal）

9-1 范围

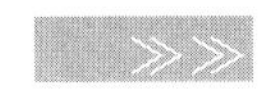

S-100 标准该部分定义了可机读图示表达的目录模型、结构和格式，目的是将图示表达目录与产品数据集分离，经过导入和解译，可将符合第 3 部分中通用要素模型（GFM）定义的要素对象映射为绘图指令和符号。

图示表达目录的实际内容应当采用本部分定义的机制和结构，并作为产品规范的一部分。例如，一个产品规范应当包含一个派生于本文抽象模式的输入模式、一组映射规则、一组符号集合、线样式、颜色等，并使之能够用于产品数据集。

本部分包含了对符合 GFM 的二维矢量数据和覆盖数据进行图示表达的机制。不包含三维图示表达的绘制指令和符号结构。不包含警告和指示的生成，尽管这可以通过非常类似的机制进行实现。不包含选取报告和文本报告的生成，但可将内容传给映射规则，进而生成文本或者 html 格式输出。

9-2 一致性

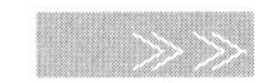

根据附录 A 抽象测试套件，本部分规范遵循 ISO 19117：2012（E）。

9-3 规范性引用文件

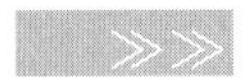

该文档的应用需要以下引用文件。标注日期的引用，只有引用的版本才有效。未标注日期的引用，引用文件（包含所有更正）的最新版本才有效。

ICC 规范版本 4—国际色彩联盟（ICC Specification Version 4）

ISO 19117：2012（E）地理信息—图示表达（Geographic Information—Portrayal）

W3C.REC-XSLT-1.0-19991116，XSL 转换（XSLT）版本 1.0，W3C 建议书（XSL Transformations (XSLT) Version 1.0, W3C Recommendation），1999 年 11 月 16 日，<http://www.w3.org/TR/xslt>

W3C.REC-SVGTiny12-20081222，可缩放矢量图形 (SVG) Tiny 1.2 规范，W3C 建议书（Scalable Vector Graphics (SVG) Tiny 1.2 Specification, W3C Recommendation），2008 年 12 月 22 日，<http://www.w3.org/TR/2008/REC-SVGTiny12-20081222>

W3C.REC-CSS2-20110607，级联样式表等级 2 修订版 1（CSS 2.1）规范，W3C 建议书（Cascading Style Sheets Level 2 Revision 1 (CSS 2.1) Specification, W3C Recommendation），2011 年 6 月 7 日，<http://www.w3.org/TR/2011/REC-CSS2-20110607>

TrueType-1.66-1995，真实类型字体，修订版 1.66（True Type Font Revision 1.66）1995 年，<http://www.microsoft.com/typography/SpecificationsOverview.mspx>

9-4 图示表达目录

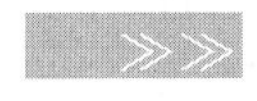

本部分标准定义了一个图示表达目录及其内容。在本标准中，要素数据表达的是内容，而要素的

图示表达是通过使用规则或者函数，将内容映射到适当的符号和显示特征。该理念使得同一内容能够以不同的方式显示，并且在不改变所有内容数据的情况下对显示映射规则进行维护。

图示表达目录不仅包含将要素映射到符号的图示表达函数，还包含符号定义、颜色定义、图示表达参数和诸如可视组的图示表达管理概念。S-100 的目标是：对于指定产品，图示表达目录可以按照可机读方式进行分发，以便相应实现可利用给定图示表达目录显示产品要素数据。

9-5 通用图示表达模型

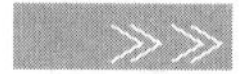

图 9-1 说明了通用图示表达模型。

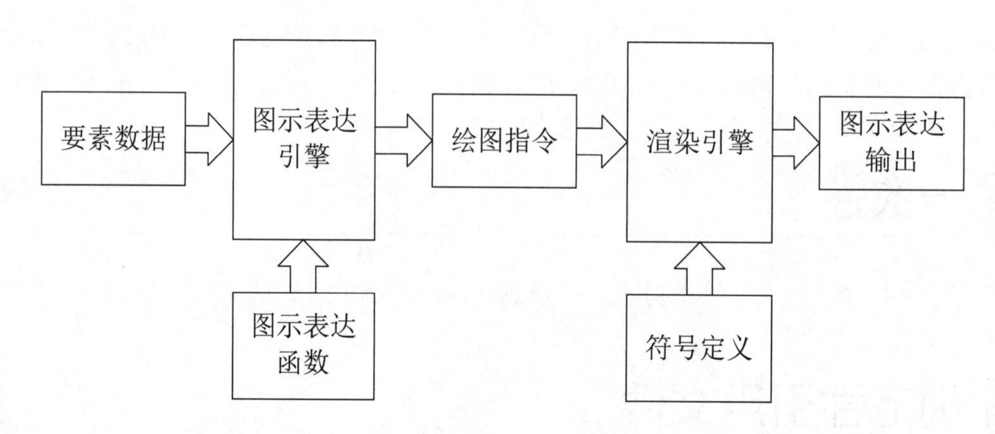

图9-1　通用图示表达模型

该部分定义了以要素为中心的、基于函数的图示表达机制。要素实例是通过图示表达函数进行图示表达的，而这些函数使用了要素实例的几何和属性信息。要素实例、属性和底层空间几何三者之间的关系是在基于 S-100 通用要素模型的产品规范中进行规定。

对包含地理数据的数据集进行绘制时需要图示表达信息。图示表达信息是以特定图示表达函数创建的绘制指令来定义。图示表达机制使同一数据集无需修改就能以不同的方式进行绘制成为可能。

绘图指令是渲染引擎生成图示表达输出时所使用的中间数据。在渲染过程中，渲染引擎根据输出设备，使用符号定义来创建输出。

符号定义包含用于描述所有图形元素的细节。符号定义的模型在本文档中描述。

9-5.1 图示表达过程

系统的内部数据库存有待绘制的要素数据。系统的图示表达引擎能将要素数据转换为绘制指令。绘图指令包括诸如符号定义参考、优先级和传递信息等。绘图指令由渲染引擎进一步处理，以产生最终的显示信息。

在该过程中，需要将要素数据以 XML 的形式传递给 XSLT 处理器。XSLT 处理器对每个要素应用最佳匹配的模板或者图示表达函数。图示表达函数使用定义的逻辑将输入的要素内容以及相关的上下文信息转换为 XML 形式的绘制指令。

系统图示表达引擎的功能通过 XSLT 定义。XSLT 是一种说明性语言。XSLT 处理器将 XML 输入转换为 XML 输出。上下文参数和用户参数可输入至 XSLT 处理器，交由图示表达函数使用。XSLT 中图示表达函数的功能涵盖从简单查找或者最佳匹配模板到复杂的条件逻辑。XSLT 用于在 XML 节点树上操作，但是 XSLT 处理器与内部结构或者关系数据库表格之间存在接口实现。尽管还有更新的 XSLT 版本，此处的图示表达规范选用最通用的 XSLT1.0（http://www.w3.org/TR/xslt）。

图示表达规范定义了可机读图示表达转换函数是如何以 XSLT 模板实现的，而这些模板分散存储在 XSL 文件中。因为 XSLT 用于操作 XML 和处理 XML，所以 XML 输入和输出的模式定义是本规范的一部分。为了处理可机读 XSL 文件并产生相同的输出，符合一致性的系统图示表达引擎必须能对 XSLT 进行一致的操作。

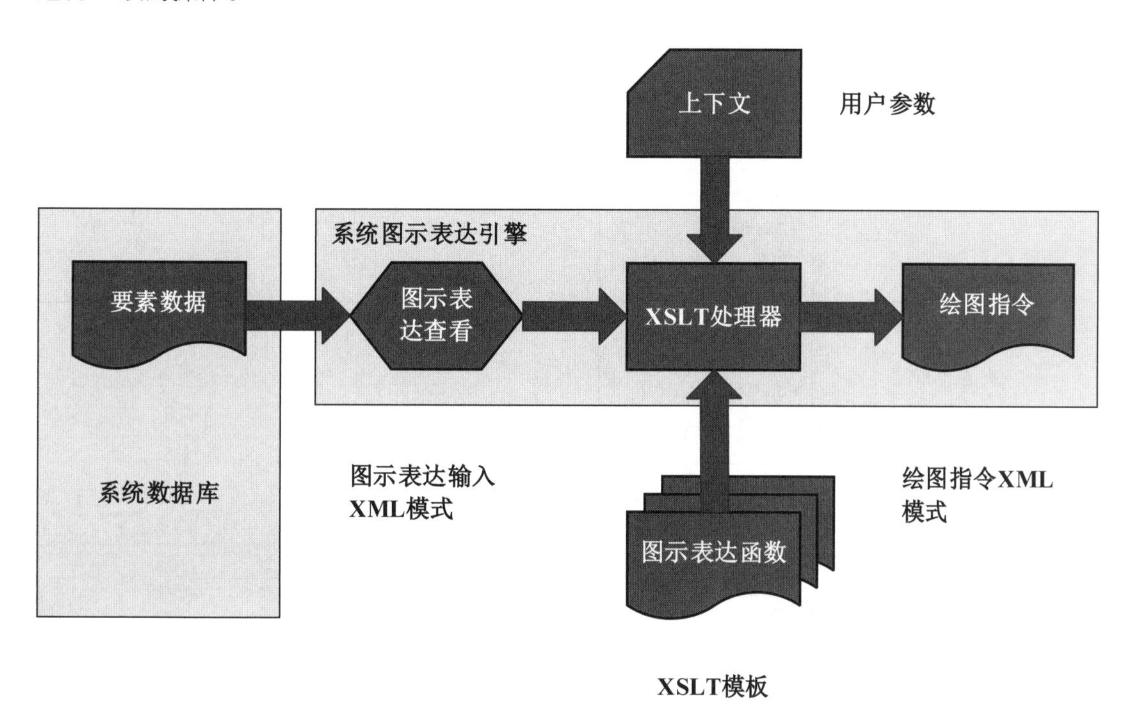

图9-2　图示表达过程

9-6 包总览

下图展示了实现本标准的包图。

“InputSchema”（输入模式）描述了数据是如何提交给图示表达引擎（XSLT 处理器）的。“Presentation package”（表达包）包含两个子包，一个描述了图示表达目录结构，另一个描述了绘制指令。绘制指令是由图示表达引擎（XSLT 处理器）的输出。

“SymbolDefinitions package”（符号定义包）描述了图示表达所需的图元。

图示表达引擎使用标准的 XSLT。该部分无对应包。

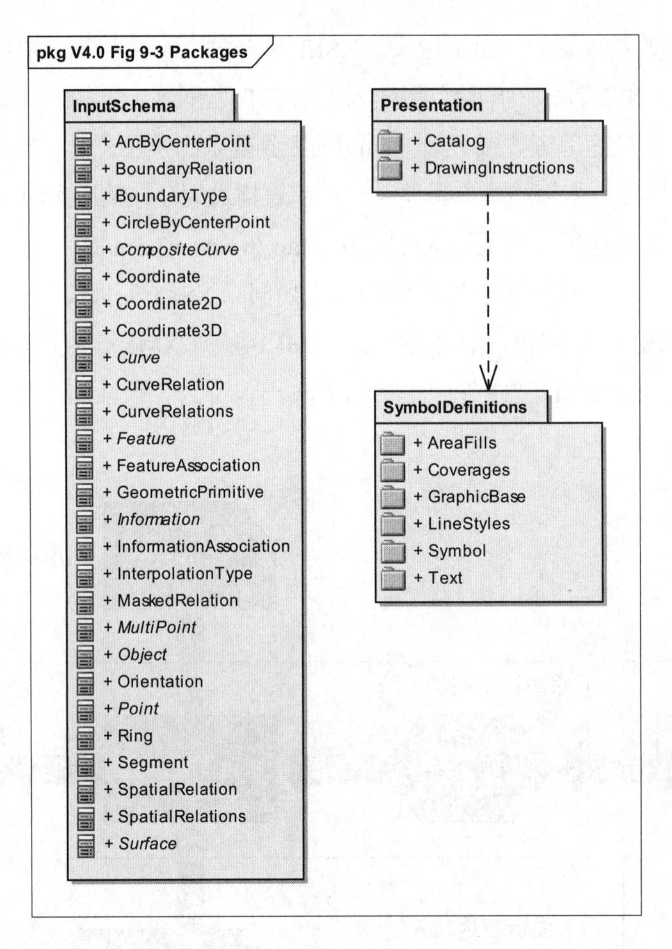

图9-3　包

9-7 数据输入模式

9-7.1　引言

数据输入模式阐述如何将数据提交给 XSLT 处理器。数据可以转换为 XML 文档或此类文档的表示形式，例如“DOM-tree”（DOM 树）。也可将数据建模为与 XML 相似的类型，使用特殊的软件接口可将此类数据提交给 XSLT 处理器。

无论使用哪种方法，该模式都描述了如何组织数据。该标准仅描述了基本类型。数据产品的实际要素类型必须在模式中规定，这将会是产品规范的一部分。这种模式的数据类型与同一产品规范的图示表达规则相对应。产品中的所有要素类型都必须基于该模式指定的类型。

该模式还包含空间对象和关联的数据类型。只要该类型不足以满足特定数据产品，就可以从本标准中的类型派生出适当的类型。这种情况可能适用于需要与质量信息类型相关联的空间对象。

注释　对于本节中的示例，假定此模式的类型位于命名空间 S100 中。

9-7.2　枚举

此模式中使用以下定义的枚举类型：

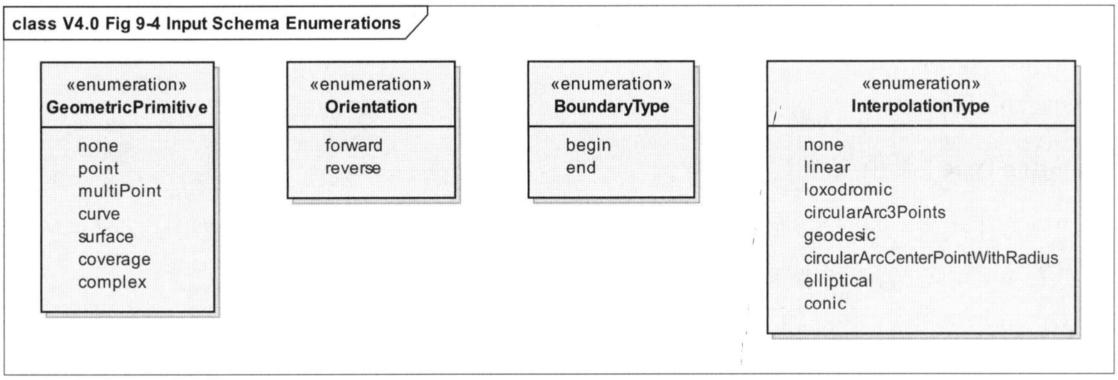

class V4.0 Fig 9-4 Input Schema Enumerations

«enumeration» GeometricPrimitive: none, point, multiPoint, curve, surface, coverage, complex

«enumeration» Orientation: forward, reverse

«enumeration» BoundaryType: begin, end

«enumeration» InterpolationType: none, linear, loxodromic, circularArc3Points, geodesic, circularArcCenterPointWithRadius, elliptical, conic

图9-4　输入模式枚举

GeometricPrimitive（几何单形）

此枚举描述了要素对象使用的几何单形的类型。如果要素对象使用不同的几何单形，则必须使用值“Complex”（复形）。

```
<xs:simpleType name="GeometricPrimitive">
  <xs:restriction base="xs:string">
    <xs:enumeration value="None"/>
    <xs:enumeration value="Point"/>
    <xs:enumeration value="MultiPoint"/>
    <xs:enumeration value="Curve"/>
    <xs:enumeration value="Surface"/>
    <xs:enumeration value="Coverage"/>
    <xs:enumeration value="Complex"/>
  </xs:restriction>
</xs:simpleType>
```

Orientation（方向）

枚举“Orientation”（方向）用于规定被引用几何的方向，用于要素对象或者复杂曲线。

```
<xs:simpleType name="Orientation">
  <xs:restriction base="xs:string">
    <xs:enumeration value="Forward"/>
    <xs:enumeration value="Reverse"/>
  </xs:restriction>
</xs:simpleType>
```

BoundaryType（边界类型）

此枚举描述拓扑边界的类型。

```
<xs:simpleType name="BoundaryType">
  <xs:restriction base="xs:string">
    <xs:enumeration value="Begin"/>
```

```
    <xs:enumeration value="End"/>
  </xs:restriction>
</xs:simpleType>
```

InterpolationType（插值类型）

此枚举描述线段中两个控制点之间的数学插值方法。请注意，这些方法取决于底层坐标参照系，并非所有方法都对各类坐标参照系有效。产品规范应详细规定插值的使用。

```
<xs:simpleType name="InterpolationType">
  <xs:restriction base="xs:string">
    <xs:enumeration value="None"/>
    <xs:enumeration value="Linear"/>
    <xs:enumeration value="Loxodromic"/>
    <xs:enumeration value="CircularArc3Points"/>
    <xs:enumeration value="Geodesic"/>
    <xs:enumeration value="CircularArcCenterPointWithRadius"/>
    <xs:enumeration value="Elliptical"/>
    <xs:enumeration value="Conic"/>
    <xs:enumeration value="PolynomialSpline"/>
    <xs:enumeration value="BezierSpline"/>
    <xs:enumeration value="BSpline"/>
    <xs:enumeration value="BlendedParabolic"/>
  </xs:restriction>
</xs:simpleType>
```

9-7.3 坐标

如果必须将坐标提交给 XSLT 处理器，必须使用以下类型。

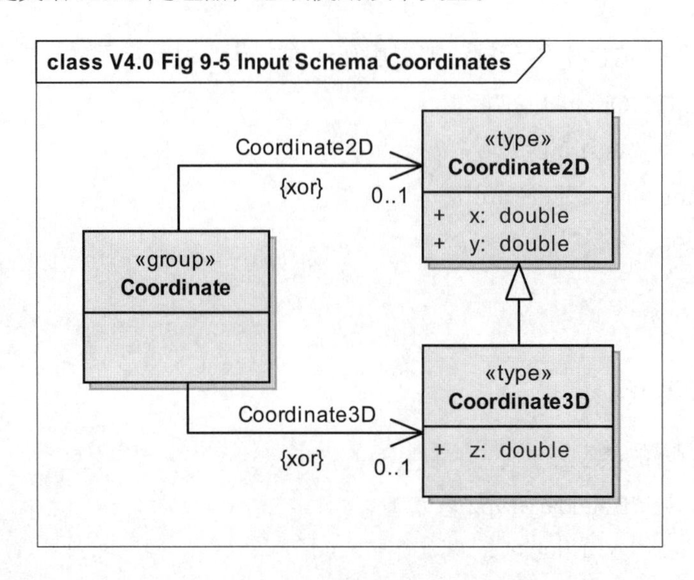

图9-5 输入模式坐标

“Coordinate2D”（二维坐标）和“Coordinate3D”（三维坐标）类型用于简单的坐标元组。它们的定义为：

```
<xs:complexType name="Coordinate2D">
  <xs:sequence>
    <xs:element name="x" type="xs:double"/>
    <xs:element name="y" type="xs:double"/>
  </xs:sequence>
</xs:complexType>

<xs:complexType name="Coordinate3D">
  <xs:complexContent>
    <xs:extension base="Coordinate2D">
      <xs:sequence>
        <xs:element name="z" type="xs:double"/>
      </xs:sequence>
    </xs:extension>
  </xs:complexContent>
</xs:complexType>
```

请注意，“Coordinate3D”（三维坐标）类型是“Coordinate2D”（二维坐标）类型的扩展。

示例

```
<s100:Coordinate2D>
  <s100:x>9.12345</s100:x>
  <s100:y>52.56789</s100:y>
</s100:Coordinate2D>
```

和

```
<s100:Coordinate2D>
  <s100:x>9.12345</s100:x>
  <s100:y>52.56789</s100:y>
  <s100:z>12.5</s100:z>
</s100:Coordinate2D>
```

定义一组“Coordinate”（坐标），坐标元组可以互斥使用。

```
<xs:group name="Coordinate">
  <xs:choice>
    <xs:element name="Coordinate2D" type="Coordinate2D"/>
    <xs:element name="Coordinate3D" type="Coordinate3D"/>
  </xs:choice>
</xs:group>
```

9-7.4 关联

根据通用要素模型，有两类关联：

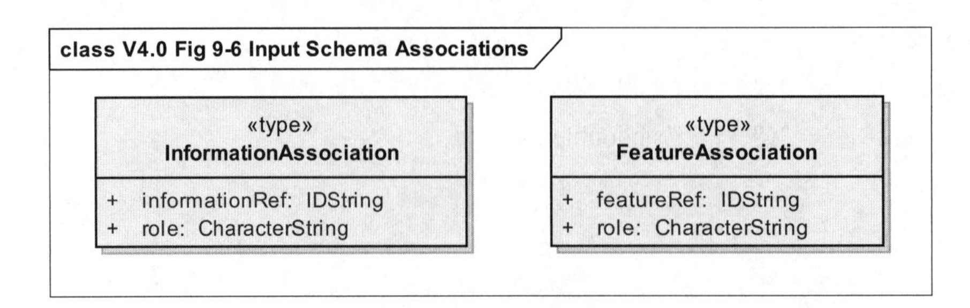

图9-6 输入模式关联

每一类关联都需要在模式中定义一个单独的类型：

```
<xs:complexType name="InformationAssociation">
  <xs:attribute name="informationRef" type="IDString" use="required"/>
  <xs:attribute name="role" type="xs:string" use="required"/>
</xs:complexType>

<xs:complexType name="FeatureAssociation">
  <xs:attribute name="featureRef" type="IDString" use="required"/>
  <xs:attribute name="role" type="xs:string" use="required"/>
</xs:complexType>
```

属性“informationRef”（信息引用）和“featureRef”（要素引用）与被引用信息和被引用要素对象的 id 属性分别对应。详见“对象”部分。

如果产品规范要求关联具有更多属性，则必须在产品规范模式中定义特定类型的子类。

9-7.5 空间关系

在通用要素模型中，要素类型和空间类型之间以及空间类型之间建立了不同的关系模型。对于这些关系，该模式定义了以下类型。

“SpatialRelation”（空间关系）类型是空间对象所有关系的基本类型。它只定义了一个与空间对象的 id 属性对应的属性“ref”（参照）。

```
<xs:complexType name="SpatialRelation">
  <xs:attribute name="ref" type=" IDString " use="required"/>
  <xs:attribute name="scaleMinimum" type="xs:positiveInteger" use="required"/>
  <xs:attribute name=" scaleMaximum " type="xs:positiveInteger" use="required"/>
</xs:complexType>
```

其他关系类型从该类型派生，并根据该关系的特定用途添加信息。“MaskedRelation”（屏蔽关系）类型添加了一个“mask”（屏蔽）属性。如果一个被引用的空间对象不应该用于图示表达，该属性必须赋值。

```
<xs:complexType name="MaskedRelation">
  <xs:complexContent>
    <xs:extension base="SpatialRelation">
      <xs:attribute name="mask" type="xs:boolean" default="false"/>
    </xs:extension>
  </xs:complexContent>
</xs:complexType>
```

请注意，“mask”属性不是必选，但其缺失情况下具有缺省值。

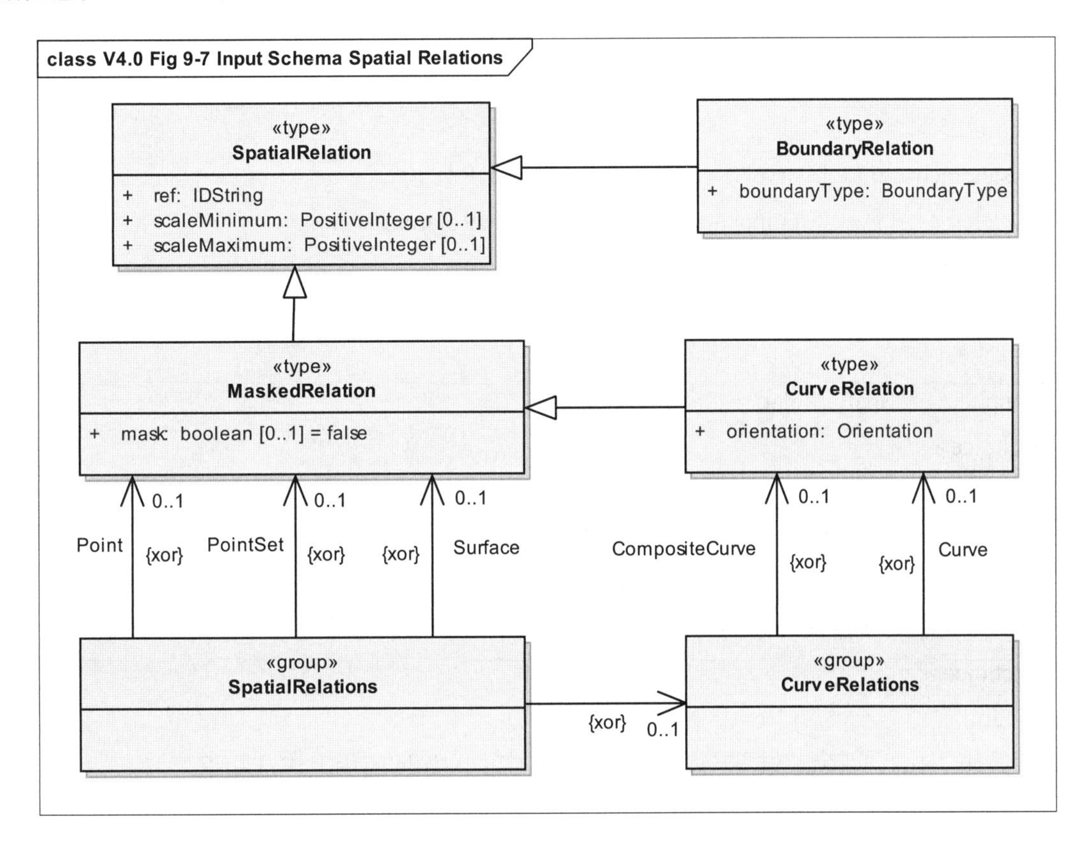

图9-7　输入模式空间关系

“BoundaryRelation”（边界关系）类型在该关系中添加了“boundary”（边界）类型，在该关系描述拓扑关系（例如与曲线的边界节点的关系）时使用。

```
<xs:complexType name="BoundaryRelation">
  <xs:complexContent>
    <xs:extension base="SpatialRelation">
      <xs:attribute name="boundaryType" type="BoundaryType" use="required"/>
    </xs:extension>
  </xs:complexContent>
</xs:complexType>
```

每当通过空间关系引用曲线时，都会使用类型“CurveRelation”（曲线关系），因为有必要指定曲线的使用方向与定义的方向相同或相反。该类型从“MaskedRelation”（屏蔽关系）中派生，因为每个曲线都可以作为屏蔽的对象。

```
<xs:complexType name="CurveRelation">
  <xs:complexContent>
    <xs:extension base="MaskedRelation">
      <xs:attribute name="orientation" type="Orientation" use="required"/>
    </xs:extension>
  </xs:complexContent>
</xs:complexType>
```

为“Spatial relation”（空间关系）定义了两个组。一组定义两条曲线可能的关系，另一组定义所有可能的空间关系。

```
<xs:group name="CurveRelations">
  <xs:choice>
    <xs:element name="Curve" type="CurveRelation"/>
    <xs:element name="CompositeCurve" type="CurveRelation"/>
  </xs:choice>
</xs:group>

<xs:group name="SpatialRelations">
  <xs:choice>
    <xs:element name="Point" type="MaskedRelation"/>
    <xs:element name="PointSet" type="MaskedRelation"/>
    <xs:element name="Surface" type="MaskedRelation"/>
    <xs:group ref="CurveRelations"/>
  </xs:choice>
</xs:group>
```

附录 B 给出了如何为特定数据产品编写模式，其中说明如何使用上述这些组。

9-7.6 对象

数据集中的所有对象都基于“Object”（对象）类型，该类型带有所有对象的公共特征。对象上唯一的共同点是标识符。每个对象在数据集中都必须可识别。这是通过 id 属性完成的。

在产品特定的模式中，可以对此标识符进行约束，特别是通过使用 <xs:key> 和 <xs:keyref> 元素。

```
<xs:complexType name="Object" abstract="true">
  <xs:attribute name="id" type="IDString" use="required"/>
</xs:complexType>
```

注意，标识符的类型是“IDString”（ID 字符串），它必须尽可能通用，以便各类方法中都可以用于标识。该字符串中允许的字符是 0-9a-zA-Z。

```
<xs:simpleType name="IDString">
<xs:restriction base="xs:string">
        <xs:minLength value="1"/>
```

```
        <xs:pattern value="[0-9a-zA-Z_]*"/>
    </xs:restriction>
</xs:simpleType>
```

下图给出了所有对象的模型。

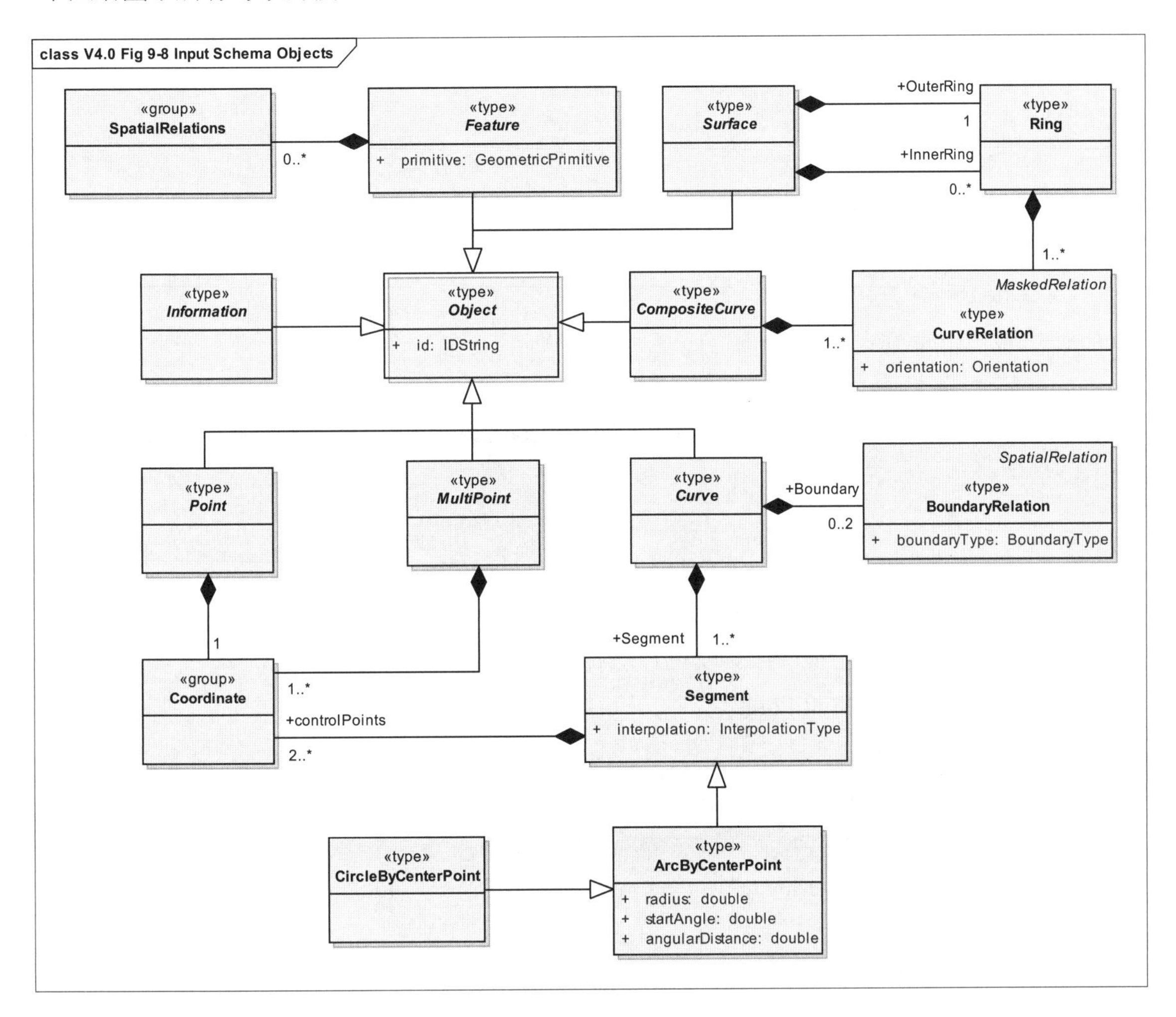

图9-8　输入模式对象

9-7.7　空间对象

9-7.7.1　序言

数据集中的空间对象带有要素对象的几何位置。该标准支持以下类型：

- Point（点）
- MultiPoint（多点）
- Curve（曲线）
- Composite Curve（组合曲线）
- Surface（曲面）

这里描述的所有类型都是抽象的，必须在产品模式中定义子类。可在派生类型中添加其他特征。这样的特征可以与质量信息类型或其他关联相关联。GFM 不允许空间对象使用属性。所有类型都是从

“Object”（对象）类型中派生的，这意味着它们都有一个标识符。

9-7.7.2 点

一个点具有一个简单的二维或三维坐标元组。定义如下：

```
<xs:complexType name="Point">
  <xs:complexContent>
    <xs:extension base="Object">
      <xs:sequence>
        <xs:group ref="Coordinate"/>
      </xs:sequence>
    </xs:extension>
  </xs:complexContent>
</xs:complexType>
```

请注意，定义中使用了坐标组，以允许同时使用“Coordinate2D”（二维坐标）和“Coordinate3D”（三维坐标）元素。

9-7.7.3 多点

与“Point”（点）类似，该类型用于定义要素对象的点几何。区别在于它可以定义一组坐标元组。因此，“maxOccurs”（最大出现次数）设置为无限。

```
<xs:complexType name="MultiPoint">
  <xs:complexContent>
    <xs:extension base="Object">
      <xs:sequence>
        <xs:group ref="Coordinate" minOccurs="1" maxOccurs="unbounded"/>
      </xs:sequence>
    </xs:extension>
  </xs:complexContent>
</xs:complexType>
```

9-7.7.4 曲线

曲线描述要素对象的线几何。它们由若干分段组成，其中每个分段都有一系列控制点和一种插值方法。后者根据使用的坐标参照系定义控制点之间的几何。分段有两种特殊类型：

1. ArcByCenterPoint（圆心表示的圆弧）

由圆心和半径定义的圆弧。圆弧的起点由起始角度定义，圆弧的长度由角距定义。该角距是定义圆弧方向的有符号数：正数表示顺时针方向。

2. CircleByCenterPoint（圆心表示的圆）

由圆心和半径定义的圆。

抽象类型“SegmentBase”（线段基础）定义了一系列控制点和插值类型的属性：

```
<xs:complexType name="SegmentBase" abstract="true">
```

```
    <xs:sequence>
      <xs:element name="ControlPoint" type="Coordinate2D" minOccurs="1" maxOccurs="unbounded"/>
    </xs:sequence>
    <xs:attribute name="interpolation" type="InterpolationType" use="required"/>
</xs:complexType>
```

将控制点的数量限制为至少 2 个，从该类型派生出类型“Segment”（分段）：

```
<xs:complexType name="Segment">
  <xs:complexContent>
    <xs:restriction base="SegmentBase">
      <xs:sequence>
          <xs:element name="ControlPoint" type="Coordinate2D" minOccurs="2" maxOccurs="un-
bounded"/>
      </xs:sequence>
    </xs:restriction>
  </xs:complexContent>
</xs:complexType>
```

对于“by center point”（圆心表示的圆弧或圆）的线段，抽象基类型也从“SegmentBase”（线段基础）派生而来，它将控制点的数量限制为 1，并固定属性“interpolation”（插值）的值。

```
<xs:complexType name="ArcByCenterPointBase" abstract="true">
  <xs:complexContent>
    <xs:restriction base="SegmentBase">
      <xs:sequence>
        <xs:element name="ControlPoint" type="Coordinate2D" minOccurs="1" maxOccurs="1"/>
      </xs:sequence>
      <xs:attribute name="interpolation" type="InterpolationType" use="required"
                fixed="CircularArcCenterPointWithRadius"/>
    </xs:restriction>
  </xs:complexContent>
</xs:complexType>
```

“ArcByCenterPoint”（圆心表示的圆弧）是该类型的扩展，添加了“radius”（半径）、“startAngle”（起始角度）和“angularDistance”（角距）的属性。

```
<xs:complexType name="ArcByCenterPoint">
  <xs:complexContent>
    <xs:extension base="ArcByCenterPointBase">
      <xs:attribute name="radius" type="xs:double" use="required"/>
      <xs:attribute name="startAngle" type="xs:double" use="required"/>
      <xs:attribute name="angularDistance" type="xs:double" use="required"/>
    </xs:extension>
  </xs:complexContent>
</xs:complexType>
```

“CircleByCenterPoint”（圆心表示的圆）类型非常相似，但没有定义起始角度属性，因为没有意义。此处的方向由属性“direction”（方向）定义，该“direction”属性值为“+”或“-”。

```
<xs:simpleType name="Direction">
  <xs:restriction base="xs:string">
    <xs:enumeration value="+"/>
    <xs:enumeration value="-"/>
  </xs:restriction>
</xs:simpleType>

<xs:complexType name="CircleByCenterPoint">
  <xs:complexContent>
    <xs:extension base="ArcByCenterPointBase">
      <xs:attribute name="radius" type="xs:double" use="required"/>
      <xs:attribute name="direction" type="Direction" default="+"/>
    </xs:extension>
  </xs:complexContent>
</xs:complexType>
```

为了使用不同类型的分段，可构建组。

```
<xs:group name="Segments">
    <xs:choice>
      <xs:element name="Segment" type="Segment"/>
      <xs:element name="ArcByCenterPoint" type="ArcByCenterPoint"/>
      <xs:element name="CircleByCenterPoint" type="CircleByCenterPoint"/>
    </xs:choice>
  </xs:group>
```

最后，“Curve”（曲线）类型将一系列分段和拓扑边界组合在一起。曲线的拓扑边界是由“Point”（点）对象实现的起始节点和末端节点。

```
<xs:complexType name="Curve">
  <xs:complexContent>
    <xs:extension base="Object">
      <xs:sequence>
        <xs:element name="Boundary" type="BoundaryRelation" minOccurs="0" maxOccurs="2"/>
        <xs:group ref="Segments" minOccurs="1" maxOccurs="unbounded"/>
      </xs:sequence>
    </xs:extension>
  </xs:complexContent>
</xs:complexType>
```

9-7.7.5 组合曲线

组合曲线描述了要素对象的线几何，就像“简单”曲线一样。但它不使用坐标来定义几何，而是使用一系列其他曲线，包括其他组合曲线。换句话说，是与其他曲线的一系列关系。

```
<xs:complexType name="CompositeCurve">
  <xs:complexContent>
    <xs:extension base="Object">
      <xs:sequence>
        <xs:group ref="CurveRelations" minOccurs="1" maxOccurs="unbounded"/>
      </xs:sequence>
    </xs:extension>
  </xs:complexContent>
</xs:complexType>
```

9-7.7.6 曲面

曲面描述了要素对象的面几何。曲面本身由其边界定义。边界由一个外环和多个可选内环组成。内环描述该面中的孔洞。每个环都是由若干个曲线构成的闭合多边形。这意味着环与组合曲线非常相似，但与组合曲线不同，它不是从“Object”（对象）派生的，因为它无需具有可识别性。环的定义如下所示：

```
<xs:complexType name="Ring">
  <xs:group ref="CurveRelations" minOccurs="1" maxOccurs="unbounded"/>
</xs:complexType>
```

最后，曲面的定义如下所示：

```
<xs:complexType name="Surface">
  <xs:complexContent>
    <xs:extension base="Object">
      <xs:sequence>
        <xs:element name="OuterRing" type="Ring"/>
        <xs:element name="InnerRing" type="Ring" minOccurs="0" maxOccurs="unbounded"/>
      </xs:sequence>
    </xs:extension>
  </xs:complexContent>
</xs:complexType>
```

9-8 信息对象

信息对象是数据集中可识别和可共享的信息。在该模型中，抽象类型“Information”（信息）从类型“Object”（对象）派生而来。尽管未添加其他特征，但该类型可用于语义推断。产品规范中的信息类型可以从类型“Information”（信息）派生，以表明它们是信息类型。

```
<xs:complexType name="Information" abstract="true">
  <xs:complexContent>
    <xs:extension base="Object"/>
  </xs:complexContent>
```

```
</xs:complexType>
```

请注意，该类型是抽象的。数据产品中任何信息类型的实现都必须派生于该类型。

9-9 要素对象

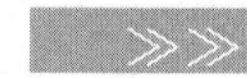

要素概念是对现实世界现象的抽象。该模式定义了任何要素类型的抽象基类。类型“Feature”（要素）从“Object”（对象）派生而来，并在基类特征基础上增加了一系列空间关系和一个几何单形属性。产品规范中的所有要素类型都从该类型中派生而来。它们可以携带要素属性、要素关联或信息关联所用的其他元素。

```
<xs:complexType name="Feature" abstract="true">
 <xs:complexContent>
  <xs:extension base="Object">
   <xs:sequence>
    <xs:group ref="SpatialRelations" minOccurs="0" maxOccurs="unbounded"/>
   </xs:sequence>
   <xs:attribute name="primitive" type="GeometricPrimitive" use="required"/>
  </xs:extension>
 </xs:complexContent>
</xs:complexType>
```

产品中的所有要素类型都从该抽象类型派生。该标准的附录描述了如何执行此操作。

模式的定义参见 A.1 输入模式。

9-10 图示表达过程

此部分介绍 W3C 推荐标准 XSLT 1.0，http://www.w3.org/TR/xslt。

XSLT 使用 Xpath1.0 来定位文档的各个部分。http://www.w3.org/TR/xpath/。

XSLT（XSL 转换器）是以格式良好 XML 文档表示的语言。在图示表达中使用 XSLT 的目的是将数据转换为绘图指令。因为 XSLT 是以 XML 表示的，所以它就可以作为可机读的转换语言进行交换。XSLT 广泛应用于很多领域，但是它最常用来将 XML 文档转换为用于网页显示的 HTML。关于 XSLT 的指南、书籍和参考资料有很多。也有一些网站可供提问和示例下载。

XSLT 使用模板来处理输入 XML 树中的节点，并将节点输出为 XML 格式、其他 SGML 格式或者甚至是普通文本格式。主要有两种类型的模板，即匹配模板和命名模板。

匹配模板使用 XPATH 匹配表达式来指定输入文档中哪些元素应该被模板处理。XPATH（XML 路径语言）是一种用来定位或者查找 XML 文档内容的表达式语言。其定位功能使得它特别适用于处理具有层次结构的内容，例如嵌套的复杂属性。只有匹配模板能够匹配输入文档中的元素。匹配模板拥有一个内置的优先级计算和冲突解决方法，以确定当多个模板匹配到同一元素时应当使用哪个模板。为了重载默认的冲突解决方法，可显式指定优先级作为匹配模板的属性。

命名模板与待处理数据一起被另一个模板调用。命名模板也可以有参数，可用于转换过程中常用的格式化或其他操作。命名模板可以调用本身（递归），可用于类似字符串解析等操作。

通过使用“xsl: apply-templates”或者“xsl:for-each”指令元素，模板可遍历与 Xpath 表达式匹配的节点集合。在处理这些节点之前，也可以对它们进行排序。可使用一个简单“xsl:if”指令或者一个“xsl:choose”指令实现条件处理。选择指令可以测试一组表达式，使得只有第一个匹配的被处理，如果没有找到匹配项，则默认使用一个可选的“otherwise”语句进行操作。这在测试枚举数据时是有用的，以便根据枚举值的不同生成不同的输出。

XLST 也具有在顶层传递参数和模板任意位置访问参数的能力。这些参数可用于为转换过程提供上下文信息。在 XSLT 中也含有变量，但是这些变量只能将数据作为其定义的一部分，而不像其他语言，可以对变量重新赋值。变量可用于集合数据或者判定结果，并将其作为参数传递给另外一个模板或者在条件语句中使用。

XSLT 可以包含或者导入其他 XSLT 文档。通过多重顶层 XLST 文档，此功能可用于模板的管理和复用。

示例

给定下面的 XML 示例

```
<BeaconCardinal id="2">
  <s100:Point ref="3"/>
  <categoryOfCardinalMark>3</categoryOfCardinalMark>
</BeaconCardinal>
<BeaconCardinal id="3">
  <s100:Point ref="3"/>
  <categoryOfCardinalMark>2</categoryOfCardinalMark>
</BeaconCardinal>
```

一个用于图示表达函数的简单匹配 XSLT 模板

```
<xsl:template match="BeaconCardinal">
<!— 这是一个备注。该模板匹配 "BeaconCardinal"（方位立标）节点，模板内部能够检测数据和输出结果 -->
</xsl:template>
```

上面的模板将用于处理所有的“BeaconCardinal”（方位立标）对象。

选择指令可以用作模板内的条件处理。

```
<xsl:template match="BeaconCardinal">
  <xsl:choose>
    <xsl:when test="categoryOfCardinalMark = ‘2’">
      <!-- 这里输出 "BeaconCardinal" 符号，categoryOfCardinalMark =2-->
    </xsl:when>
    <xsl:when test="categoryOfCardinalMark = ‘3’">
      <!-- 这里输出 "BeaconCardinal" 符号，categoryOfCardinalMark =3 -->
    </xsl:when>
    <xsl:otherwise>
```

```
    <!-- 这里输出默认符号 -->
  </xsl:otherwise>
 </xsl:choose>
</xsl:template>
```

可使用一个更高级的 Xpath 表达式来改进匹配。

```
<xsl:template match="BeaconCardinal[categoryOfCardinalMark=2] ">
 <!-- 这是一个备注。这里输出 "BeaconCardinal" 符号，categoryOfCardinalMark =2-->
</xsl:template>
```

9-11 绘图指令

9-11.1 绘图指令概念

9-11.1.1 基本概念

图示表达引擎的输出是一组绘图指令，这些指令集合将要素类型链接至符号引用。空间几何可以来自要素类型或者由图示表达函数生成，后者通过参数化几何实现。

9-11.1.2 图示表达坐标参照系（CRS）

此处的坐标参照系只针对图示表达空间几何。与图示表达相关的坐标参照系有：

- 地理 CRS（Geographic CRS）
- 图示表达 CRS（Portrayal CRS）
- 局部 CRS（Local CRS）
- 线条 CRS（Line CRS）
- 面 CRS（Area CRS）
- 瓦片 CRS（Tile CRS）
- 影线 CRS（Hatch CRS）

"地理 CRS"（Geographic CRS）应用于待图示表达的地理数据集，通过投影和仿射变换映射到"图示表达 CRS"（Portrayal CRS）。不过，符号的旋转角度仍然可以通过相对于地理 CRS 的北方向轴进行定义。

图示表达 CRS 定义了输出设备中的坐标，例如屏幕或者像素图。

线状符号有两种坐标参照系。线性坐标参照系是非笛卡尔 2 轴坐标参照系。x 轴以线几何为参考，y 轴垂直于曲线几何。该坐标参照系允许规定线宽、偏移量、沿几何符号。第二种坐标参照系是局部笛卡尔坐标参照系，它用来定义沿着曲线的每一个位置。该坐标参照系有一个 x 轴相切于曲线，有一个 y 轴垂直于 x 轴。

面状符号定义了其边界和内部的坐标参照系。边界的坐标参照系按照线状符号定义。面状符号的内部有其自身坐标参照系。

对于瓦片模式和图案模式，它们有各自的 CRS。

9-11.1.3 可视组、可视组图层和显示模式

可视组是控制显示内容的概念。它是绘图指令的开 / 关转换，指定给相应的可视组。可以将该概念看作绘图指令列表上的过滤器。

可视组可以聚合到“ViewingGroupLayer”（可视组图层），可视组图层可以聚合到“DisplayMode”（显示模式）。两种聚合都是图示表达目录的一部分。

9-11.1.4 显示平面

显示平面是将图示表达函数的输出划分为若干独立列表的概念。例如将雷达影像下绘制的海图信息和在雷达影像上绘制的海图信息进行分离。

9-11.1.5 显示优先级

显示优先级控制渲染引擎处理图示表达函数的输出顺序。首先处理数值较小的优先级。具有相同显示优先级的指令必须进行排序，首先渲染面指令，然后是线指令，然后是点指令，最后是文本指令。如果相同类型的指令（面、线、点或文本）显示优先级相同，则必须使用其他中立标准对指令进行排序。

9-11.1.6 空指令

该指令指定某个要素不参与图示表达。

9-11.1.7 点指令

概述

“Point Instruction”（点指令）定义了的绘制。符号可以参数化，包括旋转、缩放和偏移。详见“Symbol package”（符号包）文档。

点几何符号包

当点指令引用了一个点几何时，则根据其位置绘制该符号。

多点几何

该符号在多点的每个位置上重复绘制。

曲线几何

该符号根据被引用曲线进行绘制，而被引用曲线可以是“spatialReference”（空间引用），或者如果不使用“spatialReference”，则直接在要素类型引用的曲线上绘制。该符号的配置由符号元素“linePlacement”（线布置）控制。详见“Symbol package”（符号包）文档。

曲面几何

该符号绘制在曲面几何内部的代表性位置。位置的提取由符号成员“areaPlacement”（面布置）控制。详见“Symbol package”（符号包）文档。

9-11.1.8 线指令

概述

线指令定义线型的绘制。线型包括简单和复杂线型。线型可以参数化。详见“LineStyles package”（线

型包）文档。几何由被引用空间类型定义。仅支持曲线或曲面几何。对于后者，曲面的边界定义了该几何。几何定义了线型的绘制方向。

压盖

当要素共享曲线几何时，多条线指令可以引用同一条曲线。

如果将压盖设置为真（缺省），则另一条具有更高显示优先级的线指令将压盖该线指令的绘制。如果将压盖设置为假，则该条指令不会被压盖。

9-11.1.9 面指令

概述

面指令定义面填充的绘图。面填充包括颜色填充和不同的图案填充。面填充可以参数化。详见“AreaFills package”（面填充包）文档。仅支持曲面几何。

9-11.1.10 文本指令

概述

文本指令定义文本的绘图。文本可以参数化，这包括字体、颜色和大小。详见“Text package”（文本包）文档。

点几何

当文本指令引用一个点几何时，则根据其位置绘制文本。仅支持“TextPoint”（文本点）元素。

多点几何

文本在多点的每个位置上重复绘制。仅支持“TextPoint”（文本点）元素。

曲线几何

文本根据被引用曲线进行绘制，而被引用曲线可以是“spatialReference”（空间引用），或者如果不使用“spatialReference”，则直接在要素类型引用的曲线上绘制。这里同时支持“TextPoint”（文本点）和“TextLine”（文本线）元素。第一种是在被引用曲线的某一个位置上绘制文本，依据该位置的局部空间参考系；第二种是根据被引用的形状绘制文本。详见“Text Package”（文本包）文档。

曲面几何

该文本绘制在曲面内的代表性位置。仅支持“TextPoint”（文本点）元素。如何获得此位置由“TextPoint”（文本点）的“areaPlacement”（面布置）成员控制。详见“Text package”（文本包）文档。

9-11.1.11 覆盖指令

图示表达数据覆盖的指令，例如格网测深、卫星影像，等等。

“覆盖是一种要素，它的每个属性类型都有多个值，并且对于要素几何表示中的每个直接位置，对应于每个属性类型都有一个值。”[ISO 19123：2005，引言]

在本文档中，用于图示表达的覆盖属性应具有数字值。

针对覆盖的图示表达分配从“Coverage Feature”（覆盖要素）开始。与其他要素类型一样，要素与绘制指令之间的匹配需使用规则。

第一个用于分配图示表达的匹配查找表是基于某一指定的覆盖属性。针对覆盖的图示表达，有三种可选方法：颜色填充、配置数字注记或者配置符号注记。

颜色分配

通过查找表匹配某一选定属性值，并指定某一颜色，可将颜色应用于某一覆盖。对于一个连续覆盖，如格网单元、像素或者瓦片，每个元素都能得到处理并以适当颜色进行填充。对于一个离散点集表示的离散覆盖，根据分配的笔宽，可将颜色应用于画笔的落笔或者画点操作。

查找表入口能够匹配一个值范围，并且分配某一颜色给该范围，或者指定一个用于建立渐变或者分段效果的起点或者终点颜色，根据颜色范围进行线性插值。

对于符号注记，根据从覆盖中提取出的属性，可对符号进行缩放或旋转。这可用于诸如含有浪高和方向的覆盖的绘制。

数字和符号注记

显示数字注记时应当移除重叠或者避免压盖。可用缓冲区规定注记之间的间隔。缓冲区为 0 表示当数字相交时，直接重叠绘制。当注记发生相交时，一个名为“champion”（优先）的枚举属性被用来指定保留哪个注记（最大值或者最小值）。对于数字注记，文本配置应当使得文本视觉 / 几何中心位于对应位置。

9-11.1.12　增强几何

概述

如果绘制指令所需的几何图形没有在地理数据集中明确给出，图示表达函数将会生成“augmented”（增强）几何。面向增强几何的类集合是本模型的一部分。在这些类中使用的所有位置都在某一个指定的坐标参照系下。这里支持三种坐标参照系：

1. 地理 CRS，坐标是地理坐标。

2. 图示表达 CRS，坐标以图示表达的输出设备为参照。

3. 局部 CRS，坐标在一个坐标轴平行于“Portrayal CRS”（图示表达 CRS）但原点移至参考要素位置的坐标参照系下。该类型的坐标参照系只适用于点要素。

注释　生成的几何图形只为图示表达而临时存在，它并不是数据集的一部分。

所有类型的增强几何都可以用于文本的图示表达。

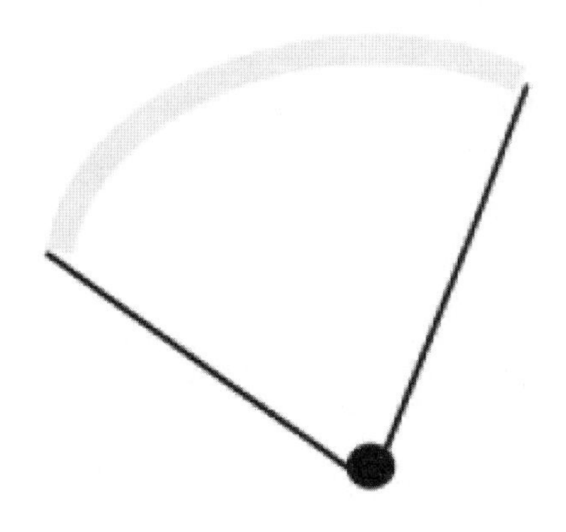

图9-9　具有增强几何的点要素

详见绘图指令模型文档。

9-11.2 绘图指令包模型

该包包含描述图示表达函数输出的类。显示指令将要素类型及其几何链接到“Symbol Element”（符号元素）包中的元素。下图显示了该模型。

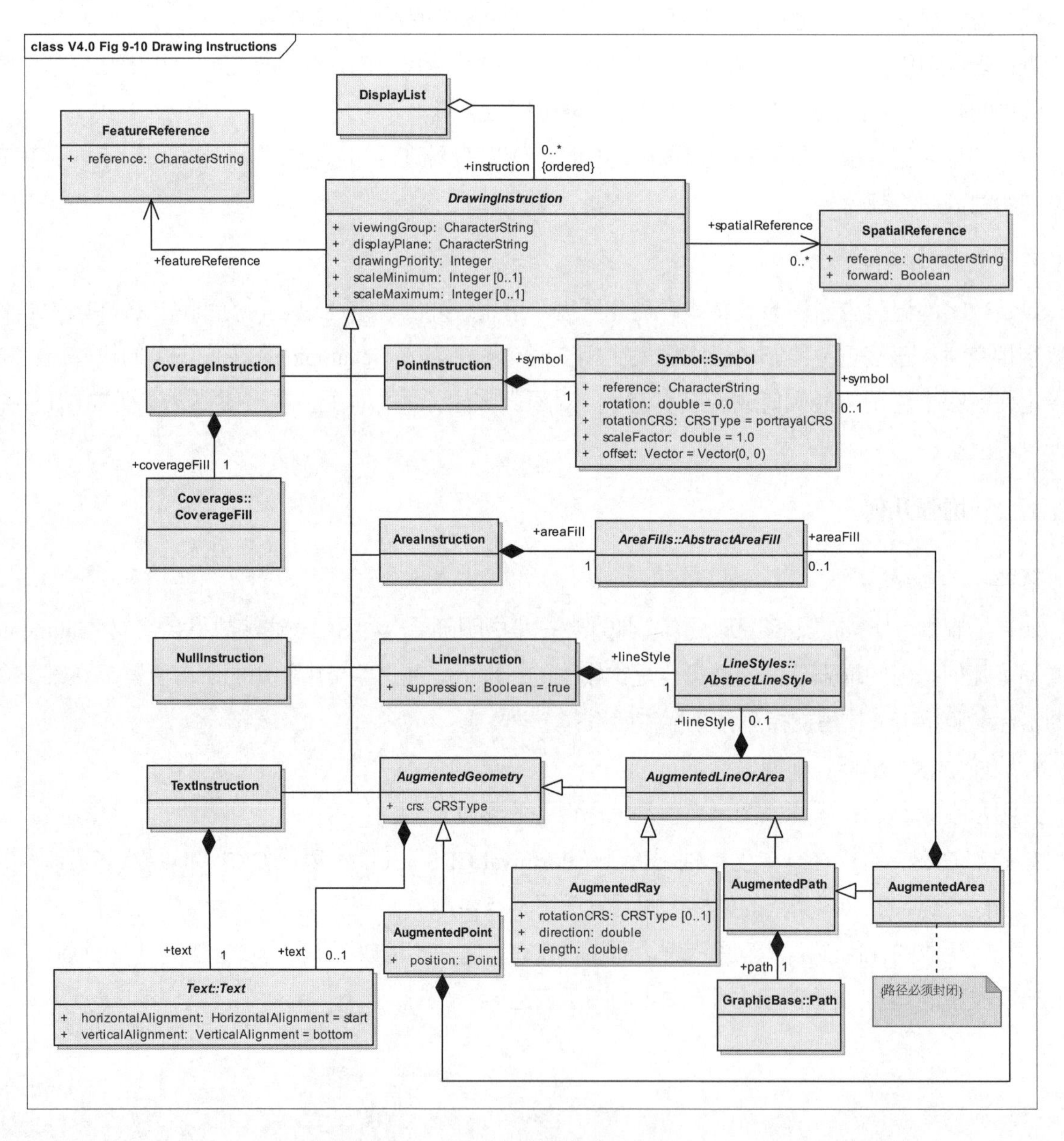

图9-10 绘图指令

9-11.2.1 DisplayList（显示列表）

角色名称	名称（英文）	名称（中文）	说明	多重性	类型
类	DisplayList	显示列表	一组有序的绘图指令	—	—
角色	instruction	指令	该列表的一个绘制指令	0..*	DrawingInstruction

9-11.2.2 DrawingInstruction（绘图指令）

角色名称	名称（英文）	名称（中文）	说明	多重性	类型
类	DrawingInstruction	绘图指令	所有绘图指令的抽象基类	—	—
属性	viewingGroup	可视组	指令所属的可视组	1	String
属性	displayPlane	显示平面	指令所属的显示平面	1	String
属性	drawingPriority	绘图优先级	确定绘图顺序的优先级	1	Integer
属性	scaleMinimum	最小比例尺	定义显示指令的最小比例尺的比例尺分母。如果未给出，则没有最小比例尺	0..1	Integer
属性	scaleMaximum	最大比例尺	定义显示指令的最大比例尺的比例尺分母。如果未给出，则没有最大比例尺	0..1	Integer
角色	featureReference	要素引用	指向待指令绘制要素类型的引用	1	FeatureReference
角色	spatialReference	空间引用	指向要素空间类型组件的引用，该组件定义了用于绘制的几何。如果需要绘制要素的全部几何，则不使用空间引用	0..*	SpatialReference

9-11.2.3 FeatureReference（要素引用）

角色名称	名称（英文）	名称（中文）	说明	多重性	类型
类	FeatureReference	要素引用	指向要素类型的引用	—	—
属性	reference	引用	要素类型的标识符	1	String

9-11.2.4 SpatialReference（空间引用）

角色名称	名称（英文）	名称（中文）	说明	多重性	类型
类	SpatialReference	空间引用	指向空间类型的引用	—	—
属性	reference	引用	空间类型的标识符	1	String
属性	forward	向前	如果为真，则按空间对象在数据中存储的方向使用空间对象。仅适用于曲线	1	boolean

9-11.2.5 NullInstruction（空指令）

角色名称	名称（英文）	名称（中文）	说明	多重性	类型
类	NullInstruction	空指令	指示被引用要素不需要图示表达的指令	—	—

9-11.2.6 PointInstruction（点指令）

角色名称	名称（英文）	名称（中文）	说明	多重性	类型
类	PointInstruction	点指令	点符号的绘图指令	—	—
角色	symbol	符号	需要绘制的符号	1	Symbol::Symbol

9-11.2.7 LineInstruction（线指令）

角色名称	名称（英文）	名称（中文）	说明	多重性	类型
类	LineInstruction	线指令	线几何的绘图指令	—	—
角色	lineStyle	线型	用于绘制的线型	1	LineStyles::AbstractLineStyle

9-11.2.8 AreaInstruction（面指令）

角色名称	名称（英文）	名称（中文）	说明	多重性	类型
类	AreaInstruction	面指令	面几何的绘图指令	—	—
角色	areaFill	面填充	用于绘制的面填充	1	AreaFills::AbstractAreaFill

9-11.2.9 TextInstruction（文本指令）

角色名称	名称（英文）	名称（中文）	说明	多重性	类型
类	TextInstruction	文本指令	绘制文本的绘图指令	—	—
角色	text	文本	要绘制的文本	1	Text::Text

9-11.2.10 CoverageInstruction（覆盖指令）

角色名称	名称（英文）	名称（中文）	说明	多重性	类型
类	CoverageInstruction	覆盖指令	绘制数据覆盖的绘图指令	—	—
角色	coverageFill	覆盖填充	用于绘制的覆盖填充	1	Coverages::CoverageFill

9-11.2.11 AugmentedGeometry（增强几何）

角色名称	名称（英文）	名称（中文）	说明	多重性	类型
类	AugmentedGeometry	增强几何	绘图指令的基类，该指令使用非数据集中的几何。该几何由图示表达函数根据定义的坐标参照系生成	—	—
属性	crs	crs	生成几何的坐标参照系。可以是列表中的某一个： • 地理 CRS • 图示表达 CRS • 局部 CRS 详见“GraphicsBase package”（图形基础包）文档	1	GraphicBase::CRSType

续表

角色名称	名称（英文）	名称（中文）	说明	多重性	类型
角色	text	文本	需要绘制的文本。文本规则的应用取决于指令所使用的几何类型	0..1	Text::Text

9-11.2.12 AugmentedPoint（增强点）

角色名称	名称（英文）	名称（中文）	说明	多重性	类型
类	AugmentedPoint	增强点	点符号的绘图指令，位置未通过要素类型给出	—	—
属性	position	位置	符号的位置	1	GraphicBase::Point
角色	symbol	符号	需要绘制的符号	0..1	Symbol::Symbol

9-11.2.13 AugmentedLineOrArea（增强线或面）

角色名称	名称（英文）	名称（中文）	说明	多重性	类型
类	AugmentedLineOrArea	增强线或面	线增强几何的基类	—	—
角色	lineStyle	线型	需要绘制的线型	0..1	LineStyles::LineStyle

9-11.2.14 AugmentedRay（增强射线）

角色名称	名称（英文）	名称(中文）	说明	多重性	类型
类	AugmentedRay	增强射线	一种绘图指令，用于定义从点要素的位置到另一个位置的线。位置由方向和长度属性定义。它可用于绘制线型或线条文本	—	—
属性	rotationCRS	旋转 CRS	如果存在，则指定为 CRS 的方向	0..1	GraphicsBase::CRSType
属性	direction	方向	射线相对于使用的 CRS 的方向	1	double
属性	length	长度	射线的长度，其单位根据所用的坐标参照系而定	1	double

9-11.2.15 AugmentedPath（增强路径）

角色名称	名称（英文）	名称（中文）	说明	多重性	类型
类	AugmentedPath	增强路径	线的绘图指令，可用于绘制线型或线条文本	—	—
角色	path	路径	定义线几何的路径	1	GraphicsBase::Path

9-11.2.16 AugmentedArea（增强面）

角色名称	名称（英文）	名称（中文）	说明	多重性	类型
类	AugmentedArea	增强面	面的绘图指令，可用于绘制线型、面填充或面文本。使用的路径必须是闭合的	—	—
角色	areaFill	面填充	需要绘制的面填充	0..1	AreaFills::AreaFill

有关模式的定义，请参见 A.3 演示模式

9-12 符号定义

9-12.1 概述

“SymbolDefinition package”（符号定义包）描述了用于图示表达的图元。各图元是通过 SVG 在外部定义的。这些外部定义被该模型的类型所引用。包图如图 9-11 所示。

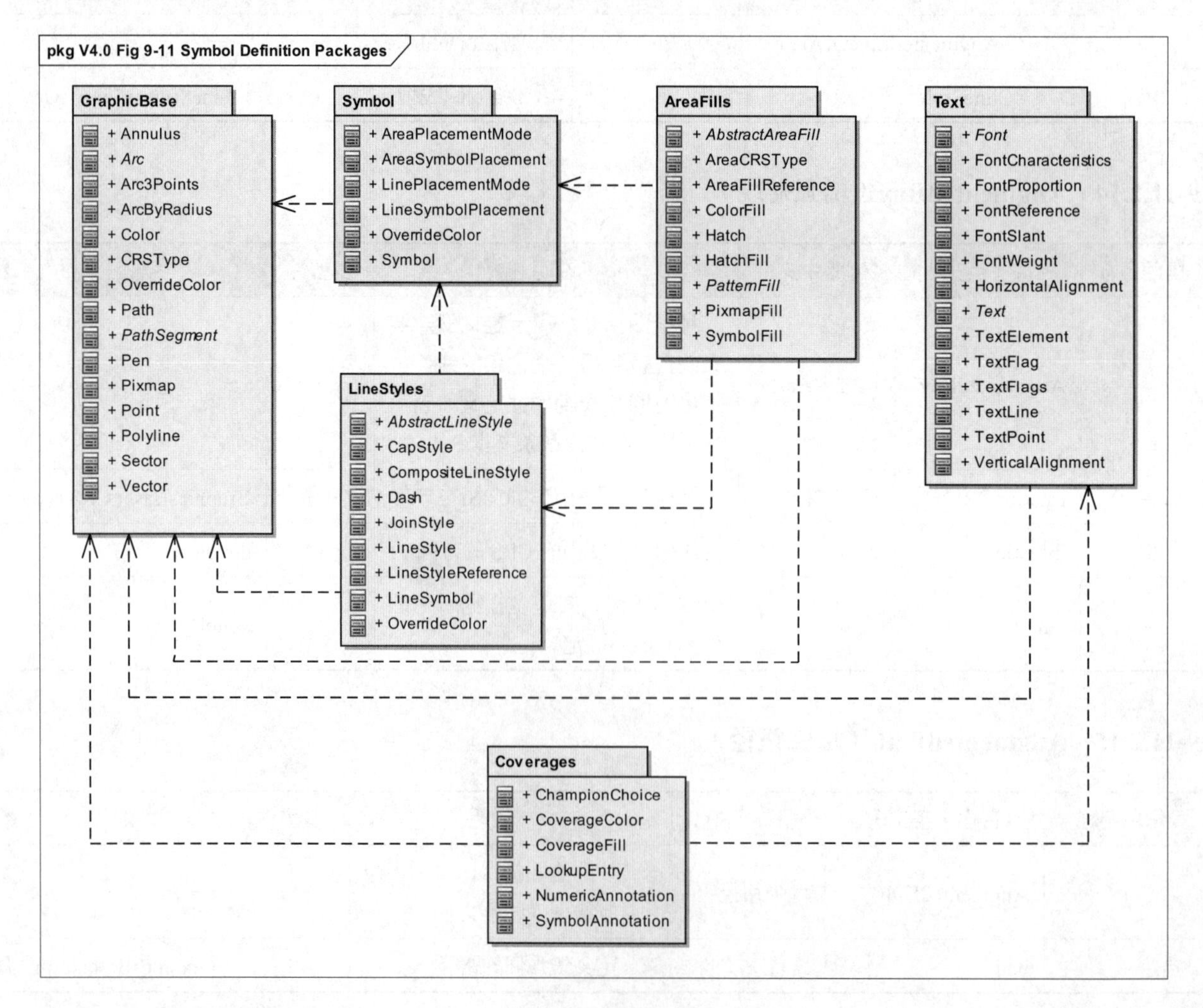

图9-11 符号定义包

9-12.2 GraphicBase（基本图元）包

9-12.2.1 概述

该包中包含了其他包中的基本图元类型。

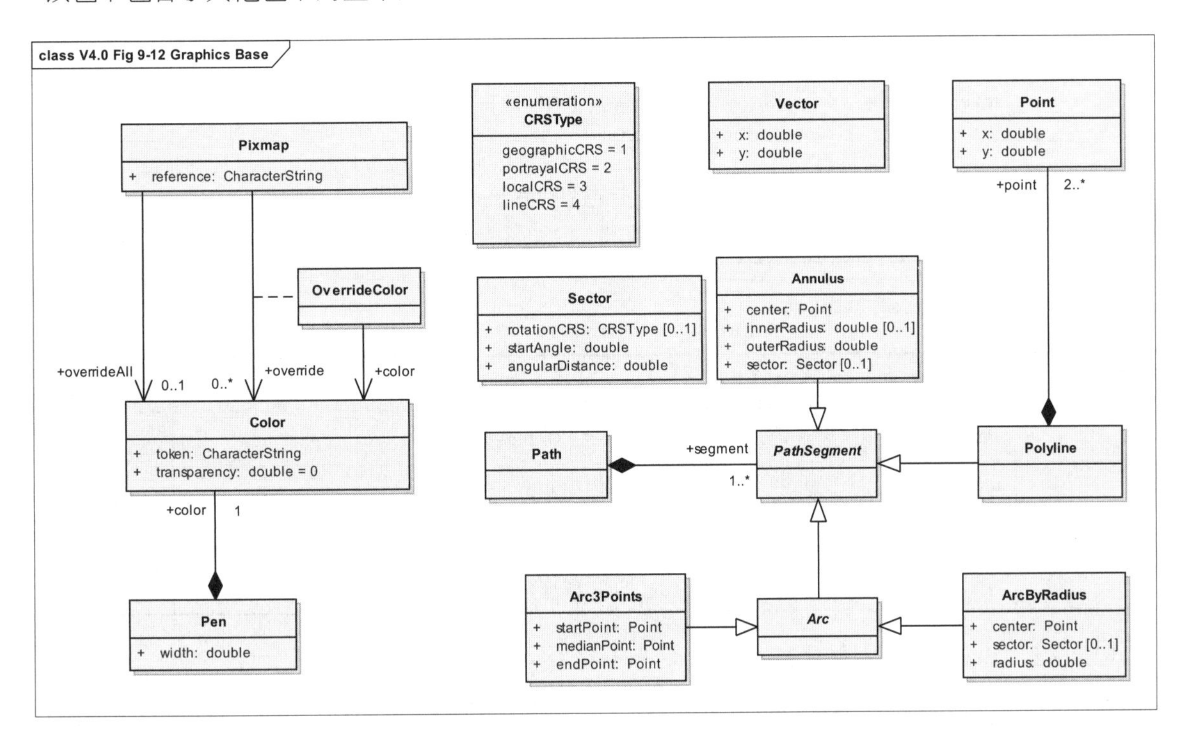

图9-12 基本图元

9-12.2.2 模型

9-12.2.2.1 Point（点）

角色名称	名称（英文）	名称（中文）	说明	多重性	类型
类	Point	点	二维坐标空间中的 0 维几何对象。坐标将参照坐标参照系	—	—
属性	x	x	点的 x 坐标。如果 CRS 是地理 CRS，则指的是经度	1	double
属性	y	y	点的 y 坐标。如果 CRS 是地理 CRS，则指的是纬度	1	double

9-12.2.2.2 Vector（矢量）

角色名称	名称（英文）	名称（中文）	说明	多重性	类型
类	Vector	矢量	同时具有大小和方向的几何对象。仅限于笛卡尔坐标参照系	—	—
属性	x	x	矢量的 x 坐标	1	double
属性	y	y	矢量的 y 坐标	1	double

9-12.2.2.3 Color（颜色）

角色名称	名称（英文）	名称（中文）	说明	多重性	类型
类	Color	颜色	表示颜色模型中的一种颜色	—	—
属性	token	标记	标记指定颜色表中的元素或 RGB 空间中的颜色定义	1	string
属性	transparency	透明度	指定透明度；在 0（不透明）和 1（完全透明）之间	1	double

9-12.2.2.4 Pen（画笔）

角色名称	名称（英文）	名称（中文）	说明	多重性	类型
类	Pen	画笔	线条绘制工具	—	—
属性	width	宽度	画笔的宽度，单位为毫米	1	Double
角色	color	颜色	画笔的颜色，包括实际颜色和透明度	1	Color

9-12.2.2.5 Pixmap（像素图）

角色名称	名称（英文）	名称（中文）	说明	多重性	类型
类	Pixmap	像素图	定义影像的二维像素矩阵	—	—
属性	reference	引用	像素图的外部定义引用。此字符串是图示表达目录中像素图的唯一标识符	1	string
角色	overrideAll	全覆盖	一种颜色，覆盖像素图中使用的所有不完全透明的颜色	0..1	Color
关联	override	覆盖	被另一种颜色取代的颜色	0..*	OverrideColor

9-12.2.2.6 OverrideColor（覆盖颜色）

角色名称	名称（英文）	名称（中文）	说明	多重性	类型
类	OverrideColor	覆盖颜色	替换像素图中现有颜色的关联类	—	—
角色	color	颜色	替换像素图中现有颜色的颜色	1	Color

9-12.2.2.7　CRSType（坐标参照系类型）

角色名称	名称（英文）	名称（中文）	说明
类型	CRSType	CRS 类型	该值描述 CRS 的类型。包括轴定义、角度测量的基线和距离单位
枚举	geographicCRS	地理 CRS	一个地理坐标参照系，它的经度和纬度轴以度为单位。角度以真北方向为起点顺时针定义。距离单位为米
枚举	portrayalCRS	图示表达 CRS	一个 y 轴指向上方的笛卡尔坐标系。坐标轴上的单位和距离以毫米为单位。角度以弧度为单位，从 y 轴正方向顺时针计算。请注意，实际输出设备的 y 轴方向可能有所不同
枚举	localCRS	局部 CRS	一个以局部几何为原点的笛卡尔坐标系统。坐标轴上的单位和距离以毫米为单位。角度以弧度为单位，从 y 轴正方向顺时针计算。 详见说明
枚举	lineCRS	线条 CRS	非笛卡尔坐标系，x 轴沿着曲线几何，而 y 轴垂直于 x- 轴（x 轴的左侧为正）。坐标轴上的单位和距离以毫米为单位。角度以弧度为单位，从 y 轴正方向顺时针计算

下图显示了如何为不同类型的几何确定局部 CRS。

从左到右：

- 点几何的局部 CRS

注释　对于多个点来说，每个点都具有同样的局部 CRS。

- 曲线几何的局部 CRS。坐标系原点可以是线上的任意点。点都可以通过从线起点起算的绝对或相对距离来定义。x 轴在切点的切线方向，y 轴垂直于 x 轴。
- 曲面几何的局部 CRS。对于边界来说，同样适用曲线几何的规则。对于曲面内部，使用一种坐标轴平行于图示 CRS 的坐标参照系。原点可以是相对曲面位置确定的任意点。该点可以在曲面的外部。

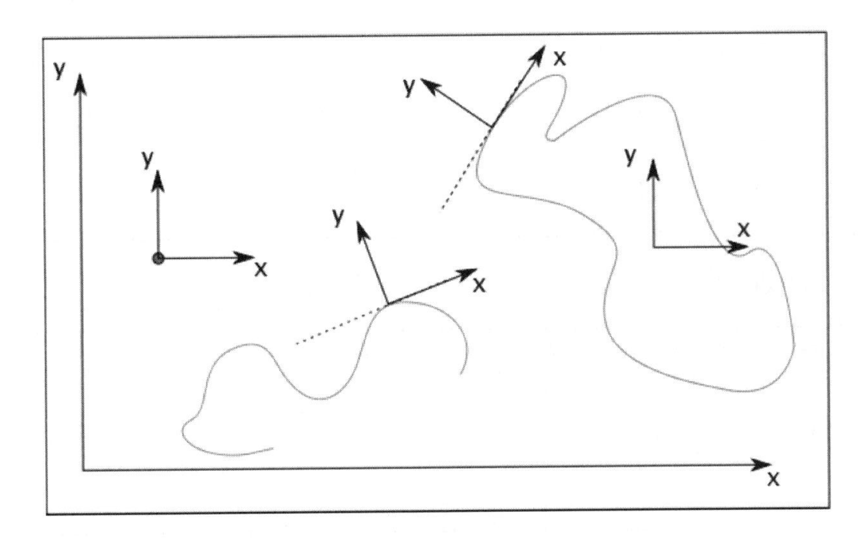

图9-13　局部CRS

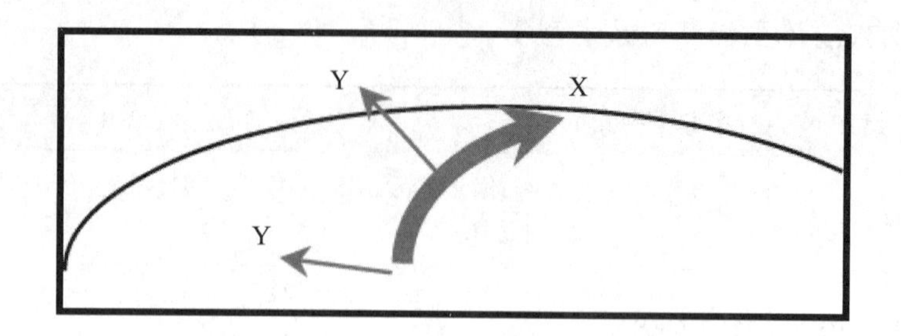

图9-14　线条CRS

9-12.2.2.8　Sector（扇区）

角色名称	名称（英文）	名称（中文）	说明	多重性	类型
类	Sector	扇区	由两个半径闭合形成的笛卡尔平面区域	—	—
属性	rotationCRS	旋转 CRS	如果存在，则为“startAngle”（起始角度）为指定 CRS	0..1	CRSType
属性	startAngle	起始角度	扇区起始半径的方向	1	double
属性	angularDistance	角距	扇区的角距，以度为单位。正值表示顺时针方向，负值表示逆时针方向	1	double

9-12.2.2.9　Path（路径）

角色名称	名称（英文）	名称（中文）	说明	多重性	类型
类	Path	路径	由分段组合的线状几何	—	—
角色	segment	分段	构成路径的分段	1..*	PathSegment

路径可以是闭合或者不闭合的。闭合路径的起点和终点是一致的，分段之间相互连接直至路径闭合。不闭合路径包含多个子路径，子路径之间是断开的。

9-12.2.2.10　PathSegment（路径分段）

角色名称	名称（英文）	名称（中文）	说明	多重性	类型
类	PathSegment	路径分段	路径中所有分段的抽象基类	—	—

9-12.2.2.11　Polyline（折线）

角色名称	名称（英文）	名称（中文）	说明	多重性	类型
类	Polyline	折线	通过一系列点定义其几何的分段	—	—
角色	point	点	构成折线的点	2..*	Point

9-12.2.2.12 Arc（圆弧）

角色名称	名称（英文）	名称（中文）	说明	多重性	类型
类	Arc	圆弧	描述圆弧段的抽象基类	—	—

9-12.2.2.13 Arc3Points（3 点圆弧）

角色名称	名称（英文）	名称（中文）	说明	多重性	类型
类	Arc3Points	3 点圆弧	分段，由 3 个点定义的圆弧。这些点不能共线	—	—
属性	startPoint	起点	圆弧的起点	1	Point
属性	medianPoint	中点	圆弧上的任意点	1	Point
属性	endPoint	终点	圆弧的终点	1	Point

9-12.2.2.14 ArcByRadius（半径表示的圆弧）

角色名称	名称（英文）	名称（中文）	说明	多重性	类型
类	ArcByRadius	半径表示的圆弧	一个圆弧的分段，该圆弧由圆弧的中心和半径定义。圆弧可通过扇形进一步限制	—	—
属性	center	中心	圆弧的中心	1	Point
属性	sector	扇区	定义圆弧起点和终点的扇区。如果不存在，则弧是一个完整的圆	0..1	Sector
属性	radius	半径	圆的半径	1	double

9-12.2.2.15 Annulus（环）

角色名称	名称（英文）	名称（中文）	说明	多重性	类型
类	Annulus	环	由两个同心圆围成的环形区域。可由两个圆半径构成封闭区	—	—
属性	center	中心	圆弧的中心	1	Point
属性	innerRadius	内半径	小圆的半径。如果不存在，则该分段描述的是一个圆的扇区	0..1	double
属性	outerRadius	外半径	大圆半径	1	double
属性	sector	扇区	圆环分段中的扇形	0..1	Sector

9-12.3 Symbol（符号）包

9-12.3.1 模型

该包包含了符号模型。注意，符号图形本身的定义不是该模型的内容，而是在根据 SVG1.1 标准定义在外部文件中。

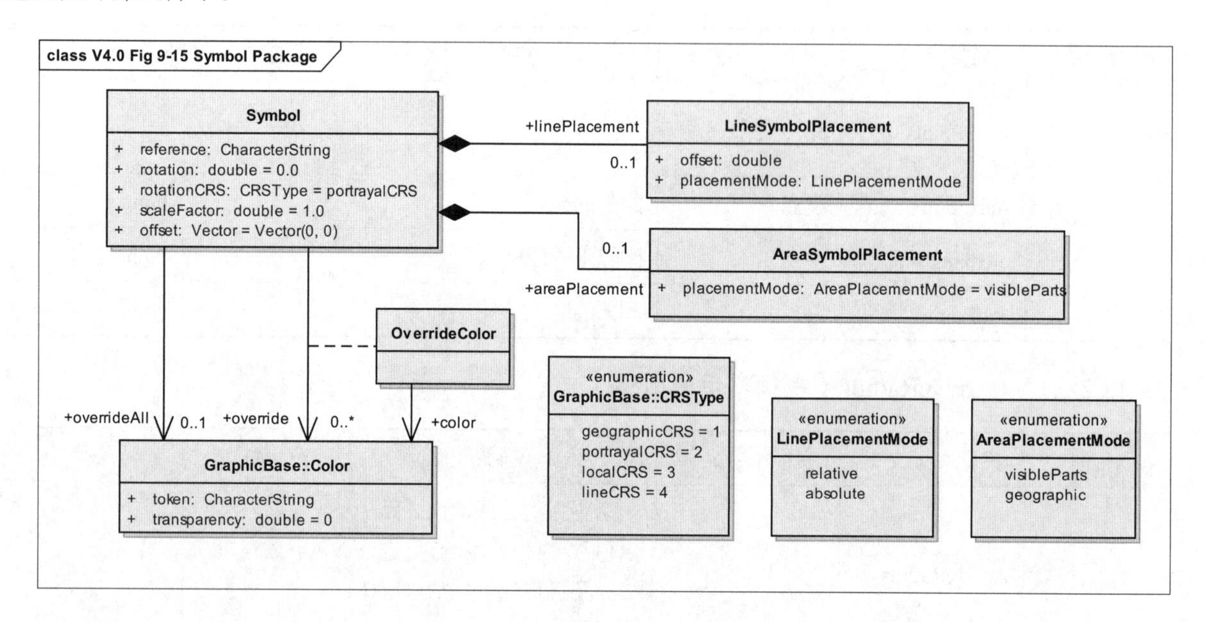

图9-15 符号包

9-12.3.1.1 Symbol（符号）

角色名称	名称（英文）	名称（中文）	说明	多重性	类型
类	Symbol	符号	二维图形元素	—	—
属性	reference	参照	符号图形外部定义的引用。采用图示表达目录内符号部分的唯一标识符	1	String
属性	rotation	旋转	符号的旋转角度，默认值是 0	1	double
属性	rotationCRS	旋转 CRS	规定了旋转的坐标参照系	1	GraphicsBase::CRSType
属性	scaleFactor	缩放因子	原始符号图形缩放的因子	1	double
属性	offset	偏移	相对于几何位置的符号位置移位，默认值是长度为 0 的向量	1	GraphicsBase::Vector
角色	overrideAll	全覆盖	一种用于覆盖符号中非全透明色的颜色	0..1	GraphicsBase::Color
关联	override	覆盖	被另一颜色替代的颜色	0..*	OverrideColor
角色	linePlacement	线布置	符号放置在线条上位置的信息	0..1	LineSymbolPlacement
角色	areaPlacement	面布置	符号在面中的布置	0..1	AreaSymbolPlacement

9-12.3.1.2 OverrideColor（覆盖颜色）

角色名称	名称（英文）	名称（中文）	说明	多重性	类型
类	OverrideColor	覆盖颜色	关联类，用于替换符号中的现有颜色	—	—
角色	color	颜色	替换符号中现有颜色的颜色	1	Color

9-12.3.1.3 LineSymbolPlacement（线符号布置）

角色名称	名称（英文）	名称（中文）	说明	多重性	类型
类	LineSymbolPlacement	线符号布置	定义符号沿线的布置	—	—
属性	offset	偏移	从曲线起点算起的偏移	1	double
属性	placementMode	布置模式	定义偏移是如何被解析的模式	1	LinePlacementMode

9-12.3.1.4 AreaSymbolPlacement（面符号布置）

角色名称	名称（英文）	名称（中文）	说明	多重性	类型
类	AreaSymbolPlacement	面符号布置	符号在面中的布置	—	—
属性	placementMode	布置模式	定义如何放置符号的模式	1	AreaPlacementMode

9-12.3.1.5 LinePlacementMode（线布置模式）

角色名称	名称（英文）	名称（中文）	说明
类型	LinePlacementMode	线布置模式	定义符号沿线布置的类型
枚举	relative	相对	偏移必须解释为齐次坐标，曲线的起点为 0，终点为 1
枚举	absolute	绝对	偏移是距曲线起点的距离

9-12.3.1.6 AreaPlacementMode（面布置模式）

角色名称	名称（英文）	名称（中文）	说明
类型	AreaPlacementMode	面布置模式	定义符号在面内的布置类型
枚举	visibleParts	可视部分	必须将符号放置在曲面的每个可视部分的代表性位置上
枚举	geographic	地理	必须将符号放置在地理对象的代表性位置上

9-12.4 LineStyles（线型）包

9-12.4.1 模型

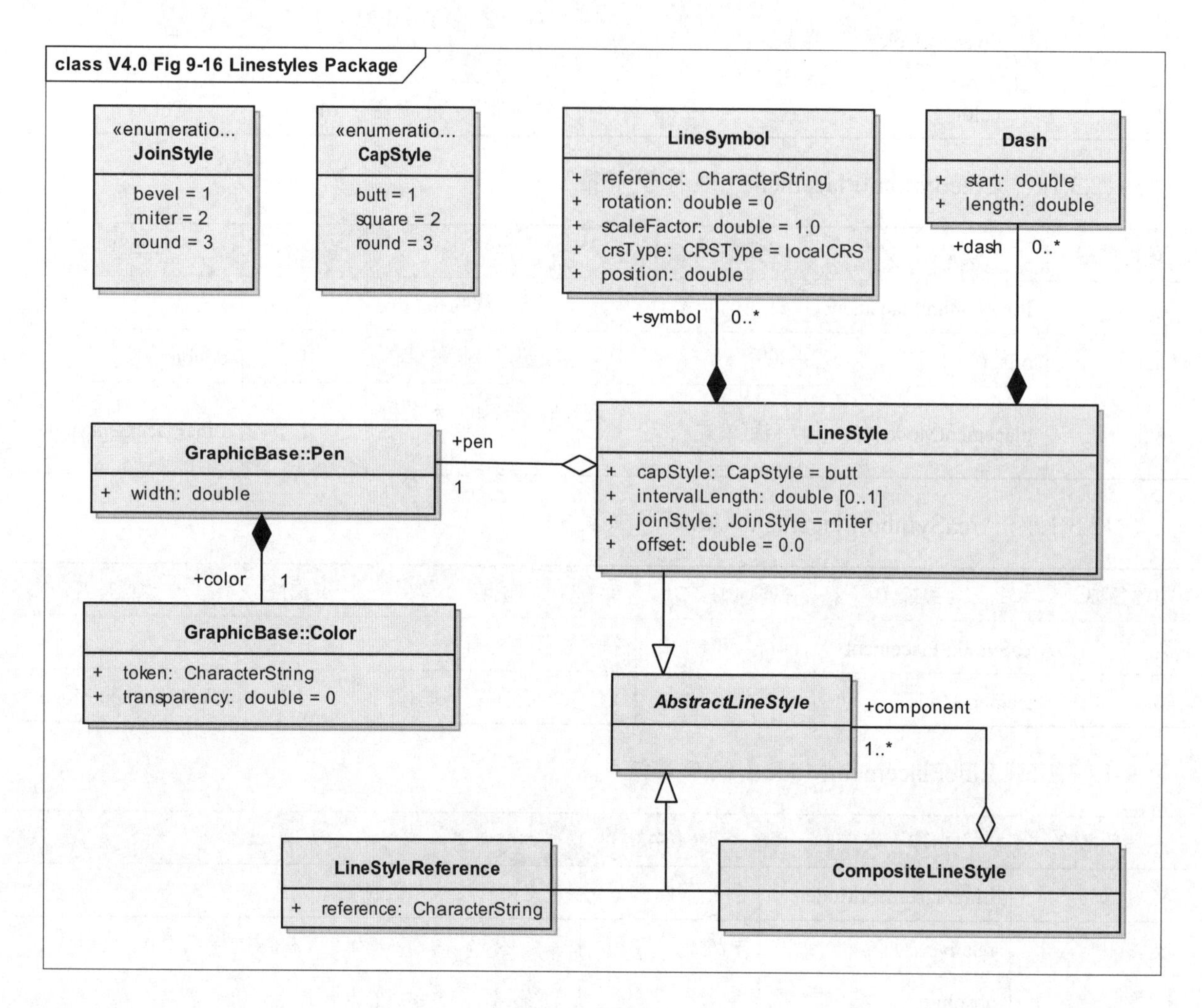

图9-16 线型包

9-12.4.1.1 AbstractLineStyle（抽象线型）

角色名称	名称（英文）	名称（中文）	说明	多重性	类型
类	AbstractLineStyle	抽象线型	图形的抽象基类，用于绘制线几何	—	—

9-12.4.1.2 LineStyles（线型）

角色名称	名称（英文）	名称（中文）	说明	多重性	类型
类	LineStyle	线型	实线或虚线的线几何类型	—	—
属性	offset	偏移	垂直于线方向的偏移。该值指的是线条 CRS 的 y 轴（左侧为正，以毫米为单位）	1	double

续表

角色名称	名称（英文）	名称（中文）	说明	多重性	类型
属性	capStyle	线帽类型	线段两端使用的修饰	1	CapStyle
属性	joinStyle	连接类型	两条线段相交时应用的修饰	1	JoinStyle
属性	intervalLength	间隔长度	沿着线条 CRS 的 x 轴，线型循环体的长度（单位为毫米）。如果未定义，则线型描述的是实线	0..1	double
角色	dash	短划线	虚线的短划线	0..*	Dash
角色	pen	画笔	用来绘制线的画笔	1	Pen
角色	symbol	符号	沿线条放置的符号	0..*	LineSymbol

9-12.4.1.3 Dash（短划线）

角色名称	名称（英文）	名称（中文）	说明	多重性	类型
类	Dash	短划线	重复线条图案中的单个短划线	—	—
属性	start	起点	沿线条 CRS 的 x 轴，从循环体起始位置起算的短划线起点（单位为毫米）	1	double
属性	length	长度	沿线条 CRS 的 x 轴的短划线长度（单位为毫米）	1	double

9-12.4.1.4 LineSymbol（线符号）

角色名称	名称（英文）	名称（中文）	说明	多重性	类型
类	LineSymbol	线符号	以重复模式沿着一条线放置的符号	—	—
属性	reference	引用	符号图形的外部定义引用。引用到目录项中某个标识符	1	String
属性	rotation	旋转	符号的旋转角度，缺省值为 0	1	double
属性	scaleFactor	缩放因子	符号的缩放因子，缺省值为 1.0	1	double
属性	crsType	crs 类型	符号转换后的坐标参照系类型，可能的值为“localCRS”和“lineCRS”	1	CRSType
属性	position	位置	从循环体起始位置起算的符号位置，沿线条 CRS 的 x 轴（单位为毫米）	1	double

9-12.4.1.5　CompositeLineStyle（组合线型）

角色名称	名称（英文）	名称（中文）	说明	多重性	类型
类	CompositeLineStyle	组合线型	一种由其他线型聚合而成的线型		
角色	Components	组件	组合线型的组件	1..*	AbstractLineStyle

9-12.4.1.6　LineStyleReference（线型引用）

角色名称	名称（英文）	名称（中文）	说明	多重性	类型
类	LineStyleReference	线型引用	外部文件中定义的线型		
属性	reference	引用	线型的外部定义引用。这是图示表达目录线型部分中的唯一标识符	1	CharacterString

9-12.4.1.7　JoinStyle（连接类型）

角色名称	名称（英文）	名称（中文）	说明
类型	JoinStyle	连接类型	两个线段相交处使用的修饰
枚举	bevel	平角	
枚举	miter	尖角	
枚举	round	圆角	

9-12.4.1.8　CapStyle（线帽类型）

角色名称	名称（英文）	名称（中文）	说明
类型	CapStyle	线帽类型	线段两端使用的修饰
枚举	butt	对接型	
枚举	square	方型	
枚举	round	圆型	

9-12.5 AreaFills（面填充）包

9-12.5.1 模型

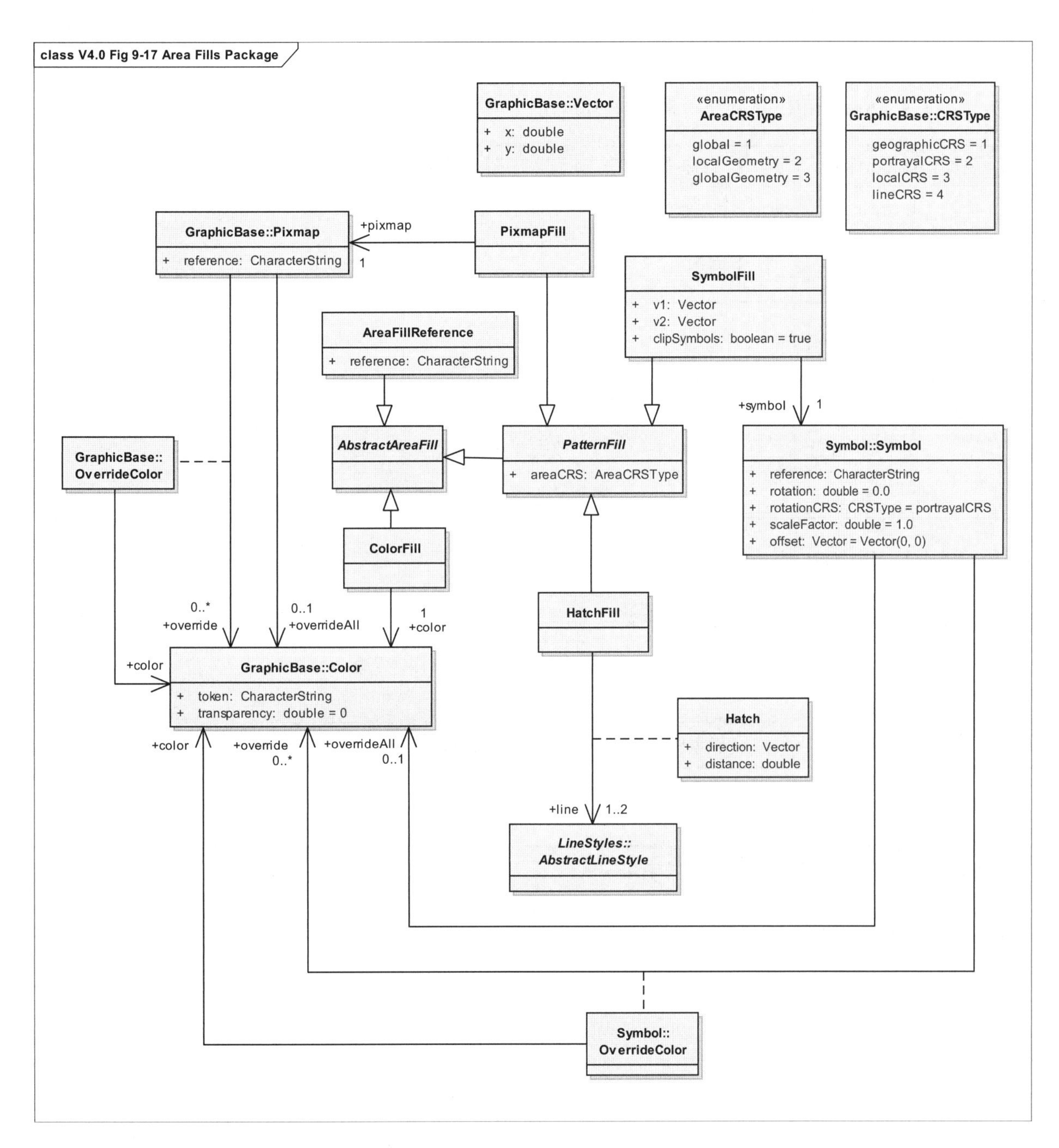

图9-17 面填充包

9-12.5.1.1 AbstractAreaFill（抽象面填充）

角色名称	名称（英文）	名称（中文）	说明	多重性	类型
类	AbstractAreaFill	抽象面填充	填充面的图形抽象基类	—	—

9-12.5.1.2 PatternFill（图案填充）

角色名称	名称（英文）	名称（中文）	说明	多重性	类型
类	PatternFill	图案填充	图案面填充的抽象基类	—	—
属性	areaCRS	面 CRS	定义图案原点的坐标参照系	1	AreaCRSType

9-12.5.1.3 AreaFillReference（面填充引用）

角色名称	名称（英文）	名称（中文）	说明	多重性	类型
类	AreaFillReference	面填充引用	外部文件定义的面填充	—	—
属性	reference	引用	外部定义引用。这是图示表达目录内面填充的唯一标识符	1	CharacterString

9-12.5.1.4 ColorFill（颜色填充）

角色名称	名称（英文）	名称（中文）	说明	多重性	类型
类	ColorFill	颜色填充	该类定义面的纯色填充	—	—
角色	color	颜色	颜色填充的颜色和透明度	1	Color

9-12.5.1.5 PixmapFill（像素图填充）

角色名称	名称（英文）	名称（中文）	说明	多重性	类型
类	PixmapFill	像素图填充	图案填充，图案由像素图定义	—	—
角色	pixmap	像素图	定义图案的像素图	1	Pixmap

9-12.5.1.6 SymbolFill（符号填充）

角色名称	名称（英文）	名称（中文）	说明	多重性	类型
类	SymbolFill	符号填充	图案填充，图案用重复符号定义	—	—
角色	symbol	符号	用于图案的符号	1	Symbol
属性	v1	v1	局部 CRS 定义图案第一维度中下一个符号的偏移	1	Vector
属性	v2	v2	局部 CRS 定义图案第二维度中下一个符号的偏移	1	Vector

9-12.5.1.7 HatchFill（影线填充）

角色名称	名称（英文）	名称（中文）	说明	多重性	类型
类	HatchFill	影线填充	定义由一组或两组平行线组成的图案	—	—
关联	Hatch	影线	一组平行线	1	Hatch

9-12.5.1.8 Hatch（影线）

角色名称	名称（英文）	名称（中文）	说明	多重性	类型
类	Hatch	影线	面填充图案所用的一组平行线		
属性	direction	方向	定义平行线组方向的矢量	1	Vector
属性	distance	距离	线条之间在垂直方向的距离	1	double
角色	line	线	各条影线使用的线型	1..2	LineStyles::AbstractLineStyle

9-12.5.1.9 AreaCRSType（面坐标参照系类型）

角色名称	名称（英文）	名称（中文）	说明
类型	PatternCRS	图案 CRS	描述如何引用填充图案
枚举	global	全局	锚点固定在绘制设备上某一位置，例如屏幕的角点。屏幕平移时，屏幕内对象的图案会出现变换 / 移动
枚举	localGeometry	局部几何	锚点固定在待绘制对象的局部几何，例如对象的左上角点。相邻对象的图案可能不匹配
枚举	globalGeometry	全局几何	填充图案的锚点定义在一个公共位置上，这样的话，对于所有面对象而言，图案都保持相对一致

9-12.6 Text（文本）包

9-12.6.1 概述

文本包包含描述文本所需的类型，包括字体。在此模型中，字体可以按特征进行描述或按名称引用。支持两类文本指令：

相对于点的文本

沿线性几何绘制的文本

9-12.6.2 Fonts（字体）

字体是一组字样。字体是对字符的艺术表达或解释；是类型的外观。

该标准支持两种定义字体的方法，第一种通过四个属性描述字体，让系统找到与图形系统上可用的实际字体的最佳匹配。第二种方法是引用外部字体文件。该文件的格式必须符合“True Type Font”（真实类型字体）标准，必须包含在“Portrayal Catalogue”（图示表达目录）中。

9-12.6.3　模型

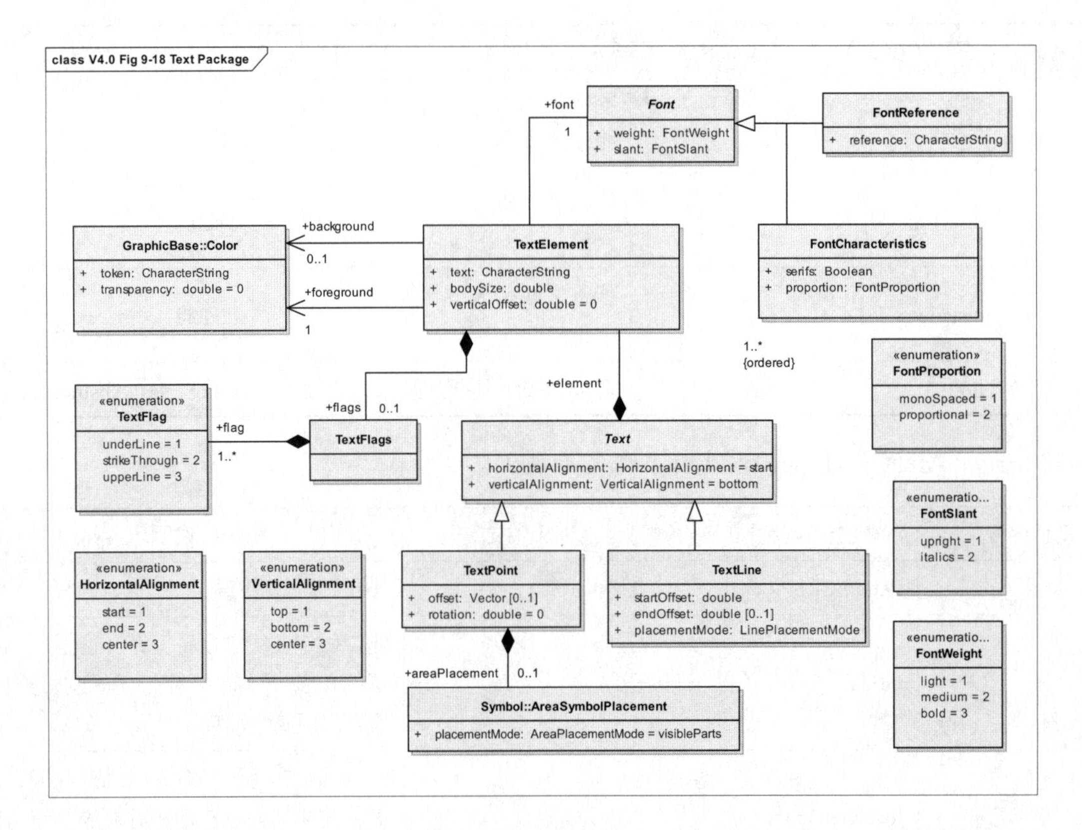

图9-18　文本包

9-12.6.3.1　Font（字体）

角色名称	名称（英文）	名称（中文）	说明	多重性	类型
类	Font	字体	字体的抽象基类	—	—

9-12.6.3.2　FontCharacteristics（字体特征）

角色名称	名称（英文）	名称（中文）	说明	多重性	类型
类	FontCharacteristics	字体特征	描述字体主要特征的类	—	—
属性	serifs	衬线	描述字样是否包含衬线	1	bool
属性	weight	粗细	描述字样的粗细	1	FontWeight
属性	slant	倾斜	描述字样的倾斜	1	FontSlant
属性	proportion	比例	描述字体中所有字样的宽度是各不相同还是固定宽度的	1	FontProportion

9-12.6.3.3　FontReference（字体引用）

角色名称	名称（英文）	名称（中文）	说明	多重性	类型
类	FontReference	字体引用	引用外部来源字体的类	—	—
属性	reference	引用	图示表达目录中的外部文件标识符	1	String

9-12.6.3.4 Text（文本）

角色名称	名称（英文）	名称（中文）	说明	多重性	类型
类	Text	文本	描述文本的图形元素的抽象基类。文本由元素组成	—	—
属性	horizontalAlignment	水平对齐	规定文本如何与锚点水平对齐。缺省值=start	1	HorizontalAlignment
属性	verticalAlignment	垂直对齐	规定文本如何与锚点垂直对齐。缺省值=bottom	1	VerticalAlignment
角色	element	元素	文本元素的有序列表	1..*	TextElement

9-12.6.3.5 TextPoint（文本点）

角色名称	名称（英文）	名称（中文）	说明	多重性	类型
类	TextPoint	文本点	描述相对于点的文本的图形元素	—	—
属性	offset	偏移	规定参照图示表达 CRS 下的锚点偏移	0..1	GraphicsBase::Vector
属性	rotation	旋转	规定参照图示表达 CRS 下的旋转角度。缺省值 =0	1	double
角色	areaPlacement	面布置	描述几何为曲面时的文本布置	0..1	Symbol::AreaSymbolPlacement

9-12.6.3.6 TextLine（文本行）

角色名称	名称（英文）	名称（中文）	说明	多重性	类型
类	TextLine	文本行	沿线几何绘制文本所需的图形元素	—	—
属性	startOffset	起点偏移	该偏移指定了锚点在线上的位置	1	double
属性	endOffset	终点偏移	该偏移指定了文本终点在线上的位置。如果该属性被赋值，则 “startOffset” 不是指定一个锚点而是指定文本的起点。文本将会均衡地分布在两点之间。该情况下 “horizontalAlignment” 是无效的	0..1	double
属性	placementMode	布置模式	指定偏移是如何被解析的	1	Symbol::LinePlacementMode

9-12.6.3.7　TextFlags（文本标识）

角色名称	名称（英文）	名称（中文）	说明	多重性	类型
类	TextFlags	文本标识	文本标识的容器	—	—
角色	flag	标识	文本标识	1..*	TextFlag

9-12.6.3.8　TextElement（文本元素）

角色名称	名称（英文）	名称（中文）	说明	多重性	类型
类	TextElement	文本元素	图形文本的子元素	—	—
属性	text	文本	需要描述的文本	1	String
属性	bodySize	尺寸	该特征描述文字的尺寸	1	Double
属性	verticalOffset	垂直偏移	文本元素基线和文本基线之间的垂直偏移，以毫米为单位。这可用于生成脚注或上标。缺省值 =0	1	Double
角色	flags	标识	描述文本元素的特殊特征，例如下划线等。	0..1	TextFlags
角色	font	字体	描述文本元素的字体	1	Font
角色	foreground	前景	绘制字形的颜色	1	Color
角色	background	背景	描述文本之前用来填充文本元素周围矩形的颜色。如果未给出，则不填充（透明色）	0..1	Color

9-12.6.3.9　FontSlant（字体倾斜）

角色名称	名称（英文）	名称（中文）	说明
类型	FontSlant	字体倾斜	字体使用的倾斜
枚举	upright	正体	字样是直立的
枚举	italics	斜体	字样是倾斜的

9-12.6.3.10　FontWeight（字重）

角色名称	名称（英文）	名称（中文）	说明
类型	FontWeight	字重	字体中字样的粗细
枚举	light	细体	字样较细（标准）
枚举	medium	中等	字样粗细位于“Light”与“Bold”之间
枚举	bold	粗体	字样更突出（粗）

9-12.6.3.11 FontProportion（字体比例）

角色名称	名称（英文）	名称（中文）	说明
类型	FontProportion	字体比例	定义字体中字样的宽度
枚举	monoSpaces	单一比例	字体中所有字样宽度相同，又称“打字机”字体
枚举	proportional	不同比例	字体中每个字样均有单独宽度

9-12.6.3.12 TextFlag（文本标识）

角色名称	名称（英文）	名称（中文）	说明
类型	TextFlag	文本标识	这些值描述了文本描述时使用的一些效果。这些值可以组合
枚举	underLine	下划线	文本下方的线条
枚举	strikeThrough	删除线	文本被删除，一条线穿过文本
枚举	upperLine	上划线	文本上方的线条

9-12.6.3.13 VerticalAlignment（垂直对齐）

角色名称	名称（英文）	名称（中文）	说明
类型	VerticalAlignment	垂直对齐	描述相对于锚点在垂直方向上的文本位置
枚举	top	顶部	锚点位于文本的顶部
枚举	bottom	底部	锚点位于文本的底部
枚举	center	中心	锚点位于文本的（垂直）中心

9-12.6.3.14 HorizontalAlignment（水平对齐）

角色名称	名称（英文）	名称（中文）	说明
类型	HorizontalAlignment	水平对齐	描述相对于锚点在水平方向上的文本位置
枚举	start	起点	锚点位于文本的起点
枚举	end	终点	锚点位于文本的终点
枚举	center	中心	锚点位于文本的（水平）中心

9-12.7 Coverage（覆盖）包

9-12.7.1 概述

覆盖包包含“Coverage”（覆盖）描述所用的类型。该图示表达适用于数字覆盖值的图示表达。支持三种类型的覆盖图示表达：

颜色；

数字注记；

符号注记。

9-12.7.2 Ranges（范围）

Ranges（范围）用于控制如何给“Coverage”（覆盖）中的值指定图示表达。使用了 S-100 第 1 部分“概念模式语言”中定义的“S100_NumericRange”（数值范围）复杂类型。“NumericRange”（数值范围）类型允许使用不同的闭合选项进行各种范围定义。

9-12.7.3 Lookup Table（查找表）

“CoverageFill”（覆盖填充）类包含查找项的有序列表。每个项都带有一个范围，通过检测覆盖是否与该范围匹配，从而对匹配状况进行评估。带有匹配范围的第一个查找项将一种图示表达（颜色、数字注记或符号）类型应用于覆盖元素。例如，允许用颜色填充格网单元，并指定该单元的数字或符号注记。

9-12.7.4 模型

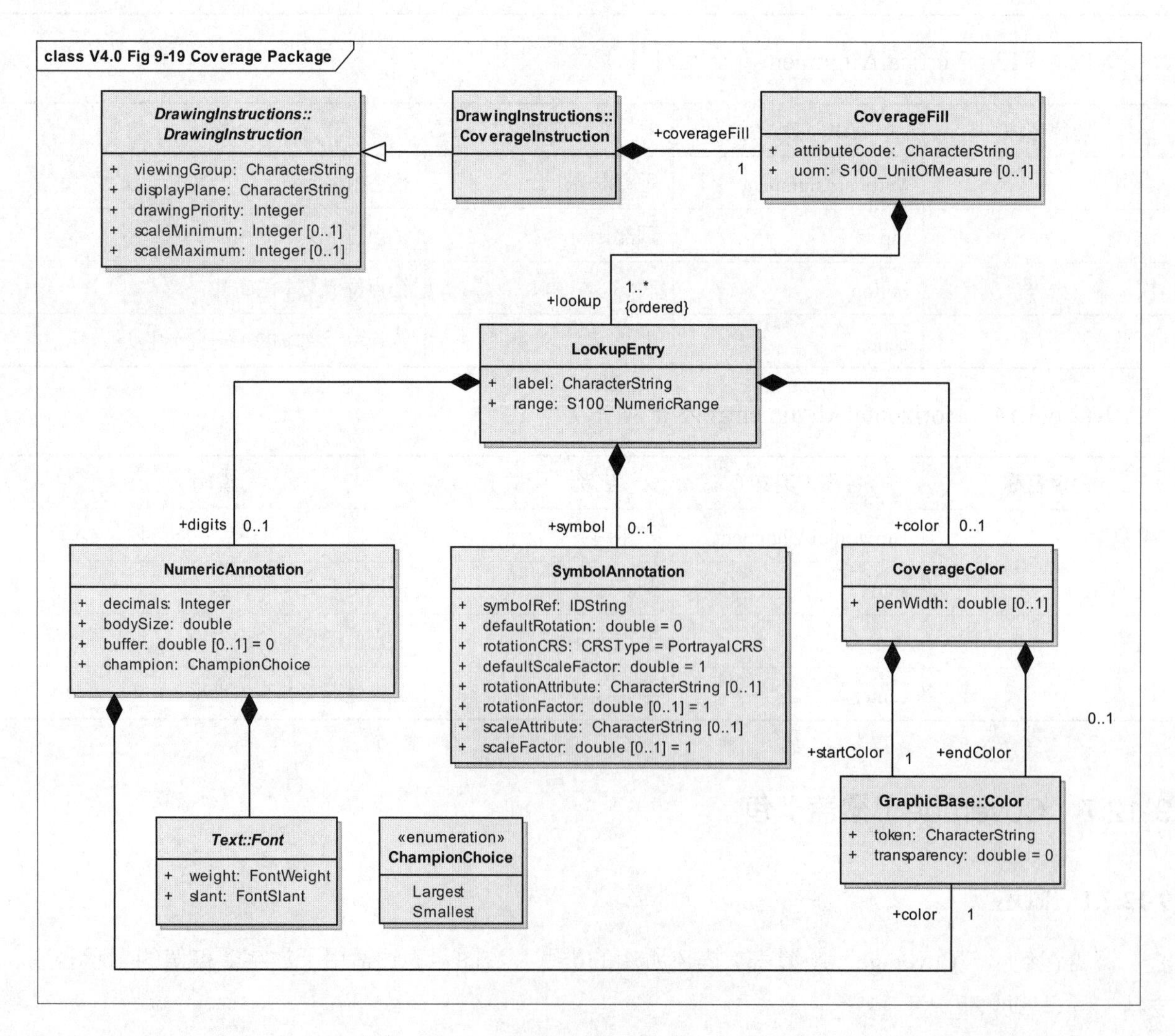

图9-19 覆盖包

9-12.7.4.1 CoverageFill（覆盖填充）

角色名称	名称（英文）	名称（中文）	说明	多重性	类型
类	CoverageFill	覆盖填充	先使用查找表来匹配一个值或值域，然后对颜色、数值或者符号注记赋值，最后完成对一个覆盖的填充	—	—
属性	attributeCode	属性代码	待匹配的覆盖属性值代码	1	CharacterString
属性	uom	度量单位	度量单位，如果未给出，则认为范围内的值与覆盖属性值的单位相同	0..1	S100_UnitOfMeasure
角色	lookup	查找	查找表。查找项将按照第一个匹配进行排序和处理	1..*	LookupEntry

9-12.7.4.2 LookupEntry（查找项）

角色名称	名称（英文）	名称（中文）	说明	多重性	类型
类	LookupEntry	查找项	查找表中的一个条目，用于为覆盖元素分配图示表达	—	—
属性	label	标注	用作显示标注或图例字段的字符串	1	CharacterString
属性	range	范围	值范围的定义。可以是单值区间、开区间或闭区间等。详见 S-100 第 1 部分“概念模式语言”	1	S100_NumericRange
角色	color	颜色	指定给匹配范围的颜色。可以是单色，也可以是“color ramp”（颜色渐变）	0..1	CoverageColor
角色	digits	数字	以数字的方式显示值	0..1	NumericAnnotation
角色	symbol	符号	显示一个符号	0..1	SymbolAnnotation

9-12.7.4.3 CoverageColor（覆盖颜色）

角色名称	名称（英文）	名称（中文）	说明	多重性	类型
类	CoverageColor	覆盖颜色	用颜色填充覆盖的类	—	—
属性	penWidth	画笔宽度	可选画笔宽度，适用于离散点的点颜色	0..1	double
角色	startColor	起点色	定义“endColor”时，指定给匹配范围的颜色或用作颜色渐变中起点的颜色	1	GraphicBase::Color
角色	endColor	终点色	在颜色渐变中作为停止点的颜色。值范围线性分布在“startColor”到“endColor”的颜色范围内，可产生渐变的效果	0..1	GraphicBase::Color

9-12.7.4.4 NumericAnnotation（数字注记）

角色名称	名称（英文）	名称（中文）	说明	多重性	类型
类	NumericAnnotation	数字注记	覆盖中值的数字文本注记	—	—
属性	decimals	小数	下标中显示的小数位数	1	Integer
属性	bodySize	尺寸	该特征用于说明描述文本的大小	1	double
属性	buffer	缓冲区	显示单位下，应用于冲突检测的缓冲区。缺省值 =0	1	double
属性	champion	优先值	该枚举用来指定出现冲突时应显示的值	1	ChampionChoice
角色	font	字体	用于在覆盖内显示数值的字体信息。Text::Font 可以是 FontCharacteristics 或 FontReference	1	Text::Font
角色	color	颜色	绘制数字注记所用的颜色	1	GraphicBase::Color

9-12.7.4.5 SymbolAnnotation（符号注记）

角色名称	名称（英文）	名称（中文）	说明	多重性	类型
类	SymbolAnnotation	符号注记	该类用于覆盖中值的符号注记	—	—
属性	symbolRef	符号引用	使用符号的引用；目录 id	1	IDString
属性	defaultRotation	默认旋转值	默认的符号旋转值。在未定义旋转属性时应用。缺省值 =0	0..1	double
属性	rotationCRS	旋转 CRS	指定旋转的坐标参照系。缺省值 = PortrayalCRS	1	GraphicsBase::CRSType
属性	defaultScale	默认比例	默认的符号缩放因子。在未定义比例属性时应用。缺省值 =1	1	double
属性	rotationAttribute	旋转属性	用于符号旋转值的“覆盖属性”的属性代码	0..1	CharacterString
属性	rotationFactor	旋转因子	在应用“rotationAttribute”值之前，通过乘法调整该值。默认值 =1.0	0..1	double
属性	scaleAttribute	比例属性	用于缩放符号尺寸的“覆盖属性”的属性代码	0..1	CharacterString
属性	scaleFactor	缩放因子	在应用“scaleAttribute”值之前，通过乘法调整该值。默认值 =1.0	0..1	double

有关模式的定义详见 9-A-2“符号定义模式”。

9-13 图示表达库

9-13.1 概述

- 可机读。
- 附有目录文件的文件 / 目录结构。
- 像素图、符号、复杂线型、面填充、字体和颜色配置文件的相关文件。
- 以单独文件分别存储的图示表达规则。
- 目录内容相关的模型和模式。

9-13.2 结构

根目录 ----（包含名为“portrayal_catalogue.xml”的目录）

|

|-- Pixmaps（像素图，包含描述像素图的 XML 文件）

|

|-- ColorProfiles（颜色配置文件，包含颜色配置 XML 文件和 CSS2 样式表）

|

|-- Symbols（符号，包含 SVG 符号文件）

|

|-- LineStyles（线型，包含线型 XML 文件）

|

|-- AreaFills（面填充，包含面填充 XML 文件）

|

|-- Fonts（字体，包含 TrueType 字体文件）

|

|-- Rules（规则，包含将要素映射到绘图指令的规则文件）

9-13.3 目录模型

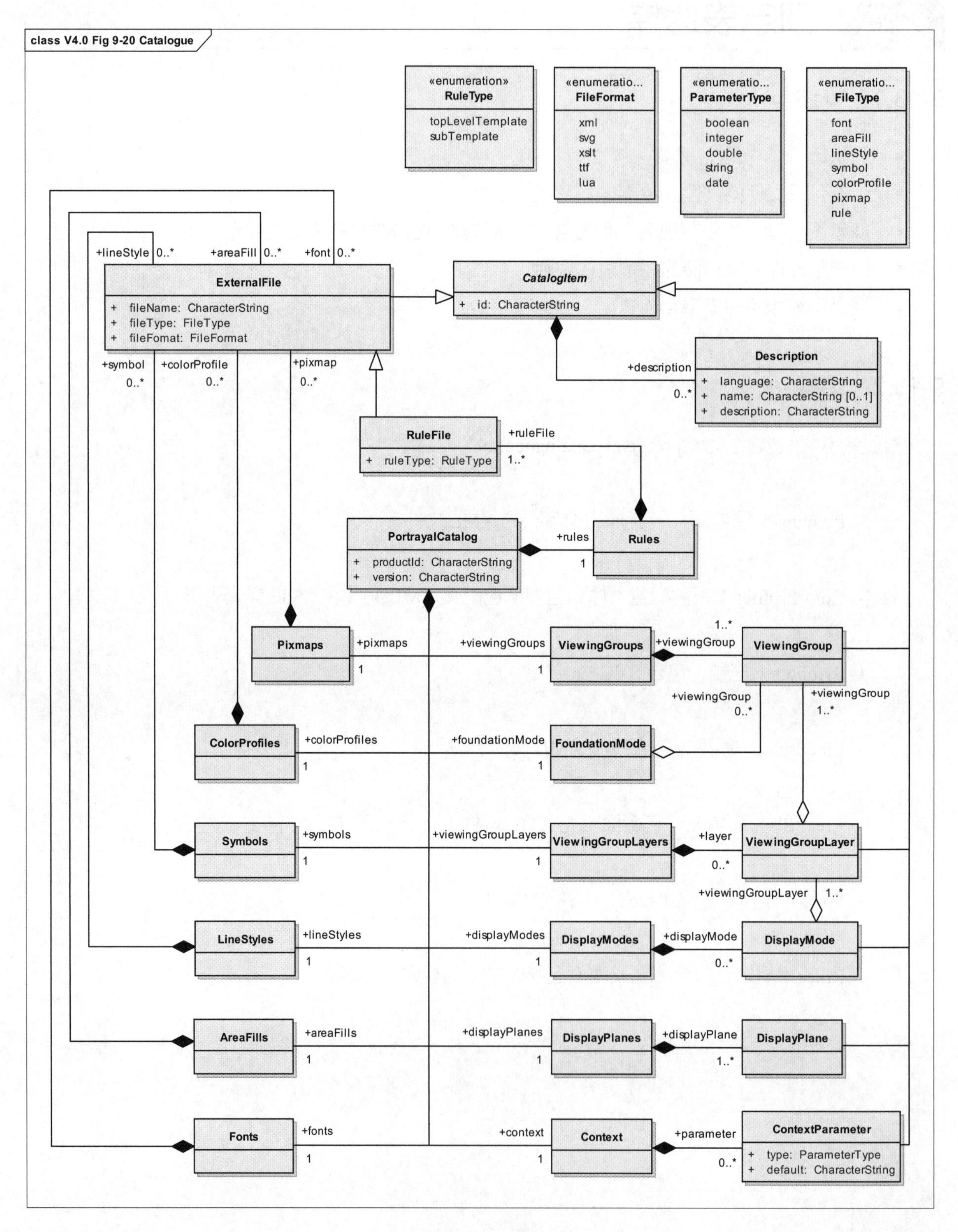

图9-20 目录

9-13.3.1 PortrayalCatalog（图示表达目录）

角色名称	名称（英文）	名称（中文）	说明	多重性	类型
类	PortrayalCatalog	图示表达目录	所有目录项的容器	—	—
属性	productId	产品 Id	目标目录的产品 ID	1	CharacterString
属性	version	版本	所定义目录的产品版本	1	CharacterString
角色	pixmaps	像素图	XML 像素图文件引用的容器	1	Pixmaps
角色	colorProfiles	颜色配置文件	XML 颜色配置文件引用的容器	1	ColorProfiles
角色	symbols	符号	SVG 符号文件引用的容器	1	Symbols
角色	lineStyles	线型	XML 线型文件引用的容器	1	LineStyles
角色	areaFills	面填充	XML 面填充文件引用的容器	1	AreaFills
角色	fonts	字体	TrueType 字体引用的容器	1	Fonts
角色	viewingGroups	可视组	可视组定义的容器	1	ViewingGroups
角色	foundationMode	基础模式	图示表达基础的定义	1	FoundationMode
角色	viewingGroupLayers	可视组图层	可视组图层的容器	1	ViewingGroupLayers
角色	displayModes	显示模式	显示模式定义的容器	1	DisplayModes
角色	displayPlanes	显示平面	显示平面定义的容器	1	DisplayPlanes
角色	context	上下文	上下文参数定义的容器	1	Context
角色	rules	规则	规则文件引用的容器	1	Rules

9-13.3.2 CatalogItem（目录项）

角色名称	名称（英文）	名称（中文）	说明	多重性	类型
类	CatalogItem	目录项	目录组件的抽象基类	—	—
属性	id	id	目录项的唯一标识符	1	CharacterString
角色	description	说明	每个目录项共有的元数据。可能有不同语言的说明	0..*	Description

9-13.3.3 ExternalFile（外部文件）

角色名称	名称（英文）	名称（中文）	说明	多重性	类型
类	ExternalFile	外部文件	定义外部文件引用的目录项	—	—
子类型	CatalogItem	目录项	参见目录项	—	—
属性	fileName	文件名	文件的名称	1	String
属性	fileType	文件类型	文件的类型	1	FileType
属性	fileFormat	文件格式	文件的格式	1	FileFormat

9-13.3.4 Description（说明）

角色名称	名称（英文）	名称（中文）	说明	多重性	类型
类	Description	说明	有关项目的特定语言信息	—	—
属性	language	语言	语言标识符代码。ISO 639-2/T alpha-3 代码（eng- 英语，fra- 法语，deu- 德语）	1	String
属性	name	名称	针对某一项，以特定语言表示的可选名称	0..1	String
属性	description	说明	以特定语言对某项的信息描述	1	String

9-13.3.5 Pixmaps（像素图）

角色名称	名称（英文）	名称（中文）	说明	多重性	类型
类	Pixmaps	像素图	像素图文件引用的容器	—	—
角色	pixmap	像素图	文件引用，类型为 XML	0..*	ExternalFile

9-13.3.6 ColorProfiles（颜色配置文件）

角色名称	名称（英文）	名称（中文）	说明	多重性	类型
类	ColorProfiles	颜色配置文件	颜色配置文件引用的容器	—	—
角色	colorProfile	颜色配置文件	文件引用，类型为 XML	0..*	ExternalFile

9-13.3.7 Symbols（符号）

角色名称	名称（英文）	名称（中文）	说明	多重性	类型
类	Symbols	符号	符号文件引用的容器	—	—
角色	symbol	符号	文件引用，类型为 SVG	0..*	ExternalFile

9-13.3.8 LineStyles（线型）

角色名称	名称（英文）	名称（中文）	说明	多重性	类型
类	LineStyles	线型	线型文件引用的容器	—	—
角色	lineStyle	线型	文件引用，类型为 XML	0..*	ExternalFile

9-13.3.9 AreaFills（面填充）

角色名称	名称（英文）	名称（中文）	说明	多重性	类型
类	AreaFills	面填充	面填充文件引用的容器	—	—
角色	lineStyle	线型	文件引用，类型为 XML	0..*	ExternalFile

9-13.3.10 ViewingGroups（可视组）

角色名称	名称（英文）	名称（中文）	说明	多重性	类型
类	ViewingGroups	可视组	可视组定义的容器	—	—
角色	viewingGroup	可视组	特定可视组的定义	1..*	ViewingGroup

9-13.3.11 ViewingGroup（可视组）

角色名称	名称（英文）	名称（中文）	说明	多重性	类型
类	ViewingGroup	可视组	可视组名称和定义	—	—
子类型	CatalogItem	目录项	参见目录项	—	—

9-13.3.12 FoundationMode（基础模式）

角色名称	名称（英文）	名称（中文）	说明	多重性	类型
类	FoundationMode	基础模式	一组可视组，构成了图示表达的基础，无法从显示中删除	—	—
角色	viewingGroup	可视组	基础模式可视组	0..*	ViewingGroup

9-13.3.13 ViewingGroupLayers（可视组图层集合）

角色名称	名称（英文）	名称（中文）	说明	多重性	类型
类	ViewingGroupLayers	可视组图层集合	可视组图层容器	—	—
角色	layer	图层	特定可视组图层的定义	0..*	ViewingGroupLayer

9-13.3.14 ViewingGroupLayer（可视组图层）

角色名称	名称（英文）	名称（中文）	说明	多重性	类型
类	ViewingGroupLayer	可视组图层	在应用中打开或关闭的一组可视组	—	—
子类型	CatalogItem	目录项	参见目录项	—	—
角色	viewingGroup	可视组	图层的可视组	1..*	ViewingGroup

9-13.3.15 DisplayModes（显示模式集合）

角色名称	名称（英文）	名称（中文）	说明	多重性	类型
类	DisplayModes	显示模式集合	显示模式定义的容器	—	—
角色	displayMode	显示模式	显示模式的定义	1..*	DisplayMode

9-13.3.16 DisplayMode（显示模式）

角色名称	名称（英文）	名称（中文）	说明	多重性	类型
类	DisplayMode	显示模式	在应用中打开或关闭的一组可视图层	—	—
子类型	CatalogItem	目录项	参见目录项	—	—
角色	viewingGroupLayer	可视组图层	该显示模式包含的可视组图层	1..*	ViewingGroupLayer

9-13.3.17 DisplayPlanes（显示平面集合）

角色名称	名称（英文）	名称（中文）	说明	多重性	类型
类	DisplayPlanes	显示平面集合	显示平面定义的容器	—	—
角色	displayPlane	显示平面	显示平面的定义	1..*	DisplayPlane

9-13.3.18 DisplayPlane（显示平面）

角色名称	名称（英文）	名称（中文）	说明	多重性	类型
类	DisplayPlane	显示平面	显示平面名称和定义	—	—
子类型	CatalogItem	目录项	参见目录项	—	—

9-13.3.19 Context（上下文）

角色名称	名称（英文）	名称（中文）	说明	多重性	类型
类	Context	上下文	上下文参数的容器	—	—
角色	parameter	参数	上下文参数	0..*	ContextParameter

9-13.3.20 ContextParameter（上下文参数）

角色名称	名称（英文）	名称（中文）	说明	多重性	类型
类	ContextParameter	上下文参数	上下文参数名称和定义	—	—
子类型	CatalogItem	目录项	参见目录项	—	—
属性	type	类型	参数的数据类型	1	ParameterType
属性	default	缺省值	参数的缺省值	1	String

9-13.3.21 Rules（规则）

角色名称	名称（英文）	名称（中文）	说明	多重性	类型
类	Rules	规则	XSLT 规则文件引用的容器	—	—
角色	ruleFile	规则文件	参照包含规则的文件	1..*	RuleFile

9-13.3.22 RuleFile（规则文件）

角色名称	名称（英文）	名称（中文）	说明	多重性	类型
类	RuleFile	规则文件	规则文件引用	—	—
子类型	ExternalFile	外部文件	参见外部文件	—	—
属性	ruleType	规则类型	规则文件中模板的类型。可以在一个应用中选择多个顶层规则，允许对数据进行不同的图示表达	1	RuleType

9-13.3.23 ParameterType（参数类型）

角色名称	名称（英文）	名称（中文）	说明
类型	ParameterType	参数类型	参数类型的选择
枚举	boolean	布尔型	一个布尔值
枚举	integer	整型	一个整数值
枚举	double	双精度	一个浮点型
枚举	string	字符串	一个字符串
枚举	date	日期型	一个公历日期

9-13.3.24 FileFormat（文件格式）

角色名称	名称（英文）	名称（中文）	说明
类型	FileFormat	文件格式	外部文件的格式
枚举	xml	xml	
枚举	svg	svg	
枚举	xslt	xslt	
枚举	ttf	ttf	
枚举	lua	lua	

9-13.3.25 FileType（文件类型）

角色名称	名称（英文）	名称（中文）	说明
类型	FileType	文件类型	外部文件的类型
枚举	font	字体	字体文件
枚举	areaFill	面填充	描述面填充的文件
枚举	lineStyle	线型	描述线型的文件
枚举	symbol	符号	描述符号的文件
枚举	colorProfile	颜色配置文件	描述颜色配置的文件
枚举	pixmap	像素图	描述像素图的文件
枚举	rules	规则	包含图示表达规则的文件

9-13.3.26 RuleType（规则类型）

角色名称	名称（英文）	名称（中文）	说明
类型	RuleType	规则类型	规则文件中模板的类型
枚举	topLevelTemplate	顶层模板	规则文件包含一个顶层模板
枚举	subTemplate	子模板	规则文件包含其他模板使用或调用的模板

有关模式的定义，请参见 9-A-5“图示表达目录模式”。

9-13.4 像素图文件的模式

像素图是定义图像像素的二维数组。该模式允许对像素图进行编码，使得该像素图可以得到引用，比如从像素图面填充中引用。本标准中，像素图的坐标系不同于其他坐标系。y 轴指向下方，原点位于像素图左上角。

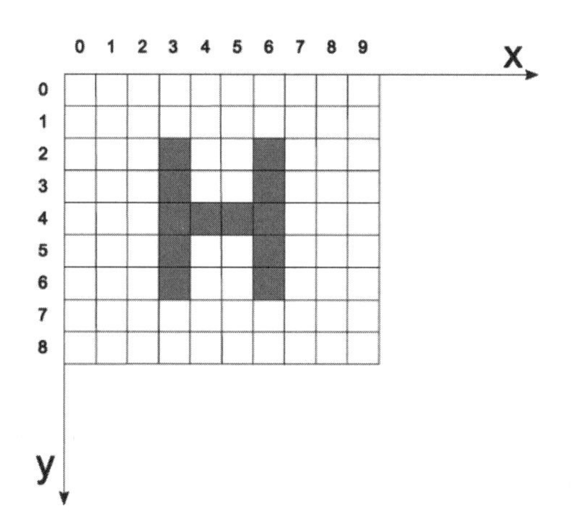

上图是一个简单的像素图，宽度为 10 像素，高度为 9 像素。大多数像素是透明的（此处为白色），有些像素是彩色的。

定义一种简单颜色标识符类型的样式如下：

```
<xs:simpleType name="ColorId">
  <xs:restriction base="xs:string">
    <xs:minLength value="1"></xs:minLength>
    <xs:maxLength value="3"></xs:maxLength>
    <xs:pattern value="[a-zA-Z0-9_]+"></xs:pattern>
  </xs:restriction>
</xs:simpleType>
```

上述类型描述了一个 1 ～ 3 个字符长的标记，可以包含数字、字母或下划线。它用于识别颜色图中的颜色。

以下类型是表示像素的复杂类型：

```
<xs:complexType name="Pixel">
  <xs:simpleContent>
```

```
      <xs:extension base="ColorId">
        <xs:attribute name="x" type="xs:nonNegativeInteger" use="required"/>
        <xs:attribute name="y" type="xs:nonNegativeInteger" use="required"/>
      </xs:extension>
    </xs:simpleContent>
  </xs:complexType>
```

它扩展了颜色标识符，根据像素图坐标系为像素坐标添加了两个属性。

每幅像素图都包含一个“colorMap”（颜色映射表）：与颜色标识符绑定的颜色定义列表。模式中定义了两种类型，一种是“ColorMapItem”（颜色映射表项），另一种是“ColorMap”（颜色映射表）。

```
<xs:complexType name="ColorMapItem">
  <xs:complexContent>
    <xs:extension base="s100Symbol:Color">
      <xs:attribute name="id" type="ColorId" use="required"/>
    </xs:extension>
  </xs:complexContent>
</xs:complexType>

<xs:complexType name="ColorMap">
  <xs:sequence>
    <xs:element name="color" type="ColorMapItem" minOccurs="1" maxOccurs="unbounded"/>
  </xs:sequence>
</xs:complexType>
```

注释　颜色定义采用 S-100 符号定义模式。这样就可以使用颜色配置文件中的颜色标记或直接用 sRGB 颜色定义。透明度也可以在这里定义。

最后定义的类型是像素图本身的复杂类型。

```
<xs:complexType name="Pixmap">
  <xs:sequence>
    <xs:element name="description" type="xs:string" minOccurs="0" maxOccurs="1"/>
    <xs:element name="width" type="xs:positiveInteger"/>
    <xs:element name="height" type="xs:positiveInteger"/>
    <xs:element name="colorMap" type="ColorMap">
      <xs:key name="colorKey">
        <xs:selector xpath="color"/>
        <xs:field xpath="@id"/>
      </xs:key>
    </xs:element>
    <xs:element name="background" type="ColorId"/>
    <xs:element name="pixel" type="Pixel" minOccurs="0" maxOccurs="unbounded"/>
  </xs:sequence>
```

```
</xs:complexType>
```

上述类型定义了一个表示说明信息的可选元素以及表示宽度和高度的必选元素，此外，它还定义了一个表示“ColorMap”的元素，以及一个“background”（背景颜色）元素和任意数量的“pixel”（像素）元素。背景颜色默认用于所有未用像素元素定义的像素。注意，使用一个键值（key）元素用来确保颜色标识符是唯一的。

最后，根元素的定义如下：

```
<xs:element name="pixmap" type="Pixmap">
  <xs:keyref refer="colorKey" name="pixelRef">
    <xs:selector xpath="pixel"/>
    <xs:field xpath="."/>
  </xs:keyref>
  <xs:keyref refer="colorKey" name="backgroundRef">
    <xs:selector xpath="background"/>
    <xs:field xpath="."/>
  </xs:keyref>
  <xs:unique name="positionUnique">
    <xs:selector xpath="pixel"/>
    <xs:field xpath="@x"/>
    <xs:field xpath="@y"/>
  </xs:unique>
</xs:element>
```

“keyref”（键值索引）元素用于确保像素和背景元素所使用颜色标识符的参照完整性。“unique”（唯一性）元素确保了所有像素的定义不超过 1 个。

上述示例对应的完整像素文件如下：

```
<?xml version="1.0" encoding="UTF-8"?>
<pixmap xmlns:xsi="http://www.w3.org/2001/XMLSchema-instance"
        xsi:noNamespaceSchemaLocation="S100Pixmap.xsd">
  <description>Test pixmap showing a capital H in faint magenta.</description>
  <width>10</width>
  <height>9</height>
  <colorMap>
    <color id="_" transparency="1.0">#000000</color>
    <color id="M">#8F83B6</color>
  </colorMap>
  <background>_</background>
  <pixel x="3" y="2">M</pixel>
  <pixel x="3" y="3">M</pixel>
  <pixel x="3" y="4">M</pixel>
  <pixel x="3" y="5">M</pixel>
```

```
    <pixel x="3" y="6">M</pixel>
    <pixel x="4" y="4">M</pixel>
    <pixel x="5" y="4">M</pixel>
    <pixel x="6" y="2">M</pixel>
    <pixel x="6" y="3">M</pixel>
    <pixel x="6" y="4">M</pixel>
    <pixel x="6" y="5">M</pixel>
    <pixel x="6" y="6">M</pixel>
</pixmap>
```

附录 9-A　XML 模式（规范性）

9-A-1　输入模式

```
<?xml version="1.0" encoding="UTF-8"?>
<xs:schema xmlns="http://www.iho.int/S100BaseModel" xmlns:xs="http://www.w3.org/2001/XMLSchema"
targetNamespace="http://www.iho.int/S100BaseModel">
    <!-- Simple non empty alpha numeric string type for references -->
    <xs:simpleType nssame="IDString">
        <xs:restriction base="xs:string">
            <xs:minLength value="1"/>
            <xs:pattern value="[0-9a-zA-Z_]*"/>
        </xs:restriction>
    </xs:simpleType>
    <xs:simpleType name="Orientation">
        <xs:restriction base="xs:string">
            <xs:enumeration value="Forward"/>
            <xs:enumeration value="Reverse"/>
        </xs:restriction>
    </xs:simpleType>
    <xs:simpleType name="BoundaryType">
        <xs:restriction base="xs:string">
            <xs:enumeration value="Begin"/>
            <xs:enumeration value="End"/>
        </xs:restriction>
    </xs:simpleType>
    <xs:simpleType name="InterpolationType">
        <xs:restriction base="xs:string">
            <xs:enumeration value="None"/>
            <xs:enumeration value="Linear"/>
            <xs:enumeration value="Loxodromic"/>
            <xs:enumeration value="CircularArc3Points"/>
            <xs:enumeration value="Geodesic"/>
            <xs:enumeration value="CircularArcCenterPointWithRadius"/>
            <xs:enumeration value="Elliptical"/>
            <xs:enumeration value="Conic"/>
        </xs:restriction>
    </xs:simpleType>
    <xs:simpleType name="GeometricPrimitive">
        <xs:restriction base="xs:string">
            <xs:enumeration value="None"/>
```

```
            <xs:enumeration value="Point"/>
            <xs:enumeration value="MultiPoint"/>
            <xs:enumeration value="Curve"/>
            <xs:enumeration value="Surface"/>
            <xs:enumeration value="Coverage"/>
            <xs:enumeration value="Complex"/>
        </xs:restriction>
    </xs:simpleType>
    <xs:simpleType name="Direction">
        <xs:restriction base="xs:string">
            <xs:enumeration value="+"/>
            <xs:enumeration value="-"/>
        </xs:restriction>
    </xs:simpleType>
    <xs:complexType name="Coordinate2D">
        <xs:sequence>
            <xs:element name="x" type="xs:double"/>
            <xs:element name="y" type="xs:double"/>
        </xs:sequence>
    </xs:complexType>
    <xs:complexType name="Coordinate3D">
        <xs:complexContent>
            <xs:extension base="Coordinate2D">
                <xs:sequence>
                    <xs:element name="z" type="xs:double"/>
                </xs:sequence>
            </xs:extension>
        </xs:complexContent>
    </xs:complexType>
    <xs:group name="Coordinate">
        <xs:choice>
            <xs:element name="Coordinate2D" type="Coordinate2D"/>
            <xs:element name="Coordinate3D" type="Coordinate3D"/>
        </xs:choice>
    </xs:group>
    <xs:complexType name="InformationAssociation">
        <xs:attribute name="informationRef" type="IDString" use="required"/>
        <xs:attribute name="role" type="xs:string" use="required"/>
    </xs:complexType>
    <xs:complexType name="FeatureAssociation">
```

```
        <xs:attribute name="featureRef" type="IDString" use="required"/>
        <xs:attribute name="role" type="xs:string" use="required"/>
    </xs:complexType>
    <xs:complexType name="SpatialRelation">
        <xs:attribute name="ref" type="IDString" use="required"/>
        <xs:attribute name="scaleMinimum" type="xs:positiveInteger"/>
        <xs:attribute name="scaleMaximum" type="xs:positiveInteger"/>
    </xs:complexType>
    <xs:complexType name="MaskedRelation">
        <xs:complexContent>
            <xs:extension base="SpatialRelation">
                <xs:attribute name="mask" type="xs:boolean" default="false"/>
            </xs:extension>
        </xs:complexContent>
    </xs:complexType>
    <xs:complexType name="BoundaryRelation">
        <xs:complexContent>
            <xs:extension base="SpatialRelation">
                <xs:attribute name="boundaryType" type="BoundaryType" use="required"/>
            </xs:extension>
        </xs:complexContent>
    </xs:complexType>
    <xs:complexType name="CurveRelation">
        <xs:complexContent>
            <xs:extension base="MaskedRelation">
                <xs:attribute name="orientation" type="Orientation" use="required"/>
            </xs:extension>
        </xs:complexContent>
    </xs:complexType>
    <xs:group name="CurveRelations">
        <xs:choice>
            <xs:element name="Curve" type="CurveRelation"/>
            <xs:element name="CompositeCurve" type="CurveRelation"/>
        </xs:choice>
    </xs:group>
    <xs:group name="SpatialRelations">
        <xs:choice>
            <xs:element name="Point" type="MaskedRelation"/>
            <xs:element name="PointSet" type="MaskedRelation"/>
            <xs:element name="Surface" type="MaskedRelation"/>
```

```
            <xs:group ref="CurveRelations"/>
        </xs:choice>
    </xs:group>
    <xs:complexType name="Object" abstract="true">
        <xs:attribute name="id" type="IDString" use="required"/>
    </xs:complexType>
    <xs:complexType name="Point" abstract="true">
        <xs:complexContent>
            <xs:extension base="Object">
                <xs:sequence>
                    <xs:group ref="Coordinate"/>
                </xs:sequence>
            </xs:extension>
        </xs:complexContent>
    </xs:complexType>
    <xs:complexType name="MultiPoint" abstract="true">
        <xs:complexContent>
            <xs:extension base="Object">
                <xs:sequence>
                    <xs:group ref="Coordinate" minOccurs="1" maxOccurs="unbounded"/>
                </xs:sequence>
            </xs:extension>
        </xs:complexContent>
    </xs:complexType>
    <xs:complexType name="SegmentBase" abstract="true">
        <xs:sequence>
            <xs:element name="ControlPoint" type="Coordinate2D" minOccurs="1"
              maxOccurs="unbounded"/>
        </xs:sequence>
        <xs:attribute name="interpolation" type="InterpolationType" use="required"/>
    </xs:complexType>
    <xs:complexType name="Segment">
        <xs:complexContent>
            <xs:restriction base="SegmentBase">
                <xs:sequence>
                    <xs:element name="ControlPoint" type="Coordinate2D" minOccurs="2"
                      maxOccurs="unbounded"/>
                </xs:sequence>
            </xs:restriction>
        </xs:complexContent>
```

```
</xs:complexType>
<xs:complexType name="ArcByCenterPointBase" abstract="true">
    <xs:complexContent>
        <xs:restriction base="SegmentBase">
            <xs:sequence>
                <xs:element name="ControlPoint" type="Coordinate2D" minOccurs="1"
                  maxOccurs="1"/>
            </xs:sequence>
            <xs:attribute name="interpolation" type="InterpolationType" use="required"
              fixed="CircularArcCenterPointWithRadius"/>
        </xs:restriction>
    </xs:complexContent>
</xs:complexType>
<xs:complexType name="ArcByCenterPoint">
    <xs:complexContent>
        <xs:extension base="ArcByCenterPointBase">
            <xs:attribute name="radius" type="xs:double" use="required"/>
            <xs:attribute name="startAngle" type="xs:double" use="required"/>
            <xs:attribute name="angularDistance" type="xs:double" use="required"/>
        </xs:extension>
    </xs:complexContent>
</xs:complexType>
<xs:complexType name="CircleByCenterPoint">
    <xs:complexContent>
        <xs:extension base="ArcByCenterPointBase">
            <xs:attribute name="radius" type="xs:double" use="required"/>
            <xs:attribute name="direction" type="Direction" default="+"/>
        </xs:extension>
    </xs:complexContent>
</xs:complexType>
<xs:group name="Segments">
    <xs:choice>
        <xs:element name="Segment" type="Segment"/>
        <xs:element name="ArcByCenterPoint" type="ArcByCenterPoint"/>
        <xs:element name="CircleByCenterPoint" type="CircleByCenterPoint"/>
    </xs:choice>
</xs:group>
<xs:complexType name="Curve" abstract="true">
    <xs:complexContent>
        <xs:extension base="Object">
```

```
                <xs:sequence>
                    <xs:element name="Boundary" type="BoundaryRelation"
                      minOccurs="0" maxOccurs="2"/>
                    <xs:group ref="Segments" minOccurs="1" maxOccurs="unbounded"/>
                </xs:sequence>
            </xs:extension>
        </xs:complexContent>
    </xs:complexType>
    <xs:complexType name="CompositeCurve" abstract="true">
        <xs:complexContent>
            <xs:extension base="Object">
                <xs:sequence>
                    <xs:group ref="CurveRelations" minOccurs="1"
                      maxOccurs="unbounded"/>
                </xs:sequence>
            </xs:extension>
        </xs:complexContent>
    </xs:complexType>
    <xs:complexType name="Ring">
        <xs:group ref="CurveRelations" minOccurs="1" maxOccurs="unbounded"/>
    </xs:complexType>
    <xs:complexType name="Surface" abstract="true">
        <xs:complexContent>
            <xs:extension base="Object">
                <xs:sequence>
                    <xs:element name="OuterRing" type="Ring" minOccurs="1"/>
                    <xs:element name="InnerRing" type="Ring" minOccurs="0"
                      maxOccurs="unbounded"/>
                </xs:sequence>
            </xs:extension>
        </xs:complexContent>
    </xs:complexType>
    <xs:complexType name="Information" abstract="true">
        <xs:complexContent>
            <xs:extension base="Object"/>
        </xs:complexContent>
    </xs:complexType>
    <xs:complexType name="Feature" abstract="true">
        <xs:complexContent>
            <xs:extension base="Object">
```

```
                <xs:sequence>
                    <xs:group ref="SpatialRelations" minOccurs="0"
                      maxOccurs="unbounded"/>
                </xs:sequence>
                <xs:attribute name="primitive" type="GeometricPrimitive" use="required"/>
            </xs:extension>
        </xs:complexContent>
    </xs:complexType>
</xs:schema>
```

9-A-2 符号定义模式

```
<?xml version="1.0" encoding="UTF-8"?>
<xs:schema xmlns=http://www.iho.int/S100SymbolDefinition xmlns:xs="http://www.w3.org/2001/XMLSchema"
 xmlns:s100CSL="http://www.iho.int/S100ConceptualSchema"
 targetNamespace="http://www.iho.int/S100SymbolDefinition">
    <xs:import namespace=http://www.iho.int/S100ConceptualSchema schemaLocation="S100CSL.xsd"/>
    <!-- THE GRAPHICS BASE PACKAGE -->
    <!-- A string with at least 1 character starting with an alpha numerical character used as
    identifier within this catalogue -->
    <xs:simpleType name="IdString">
        <xs:restriction base="xs:string">
            <xs:minLength value="1"/>
            <xs:pattern value="[0-9a-zA-Z]*"/>
        </xs:restriction>
    </xs:simpleType>
    <!-- A color token (either a string starting with an alpha character followed by alpha
    numeric characters or a hash and thre hex numbers like #AA44A8) -->
    <xs:simpleType name="ColorToken">
        <xs:restriction base="xs:string">
            <xs:minLength value="1"/>
            <xs:pattern value="[a-zA-Z][0-9a-zA-Z]*|#[0-9A-Fa-f]{6}"/>
        </xs:restriction>
    </xs:simpleType>
    <!-- Enumeration CRSType -->
    <xs:simpleType name="Interval01">
        <xs:restriction base="xs:double">
            <xs:minInclusive value="0.0"/>
            <xs:maxInclusive value="1.0"/>
        </xs:restriction>
    </xs:simpleType>
```

```
<!-- Enumeration CRSType -->
<xs:simpleType name="CRSType">
    <xs:restriction base="xs:string">
        <xs:enumeration value="GeographicCRS"/>
        <xs:enumeration value="PortrayalCRS"/>
        <xs:enumeration value="LocalCRS"/>
        <xs:enumeration value="LineCRS"/>
    </xs:restriction>
</xs:simpleType>
<!-- Class Point -->
<xs:complexType name="Point">
    <xs:sequence>
        <xs:element name="x" type="xs:double"/>
        <xs:element name="y" type="xs:double"/>
    </xs:sequence>
</xs:complexType>
<!-- Class Vector -->
<xs:complexType name="Vector">
    <xs:sequence>
        <xs:element name="x" type="xs:double"/>
        <xs:element name="y" type="xs:double"/>
    </xs:sequence>
</xs:complexType>
<!-- Class Sector -->
<xs:complexType name="Sector">
    <xs:sequence>
        <xs:element name="rotationCRS" type="CRSType" minOccurs="0"/>
        <xs:element name="startAngle" type="xs:double"/>
        <xs:element name="angularDistance" type="xs:double"/>
    </xs:sequence>
</xs:complexType>
<!-- Class Color -->
<xs:complexType name="Color">
    <xs:simpleContent>
        <xs:extension base="ColorToken">
            <xs:attribute name="transparency" type="Interval01" default="0.0"/>
        </xs:extension>
    </xs:simpleContent>
</xs:complexType>
<!-- Class OverrideColor -->
<xs:complexType name="OverrideColor">
```

```
        <xs:sequence>
            <xs:element name="override" type="Color"/>
            <xs:element name="color" type="Color"/>
        </xs:sequence>
    </xs:complexType>
    <!-- Class Pen -->
    <xs:complexType name="Pen">
        <xs:sequence>
            <xs:element name="color" type="Color"/>
        </xs:sequence>
        <xs:attribute name="width" type="xs:double" use="required"/>
    </xs:complexType>
    <!-- Class Pixmap -->
    <xs:complexType name="Pixmap">
        <xs:sequence>
            <xs:element name="overrideAll" type="Color" minOccurs="0" maxOccurs="1"/>
            <xs:element name="override" type="OverrideColor" minOccurs="0" maxOccurs="unbounded"/>
        </xs:sequence>
        <xs:attribute name="reference" type="IdString" use="required"/>
    </xs:complexType>
    <!-- Class Polyline -->
    <xs:complexType name="Polyline">
        <xs:sequence>
            <xs:element name="point" type="Point" minOccurs="2" maxOccurs="unbounded"/>
        </xs:sequence>
    </xs:complexType>
    <!-- Class Arc3Points -->
    <xs:complexType name="Arc3Points">
        <xs:sequence>
            <xs:element name="startPoint" type="Point"/>
            <xs:element name="medianPoint" type="Point"/>
            <xs:element name="endPoint" type="Point"/>
        </xs:sequence>
    </xs:complexType>
    <!-- Class ArcByRadius -->
    <xs:complexType name="ArcByRadius">
        <xs:sequence>
            <xs:element name="center" type="Point"/>
            <xs:element name="sector" type="Sector" minOccurs="0" maxOccurs="1"/>
            <xs:element name="radius" type="xs:double"/>
        </xs:sequence>
```

```
</xs:complexType>
<!-- Class Annulus -->
<xs:complexType name="Annulus">
    <xs:sequence>
        <xs:element name="center" type="Point"/>
        <xs:element name="innerRadius" type="xs:double" minOccurs="0" maxOccurs="1"/>
        <xs:element name="outerRadius" type="xs:double"/>
        <xs:element name="sector" type="Sector" minOccurs="0" maxOccurs="1"/>
    </xs:sequence>
</xs:complexType>
<!-- group for segments -->
<xs:group name="Segment">
    <xs:choice>
        <xs:element name="polyline" type="Polyline"/>
        <xs:element name="arc3Points" type="Arc3Points"/>
        <xs:element name="arcByRadius" type="ArcByRadius"/>
        <xs:element name="annulus" type="Annulus"/>
    </xs:choice>
</xs:group>
<!-- Class Path -->
<xs:complexType name="Path">
    <xs:sequence>
        <xs:group ref="Segment" minOccurs="1" maxOccurs="unbounded"/>
    </xs:sequence>
</xs:complexType>
<!-- THE SYMBOL PACKAGE -->
<!-- Enumeration LinePlacementMode -->
<xs:simpleType name="LinePlacementMode">
    <xs:restriction base="xs:string">
        <xs:enumeration value="Relative"/>
        <xs:enumeration value="Absolute"/>
    </xs:restriction>
</xs:simpleType>
<!-- Enumeration AreaPlacementMode -->
<xs:simpleType name="AreaPlacementMode">
    <xs:restriction base="xs:string">
        <xs:enumeration value="VisibleParts"/>
        <xs:enumeration value="Geographic"/>
    </xs:restriction>
</xs:simpleType>
<!-- Class LineSymbolPlacement -->
```

```
<xs:complexType name="LineSymbolPlacement">
    <xs:sequence>
        <xs:element name="offset" type="xs:double"/>
    </xs:sequence>
    <xs:attribute name="placementMode" type="LinePlacementMode" use="required"/>
</xs:complexType>
<!-- Class AreaSymbolPlacement -->
<xs:complexType name="AreaSymbolPlacement">
    <xs:attribute name="placementMode" type="AreaPlacementMode" default="VisibleParts"/>
</xs:complexType>
<!-- Class Symbol -->
<xs:complexType name="Symbol">
    <xs:sequence>
        <xs:element name="offset" type="Vector" minOccurs="0" maxOccurs="1"/>
        <xs:element name="overrideAll" type="Color" minOccurs="0" maxOccurs="1"/>
        <xs:element name="override" type="OverrideColor" minOccurs="0" maxOccurs="unbounded"/>
        <xs:element name="linePlacement" type="LineSymbolPlacement" minOccurs="0" maxOccurs="1"/>
        <xs:element name="areaPlacement" type="AreaSymbolPlacement" minOccurs="0" maxOccurs="1"/>
    </xs:sequence>
    <xs:attribute name="reference" type="IdString" use="required"/>
    <xs:attribute name="rotation" type="xs:double" default="0.0"/>
    <xs:attribute name="rotationCRS" type="CRSType" default="PortrayalCRS"/>
    <xs:attribute name="scaleFactor" type="xs:double" default="1.0"/>
</xs:complexType>
<!-- THE LINE STYLES PACKAGE -->
<!-- Enumeration JoinStyle -->
<xs:simpleType name="JoinStyle">
    <xs:restriction base="xs:string">
        <xs:enumeration value="Bevel"/>
        <xs:enumeration value="Miter"/>
        <xs:enumeration value="Round"/>
    </xs:restriction>
</xs:simpleType>
<!-- Enumeration JoinStyle -->
<xs:simpleType name="CapStyle">
    <xs:restriction base="xs:string">
        <xs:enumeration value="Butt"/>
        <xs:enumeration value="Square"/>
        <xs:enumeration value="Round"/>
    </xs:restriction>
</xs:simpleType>
```

```
<!-- Class Dash -->
<xs:complexType name="Dash">
    <xs:sequence>
        <xs:element name="start" type="xs:double"/>
        <xs:element name="length" type="xs:double"/>
    </xs:sequence>
</xs:complexType>
<!-- Class LineSymbol -->
<xs:complexType name="LineSymbol">
    <xs:sequence>
        <xs:element name="position" type="xs:double"/>
    </xs:sequence>
    <xs:attribute name="reference" type="IdString" use="required"/>
    <xs:attribute name="rotation" type="xs:double" default="0.0"/>
    <xs:attribute name="scaleFactor" type="xs:double" default="1.0"/>
    <xs:attribute name="crsType" type="CRSType" default="LocalCRS"/>
</xs:complexType>
<!-- An abstract base class for linestyle -->
<!-- To be used as anchor element of an substitution group -->
<xs:complexType name="LineStyleBase" abstract="true"/>
<!-- Class LineStyle -->
<xs:complexType name="LineStyle">
    <xs:complexContent>
        <xs:extension base="LineStyleBase">
            <xs:sequence>
                <xs:element name="intervalLength" type="xs:double" minOccurs="0" maxOccurs="1"/>
                <xs:element name="pen" type="Pen"/>
                <xs:element name="dash" type="Dash" minOccurs="0" maxOccurs="unbounded"/>
                <xs:element name="symbol" type="LineSymbol" minOccurs="0" maxOccurs="unbounded"/>
            </xs:sequence>
            <xs:attribute name="capStyle" type="CapStyle" default="Butt"/>
            <xs:attribute name="joinStyle" type="JoinStyle" default="Miter"/>
            <xs:attribute name="offset" type="xs:double" default="0.0"/>
        </xs:extension>
    </xs:complexContent>
</xs:complexType>
<!-- Class LineStyleReference -->
<xs:complexType name="LineStyleReference">
    <xs:complexContent>
        <xs:extension base="LineStyleBase">
            <xs:attribute name="reference" type="IdString" use="required"/>
```

```
        </xs:extension>
    </xs:complexContent>
</xs:complexType>
<!-- Class CompositeLineStyle -->
<xs:complexType name="CompositeLineStyle">
    <xs:complexContent>
        <xs:extension base="LineStyleBase">
            <xs:sequence>
                <xs:group ref="LineStyleGroup" minOccurs="1" maxOccurs="unbounded"/>
            </xs:sequence>
        </xs:extension>
    </xs:complexContent>
</xs:complexType>
<!-- Group LineStyle -->
<xs:group name="LineStyleGroup">
    <xs:choice>
        <xs:element name="lineStyle" type="LineStyle"/>
        <xs:element name="lineStyleReference" type="LineStyleReference"/>
        <xs:element name="compositeLineStyle" type="CompositeLineStyle"/>
    </xs:choice>
</xs:group>
<!-- THE AREA FILLS PACKAGE -->
<!-- Enumeration AreaCRSType -->
<xs:simpleType name="AreaCRSType">
    <xs:restriction base="xs:string">
        <xs:enumeration value="Global"/>
        <xs:enumeration value="LocalGeometry"/>
        <xs:enumeration value="GlobalGeometry"/>
    </xs:restriction>
</xs:simpleType>
<!-- An abstract base class for linestyle -->
<!-- To be used as anchor element of an substitution group -->
<xs:complexType name="AreaFillBase" abstract="true"/>
<!-- Class ColorFill -->
<xs:complexType name="ColorFill">
    <xs:complexContent>
        <xs:extension base="AreaFillBase">
            <xs:sequence>
                <xs:element name="color" type="Color"/>
            </xs:sequence>
        </xs:extension>
```

```
        </xs:complexContent>
    </xs:complexType>
    <!-- Class AreaFillReference -->
    <xs:complexType name="AreaFillReference">
        <xs:complexContent>
            <xs:extension base="AreaFillBase">
                <xs:attribute name="reference" type="IdString" use="required"/>
            </xs:extension>
        </xs:complexContent>
    </xs:complexType>
    <!-- Class PatternFill -->
    <xs:complexType name="PatternFill" abstract="true">
        <xs:complexContent>
            <xs:extension base="AreaFillBase">
                <xs:sequence>
                    <xs:element name="areaCRS" type="AreaCRSType"/>
                </xs:sequence>
            </xs:extension>
        </xs:complexContent>
    </xs:complexType>
    <!-- Class PixmapFill -->
    <xs:complexType name="PixmapFill">
        <xs:complexContent>
            <xs:extension base="PatternFill">
                <xs:sequence>
                    <xs:element name="pixmap" type="Pixmap"/>
                </xs:sequence>
            </xs:extension>
        </xs:complexContent>
    </xs:complexType>
    <!-- Class SymbolFill -->
    <xs:complexType name="SymbolFill">
        <xs:complexContent>
            <xs:extension base="PatternFill">
                <xs:sequence>
                    <xs:element name="symbol" type="Symbol"/>
                    <xs:element name="v1" type="Vector"/>
                    <xs:element name="v2" type="Vector"/>
                </xs:sequence>
                <xs:attribute name="clipSymbols" type="xs:boolean" default="true"/>
            </xs:extension>
```

```
        </xs:complexContent>
    </xs:complexType>
    <!-- Class Hatch -->
    <xs:complexType name="Hatch">
        <xs:sequence>
            <xs:group ref="LineStyleGroup"/>
            <xs:element name="direction" type="Vector"/>
            <xs:element name="distance" type="xs:double"/>
        </xs:sequence>
    </xs:complexType>
    <!-- Class HatchFill -->
    <xs:complexType name="HatchFill">
        <xs:complexContent>
            <xs:extension base="PatternFill">
                <xs:sequence>
                    <xs:element name="hatch" type="Hatch" minOccurs="1" maxOccurs="2"/>
                </xs:sequence>
            </xs:extension>
        </xs:complexContent>
    </xs:complexType>
    <!-- Group AreaFill -->
    <xs:group name="AreaFillGroup">
        <xs:choice>
            <xs:element name="colorFill" type="ColorFill"/>
            <xs:element name="areaFillReference" type="AreaFillReference"/>
            <xs:element name="pixmapFill" type="PixmapFill"/>
            <xs:element name="symbolFill" type="SymbolFill"/>
            <xs:element name="hatchFill" type="HatchFill"/>
        </xs:choice>
    </xs:group>
    <!-- THE TEXT PACKAGE -->
    <!-- Enumeration FontProportion -->
    <xs:simpleType name="FontProportion">
        <xs:restriction base="xs:string">
            <xs:enumeration value="MonoSpaced"/>
            <xs:enumeration value="Proportional"/>
        </xs:restriction>
    </xs:simpleType>
    <!-- Enumeration FontSlant -->
    <xs:simpleType name="FontSlant">
        <xs:restriction base="xs:string">
```

```
            <xs:enumeration value="Upright"/>
            <xs:enumeration value="Italics"/>
        </xs:restriction>
    </xs:simpleType>
    <!-- Enumeration FontWeight -->
    <xs:simpleType name="FontWeight">
        <xs:restriction base="xs:string">
            <xs:enumeration value="Light"/>
            <xs:enumeration value="Medium"/>
            <xs:enumeration value="Bold"/>
        </xs:restriction>
    </xs:simpleType>
    <!-- Enumeration TextFlag -->
    <xs:simpleType name="TextFlag">
        <xs:restriction base="xs:string">
            <xs:enumeration value="UnderLine"/>
            <xs:enumeration value="StrikeThrough"/>
            <xs:enumeration value="UpperLine"/>
        </xs:restriction>
    </xs:simpleType>
    <!-- Enumeration HorizontalAlignment -->
    <xs:simpleType name="HorizontalAlignment">
        <xs:restriction base="xs:string">
            <xs:enumeration value="Start"/>
            <xs:enumeration value="End"/>
            <xs:enumeration value="Center"/>
        </xs:restriction>
    </xs:simpleType>
    <!-- Enumeration VerticalAlignment -->
    <xs:simpleType name="VerticalAlignment">
        <xs:restriction base="xs:string">
            <xs:enumeration value="Top"/>
            <xs:enumeration value="Bottom"/>
            <xs:enumeration value="Center"/>
        </xs:restriction>
    </xs:simpleType>
    <!-- Class Font -->
    <xs:complexType name="Font" abstract="true">
        <xs:sequence>
            <xs:element name="weight" type="FontWeight"/>
            <xs:element name="slant" type="FontSlant"/>
```

```
        </xs:sequence>
    </xs:complexType>
    <!-- Class FontCharaceristics -->
    <xs:complexType name="FontCharacteristics">
        <xs:complexContent>
            <xs:extension base="Font">
                <xs:sequence>
                    <xs:element name="serifs" type="xs:boolean"/>
                    <xs:element name="proportion" type="FontProportion"/>
                </xs:sequence>
            </xs:extension>
        </xs:complexContent>
    </xs:complexType>
    <!-- Class FontReference -->
    <xs:complexType name="FontReference">
        <xs:complexContent>
            <xs:extension base="Font">
                <xs:attribute name="reference" type="IdString" use="required"/>
            </xs:extension>
        </xs:complexContent>
    </xs:complexType>
    <!-- Group Font -->
    <xs:group name="Font">
        <xs:choice>
            <xs:element name="fontCharacteristics" type="FontCharacteristics"/>
            <xs:element name="fontReference" type="FontReference"/>
        </xs:choice>
    </xs:group>
    <!-- Class TextFlags -->
    <xs:complexType name="TextFlags">
        <xs:sequence>
            <xs:element name="flag" type="TextFlag" minOccurs="1" maxOccurs="unbounded"/>
        </xs:sequence>
    </xs:complexType>
    <!-- Class TextElement -->
    <xs:complexType name="TextElement">
        <xs:sequence>
            <xs:element name="text" type="xs:string"/>
            <xs:element name="bodySize" type="xs:double"/>
            <xs:element name="flags" type="TextFlags" minOccurs="0" maxOccurs="1"/>
            <xs:element name="foreground" type="Color"/>
```

```
        <xs:element name="background" type="Color" minOccurs="0" maxOccurs="1"/>
        <xs:group ref="Font"/>
    </xs:sequence>
    <xs:attribute name="verticalOffset" type="xs:double" default="0.0"/>
</xs:complexType>
<!-- Class Text -->
<xs:complexType name="Text" abstract="true">
    <xs:sequence>
        <xs:element name="element" type="TextElement" minOccurs="1" maxOccurs="unbounded"/>
    </xs:sequence>
    <xs:attribute name="horizontalAlignment" type="HorizontalAlignment" default="Start"/>
    <xs:attribute name="verticalAlignment" type="VerticalAlignment" default="Bottom"/>
</xs:complexType>
<!-- Class TextPoint -->
<xs:complexType name="TextPoint">
    <xs:complexContent>
        <xs:extension base="Text">
            <xs:sequence>
                <xs:element name="offset" type="Vector" minOccurs="0" maxOccurs="1"/>
                <xs:element name="areaPlacement" type="AreaSymbolPlacement" minOccurs="0"
                  maxOccurs="1"/>
            </xs:sequence>
            <xs:attribute name="rotation" type="xs:double" default="0.0"/>
        </xs:extension>
    </xs:complexContent>
</xs:complexType>
<!-- Class TextLine -->
<xs:complexType name="TextLine">
    <xs:complexContent>
        <xs:extension base="Text">
            <xs:sequence>
                <xs:element name="startOffset" type="xs:double"/>
                <xs:element name="endOffset" type="xs:double" minOccurs="0" maxOccurs="1"/>
                <xs:element name="placementMode" type="LinePlacementMode"/>
            </xs:sequence>
        </xs:extension>
    </xs:complexContent>
</xs:complexType>
<!-- Group Text -->
<xs:group name="Text">
    <xs:choice>
```

```
            <xs:element name="textPoint" type="TextPoint"/>
            <xs:element name="textLine" type="TextLine"/>
        </xs:choice>
</xs:group>
<!-- THE COVERAGE PACKAGE -->
<!-- Enumeration ChampionChoice -->
<xs:simpleType name="ChampionChoice">
        <xs:restriction base="xs:string">
            <xs:enumeration value="Smallest"/>
            <xs:enumeration value="Largest"/>
        </xs:restriction>
</xs:simpleType>
<!-- Class CoverageColor -->
<xs:complexType name="CoverageColor">
        <xs:sequence>
            <xs:element name="startColor" type="Color"/>
            <xs:element name="endColor" type="Color" minOccurs="0" maxOccurs="1"/>
        </xs:sequence>
        <xs:attribute name="penWidth" type="xs:double"/>
</xs:complexType>
<!-- Class NumericAnnotation -->
<xs:complexType name="NumericAnnotation">
        <xs:sequence>
            <xs:group ref="Font"/>
            <xs:element name="color" type="Color"/>
        </xs:sequence>
        <xs:attribute name="decimals" type="xs:int" default="1"/>
        <xs:attribute name="bodySize" type="xs:double" use="required"/>
        <xs:attribute name="buffer" type="xs:double" default="0"/>
        <xs:attribute name="champion" type="ChampionChoice" default="Smallest"/>
</xs:complexType>
<!-- Class SymbolAnnotation -->
<xs:complexType name="SymbolAnnotation">
        <xs:sequence>
            <xs:element name="rotationAttribute" type="xs:string" minOccurs="0" maxOccurs="1"/>
            <xs:element name="rotationFactor" type="xs:double" minOccurs="0" maxOccurs="1"/>
            <xs:element name="scaleAttribute" type="xs:string" minOccurs="0" maxOccurs="1"/>
            <xs:element name="scaleFactor" type="xs:double" minOccurs="0" maxOccurs="1"/>
        </xs:sequence>
        <xs:attribute name="reference" type="IdString" use="required"/>
        <xs:attribute name="defaultRotation" type="xs:double" default="0.0"/>
```

```
        <xs:attribute name="rotationCRS" type="CRSType" default="PortrayalCRS"/>
        <xs:attribute name="defaultScaleFactor" type="xs:double" default="1.0"/>
    </xs:complexType>
    <!-- Class LookupEntry -->
    <xs:complexType name="LookupEntry">
        <xs:sequence>
            <xs:element name="label" type="xs:string"/>
            <xs:element name="range" type="s100CSL:S100_NumericRange" minOccurs="0" maxOccurs="1"/>
            <xs:element name="color" type="CoverageColor" minOccurs="0" maxOccurs="1"/>
            <xs:element name="digits" type="NumericAnnotation" minOccurs="0" maxOccurs="1"/>
            <xs:element name="symbol" type="SymbolAnnotation" minOccurs="0" maxOccurs="1"/>
        </xs:sequence>
    </xs:complexType>
    <!-- Class CoverageFill -->
    <xs:complexType name="CoverageFill">
        <xs:sequence>
            <xs:element name="attributeCode" type="xs:string"/>
            <xs:element name="uom" type="s100CSL:S100_UnitOfMeasure" minOccurs="0" maxOccurs="1"/>
            <xs:element name="lookup" type="LookupEntry" minOccurs="1" maxOccurs="unbounded"/>
        </xs:sequence>
    </xs:complexType>
</xs:schema>
```

9-A-2-1 S-100 概念模式语言模式

```
<?xml version="1.0" encoding="UTF-8"?>
<xs:schema xmlns:xs="http://www.w3.org/2001/XMLSchema" xmlns="http://www.iho.int/S100Conceptu-
alSchema" targetNamespace="http://www.iho.int/S100ConceptualSchema">
    <!-- S100 Conceptual Schema Language types -->
    <xs:simpleType name="maxOccurs">
        <xs:union>
            <xs:simpleType>
                <xs:restriction base='xs:nonNegativeInteger'/>
            </xs:simpleType>
            <xs:simpleType>
                <xs:restriction base='xs:string'>
                    <xs:enumeration value='unbounded'/>
                </xs:restriction>
            </xs:simpleType>
        </xs:union>
    </xs:simpleType>
```

```
<!-- UnlimitedInteger -->
<xs:simpleType name="UnlimitedInteger">
    <xs:union>
        <xs:simpleType>
            <xs:restriction base='xs:integer'/>
        </xs:simpleType>
        <xs:simpleType>
            <xs:restriction base='xs:string'>
                <xs:enumeration value='Infinite'/>
            </xs:restriction>
        </xs:simpleType>
    </xs:union>
</xs:simpleType>
    <!-- Enumeration S100_IntervalType -->
    <xs:simpleType name="S100_IntervalType">
          <xs:restriction base="xs:string">
        <xs:enumeration value="openInterval"/>
        <xs:enumeration value="geLtInterval"/>
        <xs:enumeration value="gtLeInterval"/>
        <xs:enumeration value="closedInterval"/>
        <xs:enumeration value="gtSemiInterval"/>
        <xs:enumeration value="geSemiInterval"/>
        <xs:enumeration value="ltSemiInterval"/>
        <xs:enumeration value="leSemiInterval"/>
    </xs:restriction>
</xs:simpleType>
<!-- Enumeration S100_NumericRange -->
<xs:complexType name ="S100_NumericRange">
    <xs:attribute name="lower" type="xs:double" />
    <xs:attribute name="upper" type="xs:double" />
    <xs:attribute name="closure" type="S100_IntervalType" />
</xs:complexType>
<!-- Enumeration S100_UnitOfMeasure -->
<xs:complexType name ="S100_UnitOfMeasure">
    <xs:attribute name="name" type="xs:string" use="required"/>
    <xs:attribute name="definition" type="xs:string" />
    <xs:attribute name="symbol" type="xs:string" />
</xs:complexType>
</xs:schema>
```

9-A-3 表达模式

```
<?xml version="1.0" encoding="UTF-8"?>
<xs:schema xmlns=http://www.iho.int/S100Presentation xmlns:xs="http://www.w3.org/2001/XMLSchema"
  xmlns:s100Symbol="http://www.iho.int/S100SymbolDefinition"
  targetNamespace="http://www.iho.int/S100Presentation" attributeFormDefault="qualified">
    <xs:import namespace=http://www.iho.int/S100SymbolDefinition
      schemaLocation="S100SymbolDefinition.xsd"/>
    <!-- Simple non empty alpha numeric string type for references -->
    <xs:simpleType name="Reference">
        <xs:restriction base="xs:string">
            <xs:minLength value="1"/>
            <xs:pattern value="[0-9a-zA-Z_]*"/>
        </xs:restriction>
    </xs:simpleType>
    <!-- Class Spatial Reference -->
    <xs:complexType name="SpatialReference">
        <xs:simpleContent>
            <xs:extension base="Reference">
                <xs:attribute name="forward" type="xs:boolean" default="true"/>
            </xs:extension>
        </xs:simpleContent>
    </xs:complexType>
    <!-- Class DrawingInstruction -->
    <xs:complexType name="DrawingInstruction" abstract="true">
        <xs:sequence>
            <xs:element name="featureReference" type="Reference"/>
            <xs:element name="spatialReference" type="SpatialReference" minOccurs="0"
              maxOccurs="unbounded"/>
            <xs:element name="viewingGroup" type="xs:string"/>
            <xs:element name="displayPlane" type="xs:string"/>
            <xs:element name="drawingPriority" type="xs:int"/>
            <xs:element name="scaleMinimum" type="xs:positiveInteger" minOccurs="0"
              maxOccurs="1"/>
            <xs:element name="scaleMaximum" type="xs:positiveInteger" minOccurs="0"
              maxOccurs="1"/>
        </xs:sequence>
    </xs:complexType>
    <!-- Class NullInstruction -->
```

```
<xs:complexType name="NullInstruction">
    <xs:complexContent>
        <xs:extension base="DrawingInstruction"/>
    </xs:complexContent>
</xs:complexType>
<!-- Class pointInstruction -->
<xs:complexType name="PointInstruction">
    <xs:complexContent>
        <xs:extension base="DrawingInstruction">
            <xs:sequence>
                <xs:element name="symbol" type="s100Symbol:Symbol"/>
            </xs:sequence>
        </xs:extension>
    </xs:complexContent>
</xs:complexType>
<!-- Class Area Instruction -->
<xs:complexType name="AreaInstruction">
    <xs:complexContent>
        <xs:extension base="DrawingInstruction">
            <xs:sequence>
                <xs:group ref="s100Symbol:AreaFillGroup"/>
            </xs:sequence>
        </xs:extension>
    </xs:complexContent>
</xs:complexType>
<!-- Class LineInstruction -->
<xs:complexType name="LineInstruction">
    <xs:complexContent>
        <xs:extension base="DrawingInstruction">
            <xs:sequence>
                <xs:group ref="s100Symbol:LineStyleGroup"/>
            </xs:sequence>
            <xs:attribute name="suppression" type="xs:boolean" default="true"/>
        </xs:extension>
    </xs:complexContent>
</xs:complexType>
<!-- Class TextInstruction -->
<xs:complexType name="TextInstruction">
    <xs:complexContent>
        <xs:extension base="DrawingInstruction">
```

```
                <xs:sequence>
                    <xs:group ref="s100Symbol:Text"/>
                </xs:sequence>
            </xs:extension>
        </xs:complexContent>
    </xs:complexType>
    <!-- Class CoverageInstruction -->
    <xs:complexType name="CoverageInstruction">
        <xs:complexContent>
            <xs:extension base="DrawingInstruction">
                <xs:sequence>
                    <xs:element name="coverageFill" type="s100Symbol:CoverageFill"/>
                </xs:sequence>
            </xs:extension>
        </xs:complexContent>
    </xs:complexType>
    <!-- Class AugmentedGeometry -->
    <xs:complexType name="AugmentedGeometry" abstract="true">
        <xs:complexContent>
            <xs:extension base="DrawingInstruction">
                <xs:sequence>
                    <xs:element name="crs" type="s100Symbol:CRSType"/>
                    <xs:group ref="s100Symbol:Text" minOccurs="0" maxOccurs="1"/>
                </xs:sequence>
            </xs:extension>
        </xs:complexContent>
    </xs:complexType>
    <!-- Class AugmentedPoint -->
    <xs:complexType name="AugmentedPoint">
        <xs:complexContent>
            <xs:extension base="AugmentedGeometry">
                <xs:sequence>
                    <xs:element name="position" type="s100Symbol:Point"/>
                    <xs:element name="symbol" type="s100Symbol:Symbol"
                      minOccurs="0" maxOccurs="1"/>
                </xs:sequence>
            </xs:extension>
        </xs:complexContent>
    </xs:complexType>
    <!-- Class AugmentedLineOrArea -->
```

```
<xs:complexType name="AugmentedLineOrArea" abstract="true">
    <xs:complexContent>
        <xs:extension base="AugmentedGeometry">
            <xs:sequence>
                <xs:group ref="s100Symbol:LineStyleGroup" minOccurs="0"
                  maxOccurs="1"/>
            </xs:sequence>
        </xs:extension>
    </xs:complexContent>
</xs:complexType>
<!-- Class AugmentedRay -->
<xs:complexType name="AugmentedRay">
    <xs:complexContent>
        <xs:extension base="AugmentedLineOrArea">
            <xs:sequence>
                <xs:element name=" rotationCRS " type=" s100Symbol:CRSType "
                  minOccurs="0"/>
                <xs:element name="direction" type="xs:double"/>
                <xs:element name="length" type="xs:double"/>
            </xs:sequence>
        </xs:extension>
    </xs:complexContent>
</xs:complexType>
<!-- Class AugmentedPath -->
<xs:complexType name="AugmentedPath">
    <xs:complexContent>
        <xs:extension base="AugmentedLineOrArea">
            <xs:sequence>
                <xs:element name="path" type="s100Symbol:Path"/>
            </xs:sequence>
        </xs:extension>
    </xs:complexContent>
</xs:complexType>
<!-- Class AugmentedArea -->
<xs:complexType name="AugmentedArea">
    <xs:complexContent>
        <xs:extension base="AugmentedPath">
            <xs:sequence>
                <xs:group ref="s100Symbol:AreaFillGroup" minOccurs="0"
                  maxOccurs="1"/>
```

```
                </xs:sequence>
            </xs:extension>
        </xs:complexContent>
    </xs:complexType>
    <!-- Group DisplayInstruction -->
    <xs:group name="DisplayInstruction">
        <xs:choice>
            <xs:element name="nullInstruction" type="NullInstruction"/>
            <xs:element name="pointInstruction" type="PointInstruction"/>
            <xs:element name="lineInstruction" type="LineInstruction"/>
            <xs:element name="areaInstruction" type="AreaInstruction"/>
            <xs:element name="coverageInstruction" type="CoverageInstruction"/>
            <xs:element name="textInstruction" type="TextInstruction"/>
            <xs:element name="augmentedPoint" type="AugmentedPoint"/>
            <xs:element name="augmentedRay" type="AugmentedRay"/>
            <xs:element name="augmentedPath" type="AugmentedPath"/>
            <xs:element name="augmentedArea" type="AugmentedArea"/>
        </xs:choice>
    </xs:group>
    <!-- Class DisplayList -->
    <xs:complexType name="DisplayList">
        <xs:sequence>
            <xs:group ref="DisplayInstruction" minOccurs="0" maxOccurs="unbounded"/>
        </xs:sequence>
    </xs:complexType>
    <!-- An element of type DisplayList -->
    <xs:element name="displayList" type="DisplayList"/>
</xs:schema>
```

9-A-4 示例结果显示列表

```
<?xml version="1.0" encoding="UTF-8"?>
<displayList xmlns:xsi="http://www.w3.org/2001/XMLSchema-instance"
xsi:noNamespaceSchssemaLocation="S100Presentation.xsd">
    <areaInstruction>
        <featureReference reference="1"/>
        <viewingGroup>13030</viewingGroup>
        <displayPlane>S</displayPlane>
        <drawingPriority>10</drawingPriority>
        <colorFill>
            <color>
                <token>DEPIT</token>
                <transparency/>
            </color>
        </colorFill>
    </areaInstruction>
    <areaInstruction>
        <featureReference reference="1"/>
        <viewingGroup>13030</viewingGroup>
        <displayPlane>S</displayPlane>
        <drawingPriority>11</drawingPriority>
        <pixmapFill>
            <areaCRS>Global</areaCRS>
            <pixmap>
                <symbolReference>DIAMOND01</symbolReference>
            </pixmap>
        </pixmapFill>
    </areaInstruction>
    <pointInstruction>
        <featureReference reference="2"/>
        <viewingGroup>17020</viewingGroup>
        <displayPlane>O</displayPlane>
        <drawingPriority>80</drawingPriority>
        <symbol>
            <symbolReference>BCNCAR03</symbolReference>
            <rotation/>
            <rotationCRS/>
            <scaleFactor/>
```

```xml
        </symbol>
    </pointInstruction>
    <areaInstruction>
        <featureReference reference="3"/>
        <viewingGroup>13030</viewingGroup>
        <displayPlane>S</displayPlane>
        <drawingPriority>10</drawingPriority>
        <colorFill>
            <color>
                <token>DEPVS</token>
                <transparency/>
            </color>
        </colorFill>
    </areaInstruction>
    <areaInstruction>
        <featureReference reference="3"/>
        <viewingGroup>13030</viewingGroup>
        <displayPlane>S</displayPlane>
        <drawingPriority>11</drawingPriority>
        <pixmapFill>
            <areaCRS>Global</areaCRS>
            <pixmap>
                <symbolReference>DIAMOND01</symbolReference>
            </pixmap>
        </pixmapFill>
    </areaInstruction>
    <lineInstruction>
        <featureReference reference="4"/>
        <spatialReference reference="2" forward="true"/>
        <viewingGroup>33020</viewingGroup>
        <displayPlane>O</displayPlane>
        <drawingPriority>50</drawingPriority>
        <simpleLineStyle>
            <capStyle/>
            <joinStyle/>
            <offset/>
            <pen width="1">
                <color>
                    <token>DEPCN</token>
                    <transparency/>
```

```
            </color>
        </pen>
    </simpleLineStyle>
</lineInstruction>
<lineInstruction>
    <featureReference reference=""/>
    <spatialReference reference="1" forward="true"/>
    <viewingGroup>33020</viewingGroup>
    <displayPlane>O</displayPlane>
    <drawingPriority>50</drawingPriority>
    <simpleLineStyle>
        <capStyle/>
        <joinStyle/>
        <offset/>
        <pen width="1">
            <color>
                <token>DEPCN</token>
                <transparency/>
            </color>
        </pen>
    </simpleLineStyle>
</lineInstruction>
<lineInstruction>
    <featureReference reference=""/>
    <spatialReference reference="5" forward="false"/>
    <viewingGroup>33020</viewingGroup>
    <displayPlane>O</displayPlane>
    <drawingPriority>50</drawingPriority>
    <simpleLineStyle>
        <capStyle/>
        <joinStyle/>
        <offset/>
        <pen width="1">
            <color>
                <token>DEPCN</token>
                <transparency/>
            </color>
        </pen>
    </simpleLineStyle>
</lineInstruction>
```

```
<lineInstruction>
    <featureReference reference=""/>
    <spatialReference reference="3" forward="false"/>
    <viewingGroup>33020</viewingGroup>
    <displayPlane>O</displayPlane>
    <drawingPriority>50</drawingPriority>
    <simpleLineStyle>
        <capStyle/>
        <joinStyle/>
        <intervalLength>4</intervalLength>
        <offset/>
        <pen width="1">
            <color>
                <token>DEPCN</token>
                <transparency/>
            </color>
        </pen>
        <dash>
            <start>0.0</start>
            <length>2.0</length>
        </dash>
    </simpleLineStyle>
</lineInstruction>
<lineInstruction>
    <featureReference reference="5"/>
    <spatialReference reference="2" forward="true"/>
    <viewingGroup>33020</viewingGroup>
    <displayPlane>O</displayPlane>
    <drawingPriority>50</drawingPriority>
    <simpleLineStyle>
        <capStyle/>
        <joinStyle/>
        <offset/>
        <pen width="1">
            <color>
                <token>DEPCN</token>
                <transparency/>
            </color>
        </pen>
    </simpleLineStyle>
```

```
</lineInstruction>
<lineInstruction>
    <featureReference reference="5"/>
    <spatialReference reference="3" forward="false"/>
    <viewingGroup>33020</viewingGroup>
    <displayPlane>O</displayPlane>
    <drawingPriority>50</drawingPriority>
    <simpleLineStyle>
        <capStyle/>
        <joinStyle/>
        <intervalLength>4</intervalLength>
        <offset/>
        <pen width="1">
            <color>
                <token>DEPCN</token>
                <transparency/>
            </color>
        </pen>
        <dash>
            <start>0.0</start>
            <length>2.0</length>
        </dash>
    </simpleLineStyle>
</lineInstruction>
<pointInstruction>
    <featureReference reference="6"/>
    <viewingGroup>22220</viewingGroup>
    <displayPlane>O</displayPlane>
    <drawingPriority>60</drawingPriority>
    <symbol>
        <symbolReference>BUIREL13</symbolReference>
        <rotation/>
        <rotationCRS/>
        <scaleFactor/>
    </symbol>
</pointInstruction>
<areaInstruction>
    <featureReference reference="7"/>
    <viewingGroup>13030</viewingGroup>
    <displayPlane>S</displayPlane>
```

```
        <drawingPriority>10</drawingPriority>
        <colorFill>
            <color>
                <token>DEPMS</token>
                <transparency/>
            </color>
        </colorFill>
    </areaInstruction>
    <areaInstruction>
        <featureReference reference="7"/>
        <viewingGroup>13030</viewingGroup>
        <displayPlane>S</displayPlane>
        <drawingPriority>11</drawingPriority>
        <pixmapFill>
            <areaCRS>Global</areaCRS>
            <pixmap>
                <symbolReference>DIAMOND01</symbolReference>
            </pixmap>
        </pixmapFill>
    </areaInstruction>
    <areaInstruction>
        <featureReference reference="8"/>
        <viewingGroup>13030</viewingGroup>
        <displayPlane>S</displayPlane>
        <drawingPriority>10</drawingPriority>
        <colorFill>
            <color>
                <token>DEPMD</token>
                <transparency/>
            </color>
        </colorFill>
    </areaInstruction>
    <areaInstruction>
        <featureReference reference="9"/>
        <viewingGroup>13030</viewingGroup>
        <displayPlane>S</displayPlane>
        <drawingPriority>10</drawingPriority>
        <colorFill>
            <color>
                <token>DEPDW</token>
```

```
                <transparency/>
            </color>
        </colorFill>
    </areaInstruction>
    <pointInstruction>
        <featureReference reference="10"/>
        <viewingGroup>32220</viewingGroup>
        <displayPlane>O</displayPlane>
        <drawingPriority>40</drawingPriority>
        <symbol>
            <symbolReference>FLGSTF01</symbolReference>
            <rotation/>
            <rotationCRS/>
            <scaleFactor/>
        </symbol>
    </pointInstruction>
    <pointInstruction>
        <featureReference reference="11"/>
        <viewingGroup>32220</viewingGroup>
        <displayPlane>O</displayPlane>
        <drawingPriority>40</drawingPriority>
        <symbol>
            <symbolReference>POSGEN01</symbolReference>
            <rotation/>
            <rotationCRS/>
            <scaleFactor/>
        </symbol>
    </pointInstruction>
    <pointInstruction>
        <featureReference reference="12"/>
        <viewingGroup>32220</viewingGroup>
        <displayPlane>O</displayPlane>
        <drawingPriority>40</drawingPriority>
        <symbol>
            <symbolReference>TOWERS01</symbolReference>
            <rotation/>
            <rotationCRS/>
            <scaleFactor/>
        </symbol>
    </pointInstruction>
```

```
    <textInstruction>
        <featureReference reference="12"/>
        <viewingGroup>32220</viewingGroup>
        <displayPlane>O</displayPlane>
        <drawingPriority>40</drawingPriority>
        <textPoint>
            <element>
                <text>A name</text>
                <bodySize>12</bodySize>
                <verticalOffset/>
                <foreground>
                    <token>CHBLK</token>
                    <transparency/>
                </foreground>
                <font>
                    <serifs>true</serifs>
                    <weight>Bold</weight>
                    <slant>Upright</slant>
                    <proportion>Proportional</proportion>
                </font>
            </element>
            <rotation/>
        </textPoint>
    </textInstruction>
    <pointInstruction>
        <featureReference reference="13"/>
        <viewingGroup>22220</viewingGroup>
        <displayPlane>O</displayPlane>
        <drawingPriority>60</drawingPriority>
        <symbol>
            <symbolReference>POSGEN03</symbolReference>
            <rotation/>
            <rotationCRS/>
            <scaleFactor/>
        </symbol>
    </pointInstruction>
</displayList>
```

9-A-5 图示表达目录模式

```
<?xml version="1.0" encoding="UTF-8"?>
<xs:schema xmlns:xs=http://www.w3.org/2001/XMLSchema
  xmlns:s100Symbol="http://www.iho.int/S100SymbolDefinition">
    <xs:import namespace=http://www.iho.int/S100SymbolDefinition
      schemaLocation="S100SymbolDefinition.xsd"/>
    <!-- Supported type for context parameters -->
    <xs:simpleType name="ParameterType">
        <xs:restriction base="xs:string">
            <xs:enumeration value="Boolean"/>
            <xs:enumeration value="Integer"/>
            <xs:enumeration value="Double"/>
            <xs:enumeration value="String"/>
            <xs:enumeration value="Date"/>
        </xs:restriction>
    </xs:simpleType>
    <!-- The type of an external file -->
    <xs:simpleType name="FileType">
        <xs:restriction base="xs:string">
            <xs:enumeration value="Font"/>
            <xs:enumeration value="AreaFill"/>
            <xs:enumeration value="LineStyle"/>
            <xs:enumeration value="Symbol"/>
            <xs:enumeration value="ColorProfile"/>
            <xs:enumeration value="Pixmap"/>
            <xs:enumeration value="Rule"/>
        </xs:restriction>
    </xs:simpleType>
    <!-- The format of an external file -->
    <xs:simpleType name="FileFormat">
        <xs:restriction base="xs:string">
            <xs:enumeration value="XML"/>
            <xs:enumeration value="SVG"/>
            <xs:enumeration value="XSLT"/>
            <xs:enumeration value="TTF"/>
            <xs:enumeration value="LUA"/>
        </xs:restriction>
    </xs:simpleType>
```

```
<!-- The type of an template -->
<xs:simpleType name="RuleType">
    <xs:restriction base="xs:string">
        <xs:enumeration value="TopLevelTemplate"/>
        <xs:enumeration value="SubTemplate"/>
    </xs:restriction>
</xs:simpleType>
<!-- Class for descriptive information about a catalogue item -->
<xs:complexType name="Description">
    <xs:sequence>
        <xs:element name="name" type="xs:string" minOccurs="0" maxOccurs="1"/>
        <xs:element name="description" type="xs:string"/>
        <xs:element name="language" type="xs:language"/>
    </xs:sequence>
</xs:complexType>
<!-- Abstract base class for catalogue items -->
<xs:complexType name="CatalogItem" abstract="true">
    <xs:sequence>
        <xs:element name="description" type="Description" minOccurs="0"
          maxOccurs="unbounded"/>
    </xs:sequence>
    <xs:attribute name="id" type="s100Symbol:IdString" use="required"/>
</xs:complexType>
<!-- catalogue item for an external file -->
<xs:complexType name="ExternalFile">
    <xs:complexContent>
        <xs:extension base="CatalogItem">
            <xs:sequence>
                <xs:element name="fileName" type="xs:anyURI"/>
                <xs:element name="fileType" type="FileType"/>
                <xs:element name="fileFormat" type="FileFormat"/>
            </xs:sequence>
        </xs:extension>
    </xs:complexContent>
</xs:complexType>
<!-- catalogue item for a rule file -->
<xs:complexType name="RuleFile">
    <xs:complexContent>
        <xs:extension base="ExternalFile">
            <xs:sequence>
```

```
                <xs:element name="ruleType" type="RuleType"/>
            </xs:sequence>
        </xs:extension>
    </xs:complexContent>
</xs:complexType>
<!-- Class for a viewing group -->
<xs:complexType name="ViewingGroup">
    <xs:complexContent>
        <xs:extension base="CatalogItem"/>
    </xs:complexContent>
</xs:complexType>
<!-- Class for a viewing group layer (an aggregation of viewing groups) -->
<xs:complexType name="ViewingGroupLayer">
    <xs:complexContent>
        <xs:extension base="CatalogItem">
            <xs:sequence>
                <xs:element name="viewingGroup" type="s100Symbol:IdString"
                  minOccurs="1" maxOccurs="unbounded"/>
            </xs:sequence>
        </xs:extension>
    </xs:complexContent>
</xs:complexType>
<!-- Class for a display mode (an aggregation of viewing group layers) -->
<xs:complexType name="DisplayMode">
    <xs:complexContent>
        <xs:extension base="CatalogItem">
            <xs:sequence>
                <xs:element name="viewingGroupLayer" type="s100Symbol:IdString"
                  minOccurs="1" maxOccurs="unbounded"/>
            </xs:sequence>
        </xs:extension>
    </xs:complexContent>
</xs:complexType>
<!-- Class for a display plane -->
<xs:complexType name="DisplayPlane">
    <xs:complexContent>
        <xs:extension base="CatalogItem"/>
    </xs:complexContent>
</xs:complexType>
<!-- Class for a context parameter -->
```

```
<xs:complexType name="ContextParameter">
    <xs:complexContent>
        <xs:extension base="CatalogItem">
            <xs:sequence>
                <xs:element name="type" type="ParameterType"/>
                <xs:element name="default" type="xs:anyType"/>
            </xs:sequence>
        </xs:extension>
    </xs:complexContent>
</xs:complexType>
<xs:complexType name="Pixmaps">
    <xs:sequence>
        <xs:element name="pixmap" type="ExternalFile" minOccurs="0"
      maxOccurs="unbounded"/>
    </xs:sequence>
</xs:complexType>
<xs:complexType name="ColorProfiles">
    <xs:sequence>
        <xs:element name="colorProfile" type="ExternalFile" minOccurs="0"
          maxOccurs="unbounded"/>
    </xs:sequence>
</xs:complexType>
<xs:complexType name="Symbols">
    <xs:sequence>
        <xs:element name="symbol" type="ExternalFile" minOccurs="0"
          maxOccurs="unbounded"/>
    </xs:sequence>
</xs:complexType>
<xs:complexType name="LineStyles">
    <xs:sequence>
        <xs:element name="lineStyle" type="ExternalFile" minOccurs="0"
          maxOccurs="unbounded"/>
    </xs:sequence>
</xs:complexType>
<xs:complexType name="AreaFills">
    <xs:sequence>
        <xs:element name="areaFill" type="ExternalFile" minOccurs="0"
          maxOccurs="unbounded"/>
    </xs:sequence>
</xs:complexType>
```

```
<xs:complexType name="Fonts">
    <xs:sequence>
        <xs:element name="font" type="ExternalFile" minOccurs="0"
          maxOccurs="unbounded"/>
    </xs:sequence>
</xs:complexType>
<xs:complexType name="ViewingGroups">
    <xs:sequence>
        <xs:element name="viewingGroup" type="ViewingGroup" minOccurs="1"
          maxOccurs="unbounded"/>
    </xs:sequence>
</xs:complexType>
<xs:complexType name="ViewingGroupLayers">
    <xs:sequence>
        <xs:element name="viewingGroupLayer" type="ViewingGroupLayer"
          minOccurs="0" maxOccurs="unbounded"/>
    </xs:sequence>
</xs:complexType>
<xs:complexType name="DisplayModes">
    <xs:sequence>
        <xs:element name="displayMode" type="DisplayMode" minOccurs="0"
          maxOccurs="unbounded"/>
    </xs:sequence>
</xs:complexType>
<xs:complexType name="DisplayPlanes">
    <xs:sequence>
        <xs:element name="displayPlane" type="DisplayPlane" minOccurs="1"
          maxOccurs="unbounded"/>
    </xs:sequence>
</xs:complexType>
<xs:complexType name="Context">
    <xs:sequence>
        <xs:element name="parameter" type="ContextParameter" minOccurs="0"
          maxOccurs="unbounded"/>
    </xs:sequence>
</xs:complexType>
<xs:complexType name="Rules">
    <xs:sequence>
        <xs:element name="ruleFile" type="RuleFile" minOccurs="1"
          maxOccurs="unbounded"/>
```

```
        </xs:sequence>
    </xs:complexType>
    <xs:complexType name="PortrayalCatalog">
        <xs:sequence>
            <xs:element name="pixmaps" type="Pixmaps">
                <xs:key name="pixmapKey">
                    <xs:selector xpath="pixmap"/>
                    <xs:field xpath="@id"/>
                </xs:key>
            </xs:element>
            <xs:element name="colorProfiles" type="ColorProfiles">
                <xs:key name="colorProfileKey">
                    <xs:selector xpath="colorProfile"/>
                    <xs:field xpath="@id"/>
                </xs:key>
            </xs:element>
            <xs:element name="symbols" type="Symbols">
                <xs:key name="symbolKey">
                    <xs:selector xpath="symbol"/>
                    <xs:field xpath="@id"/>
                </xs:key>
            </xs:element>
            <xs:element name="lineStyles" type="LineStyles">
                <xs:key name="lineStyleKey">
                    <xs:selector xpath="lineStyle"/>
                    <xs:field xpath="@id"/>
                </xs:key>
            </xs:element>
            <xs:element name="areaFills" type="AreaFills">
                <xs:key name="areaFillKey">
                    <xs:selector xpath="areaFill"/>
                    <xs:field xpath="@id"/>
                </xs:key>
            </xs:element>
            <xs:element name="fonts" type="Fonts">
                <xs:key name="fontKey">
                    <xs:selector xpath="font"/>
                    <xs:field xpath="@id"/>
                </xs:key>
            </xs:element>
```

```
<xs:element name="viewingGroups" type="ViewingGroups">
    <xs:key name="viewingGroupKey">
        <xs:selector xpath="viewingGroup"/>
        <xs:field xpath="@id"/>
    </xs:key>
</xs:element>
<xs:element name="foundationMode">
    <xs:complexType>
        <xs:sequence>
            <xs:element name="viewingGroup" type="s100Symbol:IdString"
              minOccurs="0" maxOccurs="unbounded"/>
        </xs:sequence>
    </xs:complexType>
</xs:element>
<xs:element name="viewingGroupLayers" type="ViewingGroupLayers">
    <xs:key name="viewingGroupLayerKey">
        <xs:selector xpath="viewingGroupLayer"/>
        <xs:field xpath="@id"/>
    </xs:key>
</xs:element>
<xs:element name="displayModes" type="DisplayModes">
    <xs:key name="displayModeKey">
        <xs:selector xpath="displayMode"/>
        <xs:field xpath="@id"/>
    </xs:key>
</xs:element>
<xs:element name="displayPlane" type="DisplayPlanes">
    <xs:key name="displayPlaneKey">
        <xs:selector xpath="displayPlane"/>
        <xs:field xpath="@id"/>
    </xs:key>
</xs:element>
<xs:element name="context" type="Context">
    <xs:key name="contextKey">
        <xs:selector xpath="parameter"/>
        <xs:field xpath="@id"/>
    </xs:key>
</xs:element>
<xs:element name="rules" type="Rules">
    <xs:key name="ruleKey">
```

```
                    <xs:selector xpath="ruleFile"/>
                    <xs:field xpath="@id"/>
                </xs:key>
            </xs:element>
        </xs:sequence>
        <xs:attribute name="productId" type="xs:string" use="required"/>
        <xs:attribute name="version" type="xs:string" use="required"/>
    </xs:complexType>
    <!-- THE ROOT ELEMENT -->
    <xs:element name="portrayalCatalog" type="PortrayalCatalog">
        <!-- KEYREF FOR VIEWING GROUPS -->
        <xs:keyref name="viewingGroupRef" refer="viewingGroupKey">
            <xs:selector xpath="viewingGroupLayers/viewingGroupLayer/
              viewingGroup|foundationMode/viewingGroup"/>
            <xs:field xpath="."/>
        </xs:keyref>
        <!-- KEYREF FOR VIEWING GROUP LAYERS -->
        <xs:keyref name="viewingGroupLayerRef" refer="viewingGroupLayerKey">
            <xs:selector xpath="displayModes/displayMode/viewingGroupLayer"/>
            <xs:field xpath="."/>
        </xs:keyref>
    </xs:element>
</xs:schema>
```

9-A-6 S-100 颜色配置文件

```
<?xml version="1.0" encoding="UTF-8"?>
<xs:schema xmlns:xs="http://www.w3.org/2001/XMLSchema">
    <xs:simpleType name="Token">
        <xs:restriction base="xs:string">
            <xs:minLength value="1"/>
            <xs:pattern value="[a-zA-Z][0-9a-zA-Z_]*"/>
        </xs:restriction>
    </xs:simpleType>
    <xs:simpleType name="ColorInteger">
        <xs:restriction base="xs:nonNegativeInteger">
            <xs:minInclusive value="0"/>
            <xs:maxInclusive value="255"/>
        </xs:restriction>
    </xs:simpleType>
```

```
<xs:simpleType name="NormalDouble">
    <xs:restriction base="xs:double">
        <xs:minInclusive value="0.0"/>
        <xs:maxInclusive value="1.0"/>
    </xs:restriction>
</xs:simpleType>
<xs:complexType name="CIExyL">
    <xs:sequence>
        <xs:element name="x" type="NormalDouble"/>
        <xs:element name="y" type="NormalDouble"/>
        <xs:element name="L" type="xs:double"/>
    </xs:sequence>
</xs:complexType>
<xs:complexType name="CIEXYZ">
    <xs:sequence>
        <xs:element name="X" type="xs:double"/>
        <xs:element name="Y" type="xs:double"/>
        <xs:element name="Z" type="xs:double"/>
    </xs:sequence>
</xs:complexType>
<xs:complexType name="sRGB">
    <xs:sequence>
        <xs:element name="red" type="ColorInteger"/>
        <xs:element name="green" type="ColorInteger"/>
        <xs:element name="blue" type="ColorInteger"/>
    </xs:sequence>
</xs:complexType>
<xs:complexType name="CIE">
    <xs:choice>
        <xs:element name="xyL" type="CIExyL"/>
        <xs:element name="XYZ" type="CIEXYZ"/>
    </xs:choice>
</xs:complexType>
<xs:complexType name="ColorName">
    <xs:sequence>
        <xs:element name="description" type="xs:string" minOccurs="0"
          maxOccurs="1"/>
    </xs:sequence>
    <xs:attribute name="name" type="xs:string"/>
    <xs:attribute name="token" type="Token" use="required"/>
```

```
</xs:complexType>
<xs:complexType name="Colors">
    <xs:sequence>
        <xs:element name="color" type="ColorName" minOccurs="1"
          maxOccurs="unbounded"/>
    </xs:sequence>
</xs:complexType>
<xs:complexType name="PaletteItem">
    <xs:sequence>
        <xs:element name="cie" type="CIE"/>
        <xs:element name="srgb" type="SRGB"/>
    </xs:sequence>
    <xs:attribute name="token" type="Token" use="required"/>
</xs:complexType>
<xs:complexType name="Palette">
    <xs:sequence>
        <xs:element name="item" type="PaletteItem" minOccurs="1"
          maxOccurs="unbounded"/>
    </xs:sequence>
    <xs:attribute name="name" type="xs:string" use="required"/>
</xs:complexType>
<xs:complexType name="ColorProfile">
    <xs:sequence>
        <xs:element name="colors" type="Colors">
            <xs:key name="colorKey">
                <xs:selector xpath="color"/>
                <xs:field xpath="@token"/>
            </xs:key>
        </xs:element>
        <xs:element name="palette" type="Palette" minOccurs="1"
              maxOccurs="unbounded">
            <xs:unique name="tokenUnique">
                <xs:selector xpath="item"/>
                <xs:field xpath="@token"/>
            </xs:unique>
        </xs:element>
    </xs:sequence>
</xs:complexType>
<xs:element name="colorProfile" type="ColorProfile">
    <xs:keyref name="colorRef" refer="colorKey">
```

```
            <xs:selector xpath="palette/item"/>
            <xs:field xpath="@token"/>
        </xs:keyref>
    </xs:element>
</xs:schema>
```

9-A-7 颜色配置文件示例

```
<?xml version="1.0" encoding="UTF-8"?>
<colorProfile xmlns:xsi="http://www.w3.org/2001/XMLSchema-instance"
xsi:noNamespaceSchemaLocation="s100ColorProfile.xsd">
    <colors>
        <color token="NODTA" name="grey">
            <description>No data color</description>
        </color>
        <color token="CURSR" name="orange"/>
    </colors>
    <palette name="Day">
        <item token="NODTA">
            <cie>
                <xyL>
                    <x>0.280</x>
                    <y>0.310</y>
                    <L>45.0</L>
                </xyL>
            </cie>
            <srgb>
                <red>171</red>
                <green>192</green>
                <blue>177</blue>
            </srgb>
        </item>
        <item token="CURSR">
            <cie>
                <xyL>
                    <x>0.52</x>
                    <y>0.39</y>
                    <L>28.0</L>
                </xyL>
            </cie>
```

```
            <srgb>
                <red>230</red>
                <green>121</green>
                <blue>56</blue>
            </srgb>
        </item>
    </palette>
    <palette name="Dusk">
        <item token="NODTA">
            <cie>
                <xyL>
                    <x>0.28</x>
                    <y>0.31</y>
                    <L>25.0</L>
                </xyL>
            </cie>
            <srgb>
                <red>136</red>
                <green>152</green>
                <blue>139</blue>
            </srgb>
        </item>
        <item token="CURSR">
            <cie>
                <xyL>
                    <x>0.52</x>
                    <y>0.39</y>
                    <L>28.0</L>
                </xyL>
            </cie>
            <srgb>
                <red>230</red>
                <green>121</green>
                <blue>56</blue>
            </srgb>
        </item>
    </palette>
    <palette name="Night">
        <item token="NODTA">
            <cie>
```

```
                <xyL>
                    <x>0.28</x>
                    <y>0.31</y>
                    <L>2.25</L>
                </xyL>
            </cie>
            <srgb>
                <red>56</red>
                <green>61</green>
                <blue>55</blue>
            </srgb>
        </item>
        <item token="CURSR">
            <cie>
                <xyL>
                    <x>0.52</x>
                    <y>0.39</y>
                    <L>2.52</L>
                </xyL>
            </cie>
            <srgb>
                <red>89</red>
                <green>50</green>
                <blue>22</blue>
            </srgb>
        </item>
    </palette>
</colorProfile>
```

9-A-7-1 S-100 线型

```
<?xml version="1.0" encoding="UTF-8"?>
<xs:schema xmlns:xs="http://www.w3.org/2001/XMLSchema"
xmlns:s100Symbol="http://www.iho.int/S100SymbolDefinition">
<xs:import namespace="http://www.iho.int/S100SymbolDefinition" schemaLocation="S100SymbolDefinition.xsd"/>
    <xs:element name="lineStyleBase" type="s100Symbol:LineStyleBase"/>
    <xs:element name="lineStyle" type="s100Symbol:LineStyle" substitutionGroup="lineStyleBase"/>
    <xs:element name="compositeLineStyle" type="s100Symbol:CompositeLineStyle"
    substitutionGroup="lineStyleBase"/>
</xs:schema>
```

9-A-7-1.1　线型示例

```
<?xml version="1.0" encoding="UTF-8"?>
<lineStyle xmlns:xsi="http://www.w3.org/2001/XMLSchema-instance"
xsi:noNamespaceSchemaLocation="s100LineStyle.xsd">
    <intervalLength>6</intervalLength>
    <pen width="0.3">
        <color>#aabbcc</color>
    </pen>
    <dash>
        <start>0</start>
        <length>1</length>
    </dash>
    <dash>
        <start>2</start>
        <length>3</length>
    </dash>
    <symbol reference="bla">
        <position>3.5</position>
    </symbol>
</lineStyle>
```

9-A-7-1.2　S-100 面填充

```
<?xml version="1.0" encoding="UTF-8"?>
<xs:schema xmlns:xs="http://www.w3.org/2001/XMLSchema" xmlns:s100Symbol="http://www.iho.int/
S100SymbolDefinition">
    <xs:import namespace="http://www.iho.int/S100SymbolDefinition"
    schemaLocation="S100SymbolDefinition.xsd"/>
    <xs:element name="areaFillBase" type="s100Symbol:AreaFillBase"/>
    <xs:element name="colorFill" type="s100Symbol:ColorFill" substitutionGroup="areaFillBase"/>
    <xs:element name="pixmapFill" type="s100Symbol:PixmapFill" substitutionGroup="areaFillBase"/>
    <xs:element name="symbolFill" type="s100Symbol:SymbolFill" substitutionGroup="areaFillBase"/>
    <xs:element name="hatchFill" type="s100Symbol:HatchFill" substitutionGroup="areaFillBase"/>
</xs:schema>
```

9-A-7-1.3　面填充 XML 示例

```
<?xml version="1.0" encoding="UTF-8"?>
<colorFill xmlns:xsi="http://www.w3.org/2001/XMLSchema-instance"
xsi:noNamespaceSchemaLocation="S100AreaFill.xsd">
    <color transparency="0.5">NODTA</color>
</colorFill>
```

9-A-7-1.4 S-100 像素图

```
<?xml version="1.0" encoding="UTF-8"?>
<xs:schema xmlns:xs=http://www.w3.org/2001/XMLSchema
  xmlns:s100Symbol="http://www.iho.int/S100SymbolDefinition">
    <xs:import namespace=http://www.iho.int/S100SymbolDefinition
      schemaLocation="S100SymbolDefinition.xsd"/>
    <xs:simpleType name="ColorId">
        <xs:restriction base="xs:string">
            <xs:minLength value="1"/>
            <xs:maxLength value="3"/>
            <xs:pattern value="[a-zA-Z0-9_]+"/>
        </xs:restriction>
    </xs:simpleType>
    <xs:complexType name="Pixel">
        <xs:simpleContent>
            <xs:extension base="ColorId">
                <xs:attribute name="x" type="xs:nonNegativeInteger" use="required"/>
                <xs:attribute name="y" type="xs:nonNegativeInteger" use="required"/>
            </xs:extension>
        </xs:simpleContent>
    </xs:complexType>
    <xs:complexType name="ColorMapItem">
        <xs:complexContent>
            <xs:extension base="s100Symbol:Color">
                <xs:attribute name="id" type="ColorId" use="required"/>
            </xs:extension>
        </xs:complexContent>
    </xs:complexType>
    <xs:complexType name="ColorMap">
        <xs:sequence>
            <xs:element name="color" type="ColorMapItem" minOccurs="1"
              maxOccurs="unbounded"/>
        </xs:sequence>
    </xs:complexType>
    <xs:complexType name="Pixmap">
        <xs:sequence>
            <xs:element name="description" type="xs:string" minOccurs="0"
              maxOccurs="1"/>
```

```
                <xs:element name="width" type="xs:positiveInteger"/>
                <xs:element name="height" type="xs:positiveInteger"/>
                <xs:element name="colorMap" type="ColorMap">
                    <xs:key name="colorKey">
                        <xs:selector xpath="color"/>
                        <xs:field xpath="@id"/>
                    </xs:key>
                </xs:element>
                <xs:element name="background" type="ColorId"/>
                <xs:element name="pixel" type="Pixel" minOccurs="0"
                    maxOccurs="unbounded"/>
            </xs:sequence>
        </xs:complexType>
        <xs:element name="pixmap" type="Pixmap">
            <xs:keyref name="pixelRef" refer="colorKey">
                <xs:selector xpath="pixel"/>
                <xs:field xpath="."/>
            </xs:keyref>
            <xs:keyref name="backgroundRef" refer="colorKey">
                <xs:selector xpath="background"/>
                <xs:field xpath="."/>
            </xs:keyref>
            <xs:unique name="positionUnique">
                <xs:selector xpath="pixel"/>
                <xs:field xpath="@x"/>
                <xs:field xpath="@y"/>
            </xs:unique>
        </xs:element>
</xs:schema>
```

9-A-7-1.5 像素图示例

```
<?xml version="1.0" encoding="UTF-8"?>
<pixmap xmlns:xsi="http://www.w3.org/2001/XMLSchema-instance"
xsi:noNamespaceSchemaLocation="S100Pixmap.xsd">
    <description>Pixmap for a pixmap pattern fill for an area which is not sufficiently described to be
    symbolized, or for which no symbol exists in the symbol library.
    </description>
    <width>8</width>
    <height>16</height>
    <colorMap>
```

```
        <color id="0" transparency="1.0">#000000</color>
        <color id="A">CHMGD</color>
    </colorMap>
    <background>0</background>
    <pixel x="2" y="0">A</pixel>
    <pixel x="3" y="0">A</pixel>
    <pixel x="4" y="0">A</pixel>
    <pixel x="5" y="0">A</pixel>
    <pixel x="1" y="1">A</pixel>
    <pixel x="6" y="1">A</pixel>
    <pixel x="0" y="2">A</pixel>
    <pixel x="7" y="2">A</pixel>
    <pixel x="0" y="3">A</pixel>
    <pixel x="7" y="3">A</pixel>
    <pixel x="7" y="4">A</pixel>
    <pixel x="7" y="5">A</pixel>
    <pixel x="6" y="6">A</pixel>
    <pixel x="5" y="7">A</pixel>
    <pixel x="4" y="8">A</pixel>
    <pixel x="3" y="9">A</pixel>
    <pixel x="3" y="10">A</pixel>
    <pixel x="3" y="11">A</pixel>
    <pixel x="3" y="14">A</pixel>
    <pixel x="3" y="15">A</pixel>
</pixmap>
```

9-A-7-1.6　目录 XML 示例

```
<?xml version="1.0" encoding="UTF-8"?>
<portrayalCatalog xmlns:xsi=http://www.w3.org/2001/XMLSchema-instance
  xsi:noNamespaceSchemaLocation="s100PortrayalCatalog.xsd" productId="" version="">
    <pixmaps>
        <pixmap id="1">
            <fileName>file://pixmaps/bla.xml</fileName>
            <fileType>Pixmap</fileType>
            <fileFormat>XML</fileFormat>
        </pixmap>
        <pixmap id="2">
            <fileName>file://pixmaps/blub.xml</fileName>
            <fileType>Pixmap</fileType>
            <fileFormat>XML</fileFormat>
```

```
        </pixmap>
    </pixmaps>
    <colorProfiles>
        <colorProfile id="day">
            <description>
                <name>Day</name>
                <description>The colour profile for the day color schema</description>
                <language>en</language>
            </description>
            <fileName>file://colorProfiles/day.xml</fileName>
            <fileType>ColorProfile</fileType>
            <fileFormat>XML</fileFormat>
        </colorProfile>
        <colorProfile id="dusk">
            <description>
                <name>Dusk</name>
                <description>The colour profile for the dusk color schema</description>
                <language>en</language>
            </description>
            <fileName>file://colorProfiles/dusk.xml</fileName>
            <fileType>ColorProfile</fileType>
            <fileFormat>XML</fileFormat>
        </colorProfile>
        <colorProfile id="night">
            <description>
                <name>Night</name>
                <description>The colour profile for the night color schema</description>
                <language>en</language>
            </description>
            <fileName>file://colorProfiles/night.xml</fileName>
            <fileType>ColorProfile</fileType>
            <fileFormat>XML</fileFormat>
        </colorProfile>
    </colorProfiles>
    <symbols>
        <symbol id="sym1">
            <fileName>file://symbols/sym1.svg</fileName>
            <fileType>Symbol</fileType>
            <fileFormat>SVG</fileFormat>
        </symbol>
```

```
        <symbol id="sym2">
            <fileName>file://symbols/sym2.svg</fileName>
            <fileType>Symbol</fileType>
            <fileFormat>SVG</fileFormat>
        </symbol>
    </symbols>
    <lineStyles>
        <lineStyle id="42">
            <fileName>file://lineStyles/solid.xml</fileName>
            <fileType>LineStyle</fileType>
            <fileFormat>XML</fileFormat>
        </lineStyle>
    </lineStyles>
    <areaFills/>
    <fonts/>
    <viewingGroups>
        <viewingGroup id="11009"/>
        <viewingGroup id="17004"/>
        <viewingGroup id="22334"/>
        <viewingGroup id="24111"/>
        <viewingGroup id="27000"/>
        <viewingGroup id="27001"/>
        <viewingGroup id="37000"/>
        <viewingGroup id="37001"/>
    </viewingGroups>
    <foundationMode>
        <viewingGroup>11009</viewingGroup>
        <viewingGroup>17004</viewingGroup>
    </foundationMode>
    <viewingGroupLayers>
        <viewingGroupLayer id="a">
            <viewingGroup>22334</viewingGroup>
            <viewingGroup>24111</viewingGroup>
        </viewingGroupLayer>
        <viewingGroupLayer id="b">
            <viewingGroup>27000</viewingGroup>
            <viewingGroup>27001</viewingGroup>
        </viewingGroupLayer>
        <viewingGroupLayer id="c">
            <viewingGroup>37000</viewingGroup>
```

```
            <viewingGroup>37001</viewingGroup>
        </viewingGroupLayer>
    </viewingGroupLayers>
    <displayModes>
        <displayMode id="1">
            <description>
                <name>Standard</name>
                <description>The standard display</description>
                <language>en</language>
            </description>
            <viewingGroupLayer>a</viewingGroupLayer>
            <viewingGroupLayer>b</viewingGroupLayer>
        </displayMode>
    </displayModes>
    <displayPlane>
        <displayPlane id="U">
            <description>
                <name>Under Radar</name>
                <description/>
                <language>en</language>
            </description>
            <description>
                <name>Unter Radar</name>
                <description/>
                <language>de</language>
            </description>
        </displayPlane>
        <displayPlane id="O">
            <description>
                <name>Over Radar</name>
                <description/>
                <language>en</language>
            </description>
            <description>
                <name>Über Radar</name>
                <description/>
                <language>de</language>
            </description>
        </displayPlane>
    </displayPlane>
```

```
    <context>
        <parameter id="safetyDepth">
            <type>Double</type>
            <default>5.0</default>
        </parameter>
        <parameter id="safetyContour">
            <type>Double</type>
            <default>5.0</default>
        </parameter>
    </context>
    <rules>
        <ruleFile id="1">
            <fileName>file://rules/main.xsl</fileName>
            <fileType>Rule</fileType>
            <fileFormat>XSLT</fileFormat>
            <ruleType>TopLevelTemplate</ruleType>
        </ruleFile>
        <ruleFile id="2">
            <fileName>file://rules/depare.xslt</fileName>
            <fileType>Rule</fileType>
            <fileFormat>XSLT</fileFormat>
            <ruleType>SubTemplate</ruleType>
        </ruleFile>
    </rules>
</portrayalCatalog>
```

附录 9-B　XML 模式（资料性）

9-B-1　前言

本标准描述了一个基础模式，包含在数据产品模式内使用的基础类型。在该模式中，实际要素类型和信息类型根据其特征进行定义。这些特征表示为属性或者关联。空间类型也得从相应的基础类型派生而来。

本节将描述如何创建上述模式。本章将介绍从要素目录中的数据模型映射到图示表达输入模式的方法。虽然本模式可以涵盖整个数据模型，但是仅对图示表达相关内容进行建模就已足够。

9-B-2　导入基础模式

产品模式将基于 S100 基础模式。在产品模式内必须确保该基础模式存在。这可通过“xs:import”指令实现。

```
<xs:import namespace="http://www.iho.int/S100BaseModel" schemaLocation="S100BaseModel.xsd"/>
```

9-B-3　空间对象

由于基础模式中所有空间类型都是抽象类型，在产品模式中必须使用派生类型。即使没有在基础类型基础上增加其他特征，这样做可以使得所有空间类型与产品模式中定义的其他类型同属一个命名空间。以下示例给出了一个派生于“S100:Point”的“Point”空间类型，并增加了与表示空间质量的信息类型的一个关联。

```
<xs:complexType name="Point">
    <xs:complexContent>
        <xs:extension base="s100:Point">
            <xs:sequence>
                <xs:element name="spatialQuality" type="s100:InformationAssociation"
                    minOccurs="0"/>
            </xs:sequence>
        </xs:extension>
    </xs:complexContent>
</xs:complexType>
```

9-B-4　信息类型和要素类型

许多要素类型的图示表达依赖于某些属性。我们以要素类型“Beacon, cardinal”（方位立标）作为简单示例，其图示表达只能取决于“Category of cardinal mark”（方位标志类）属性。该要素类型的定义类似如下所示。

```
<xs:complexType name="BeaconCardinal">
    <xs:complexContent>
        <xs:extension base="s100:Feature">
            <xs:sequence>
                <xs:element name="categoryOfCardinalMark" nillable="true"
                    type="xs:int"/>
            </xs:sequence>
        </xs:extension>
    </xs:complexContent>
</xs:complexType>
```

实例示意：

```
<BeaconCardinal id="2">
    <s100:Point ref="3"/>
    <categoryOfCardinalMark>3</categoryOfCardinalMark>
</BeaconCardinal>
```

可引入要素层次以避免重复定义。假定数据产品所有要素类型都具有一个指向某一注释（信息类型）的关联，我们可以引入一个带有该特征的抽象类型，其他要素类型从该抽象类型，而不是从“s100:Feature”派生。

```
<xs:complexType name="Feature" abstract="true">
    <xs:complexContent>
        <xs:extension base="s100:Feature">
            <xs:sequence>
                <xs:element name="noteAssociation" type="s100:InformationAssociation"
                    minOccurs="0" maxOccurs="unbounded"/>
            </xs:sequence>
        </xs:extension>
    </xs:complexContent>
</xs:complexType>
```

现在“beacon, cardinal”（方位立标）类型定义如下：

```
<xs:complexType name="BeaconCardinal">
    <xs:complexContent>
        <xs:extension base="Feature">
            <xs:sequence>
                <xs:element name="categoryOfCardinalMark" nillable="true"
                    type="xs:int"/>
            </xs:sequence>
        </xs:extension>
    </xs:complexContent>
</xs:complexType>
```

实例示意：

```
<BeaconCardinal id="2">
    <s100:Point ref="3"/>
    <noteAssociation role="aNote" informationRef="1"/>
    <categoryOfCardinalMark>3</categoryOfCardinalMark>
</BeaconCardinal>
```

信息类型与要素类型非常相似。此处有两个示例。

第一个示例定义了一个表示空间类型质量信息的信息类型。

```
<xs:complexType name="SpatialQuality">
    <xs:complexContent>
        <xs:extension base="s100:Information">
            <xs:sequence>
                <xs:element name="qualityOfPosition" type="xs:int"/> </xs:sequence>
        </xs:extension>
    </xs:complexContent>
</xs:complexType>
```

第二个示例给出了包含若干个普通注释的注释类型，而普通注释可与任意要素类型关联。

```
<xs:complexType name="ChartNote">
    <xs:complexContent>
        <xs:extension base="s100:Information">
            <xs:sequence>
                <xs:element name="note" type="Note" maxOccurs="unbounded"/>
            </xs:sequence>
        </xs:extension>
    </xs:complexContent>
</xs:complexType>
```

示例中的元素 < note> 对应于一个复杂属性。详见下文“复杂属性”部分。

9-B-5 关联

关联是对象之间的命名关系。存在两种关联：表示任意对象和信息类型之间关系的信息关联，以及表示两个要素类型之间关系的要素关联。本模式中关联是通过将关联的驼峰式拼写代码作为元素属性“name”的值来实现，类型可以是“s100:InformationAssociation”（s100: 信息关联）或“s100:FeatureAssociation”（s100: 要素关联）。以下示例通过为方位立标类型增加一个“底部区域”的要素关联实现扩展。

```
<xs:complexType name="BeaconCardinal">
    <xs:complexContent>
        <xs:extension base="Feature">
            <xs:sequence>
```

```
                <xs:element name="underlyingArea" type="s100:FeatureAssociation"
                    minOccurs="0"/>
                <xs:element name="categoryOfCardinalMark" nillable="true"
                    type="xs:int/>"
            </xs:sequence>
        </xs:extension>
    </xs:complexContent>
</xs:complexType>
```

现在实例为：

```
<BeaconCardinal id="2">
    <s100:Point ref="3"/>
    <noteAssociation role="aNote" informationRef="1"/>
    <underlyingArea role="area" featureRef="3"/>
    <categoryOfCardinalMark>3</categoryOfCardinalMark>
</BeaconCardinal>
```

9-B-6 复杂属性

复杂属性可以很容易以 XML 复杂类型进行定义。我们以“ChartNote”（海图注记）信息类型中的复杂属性“Note”为例，该属性包含两种简单数据类型：文本和文本语言。其定义如下：

```
<xs:complexType name="Note">
    <xs:sequence>
        <xs:element name="noteText" type="xs:string"/>
        <xs:element name="language" type="xs:string"/>
    </xs:sequence>
</xs:complexType>
```

信息类型“ChartNote”（海图注记）的实例示意如下：

```
<ChartNote id="1">
    <note>
        <noteText>Hello world!</noteText>
        <language>en</language>
    </note>
    <note>
        <noteText>Hallo Welt!</noteText>
        <language>de</language>
    </note>
</ChartNote>
```

9-B-7 S-101 产品输入模式示例

```
<?xml version="1.0" encoding="UTF-8"?>
<xs:schema xmlns:xs=http://www.w3.org/2001/XMLSchema
  xmlns:s100="http://www.iho.int/S100BaseModel">
    <xs:import namespace=http://www.iho.int/S100BaseModel schemaLocation="S100BaseModel.xsd"/>
    <!-- INFORMATION ASSOCIATIONS -->
    <xs:complexType name="SpatialQualityAssociation">
        <xs:complexContent>
            <xs:extension base="s100:InformationAssociation"/>
        </xs:complexContent>
    </xs:complexType>
    <!-- FEATURE ASSOCIATIONS -->
    <xs:complexType name="UnderlyingAreaAssociation">
        <xs:complexContent>
            <xs:extension base="s100:FeatureAssociation"/>
        </xs:complexContent>
    </xs:complexType>
    <!-- INFORMATION TYPES -->
    <xs:complexType name="SpatialQuality">
        <xs:complexContent>
            <xs:extension base="s100:Information">
                <xs:sequence>
                    <xs:element name="qualityOfPosition"/>
                </xs:sequence>
            </xs:extension>
        </xs:complexContent>
    </xs:complexType>
    <xs:complexType name="Note">
        <xs:sequence minOccurs="1" maxOccurs="unbounded">
            <xs:element name="noteText" type="xs:string"/>
            <xs:element name="language" type="xs:language"/>
        </xs:sequence>
    </xs:complexType>
    <xs:complexType name="ChartNote">
        <xs:complexContent>
            <xs:extension base="s100:Information">
                <xs:sequence>
                    <xs:element name="note" type="Note" maxOccurs="unbounded"/>
                </xs:sequence>
            </xs:extension>
```

```
        </xs:complexContent>
    </xs:complexType>
    <!-- GROUP OF ALL INFORMATION TYPES -->
    <xs:group name="InformationType">
        <xs:choice>
            <xs:element name="SpatialQuality" type="SpatialQuality"/>
            <xs:element name="ChartNote" type="ChartNote"/>
        </xs:choice>
    </xs:group>
    <!-- SPATIAL TYPES (WITH SPATIAL QUALITY RELATIONS FOR POINTS, POINTSETS, AND
CURVES-->
    <xs:complexType name="Point">
        <xs:complexContent>
            <xs:extension base="s100:Point">
                <xs:sequence>
                    <xs:element name="spatialQuality" type="s100:InformationAssociation"
                      minOccurs="0"/>
                </xs:sequence>
            </xs:extension>
        </xs:complexContent>
    </xs:complexType>
    <xs:complexType name="MultiPoint">
        <xs:complexContent>
            <xs:extension base="s100:MultiPoint">
                <xs:sequence>
                    <xs:element name="spatialQuality" type="s100:InformationAssociation"
                      minOccurs="0"/>
                </xs:sequence>
            </xs:extension>
        </xs:complexContent>
    </xs:complexType>
    <xs:complexType name="Curve">
        <xs:complexContent>
            <xs:extension base="s100:Curve">
                <xs:sequence>
                    <xs:element name="spatialQuality" type="s100:InformationAssociation"
                      minOccurs="0"/>
                </xs:sequence>
            </xs:extension>
        </xs:complexContent>
```

```
</xs:complexType>
<xs:complexType name="CompositeCurve">
    <xs:complexContent>
        <xs:extension base="s100:CompositeCurve"/>
    </xs:complexContent>
</xs:complexType>
<xs:complexType name="Surface">
    <xs:complexContent>
        <xs:extension base="s100:Surface"/>
    </xs:complexContent>
</xs:complexType>
<!-- FEATURE TYPES -->
<!-- BASE CLASS FOR ALL FEATURES WITH NOTE ASSOCIATION -->
<xs:complexType name="Feature" abstract="true">
    <xs:complexContent>
        <xs:extension base="s100:Feature">
            <xs:sequence>
                <xs:element name="noteAssociation" type="s100:InformationAssociation"
                  minOccurs="0" maxOccurs="unbounded"/>
            </xs:sequence>
        </xs:extension>
    </xs:complexContent>
</xs:complexType>
<xs:complexType name="DepthArea">
    <xs:complexContent>
        <xs:extension base="Feature">
            <xs:sequence>
                <xs:element name="depthValue1" type="xs:double"
                  nillable="true" minOccurs="0" maxOccurs="1"/>
                <xs:element name="depthValue2" type="xs:double"
                  nillable="true" minOccurs="0" maxOccurs="1"/>
            </xs:sequence>
        </xs:extension>
    </xs:complexContent>
</xs:complexType>
<xs:complexType name="DepthContour">
    <xs:complexContent>
        <xs:extension base="Feature">
            <xs:sequence>
                <xs:element name="valueOfDepthContour" type="xs:double"
```

```
                    nillable="true" minOccurs="0" maxOccurs="1"/>
            </xs:sequence>
        </xs:extension>
    </xs:complexContent>
</xs:complexType>
<xs:complexType name="BeaconCardinal">
    <xs:complexContent>
        <xs:extension base="Feature">
            <xs:sequence>
                <xs:element name="underlyingArea" type="s100:FeatureAssociation"
                  minOccurs="0"/>
                <xs:element name="categoryOfCardinalMark" type="xs:int"
                  nillable="true" minOccurs="0" maxOccurs="1"/>
            </xs:sequence>
        </xs:extension>
    </xs:complexContent>
</xs:complexType>
<xs:complexType name="Landmark">
    <xs:complexContent>
        <xs:extension base="Feature">
            <xs:sequence>
                <xs:element name="categoryOfLandmark" type="xs:int"
                    nillable="true" minOccurs="0"/>
                <xs:element name="function" type="xs:string" minOccurs="0"/>
                <xs:element name="visuallyConspicuous" type="xs:int"
                    nillable="true" minOccurs="0"/>
                <xs:element name="objectName" type="xs:string"
                    nillable="true" minOccurs="0"/>
            </xs:sequence>
        </xs:extension>
    </xs:complexContent>
</xs:complexType>
<!-- GROUP OF ALL FEATURES -->
<xs:group name="Feature">
    <xs:choice>
        <xs:element name="DepthArea" type="DepthArea"/>
        <xs:element name="DepthContour" type="DepthContour"/>
        <xs:element name="BeaconCardinal" type="BeaconCardinal"/>
        <xs:element name="Landmark" type="Landmark"/>
    </xs:choice>
```

```
</xs:group>
<!-- THE ELEMENTS OF THE DATA SET -->
<xs:complexType name="InformationTypes">
    <xs:sequence minOccurs="0" maxOccurs="unbounded">
        <xs:group ref="InformationType"/>
    </xs:sequence>
</xs:complexType>
<xs:complexType name="Points">
    <xs:sequence>
        <xs:element name="Point" type="Point" minOccurs="0" maxOccurs="unbounded"/>
    </xs:sequence>
</xs:complexType>
<xs:complexType name="MultiPoints">
    <xs:sequence>
        <xs:element name="MultiPoint" type="MultiPoint" minOccurs="0"
          maxOccurs="unbounded"/>
    </xs:sequence>
</xs:complexType>
<xs:complexType name="Curves">
    <xs:sequence>
        <xs:element name="Curve" type="Curve" minOccurs="0"
          maxOccurs="unbounded"/>
    </xs:sequence>
</xs:complexType>
<xs:complexType name="CompositeCurves">
    <xs:sequence>
        <xs:element name="CompositeCurve" type="CompositeCurve"
          minOccurs="0" maxOccurs="unbounded"/>
    </xs:sequence>
</xs:complexType>
<xs:complexType name="Surfaces">
    <xs:sequence>
        <xs:element name="Surface" type="Surface" minOccurs="0"
          maxOccurs="unbounded"/>
    </xs:sequence>
</xs:complexType>
<xs:complexType name="Features">
    <xs:sequence minOccurs="0" maxOccurs="unbounded">
        <xs:group ref="Feature"/>
    </xs:sequence>
```

```
</xs:complexType>
<xs:complexType name="Dataset">
    <xs:sequence>
        <!-- THE INFORMATION TYPES -->
        <xs:element name="InformationTypes" type="InformationTypes" minOccurs="0">
            <xs:key name="informationKey">
                <xs:selector xpath="*"/>
                <xs:field xpath="@id"/>
            </xs:key>
        </xs:element>
        <!-- THE POINTS -->
        <xs:element name="Points" type="Points" minOccurs="0">
            <xs:key name="pointKey">
                <xs:selector xpath="Point"/>
                <xs:field xpath="@id"/>
            </xs:key>
        </xs:element>
        <!-- THE MULTI POINTS -->
        <xs:element name="MultiPoints" type="MultiPoints" minOccurs="0">
            <xs:key name="multiPointKey">
                <xs:selector xpath="MultiPoint"/>
                <xs:field xpath="@id"/>
            </xs:key>
        </xs:element>
        <!-- THE CURVES -->
        <xs:element name="Curves" type="Curves" minOccurs="0">
            <xs:key name="curveKey">
                <xs:selector xpath="Curve"/>
                <xs:field xpath="@id"/>
            </xs:key>
        </xs:element>
        <!-- THE COMPOSITE CURVES -->
        <xs:element name="CompositeCurves" type="CompositeCurves" minOccurs="0">
            <xs:key name="compositeCurveKey">
                <xs:selector xpath="CompositeCurve"/>
                <xs:field xpath="@id"/>
            </xs:key>
        </xs:element>
        <!-- THE SURFACES -->
        <xs:element name="Surfaces" type="Surfaces" minOccurs="0">
```

```
            <xs:key name="surfaceKey">
                <xs:selector xpath="Surface"/>
                <xs:field xpath="@id"/>
            </xs:key>
        </xs:element>
        <!-- THE FEATURE TYPES -->
        <xs:element name="Features" type="Features">
            <xs:key name="featureKey">
                <xs:selector xpath="*"/>
                <xs:field xpath="@id"/>
            </xs:key>
        </xs:element>
    </xs:sequence>
</xs:complexType>
<!-- THE ROOT ELEMENT (OF TYPE DataSet) -->
<xs:element name="Dataset" type="Dataset">
    <!-- KEY REFERENCES -->
    <xs:keyref name="informationRef" refer="informationKey">
        <xs:selector xpath=".//*"/>
        <xs:field xpath="@informationRef"/>
    </xs:keyref>
    <xs:keyref name="pointRef" refer="pointKey">
        <xs:selector xpath="Features/*/s100:Point | Curves/Curve/s100:Boundary"/>
        <xs:field xpath="@ref"/>
    </xs:keyref>
    <xs:keyref name="multiPointRef" refer="multiPointKey">
        <xs:selector xpath="Features/*/s100:MultiPoint"/>
        <xs:field xpath="@ref"/>
    </xs:keyref>
    <xs:keyref name="curveRef" refer="curveKey">
        <xs:selector xpath="Features/*/s100:Curve | CompositeCurves/
          CompositeCurve/s100:Curve | Surfaces/Surface/s100:Ring/s100:Curve"/>
        <xs:field xpath="@ref"/>
    </xs:keyref>
    <xs:keyref name="compositeCurveRef" refer="compositeCurveKey">
        <xs:selector xpath="Features/*/s100:CompositeCurve | CompositeCurves/
          CompositeCurve/s100:CompositeCurve |
          Surfaces/Surface/s100:Ring/s100:CompositeCurve"/>
        <xs:field xpath="@ref"/>
    </xs:keyref>
```

```
        <xs:keyref name="surfaceRef" refer="surfaceKey">
            <xs:selector xpath="Features/*/s100:Surface"/>
            <xs:field xpath="@ref"/>
        </xs:keyref>
        <xs:keyref name="featureRef" refer="featureKey">
            <xs:selector xpath="Features/*/*"/>
            <xs:field xpath="@featureRef"/>
        </xs:keyref>
    </xs:element>
</xs:schema>
```

9-B-8 产品输入数据集示例

```
<?xml version="1.0" encoding="UTF-8"?>
<Dataset xmlns:xsi=http://www.w3.org/2001/XMLSchema-instance
  xsi:noNamespaceSchemaLocation="S101DataModel.xsd"
  xmlns:s100="http://www.iho.int/S100BaseModel">
    <!-- THE INFORMATION TYPES -->
    <InformationTypes xmlns="">
        <!-- A CHART NOTE -->
        <ChartNote id="1">
            <note>
                <noteText>Hello world!</noteText>
                <language>en</language>
            </note>
            <note>
                <noteText>Hallo Welt!</noteText>
                <language>de</language>
            </note>
        </ChartNote>
        <!-- AN INFORMATION OBJECT INDICATING SPATIAL QUALITY -->
        <SpatialQuality id="2">
            <qualityOfPosition>2</qualityOfPosition>
        </SpatialQuality>
    </InformationTypes>
    <!-- THE SPATIAL OBJECTS -->
    <!-- SOME POINTS -->
    <Points>
        <Point id="1">
            <Coordinate2D>
```

```
            <x>1.0</x>
            <y>2.0</y>
        </Coordinate2D>
    </Point>
    <Point id="2">
        <Coordinate2D>
            <x>1.0</x>
            <y>2.0</y>
        </Coordinate2D>
    </Point>
    <Point id="3">
        <Coordinate2D>
            <x>1.0</x>
            <y>2.0</y>
        </Coordinate2D>
    </Point>
</Points>
<!-- POINT SETS -->
<MultiPoints>
    <MultiPoint id="1">
        <Coordinate3D>
            <x>2.0</x>
            <y>3.0</y>
            <z>5.3</z>
        </Coordinate3D>
        <Coordinate3D>
            <x>5</x>
            <y>6</y>
            <z>7</z>
        </Coordinate3D>
    </MultiPoint>
    <MultiPoint id="2">
        <Coordinate3D>
            <x>2.0</x>
            <y>2.5</y>
            <z>5.3</z>
        </Coordinate3D>
        <Coordinate3D>
            <x>2.0</x>
            <y>2.5</y>
```

```
            <z>5.3</z>
        </Coordinate3D>
    </MultiPoint>
    <MultiPoint id="5">
        <Coordinate3D>
            <x>2.0</x>
            <y>2.5</y>
            <z>5.3</z>
        </Coordinate3D>
    </MultiPoint>
</MultiPoints>
<!-- CURVES -->
<Curves>
    <Curve id="1">
        <Boundary ref="1" boundaryType="Begin"/>
        <Boundary ref="1" boundaryType="End"/>
        &lt;Segment interpolation="Loxodromic"&gt;
            <ControlPoint>
                <x>1</x>
                <y>2</y>
            </ControlPoint>
            <ControlPoint>
                <x>1</x>
                <y>2</y>
            </ControlPoint>
        &lt;/Segment&gt;
    </Curve>
    <Curve id="2">
        <Boundary ref="2" boundaryType="Begin"/>
        <Boundary ref="3" boundaryType="End"/>
        &lt;Segment interpolation="Loxodromic"&gt;
            <ControlPoint>
                <x>3.6</x>
                <y>4.5</y>
            </ControlPoint>
            <ControlPoint>
                <x>3.8</x>
                <y>4.7</y>
            </ControlPoint>
        &lt;/Segment&gt;
```

```
</Curve>
<Curve id="3">
    &lt;Segment interpolation="Loxodromic"&gt;
        <ControlPoint>
            <x>3.6</x>
            <y>4.5</y>
        </ControlPoint>
        <ControlPoint>
            <x>3.8</x>
            <y>4.7</y>
        </ControlPoint>
    &lt;/Segment&gt;
    <spatialQuality role="qualityOfPosition" informationRef="2"/>
</Curve>
<Curve id="5">
    &lt;Segment interpolation="Loxodromic"&gt;
        <ControlPoint>
            <x>3.6</x>
            <y>4.5</y>
        </ControlPoint>
        <ControlPoint>
            <x>3.8</x>
            <y>4.7</y>
        </ControlPoint>
        <ControlPoint>
            <x>7</x>
            <y>5.3</y>
        </ControlPoint>
    &lt;/Segment&gt;
</Curve>
<Curve id="6">
    <CircleByCenterPoint interpolation="CircularArcCenterPointWithRadius" radius="5.0">
        <ControlPoint>
            <x>2.0</x>
            <y>3.0</y>
        </ControlPoint>
    </CircleByCenterPoint>
    <ArcByCenterPoint interpolation="CircularArcCenterPointWithRadius" radius="5.0"
        startAngle="23.0" angularDistance="-45.0">
        <ControlPoint>
```

```
                <x>12.4</x>
                <y>22</y>
            </ControlPoint>
        </ArcByCenterPoint>
    </Curve>
</Curves>
<!-- COMPOSITE CURVES -->
<CompositeCurves>
    <CompositeCurve id="1">
        <Curve ref="1" orientation="Forward"/>
        <Curve ref="5" orientation="Reverse"/>
    </CompositeCurve>
    <CompositeCurve id="2">
        <Curve ref="3" orientation="Forward"/>
        <CompositeCurve ref="1" orientation="Reverse"/>
    </CompositeCurve>
</CompositeCurves>
<!-- SURFACES -->
<Surfaces>
    <Surface id="1">
        <Ring type="Outer">
            <Curve ref="1" orientation="Forward"/>
            <CompositeCurve ref="1" orientation="Reverse"/>
        </Ring>
        <Ring type="Inner">
            <Curve ref="5" orientation="Reverse"/>
        </Ring>
    </Surface>
</Surfaces>
<!-- THE FEATURE TYPES OF THE DATA SET -->
<Features>
    <DepthArea id="1" primitive="Surface">
        <depthValue1 xsi:nil="true"/>
        <depthValue2>0</depthValue2>
    </DepthArea>
    <BeaconCardinal id="2" primitive="Point">
        <Point ref="3"/>
        <Point ref="1"/>
        <noteAssociation role="aNote" informationRef="1"/>
        <underlyingArea role="area" featureRef="3"/>
```

```
    <categoryOfCardinalMark>3</categoryOfCardinalMark>
</BeaconCardinal>
<DepthArea id="3" primitive="Surface">
    <Surface ref="1"/>
    <depthValue1>0</depthValue1>
    <depthValue2>5</depthValue2>
</DepthArea>
<DepthContour id="4" primitive="Curve">
    <Curve ref="2" orientation="Forward"/>
    <CompositeCurve ref="2" orientation="Reverse"/>
</DepthContour>
<DepthContour id="5" primitive="Curve">
    <Curve ref="2" orientation="Forward"/>
    <Curve ref="3" orientation="Reverse"/>
</DepthContour>
<Landmark id="6" primitive="Point">
    <Point ref="2"/>
    <categoryOfLandmark>15</categoryOfLandmark>
    <function>21</function>
    <visuallyConspicuous>1</visuallyConspicuous>
</Landmark>
<DepthArea id="7" primitive="Surface">
    <depthValue1>5</depthValue1>
    <depthValue2>10</depthValue2>
</DepthArea>
<DepthArea id="8" primitive="Surface">
    <depthValue1>10</depthValue1>
    <depthValue2>20</depthValue2>
</DepthArea>
<DepthArea id="9" primitive="Surface">
    <depthValue1>20</depthValue1>
</DepthArea>
<Landmark id="10" primitive="Point">
    <categoryOfLandmark>5</categoryOfLandmark>
</Landmark>
<Landmark id="11" primitive="Point"/>
<Landmark id="12" primitive="Point">
    <categoryOfLandmark>17</categoryOfLandmark>
    <function>33</function>
    <objectName>A name</objectName>
```

```
        </Landmark>
        <Landmark id="13" primitive="Point">
            <visuallyConspicuous>1</visuallyConspicuous>
            <objectName>No display name</objectName>
        </Landmark>
    </Features>
</Dataset>
```

附录 9-C　SVG 专用标准（规范性）

9-C-1　引言

本附录描述了在创建 S-100 SVG 符号时使用的 SVG 元素子集，涵盖了 SVG 元素集以及 S-100 正在使用的相关属性。

S-100 SVG 专用标准是 SVG Tiny 1.2 专用标准的子集，http://www.w3.org/TR/SVGTiny12/。

9-C-2　顶层 SVG

svg 主元素包含以下标识，并以 xml 属性标明了每个 svg 符号的特征。

```
<svg xmlns="http://www.w3.org/2000/svg" version="1.2" baseProfile="tiny" xml:space="preserve"
style="shape-rendering:geometricPrecision; fill-rule:evenodd;" width="4.34mm" height="5.35mm" view-
Box="-2.22 -2.79 4.34 5.35">
```

9-C-2-1　坐标系

所有符号的宽度单位和高度单位都为毫米。“viewbox”（视图框）涵盖符号的坐标范围。指定符号的锚点为（0,0）位置。

S-100 SVG 默认坐标系的原点位于左上角，x 轴向右，y 轴向下。

9-C-2-2　标题

标题元素用于带有符号的名称。

```
<title>ACHARE02</title>
```

9-C-2-3　说明

说明元素带有符号的简要文本说明。

```
<desc>anchorage area as a point at small scale, or anchor points of mooring trot at large scale</desc>
```

9-C-2-4　元数据

SVG 具有一个元数据元素，允许直接引入来自其他命名空间的元数据文档片段。以下示例显示了 IHO 如何为符号定义适当的元数据内容。鼓励 IHO S-100 工作组定义用于 S-100 符号的元数据模式。

```
<metadata>
    <iho:S100SVG xmlns:iho="http://www.iho.int/SVGMetadata">
        <iho:Description iho:publisher="IHO" iho:creationDate="2014-06-09" iho:source="S52Preslib4.0"
iho:format="S100SVG" iho:version="0.1"/>
    </iho:S100SVG>
</metadata>
```

9-C-3 绘图元素

SVG 符号的主体包含绘图元素。到目前为止，已实现的绘图元素包括路径、矩形和圆形，详细信息见后文。这些绘图元素具有一些共同的属性，例如“class”（类）。

9-C-3-1 类

“class”（类）属性用于给元素指定若干个类名称。在 S-100 SVG 中，类属性通过 CSS 样式表指定样式信息。它还可以用于过滤或控制应显示哪些元素。本质上，类标记可以作为一个关键字，在相应的“Cascading Style Sheet，CSS”（级联样式表）中找到一组样式指令。SVG 符号开头的处理指令标明了相应的 CSS 文件。

9-C-3-1.1 级联样式表（CSS）

```
<?xml-stylesheet href=" SVGStyle.css" type=" text/css" ?>
```

此类 CSS 文件的示例摘录如下：

```
.layout {display:none} /* used to control visibility of symbolBox, svgBox, pivotPoint (none or inline) */
.symbolBox {stroke:black;stroke-width:0.32;} /* show the cover of the symbol graphics */
.svgBox {stroke:blue;stroke-width:0.32;} /* show the entire SVG cover */
.pivotPoint {stroke:red;stroke-width:0.64;} /* show the pivot/anchor point, 0,0 */
.sl {stroke-linecap:round;stroke-linejoin:round} /* default line style elements */
.f0 {fill:none} /* no fill */
.sCURSR {stroke:#E38039} /* sRGB line colour for colour token CURSR */
.fCURSR{fill:#E38039} /* sRGB fill colour for colour token CURSR*/
.sCHBLK {stroke:#000000}
.fCHBLK {fill:#000000}
.sCHGRD {stroke:#4C5B63}
.fCHGRD {fill:#4C5B63}
.sCHGRF {stroke:#768C97}
.fCHGRF {fill:#768C97}
.sCHRED {stroke:#EA5471}
.fCHRED {fill:#EA5471}
.sCHGRN {strokc:#52E93A}
.fCHGRN {fill:#52E93A}
.sCHMGD {stroke:#C045D1}
.fCHMGD {fill:#C045D1}
```

这种机制允许根据所需的颜色模式，通过切换不同内容的 CSS 文件，来更改符号使用的颜色。每个颜色标记都编码成笔划样式和填充样式。“stroke”（笔划）用于绘制线条，“fill”（填充）用于填充封闭形状。在上面的示例中，标记“sCHMGD”使用 sRGB 颜色 # C045D1 作为“stroke”属性，而 fCHMGD 则表示填充操作。每个调色板将使用不同的 CSS 文件，其 sRGB 值是使用公式从官方 CIE 值转换而来。

注释　在将 CIE 转换为 sRGB 时，渲染目的必须遵循绝对比色法。由于各个监视器之间在颜色和亮度性能上存在差异，从 CIE 转换为 sRGB 的任何“公式”都必须基于测量值，以表征（校准）监视器，从而满足 ECDIS 规定的颜色精度和分辨度。为了与 ECDIS 进行互操作，其他 S-1xx 产品的图示表达必须遵循相同的渲染目的。

9-C-3-2　样式特征

S-100 SVG 符号草案中使用的样式特征包括：

- “stroke”（笔划）——采用十六进制 sRGB 值定义的线条笔色；
- “stroke-width”（笔划 - 宽度）——笔的宽度，与 SVG 宽度 / 高度的单位相同。对于 S-100 SVG，我们使用毫米为单位；
- “stroke-opacity”（笔划 - 不透明度）——在 0.0（完全透明）到 1.0（完全不透明）之间；
- “fill”（填充）——封闭形状的填充颜色，采用十六进制 sRGB 值定义；
- “fill-opacity”（填充 - 不透明度）——在 0.0（完全透明）到 1.0（完全不透明）之间；
- “stroke-linecap”（笔划 - 线帽）——线端的样式，可选（对接型 | 方型 | 圆型）；
- “stroke-linejoin”（笔划 - 线连接）——线路径拐角的样式，可选（平角 | 尖角 | 圆角）；
- “display”（显示）——标识是否要包含 / 渲染元素。默认为“inline”（内联）。这是用来隐藏或显示符号布局元素（例如覆盖框或锚点）的方式。这样，在设计 / 工程视图中查看符号时，可以使用布局显示设置为“inline”的其他 CSS 文件。

9-C-3-3　路径

```
<path d=" M -2.06,1.36 L -1,2.4 L 0.98,2.4 L 1.96,1.39" class="sl f0 sCHMGD" style="stroke-width:
0.32;"/>

<path d=" M -5.88,-5.88 L 5.87,-5.88 L 5.87,5.87 L -5.88,5.87 L -5.88,-5.88 Z" class="fDNGHL"
style="fill-opacity:0.25;"/>
```

“d”属性包含描述形状轮廓的路径数据。在当前 SVG 符号集中，路径数据由“M”（moveto）”和“L”（lineto）指令以及“Z”（closepath）指令组成。尚未使用“curve”指令。“M”和“L”指令后面是一对绝对坐标。不使用小写“m”和“l”指令表示相对坐标。请注意，某些样式元素可以使用“style”（样式）属性进行指定，其他样式元素通过类查找表从样式表中查找，详见上文。

9-C-3-4　矩形

```
<rect class="symbolBox layout" fill="none" x="-2.06" y="-2.63" height="5.03" width="4.02"/>
```

“rect”（矩形）命令使用“x”和“y”定义矩形的左上角，并以用户单位毫米表示属性“width”和“height”。特定样式参数使用“style”属性定义，颜色和其他常见样式则通过类标记 CSS 查找表获取。

9-C-3-5 圆

```
<circle class="pivotPoint layout" fill="none" cx="0" cy="0" r="1"/>
```

“circle”（圆）命令使用“cx”和“cy”定义圆心，使用属性“r”以用户单位毫米定义半径。特定样式参数使用“style”属性定义，颜色和其他常见样式则通过类标记 CSS 查找表获取。

第 9a 部分

图示表达（Lua）
（Portrayal-LUA）

9a-1 范围

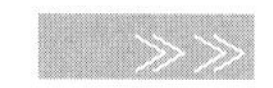

本部分定义了 S-100 第 9 部分的添加和修改，是使用 S-100 第 13 部分定义的脚本机制实现图示表达所必须的。如本部分所述，规定使用图示表达目录的产品也必须实现 S-100 第 13 部分。

9a-2 一致性

本规范符合 S-100 第 13 部分。

9a-3 规范性引用文件

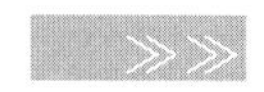

该文档的应用需要以下引用文件。标注日期的引用，只有引用的版本才有效。未标注日期的引用，引用文件（包含所有更正）最新版本才有效。

Lua5.1 参考手册（Lua 5.1 Reference Manual），https://www.lua.org/manual/5.1/

9a-4 图示表达目录

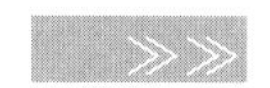

第 9 部分图示表达目录概述没有任何修改。

9a-5 通用图示表达模型

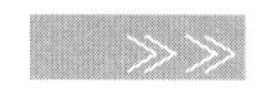

本部分未对第 9 部分通用图示表达模型进行修改。Lua 图示表达遵循 9-5 中描述的通用图示表达模型。图 9a-1 给出了通用图示表达模型。

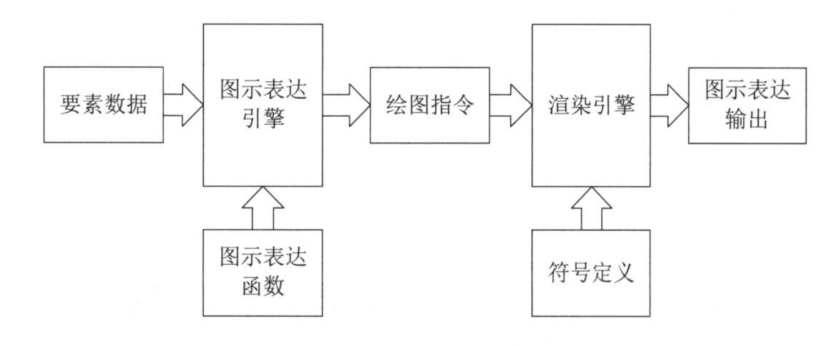

图9a-1　通用图示表达模型

9a-5.1　图示表达过程

如图 9a-2 所示，Lua 图示表达需对在 9-5.1 所述图示表达过程进行修改，见表 9a-1：

表 9a-1　图示表达过程的修改

第 9 部分	第 9A 部分
图示表达函数使用 XSLT 编程语言编写	图示表达函数用 Lua 编程语言编写
主机提供 XSLT 实现	主机提供 Lua 解释器或 Lua 虚拟机
要素数据通过 XML 文档传递给图示表达函数，该 XML 文档必须描述待图示表达的所有要素，以及所有属性、空间关系、信息关联和图示表达函数可能使用的所有其他信息	要素数据最初无需传递给图示表达函数，而是由主机提供待图示表达的要素 ID 列表；图示表达函数通过主机回调函数请求属性、空间关系、信息关联和所有其他信息
绘图指令以 XML 文档的形式返回主机，这是对输入要素数据执行 XSL 变换的结果	通过主机回调函数“HostPortrayalEmit”（主机图示表达启动）将绘图指令返回主机

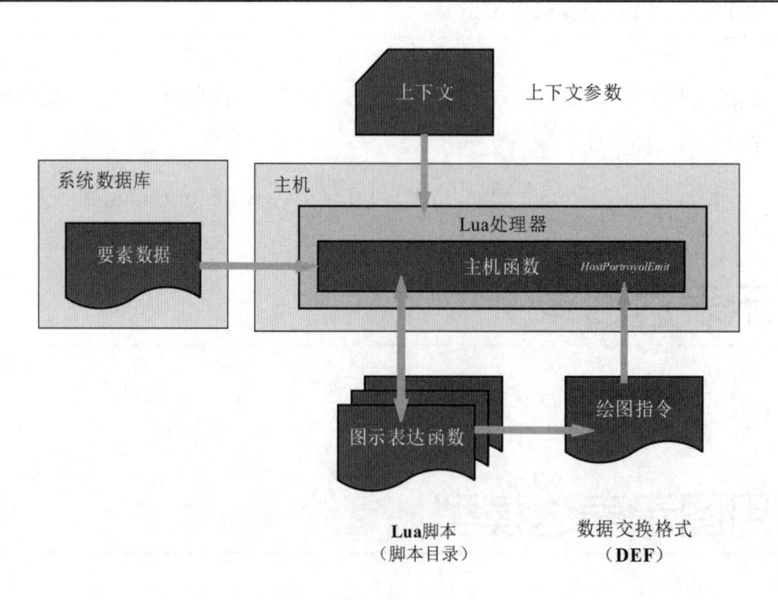

图9a-2　图示表达过程

9a-5.2　Lua 图示表达过程

本节详细描述了第 9a 部分的图示表达过程，给出了对第 9 部分的修改之处。Lua 图示表达过程如图 9a-3 所示。

9a-5.2.1　图示表达初始化

在调用 Lua 图示表达函数之前，主机必须通过加载图示表达目录“TopLevelTemplate”（顶层模板）规则文件（Lua 脚本文件）注册特定域脚本目录函数。为防止“PortrayalMain”（图示表达主体）中发生名称冲突，每次修改“TopLevelTemplate”（顶层模板）时，主机必须对新的 Lua 运行环境进行实例化和初始化。或者，主机也可以维护多个 Lua 运行，每个对应一个“TopLevelTemplate”（顶层模板）。

注册脚本目录函数后，主机将调用“PortrayalInitializeContextParameters”（图示表达初始化上下文参数），并传递图示表达目录中每个“portrayal ContextParameter”（图示表达上下文参数）的名称和默认值。图示表达上下文参数值与给定的数据集相关联，并保持有效，直到脚本会话关闭或者通过“PortrayalSetContextParameter”（图示表达上下文参数集）函数对值做了修改。

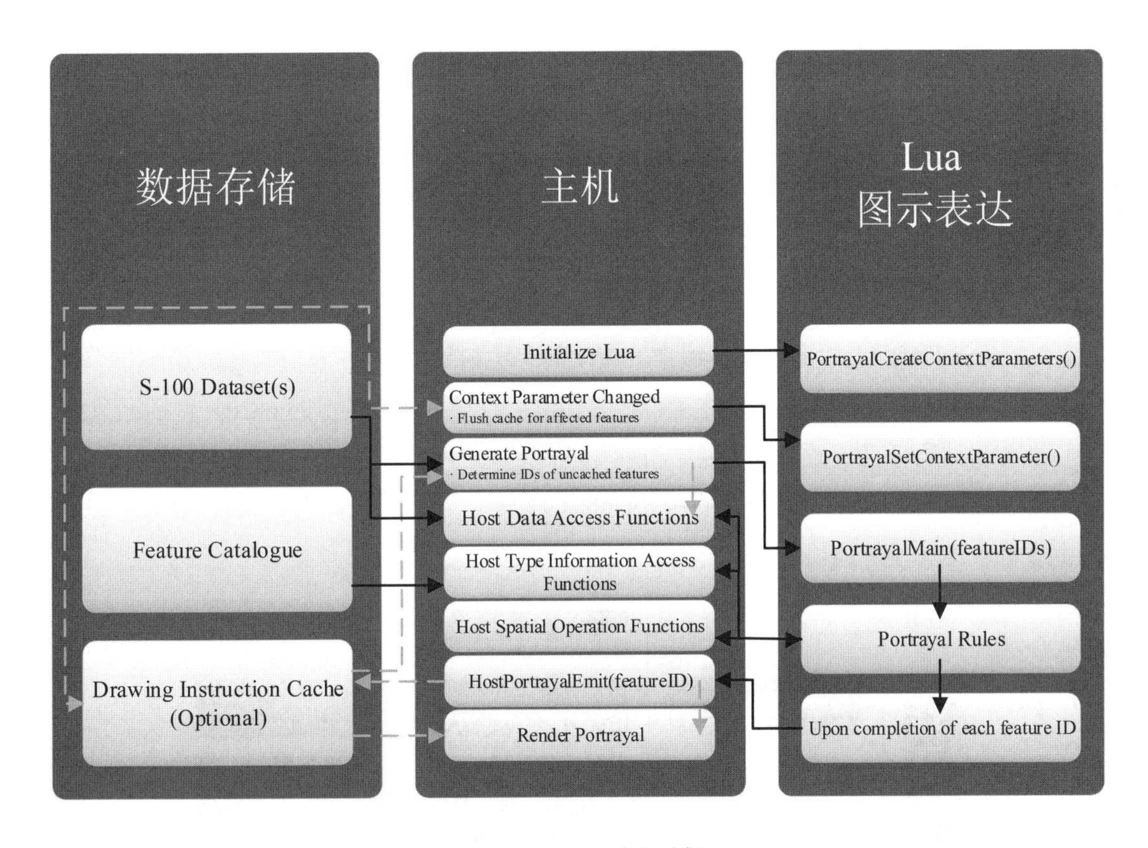

图9a-3　Lua图示表达过程

9a-5.2.2　生成图示表达

图示表达脚本函数 9a-14.1.1“PortrayalMain”（图示表达主体）用于生成一组要素实例的绘图指令。主机将一组要素 ID 传递给“PortrayalMain”，然后图示表达脚本遍历要素 ID，逐个生成绘图指令。

在处理每个要素实例时，图示表达引擎将调用标准主机函数，根据需要获取属性、空间或其他信息。处理完要素实例后，图示表达引擎将调用 9a-14.2.1“HostPortrayalEmit”（主机图示表达启动），将该要素实例的绘图指令提供给主机应用。

调用“PortrayalMain”（图示表达主体）返回时，给定的“S100_Dataset”（数据集）图示表达已完成。如果图示表达已完成，则“PortrayalMain”（图示表达主体）返回“真”，否则返回“假”，同时通过一条信息说明图示表达未运行完成的原因。

主机可以在处理所有要素实例之前终止图示表达，方法是从“HostPortrayalEmit”（主机图示表达启动）返回“假”。

使用给定数据集中所有要素 ID 来调用“PortrayalMain”（图示表达主体），为整个数据集生成绘图指令。对于数据子集绘图指令的生成，可通过传入与子集对应的要素 ID（重新）。这样做的用处在于，主机需要重新生成一组缓存的绘图指令，或者主机需要图示表达诸如单个“S100_DataCoverage”（数据覆盖）内的数据子集。

9a-5.2.2.1　实现图示表达缓存

为了加快渲染过程，主机可以选择实现“Portrayal Cache”（图示表达缓存）。图示表达缓存用于缓存图示表达输出的绘图指令。通过缓存每个要素实例的绘图指令，主机可以重新渲染要素实例，但无需重新生成其图示表达。仅当用于生成绘图指令的若干个上下文参数发生更改时，才需要重新生成缓存绘图指令。

当图示表达脚本返回要素实例的绘图指令时，也返回“observed”（观察）“portrayal ContextParameter”（图示表达上下文参数）的列表（见 9a-14.2.1）。“Observed ContextParameter”（观察上下文参数，OCP）是生成特定要素绘图指令期间被评估的上下文参数。有关上下文参数详见第 9 部分条款 9-13.3.20。

图 9a-3 中显示了概念上的图示表达缓存。实现时，主机应将 OCP 的值与生成绘图指令同时进行缓存，并将两者与要素实例相关联。请注意，要素实例可以具有任意数量的 OCP，包括零个。

对上下文参数进行任何更改，都需要主机使用匹配的 OCP 重新生成所有要素实例的绘图指令；针对上下文参数变更的新值，主机也可以使用先前的缓存绘图指令。没有观察参数的要素可以在缓存中保留，直到发布新的图示表达目录。

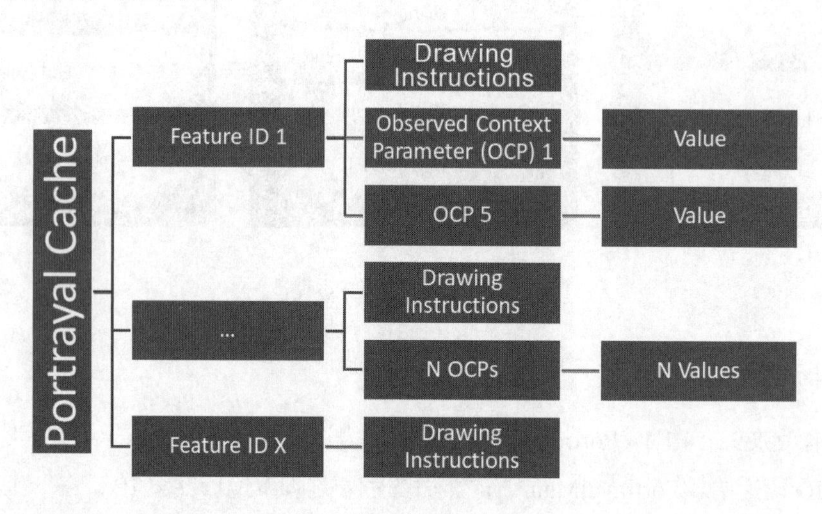

图9a-4　图示表达缓存示意图

9a-5.2.2.2　图示表达预处理

通过实现图示表达缓存，主机可以为一组或多组特定的上下文参数预先生成绘图指令。通常将其作为主机数据导入功能的一部分来实现。

9a-6　包总览

本部分删除了图示表达输入模式，因而第 9a 部分未使用大多数包，但是第 9 部分包总览没有变化。

9a-7　数据输入模式

本部分不使用第 9 部分条款 9-7 中定义的数据输入模式。数据在第 9a 部分图示表达和主机之间传递，详见第 13 部分。

9a-8 信息对象

第 9 部分所述的信息对象在第 9a 部分中未使用。与待图示表达要素相关联的信息在第 13 部分中讨论。

9a-9 要素对象

如第 9 部分所述，要素对象在第 9a 部分中未使用。从主机检索的所有要素在第 13 部分中讨论。

9a-10 图示表达过程

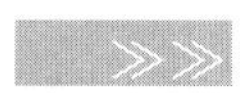

第 9 部分条款 9-10 中描述的 XSLT 处理，被替换为第 13 部分中描述的 Lua。

9a-11 绘图指令

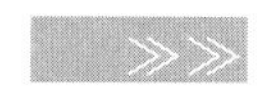

使用 DEF 向主机提供绘图指令，详见第 13 部分条款 13-6.1。单一的绘图指令与 DEF 元素等效。

本节描述用于绘图指令的模型和模式。

9a-11.1 绘图指令概念

9a-11.1.1 基本概念

与第 9 部分中一样，图示表达引擎的输出是一组绘图指令。这些绘图指令通常将要素实例链接到符号引用。几何可以从要素类型中提取，也可以通过图示表达函数生成。后者通过第 9 部分第 9-11.1.12 节“Augmented Geometry”（增强几何）所述增强几何概念来支持。

第 9A 部分绘图指令的概念模型是命令驱动的状态机。该模型与 SVG 和 S-52 DAI 都一致，但是与使用无状态绘图指令的第 9 部分不同。

要实现第 9A 部分绘图指令，主机必须在执行给定要素实例的绘图指令时保持状态。例如，如果绘图指令设置了画笔颜色，则该颜色也应用于后续的绘图指令。执行各要素的绘图指令之前，必须重置状态。

9a-11.2 绘图指令的模型

与第 9 部分一样，本节阐述图示表达函数的输出。特定域的单个脚本主机函数（见第 9 部分条款 9a-14.2.1），“HostPortrayalEmit”（主机图示表达启动）为每个要素实例提供绘图指令。

每个绘图指令都编码在 DEF 元素中，详见第 13 部分条款 13-6.1。绘图指令是由命令和参数列表组成的有序对。该命令在 DEF 项中编码，命令参数在 DEF 参数列表中编码。

表 9a-2　绘图指令的 DEF 编码

图示表达项	DEF 编码	示例
绘图指令	元素	FillColor:CHBRN,0（填充颜色：CHBRN,0）
命令	项	FillColor（填充颜色）
参数列表	参数列表	CHBRN,0
参数	参数	CHBRN

每个绘图指令都包含一个区分大小写的命令。每个命令都具有零个或多个参数。

命令有两种：绘图命令和状态命令。绘图命令指示主机渲染图形。状态命令指示主机为后续绘图命令设置状态。

每个命令及其参数都在以下小节中做了描述，并按用途进行分组。在下面的表格中，“类型”列如第 13 部分的表 13-7 中所述。“引用”列是指等效的第 9 部分绘图指令概念。第 9 部分的引用可能包含相关信息，例如期望的值或单位。

9a-11.2.1　绘图命令 Drawing Commands

绘图命令用于渲染图形。与第 9 部分条款 9-11.2“DrawingInstruction”（绘图指令）类的实现类似。绘图命令详见表 9a-3，每个命令均在以下页面中介绍。

表 9a-3　绘图命令

命令	参数（英文）	参数（中文）	参数类型	第 9 部分引用
PointInstruction 点指令	Symbol	符号	String	9-11.2.6 9-11.2.12
LineInstruction 线指令	lineStyle	线型	String	9-11.2.7 9-11.2.14 9-11.2.15
LineInstructionUnsuppressed 未压盖的线指令	lineStyle	线型	String	9-11.2.7 9-11.2.14 9-11.2.15
ColorFill 颜色填充	Token	标记	String	9-12.5.1.4 9-11.2.16
	transparency	透明度	Double	
AreaFillReference 面填充参照	Reference	引用	String	9-12.5.1.3 9-11.2.16
PixmapFill 像素图填充	Reference	引用	String	9-12.5.1.5 9-11.2.16
SymbolFill 符号填充	Symbol	符号	String	9-12.5.1.6 9-11.2.16
	v1	v1	Vector	
	v2	v2	Vector	

续表

命令	参数（英文）	参数（中文）	参数类型	第 9 部分引用
HatchFill 影线填充	direction	方向	Vector	9-12.5.1.7 9-11.2.16
	distance	距离	Double	
	lineStyle	线型	String	
TextInstruction 文本指令	text	文本	String	9-11.2.9 9-11.2.11
CoverageFill 覆盖填充	attributeCode	属性代码	CharacterString	9-11.1.11 9-11.2.10
	Uom	度量单位	CharacterString	
NullInstruction 空指令	—	—	—	9-11.2.5

每个绘图命令的图形渲染都可以用前面的状态命令修改，详见 9a-11.2.2。

PointInstruction:*symbol*

指示主机绘制图示表达目录符号，按照如下要求放置：

表 9a-4 PointInstruction 符号布置

几何类型	符号布置
Point	定位在该点，然后应用“LocalOffset”（局部偏移）
Line	通过“LinePlacement”（线布置）沿着该线条，然后应用“LocalOffset”（局部偏移）
Area	定位在“AreaCRS”（面 CRS），然后应用“LocalOffset”（局部偏移）。请注意，这可能会导致在多个位置绘制符号

LineInstruction:*lineStyle[,lineStyle,…]*

指示主机使用规定的线型画出线状几何或面状几何。

当绘制具有较高绘制优先级的重合线段时，主机必须确保压盖（不绘制）低绘制优先级的线段。

每个线型参数都引用“Portrayal Catalogue”（图示表达目录）中定义的线型，或者引用前面“LineStyle”（线型）命令创建的线型。

注释 第 10 部分的条款 10a-5.10.1 定义了如何在数据集中对被屏蔽的空间元素进行编码。执行该指令时，主机必须压盖屏蔽空间元素的图示表达。

LineInstructionUnsuppressed:*lineStyle[,lineStyle,…]*

指示主机使用规定的线型画出线状几何或面状几何。绘制线段时应忽略重合的线段。

每个线型参数都引用“Portrayal Catalogue”（图示表达目录）中定义的线型，或者引用前面“LineStyle”（线型）命令创建的线型。

注释 第 10 部分条款 10a-5.10.1 定义了如何在数据集中对被屏蔽的空间元素进行编码。执行该指令时，主机必须压盖屏蔽空间元素的图示表达。

ColorFill:*token[,transparency]*

指示主机使用给定的颜色标记和透明度填充面。如果未提供透明度，则假定值为 0。

AreaFillReference:*reference*

指示主机使用在图示表达目录中定义的“areaFill”（面填充）（第 9 部分条款 9-13.3.9）填充面。

PixmapFill:*reference*

指示主机使用图示表达目录中定义的“pixmap”（像素图）（第 9 部分条款 9-13.3.5）填充面。前面的“AreaCRS”（面 CRS）命令可以设置图案的原点。

SymbolFill:*symbol,v1,v2*

指示主机使用图示表达目录中定义的符号来填充面。前面的“AreaCRS”（面 CRS）命令可以设置图案的原点。

symbol（符号）　图案所用的符号

v1　根据局部 CRS，图案第一维中下一个符号的偏移。

v2　根据局部 CRS，图案第二维中下一个符号的偏移。

HatchFill:*direction,distance,lineStyle[,lineStyle]*

指示主机使用图示表达目录中定义的影线符号来填充面。方向和距离在第 9 部分条款 9-12.5.1.8 中定义。

每个线型参数都引用“Portrayal Catalogue”（图示表达目录）中定义的线型，或者引用前面“LineStyle”（线型）命令创建的线型。

前面的“AreaCRS”（面 CRS）命令可以设置图案的原点。

direction（方向）　定义平行线组方向的矢量。

distance（距离）　线条之间在垂直方向的距离。

lineStyle（线型）　各条影线所使用线型的引用。

TextInstruction:*text[,textViewingGroup[,textPriority]]*

指示主机绘制根据如下要求放置指定文本：

表 9a-5　TextInstruction 初始布置

几何类型	初始布置
Point	相对于点
Line	相对于“LinePlacement”（线布置）确定的线
Area	相对于“AreaCRS”（面 CRS）。请注意，这可能会导致在多个位置绘制文本

确定初始位置后，文本将按照状态命令“LocalOffset”（局部偏移）和“TextVerticalOffset”（文本垂直偏移）进行偏移。文本按照状态命令“TextAlignHorizontal”（文本水平对齐）和“TextAlignVertical”（文本垂直对齐）进行对齐。

如果在前面加上“FontReference”（字体引用）命令，则该字体是在图示表达目录中定义的。否则，主机应使用前面的“FontColor”（字体颜色）、“FontSize”（字体大小）、“FontProportion”（字体比例）、

“FontWeight”（字体粗细）、“FontSlant”（字体倾斜）、“FontSerifs”（字体衬线）和“FontStrikethrough”（字体删除线）等状态命令的指定值来构造字体。

text（文本）	要显示的文本。
textViewingGroup（文本可视组）	如果存在，指定待显示文本必须选择的附加可视组。
textPriority（文本优先级）	如果存在，指定文本显示的优先级。如果不存在，则使用“DisplayPriority”（显示优先级）指令指定显示优先级。

CoverageFill:*attributeCode[,uom]*

指示主机使用通过“LookupEntry”（查找项）状态命令创建查找项来填充覆盖。主机必须在完成后清除覆盖查找列表。

attributeCode（属性代码）	指定用于查找的要素属性。
uom（度量单位）	如果存在，指定查找表中范围值的度量单位。如果不存在，则范围值和属性值与要素目录共享相同的度量单位。

NullInstruction

主机不执行任何操作。用于指示故意未图示表达的要素。

9a-11.2.2 状态命令 State Commands

状态命令用于设置或修改后续绘图命令的状态。为了实现这种图示表达，主机应该将状态命令的每个参数与一个变量相关联；每个状态命令都会修改若干个这些变量的值。

主机应按照以下小节中的表格设置初始状态。在为每个要素实例执行绘图指令之前，应重置状态。

以下小节中列出的每个状态命令均给出了适用性；这指明了不同命令使用的对应变量。

表 9a-6 是不同类型的状态命令。

表 9a-6 状态命令的类型

命令类型	命令（英文）	命令（中文）	用途
Visibility 可视性	ViewingGroup	可视组	修改绘图命令的可视性和绘图顺序
	DisplayPlane	显示平面	
	DrawingPriority	绘图优先级	
	ScaleMinimum	最小比例尺	
	ScaleMaximum	最大比例尺	
Transform 变换	LocalOffset	局部偏移	将变换应用于由绘图命令所绘制的元素
	LinePlacement	线布置	
	AreaPlacement	面布置	
	AreaCRS	面 CRS	
	Rotation	旋转	
	ScaleFactor	缩放因子	

续表

命令类型	命令（英文）	命令（中文）	用途
Pen Style 笔的样式	PenColor	笔的颜色	修改绘图命令所绘制线条的外观
	PenWidth	笔宽	
Line Style 线型	LineStyle	线型	定义供绘图命令使用的线型
	LineSymbol	线符号	
	Dash	短划线	
Text Style 文本样式	FontColor	字体颜色	修改绘图命令所绘制的文本外观
	FontSize	字体大小	
	FontProportion	字体比例	
	FontWeight	字体粗细	
	FontSlant	字体倾斜	
	FontSerifs	字体衬线	
	FontUnderline	字体下划线	
	FontStrikethrough	字体删除线	
	FontUpperline	字体上划线	
	FontReference	字体引用	
	TextAlignHorizontal	文本水平对齐	
	TextAlignVertical	文本垂直对齐	
	TextVerticalOffset	文本垂直偏移	
Colour Override 颜色覆盖	OverrideColor	覆盖颜色	覆盖绘图命令引用的符号或像素图中定义的颜色
	OverrideAll	全覆盖	
Geometry 几何	SpatialReference	空间引用	定义新的几何（增强几何）或限制绘图命令使用的几何
	AugmentedPoint	增强点	
	AugmentedRay	增强射线	
	AugmentedPath	增强路径	
	Polyline	折线	
	Arc3Points	3 点圆弧	
	ArcByRadius	半径表示的圆弧	
	Annulus	环	
	ClearAugmented	清除增强	
Coverage 数据覆盖	LookupEntry	查找项	定义可以由“CoverageFill”（覆盖填充）绘图命令引用的查找项
	NumericAnnotation	数字注记	
	SymbolAnnotation	符号注记	
	CoverageColor	覆盖颜色	

9a-11.2.2.1 可视性命令

可视性命令影响所有后续绘图命令的可视性和绘制顺序。与第 9 部分条款 9-11.2.2 “DrawingInstruction”（绘图指令）类的属性对应。

表 9a-7 “Visibility”（可视性）命令

命令	参数（英文）	参数（中文）	类型	初始状态	第 9 部分	注释
ViewingGroup 可视组	viewingGroup	可视组	String	“”	9-11.1.3	例如：21 000
DisplayPlane 显示平面	displayPlane	显示平面	String	“”	9-11.1.4	例如：overRadar（雷达上方）
DrawingPriority 绘图优先级	drawingPriority	绘图优先级	Integer	0	9-11.1.5	
Scale Minimum 最小比例尺	scaleMinimum	最小比例尺	Integer	最大整数	9-11.2.2	
Scale Maximum 最大比例尺	scaleMaximum	最大比例尺	Integer	最小整数	9-11.2.2	

ViewingGroup:*viewingGroup*

设置随后的绘图命令的可视组。

适用性：除“NullInstruction”（空指令）外的所有绘图命令

DisplayPlane:*displayPlane*

设置随后的绘图命令的显示平面。

适用性：除“NullInstruction”（空指令）外的所有绘图命令

DrawingPriority:*drawingPriority*

设置随后的绘图命令的绘图优先级。

适用性：除“NullInstruction”（空指令）外的所有绘图命令

Scale Minimum:*scale Minimum*

设置比例尺分母，以定义随后绘图命令的最小比例尺。

适用性：除“NullInstruction”（空指令）外的所有绘图命令

Scale Maximum:*scale Maximum*

设置比例尺分母，以定义随后绘图命令的最大比例尺。

适用性：除“NullInstruction”（空指令）外的所有绘图命令

9a-11.2.2.2 变换命令

变换命令针对元素应用变换操作，例如符号元素，这些元素由随后适用的绘图命令进行渲染。

表 9a-8 “Transform”（变换）命令

命令	参数（英文）	参数（中文）	类型	初始状态	第 9 部分参照
LocalOffset 局部偏移	xOffsetMM	xOffsetMM	Double	0	9-12.2.2.7
	yOffsetMM	yOffsetMM	Double	0	
LinePlacement 线布置	linePlacementMode	线布置模式	String	Relative（相对）	9-12.3.1.5
	Offset	偏移	Double	0.5	

续表

命令	参数（英文）	参数（中文）	类型	初始状态	第 9 部分参照
AreaPlacement 面布置	areaPlacementMode	面布置模式	String	VisibleParts（可见部分）	9-12.3.1.6
AreaCRS 面 CRS	areaCRSType	面 CRS 类型	String	GlobalGeometry（全局几何）	9-12.5.1.9
Rotation 旋转	rotationCRS	旋转 CRS	String	PortrayalCRS（图示表达 CRS）	9-12.2.2.7 9-12.3.1.1 9-12.4.1.4 9-12.6.3.5
	Rotation	旋转	Double	0	
ScaleFactor 缩放因子	scaleFactor	缩放因子	Double	1.0	9-12.2.2.6

LocalOffset:*xOffsetMM,yOffsetMM*

为后续绘图指令所用地理位置指定偏移量，基于局部 CRS。

适用性：“*PointInstruction*”（点指令）、“*SymbolFill*”（符号填充）、“*TextInstruction*”（文本指令）

LinePlacement:*linePlacementMode,offset*

为后续绘图命令输出的符号或文本指定沿线布置模式。

linePlacementMode（线布置模式）

Relative（相对）　　偏移量在齐次坐标中，曲线的起点为 0，终点为 1。

Absolute（绝对）　　偏移量给出了距曲线起点的距离。

适用性：“*PointInstruction*”（点指令）、“*LineInstruction*”（线指令）、“*LineInstructionUnsuppressed*”（未压盖的线指令）、“*TextInstruction*”（文本指令）

AreaPlacement:*areaPlacementMode*

为后续绘图命令输出的符号或文本指定某区域内的布置。

“*areaPlacementMode*”（面布置模式）—以下之一：

VisibleParts（可见部分）　　符号或文本放置在曲面每个可见部分的代表性位置上。

Geographic（地理）　　符号或文本放置在地理对象的代表性位置上。

适用性：“*PointInstruction*”（点指令）、“*TextInstruction*”（文本指令）

AreaCRS:*areaCRSType*

为后续绘图命令输出的填充图案指定锚点。

“*areaCRSType*”（面 CRS 类型）以下之一：

Global（全局）　　锚点固定在绘制设备上某一位置，例如屏幕的角点。屏幕平移时，屏幕内对象的图案会出现变换 / 移动。

LocalGeometry（局部几何）　　锚点固定在待绘制对象的局部几何，例如对象的左上角点。相邻对象的图案可能不匹配。

GlobalGeometry（全局几何）　　填充图案的锚点定义在一个公共位置上，这样的话，对于所有面对象而言，图案都保持相对一致。

适用性："*AreaFillReference*"（面填充引用）、"*PixmapFill*"（像素图填充）、"*SymbolFill*"（符号填充）、"*HatchFill*"（影线填充）、"*TextInstruction*"（文本指令）

Rotation:*rotationCRS,rotation*

为后续绘图命令输出的符号或文本指定旋转角度。

"*rotationCRS*"（旋转 CRS）—以下之一：

GeographicCRS（地理 CRS） 纬度轴和经度轴采用"度"作为度量单位的地理坐标系。"rotation"（旋转）定义为从正北方向顺时针旋转。

PortrayalCRS（图示表达 CRS） y 轴朝上的笛卡尔坐标系。"rotation"（旋转）定义为从 y 轴正方向顺时针旋转的度数。

LocalCRS（局部 CRS） 原点在局部几何的笛卡尔坐标系。"rotation"（旋转）定义为从 y 轴正方向顺时针的度数。

LineCRS（线条 CRS） 一种非笛卡尔坐标系，x 轴沿着曲线几何，y 轴垂直于 x 轴（正方向于 x 轴的左侧）。

轴上和距离上的单位为毫米。角度是从 y 轴正方向以度为单位进行度量的。

详见第 9 部分条款 9-12.2.2.7。

适用性："*PointInstruction*"（点指令）、"*SymbolFill*"（符号填充）、"*TextInstruction*"（文本指令）、"*CoverageFill*"（覆盖填充）

ScaleFactor:*scaleFactor*

为后续绘图命令输出的符号或文本指定缩放因子。

适用性："*PointInstruction*"（点指令）、"*SymbolFill*"（符号填充）、"*TextInstruction*"（文本指令）、"*CoverageFill*"（覆盖填充）

9a-11.2.2.3 线型命令

线型命令创建的线型可被后续的绘图命令引用。这些命令是第 9 部分条款 9-12.4 中描述"LineStyles"（线型）包的部分功能。

表 9a-9 "LineStyle"（线型）命令

命令	参数（英文）	参数（中文）	类型	初始状态	第 9 部分	注释
Dash 短划线	Start	起点	Double	—	9-12.4.1.3	单位：毫米
	Length	长度	Double	—		
LineSymbol 线符号	reference	引用	String	—	9-12.4.1.4	
	position	位置	Double	—		
	rotation	旋转	Double	0		
	crsType	坐标系类型	CRSType	LocalCRS （局部 CRS）		
	scaleFactor	缩放因子	Double	1.0		

续表

命令	参数（英文）	参数（中文）	类型	初始状态	第 9 部分	注释
LineStyles 线型	Name	名称	String	—	9-12.4.1.1	
	intervalLength	间隔长度	Double	—		
	Width	宽度	Double	—		
	Token	标记	String	—		
	transparency	透明度	Double	0		
	capStyle	线帽类型	String	Butt（对接型）		
	joinStyle	连接类型	String	Bevel（平角）		
	offset	偏移	Double	0.0		

Dash:*start,length*

为后续单个“LineStyle”（线型）命令指定短划线的模式。可以同时将多个短划线模式应用于单个“LineStyle”命令。

注释　此命令不为任何绘图命令设置状态，除了仅设置“LineStyle”（线型）命令的状态。

start（起点）　　短划线的起点，从沿线条 CRS 的 x 轴线起点开始起算（单位为毫米）。

length（长度）　　沿线条 CRS 的 x 轴的短划线长度（单位为毫米）。

适用性：*LineStyles*（线型）

LineSymbol:*reference,position[,rotation[,crsType[,scaleFactor]]]*

为单个后续“LineStyle”（线型）命令指定符号的使用方法。可以同时将多个符号应用于该“LineStyle”（线型）命令。

reference（引用）　　符号图形外部定义的引用。引用到目录项中某个标识符。

position（位置）　　沿着线条 CRS 的 x 轴，从循环体起始位置起算的符号位置（单位为毫米）。

rotation（旋转）　　符号的旋转角度。

crsType（crs 类型）　　符号变换后的 CRS 类型。可以是“localCRS”或“lineCRS”。

scaleFactor（缩放因子）　　符号的缩放因子。

适用性：*LineStyles*（线型）

LineStyle:*name,intervalLength,width,token[,transparency[,capStyle[,joinStyle[,offset]]]]*

创建命名线型供后续绘图命令使用。可以在零个或多个适用于线型的“Dash”（短划线）和/或“LineSymbol”（线符号）命令之前。如果“LineStyle”（线型）命令之前没有“Dash”（短划线）命令，则会创建一条实线。

name（名称）　　指定给线型的名称，用于在“LineInstruction”中引用该线型。果图示表达目录线型和“LineStyle”（线型）命令之间发生名称冲突，则“LineStyle”命令优先。

intervalLength（间隔长度）　　沿线条 CRS 的 x 轴的线型循环段长度（单位为毫米）。如果已被定义，则可以省略。

width（宽度）　以毫米为单位的笔宽，用于绘制此线型。

token（标记）　指定用于绘制此线型的颜色。

transparency（透明度）　指定用于绘制此线型的透明度。

capStyle（线帽类型）　线段两端使用的修饰“Butt”（对接型）、“Square”（方型）或“Round”（圆角）之一。参见第 9 部分条款 9-12.4.1.8“线帽”。

joinStyle（连接类型）　两条线段相交处使用的修饰：“Bevel”（平角），“Miter”（尖角）或“round”（圆角）之一。参见第 9 部分条款 9-12.4.1.7“joinStyle”。

offset（偏移）　与直线方向垂直的偏移。该值指线条 CRS 的 y 轴（左侧为正，以毫米为单位）。

适用性：“*LineInstruction*”（线指令）、“*LineInstructionUnsuppressed*”（未压盖的线指令）、“*HatchFill*”（影线填充）

9a-11.2.2.4　文本样式命令

文本样式命令修改后续绘图命令所绘制文字的外观。

表 9a-10　“TextStyle”（文本样式）命令

命令	参数（英文）	参数（中文）	类型	初始状态	第 9 部分	注释
FontColor 字体颜色	token	标记	String	“”	9-12.6.3.8	不透明的
	transparency	透明度	Double	0	9-12.2.2.3	
FontBackgroundColor 字体背景颜色	token	标记	String	“”	9-12.6.3.8	透明的
	transparency	透明度	Double	1	9-12.2.2.3	
FontSize 字体大小	bodySize	尺寸	Double	10	9-12.6.3.8	
FontProportion 字体比例	proportion	比例	String	成比例的	9-12.6.3.11	
FontWeight 字体粗细	weight	粗细	String	中等	9-12.6.3.10	
FontSlant 字体倾斜	slant	倾斜	String	直立	9-12.6.3.9	
FontSerifs 字体衬线	serifs	衬线	Boolean	假	9-12.6.3.2	
FontUnderline 字体下划线	underline	下划线	Boolean	假	9-12.6.3.12	
FontStrikethrough 字体删除线	strikethrough	删除线	Boolean	假	9-12.6.3.12	
FontUpperline 字体上划线	upperline	上划线	Boolean	假	9-12.6.3.12	

续表

命令	参数（英文）	参数（中文）	类型	初始状态	第 9 部分	注释
FontReference 字体引用	fontReference	字体引用	String	“”	9-12.6.3.3	
TextAlignHorizontal 文本水平对齐	horizontalAlignment	水平对齐	String	起点	9-12.6.3.14	
TextAlignVertical 文本垂直对齐	verticalAlignment	垂直对齐	String	基线	9-12.6.3.13	
TextVerticalOffset 文本垂直偏移	verticalOffset	垂直偏移	Double	0	9-12.6.3.8	

FontColor:*token[,transparency]*

为后续绘图命令所绘制的字形指定颜色和透明度。

适用性：“*TextInstruction*”（文本指令）

FontBackgroundColor:*token,transparency*

为由后续绘图命令所绘制的文本制定周围矩形填充的颜色和透明度。

适用性：“*TextInstruction*”（文本指令）、“*CoverageFill*”（覆盖填充）

FontSize:*bodySize*

为由后续绘图命令所绘制的文本指定大小（以点为单位）。

适用性：“*TextInstruction*”（文本指令）、“*CoverageFill*”（覆盖填充）

FontProportion:*proportion*

为由后续绘图命令所绘制的文本指定字体比例。

proportion（比例）—以下之一：

MonoSpaced（单一间隔）　应选择所有字样具有相同宽度的字体，也称为“typewriter”（打字机）字体。

Proportional（成比例的）　应选择每个字样可以具有不同宽度的字体。

适用性：“*TextInstruction*”（文本指令）、“*CoverageFill*”（覆盖填充）

FontWeight:*weight*

为后续绘图命令所绘制的文本指定字体的粗细。

weight（粗细）—以下之一：

Light（细体）　字样为细字体（标准）。

Medium（中等）　字样在“Light”（细体）和“Bold”（粗体）之间。

Bold（粗体）　字样更突出（粗体）。

适用性：“*TextInstruction*”（文本指令）、“*CoverageFill*”（覆盖填充）

FontSlant:*slant*

为后续绘图命令所绘制的文本指定倾斜度。

slant（倾斜）—以下之一：

Upright（直立）　字样是直立的。

Italics（斜体） 字样向右倾斜。

适用性：“*TextInstruction*”（文本指令）、“*CoverageFill*”（覆盖填充）

FontSerifs:*serifs*

为后续绘图命令所绘制文本的字体指定是否应包含衬线。

适用性：“*TextInstruction*”（文本指令）、“*CoverageFill*”（覆盖填充）

FontUnderline:*underline*

为后续绘图命令所绘制的文本指定是否加下划线。

适用性：“*TextInstruction*”（文本指令）

FontStrikethrough:*strikethrough*

为后续绘图命令所绘制的文本指定是否使用一条穿过文本中心的线来描绘。

适用性：“*TextInstruction*”（文本指令）

FontUpperline:*upperline*

为后续绘图命令所绘制的文本指定是否使用文本上的一条线来描绘。

适用性：“*TextInstruction*”（文本指令）

FontReference:*fontReference*

为后续绘图命令所绘制的文本指定是否使用图示表达目录中指定的字体进行描绘。“fontReference”（字体引用）是图示表达目录中外部文件的标识符。

适用性：“*TextInstruction*”（文本指令）

TextAlignHorizontal:*horizontalAlignment*

将后续绘图命令的文本布置指定水平对齐的锚点位置。

“*horizontalAlignment*”（水平对齐）—以下之一：

Start（起点） 锚点位于文本的起点。

Center（中心） 锚点位于文本的（水平）中心。

End（终点） 锚点位于文本的终点。

适用性：“*TextInstruction*”（文本指令）

TextAlignVertical:*verticalAlignment*

将后续绘图命令的文本布置指定垂直对齐的锚点位置。

“*verticalAlignment*”（垂直对齐）—以下之一：

Top（顶部） 锚点位于文本的顶部。

Center（中心） 锚点位于文本的（垂直）中心。

Baseline（基线） 锚点位于字体的基线。

Bottom（底部） 锚点位于完全正方形的底部。

适用性：“*TextInstruction*”（文本指令）

TextVerticalOffset:*verticalOffset*

为后续“*TextInstruction*”（文本指令）命令绘制所文本指定锚点上方的垂直偏移量，以毫米为单位。用于生成下标或上标。

适用性：“*TextInstruction*”（文本指令）

9a-11.2.2.5　*颜色覆盖命令*

颜色覆盖命令修改后续绘图命令所绘制符号和像素图的颜色。

表 9a-11 “Colour Override”（颜色覆盖）命令

命令	参数（英文）	参数（中文）	类型	初始状态	第 9 部分	注释
OverrideColor 覆盖颜色	colorToken	颜色标记	String	不适用	9-12.2.2.6 9-12.3.1.2	
	colorTransparency	颜色透明度	Double	不适用		
	overrideToken	覆盖标记	String	不适用		
	overrideTransparency	覆盖透明度	Double	不适用		
OverrideAll 全覆盖	token	标记	String	不适用	9-12.2.2.5 9-12.3.1.1	
	transparency	透明度	Double	不适用		
ClearOverride 清除覆盖						

OverrideColor:*colorToken,colorTransparency,overrideToken,overrideTransparency*

指定覆盖颜色，该颜色应用于替换绘图命令渲染的符号或像素图中的原始颜色。可以多次发出此命令，指定多个颜色替换。

适用性：“*PointInstruction*”（点指令）、“*AreaFillReference*”（面填充引用）、“*PixmapFill*”（像素图填充）、“*SymbolFill*”（符号填充）

OverrideAll:*token,transparency*

用给定的颜色替换所有不透明的颜色。该命令取代任何“OverrideColor”（覆盖颜色）命令。

适用性：“*PointInstruction*”（点指令）、“*AreaFillReference*”（面填充引用）、“*PixmapFill*”（像素图填充）、“SymbolFill”（符号填充）

ClearOverride

清除所有颜色替换。

适用性：“*PointInstruction*”（点指令）、“*AreaFillReference*”（面填充引用）、“*PixmapFill*”（像素图填充）、“*SymbolFill*”（符号填充）

9a-11.2.2.6　*几何命令*

除“NullInstruction”（空指令）外，条款 9a-11.2.1 定义的所有绘图命令均会渲染几何。通常，这是要素的几何（类似于第 9 部分条款 9-11.2.3“DrawingInstruction::featureReference”）。如条款 9a-14.2.1 所述，当通过“HostPortrayalEmit”（主机图示表达启动）从图示表达中返回绘图指令时，主机使用提供的要素引用来确定要素几何。本节中定义的几何命令允许覆盖常规行为。

覆盖常规行为的一种方法是限制绘图命令，使其可渲染某一要素的部分几何，或数据集中定义的任何其他几何（类似于第 9 部分条款 9-11.2.3“DrawingInstruction::spatialReference”）。

覆盖常规行为的第二种方法是使用几何命令创建增强几何（第 9 部分条款 9-11.1.12 增强几何）。当待图示表达的空间在数据集中不存在时，使用增强几何。由几何命令创建的增强几何由后续的绘图命令渲染，覆盖要素几何。

本部分没有像第 9 部分中那样定义单独的增强绘图指令。相反，只要有可用的增强几何，所有绘图命令都将使用增强几何来呈现。

确定绘图命令渲染的几何，应执行以下操作：

- 如果在绘图命令之前存在增强几何命令，应使用最新定义的增强几何。
- 否则，如果空间引用列表不为空，应对每个空间引用进行绘制。
- 否则，应渲染要素几何。

要实现增强路径，主机应维护一个分段列表，该列表中放置了由“Polyline”（折线）、“Arc3Points”（3 点圆弧）、“ArcByRadius”（半径表示的圆弧）和“Annulus”（环）命令创建的几何。此列表维护了创建几何的顺序。

可通过“ClearGeometry”（清除几何）命令删除应用的几何命令，该命令还会清除分段列表。使用“ClearGeometry”（清除几何）可以使图示表达在渲染要素几何、增强几何和空间引用之间切换。

几何命令在下表中列出。“Point”类型表示一对双精度作为参数传递。

表 9a-12 “Geometry”（几何）命令

命令	参数（英文）	参数（中文）	类型	初始状态	第 9 部分	注释
SpatialReference 空间引用	reference	引用	String	—	9-11.2.4	
	forward	向前	Boolean	true（真）		
AugmentedPoint 增强点	crs	crs	CRSType	—	9-11.2.12	
	x	x	Point	—		
	y	y		—		
AugmentedRay 增强射线	crsDirection	crs 方向	CRSType	—	9-11.2.14	
	direction	方向	Double	—		
	crsLength	crs 长度	CRSType	—		
	length	长度	Double	—		
AugmentedPath 增强路径	crsPosition	crs 位置	CRSType	—	9-11.2.15	
	crsAngle	crs 角度	CRSType	—	9-11.2.15	
	crsDistance	crs 距离	CRSType	—	9-11.2.15	
Polyline 折线	point1	点 1	Point[]	—	9-12.2.2.11	
	…	…				
	pointN	点 N				
Arc3Points 3 点圆弧	startPointX	起点 X	Point	—	9-12.2.2.13	
	startPointY	起点 Y				
	medianPointX	中点 X	Point	—		
	medianPointY	中点 Y				
	endPointX	终点 X	Point	—		
	endPointY	终点 Y				

续表

命令	参数（英文）	参数（中文）	类型	初始状态	第 9 部分	注释
ArcByRadius 半径表示的圆弧	centerX	中心 X	Point	—	9-12.2.2.14	
	centerY	中心 Y				
	radius	半径	Double	—		
	startAngle	起始角度	Double	0		
	angularDistance	角距	Double	360		
Annulus 环	centerX	中心 X	Point	—	9-12.2.2.15	
	centerY	中心 Y				
	outerRadius	外半径	Double	—		
	innerRadius	内半径	Double	outerRadius （外半径）		
	startAngle	起始角度	Double	0		
	angularDistance	角距	Double	360		
ClearGeometry 清除几何	—	—	—	—	-	

SpatialReference:*reference[,forward]*

指定要素空间类型组件的引用，定义描述后续绘图命令的几何。不适用于描绘要素整个几何的情形。每次调用此命令时，都将新的空间引用添加到主机维护的空间引用列表中。可以通过调用“ClearGeometry”（清除几何）清除空间引用列表。

reference（引用）　　空间类型的标识符详见第 13 部分条款 13-8。

forward（向前）　　如果为真，则按空间对象在数据中存储的方向使用空间对象。仅适用于曲线，所有其他空间类型均应忽略。

适用性：除“*NullInstruction*”（空指令）外的所有绘图命令

AugmentedPoint:*crs,x,y*

指定任何后续“PointInstruction”（点指令）或“TextInstruction”（文本指令）的位置。清除所有有效的“AugmentedRay”（增强射线）和“AugmentedPath”（增强路径）指令。

crs—以下之一：

GeographicCRS（地理 CRS）　　纬度轴和经度轴采用“度”作为度量单位的地理坐标系。

PortrayalCRS（图示表达 CRS）　　笛卡尔坐标系，y 轴指向上方。轴上和距离上的单位为毫米。

LocalCRS（局部 CRS）　　原点在局部几何的笛卡尔坐标系。轴上和距离上的单位为毫米。

x, y　　点的坐标。

适用性：“*PointInstruction*”（点指令）、“*TextInstruction*”（文本指令）

AugmentedRay:*crsDirection,direction,crsLength,length*

增强点要素的几何。指定一条从点要素的位置到另一位置的线。位置由方向和长度属性定义。清除所有有效的“AugmentedPoint”（增强点）和“AugmentedPath”（增强路径）指令。

如果“crsDirection”（crs 方向）是“PortrayalCRS”（图示表达 CRS）或“LocalCRS”（局部 CRS），则“crsLength”（crs 长度）必须是“图示表达 CRS”或“局部 CRS”。同样，如果“crsLength”（crs 长度）为“GeographicCRS”（地理 CRS），则“crsDirection”（crs 方向）必须为“地理 CRS”。

“crsDirection”（crs 方向）和“crsLength”（crs 长度）—以下之一：

GeographicCRS（地理 CRS）　　角度是以正北方向顺时针定义的。距离以米为单位。

PortrayalCRS（图示表达 CRS）　　笛卡尔坐标系，y 轴指向上方。轴上和距离上的单位为毫米。角度从 y 轴正方向以度为单位进行度量。

LocalCRS（局部 CRS）　　原点在局部几何的笛卡尔坐标系。轴上和距离上的单位为毫米。角度从 y 轴正方向以度为单位进行度量。

direction（方向）　　射线的方向参照指定的 CRS。

length（长度）　　射线长度的单位取决于指定的 CRS。

适用性：“*LineInstruction*”（线指令）、“*LineInstructionUnsuppressed*”（未压盖的线指令）、“*TextInstruction*”（文本指令）

AugmentedPath:*crsPosition,crsAngle,crsDistance*

指示主机收集先前由“Polyline”（折线）、“Arc3Points”（3 点圆弧）、“ArcByRadius”（半径表示的圆弧）和“Annulus”（环）命令创建的所有线段，并将它们分组为单个增强几何。然后，主机必须清除分段列表。清除所有有效的“AugmentedPoint”（增强点）和“AugmentedRay”（增强射线）指令。

要实现增强路径，主机必须维护一个分段列表。每次调用“Polyline”（折线）、“Arc3Points”（3 点圆弧）、“ArcByRadius”（半径表示的圆弧）和“Annulus”（环）都会促使主机将几何放置在分段列表中。利用依次添加到分段列表的这些项，确定增强路径。

针对位置、角度和距离单独指定 CRS。

“crsPosition”（crs 位置），“crsAngle”（crs 角度）和“crsDistance”（crs 距离）—以下之一：

GeographicCRS（地理 CRS）　纬度轴和经度轴采用“度”作为度量单位的地理坐标系。角度定义为从正北方向顺时针旋转。距离将以米为单位。

PortrayalCRS（图示表达 CRS）　　y 轴朝上的笛卡尔坐标系。轴上和距离上的单位为毫米。角度定义为从 y 轴正方向顺时针旋转的度数。

LocalCRS（局部 CRS）　　原点在局部几何的笛卡尔坐标系。轴上和距离上的单位为毫米。角度定义为从 y 轴正方向顺时针的度数。

适用性：除了“*PointInstruction*”（点指令）和“*NullInstruction*”（空指令）之外的所有绘图命令

Polyline:*positionXstart,positionYstart,positionXto,positionYto[,positionXto,positionYto…]*

指示主机将折线添加到分段列表。

positionXstart,positionYstart,positionXto,positionYto　　折线的线段坐标。

适用性："AugmentedPath"（增强路径）

Arc3Points:*startPointX,startPointY,medianPointX,medianPointY,endPointX,endPointY*

指示主机将三点圆弧添加到分段列表中。

startPointX,startPointY（起点 X, 起点 Y）　　弧的起点。

medianPointX,medianPointY（中点 X, 中点 Y）　　弧上的任意点。

endPointX,endPointY（终点 X, 终点 Y）　　弧的终点。

适用性："*AugmentedPath*"（增强路径）

ArcByRadius:centerX,centerY,radius*[,startAngle,angularDistance]*

指示主机将半径表示的圆弧添加到分段列表中。

centerX,centerY（中心 X, 中心 Y）　　圆弧的中心。

radius（半径）　　圆的半径。

startAngle,angularDistance（起始角度 , 角距）　　定义圆弧起点和终点的扇区。如果不存在，则圆弧是一个完整的圆。

适用性："*AugmentedPath*"（增强路径）

Annulus:*centerX,centerY,outerRadius[,innerRadius[,startAngle,angularDistance]]*

指示主机将环添加到分段列表中。环是由两个同心圆界定的环形区域。可以选择以圆的两个半径为边界。

请注意，参数"startAngle"（起始角度）和"angularDistance"（角距）的存在并不意味着"innerRadius"（内半径）必须存在。以下为有效命令：Annulus:0,1,2.34,,56,78

centerX,centerY（中心 X, 中心 Y）　　环的中心。

outerRadius（外半径）　　较大圆的半径。

innerRadius（内半径）　　较小圆的半径。小圆的半径如果不存在，则该分段表达的是圆的扇区。

startAngle,angularDistance（起始角度 , 角距）　　环段的扇区。

适用性："*AugmentedPath*"（增强路径）

ClearGeometry

清除所有前面的几何命令，清空段和空间引用列表。

适用性："*AugmentedPath*"（增强路径）、"*SpatialReference*"（空间引用）

9a-11.2.2.7　覆盖命令

覆盖命令定义了"CoverageFill"（覆盖填充）绘图命令引用的查找项。这些命令是第 9 部分条款 9-12.7 描述的"Coverage package"（覆盖包）的部分功能。覆盖命令在下表 9a-13 中列出。

表 9a-13 “Coverage”（覆盖命令）

命令	参数（英文）	参数（中文）	类型	初始状态	第 9 部分	注释
NumericAnnotation 数字注记	decimals	小数	Integer	—	9-12.7.4.4	
	championChoice	优先选择	ChampionChoice	—		
	buffer	缓冲区	Double	0		
SymbolAnnotation 符号注记	symbolRef	符号引用	String	—	9-12.7.4.5	
	rotationAttribute	旋转属性	String	—		
	scaleAttribute	比例属性	String	—		
	rotationCRS	旋转 CRS	CRSType	PortrayalCRS		
	rotationOffset	旋转偏移	Double	0		
	rotationFactor	旋转因子	Double	1		
	scaleFactor	缩放因子	Double	1		
CoverageColor 覆盖颜色	startToken	起始标记	String	—	9-12.7.4.3	
	startTransparency	起始透明度	Double	0		
	endToken	结束标记	String	—		
	endTransparency	结束透明度	Double	0		
	penWidth	笔宽	Double	0		
LookupEntry 查找项	label	标签	String	—	9-12.7.4.2 1-4.5.3.4	
	lower	下限	Double	—		
	upper	上限	Double	—		
	closure	闭合	S100_IntervalType	—		

NumericAnnotation:*decimals,championChoice[,buffer]*

指定覆盖指令的数值表示。执行“CoverageFill”（覆盖填充）绘图命令时，应使用当前定义的字体绘制数值。但应使用“CoverageColor”（覆盖颜色），不使用“FontColor”（字体颜色）设置的字体颜色。

decimals（小数） 下标中显示的小数位数。

“*championChoice*”（优先选择）—以下之一：

Largest（最大） 发生冲突时显示最大值。

Smallest（最小） 发生冲突时显示最小值。

buffer（缓冲区） 图示表达单元内的冲突检测缓冲区。

适用性：“*LookupEntry*”（查找项）

SymbolAnnotation:*symbolRef,rotationAttribute,scaleAttribute[,rotationCRS,rotationOffset[,rotationFactor[,scaleFactor]]]*

指定覆盖指令的符号表示。

symbolRef（符号引用）　　从图示表达目录中选择绘制符号。

rotationAttribute（旋转属性）　　覆盖属性的属性代码，用于符号旋转值。

scaleAttribute（比例属性）　　覆盖属性的属性代码，用于缩放符号大小。

rotationCRS（旋转 CRS）　　指定旋转的坐标参照系。

rotationOffset（旋转偏移）　　通过加法在应用前调整“rotationAttribute”（旋转属性）值。此偏移在“rotationFactor”（旋转因子）之后应用。如果未提供“rotationAttribute”（旋转属性），则该值表示符号所用的旋转值。值为 0 表示不进行调整。

rotationFactor（旋转因子）　　通过乘法在应用前调整“rotationAttribute”（旋转属性）值。该因子在“rotationOffset”（旋转偏移）之前应用。值为 1 表示不进行调整。

scaleFactor（缩放因子）　　通过乘法在应用前调整“scaleAttribute”（比例属性）值。值为 1 表示不进行调整。

示例　假设某一覆盖数据含有风速和风向属性，且图示表达希望绘制一个箭头来显示风向，箭头长度与风速成一定的比例关系。在此示例中，风向表示风来自何处的罗盘方向，而图示表达希望表示风吹的方向。此外，图示表达还希望通过以正常比例绘制箭头表示 20 节风速。在这种情况下，图示表达需要将箭头旋转 180 度，缩放 1/20。以下命令可用于完成箭头的图示表达：

SymbolAnnotation:ARROW,windDirection,windSpeed,PortrayalCRS,180,1.0,0.05;

LookupEntry:Wind,0,360,closedInterval;

CoverageFill:windDirection

适用性：“*LookupEntry*”（查找项）

CoverageColor:*startToken,startTransparency[,endToken,endTransparency][,penWidth]*

指定用于覆盖指令的颜色范围。如果“endToken”（结束标记）和“endTransparency”（结束透明度）未指定，则使用单一颜色。

startToken,startTransparency（起始标记，起始透明度）　　定义“endColor”（结束颜色）时，为匹配范围指定的颜色或用作颜色渐变起点的颜色。

endToken,endTransparency（结束标记，结束透明度）　　如果给定，则用作渐变色停止点的颜色。值的线性分布范围从“startColor”（起始颜色）到“endColor”（结束颜色），形成渐变效果。

penWidth（笔宽）　　画笔宽度，适用于离散点的点颜色。

适用性：“*LookupEntry*”（查找项）

LookupEntry:*label,lower,upper,closure*

创建一个查找项，供随后的单个“CoverageFill”（覆盖填充）绘图命令使用。该指令将前面的“NumericAnnotation”（数字注记）、“SymbolAnnotation”（符号注记）和“CoverageColor”（覆盖颜色）命令与单个查找表项相关联。

注释　后续的“LookupEntry”（查找项）命令需要重新定义“NumericAnnotation”（数字注记）、“SymbolAnnotation”（符号注记）和“CoverageColor”（覆盖颜色）；例如，应在处理“LookupEntry”

（查找项）之后重置其他覆盖命令的状态。

label（标签）　　用于显示标签或图例字段的字符串。

lower（下限）　　查找范围的下限值。

upper（上限）　　查找范围的上限值。

Closure（闭合）　　范围的闭合区间类型。参见第 1 部分条款 1-4.5.3.4。

适用性：“*CoverageFill*”（覆盖填充）

9a-12 符号定义

第 9 部分条款 9-12 描述的符号定义在绘图指令的 9a-11.2 模型中实现。

9a-13 图示表达库

图示表达库的组织结构没有变化，详见第 9 部分条款 9-13.2。条款 9-13.2 的“Rules”文件夹内 XSLT 内容已替换为 Lua 脚本文件。使用第 9 部分条款 9-13.3.25 描述的属性“FileType:rules”，用于标识每个 Lua 脚本文件。

9a-14 图示表达域特定函数

Lua 图示表达是第 13 部分脚本域的一个实例。下面描述的函数仅适用于此脚本域；它们是特定于域的函数，与第 13 部分中详述的标准函数结合使用。

9a-14.1 图示表达域特定目录函数

以下条款中列出的函数在图示表达目录规则文件中实现。主机可以调用它们，增强第 13 部分中描述的标准目录函数。

9a-14.1.1 boolean PortrayalMain(string[] featureIDs)

返回值：

true　　成功完成图示表达。

false　　主机终止了图示表达（主机从 HostPortrayalEmit 返回 false）。

参数：

featureIDs: string[]

一个数组，包含应生成绘图指令的要素 ID 集合。如果该参数为 0（或丢失），则图示表达将为数据集中的所有要素实例生成绘图指令。

备注：

主机调用该函数，启动数据集实例的图示表达程序。随后，图示表达脚本将重复调用

“HostPortrayalEmit”（主机图示表达启动），为主机提供每个待图示表达要素实例的绘图指令。

图示表达脚本运行完毕后，该函数将返回；或者抛出错误；或者主机从“HostPortrayalEmit”（主机图示表达启动）返回 false。

如果使用 9a-5.2.2.1 中的图示表达缓存，主机仅需要传入未缓存的 featureIDs，或与变更值上下文参数相关联的 featureIDs。

9a-14.1.2 void PortrayalInitializeContextParameters(ContextParameter[] contextParameters)

返回值：

void

参数：

contextParameters: ContextParameter[]

一个 ContextParameter 对象数组。

备注：

为图示表达脚本提供图示表达目录中各“图示表达上下文参数”的缺省值。应该使用“PortrayalCreateContextParameter”(图示表达创建上下文参数)函数创建各项。主机负责从图示表达目录中检索“图示表达上下文参数”。

9a-14.1.3 ContextParameter PortrayalCreateContextParameter (string contextParameterName, string contextParameterType, string defaultValue)

返回值：

带有“contextParameterName”（上下文参数名称）“defaultValue”（缺省值）的 ContextParameter。

参数：

contextParameterName: string

“图示表达上下文参数”的名称，其有效名称在图示表达目录中定义。

contextParameterType: string

“图示表达上下文参数”的类型，其有效值可以是 Boolean、Integer、Real、Text 和 Date。

defaultValue: string

“图示表达上下文参数”的缺省值，其值按照第 13 部分条款 13-8.1 描述的进行编码。

备注：

创建一个 ContextParameter 对象供脚本环境使用。

9a-14.1.4 void PortrayalSetContextParameter (string contextParameterName, string value)

返回值：

void

参数：

contextParameterName: string

“图示表达上下文参数”的名称。

value: string

“图示表达上下文参数”的新值，其值按照第 13 部分条款 13-8.1 进行编码。

备注：

允许主机修改“图示表达上下文参数”的值。必须先通过“PortrayalInitializeContextParameters”（图示表达初始化上下文参数）创建上下文参数，然后进行修改。

9a-14.2 图示表达域的特定主机函数

主机必须实现以下条款中描述的函数，以支持图示表达。从图示表达域的特定目录函数中调用此函数，增强第 13 部分中描述的标准主机函数。

9a-14.2.1 boolean HostPortrayalEmit (string featureID, string drawingInstructions, string observedParameters)

返回值：

true　　继续脚本处理。图示表达引擎将继续处理要素实例。

false　　终止脚本处理。图示表达引擎不会处理其他要素实例。

参数：

featureID: string

主机用来唯一标识要素实例。

drawingInstructions: string

为 featureID 标识的要素实例生成的所有绘图指令。该字符串采用第 13 部分中所述的数据交换格式（DEF）。

observedParameters: string

在生成此要素的绘图指令期间观察到的上下文参数。该字符串位于 DEF 中。

备注：

每个要素实例都从图示表达目录中调用该函数一次，以向主机提供绘图指令。

主机可以选择使用“观察上下文参数”（OCP）以执行绘图指令缓存。

第 10a 部分

ISO/IEC 8211 编码
（ISO/IEC 8211 Encoding）

10a-1 范围

国际标准 ISO/IEC 8211—信息交换用数据描述文件规范（Specification for a data descriptive file for information interchange），是一种数据封装方法；它提供了一个基于数据传输机制的文件。该部分规定了一个交换格式，以促进含有数据记录的文卷在不同计算机系统之间移动。它定义了一个专门的结构，用于传输含有 S-100 数据类型和数据结构的文件。

10a-2 一致性

该专用标准遵照 ISO 19106：2004 级别 2。

10a-3 规范性引用文件

该文档的应用需要以下引用文件。标注日期的引用，只有引用的版本才有效。未标注日期的引用，引用文件（包含所有更正）的最新版本才有效。

ISO/IEC 8211：1994，信息交换用数据描述文件规范（Specification for a data descriptive file for information interchange）。

10a-3.1 指令

此章规定了一个在记录和字段层次的交换集结构。它进一步规定了实现 ISO/IEC 8211 数据记录、字段和子字段所需要的物理构造内容。将记录分组到 ISO/IEC 8211 文件中，被认为是面向应用的，因而，它被描述在相关产品规范中。对于编码而言，只使用二进制的 ISO/IEC 8211 格式。

10a-3.2 本条款中所用的符号说明

记录结构的规范是按照树结构图给出的，包括物理构造的名称、联系和重复因子。字段和子字段的详细说明列在表格中。对于每一个字段的附加信息，给出了数据描述性（Data Descriptive）字段。那些字段被用在 ISO/IEC 8211 保形数据集（conformal dataset）的数据描述性记录（Data Descriptive Record，DDR）中。

10a-3.3 树结构图

A 代表根节点，也是节点 B 和节点 C 的父节点。节点 B 是子树的根节点，也是节点 D 和 E 的父节点。节点也用来指父级的下一级或子级。比如节点 B 是节点 A 的子级。

树结构图必须以先序遍历次序进行解释（从上到下，左枝优先）。

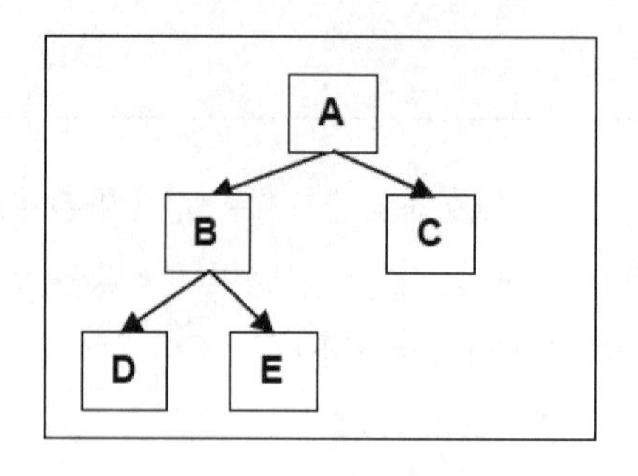

图10a-1　树结构示意图

为了便于注记，该标准使用竖直的方式表示这些图，并使用 ASCII 字符。采用这种符号，图 10a-1 就变成了如下所示：

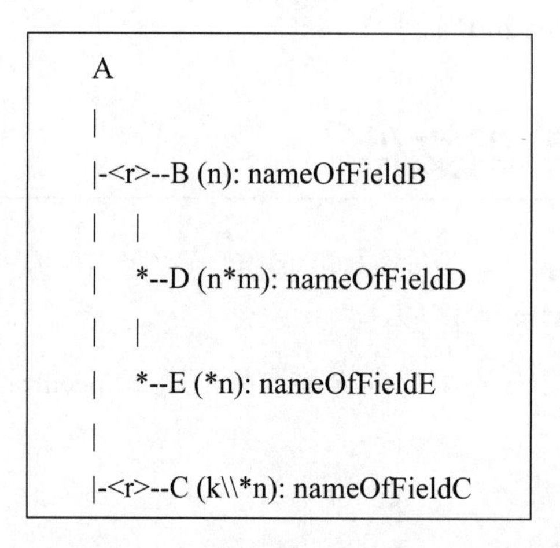

其中：

A, B, C, ...	ISO/IEC 8211 字段标签
<r>	r 是子树基数（如果缺失，r=1）的可能值： <0..1>0 或 1 <0..*> 任何数字，包括 0 <1..*> 至少为 1
(n)	子字段数目为 n（固定值）
(n*m)	子字段是按照 n（列）乘以 m（行）的数组存储的（n 个子字段重复 m 次）
(*n)	子字段是按照 n 列表格存储的，表格行数是任意数（n 个子字段是重复的）
(k*n)	k 个子字段和 n 列表格的串联（k 个子字段之后跟随着 n 个重复子字段）

树结构图规定了哪些字段可以重复。然而，在一个记录中，字段重复的程度依赖于正在进行编码的数据。在某些情况下，可能不需要某个字段，则该字段是不存在的（见条款 2.1）。然而，在所有情况下，数据记录的先序遍历次序是一样的，如该记录类型的通用树结构图所示。

10a-3.4　字段表格

每个表格之前都有一行用粗体表示的字段名称和字段标签。表格主体规定了子类型名称和标签，如同 ISO/IEC 8211。子字段说明可能包含了一个需要的值或者值约束。以下例子给出了一个使用数据集标识（DataSet Identification）字段的字段表格。

字段标签：DSID	[Upd] *)	字段名称：数据集标识

子字段名称（英文）	子字段名称（中文）	标签	格式	子字段内容和说明
Record name	记录名称	RCNM	b11	{10} **)
Record identification number	记录标识号	RCID	b14	范围：1 到 2^{32}-2
Encoding specification	编码规范	ENSP	A()	定义该编码的编码规范
Encoding specification edition	编码规范版次	ENED	A()	编码规范的版次
Product identifier	产品标识符	PRSP	A()	按照产品规范规定的数据产品唯一标识符
Product edition	产品版次	PRED	A()	产品规范的版次
Application profile	应用配置	PROF	A()	用于指定数据产品中应用配置的标识符
Dataset name	数据集名称	DSNM	A()	数据集的名称
Edition number	版次号	EDTN	b12	数据集版次号
Update number	更新号	UPDN	b12	数据集更新号
Issue date	发行日期	ISDT	A(8)	发行日期 格式：YYYYMMDD，依据的是 ISO 8601

*)　[Upd] 表示该字段只能用于更新（对于 DSID 字段，它是作为一个例子）。

**)　用 {...} 包含所需要的二进制值。

其中：

1）“标签”是 ISO/IEC 8211 子字段标签，只在数据说明字段中出现，是用来标识字段中的子字段。标签前面有“*”表示该子字段及后来的子字段在该字段是重复的。因此，这表示一个二维数组或者表格的存在，而子字段标签为其提供了列标题（一个笛卡尔标签的向量标签）。

2）“格式”是 ISO/IEC 8211 二进制子字段数据格式。

10a-3.5　数据格式

子字段数据格式是由 ISO/IEC 8211 规定的。可用的数据格式有：

格式	数据类型	省略值	备注
A(n)	Character Data	如果子字段的长度固定，则该子字段将填充空格（空格字符） 如果子字段的长度是可变的，只须将单位终止符编码	n 规定了子字段的长度（字符数） A() 表示一个变长子字段，它必须以单元分隔符结束。该标准中字符数据的编码必须是 UTF8 实现级别 1。 适当的转义序列是: (2/5) (2/15) (4/7) “%/G”

续表

格式	数据类型	省略值	备注
b1w	Unsigned Integer (LSBF) *)	必须使用所有位都设置为 1 的二进制值	w 规定使用的字节数 允许值有：1, 2, 4
b2w	Signed Integer (LSBF)	必须使用所有位都设置为 1 的二进制值	w 指定使用的字节数 允许值有：1, 2, 4
b48	Signed Floating Point (LSBF)	必须使用“非数字”（NaN）的值	根据 IEC 559 或 IEEE 754

*) LSBF 或者“小端”表示多字节类型使用的字节顺序。最不重要的字节放在最靠近文件头部。

10a-3.6 数据描述性字段

数据描述性字段是 ISO/IEC 8211 保形数据文件的数据描述性记录（DDR）。这些字段描述了这样一种文件中，数据记录(Data record，DR)的每个字段的格式。一个数据描述性字段包含了字段控制(Field Control），数据字段名称（Data Field Name），数组描述符（Array Descriptor）以及格式控制（Format Controls）。更多数据描述性字段的细节参见 ISO/IEC 8211（1994）条款 6.4。

数据描述性字段包含了非打印字符。在这个文档中，它们将以图形符号替换。如下表所示：

字符	代码	图形
空格	(2/0)	□
单元分隔符（UT）	(1/15)	▲
字段分隔符（FT）	(1/14)	▼

数据描述性字段以一个粗体文本框给出，紧接在一个描述字段格式的表格之后。

10a-4 公共字段

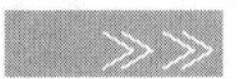

10a-4.1 属性字段

10a-4.1.1 编码规则

在 S-100 中，属性可以为简单属性或复杂属性。简单属性具有值，而复杂属性是其他简单或复杂属性的聚合。图 10a-2 是一个例子，表示一个同时带有简单属性和复杂属性的要素。

该要素有四个属性：A1、A2、A3 和 A4。A1 和 A3 都是简单属性；A2 和 A4 是复杂属性。A2 由两个属性（A5 和 A6）组成，其中 A5 是简单属性而 A6 是另一个复杂属性。A4 和 A6 是两个复杂属性；它们都由两个简单属性组成。

属性的另一个特征是基数。它表示多少同一类型的（在要素目录中同样的代码）属性被用在同一父级中。同一父级意味着它们都是顶层属性或者属于某一复杂属性的同一实例。在上述例子中 A9 和 A10 被认为具有相同代码。

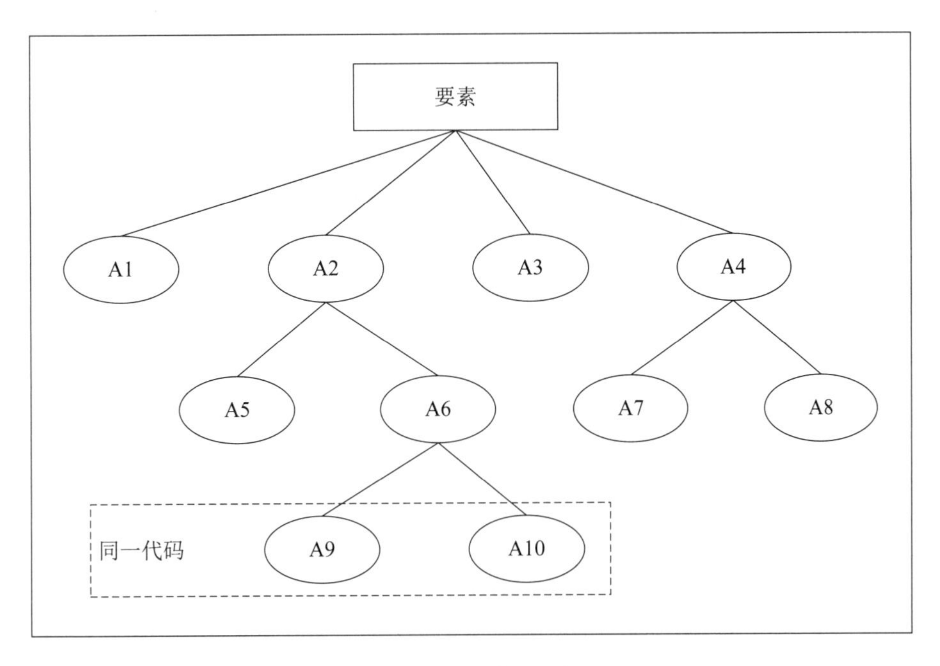

图10a-2　属性结构示意图

如果基数大于 1，那么该属性可以看作是一个属性数组。为了访问这样的属性数组，不仅仅需要该属性的代码，还需要属性的索引。需要注意的是，这样一种数组的顺序可能是有意义的，必须采用编码进行维护。

考虑到上面提到的情况，属性通过以下三种值可以唯一定位：

1）属性代码；

2）属性索引（从 1 开始）；

3）属性的父级。

为了完成上述的例子，下面的表定义了属性的代码和值：

属性	代码	属性索引	值	备注
A1	21	1	Vachon	
A2	22	1		复杂属性
A3	23	1	12	
A4	24	1		复杂属性
A5	25	1	42.0	
A6	26	1		复杂属性
A7	27	1	123	
A8	28	1	Canada	
A9	29	1	17	与 A10 代码相同
A10	29	2	43	与 A9 代码相同

为了实现对属性的编码，需要五个项：上述提到的三个加上更新指令和属性值。为了确定属性的父级，需要使用索引。该索引指向从 1 开始的 ATTR 字段中的 n^{th} 元组。下表给出了该例子的编码：

索引	NATC	ATIX	PAIX	ATIN	ATVL	备注
1	21	1	0	插入	Vachon	A1
2	22	1	0	插入		A2– 复合
3	25	1	2	插入	42.0	A5
4	26	1	2	插入		A6– 复合
5	29	1	4	插入	17	A9
6	29	2	4	插入	43	A10
7	23	1	0	插入	12	A3
8	24	1	0	插入		A4– 复合
9	27	1	8	插入	123	A7
10	28	1	8	插入	Canada	A8

需要注意，这里的先序遍历（preorder traversing）是用来定义字段中元组的顺序。这使得复杂属性的所有部分保持在一起，并保证父级总是存储在子级之前。先序遍历是按照如下规则定义的：

1）对根进行编码；

2）然后对子树从左到右进行编码；

3）在该标准中遍历顺序是必选的。

需要注意的是，对于基础数据属性的编码，ATIN 子字段（属性更新指令）总是“插入”。其他 ATIN 值（修改，删除）只在更新 ATTR 字段时使用。

所有的属性值都是以字符串类型保存的，甚至值域是数字型的。对于字符串而言，UTF-8 是 S-100 中唯一可以使用的编码。这使得可以对 ISO 10646 中第一个多文种平面的所有字符进行编码。对于国家字符集而言，不需要其他的编码。

10a-4.2 属性字段的更新

为了更新属性，属性必须是可唯一标识的，需要确定的指令来影响该属性。“Attribute Update Instruction”（属性更新指令）表明了一个属性是否需要从字段中删除、修改或者插入。删除和修改代表着该属性存在。删除和插入会改变属性数组中其他属性的索引，因而在更新属性字段时必须考虑到。更新指令应该按照顺序依次实施，以便在后续的更新中，索引能够标识正确的属性字段。

为了解释属性的更新，上述的例子应当修改，如下图所示。

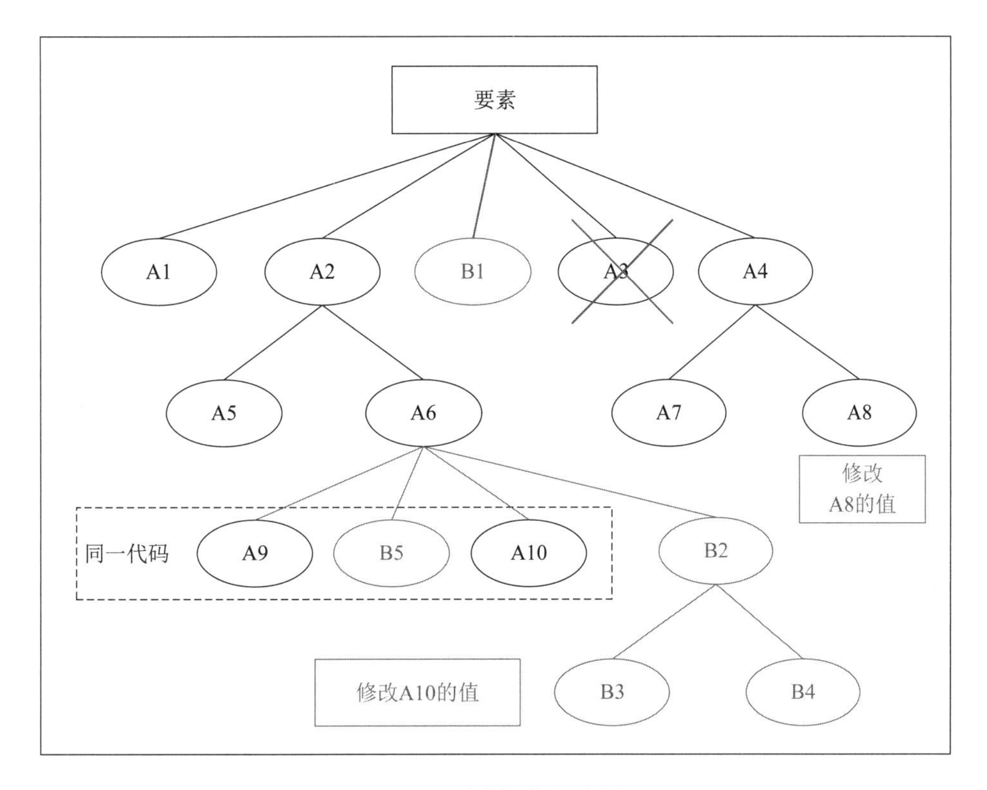

图10a-3　属性更新示意图

详细情况如下：

属性	代码	属性索引	值	更新指令	备注
B5	29	2	32	插入	将 A10 索引改为 3
A10	29	3	7	修改	
B2	35	1		插入	复杂属性
B3	36	1	32	插入	
B4	37	1	123	插入	
B1	32	1	abc	插入	
A3	23	1	1,2	删除	
A8	28	1	Germany	修改	

为了标识 B5、A10 和 B2，必须插入 A2 和 A6 两个实体。对于 A4 也是一样（标识 A8）。完整的字段为：

索引	NATC	ATIX	PAIX	ATIN	ATVL	备注
1	22	1	0	修改		A2- 复杂属性
2	26	1	1	修改		A6- 复杂属性
3	29	2	2	插入	32	B5- 将增加 A10 的 ATIX
4	29	3	2	修改	7	A10- 现在具有 ATIX 2
5	35	1	2	插入		B2- 复杂属性
6	36	1	5	插入	22	B3
7	37	1	5	插入	123	B4
8	32	1	0	插入	abc	B1
9	23	1	0	删除		A3
10	24	1	0	修改		A4- 复杂属性
11	28	1	10	修改	Germany	A8

需要注意的是，为了删除复杂属性，需要删除该属性的根实体。例如，为删除 A2，只需对实体（22，1，0，删除）编码即可。

10a-4.3　属性字段结构

字段标签：ATTR	字段名称：属性

子字段名称（英文）	子字段名称（中文）	标签	格式	子字段内容和说明
Numeric attribute code	数值属性代码	*NATC	b12	数据集通用信息记录 ATCS 字段中定义的有效属性代码
Attribute index	属性索引	ATIX	b12	属性在具有同一代码和同一父级的属性序列中的索引（位置），以 1 为起始
Parent index	父级索引	PAIX	b12	在 ATTR 字段（以 1 为起始）中父级复杂属性的索引（位置）。如果该属性没有父级（顶层属性），那么该值为 0
Attribute instruction	属性指令	ATIN	b11	{1}– 插入 {2}– 删除 {3}– 修改
Attribute value	属性值	ATVL	A()	包含一个属性域有效值的字符串，该属性域由上述子字段规定

数据描述性字段

2600;&%/GAttribute ▲ *NATC!ATIX!PAIX!ATIN!ATVL ▲ (3b12,b11,A) ▼

10a-4.4 信息关联字段

10a-4.4.1 编码规则

信息关联是从一个记录到一个信息类型记录的关联。信息类型记录可以被任意多个其他记录关联，但是一个记录至少关联到一个信息类型记录。这种关联会按照“信息关联”（InformationAssociation，INAS）字段的方式进行编码。每个关联必须使用单独的字段。关联本身可以具有属性。通过与对 ATTR 字段所述相同的机制在字段中对属性进行编码。在关联字段末尾使用相同的子字段。每个关联均通过 RRNM、RRID、IAS 和角色子字段的组合进行唯一寻址。

RRNM 子字段引用了“record name”（RCNM，记录名称）子字段，RRID 子字段引用了目标记录的“the record id”（RCID，记录 id）子字段。

“InformationAssociation Update Instruction”（INUI，信息关联更新指令）子字段用于表明一个关联在更新时是否需要被插入或者删除。对于一个基础数据集，该字段的值必须是“插入”。

10a-4.4.2 信息关联字段结构

字段标签：INAS	字段名称：信息关联

子字段名称（英文）	子字段名称（中文）	标签	格式	子字段内容和说明
Referenced Record name	引用记录名称	RRNM	b11	引用记录的记录名称
Referenced Record identifier	引用记录标识符	RRID	b14	引用记录的记录标识符
Numeric InformationAssociation Code	数值信息关联代码	NIAC	b12	“Dataset General Information Record”（数据集通用信息记录）的 IACS 字段定义的信息关联的有效代码
Numeric AssociationRole code	数值关联角色代码	NARC	b12	“Dataset General Information Record”（数据集通用信息记录）的 ARCS 字段中定义的角色的有效代码
InformationAssociation Update Instruction	信息关联更新指令	IUIN	b11	{1}– 插入 {2}– 删除 {3}– 修改
Numeric attribute code	数值属性代码	*NATC	b12	数据集通用信息记录的 ATCS 字段中定义的有效属性代码
Attribute index	属性索引	ATIX	b12	属性在具有同一代码和同一父级的属性序列中的索引（位置），以 1 为起始

续表

Parent index	父级索引	PAIX	b12	在 INAS 字段（以 1 为起始）中父级复杂属性的索引（位置）。如果该属性没有父级（顶层属性），该值为 0
Attribute Instruction	属性指令	ATIN	b11	{1}– 插入 {2}– 删除 {3}– 修改
Attribute value	属性值	ATVL	A()	包含一个属性域有效值的字符串，该属性域由上述子字段规定

数据描述性字段

```
3600;&%/GInformation□Association▲RRNM!RRID!NIAC!NARC!IUIN\\*NATC!ATIX!PAIX!ATIN!ATVL▲(b11,b14,2b12,b11,{3b12,b11,A})▼
```

10a-5 数据集描述性记录

10a-5.1 数据集通用信息记录

10a-5.1.1 编码规则

该记录对数据集中的通用信息进行编码。该信息包含标识、结构信息和元数据。

“DataSet Identification”（数据集标识）字段包含了标识数据集的信息。该信息可以分为以下几类：

1）编码信息；

2）数据产品信息；

3）数据集本身的信息。

第一类信息规定了该编码使用的编码规范以及该编码规范的版本。

第二类信息定义了数据产品，产品规范的版本以及产品中使用的专用标准。产品本身通过唯一标识符确定。版本和专用标准依赖于产品规范，并以字符串形式进行编码。

第三类信息包含：

1）数据集的文件标识符；

2）数据集的标题；

3）数据集的引用（发行）日期；

4）数据集使用的（默认）语言；

5）数据集的摘要；

6）数据集的版本（可能包含覆盖 / 更新号）；

7）按照 ISO/IEC 19115-1 的专题类型列表如下：

DSTC 子字段的值	专题类型
1	farming（农业）
2	biota（生物）
3	boundaries（边界）
4	climatologyMeterologyAtmosphere（气象）
5	economy（经济）
6	elevation（高程）
7	environment（环境）
8	geoscientificInformation（地学信息）
9	health（健康）
10	imageryBaseMapsEarthCover（测绘）
11	intelligenceMilitary（智能军事）
12	inlandWaters（内陆水）
13	location（位置）
14	oceans（海洋）
15	planningCadastre（规划地籍）
16	society（社会）
17	structure（建筑）
18	transportation（交通）
19	utilitiesCommunication（市政通信）
21	disaster（灾害）

“DataSet Structure Information”（数据集结构信息）字段包含部分结构性信息。它们是：

1）原点偏移，用于将正在编码的坐标数据进行移动，以使得数据集具有更高的精度。

2）独立坐标系轴的乘法因子。

3）数据文件中不同记录种类的数目。

在 S-100 要素目录中，所有项都可以使用“S100_FC_Item”代码（字符串）唯一标识。适用于“Attributes”（属性）、“InformationTypes”（信息类型）、“FeatureTypes”（要素类型）、“InformationAssociations”（信息关联）、“FeatureAssociations”（要素关联）和“AssociationRoles”（关联角色）。为了节省 8211 编码的空间和效率，这些项使用数值标识符为宜。为了支持此功能，8211 编码包括每个项目类型的表格，其中包含数据集中使用的“S100_FC_Item”代码的列表。表格中的每个项都包含项代码和关联的数值代码，这些代码将在引用该项类型的任何数据集中使用。仅保证这些数值代码在数据集的一个实例中是唯一的。例如，可以在“FeatureType Codes”（要素类型代码）字段中以数字 10 记录编码为“Coastline”（海岸线）的要素。然后，数据集中的所有“海岸线”要素将带有数字 10。在另一个数据集中，“海岸线”的数值代码可能是 15。

10a-5.1.2 数据集通用信息记录结构

DataSet General Information record（数据集通用信息记录）

|

|--DSID (13*1): DataSet Identification field（数据集标识字段）

|

|--DSSI (13): DataSet Structure Information field（数据集结构信息字段）

|

|-<0..1>-ATCS (*2): Attribute Codes field（属性代码字段）

|

|-<0..1>-ITCS (*2): InformationType Codes field（信息类型代码字段）

|

|-<0..1>-FTCS (*2): FeatureType Codes field（要素类型代码字段）

|

|-<0..1>-IACS (*2): InformationAssociation Codes field（信息关联代码字段）

|

|-<0..1>-FACS (*2): FeatureAssociation Codes field（要素关联代码字段）

|

|-<0..1>-ARCS (*2): AssociationRole Codes field（关联角色代码字段）

10a-5.1.2.1 数据集标识字段结构

字段标签：DSID	字段名称：数据集标识

子字段名称（英文）	子字段名称（中文）	标签	格式	子字段内容和说明
Record name	记录名称	RCNM	b11	{10}– 数据集标识
Record identification number	记录标识号	RCID	b14	范围：1 到 2^{32}-2
Encoding specification	编码规范	ENSP	A()	定义该编码的编码规范
Encoding specification edition	编码规范版次	ENED	A()	编码规范的版次
Product identifier	产品标识符	PRSP	A()	按照产品规范规定的数据产品唯一标识符
Product edition	产品版次	PRED	A()	产品规范的版次
Application profile	应用配置	PROF	A()	用于指定数据产品中专用标准的标识符
Dataset file identifier	数据集文件标识符	DSNM	A()	数据集的文件标识符
Dataset title	数据集标题	DSTL	A()	数据集名称
Dataset reference date	数据集引用日期	DSRD	A(8)	数据集引用日期 格式：YYYYMMDD，依据的是 ISO 8601

续表

子字段名称（英文）	子字段名称（中文）	标签	格式	子字段内容和说明
Dataset language	数据集语言	DSLG	A()	数据集使用的（主要）语言
Dataset abstract	数据集摘要	DSAB	A()	数据集摘要
Dataset edition	数据集版次	DSED	A()	数据集版次号
Dataset topic category	数据集专题类别	*DSTC	b11	一组专题类别

数据描述性字段

3600;&%/GData□Set□Identification▲RCNM!RCID!ENSP!ENED!PRSP!PRED!PROF!DSNM!DSTL!DSRD!DSLG!DSAB!DSED*DSTC▲(b11,b14,7A,A(8),3A,{b11})▼

10a-5.1.2.2　数据集结构信息字段结构

字段标签：DSSI	字段名称：数据集结构信息

子字段名称（英文）	子字段名称（中文）	标签	格式	子字段内容和说明
Dataset Coordinate Origin X	数据集坐标原点 X	DCOX	b48	在编码之前用于调整 x 坐标的偏移量
Dataset Coordinate Origin Y	数据集坐标原点 Y	DCOY	b48	在编码之前用于调整 y 坐标的偏移量
Dataset Coordinate Origin Z	数据集坐标原点 Z	DCOZ	b48	在编码之前用于调整 z 坐标的偏移量
Coordinate multiplication factor for x- coordinate	X 坐标的坐标乘法因子	CMFX	b14	x 坐标或经度的浮点到整数乘法因子
Coordinate multiplication factor for y- coordinate	Y 坐标的坐标乘法因子	CMFY	b14	y 坐标或纬度的浮点到整数乘法因子
Coordinate multiplication factor for z- coordinate	Z 坐标的坐标乘法因子	CMFZ	b14	z 坐标、深度或高度的浮点到整数乘法因子
Number of InformationType records	信息类型记录的数量	NOIR	b14	数据集中信息记录的数量
Number of Point records	点记录的数量	NOPN	b14	数据集中点记录的数量
Number of Multi Point records	多点记录的数量	NOMN	b14	数据集中多点记录的数量
Number of Curve records	曲线记录的数量	NOCN	b14	数据集中曲线记录的数量
Number of Composite Curve records	组合曲线记录的数量	NOXN	b14	数据集中组合曲线记录的数量
Number of Surface records	曲面记录的数量	NOSN	b14	数据集中曲面记录的数量
Number of FeatureType records	要素类型记录的数量	NOFR	b14	数据集中要素记录的数量

数据描述性字段

1600;&□□□Data□Set□Structure□Information▲DCOX!DCOY!DCOZ!CMFX!CMFY!CMFZ!NOIR!NOPN!NOMN!NOCN!NOXN!NOSN!NOFR▲(3b48,10b14)▼

10a-5.1.2.3 属性代码字段结构

字段标签：ATCS		字段名称：属性代码		
子字段名称（英文）	子字段名称（中文）	标签	格式	子字段内容和说明
Attribute Code	属性代码	ATCD	A	要素目录中定义的代码
Attribute Numeric Code	属性数值代码	ANCD	b12	NATC 子字段中使用的代码

数据描述性字段

2600;& □□□ Attribute □ Codes ▲ *ATCD!ANCD ▲ (A,b12) ▼

10a-5.1.2.4 信息类型代码字段结构

字段标签：ITCS		字段名称：信息类型代码		
子字段名称（英文）	子字段名称（中文）	标签	格式	子字段内容和说明
InformationType Code	信息类型代码	ITCD	A	要素目录中定义的代码
InformationType Numeric Code	信息类型数值代码	ITNC	b12	NITC 子字段中使用的代码

数据描述性字段

2600;& □□□ Information □ Type □ Codes ▲ *ITCD!ITNC ▲ (A,b12) ▼

10a-5.1.2.5 要素类型代码字段结构

字段标签：FTCS		字段名称：要素类型代码		
子字段名称（英文）	子字段名称（中文）	标签	格式	子字段内容和说明
FeatureType Code	要素类型代码	FTCD	A	要素目录中定义的代码
FeatureType Numeric Code	要素类型数值代码	FTNC	b12	NFTC 子字段中使用的代码

数据描述性字段

2600;& □□□ Feature □ Type □ Codes ▲ *FTCD!FTNC ▲ (A,b12) ▼

10a-5.1.2.6 信息关联代码字段结构

字段标签：IACS		字段名称：信息关联代码		
子字段名称（英文）	子字段名称（中文）	标签	格式	子字段内容和说明
Information Association Code	信息关联代码	IACD	A	要素目录中定义的代码
Information Association Numeric Code	信息关联数值代码	IANC	b12	NIAC 子字段中使用的代码

数据描述性字段

2600;& □□□ Information □ Association □ Codes ▲ *IACD!IANC ▲ (A,b12) ▼

10a-5.1.2.7　要素关联代码字段结构

字段标签：FACS		字段名称：要素关联代码		
子字段名称（英文）	子字段名称（中文）	标签	格式	子字段内容和说明
Feature Association Code	要素关联代码	FACD	A	要素目录中定义的代码
Feature Association Numeric Code	要素关联数值代码	FANC	b12	NFAC 子字段中使用的代码

数据描述性字段

2600;& □□□ Feature □ Association □ Codes ▲ *FACD!FANC ▲ (A,b12) ▼

10a-5.1.2.8　关联角色代码字段结构

字段标签：ARCS		字段名称：关联角色代码		
子字段名称（英文）	子字段名称（中文）	标签	格式	子字段内容和说明
Association Role Code	关联角色代码	ARCD	A	要素目录中定义的代码
Association Role Numeric Code	关联角色数值代码	ARNC	b12	NARC 子字段中使用的代码

数据描述性字段

2600;& □□□ Association □ Role □ Codes ▲ *ARCD!ARNC ▲ (A,b12) ▼

10a-5.2　数据集坐标参照系记录

10a-5.2.1　编码规则

数据集中的所有二维坐标均参照一个水平 CRS。三维坐标是指由水平 CRS 和垂直 CRS 组成的复合 CRS。数据集中可能有不止一个垂直 CRS，每个复合 CRS 有一个垂直 CRS。

CRSH 字段包含（单个）CRS 的以下信息：

- CRS 的类型（指明了坐标系的维数）；
- 关联的坐标系的类型；
- CRS 的名称；
- 外部源中的标识符（如果该 CRS 是通过引用定义的）；
- 表明哪个外部源被引用；
- 来源的信息（如果它不在预定义列表中）。

如果 CRS 并不是通过引用坐标轴所有细节来定义的，那么使用投影的基准及相关信息必须被编码。这通过合适的字段来实现。这种情况下 CRSI 子字段必须编码为空，而且 CRSS 子字段必须具有值 255（不可用）。

CRS 的更多细节可以参照该标准的坐标参照系部分（Coordinate Reference System Component）。

编码规范支持以下类型的 CRS：

CRS 类型	维数	CS 类型	轴	基准类型	CRST 值	备注
二维地理	2	椭球体	大地纬度 大地经度	大地	1	可以和一个垂直 CRS 组合
三维地理	3	椭球体	大地纬度 大地经度 椭球高度	大地	2	
地心	3	笛卡尔	地心 X 地心 Y 地心 Z	大地	3	
投影	2	笛卡尔	朝东 / 朝西 朝北 / 朝南	大地	4	可以和一个垂直 CRS 组合
垂直	1	垂直	重力相关高度或 重力相关深度	垂直	5	

下表表示支持的坐标轴：

轴类型（英文）	轴类型（中文）	轴方向（英文）	轴方向（中文）	AXTY 值	备注
Geodetic Latitude	大地纬度	North	朝北	1	
Geodetic Longitude	大地经度	East	朝东	2	
Ellipsoidal Height	椭球高度	Up	朝上	3	
Easting	朝东	East	朝东	4	
Northing	朝北	North	朝北	5	
Westing	朝西	West	朝西	6	
Southing	朝南	South	朝南	7	
Geocentric X	地心 X	Geocentric X	地心 X	8	
Geocentric Y	地心 Y	Geocentric Y	地心 Y	9	
Geocentric Z	地心 Z	Geocentric Z	地心 Z	10	
Gravity Related Height	重力相关高度	Up	朝上	11	
Gravity Related Depth	重力相关深度	Down	朝下	12	

下表是受支持的投影及其参数集：

名称（英文）	名称（中文）	PROM 值	参数 1	参数 2	参数 3	参数 4	参数 5	EPSG 代码
Mercator	墨卡托投影	1	第一标准纬线[1]的纬度	自然原点的经度	—	—	—	9805
Transverse Mercator	横轴墨卡托投影	2	自然原点的纬度	自然原点的经度	自然原点处的比例因子	—	—	9807
Oblique Mercator	斜轴墨卡托投影	3	投影中心的纬度	投影中心的经度	起始线的方位	校正到斜网格的角度	起始线的比例因子	9815
Hotine Oblique Mercator	Hotine 斜轴墨卡托投影	4	投影中心的纬度	投影中心的经度	起始线的方位	校正到斜网格的角度	起始线的比例因子	9812
Lambert Conic Conformal (1SP)	兰勃特等角圆锥投影（1SP）	5	自然原点的纬度	自然原点的经度	自然原点处的比例因子	—	—	9801
Lambert Conic Conformal (2SP)	兰勃特等角投影（2SP）	6	伪原点的纬度	伪原点的经度	第一标准纬线[2]的纬度	第二标准纬线[3]的纬度	—	9802
Oblique Stereographic	斜球面投影	7	自然原点的纬度	自然原点的经度	自然原点处的比例因子	—	—	9809
Polar Stereographic	极球面投影	8	自然原点[4]的纬度	自然原点的经度	自然原点处的比例因子	—	—	9810
Krovak Oblique Conic Conformal	Krovak 斜圆锥等角	9	投影中心的纬度	投影中心的经度	起始线的方位	伪标准纬线的纬度	伪标准纬线处的比例因子	9819
American Polyconic	美国多圆锥投影	10	自然原点的纬度	自然原点的经度	—	—	—	9818
Albers Equal Area	亚尔勃斯等面积投影	11	伪原点的纬度	伪原点的经度	第一标准纬线[2]的纬度	第二标准纬线[3]的纬度	—	9822
Lambert Azimuthal Equal Area	兰勃特等积方位投影	12	自然原点的纬度	自然原点的经度	—	—	—	9820
New Zealand Mapgrid	新泽西分幅网格	13	自然原点的纬度	自然原点的经度	—	—	—	9811

[1] 实际比例尺的纬度；[2] 靠近赤道的标准纬线；[3] 远离赤道的标准纬线；[4] 必须是 90° 或者 −90°。

所有的纬度和经度必须以度为单位（南半球西半球是负数）。方位也以度为单位。投影的详细公式见 EPSG 文档。

如果在同一个数据集中同时使用了二维和三维坐标，那么三维坐标必须以复合 CRS 进行描述。二维坐标使用第一个组件（通常是二维地理或者投影 CRS）。

尽管数据集中所有坐标必须使用同一 CRS，但是不同的垂直基准可用于坐标元组中的高度或深度部分。因此 VDAT 字段可以重复。每个垂直基准都有一个唯一标识符。那些标识符将会在三维坐标字段中使用，用来指示使用了哪个垂直基准。坐标参照系记录的编码将会在两个示例中说明。第一个示例指定了复合 CRS。第一个组件是二维地理 CRS（WGS84），第二个组件是用于深度的垂直 CRS: “Mea Sea Level”（平均海平面）。

CSID:	RCNM{15}!RCID{1}!NCRC{2}!
CRSH:	CRIX{1}!CRST{1}!CSTY{1}!CRNM’WGS84’!CRSI’4326’!CRSS{2}!SCRI!
CRSH:	CRIX{2}!CRST{5}!CSTY{3}!CRNM’Mean Sea Level Depth’!CRSI!CRSS{255}SCRI!
CSAX:	AXTY{12}!AXUM{4}!
VDAT:	DTNM’Mean Sea Level’!DTID’VERDAT3’!DTSR{2}!SCRI!

第二个示例是通过定义详细信息为一个投影 CRS 编码。

CSID:	RCNM{15}!RCID{1}!NCRS{1}!
CRSH:	CRIX{1}!CRST{4}!CSTY{2}!CRNM’WGS84/UTM32N’!CRSI!CRSS{255}SCRI!
CSAX:	AXTY{4}!AXUM{4}!AXTY{5}!AXUM{4}!
PROJ:	PROM{2}!PRP1{0}!PRP2{9}!PRP3{0.9996}!PRP4{0}!PRP5{0}!FEAS{500000}!FNOR{0}!
GDAT:	DTNM’World Geodetic System 1984’!ELNM’WGS 84’!ESMA{6378137}!ESPT{2}!ESPM{298.257223563}!CMNM’Greenwich’!CMGL{0}!

10a-5.2.2 数据集坐标参照系记录结构

DataSet Coordinate Reference System record（数据集坐标参照系记录）

|

|--CSID (3): Coordinate Reference System Record Identifier field（坐标参照系记录标识符字段）

|

|-<1..*>-CRSH (7): Coordinate Reference System Header field（坐标参照系头字段）

|

|-<0..1>-CSAX (*2): Coordinate System Axes field（坐标系轴字段）

|

|-<0..1>-PROJ (8): Projection field（投影字段）

|

*-<0..1>-GDAT (7): Geodetic Datum field（大地基准字段）

|

*-<0..1>-VDAT (4): Vertical Datum field（垂直基准字段）

10a-5.2.2.1 坐标参照系记录标识符字段结构

字段标签：CSID	字段名称：坐标参照系记录标识符

子字段名称（英文）	子字段名称（中文）	标签	格式	子字段内容和说明
Record name	记录名称	RCNM	b11	{15}– 坐标参照系标识符
Record identification number	记录标识号	RCID	b14	范围：1 到 2^{32}-2
Number of CRS Components	CRS 组件数量	NCRC	b11	

数据描述性字段

1100;& □□□ Coordinate □ Reference □ System □ Record □ Identifier ▲ RCNM!RCID!NCRC ▲ (b11,b14,b11) ▼

10a-5.2.2.2 坐标参照系头字段结构

字段标签：CRSH	字段名称：坐标参照系头

子字段名称（英文）	子字段名称（中文）	标签	格式	子字段内容和说明
CRS Index	坐标参照系索引	CRIX	b11	CRS 的内部标识符（用于识别 C3DI 或 C3DF 中的垂直 CRS）
CRS Type	坐标参照系类型	CRST	b11	见表格
Coordinate System Type	坐标系类型	CSTY	b11	{1}– 椭球 CS {2}– 笛卡尔 CS {3}– 垂直 CS
CRS Name	坐标参照系名称	CRNM	A()	坐标参照系的名称
CRS Identifier	坐标参照系标识符	CRSI	A()	来自外部的 CRS 标识符，如果未通过引用定义，则为空
CRS Source	坐标参照系来源	CRSS	b11	{1}–IHO CRS 注册表 {2}–EPSG {254}– 其他来源 {255}– 不可用
CRS Source Information	坐标参照系来源信息	SCRI	A()	如果 CRSS=“其他来源”，则是 CRS 来源的信息

数据描述性字段

1600;&%/GCoordinate □ Reference □ System □ Header ▲ CRIX!CRST!CSTY!CRNM!CRSI!CRSS!SCRI ▲ (3b11,2A,b11,A) ▼

10a-5.2.2.3 坐标系轴字段结构

字段标签：CSAX	字段名称：坐标系轴

子字段名称（英文）	子字段名称（中文）	标签	格式	子字段内容和说明
Axis Type	轴类型	*AXTY	b11	见表格
Axis Unit of Measure	轴的度量单位	AXUM	b11	{1}–Degree（度） {2}–Grad（梯度） {3}–Radian（弧度） {4}–Metre（米） {5}–International foot（国际英尺） {6}–US survey foot（美国测量英尺）

数据描述性字段

2100;& □□□ Coordinate □ System □ Axes ▲ *AXTY!AXUM ▲ (2b11) ▼

10a-5.2.2.4 投影字段结构

字段标签：PROJ	字段名称：投影

子字段名称（英文）	子字段名称（中文）	标签	格式	子字段内容和说明
Projection Method	投影方法	PROM	b11	见表格
Projection Parameter 1	投影参数 1	PRP1	b48	见表格
Projection Parameter 2	投影参数 2	PRP2	b48	见表格
Projection Parameter 3	投影参数 3	PRP3	b48	见表格
Projection Parameter 4	投影参数 4	PRP4	b48	见表格
Projection Parameter 5	投影参数 5	PRO5	b48	见表格
False Easting	东伪偏移	FEAS	b48	东伪偏移（依据坐标轴“朝东”的度量单位）
False Northing	北伪偏移	FNOR	b48	北伪偏移（依据坐标轴“朝北”的度量单位）

数据描述性字段

1600;& □□□ Projection ▲ PROM!PRP1!PRP2!PRP3!PRP4!PRP5!FEAS!FNOR! ▲ (b11,7b48) ▼

10a-5.2.2.5 大地基准字段结构

字段标签：GDAT		字段名称：大地基准		
子字段名称（英文）	子字段名称（中文）	标签	格式	子字段内容和说明
Datum Name	基准名称	DTNM	A()	大地基准名称

续表

Ellipsoid Name	椭球体名称	ELNM	A()	椭球体名称
Ellipsoid semi major axis	椭球体长半轴	ESMA	b48	椭球体长半轴长度，单位是米
Ellipsoid second parameterType	椭球体第二参数类型	ESPT	b11	{1}– 椭球体短半轴，单位是米 {2}– 倒数扁率
Ellipsoid second parameter	椭球体第二参数	ESPM	b48	椭球体第二个参数
Central Meridian Name	中央子午线名称	CMNM	A()	中央子午线名称
Central Meridian Greenwich Longitude	中央子午线格林尼治经度	CMGL	b48	中央子午线格林尼治经度，单位是度

数据描述性字段

1600;&%/GGeodetic □ Datum ▲ DTNM!ELNM!ESMA!ESPT!ESPM!CMNM!CMGL! ▲ (2A,b48,b11,b48,A,b48) ▼

10a-5.2.2.6 垂直基准字段结构

字段标签：VDAT	字段名称：垂直基准

子字段名称（英文）	子字段名称（中文）	标签	格式	子字段内容和说明
Datum Name	基准名称	DTNM	A()	垂直基准的名称
Datum Identifier	基准标识符	DTID	A()	该基准在外部来源中的标识符
Datum Source	基准来源	DTSR	b11	{1}–IHO CRS 注册表 {2}– 要素目录 {3}–EPSG {254}– 其他来源 {255}– 不可用
Datum Source Information	基准来源信息	SCRI	A()	如果 DTSR=“其他来源”，则是该垂直基准来源的信息

数据描述性字段

1600;&%/GVertical □ Datum ▲ DTNM!DTID!DTSR!SCRI ▲ (2A,b11,A) ▼

10a-5.3 信息类型记录

10a-5.3.1 编码规则

信息类型是数据集中的一些信息片段，可以在对象之间共享。它们具有类似要素类型的属性，但是并没有与任何几何相关联。信息类型可能引用其他信息类型。对于该编码，信息类型记录必须优先存储于任何引用该记录的记录，这一点十分重要。

对象的代码必须是一个在要素目录中针对数据产品定义的有效代码。该记录版本初始化为 1，并随着该记录的更新而增加。该记录更新指令表明在更新过程中，某个信息类型是否会被插入、修改或删除。在一个基础地理数据集中，该值始终是“插入”。

10a-5.3.2　信息类型记录结构

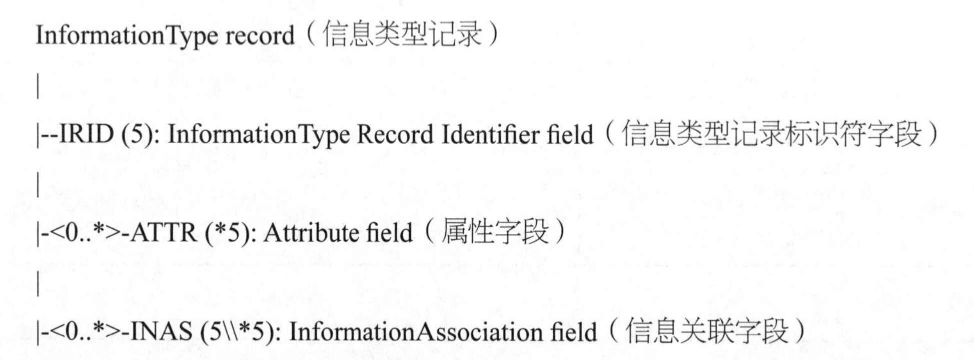

InformationType record（信息类型记录）

|

|--IRID (5): InformationType Record Identifier field（信息类型记录标识符字段）

|

|-<0..*>-ATTR (*5): Attribute field（属性字段）

|

|-<0..*>-INAS (5*5): InformationAssociation field（信息关联字段）

10a-5.3.3　信息类型标识符字段结构

字段标签：IRID		字段名称：信息类型记录标识符		
子字段名称（英文）	子字段名称（中文）	标签	格式	子字段内容和说明
Record name	记录名称	RCNM	b11	{150}– 信息类型
Record identification number	记录标识号	RCID	b14	范围：1 到 2^{32}-2
Numeric InformationType Code	数值信息类型代码	NITC	b12	有效的信息类型代码，定义详见“Dataset General Information Record”（数据集通用信息记录）的 ITCS 字段
Record version	记录版本	RVER	b12	包含记录版本序列号的 RVER
Record update instruction	记录更新指令	RUIN	b11	{1}– 插入 {2}– 删除 {3}– 修改

数据描述性字段

1100;& □□□ Information □ Type □ Record □ Identifier ▲ RCNM!RCID!NITC!RVER!RUIN ▲ (b11,b14,2b12,b11) ▼

10a-5.4　空间类型记录

10a-5.4.1　坐标

10a-5.4.1.1　编码规则

数据集中的坐标由坐标参照系（CRS）定义。CRS 定义在坐标参照系记录中。该记录也定义了坐标的单位。

“DataSet General Information”（数据集通用信息）记录的 DSSI 字段可以带有数据集坐标的局部原点。当存储坐标时，值需要扣除原点，当从数据集中读取坐标时，需要加回该原点，重新组成 CRS 定义的值。

坐标可以采用两种方式，浮点型或者整数。采用整数方式，存储的整数值通过实际坐标和乘法系数计算而来。在数据集通用信息记录的 DSSI 字段中，对每个坐标轴都定义了那些系数。用这些系数，存储值可以根据坐标参照系（CRS）变换为实际坐标。

坐标按照如下方法进行变换：

x = DCOX + XCOO / CMFX

y = DCOY + YCOO / CMFY

z = DCOZ + ZCOO / CMFZ

需要注意的是，如果坐标是按照浮点型进行存储的，值（CMFX、CMFY 和 CMFZ）应当设置为 1。

如果坐标字段允许多个坐标元组，那么更新必须维护坐标的次序。因而每个坐标流的更新通过目标记录坐标字段的索引、更新指令和更新记录中坐标字段的坐标数量来定义。

需要注意的是，索引和数量指的是坐标元组，而不是单个坐标。索引以 1 为起始。

10a-5.4.1.2 坐标控制字段结构

字段标签：COCC	[Upd]	字段名称：坐标控制		
子字段名称（英文）	子字段名称（中文）	标签	格式	子字段内容和说明
Coordinate Update Instruction	坐标更新指令	COUI	b11	{1}– 插入 {2}– 删除 {3}– 修改
Coordinate Index	坐标索引	COIX	b12	用于在目标记录的坐标字段中定位坐标元组的索引（位置）
Number of Coordinates	坐标数量	NCOR	b12	更新记录中坐标字段的坐标元组数量

数据描述性字段

1100;& □□□ Coordinate □ Control ▲ COUI!COIX!NCOR ▲ (b11,2b12) ▼

10a-5.4.2 二维整数坐标元组字段结构

字段标签：C2IT		字段名称：二维整数坐标元组		
子字段名称（英文）	子字段名称（中文）	标签	格式	子字段内容和说明
Coordinate in Y axis	Y 轴坐标	YCOO	b24	Y 坐标或者纬度
Coordinate in X axis	X 轴坐标	XCOO	b24	X 坐标或者经度

数据描述性字段

1100;& □□□ 2-D □ Integer □ Coordinate □ Tuple ▲ YCOO!XCOO ▲ (2b24) ▼

10a-5.4.3 三维整数坐标元组字段结构

字段标签：C3IT		字段名称：三维整数坐标元组		
子字段名称（英文）	子字段名称（中文）	标签	格式	子字段内容和说明
Vertical CRS Id	垂直坐标参照系 Id	VCID	b11	垂直 CRS 内部标识符
Coordinate in Y axis	Y 轴坐标	YCOO	b24	Y 坐标或者纬度
Coordinate in X axis	X 轴坐标	XCOO	b24	X 坐标或者经度
Coordinate in Z axis	Z 轴坐标	ZCOO	b24	Z 坐标（深度或者高度）

数据描述性字段

1100;& □□□ 3-D □ Integer □ Coordinate □ Tuple ▲ VCID!YCOO!XCOO!ZCOO ▲ (b11,3b24) ▼

10a-5.4.4 二维浮点坐标元组字段结构

字段标签：C2FT		字段名称：二维浮点坐标元组		
子字段名称（英文）	子字段名称（中文）	标签	格式	子字段内容和说明
Coordinate in Y axis	Y 轴坐标	YCOO	b48	Y 坐标或者纬度
Coordinate in X axis	X 轴坐标	XCOO	b48	X 坐标或者经度

数据描述性字段

2200;& □□□ 2-D □ Floating □ Point □ Coordinate □ Tuple ▲ YCOO!XCOO ▲ (2b48) ▼

10a-5.4.5 三维浮点坐标元组字段结构

字段标签：C3FT		字段名称：三维浮点坐标元组		
子字段名称（英文）	子字段名称（中文）	标签	格式	子字段内容和说明
Vertical CRS Id	垂直坐标参照系 Id	VCID	b11	垂直 CRS 内部标识符
Coordinate in Y axis	Y 轴坐标	YCOO	b48	Y 坐标或者纬度
Coordinate in X axis	X 轴坐标	XCOO	b48	X 坐标或者经度
Coordinate in Z axis	Z 轴坐标	ZCOO	b48	Z 坐标（深度或者高度）

数据描述性字段

3600;& □□□ 3-D □ Floating □ Point □ Coordinate □ Tuple ▲ VCID!YCOO!XCOO!ZCOO ▲ (b11,3b48) ▼

10a-5.4.6 二维整数坐标列表字段结构

字段标签：C2IL		字段名称：二维整数坐标列表		
子字段名称（英文）	子字段名称（中文）	标签	格式	子字段内容和说明
Coordinate in Y axis	Y 轴坐标	*YCOO	b24	Y 坐标或者纬度
Coordinate in X axis	X 轴坐标	XCOO	b24	X 坐标或者经度

数据描述性字段

2100;& □□□ 2-D □ Integer □ Coordinate □ List ▲ *YCOO!XCOO ▲ (2b24) ▼

10a-5.4.7 三维整数坐标列表字段结构

字段标签：C3IL		字段名称：三维整数坐标列表		
子字段名称（英文）	子字段名称（中文）	标签	格式	子字段内容和说明
Vertical CRS Id	垂直坐标参照系 Id	VCID	b11	垂直 CRS 内部标识符
Coordinate in Y axis	Y 轴坐标	*YCOO	b24	Y 坐标或者纬度
Coordinate in X axis	X 轴坐标	XCOO	b24	X 坐标或者经度
Coordinate in Z axis	Z 轴坐标	ZCOO	b24	Z 坐标（深度或者高度）

数据描述性字段

3100;& □□□ 3-D □ Integer □ Coordinate □ List ▲ VCID*YCOO!XCOO!ZCOO ▲ (b11,{3b24}) ▼

10a-5.4.8 二维浮点坐标列表字段结构

字段标签：C2FL		字段名称：二维浮点坐标列表		
子字段名称（英文）	子字段名称（中文）	标签	格式	子字段内容和说明
Coordinate in Y axis	Y 轴坐标	*YCOO	b48	Y 坐标或者纬度
Coordinate in X axis	X 轴坐标	XCOO	b48	X 坐标或者经度

数据描述性字段

2200;& □□□ 2-D □ Floating □ Point □ Coordinate □ List ▲ *YCOO!XCOO ▲ (2b48) ▼

10a-5.4.9 三维浮点坐标列表字段结构

字段标签：C3FL		字段名称：三维浮点坐标列表		
子字段名称（英文）	子字段名称（中文）	标签	格式	子字段内容和说明
Vertical CRS Id	垂直坐标参照系 Id	VCID	b11	垂直 CRS 内部标识符
Coordinate in Y axis	Y 轴坐标	*YCOO	b48	Y 坐标或者纬度
Coordinate in X axis	X 轴坐标	XCOO	b48	X 坐标或者经度
Coordinate in Z axis	Z 轴坐标	ZCOO	b48	Z 坐标（深度或者高度）

数据描述性字段

3600;& □□□ 3-D □ Floating □ Coordinate □ List ▲ VCID*YCOO!XCOO!ZCOO ▲ (b11,{3b24}) ▼

10a-5.4.10 节点

节点是样条曲线中控制曲线形状的参数。每个节点在样条的参数空间中定义一个值，用于定义样条基函数。节点数据类型保存了有关节点多重性的信息。节点数组中的参数值必须严格单调递增；也就是说，每个值都必须大于前一个值。

字段标签：KNOT		字段名称：节点		
子字段名称（英文）	子字段名称（中文）	标签	格式	子字段内容和说明
Knot multiplicity	节点多重性	*KMUL	b11	节点的多重性
Knot value	节点值	KVAL	b48	节点的值

数据描述性字段

1600;& □□□ Knot ▲ KMUL!KVAL ▲ (b11,b48) ▼

10a-5.4.11 导数

导数字段对曲线在某一点上的导数进行编码。任何缺失的值都必须编码为“omitted”（省略）（见条款 10a-3.5）。从一阶导数开始按顺序对导数进行编码。

导数是根据它们的 X 和 Y 组件给出的。在该版 S-100 中，导数仅在二维中定义，因为样条仅是二维的。

导数以浮点和整数格式定义，与相应类型的坐标字段一起使用。

字段标签：DRVF		字段名称：二维导数列表浮点		
子字段名称（英文）	子字段名称（中文）	标签	格式	子字段内容和说明
Y component of point at which defined	定义点的 Y 组件	YCOO	b48	定义导数点的 Y 组件
X component of point at which defined	定义点的 X 组件	XCOO	b48	定义导数点的 X 组件
Highest order of derivative	最高阶导数	DRVO	b11	在列表中的最高阶导数
Y offset	Y 偏移	*YDRV	b48	第 n 个导数的 Y 组件
X offset	X 偏移	XDRV	b48	第 n 个导数的 X 组件

数据描述性字段

3600;& □□□ 2-D □ Derivative □ List □ Float ▲ YCOO!XCOO!DRVO!*YDRV!XDRV ▲ (2b48,b11,2b48) ▼

字段标签：DRVI		字段名称：二维导数列表整数		
子字段名称（英文）	子字段名称（中文）	标签	格式	子字段内容和说明
Y component of point at which defined	定义点的 Y 组件	YCOO	b24	定义导数点的 Y 坐标

续表

X component of point at which defined	定义点的 X 组件	XCOO	b24	定义导数点的 X 坐标
Highest order of derivative	最高阶导数	DRVO	b11	在列表中的最高阶导数
Y component of derivative	导数的 Y 组件	*YDRV	b24	第 n 个导数的 Y 组件
X component of derivative	导数的 X 组件	XDRV	b24	第 n 个导数的 X 组件

数据描述性字段

3600;& □□□ 2-D □ Derivative □ List □ Integer ▲ YCOO!XCOO!DRVO!*YDRV!XDRV ▲ (2b24,b11,2b24) ▼

10a-5.5 点记录

10a-5.5.1 编码规则

点是零维空间对象。它将以点记录进行编码。该记录包含了“Point Record Identifier”（点记录标识符）字段。由于具有 RCNM 和 RCID 两个子字段，每个点在某个数据集中必须是可唯一标识的。点可以具有属性以及指向信息类型的关联。

每个点有且只有一个坐标字段，有且只有一个坐标元组。点可以是二维坐标或者三维坐标。

由于只有一个坐标元组，因而没有必要使用专门的机制用于更新坐标。当点的坐标需要被更新时，更新的记录将包含具有新坐标的坐标字段。更新记录中坐标的维数必须与目标记录的一致。

10a-5.5.2 点记录结构

Point record（点记录）

    |
    |--PRID (4): Point Record Identifier field（点记录标识符字段）
        |
        |-<0..*>-INAS (5*5): InformationAssociation field（信息关联字段）
        |
        | 可选的坐标表示：
        |
        *--C2IT (2): 2-D Integer Coordinate Tuple field（二维整数坐标元组字段）
        |
        *--C3IT (4): 3-D Integer Coordinate Tuple field（三维整数坐标元组字段）
        |
        *--C2FT (2): 2-D Floating Point Coordinate Tuple field（二维浮点坐标元组字段）
        |
        *--C3FT (4): 3-D Floating Point Coordinate Tuple field（三维浮点坐标元组字段）

10a-5.5.2.1　点记录标识符字段结构

字段标签：PRID		字段名称：点记录标识符		
子字段名称（英文）	子字段名称（中文）	标签	格式	子字段内容和说明
Record name	记录名称	RCNM	b11	{110}– 点
Record identification number	记录标识号	RCID	b14	范围：1 到 2^{32}-2
Record version	记录版本	RVER	b12	包含记录版本序列号的 RVER
Record update instruction	记录更新指令	RUIN	b11	{1}– 插入 {2}– 删除 {3}– 修改

数据描述性字段

1100;& □□□ Point □ Record □ Identifier ▲ RCNM!RCID!RVER!RUIN ▲ (b11,b14,b12,b11) ▼

10a-5.6　多点记录

10a-5.6.1　编码规则

多点是零维空间对象的聚合。它将会以多点记录进行编码。每个多点都必须具有存储在“Multi Point Record Identifier”（多点记录标识符）字段中的唯一标识符（RCNM+RCID）。和其他任一种空间对象相似，多点具有属性和指向信息类型的关联。

坐标应以坐标列表字段的方式存储。这种字段可以重复，并且在一个字段中可以有多个坐标元组。如果使用了多个坐标列表字段，它们必须是同一种类型。如果多点使用了三维坐标，它们必须指向同一垂直基准。

在更新的时候，坐标控制字段定义了目标记录中哪些坐标需要更新。“Coordinate Update Instruction，COUI”（坐标更新指令）子字段定义了三种可能的更新类别：

1）插入（Insert）

必须将更新记录坐标字段中的已编码坐标插入到目标记录的坐标字段中。“Coordinate Index，COIX”（坐标索引）子字段指明了那些需要被插入的新坐标的位置索引。第一个坐标的索引是 1。需要被插入的坐标数量由“Number of Coordinates，NCOR”（坐标数量）子字段给定。

2）删除（Delete）

必须从目标记录的坐标字段中删除的坐标。删除必须按照“COIX”（坐标索引）子字段指定的索引进行。需要移除的坐标数量由“NCOR”（坐标数量）子字段指定。

3）修改（Modify）

更新记录坐标字段中的已编码坐标必须替换目标记录坐标字段中的对应坐标。替换过程必须按照“COIX”（坐标索引）子字段给定的索引进行。需要替换的坐标数量由“NCOR”（坐标数量）子字段指定。

需要注意的是，“COIX”（坐标索引）和“NCOR”（坐标数量）中给定的索引和数量指的是坐标元组，而不是单个坐标。

如果需要多个操作以更新一个目标记录的坐标，那么每个操作都应当按照分别更新记录进行编码。需要注意的是，索引总是指向最新版记录，也就是说，如果坐标的所有索引已经在一次更新记录之后改变了，每次后续的更新记录中都必须考虑这些变更。

一次更新记录中的所有坐标都必须存储在同一类型坐标字段中，该坐标类型指的是目标记录中使用的类型。对于三维坐标，则必须和目标记录的坐标使用同样的垂直基准。

10a-5.6.2 多点记录结构

Multi Point record（多点记录）

|

|--MRID (4): Multi Point Record Identifier field（多点记录标识符字段）

|

|-<0..*>-INAS (5*5): InformationAssociation field（信息关联字段）

|

|-<0..1>-COCC (3): Coordinate Control field（坐标控制字段）

|

| 可选的坐标表示：

|

-<0..>-C2IL (*2): 2-D Integer Coordinate List field（二维整数坐标列表字段）

|

-<0..>-C3IL (1*3): 3-D Integer Coordinate List field（三维整数坐标列表字段）

|

-<0..>-C2FL (*2): 2-D Floating Point Coordinate List field（二维浮点坐标列表字段）

|

-<0..>-C3FL (1*3): 3-D Floating Point Coordinate List field（三维浮点坐标列表字段）

10a-5.6.2.1 多点记录标识符字段结构

字段标签：MRID		字段名称：多点记录标识符		
子字段名称（英文）	子字段名称（中文）	标签	格式	子字段内容和说明
Record name	记录名称	RCNM	b11	{115}– 多点
Record identification number	记录标识号	RCID	b14	范围：1 到 2^{32}-2
Record version	记录版本	RVER	b12	包含记录版本序列号的 RVER
Record update instruction	记录更新指令	RUIN	b11	{1}– 插入 {2}– 删除 {3}– 修改

数据描述性字段

1100;& □□□ Multi □ Point □ Record □ Identifier ▲ RCNM!RCID!RVER!RUIN ▲ (b11,b14,b12,b11) ▼

10a-5.7 曲线记录

10a-5.7.1 编码规则

曲线是一维的空间对象。它由若干个定义曲线几何的分段构成。曲线上所有的分段都定义了一个连续的路径。每一分段的几何由一组控制点（坐标）和插值方法指定。如同其他任一空间对象，曲线可以具有属性和指向信息类型的关联。曲线与定义了该曲线拓扑边界（终点）的点之间具有关联。那些点必须与第一段的起点和最后一段的终点分别一致。具有这样一些点的关联将会按照“Point Association，PTAS”（点关联）字段进行编码。

对于每个段，必须编码一个“Segment Header，SEGH”（段头）字段，之后是“Coordinate Control”（坐标控制）字段（只有更新字段）和“Coordinate”（坐标）字段。

- 将 INTP（插值）子字段设置为 7（圆心和半径表示的圆弧）的分段，必须在“Coordinate”字段后跟随参数字段（CIPM 或 ARPM），指定此类分段的附加参数。如果分段是一个完整的圆，必须使用“CIPM”字段（圆参数），圆弧必须使用“ARPM”字段（圆弧参数）。注意，对于这些分段，有且只有一个控制点。
- 将 INTP 字段设置为 8（多项式样条）或 9（贝塞尔样条）的分段，多项式样条参数字段（PSPL）必须在“Coordinate”字段之后，才能定义此类段的附加参数。只有当节点不一致时（“knotSpec”不是 1）才需要“Knot”字段。
- 将 INTP 字段设置为 10（b 样条）的分段，样条参数字段（SPLI）必须在“Coordinate”字段之后，才能定义样条段的附加参数。只有当节点不一致时（“knotSpec”不是 1）才需要“节点”字段。
- 将 INTP 字段设置为 11（混合抛物线）的分段不需要其他参数。在“Coordinate”字段中指定的控制（数据）点和插值类型足以定义曲线段。注意，闭合段的起点和终点必须重叠，以便产生平滑的闭合曲线（见第 7 部分条款 7-4.2.2.2）。

控制点的坐标可以存储在以下字段中：C2IL（二维整数坐标列表），C2FL（二维浮点坐标列表），C3IL（三维整数坐标列表）或 C3FL（三维浮点坐标列表）。这些字段（坐标列表字段）可以重复，可以携带多个坐标元组（除了 INTP 等于 7，见上文）。

如果使用了多个坐标列表字段，它们必须是同一种类型。如果段中使用了三维坐标，它们必须使用同一垂直基准。

“Point Association”（点关联）字段不需要专门的更新指令。更新记录中定义的关联将会替换目标记录中的相应关联。

分段的次序很重要，在更新时必须维护。因此，针对段在更新过程中使用了专门的控制字段。曲线中段的次序由记录中“Segment Header”（段头）字段的序列来定义。为了更新此序列，必须使用“Segment Control，SECC”（分段控制）字段。

“SEUI”（段更新指令）子字段定义了三种可能的指令：

1）Insert（插入）

必须将更新记录中的段插入到目标记录中。SEIX（段索引）子字段规定了那些段需要被插入的索引（位置）。子字段 NSEG 给出了需要被插入的段的数量。

2）Delete（删除）

必须从目标记录的坐标字段中删除的段。子字段“SEIX”（段索引）和“NSEG”（段数量）规定了哪里和多少个段需要删除。

3）Modify（修改）

目标记录的段必须按照更新记录的指令进行修改。每个需要修改的段必须具有一个“Segment Header”（段头）字段，一个“Coordinate Control”（坐标控制）字段，可能还需要合适的“Coordinate”（坐标）字段。“SEIX”（段索引）子字段表明了第一个需要修改的段，“NSEG”（段数量）子字段给出了需要修改的段数量。更新记录中所有需要修改的子字段都必须在目标记录中连续。否则的话，需要使用多个更新记录。

当一个段的控制点坐标需要被修改时，这需要依靠“Coordinate Control”（坐标控制）字段来完成。它定义了目标记录中哪些坐标需要更新。“Coordinate Update Instruction”（坐标更新指令，COUI）子字段定义了三种可能的更新类别：

1）Insert（插入）

必须将更新记录坐标字段中的已编码坐标插入到目标记录的坐标字段中。“Coordinate Index”（坐标索引，COIX）子字段指明了那些需要被插入的新坐标的位置索引。第一个坐标的索引是 1。需要被插入的坐标数量由“Number of Coordinates”（坐标数量，NCOR）子字段给定。

2）删除（Delete）

必须从目标记录的坐标字段中删除的坐标。删除必须按照“COIX”（坐标索引）子字段指定的索引进行。需要移除的坐标数量由“NCOR”（坐标数量）子字段指定。

3）修改（Modify）

更新记录坐标字段中的已编码坐标必须替换目标记录坐标字段中的对应坐标。替换过程必须按照“COIX”（坐标索引）子字段给定的索引进行。需要替换的坐标数量由“NCOR”（坐标数量）子字段指定。

需要注意的是，“COIX”（坐标索引）和“NCOR”（坐标数量）中给定的索引和数量指的是坐标元组，而不是单个坐标。

一次更新记录中的所有坐标都必须存储在同一类型坐标字段中，该坐标类型指的是目标记录中使用的类型。对于三维坐标，则必须和目标记录的坐标使用同样的垂直基准。

10a-5.7.2　曲线记录结构

Curve record（曲线记录）

|

|--CRID (4): Curve Record Identifier field（曲线记录标识符字段）

|

|-<0..*>-INAS (5*5): InformationAssociation field（信息关联字段）

|

|-<0..1>-PTAS (*3): Point Association field（点关联字段）

|

```
|-<0..1>-SECC (3): Segment Control field（段控制字段）
|
|-<0..*>-SEGH (1): Segment Header field（段头字段）
    |
    |-<0..1>-COCC (3): Coordinate Control Field（坐标控制）
    |
    | 可选的坐标表示：
    |
    *-<0..*>-C2IL (*2): 2-D Integer Coordinate List field（二维整数坐标列表字段）
    |
    *-<0..*>-C3IL (1\\*3): 3-D Integer Coordinate List field（三维整数坐标列表字段）
    |
    *-<0..*>-C2FL (*2): 2-D Floating Point Coordinate List field（二维浮点坐标列表字段）
    |
    *-<0..*>-C3FL (1\\*3): 3-D Floating Point Coordinate List（三维浮点坐标列表字段）
    |
    | 圆和圆弧分段的可选参数：
    |
    *-<0..1>-CIPM (6): Circle Parameter field（圆参数字段）
    |
    *-<0..1>-ARPM (6): Arc Parameter field（圆弧参数字段）
    |
    | 样条分段的可选参数：
    |
    *-<0..1>-SPLI (1): Spline Parameter field（样条参数字段）
    | |
    |  *-<0..1>-KNOT (*2) Knots array field（节点字段）
    |
    *-<0..1>-PSPL (1): Polynomial Spline Parameter field（多项式样条参数字段）
    |
    *-<0..1>-KNOT (*2) Knots array field（节点字段）
    |
    | 可选的坐标表示：
    |
    *-<0..1>-DRVF (*4) Derivatives field (floating point)（二维导数列表字段 [ 浮点 ]）
    |
```

*-<0..1>-DRVI (*4) Derivatives field (Integer)（二维导数列表字段 [整数]）

10a-5.7.2.1 曲线记录标识符字段结构

字段标签：CRID		字段名称：曲线记录标识符		
子字段名称（英文）	子字段名称（中文）	标签	格式	子字段内容和说明
Record name	记录名称	RCNM	b11	{120}– 曲线
Record identification number	记录标识号	RCID	b14	范围：1 到 2^{32}-2
Record version	记录版本	RVER	b12	包含记录版本序列号的 RVER
Record update instruction	记录更新指令	RUIN	b11	{1}– 插入 {2}– 删除 {3}– 修改

数据描述性字段

1100;& □□□ Curve □ Record □ Identifier ▲ RCNM!RCID!RVER!RUIN ▲ (b11,b14,b12,b11) ▼

10a-5.7.2.2 点关联字段结构

字段标签：PTAS		字段名称：点关联		
子字段名称（英文）	子字段名称（中文）	标签	格式	子字段内容和说明
Referenced Record name	引用记录名称	*RRNM	b11	引用记录的记录名称
Referenced Record identifier	引用记录标识符	RRID	b14	引用记录的记录标识符
Topology indicator	拓扑指示器	TOPI	b11	{1}– 起点 {2}– 终点 {3}– 起点 & 终点

数据描述性字段

2100;& □□□ Point □ Association ▲ *RRNM!RRID!TOPI ▲ (b11,b14,b11) ▼

10a-5.7.2.3 段控制字段结构

字段标签：SECC	[Upd]]	字段名称：段控制		
子字段名称（英文）	子字段名称（中文）	标签	格式	子字段内容和说明
Segment update instruction	段更新指令	SEUI	b11	{1}– 插入 {2}– 删除 {3}– 修改
Segment index	段索引	SEIX	b12	用于在目标记录中定位段的索引（位置）
Number of segments	段数量	NSEG	b12	更新记录中段的数量

数据描述性字段

1100;& □□□ Segment □ Control ▲ SEUI!SEIX!NSEG ▲ (b11,2b12) ▼

10a-5.7.2.4 段头字段结构

字段标签：SEGH		字段名称：段头		
子字段名称（英文）	子字段名称（中文）	标签	格式	子字段内容和说明
Interpolation	插值	INTP	b11	{1}– 线性 {2}– 3 点圆弧 {3}– 大地 {4}– 斜驶 {5}– 椭圆形 {6}– 锥形 {7}– 圆心和半径表示的圆弧 {8}– 多项式样条 {9}– 贝塞尔样条 {10}– b 样条 {11}– 混合抛物线

数据描述性字段

1100;& □□□ Segment □ Header ▲ INTP ▲ (b11) ▼

10a-5.7.3 圆参数字段结构

字段标签：CIPM		字段名称：圆参数		
子字段名称（英文）	子字段名称（中文）	标签	格式	子字段内容和说明
Radius	半径	RADI	b48	圆的半径
Unit of Radius	半径单位	RADU	b11	{1}–Metre（米） {2}–Yard（码） {3}–Kilometre（千米） {4}–Statute mile（法定英里） {5}–Nautical mile（海里）

数据描述性字段

1100;& □□□ Circle □ Parameter ▲ RADI!RADU ▲ (b48,b11) ▼

10a-5.7.4 圆弧参数字段结构

字段标签：ARPM		字段名称：圆弧参数		
子字段名称（英文）	子字段名称（中文）	标签	格式	子字段内容和说明
Radius	半径	RADI	b48	圆的半径
Unit of Radius	半径单位	RADU	b11	{1}–Metre（米） {2}–Yard（码） {3}–Kilometre（千米） {4}–Statute mile（法定英里） {5}–Nautical mile（海里）

续表

Start Bearing Angle	起始方位角	SBRG	b48	以十进制度为单位，范围 [0.0，360.0]
Angular distance	角距	ANGL	b48	以十进制度为单位 [-360.0，360.0]

数据描述性字段

```
1100;& □□□ Arc □ Parameter ▲ RADI!RADU!SBRG!ANGL ▲ (b48,b11,2b48) ▼
```

10a-5.7.5 样条参数字段结构

字段标签：SPLI		字段名称：样条参数		
子字段名称（英文）	子字段名称（中文）	标签	格式	子字段内容和说明
Degree	阶次	DEGR	b11	插值多项式的阶次
KnotSpec	节点规格	KSPC	b11	{1}– 均匀 {2}– 准均匀 {3}– 分段贝塞尔 {4}– 非均匀
Is Rational	是否有理	RTNL	b11	{1}– 该样条是有理样条 {2}– 该样条不是有理样条

数据描述性字段

```
1100;& □□□ Spline □ Parameter ▲ DEGR!KSPC!RTNL ▲ (3b11) ▼
```

10a-5.7.6 多项式样条参数字段结构

字段标签：PSPL		字段名称：多项式样条参数		
子字段名称（英文）	子字段名称（中文）	标签	格式	子字段内容和说明
Degree	阶次	DEGR	b11	圆的半径
KnotSpec	节点规格	KSPC	b11	{1}– 均匀 {2}– 准均匀 {3}– 分段贝塞尔 {4}– 非均匀
Is Rational	是否有理	RTNL	b11	{1}– 该样条是有理样条 {2}– 该样条不是有理样条
Number of derivatives at start and end	开始和结束时的导数数量	NDRV	b11	两端导数的数量。开始和结束时的导数数量必须相同。如果开始和结束的导数数量不同，缺省值必须编码为“omitted”（省略）值（参见 10a-3.5）
Number derivatives Interior	内部导数数量	NDVI	b11	内部导数的数量必须连续。例如，“2”表示一阶和二阶内部导数必须连续

数据描述性字段

```
1100;& □□□ Polynomial □ Spline □ Parameter ▲ DEGR!KNUM!KSPC!RTNL!NDRV!NDVI ▲ (5b11) ▼
```

10a-5.8 组合曲线记录

10a-5.8.1 编码规则

组合曲线是一维空间对象，由其他曲线组成。组合曲线本身是一条连续路径；也就是说，一个组件的终点必须和下一个组件的起点一致。所有组件都是曲线，尽管它们使用的方向可能和曲线原来定义的方向相反。使用的方向将会被编码到“Curve Component”（曲线组件，CUCO）字段中的“ORNT”（方向）子字段。

拓扑边界没有被显式编码。起始节点从第一个组件算起，终点从最后一个组件算起。拓扑边界的计算依赖于“ORNT”（方向）子字段。

如同其他所有空间对象，属性和指向信息类型的关联都可以被编码。

组合曲线可以将其他组合曲线作为其组件。这样的话，被引用组件的记录必须优先存储于引用该组件的记录。

由于组件的次序对于组合曲线的定义很重要，在更新过程中必须进行维护。因而使用了专门的控制字段，用于更新组件间的次序。该字段包含了“更新指令”子字段（CCUI），该子字段具有三个值：

1）插入（Insert）

更新记录的组件必须插入到目标记录中定义的组件序列中。“CCIX”（曲线组件索引）将会定义组件应该插入的索引（位置）。第一个组件的索引是 1。“NCCO”（曲线组件数量）子字段给出了更新记录中的组件数量。对于在被引用之前添加到数据集中的新组件，它们可以被插入到组合曲线中。

2）删除（Delete）

必须从目标记录中删除的组件。“CCIX”（曲线组件索引）子字段规定了第一个需要删除的组件索引（位置），“NCCO”（曲线组件数量）子字段给出了需要删除的组件数量。需要注意的是，该组件只是从组合曲线中的组件序列中删除，不是从数据集中删除。

3）修改（Modify）

目标记录的组件将会被替换成更新记录的组件。第一个需要替换的组件由子字段“CCIX”（曲线组件索引）给定，需要替换的组件数量由子字段“NCCO”（曲线组件数量）指定。在被引用之前添加到数据集中的新组件可以应用于组合曲线中。

如果有多个指令需要更新组件序列，那么多个更新记录必须进行编码。需要注意的是，索引总是指向最新版记录，也就是说，如果坐标的所有索引已经在一次更新记录之后改变了，后续每次更新记录中都必须考虑这些变更。

10a-5.8.2 组合曲线记录结构

Composite Curve record（组合曲线记录）

|

|--CCID (4): Composite Curve Record Identifier field（组合曲线记录标识符字段）

|

|-<0..*>-INAS (5*5): InformationAssociation field（信息关联字段）

|

|-<0..1>-CCOC (3): Curve Component Control field（曲线组件控制字段）

|

|-<0..*>-CUCO (*3): Curve Component field（曲线组件字段）

10a-5.8.2.1 组合曲线记录标识符字段结构

字段标签：CCID		字段名称：组合曲线记录标识符		
子字段名称（英文）	子字段名称（中文）	标签	格式	子字段内容和说明
Record name	记录名称	RCNM	b11	{125}– 组合曲线
Record identification number	记录标识号	RCID	b14	范围：1 到 2^{32}-2
Record version	记录版本	RVER	b12	包含记录版本序列号的 RVER
Record update instruction	记录更新指令	RUIN	b11	{1}– 插入 {2}– 删除 {3}– 修改

数据描述性字段

1100;& □□□ Composite □ Curve □ Record □ Identifier ▲ RCNM!RCID!RVER!RUIN ▲ (b11,b14,b12,b11) ▼

10a-5.8.2.2 曲线组件控制字段结构

字段标签：CCOC	[Upd]	字段名称：曲线组件控制		
子字段名称（英文）	子字段名称（中文）	标签	格式	子字段内容和说明
Curve Component update instruction	曲线组件更新指令	CCUI	b11	{1}– 插入 {2}– 删除 {3}– 修改
Curve Component index	曲线组件索引	CCIX	b12	在目标记录的 CUCO 字段中，用于定位曲线记录指针的索引（位置）
Number of Curve Components	曲线组件数量	NCCO	b12	更新记录 CUCO 字段中的曲线记录指针数

数据描述性字段

1100;& □□□ Curve □ Component □ Control ▲ CCUI!CCIX!NCCO ▲ (b11,2b12) ▼

10a-5.8.2.3 曲线组件字段结构

字段标签：CUCO		字段名称：曲线组件		
子字段名称（英文）	子字段名称（中文）	标签	格式	子字段内容和说明
Referenced Record name	引用记录名称	*RRNM	b11	引用记录的记录名称
Referenced Record identifier	引用记录标识符	RRID	b14	引用记录的记录标识符
Orientation	方向	ORNT	b11	{1}– 向前 {2}– 向后

数据描述性字段

2100;& □□□ Curve □ Component ▲ *RRNM!RRID!ORNT ▲ (b11,b14,b11) ▼

10a-5.9 曲面记录

10a-5.9.1 编码规则

曲面是一个二维空间对象，由它的边界定义。每个边界都是一个闭合曲线。闭合意味着起点和终点是重合的。一个曲面有且只有一个外部边界，可能有0个或多个内部边界（曲面内的洞）。

所有的内部边界必须是全部在外部边界内的，而且没有一个内部边界在另一个内部边界内部。边界之间不能相交，但是可以相切。那些边界也叫做环，用“Ring Association”（环关联）字段进行编码。每个环必须引用一个曲线记录（RRNM[引用记录名称]和RRID[引用记录标识符]）、曲线使用的方向（ORNT）以及该环是外部或者内部的标记（USAG）进行编码。另外，每个环使用一个更新指令（RAUI）进行编码。由于环关联的编码顺序是任意的，因此没有特殊的更新字段从曲面定义中添加或删除环。这将通过“Ring Association”（环关联）字段和相应的“Ring Association Update Instruction”（环关联更新指令，RAUI）子字段进行。

10a-5.9.2 曲面记录结构

Surface record（曲面记录）

 |

 |--SRID (4): Surface Record Identifier field（曲面记录标识符字段）

  |

  |-<0..*>-INAS (5*5): InformationAssociation field（信息关联字段）

  |

  |-<1..*>-RIAS (*5): Ring Association field（环关联字段）

10a-5.9.2.1 曲面记录标识符字段结构

字段标签：SRID		字段名称：曲面记录标识符		
子字段名称（英文）	子字段名称（中文）	标签	格式	子字段内容和说明
Record name	记录名称	RCNM	b11	{130}– 曲面
Record identification number	记录标识号	RCID	b14	范围：1 到 2^{32}-2
Record version	记录版本	RVER	b12	包含记录版本序列号的 RVER
Record update instruction	记录更新指令	RUIN	b11	{1}– 插入 {2}– 删除 {3}– 修改

数据描述性字段

1100;& □□□ Surface □ Record □ Identifier ▲ RCNM!RCID!RVER!RUIN ▲ (b11,b14,b12,b11) ▼

10a-5.9.2.2 环关联字段结构

字段标签：RIAS		字段名称：环关联		
子字段名称（英文）	子字段名称（中文）	标签	格式	子字段内容和说明
Referenced Record name	引用记录名称	*RRNM	b11	引用记录的记录名称
Referenced Record identifier	引用记录标识符	RRID	b14	引用记录的记录标识符
Orientation	方向	ORNT	b11	{1}– 向前 {2}– 向后
Usage indicator	用法指示	USAG	b11	{1}– 外部 {2}– 内部
Ring Association update instruction	环关联更新指令	RAUI	b11	{1}– 插入 {2}– 删除

数据描述性字段

2100;& □□□ Ring □ Association ▲ *RRNM!RRID!ORNT!USAG!RAUI ▲ (b11,b14,3b11) ▼

10a-5.10 要素类型记录

10a-5.10.1 编码规则

要素类型的实例以要素记录的数据结构实现。要素类型列在数据产品中的要素目录中。要素目录定义了每个要素类型可允许使用的属性和关联。要素目录也定义了要素之间关联的两个角色。

符合 S-100 规范的要素目录规定了 4 种要素类型：

1）元要素；

2）制图要素；

3）地理要素；

4）专题要素。

每个目录按照要素记录的结构实现，并按照同一种方式进行编码。

要素类型的代码编码在“FRID”（要素类型记录标识符）字段中。它必须是数据产品要素目录中的一个有效类型。需要注意的是，对于使用此编码的产品，要素目录必须提供 16 位整数的代码。

使用“FOID”（Feature Object Identifier，要素对象标识符）字段对要素类型实例的唯一标识符进行编码。被分为多个不同部分的实例可以具有相同的“FOID”，而“FOID”表明了是相同的要素对象。这不仅适用于同一数据集中的不同部分，也适用于不同数据集中的要素对象。后一种情况可用于标识邻接数据集中的同一要素对象的部分，或者确定不同尺度波段的同一要素对象。

“Feature Object Identifier”（要素对象标识符）只能用于隐式的关系，而不能用于直接引用记录。通常通过“Referenced Record Name”（引用记录名称，RRNM）和“Referenced Record Identifier”（引

用记录标识符，RRID）。

要素类型通过属性来表现，它可以通过关联信息类型带有附加信息。属性编码为“Attribute，ATTR”（属性）字段，而“信息关联”字段适用于编码指向信息类型的关联。

要素对象的位置通过空间对象来定义。这些空间对象的关联被编码到空间关联字段中。它是有一个指向空间对象的引用，一个方向标记，以及规定尺度范围的两个值组成。只有当要素对象的（曲线）方向有意义时，才使用标记（比如，单向街道）。

要素类型可以与其他要素类型关联。这些关联包含它们定义在要素目录中的角色，它们必须以“FeatureAssociation field”字段（要素关联）进行编码。每个指向其他要素对象的关系通过以下进行定义：

1）指向其他要素对象的引用；

2）用于关系的关联（由要素目录中的代码给定）；

3）关联中使用的角色代码。每个在对象 A 和 B 之间的关联都具有两个角色，一个是从 A 到 B 的关系，另一个是从 B 到 A 的关系。

例如，“聚合”关联具有以下角色：“组成”和“部分”。

需要注意的是，关系中只有一个方向需要显式编码，另一个是隐式的。例如，一个聚合对象对与其“部分”的关系已编码，但是从“部分”到聚合对象的关系没有进行显式编码。每个关联都必须使用单独的字段。关联本身可以具有属性。属性通过与 ATTR 字段相同的机制在字段中进行编码。关联字段的末尾使用相同的子字段。

专题对象是一种特殊的聚合对象。它们没有定义某个对象本身，而是组合了其他对象。分组的原因大多是专题的，有可能有其他原因。每个要素对象可能属于多个专题。专题之间因此不会互斥。由于从一个专题对象与其成员之间关联（反之亦然）的种类不是变化的，该种关联的编码与其他要素的关联不一样。使用了一个单独的字段—“专题关联”字段。该关联总是从属于该专题的要素对象进行编码，指向专题对象本身。

如果几何的部分不是用于描述要素对象，那么这些空间对象可以由“Masked”（屏蔽）字段指定。需要注意的是，空间对象不能由要素对象直接使用。例如，如果一个要素对象只由一个曲面定义，可以屏蔽形成该曲面边界一部分的曲线。

“MASK”（屏蔽）字段由一个记录的引用和一个更新指令组成。

注释　当更新指向其他记录的关联时，其他记录必须已经存在于目标中（基础数据或通过合适的更新记录进行增加）。

10a-5.11　要素类型记录结构

FeatureType record（要素类型记录）

|

|--FRID (5): FeatureType Record Identifier field（要素类型记录标识符字段）

|

|-<0..1>-FOID (3): Feature Object Identifier field（要素对象标识符字段）

|

|-<0..*>-ATTR (*5): Attribute field（属性字段）

|

|-<0..*>-INAS (5*5): InformationAssociation field（信息关联字段）

|

|-<0..*>-SPAS (*6): Spatial Association field（空间关联字段）

|

|-<0..*>-FASC (5*5): FeatureAssociation field（要素关联字段）

|

|-<0..*>-THAS (*3): Theme Association field（专题关联字段）

|

|-<0..*>-MASK (*4): Masked Spatial Type field（屏蔽空间类型字段）

10a-5.11.1　要素类型记录标识符字段结构

字段标签：FRID		字段名称：要素类型记录标识符		
子字段名称（英文）	子字段名称（中文）	标签	格式	子字段内容和说明
Record name	记录名称	RCNM	b11	{100}– 要素类型
Record identification number	记录标识号	RCID	b14	范围：1 到 $2^{32}-2$
Numeric FeatureType Code	数值要素类型代码	NFTC	b12	有效要素类型代码，定义参见“数据集通用信息记录”的 FTCS 字段
Record version	记录版本	RVER	b12	包含记录版本序列号的 RVER
Record update instruction	记录更新指令	RUIN	b11	{1}– 插入 {2}– 删除 {3}– 修改

数据描述性字段

1100;& □□□ Feature □ Type □ Record □ Identifier ▲ RCNM!RCID!NFTC!RVER!RUIN ▲ (b11,b14,2b12,b11) ▼

10a-5.11.2　要素对象标识符字段结构

字段标签：FOID		字段名称：要素对象标识符		
子字段名称（英文）	子字段名称（中文）	标签	格式	子字段内容和说明
Producing agency	生产部门	AGEN	b12	部门代码
Feature identification number	要素标识号	FIDN	b14	范围：1 到 $2^{32}-2$
Feature identification subdivision	要素标识细分	FIDS	b12	范围：1 到 $2^{16}-2$

数据描述性字段

1100;& □□□ Feature □ Object □ Identifier ▲ AGEN!FIDN!FIDS ▲ (b12,b14,b12) ▼

10a-5.11.3 空间关联字段结构

字段标签：SPAS		字段名称：空间关联		
子字段名称（英文）	子字段名称（中文）	标签	格式	子字段内容和说明
Referenced Record name	引用记录名称	*RRNM	b11	引用记录的记录名称
Referenced Record identifier	引用记录标识符	RRID	b14	引用记录的记录标识符
Orientation	方向	ORNT	b11	{1} 向前 {2} 倒退 {255} 空（不可用）
Scale Minimum	比例尺最小值	SMIN	b14	被引用空间对象可以描述要素类型的最大比例尺的分母。如果值为 0，则表示不可用
Scale Maximum	比例尺最大值	SMAX	b14	被引用空间对象可以描述要素类型的最小比例尺的分母。如果值为 2^{32}-1，则表示不可用
Spatial Association Update Instruction	空间关联更新指令	SAUI	b11	{1}– 插入 {2}– 删除

数据描述性字段

2100;& □□□ Spatial □ Association ▲ *RRNM!RRID!ORNT!SMIN!SMAX!SAUI ▲ (b11,b14,b11,2b14,b11) ▼

10a-5.11.4 要素关联字段

字段标签：FASC		字段名称：要素关联		
子字段名称（英文）	子字段名称（中文）	标签	格式	子字段内容和说明
Referenced Record name	引用记录名称	RRNM	b11	引用记录的记录名称
Referenced Record identifier	引用记录标识符	RRID	b14	引用记录的记录标识符
Numeric FeatureAssociation Code	数值要素关联代码	NFAC	b12	“数据集通用信息记录”FACS 字段中定义的要素关联的有效代码
Numeric AssociationRole Code	数值关联角色代码	NARC	b12	“数据集通用信息记录”ARCS 字段中定义的角色的有效代码
FeatureAssociation Update Instruction	要素关联更新指令	FAUI	b11	{1}– 插入 {2}– 删除 {3}– 修改
Numeric Attribute Code	数值属性代码	*NATC	b12	“数据集通用信息记录”ATCS 字段中定义的有效属性代码
Attribute index	属性索引	ATIX	b12	属性在具有同一代码和同一父级的属性序列中的索引（位置），以 1 为起始

续表

字段标签：FASC		字段名称：要素关联		
子字段名称（英文）	子字段名称（中文）	标签	格式	子字段内容和说明
Parent index	父级索引	PAIX	b12	在 FASC 字段（以 1 为起始）中父级复杂属性的索引（位置）。如果该属性没有父级（顶层属性），那么该值为 0
Attribute Instruction	属性指令	ATIN	b11	{1}– 插入 {2}– 删除 {3}– 修改
Attribute value	属性值	ATVL	A()	包含一个属性域有效值的字符串，该属性域由上述子字段规定

数据描述性字段

3600;&%/GFeature □ Association ▲ RRNM!RRID!NFAC!NARC!APUI*NATC!ATIX!PAIX!ATIN!ATVL ▲ (b11,b14,2b12,b11,{3b12,b11,A}) ▼

10a-5.11.5 专题关联字段

字段标签：THAS		字段名称：专题关联		
子字段名称（英文）	子字段名称（中文）	标签	格式	子字段内容和说明
Referenced Record name	引用记录名称	*RRNM	b11	引用记录的记录名称
Referenced Record identifier	引用记录标识符	RRID	b14	引用记录的记录标识符
Theme Association Update Instruction	专题关联更新指令	TAUI	b11	{1}– 插入 {2}– 删除

数据描述性字段

2100;& □□□ Theme □ Association ▲ *RRNM!RRID!TAUI ▲ (b11,b14,b11) ▼

10a-5.11.6 屏蔽空间类型字段结构

字段标签：MASK		字段名称：屏蔽空间类型		
子字段名称（英文）	子字段名称（中文）	标签	格式	子字段内容和说明
Referenced Record name	引用记录名称	*RRNM	b11	引用记录的记录名称
Referenced Record identifier	引用记录标识符	RRID	b14	引用记录的记录标识符
Mask Indicator	屏蔽指示符	MIND	b11	{1}– 被数据集边界截断 {2}– 压盖的图示表达
Mask Update Instruction	屏蔽更新指令	MUIN	b11	{1}– 插入 {2}– 删除

数据描述性字段

2100;& □□□ Masked □ Spatial □ Record ▲ *RRNM!RRID!MIND!MUIN ▲ (b11,b14,2b11) ▼

第 10b 部分

GML 数据格式
（GML Data Format）

10b-1 范围

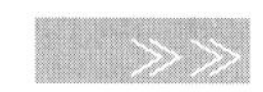

本部分定义了一个 GML 专用标准，作为开发 S-100 数据产品 GML 应用模式的基础。每种数据产品的 GML 应用模式都定义了一个文件格式，以用于信息在机器之间交换，而这些信息的结构与相应产品规范中数据产品的应用模式一致。

该部分内容范围包括：

1）针对符合 S-100 中第 3 部分通用要素模型的要素和信息类型数据，采用 GML（ISO 19136）进行编码，并且结构化为数据集（可标识的数据集）。

2）针对数据产品应用模式的模式使用指南。

以下内容不在范围内：

1）数据集更新的格式。

2）以文件形式封装数据集之外的交换形式，例如 Web 要素服务（WFS），其他 Web 服务，电子邮件，等等。

3）不使用 GML 封装的信息，例如要素目录、交换集的元数据、图示表达目录以及其他 XML 格式的支持文件。

4）为数据产品设计 GML 应用模式的工具。

5）GML 数据处理软件的设计与开发。

6）格网和覆盖数据。

10b-2 一致性

本部分中描述的专用标准遵照 ISO 19136 GML 专用标准。

10b-3 引用文件

ISO 19106：2003，地理信息—专用标准（Geographic information—Profiles）

ISO 19107：2003，地理信息—空间模式（Geographic information—Spatial schema）

ISO 19111：2007，地理信息—基于坐标的空间参照（Geographic information—Spatial referencing by coordinates）

ISO 19118：2005，地理信息—编码（Geographic information—Encoding）

ISO 19123：2005，覆盖几何特征和函数模式（Schema for coverage geometry and functions）

ISO 19136：2007，地理信息—地理标记语言（Geographic information—Geography Markup Language）

ISO 19136-2：2015，地理信息—地理标记语言（Geographic information—Geography Markup Language）

ISO/TS 19139，地理信息—元数据—XML 模式实现（Geographic information—Metadata—XML schema implementation）

ISO/IEC 19757-3，信息技术—文档模式定义语言（DSDL）—第 3 部分：基于规则的验证—Schematron（Information technology—Document Schema Definition Languages (DSDL)—Part 3: Rule-based validation – Schematron）

IETF RFC 2396，统一资源标识符（URI）：通用语法（Uniform Resource Identifiers (URI): Generic Syntax）

IETF RFC 3986，统一资源标识符（URI）：通用语法（Uniform Resource Identifiers (URI): Generic Syntax）

W3C XLink，XML 链接语言（XLink）1.0 版，W3C 建议书（XML Linking Language (XLink) Version 1.0, W3C Recommendation）

W3C XML 命名空间，XML 中的命名空间，W3C 建议书（Namespaces in XML, W3C Recommendation）

W3C XML，可扩展标记语言（XML）1.0，W3C 建议书（Extensible Markup Language (XML) 1.0, W3C Recommendation）

W3C XML 模式第 1 部分，结构，W3C 建议书（Structures, W3C Recommendation）

W3C XML 模式第 2 部分，数据类型，W3C 建议书（Datatypes, W3C Recommendation）

LEIRI，用于 XML 资源标识的旧版扩展 IRIs，W3C 工作组说明 3（Legacy Extended IRIs for XML Resoure Identification, W3C Working Group Note 3）URL：http://www.w3.org/TR/leiri.

10b-4 引言

S-100 GML 专用标准定义了在 S-100 数据产品对应 GML 编码中应当使用的核心 GML 组件。该专用标准定义了一个 XML 和 GML 类型的有限子集，它不包括 S-100 GML 数据集未用到的 GML 要素。该 GML 专用标准包含在一个单一文件中，并且降低了全套 GML 编码的复杂性，使之更易于管理。单个 XML 模式定义了对所有 S-100 数据集进行要素信息编码所需的通用元素和类型。

10b-5 通用概念

一个 GML 应用模式是一个 XML 模式，它遵循在 GML 规范（ISO 19136）定义的应用模式规则。

一个 GML 文档是一个带有根元素的 XML 文档，而根元素遵循在 GML 规范（ISO 19136）中定义的 GML 数据规则。具体来说，在 S-100 中这意味着根元素必须是一个“GML_AbstractFeature”（抽象要素）或者“Dictionary”（字典）元素，或是在上述任意一个元素的置换组中。

本部分“GML 应用模式”和“应用模式”两个术语分别表示一个 XML 模式和一个概念模式。前者可以是符合 XML 模式规则的一个 XSD 文件，后者则可以是一个 UML 图。

这些术语和定义遵循 ISO 19101 和 ISO 19136。完整定义可查阅 ISO 19101 和 ISO 19136，也可查看附录 A。

10b-6 符号和图表约定

图表元素			含义
	或		XML 模式 <sequence>（序列）
	或		XML 模式 <choice>（选择）
0..∞			XML 模式多重性约束（这里为“0”到“无限”）

10b-7 组件及其与标准的关系

S-100 的 GML 数据格式由下列组件构成，分别由对应 XML 模式实现：

1）定义了 GML 专用标准 (Profile) 的 XML 模式。是以 GML3.2.1 模式定义的类型和元素（XML 结构）的有限子集。S-100 数据产品中不需要的 XML 结构不包括在内。

2）定义其他 XML 结构（S100base) 的 XML 模式。该模式使用了 GML 专用标准模式。为了定义产品规范 S-100 标准的数据集格式，需要使用该模式中定义的结构。

下图 10b-1 说明了依赖关系。GML 编码标准（ISO 19136:2007）给出了 ISO 19100 概念模式的一种实现模式（XML 模式）。S-100 GML 专用标准是 GML 实现模式中结构的一个子集。S-100 公共元素定义在一个符合专用标准的公共元素 XML 模式中。特定数据产品的 GML 格式使用公共元素模式中的结构，对相关产品规范要素和信息类型相对应的元素进行 XML 类型和元素的定义。数据集是符合 GML 数据模式（GML 应用模式）的 XML 文件。

10b-7.1 专用标准的使用

该专用标准的典型应用是，用于定义将数据集封装打包成计算机文件的 GML 文件格式。

用于交换模式而非数据集的格式不要求使用这些模式。S-100 GML 专用标准是支持验证。应用模式可以导入 GML 3.2.1 模式，或使用 GML 3.2.1 模式的 <import> 替换公共元素中的 <import> 声明。为了使验证引擎能够理解依附于某一专用标准的 S-100 应用模式，必须在该模式中声明 S-100 GML 专用标准。这使得验证引擎能够选择该模式而不是 GML3.2.1 模式来验证数据。

10b-7.2 解释

GML 专用标准的模式组件是“gml”命名空间的一部分，其解释与 ISO 19136 定义的 GML 一致，以下情况除外。

在使用地理坐标参照系的数据集中，“Linear”（线性）曲线插值类型应当解析为斜驶线插值。

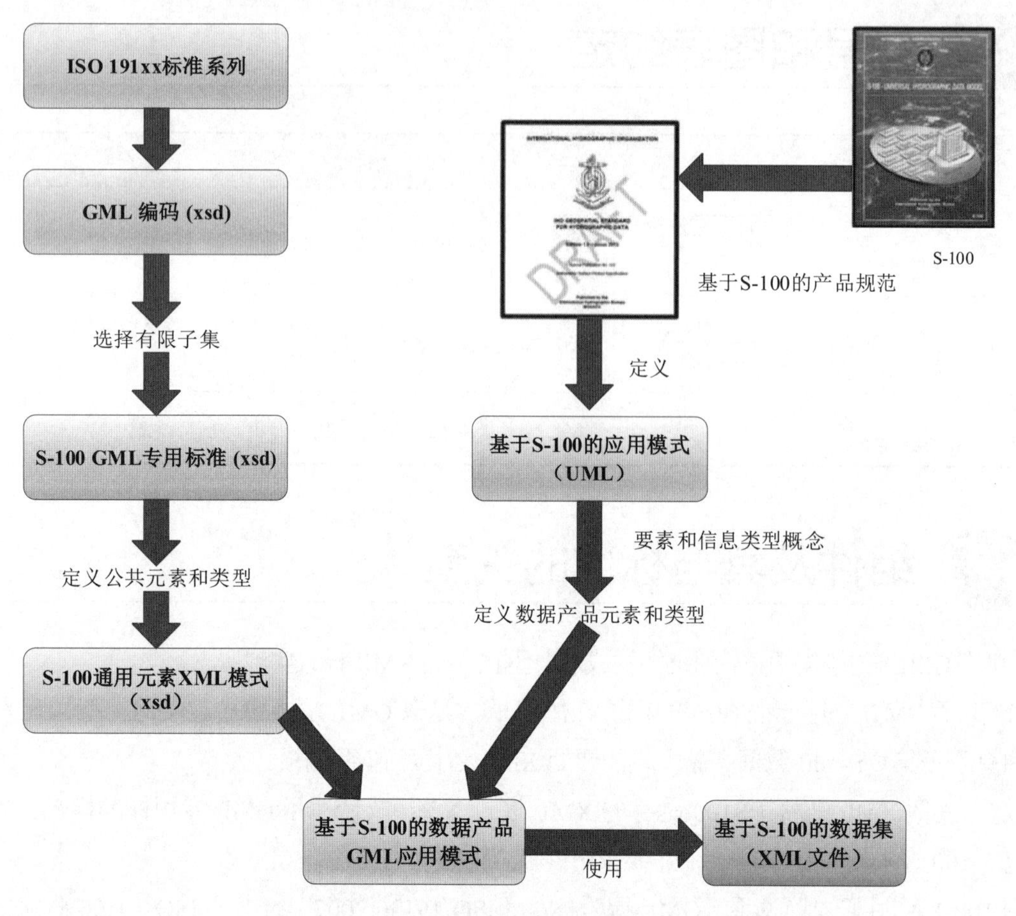

图10b-1　专用标准的派生及其由数据产品的使用

10b-8 要素数据的专用标准

10b-8.1　要素和信息类型

此专用标准能够对定义为可标识对象的类，通过派生抽象 GML 类型或者抽象要素类型进行编码：

- AbstractGML（可用于派生 S-100 信息类）。
- AbstractFeature（可用于派生 S-100 要素类）。

S-100 GML 专用标准禁止使用“gml:StandardObjectProperties”（标准对象特征）组。

10b-8.2　要素集合

要素集合是要素实例的集合。在 GML 3.2.1 中，已经不赞成使用一般的“gml:FeatureCollection”（要素集合）元素。要素集合是一个任意的要素，在它的内容模型中（例如：成员）有一特性元素，其内容通过对“gml:AbstractFeatureMemberType”（抽象要素成员类型）扩展派生。

另外，描述 GML 要素集合的内容模型的复杂类型也应该包含对属性值“*gml:AggregationAttributeGroup*”（聚合属性组）的引用，以提供对象集合的语义附加信息。

S-100 GML 专用标准支持以 GML 3.2.1 来为 S-100 GML 应用模式中的一个要素集合类进行建模。

10b-8.3　关联

本专用标准允许通过引用、内联或者引用对关联进行内联编码。

对于双向关联，本专用标准支持在 XSD 应用模式中的“appInfo”（应用信息）注记元素中对反向属性名称进行编码。

10b-8.3.1　关联类

该专用标准允许 GML3.3 规范使用 GML 3.3 关联类的转换规则对关联类进行编码，这将关联类转换为一个等价的中间类。下图 10b-2 和图 10b-3 说明了转换规则。

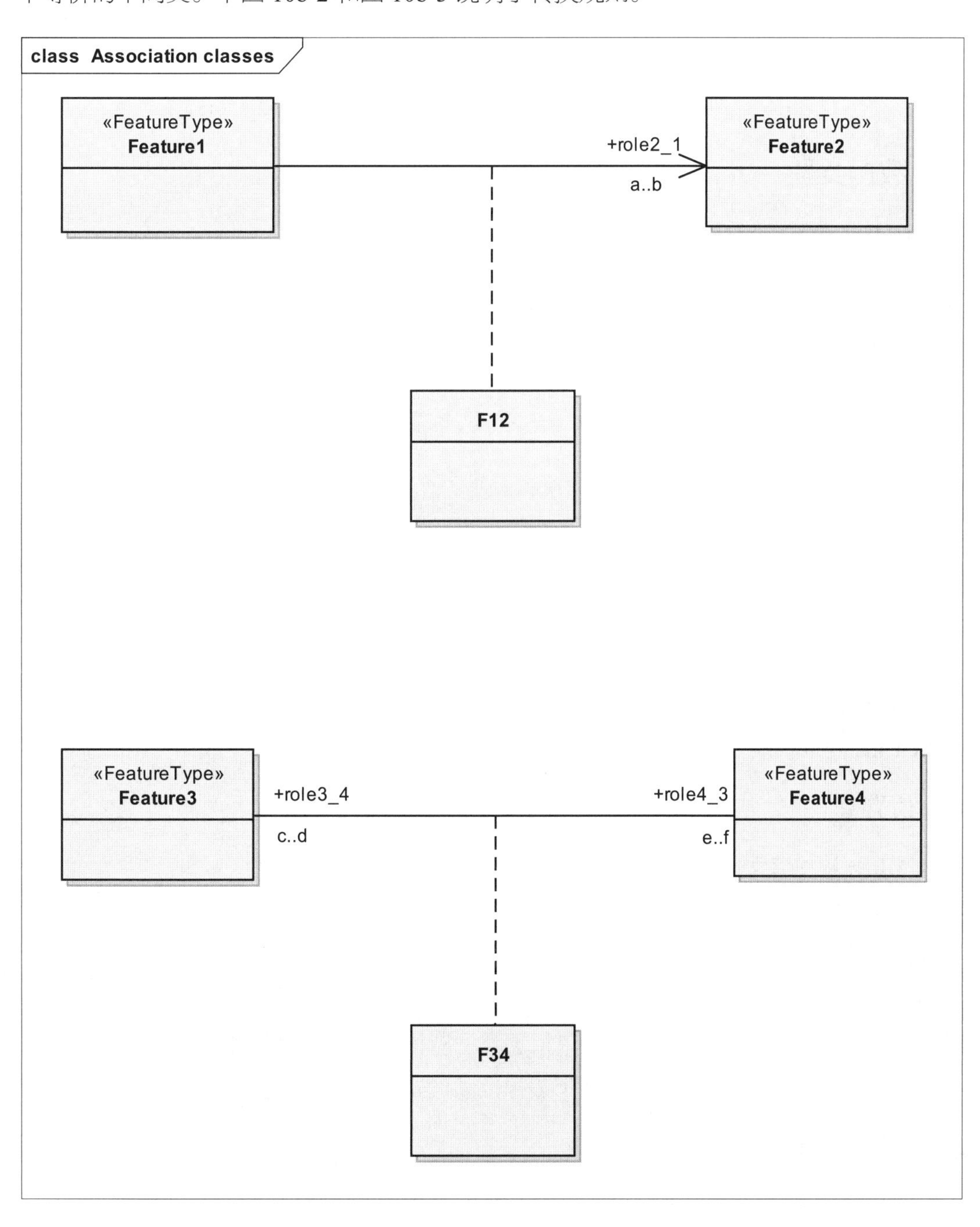

图10b-2　带有关联类的模型（摘自OGC 10-129r1/ISO 19136-2：2015）

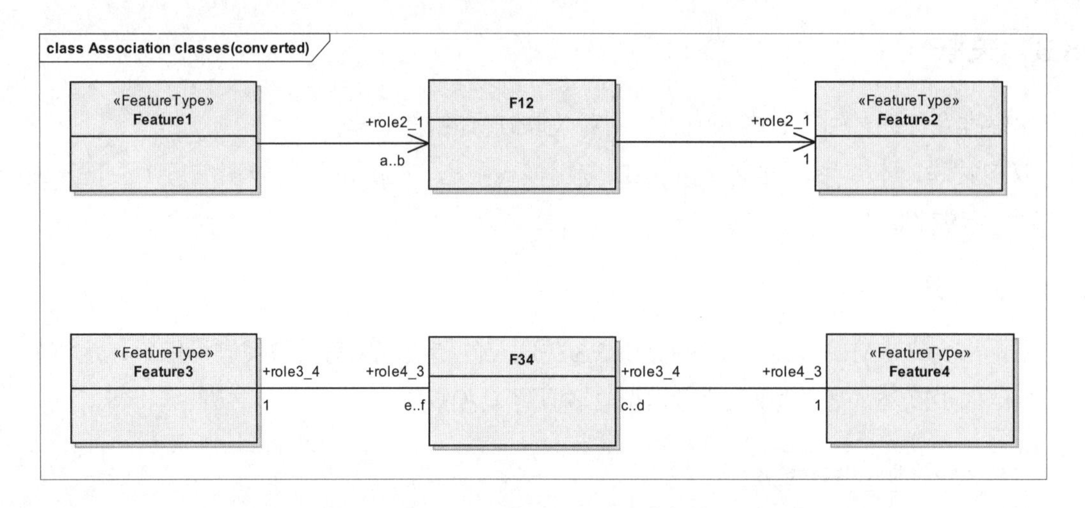

图10b-3　关联类转换后的模型（摘自OGC 10-129r1/ISO 19136-2：2015）

10b-8.4　数据类型

10b-8.4.1　基本类型

S-100 GML 专用标准支持第 1 部分条款 1-4.5.2 中定义的基本类型：

- Boolean（布尔型）
- Integer（整型）
- Real（实型）
- CharacterString（字符串）
- Date（日期型）
- Time（时间型）
- DateTime（日期时间型）
- S100_TruncatedDate（截断日期）
- URI, URN, URL

XML Schema 内置数据类型可支持上述类型。

10b-8.4.2　值类型

S-100 GML 专用标准支持第 1 部分条款 1-4.5.3.5 中定义的值类型：

- Measure（度量）
- Length（长度）
- Angle（角度）

注释　“S100_UnitsOfMeasure”（度量单位）类型应该由度量单位特性来实现，它的值应当引用定义在代码表的注册表中的一个值，而该注册表提供了代码表的名称、定义和符号。

10b-8.4.3　其他数据类型

用于描述数据产品格式的应用模式可使用“W3C XML 模式：第 2 部分”中定义的内置数据类型和 GML 应用模式中定义的其他数据类型。

示例　封装一个数据格式的 GML 应用模式可在产品规范的约束下，使用 XML 模式中内置类型 anyURI 来支持 S-100 数据类型 URI，使用一个或者多个 XML 模式内置类型 gYear、gMonthDay、gDay、gYearMonth 和 gMonth 来支持“S100_TruncatedDate”（截断日期型）。

10b-8.5　空间类型

10b-8.5.1　几何单形

S-100 GML 专用标准支持 GML3.2.1 中基本几何的编码（第 7 部分条款 7-5.1）：

- Point（点）
- AbstractCurve（抽象曲线）
- Curve（曲线）
- OrientableCurve（可定向曲线）
- LineStringSegment（线串段）
- Surface（曲面）
- LineString（线串）
- Polygon（多边形）
- S100_ArcByCenterPoint（圆心表示的圆弧）
- S100_CircleByCenterPoint（圆心表示的圆）

S-100 GML 专用标准限制了“GM_CurveInterpolation”（曲线插值）类型的值，并且限制曲线编码为 GML 曲线几何的一个子集。

注释　“S100_ArcByCenterPoint”（圆心表示的圆弧）和“S100_CircleByCenterPoint”（圆心表示的圆）与 GML 单形“ArcByCenterPoint”和“CircleByCenterPoint”不同。

10b-8.5.2　曲线插值

允许值列表由 ISO 19136 允许值的子集，以及样条和插值曲线段的扩展组成（即将发布的 ISO 19107 新版本对本标准插值列表的阐述并不详尽）：

1）非地理 CRS 中的线性插值（linear）——该插值机制返回在每个连贯“控制点对”所构成直线上的“DirectPosition”（直接位置）。

2）地理 CRS 中的线性插值（linear，解释为“斜驶”）——该插值机制应当返回每个连贯“控制点对”所构成斜驶曲线上的直接位置。斜驶线与所有子午线成同一角度，也就是说，是方位固定的一条路径。

3）测地线（geodesic）—该插值机制将返回每个连贯“控制点对”所构成测地曲线上的直接位置。测地线是一条沿地球大地水准面具有最短长度的曲线。测地曲线应当由“GM_Curve”（曲线）的坐标参照系来决定，而“GM_Curve”又使用了“GM_CurveSegment”（曲线段）。

4）3 点圆弧（circularArc3Points）——对于每一个有三个连贯控制点组成的集合，该插值机制将返回在圆弧上通过首点、中点到达第三点的直接位置。中点位于首点和末点之间。

5）椭圆弧（elliptical）——对于每一个由四个构造性控制点组成的集合，该插值机制将返回在椭圆弧上从第一个控制点出发，通过中间的控制点依次到达第四个控制点的所有直接位置。注释：如果四个控制点是共线的，则该弧变为直线。如果四个控制点在同一圆上，则该弧变为圆弧。

6）圆锥曲线弧（Conic）——类似于椭圆弧，但使用五个连贯点来确定一个圆锥曲线段。

7）圆心和半径表示的圆弧（circularArcCenterPointWithRadius）——该插值机制根据某一控制点为圆心，以指定半径构造圆弧。圆弧范围从起始角度参数算起，延伸到角距参数指定的角度。该插值类型只能与“S100_ArcByCenterPoint”和“S100_CircleByCenterPoint”两类几何一起使用。各参数的准确语义参见7-5.2.20（S100_CircleByCenterPoint）条款。

8）多项式样条（polynomialSpline）——控制点以一行字符串顺序表示，但它们由多项式函数展开。连续性一般由所选多项式的阶数决定。

9）贝塞尔样条（bezierSpline）——控制点以一行字符串顺序表示，但是它们由使用B样条基函数（分段多项式）定义的多项式或有理（多项式的商）样条函数展开。有理函数的使用由布尔型标志“isRational”（是否有理）确定。如果“isRational”为真，则与控制点关联的所有“DirectPosition”（直接位置）都是齐次的。连续性一般由所选多项式的阶数决定。

10）混合抛物线（blendedParabolic）——控制点以一行字符串顺序表示，但由多段抛物线曲线构成的混合函数展开，通过由连续数据点构成的三元组序列表示。每个三元组都包括前一个三元组的最后两个点。第7部分条款7-4.2.2.2提供了语义的更多详细信息。

10b-8.5.3 几何复合、几何组合和几何聚合

10b-8.5.3.1 几何复合和几何组合

S-100 GML专用标准支持以下组合几何（第7部分条款7-5.1）：

- CompositeCurve（组合曲线）

10b-8.5.3.2 几何聚合

S-100 GML专用标准支持聚合几何类型（第7部分条款7-5.1）：

- MultiPoint（多点）

10b-8.5.4 内联及通过引用编码

当两个要素共享同一个“GM_Object”（对象，参见第3部分条款3-6.5.4.5）实例时，S-100 GML专用标准支持通过内联或者引用对一个几何进行编码。

10b-8.5.5 外接矩形

S-100 GML专用标准支持通过边界框或外接矩形对一个相应的几何进行编码。该专用标准不对“GM_Envelope”（外接矩形）的GML实现进行约束S-100 GML专用标准支持通过边界框或外接矩形对相关的几何进行编码。

10b-8.6 不支持的GML功能

不支持在ISO 19107中没有定义的GML3.2.1和GML3.3几何。具体来说，这意味着不支持“CircleByCenterPoint”（圆心表示的圆）和“ArcByCenterPoint”（圆心表示的圆弧）（在GML3.2.1中定义），也不支持GML3.3中定义的紧凑几何编码。S-100版本2.0.0通过圆心和半径给出了圆弧和圆的不同定义。

不支持定义在 ISO 19108 中的时间模型和时间单形，包括时间位置、时刻、时段。S-100 数据应当将日期和时间编码为专题属性。

S-100 GML 专用标准不支持动态要素。

S-100 GML 专用标准不支持拓扑。

S-100 GML 专用标准不支持线性参照。

S-100 GML 专用标准不支持覆盖。

本标准不支持定义坐标参照系的能力。应当使用类似 WGS84 这样已知的，已经预先定义好的坐标参照系来定义产品。

观测不在 S-100 GML 专用标准的范围内（GML 中的观测模式已经被 ISO 19156：观测和测量的 OGC (10-025r1) XML 编码所取代）。

10b-8.7 兼容性级别

为了让客户端能够正确地解析某一模式，需要一种能够识别应用模式兼容性级别的能力。应当使用一个 XML 模式注记来达到该目的。下列模式片段显示了如何在应用模式中声明该注记[1]：

```
<annotation>
 <appinfo>
  <gmlProfileSchema xmlns="http://www.opengis.net/gml/3.2">
   http://www.iho.int/S-100/profiles/s100_GMLProfile.xsd
  </gmlProfileSchema>
  <s100:ComplianceLevel>1</s100:ComplianceLevel>
 </appinfo>
</annotation>
```

表 10b-1 兼容性声明 XML 代码

兼容性级别	说明
1	S-100 要素类型、信息类型、要素和信息关联。点、曲线和曲面单形
2	级别 1 的所有要素，以及由圆心几何表示的圆弧和圆、样条和混合插值

在模式生成之后手动添加兼容性声明包括 3 个步骤：

1）添加 S-100 GML 专用标准 XML 命名空间声明：

xmlns:s100_profile=” http://www.iho.int/S-100/profile/s100_gmlProfile”

2）在模式注记中添加 S-100 GML 专用标准兼容性声明。该兼容性声明即表 10b-1 中的 XML 编码。

3）为 S-100 GML 专用标准各级模式添加一个导入语句。将下列用于 S-100 GML 专用标准各级模式的导入语句添加到所有导入模式中：

```
<import namespace="http://www.iho.int/S-100/profile/s100_gmlProfile" schemaLocation="../../
S100/profile/S100_gmlProfileLevels.xsd"/>
```

1 为清晰起见，添加了换行符和空格。

10b-9 要素数据的 S-100 基础模式

10b-9.1 引言

第二个 XML 模式是以“S100”命名空间中定义了少量的派生类型和元素。定义这些公共元素和类型的模式在技术意义上是 ISO 19136 定义的“GML 应用模式”。它定义的 GML 结构将被不同的产品规范用于为 GML 数据集定义详细的 GML 应用模式编码格式。这种模式为 GML 数据集的不同应用领域提供了一个共同的核心结构范式，其目的是通过减少结构的变化，来降低应用开发的复杂度，便于软件模块的共享和不同应用领域的信息集成和映射。

元素和类型采用 S-100 GML 专用标准中的 GML 有限子集进行定义。

10b-9.2 要素

XML 复杂类型“AbstractFeatureType ”（抽象要素类型）被定义为要素的基本类型。

通过增加要素对象标识符（10b-9.7）和指向要素和信息对象的关联（10b-9.5），“AbstractFeatureType”（抽象要素类型）对定义在 S-100 GML 专用标准中的“gml:AbstractFeatureType”实现了扩展。一个反向要素关联也包括在内，以支持要素关联的反向指向。

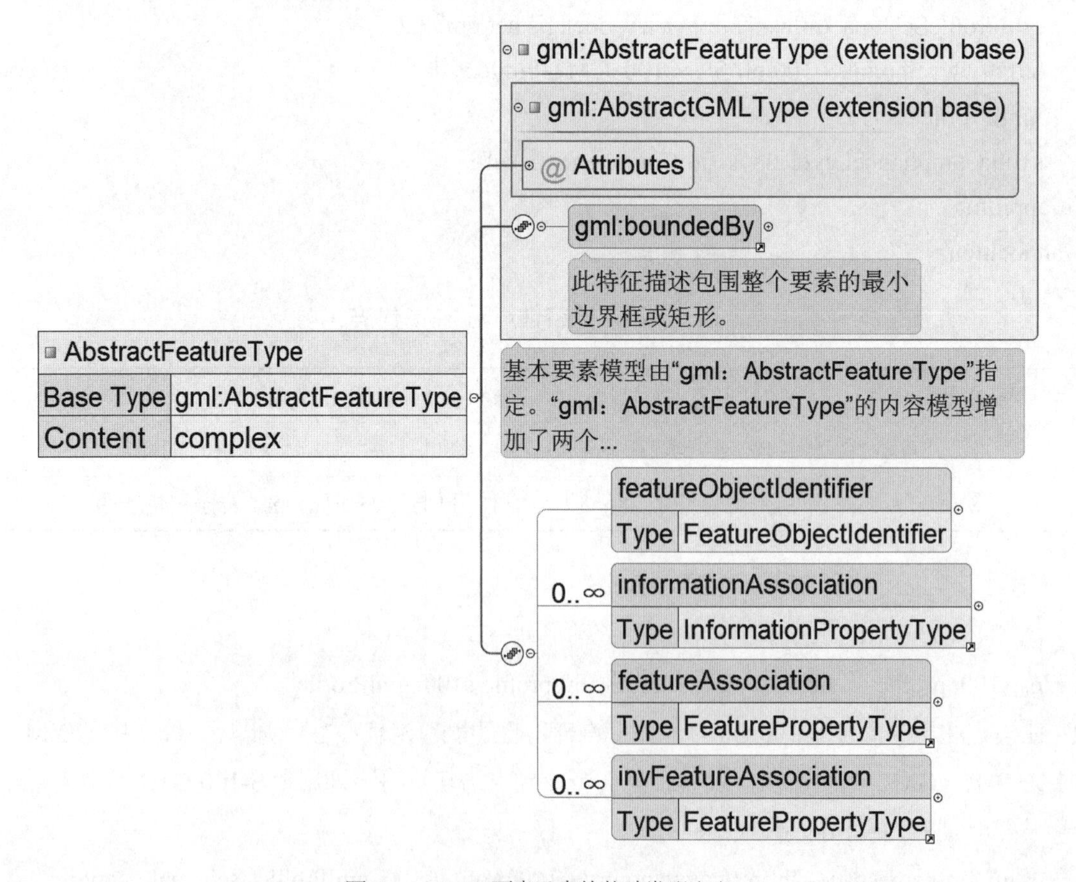

图10b-4　S-100要素元素的基础类型定义

10b-9.3 信息类型

信息类型的普通类型定义与普通要素类型的相似，但是它没有要素对象标识和要素关联。

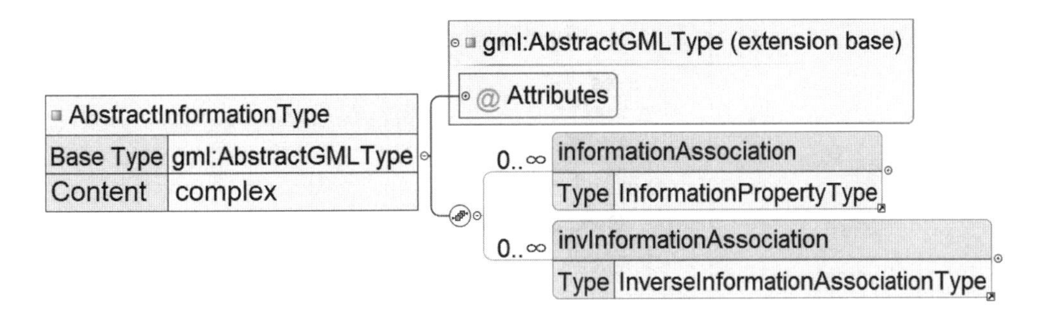

图10b-5 S-100信息类型元素的基础类型定义

10b-9.4 空间类型

空间类型被定义为相应 GML 空间类型增加信息关联的一个扩展，这是因为在 S-100 中空间对象可以有信息关联。下图显示了 S-100 模式中“Point”（点）类型的设计。它包含单个“gml:Point”类型以及 0 个或多个指向 S-100 信息类型的关联。

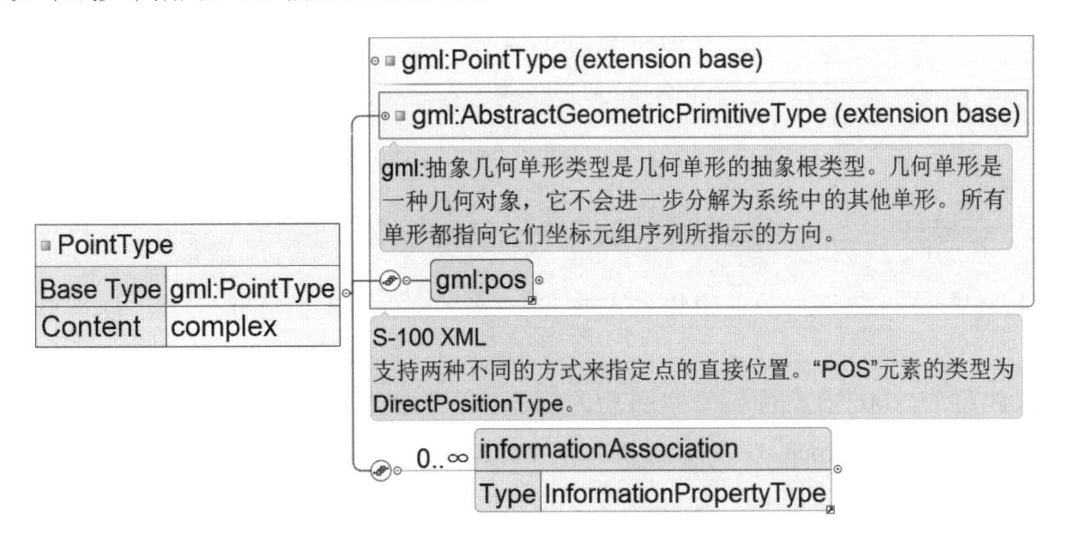

图10b-6 点空间对象的S-100通用S-100空间类型

其他空间类型具有类似的结构。

10b-9.4.1 内联和引用几何

基础模式也允许通过内联或引用定义几何，这与 GML 相应能力一致。

10b-9.4.2 基础模式中定义的空间类型

基础模式定义了点、曲线、曲面空间对象，以及多点和组合曲线对象。曲线可以是简单、组合、或者可定向曲线。这与 S-100 GML 专用标准（条款 10b-8.5）中定义内容一致。它也支持“gml:Polygon”（多边形）（ISO 19136），其是由单个曲面片定义的一种特殊曲面。

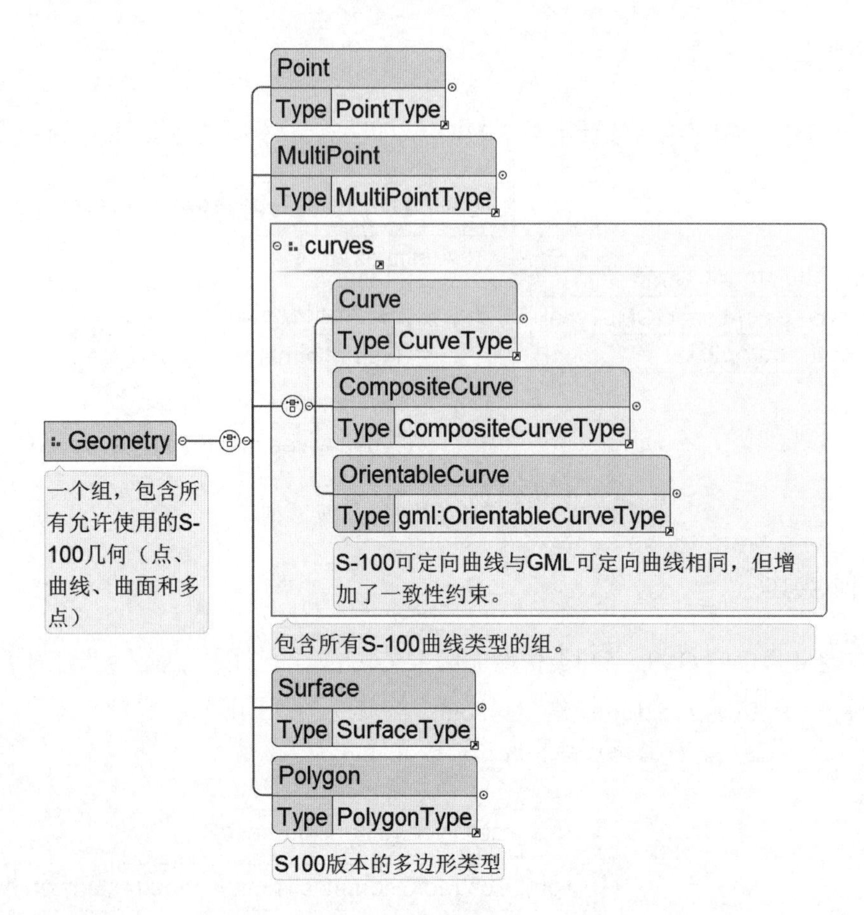

图10b-7　基础模式中的几何类型

10b-9.5　关联

要素和信息关联特性被定义为 GML 要素特性的扩展。位于关联另一端的对象指针以 XLink 属性进行编码。

XLink 组件是 XML 中支持超文本引用的标准方法。GML 提供了一个 XML 模式属性组，“gml:AssociationAttributeGroup”（关联属性组），来支持 Xlink 作为 GML 中指示特性值的统一引用方法。ISO 19136 规定，具有“xlink:href”属性的 GML 特性值为访问该链接得到的资源。

下表列出了属性的数据类型。

表 10b-2　关联中 XLink 属性的要求

Xlink 属性	数据类型	备注
href	URI	对关联另一端对象的引用，例如，当前数据集中的对象的“gml：id”。可以是 URI 片段，详见 XLink 规范
role	URI	对目标资源性质的可选描述，以 URI 形式给出
arcrole	旧版扩展 IRI	目标资源相对于当前资源的角色或用途的描述，以 URI 形式给出（ISO 19136）。可以从应用模式中的角色名称构造。 XLink 1.1 规范要求： 1）该值必须是旧版扩展 IRI 2）此标识符不能是相对的

续表

Xlink 属性	数据类型	备注
title	CharacterString	描述关系的可选字符串。产品规范可能会限制其格式并定义其语义
show		未使用
actuate		未使用
Type		未使用

产品规范可以使用以下子条款中两种方法之一来对关联进行编码。强烈建议每个数据产品使用一致的方法。

10b-9.5.1　关联的通用标签

该专用标准为要素和信息关联定义了两个通用标签，如下图 10b-8 所示。

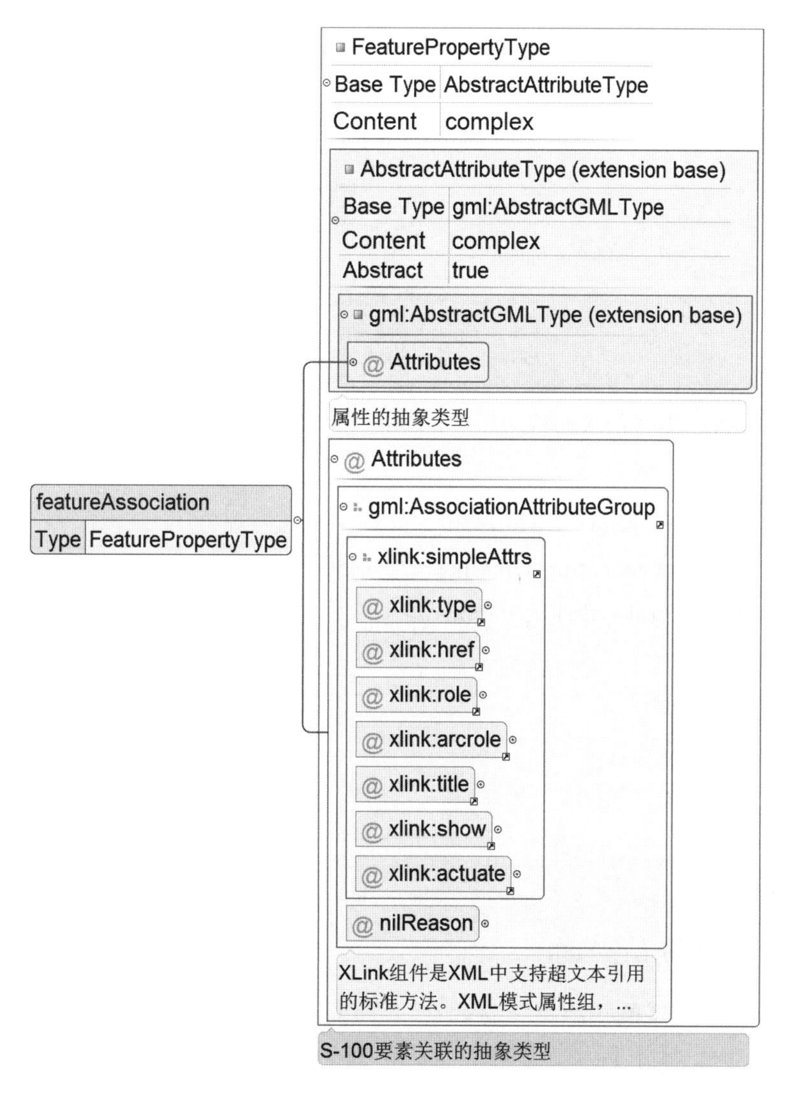

图10b-8　要素关联的S-100类型

信息关联具有与要素关联相似的结构，区别在于它们是信息特征。

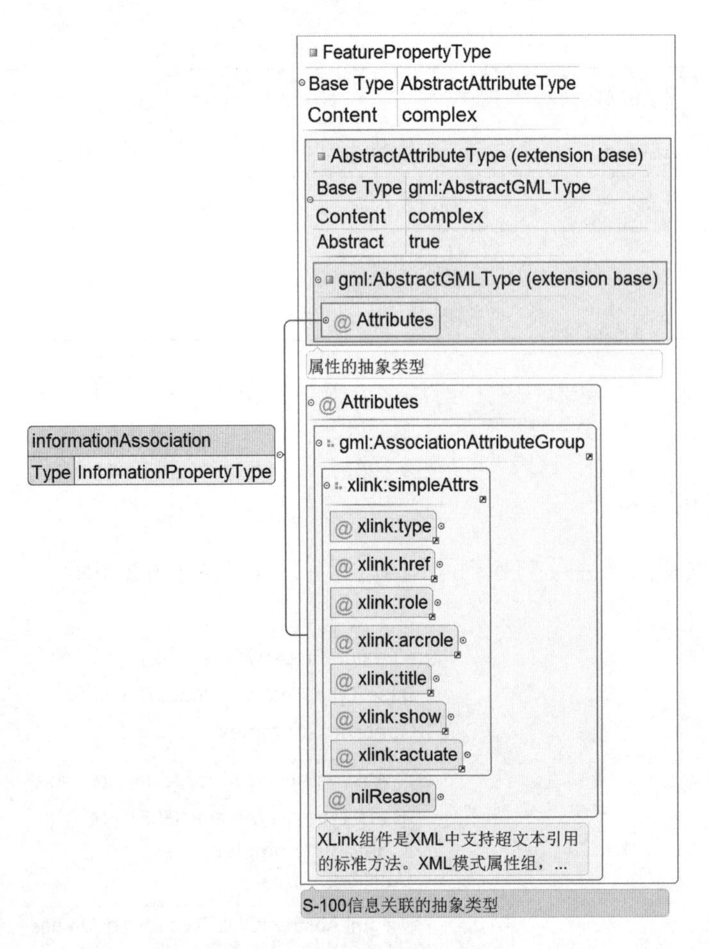

图10b-9　信息关联的S-100类型

示例（非规范性）：给定以下XML片段，“MarineProtectedArea”（海洋保护区）要素与“Regulations”（规则）信息对象具有关联关系。

```
<MarineProtectedArea gml:id="US123450"
        <informationAssociation xlink:href="#US50004" xlink:arcrole=" http://
    www.iho.int/S-122/roles/theRegulations"/>
   ...
</MarineProtectedArea>
```

同一文件中的其他位置：

```
<Regulations gml:id="US50004">
...
</Regulations>
```

10b-9.5.2　作为特征元素的角色名称

也可以将应用模式中定义的角色用作要素或信息类型的属性元素，使用 XLink 属性引用实例。在这种情况下，定义特征的 XML 标签应当使用关联远端的角色。角色名称可能按原样用于特征标签，也可能必须映射到符合 XML 和 GML 约定的标签。

示例（非规范性）：给定一个包含下图关系的应用模式，“NavigationLine”（导航线）要素可以将该关联编码为名为“navTrack”的特征元素，如下所示。“arcrole”和“title”值的格式、构造规则以及语义在产品规范中定义。

```
<NavigationLine gml:id="US123098">
    <navTrack xlink:href="#US890321" xlink:arcrole="urn:iho:s101:1.0:52.2" title=" RangeSystem"/>
 ...
</NavigationLine>
```

同一文件中的其他位置：

```
<RecommendedTrack gml:id="US890321">
    <navLine xlink:href="#US123098" xlink:arcrole="urn:iho:s101:1.0:52.1" title=" RangeSystem"/>
```

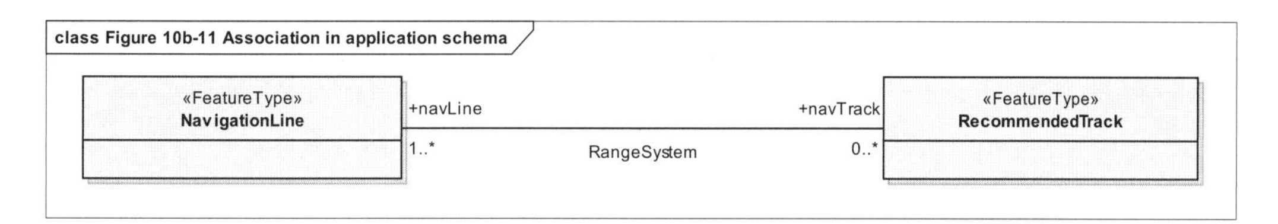

图10b-10　应用模式中的关联

10b-9.6　数据集结构信息

10b-9.6.1　数据集标识

数据集标识信息通过复杂类型“DatasetIdentificationType”（数据集标识类型）定义。以下表 10b-3 和图 10b-11 对相应字段进行说明。

表 10b-3　数据集标识头元素

字段（英文）	字段（中文）	XML 标签	值	多重性	类型	说明
Encoding specification	编码规范	encodingSpecification	“S-100 第 10b 部分”	1	CharacterString	定义该编码的编码规范
Encoding specification edition	编码规范版次	encodingSpecification Edition	“1.0”	1	CharacterString	编码规范版次
Product identifier	产品标识符	productIdentifier		1	CharacterString	数据产品的唯一标识符
Product edition	产品版次	productEdition		1	CharacterString	产品规范版次
Application profile	应用配置	applicationProfile		1	CharacterString	“1” – 基本数据集 “2” – 更新数据集
Dataset file identifier	数据集文件标识符	datasetFileIdentifier		1	CharacterString	包含扩展名但不包括任何路径信息的文件名称
Dataset title	数据集标题	datasetTitle		1	CharacterString	数据集名称
Dataset reference date	数据集引用日期	datasetReferenceDate		1	date	数据集发布日期 格式：YYYY-MM-DD

续表

字段（英文）	字段（中文）	XML 标签	值	多重性	类型	说明
Dataset language	数据集语言	datasetLanguage	"EN"	1	ISO 639-1	数据集中使用的（主要）语言
Dataset abstract	数据集摘要	datasetAbstract		0..1	CharacterString	数据集的摘要
Dataset topic category	数据集专题类别	datasetTopicCategory	{14}{18}	1..*	MD_TopicCategoryCode (ISO 19115-1)	ISO 19115-1 中的"MD_TopicCategoryCodelist"中的一组专题类别代码（"extraTerrestrial"除外）

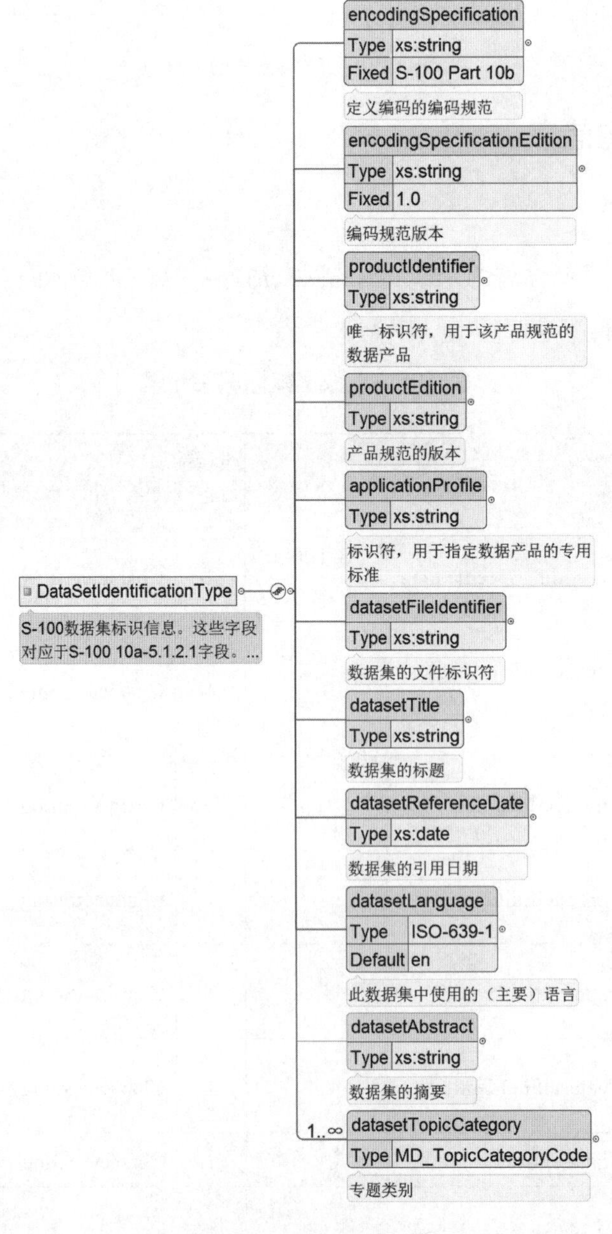

图10b-11　数据集标识

10b-9.6.2 数据集结构信息

数据集结构信息通过复杂类型“DatasetStructureInformationType”（数据集结构信息类型）定义。以下表 10b-4 和图 10b-12 对相应字段进行说明。

表 10b-4 数据集标识头元素

子字段名称（英文）	子字段名称（中文）	XML 标签	缺省值	多重性	类型	说明
Dataset Coordinate Origin X	数据集坐标原点 X	datasetCoordOriginX	0.0	0..1	Real	在编码之前用于调整 x 坐标的偏移量。如果不使用偏移量，则设置为 0.0
Dataset Coordinate Origin Y	数据集坐标原点 Y	datasetCoordOriginY	0.0	0..1	Real	在编码之前用于调整 y 坐标的偏移量。如果不使用偏移量，则设置为 0.0
Dataset Coordinate Origin Z	数据集坐标原点 Z	datasetCoordOriginZ	0.0	0..1	Real	在编码之前用于调整 z 坐标的偏移量
Coordinate multiplication factor for x-coordinate	X 坐标的坐标乘法因子	coordMultFactorX	1	0..1	PositiveInteger	x 坐标或经度的浮点到整数乘法因子
Coordinate multiplication factor for y-coordinate	Y 坐标的坐标乘法因子	coordMultFactorY	1	0..1	PositiveInteger	y 坐标或纬度的浮点到整数乘法因子
Coordinate multiplication factor for z-coordinate	Z 坐标的坐标乘法因子	coordMultFactorZ	1	0..1	PositiveInteger	z 坐标、深度或高度的浮点到整数乘法因子
Number of InformationType records	信息类型记录的数量	nInfoRec		0..1	Integer ≥ 0	数据集中信息记录的数量
Number of Point records	点记录的数量	nPointRec		0..1	Integer ≥ 0	数据集中点记录的数量
Number of Multi Point records	多点记录的数量	nMultiPointRec		0..1	Integer ≥ 0	数据集中多点记录的数量
Number of Curve records	曲线记录的数量	nCurveRec		0..1	Integer ≥ 0	数据集中曲线记录的数量
Number of Composite Curve records	组合曲线记录的数量	nCompositeCurveRec		0..1	Integer ≥ 0	数据集中组合曲线记录的数量
Number of Surface records	曲面记录的数量	nSurfaceRec		0..1	Integer ≥ 0	数据集中曲面记录的数量
Number of FeatureType records	要素类型记录的数量	nFeatureRec		0..1	Integer ≥ 0	数据集中要素记录的数量

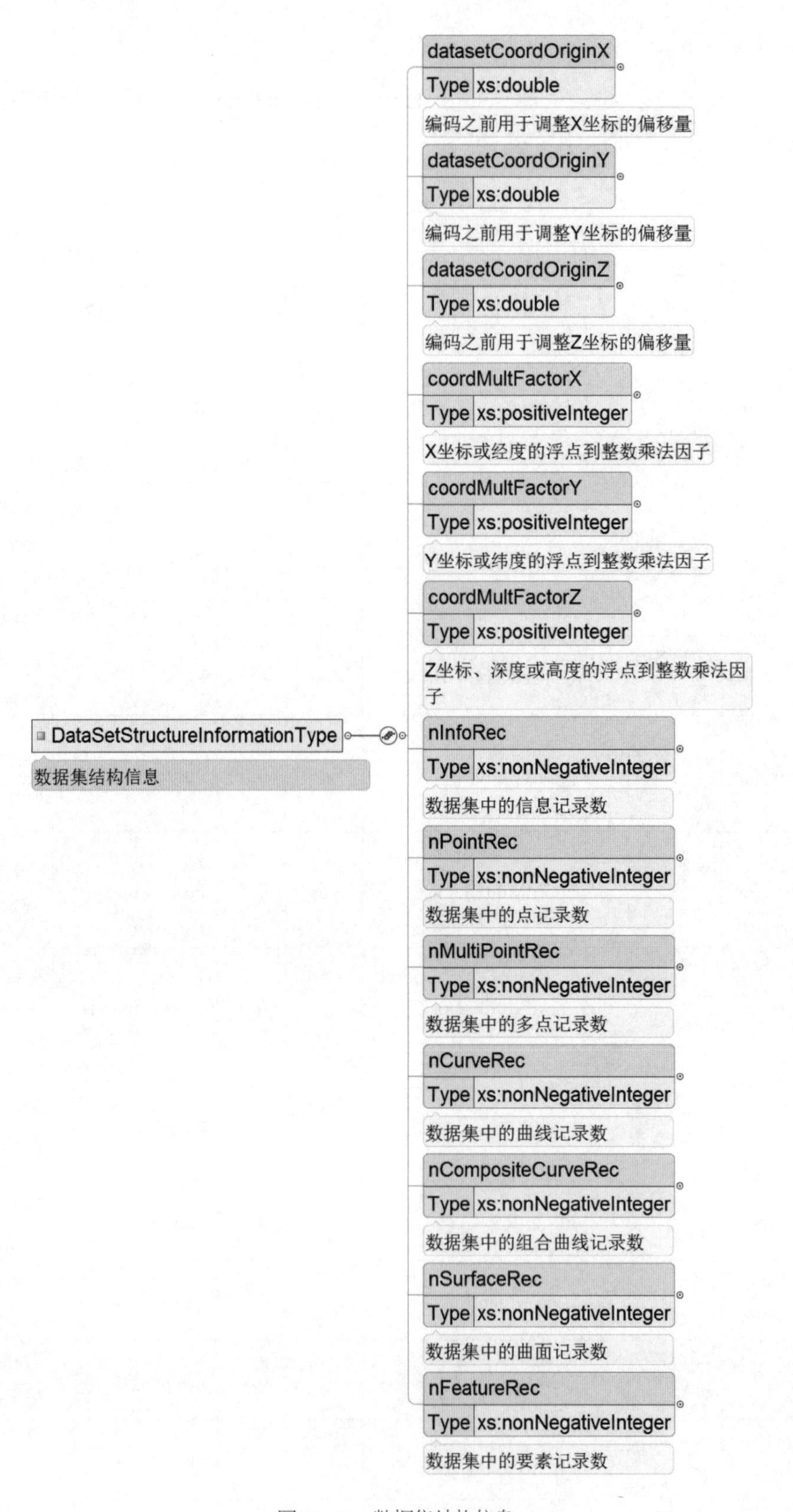

图10b-12 数据集结构信息

10b-9.7 要素对象标识符

S-100 基础模式提供要素对象标识符的定义，其结构与 S-57 版本 3.1 的要素对象标识符相似。

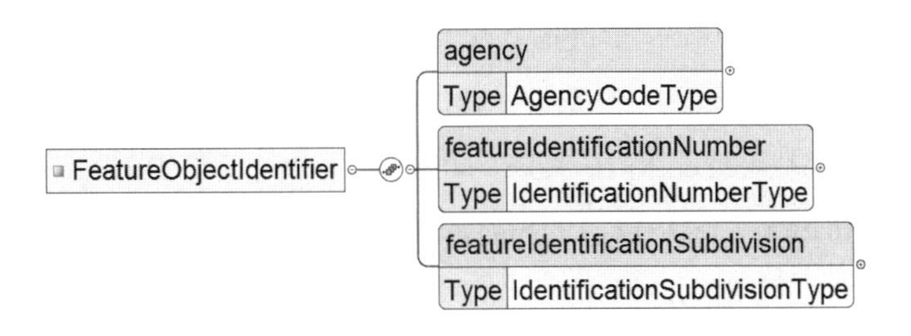

图10b-13 要素对象标识符元素的结构

10b-9.8 坐标参照系

GML允许以不同的方式确定几何所用的坐标参照系（空间参照系）—通过明确的规范，或通过"继承"外部元素的SRS（空间参照系）。对于S-100数据集而言，这意味着可以通过以下两种方式之一指定SRS：

- 在要素集合中使用"gml:Envelope"（gml：外接矩形）元素的"srsName"（坐标参照系名称）属性，表明该集合内包含的所有几何使用同一SRS。
- 对单个几何元素使用"srsName"（srs名称）和"srsDimension"（srs维度）属性。

应用程序的数据格式可使用上述任一方法，但应当确保数据集中每个几何实例的SRS都能够通过应用软件按照任一方法进行确定。

"标准的"大地坐标参照系应使用OGC对SRS的URI约定来识别。

示例 http://www.opengis.net/def/crs/EPSG/0/4326

10b-9.9 数据集结构定义

数据产品的应用模式应当定义一种XML类型和元素作为GML数据集的根元素，该元素由在应用模式中其他地方定义的要素、信息类型和空间数据对象的XML元素集合组成。

10b-9.9.1 数据集元数据

数据集类包含若干个元数据特性，通过内联或者引用方式对数据集级别的元数据（如ISO 19115/19139）进行编码。

10b-10 约束和验证

如果数据产品的GML应用模式创建了格式良好的类型，那么对于数据的一些验证，例如枚举属性的枚举类型，浮点型属性的最大和最小允许值，只要有可能就可以使用XML验证处理器实现。但是，完全的验证，特别是条件属性，很可能需要一个额外的数据验证方法。

约束允许定义复杂的事务规则，根据格式良好的各种限定或属性间的关系来限制值的范围（例如结束日期必须大于等于开始日期）。

约束可以通过多种不同的方式定义—适合人类阅读的文本、对象约束语言（OCL）、事务词汇及事务规则语义（SVBR），这些都可归档为 UML 模型的一部分或者该模型的外部文件。

S-100 GML 专用标准不对约束表达或者基于规则的验证提供直接的支持。现代工业最佳实践提倡使用 Schematron（模式语言）来验证 XML 文件，而不是以 OCL，SVBR 定义的事务规则或者适合人类阅读的文本方式。Schematron（ISO/IEC 19757-3）是一种基于规则的验证语言，它用来诊断 XML 中模式（pattern）存在与否。通过 Schematron 编码的约束可在结果应用模式之内进行直接编码，或者定义在一个关联的 Schematron 文档中。

10b-11 数据集级别元数据和完整性检查

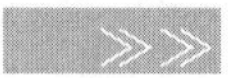

S-100 GML 专用标准没有明确包含任何与数据集层级元数据和完整性检测有关的元素。这些应当定义为 S-100 应用模式内“Feature Collection”（要素集合）类的特性。

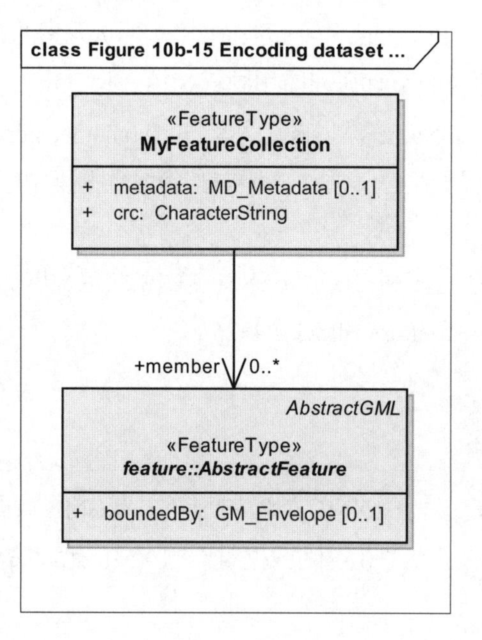

图10b-14　编码数据集元数据和完整性检查特征

10b-12 模式的位置和命名空间

公共元素的 GML 专用标准和 GML 应用模式位于 IHO GI 注册系统网站上。命名空间和版本也在该网站上。

10b-13 与普通 GML 惯例的差异

GML 专用标准（条款 10b-8）和基础模式（条款 10b-9）在以下几项方面与普通 GML 惯例有所不同：

缺失曲线插值枚举值的释义（条款 10b-7.2 和 10b-8.5.2）。

允许要素和信息关联从 <FeatureAssociation>（要素关联）和 <InformationAssociation>（信息关联）两个标准特征中择一使用，特征名称不适用角色名称。关联中的值 XLink 属性按照本部分中的说明指定，该值覆盖 XLink 规范中的释义。

几何特征是单独定义的，而不是使用置换组。在所有要素中都没有单个特征可以充当空间属性。

10b-14 S-100 GML 数据格式的约定

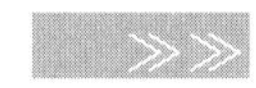

数据格式必须使用要素目录中要素、信息类型和属性的驼峰式拼写代码，作为 GML 要素、对象或属性的元素标记中的“局部名称”。

示例　给定一个要素目录，其使用“MarineProtectedArea”（海洋保护区）代码定义了一个名为“Marine Protected Area”（海洋保护区）的要素，则数据集中的相应要素必须使用“MarineProtectedArea”（海洋保护区）作为局部名称，例如，“<S122:MarineProtectedArea...”或“<MarineProtectedArea...”。

对于 S-100 枚举或 S-100 代码表属性，数据集必须使用要素目录中所列值的代码、标签或别名字段。数据集头信息必须指定在头元数据的“attributeEncoding”（属性编码）字段中使用哪一个。

独立于要素进行编码的空间对象（即未嵌入要素）必须使用标签进行编码，这些标签的局部名称组件是 S-100 GML 专用标准中的空间对象元素（例如“S100:Point”）。

要素和信息关联必须对引用的至少一个“role”或“arcrole”属性进行编码。

以下标签予以保留，不得在 GML 数据格式中用作元素的局部名称：

- member
- imember
- geometry
- location

S-100 数据集的 GML 数据格式必须遵循 GML 规范（ISO 19136/OGC 07-036）中所述的 GML 规则，S-100 GML 专用标准和本部分已对该规则做了修改。

10b-15 GML 数据集的处理（资料性）

实现过程（包括应用和生产工具）可以使用任何恰当的方法处理 GML 数据集。尽管 GML 数据集必须符合产品规范中定义的 GML 应用模式，但使用 GML 应用模式处理数据集不需要处理器。然而，GML 规范、本部分和 S-100 GML 专用标准的组合使其具有以下共同点：

1）每个数据集都有一个“ROOTELEMENT”（根元素）。GML 数据集是 XML 文档，这是 XML 要求的。

2）保留标签“member”和“imember”作为要素和信息类型的封装标签。在 S-100 GML 应用模式中，这些封装标签的使用是可选的。

3）给定路径“/ROOTELEMENT/member/X1/X2”，则 X1 是要素，X2 是属性或关联角色。类似地，给定“/ROOTELEMENT/imember/X1/X2”，X1 是一种信息类型，而 X2 是其属性或关联之一。

4）如果 X2 具有 XML 属性“xlink:href”和“xlink:role”和 / 或“xlink:arcrole”，则它是关联角色。

5）如果 X2 具有元素内容，则它是复杂或空间属性。

6）空间属性或对象将一个被允许的空间特征作为其内容。

7）如果 X2 为空，或者带有文本或数值内容，则它是一个简单属性。

8）应用程序必须允许命名空间的存在或不存在，例如 X1 的形式可能是“S122:FeatureA”等。XML 中的命名空间位于“:”前，因此应用程序可以区分标记的命名空间部分和“局部名称”部分。

附录 10b-A 应用模式（资料性）

10b-A-1 基于 S-100 的数据产品的 GML 应用模式示例

该示例模式定义了数据产品中要素和信息产品的抽象基本类型。所有要素或者信息类型公用的属性都可以在此定义。抽象元素是要素和信息类型实例的置换组前端。特别是当要素或者信息类型的定义数量相对较大时，这是很方便的。GML 也要求 GML 应用模式中的要素在“gml:AbstractFeature”（抽象要素）置换组中，并可通过置换组存档。

```
<!-- 数据产品中所有要素的基础类型 -->
<xs:complexType name="AbstractFeatureType">
    <xs:complexContent>
        <xs:extension base="s100:AbstractFeatureType">
            <xs:sequence>
                <xs:element name="scaleMinimum" type="xs:positiveInteger"/>
            </xs:sequence>
        </xs:extension>
    </xs:complexContent>
</xs:complexType>
<xs:element name="AbstractFeature" type="AbstractFeatureType" abstract="true"
  substitutionGroup="gml:AbstractFeature">
    <xs:annotation>
        <xs:documentation>Substitution group head for features</xs:documentation>
    </xs:annotation>
</xs:element>
<!-- 数据产品中所有信息类型的基础类型 -->
<xs:complexType name="AbstractInformationTypeType">
    <xs:complexContent>
        <xs:extension base="s100:AbstractInformationType">
            <xs:sequence/>
        </xs:extension>
    </xs:complexContent>
</xs:complexType>
<xs:element name="AbstractInformationType" type="AbstractInformationTypeType" sabstract="true"
 substitutionGroup="gml:AbstractGML">
    <xs:annotation>
        <xs:documentation>Substitution group head for information objects</xs:documentation>
    </xs:annotation>
</xs:element>
```

图10b-A-1 GML应用模式中的基本抽象类型和元素

下图是上述“AbstractFeatureType”（抽象要素类型）模型的图形化表示，显示了继承的要素标识符元素，表示要素和信息关联的继承关联元素，以及局部定义的属性“scale Minimum”（最小比例尺）属性。

图10b-A-2　GML应用模式中要素的抽象类型层次结构

信息类型从基础类型派生而来。示例中有一个名称为“ChartNote”（海图注记）的信息类型。描述信息类型的属性定义在此处。

```
<xs:complexType name="ChartNoteType">
    <xs:complexContent>
        <xs:extension base="AbstractInformationTypeType">
            <xs:sequence>
                <xs:element name="text" type="xs:string"/>
            </xs:sequence>
        </xs:extension>
    </xs:complexContent>
</xs:complexType>
<xs:element name="chartNote" type="ChartNoteType" substitutionGroup="AbstractInformationType">
    <xs:annotation>
        <xs:documentation>A chart note conveys information in plain text.</xs:documentation>
    </xs:annotation>
</xs:element>
```

图10b-A-3　信息类型定义

要素类的定义与上述相似，区别是它们从“AbstractFeatureType”（抽象要素类型）派生，并包括空间属性。

由于该数据产品要求针对某些要素类的空间特性具有可选类型（即“LandArea”要素能够具有点状或者面状几何），所以几何被定义为一个提供点或者曲面特性的选择元素。

注意，GML 规范指出，几何特性应当具有具体应用的名称以表达语义：

应为GML应用模式中的几何特征选择特定于应用的名称。应该选择特征的名称来表达该值的语义。使用应用特定名称是包括几何特征在内的特征名称的首选方法。

要素类型的几何特征没有固定的限制，只要特征值是可替换为“gml:AbstractGeometry”（抽象几何）的几何对象即可。

因此，该专用标准允许使用几何置换组或者带有特定应用语义的元素名称来实现空间属性。该模式包括预定义的特征类型，可用作几何特征元素的类型。但是，GML 应用模式开发人员应牢记 ISO 19136 中规定的相关要求，例如，关于从“gml:AbstractGeometryType”（gml：抽象几何类型）和几何置换组派生条款 10.1.3.1。

```
<!-- 要素定义 -->
<xs:complexType name="DepthAreaType">
    <xs:complexContent>
        <xs:extension base="AbstractFeatureType">
            <xs:sequence>
                <xs:element name="depthValue1" type="xs:double"/>
                <xs:element name="depthValue2" type="xs:double"/>
                <xs:element ref="s100:surfaceProperty"/>
            </xs:sequence>
        </xs:extension>
    </xs:complexContent>
</xs:complexType>
<xs:element name="depthArea" type="DepthAreaType" substitutionGroup="AbstractFeature"/>
<xs:complexType name="LandAreaType">
    <xs:annotation>
        <xs:documentation>One of the features in this data product is LandArea</xs:documentation>
    </xs:annotation>
    <xs:complexContent>
        <xs:extension base="AbstractFeatureType">
            <xs:sequence>
                <xs:element name="objectName" type="xs:string"/>
                <xs:choice>
                    <xs:element ref="s100:pointProperty"/>
                    <xs:element ref="s100:surfaceProperty"/>
                </xs:choice>
            </xs:sequence>
        </xs:extension>
    </xs:complexContent>
</xs:complexType>
<xs:element name="landArea" type="LandAreaType" substitutionGroup="AbstractFeature"/>
```

图10b-A-4　要素类定义

该示例也定义了描述数据集的一个 XML 类型和一些便于集合定义数据集时所需的要素和信息类型的组。GML 应用模式的开发者应该牢记 ISO 19136 §20 中 GML 应用模式规则。

下图 10b-A-5 展示了上面定义的“DepthArea”（水深区）要素的图形表示，显示了从抽象要素层次结构继承的组件以及局部定义的专题属性和允许的空间属性。通过添加绑定到要素类的专题属性以及适当的空间属性，扩展了上文定义的抽象类型。要素类可能具有与之关联的不同类型的空间对象，这可以使用适当的 XML<choice>（选择）构造来表示。

示例　要素可能具有点几何或者曲面几何，但没有曲线几何。这由包含点或曲面特征类型但不包含曲线类型的 XML<choice>（选择）粒子表示。

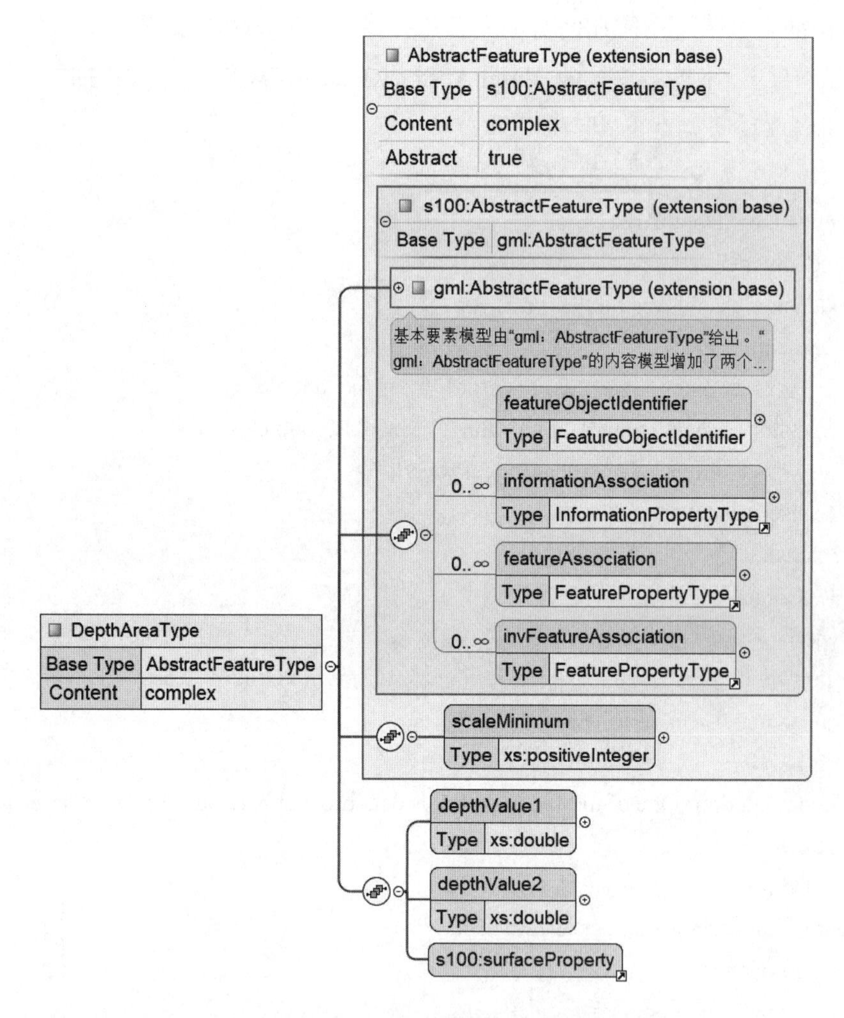

图10b-A-5　GML应用模式中要素类的类型层次结构

附录 10b-B 专用标准在 GML 应用数据集中的使用（资料性）

10b-B-1 引言

本条款说明了基于 S-100 的数据产品与 GML 数据集的 GML 专用标准（条款 10b-8）、基础模式（条款 10b-9）和 GML 应用模式（附录 10b-A）的使用。

10b-B-2 GML 应用模式中的数据集结构

下图是 GML 数据集格式的示例。该数据集将数据对象定义为信息对象、空间对象或要素对象。它首先将文件中的对象序列指定为信息对象，然后是空间对象，最后是要素。

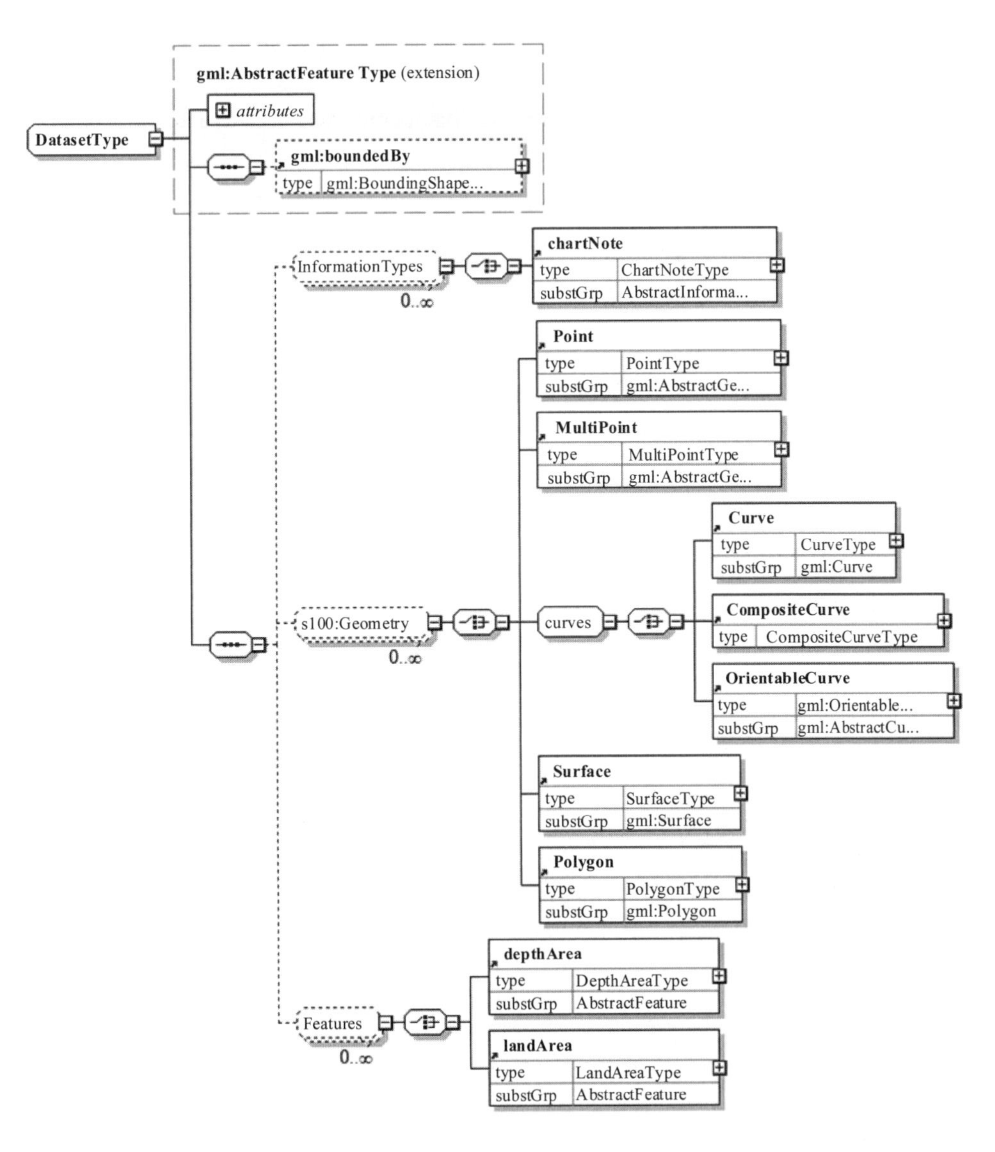

图10b-B-1 GML应用模式中的数据集定义示例

10b-B-3 XML/GML 中的数据集示例

下图是部分示例数据集。为简洁起见，省略了斜体内容。

```
<Dataset (...="" namespaces="" and="" schemaLocation="" ...="" ) gml:id="ds">
    <gml:boundedBy>
        <gml:Envelope srsName="http://www.opengis.net/def/crs/EPSG/0/4326">
            <gml:lowerCorner>0.0 0.0</gml:lowerCorner>
            <gml:upperCorner>3.0 3.0</gml:upperCorner>
        </gml:Envelope>
    </gml:boundedBy>
    <!-- 信息对象 -->
    <chartNote gml:id="cn1">
        <text>The reporting area does not include the Areas to be Avoided within the Monument.</text>
    </chartNote>
    <chartNote gml:id="cn2">
        <text>Vessels shall notify the authority when leaving the reporting area to enter an Area to be Avoided.</text>
    </chartNote>
    <!-- 空间对象 -->
    <s100:Curve gml:id="curve1">... geometry of curve1 ...</s100:Curve>
    <s100:Curve gml:id="curve2">... geometry of curve2 ...</s100:Curve>
    <!-- curve3 引用 curve2 -->
    <s100:OrientableCurve gml:id="curve3" orientation="-">
        <gml:baseCurve xlink:href="#curve2"/>
    </s100:OrientableCurve>
    <!-- 该曲面使 curve1 作为边界 -->
    <s100:Surface gml:id="su1">
        <gml:patches>
            <gml:PolygonPatch>
                <gml:exterior>
                    <gml:Ring>
                        <gml:curveMember xlink:href="#curve1"/>
                    </gml:Ring>
                </gml:exterior>
            </gml:PolygonPatch>
        </gml:patches>
    </s100:Surface>
    <s100:Surface gml:id="su2">... geometry of surface su2 ...</s100:Surface>
    <!-- 要素 -->
    <depthArea gml:id="da1">
```

```
        <s100:featureObjectIdentifier>
            <s100:agency>JS</s100:agency>
            <s100:featureIdentificationNumber>123</s100:featureIdentification
              Number>
            <s100:featureIdentificationSubdivision>345</s100:featureIdentification
              Subdivision>
        </s100:featureObjectIdentifier>
        <scaleMinimum>10000</scaleMinimum>
        <depthValue1>1.0</depthValue1>
        <!-- 专题属性 -->
        <depthValue2>6.0</depthValue2>
        <!-- 专题属性 -->
        <!-- 该几何通过上面曲面 su1 的引用给出 -->
        <s100:surfaceProperty xlink:href="#su1"/>
        <!-- 几何引用的例子 -->
    </depthArea>
    <depthArea gml:id="da2">
        <s100:featureObjectIdentifier>
            <s100:agency>JS</s100:agency>
            <s100:featureIdentificationNumber>123</s100:featureIdentificationNumber>
            <s100:featureIdentificationSubdivision>345</s100:featureIdentification
              Subdivision>
        </>
        <!-- 与上面第一个信息对象关联，通过它在 xlink:href 属性中的 gml:id 来标识 -->
        <s100:informationAssociation gml:id="ia2" xlink:href="#cn1"
          xlink:arcrole="http://example.iho.int/roles/hasNote"/>
        <!-- 与深度面要素关联的要素，通过 xlink:href 标识 -->
        <s100:featureAssociation gml:id="fa1" xlink:href="#da1" xlink:arcrole="http://example.iho.int/roles/rolea"/>
        <scaleMinimum>10000</scaleMinimum>
        <depthValue1>1.0</depthValue1>
        <depthValue2>6.0</depthValue2>
        <!-- 几何通过引用给出 -->
        <s100:surfaceProperty xlink:href="#su2"/>
    </depthArea>
    <landArea gml:id="la1">
        <scaleMinimum>10000</scaleMinimum>
        <objectName>Micklefirth City</objectName>
        <s100:pointProperty>
            <!-- 内联几何 - 直接位置 -->
            <s100:Point gml:id="pnt1">
```

```
            <gml:pos>1.5 1.5</gml:pos>
        </s100:Point>
    </s100:pointProperty>
</landArea>
</Dataset>
```

图10b-B-2　GML数据集示例

第 10c 部分

HDF5 数据格式
（HDF5 Data Format）

10c-1 范围

HDF 工作组开发了 HDF5（分层数据格式第五版），它是一种文件格式，用来传输影像和格网数据所用的数据。本部分是 HDF5 的专用标准，指定了一种交换格式，便于在计算机系统之间传输包含数据记录的文件。它定义了一个专门的结构，用于传输含有符合 S-100 通用要素模型的数据类型和数据结构的文件。

本部分给出了一些约束和约定，这些约束和约定共同确定了 S-100 HDF5 数据格式的规则。不包括 S-100 HDF5 数据不需要的 HDF5 功能。本部分的范围限于数据格式，不包括应用模式，也不包括有关如何制定产品规范或要素和属性命名规则的指南。

10c-2 引言

HDF5 使用开源格式。它允许 IHO 等用户与 HDF 工作组就功能要求进行合作，视情将用户的经验和知识纳入 HDF 产品中。

HDF5 特别擅长处理复杂性和可扩展性很重要的数据。几乎任何类型或大小的数据都可以在 HDF5 中存储，包括复杂的数据结构和数据类型。HDF5 是便携式的，可在大多数操作系统和机器上运行。HDF5 具有可扩展性，在高端计算环境中运行良好，并且可以容纳几乎任何大小或多重性的数据对象。它还可以有效地存储大量数据，具有内置压缩功能。HDF5 广泛用于政府、学术界和工业。

10c-3 一致性

S-100 HDF5 数据格式符合 HDF5 的 1.8.8 版。

10c-4 引用文件

10c-4.1 规范性引用文件

HDF 工作组，2011 年 11 月，HDF5 用户指南 1.8.8 版（HDF5 User's Guide Release 1.8.8）

HDF 工作组，2011 年 11 月，HDF5 参考手册 1.8.8 版（HDF5 Reference Manual 1.8.8）

ISO 8601：2004，数据元素和交换格式—信息交换—日期和时间的表示（Data elements and interchange formats—Information interchange—Representation of dates and times）

ISO 19123，地理信息—覆盖几何特征与函数模式（Geographic information—Schema for coverage geometry and functions）

10c-4.2 资料性引用文件

Gilbert, W.，立方体填充希尔伯特曲线（A Cube-filling Hilbert Curve），数学智能 6（3），第 78 页，

1984 年

Goodchild, M.F. 和 Grandfield, A.W.，光栅存储优化：对四种备选方案的审查（Optimizing Raster Storage: An Examination of Four Alternatives），Proceedings Auto-Carto 汇编第 6（1）卷，第 400-407 页），渥太华，1983 年

Kidner, D.B.，规则格网数字高程模型的高阶插值（Higher-order interpolation of regular grid digital elevation models），国际遥感杂志，24（14），2003 年 7 月，第 2981-2987 页。DOI：10.1080/0143116031000086835

Kidner, D.，Mark Dorey, M.，和 Smith, D，有什么意义？使用规则格网 DEM 进行插值和外推（What's the point? Interpolation and extrapolation with a regular grid DEM），第四届国际地球计算会议论文集，弗吉尼亚州弗雷德里克斯堡。URL：http://www.geocomputation.org/1999/082/gc_082.htm (retrieved 26 April 2018)

Laurini, R. 和 Thompson, D.，空间信息系统基础（Fundamentals of Spatial Information Systems），学术出版社，1992 年

10c-5 HDF5 规范

HDF5 实现了数据管理和数据存储所用的模型。该模型包括抽象数据模型和抽象存储模型（数据格式），以及用于实现抽象模型并将存储模型映射到不同存储机制的库。HDF5 库为抽象模型的具体实现提供编程接口。该库还实现了数据传输模型，即数据从一个存储表示有效地移动到另一存储表示。下图阐述了模型与实现之间的关系。

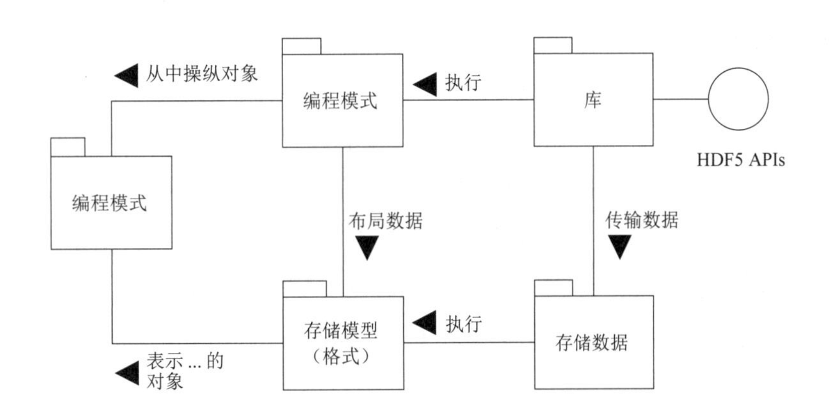

图10c-1　抽象数据模型

“Abstract Data Model”（抽象数据模型）是数据、数据类型和数据组织的概念模型。抽象数据模型独立于存储介质或编程环境。“Storage Model”（存储模型）是抽象数据模型对象的标准表示。“HDF5 File Format Specification”（HDF5 文件格式）规范定义了存储模型。

“Programming Model”（编程模型）是计算环境的模型，包括从小型单一系统到大型多处理器和集群的平台。编程模型从“抽象数据模型”中操作（实例化、填充和检索）对象。

“Library”（库）是存储模型的具体实现。“库”将 HDF5 API 导出为其接口。除了实现抽象数据模型的对象之外，库还管理从一种存储形式到另一种存储形式的数据传输。数据传输示例包括从磁

盘读取到内存以及从内存写入到磁盘。

“Stored Data”（存储数据）是存储模型的具体实现。存储模型映射到多种存储机制，包括单个磁盘文件、多个文件（文件族）和内存表示形式。

HDF5 库是一个 C 模块，用于实现编程模型和抽象数据模型。HDF5 库调用操作系统或其他存储管理软件（例如 MPI/IO 库）以存储和检索持久数据。HDF5 库还可以链接其他软件，如用于压缩的过滤器。HDF5 库与应用程序连接，该应用程序可以用 C、C++、Fortran 或 java 编写。该应用程序实现特定问题的算法和数据结构，调用 HDF5 库来存储和检索数据。

HDF5 库实现了 HDF5 抽象数据模型的对象。其中一些对象包括组、数据集和属性。S-100 产品规范将 S-100 数据结构映射到 HDF5 对象的层次结构。每个 S-100 产品规范都将创建最适合其用途的映射。

HDF5 抽象数据模型的对象映射到 HDF5 存储模型的对象，并存储在存储介质中。存储对象包括标题字组、自由表、数据块、B 树和其他对象。每个组或数据集都存储为若干个标题字组和数据块。

10c-5.1 抽象数据模型

抽象数据模型（ADM）定义用于定义和描述文件中存储的复杂数据的概念。ADM 是一种非常通用的模型，旨在从概念上涵盖许多特定模型。许多不同种类的数据可以映射到 ADM 的对象，因此可以使用 HDF5 进行存储和检索。但是，ADM 并不是针对任何特定问题或应用域的模型。用户需要将其数据映射到 ADM 的概念。

关键概念包括：

- “File”（文件）—计算机存储区（内存、磁盘等）中连续的字节字符串，这些字节表示模型的零个或多个对象；
- “Group”（组）—对象（包括组）的集合；
- “Dataset”（数据集）—具有属性和其他元数据的数据元素的多维数组；
- “Dataspace”（数据空间）—对多维数组维度的描述；
- “Datatype”（数据类型）—对特定数据元素类的描述，包括其存储布局（以比特模式）；
- “Attribute”（属性）—与组、数据集或命名数据类型关联的命名数据值；
- “Property List”（特征列表）—库中参数（一些永久性的和一些暂时性的）控制选项的集合；
- “Link”（链接）—对象的连接方式。

这些关键概念将在下面进一步描述。

10c-5.1.1 File（文件）

抽象来说，HDF5 文件是一个容器，用于有组织的对象集合。这些对象是组、数据集和其他定义如下的对象。对象被组织为有根、有方向的图。每个 HDF5 文件都有至少一个对象，即根组。具体请参见下图。所有对象都是根组的成员或根组的子级。

HDF5 对象在单个 HDF5 文件中具有唯一身份，并且只能通过文件层次结构中的名称来访问。不同文件中的 HDF5 对象不一定具有唯一身份，并且除非通过文件访问，否则无法访问永久性 HDF5 对象。

创建文件后，“file creation properties”（文件创建特征）将指定文件的设置。“文件创建特征”包括版本信息和全局数据结构的参数。创建文件后，“file access properties”（文件访问特征）将指定当前文件访问的设置。文件访问属性包括存储驱动程序的参数以及缓存和垃圾收集参数。文件的生命周期内永久设置文件创建特征，可以通过关闭再重新打开文件来更改文件访问特征。

HDF5 文件可以作为另一个 HDF5 文件的一部分“挂载”。与 Unix 文件系统挂载相似。挂载文件的根将附加到挂载文件中的组，并且所有内容都可以访问，就好像此挂载文件是挂载文件的一部分一样。

10c-5.1.2 Group（组）

HDF5 组与文件系统目录相似。抽象来说，一个组包含零个或多个对象，每个对象必须是至少一个组的成员。根组是一个特例；可以不是任何组的成员。

组成员身份实际上是通过“link”（链接）对象实现的。具体请参见下图。链接对象归一个组所有，并指向一个命名对象。每个链接都有一个名称，并且每个链接都指向一个对象。每个命名对象都有至少一个并且可能有许多链接指向它。

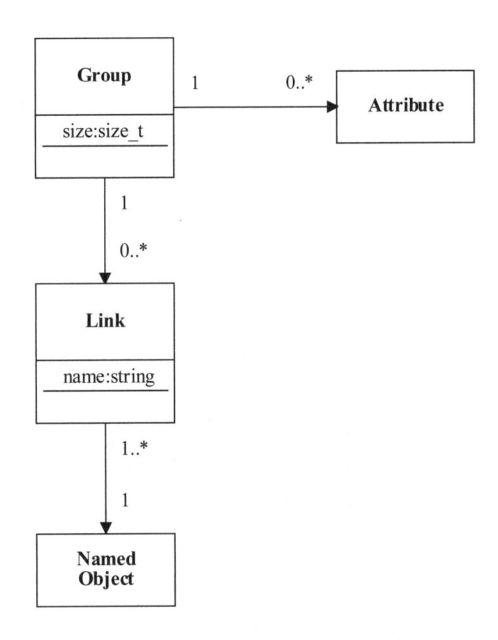

图10c-2 通过链接对象的组成员身份

“named object”（命名对象）分为三类：“group”（组）、“dataset”（数据集）和“named datatype”（命名数据类型）。具体请参见下图。这些对象中的每一个都至少是一个组的成员，即至少有一个链接指向该对象。

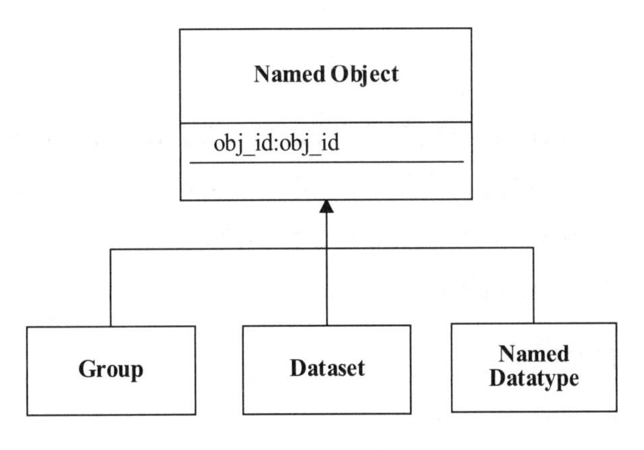

图10c-3 命名对象的类

10c-5.1.3 Dataset（数据集）

HDF5 数据集是数据元素的多维数组。具体请参见下图。数组的形状（维数、每个维的大小）由数据空间对象描述。

数据元素是数据的单个单位，可以是数字、字符、数字或字符的数组或异构数据元素的记录。数据元素是一组比特。比特的布局由数据类型描述。

数据空间和数据类型是创建数据集时设置的，在数据集的生命周期内无法更改。创建数据集时设置数据集创建特征。数据集创建特征包括填充值和存储特征，例如分块和压缩。创建数据集后，无法更改这些特征。

数据集对象管理数据的存储和访问。尽管数据从概念上讲是一个连续的矩形数组，但根据存储特征和使用的存储机制，它以不同的方式进行物理存储和传输。实际存储可以是一组压缩块，可以通过不同的存储机制和缓存进行访问。数据集在元素的概念数组和实际存储的数据之间映射。

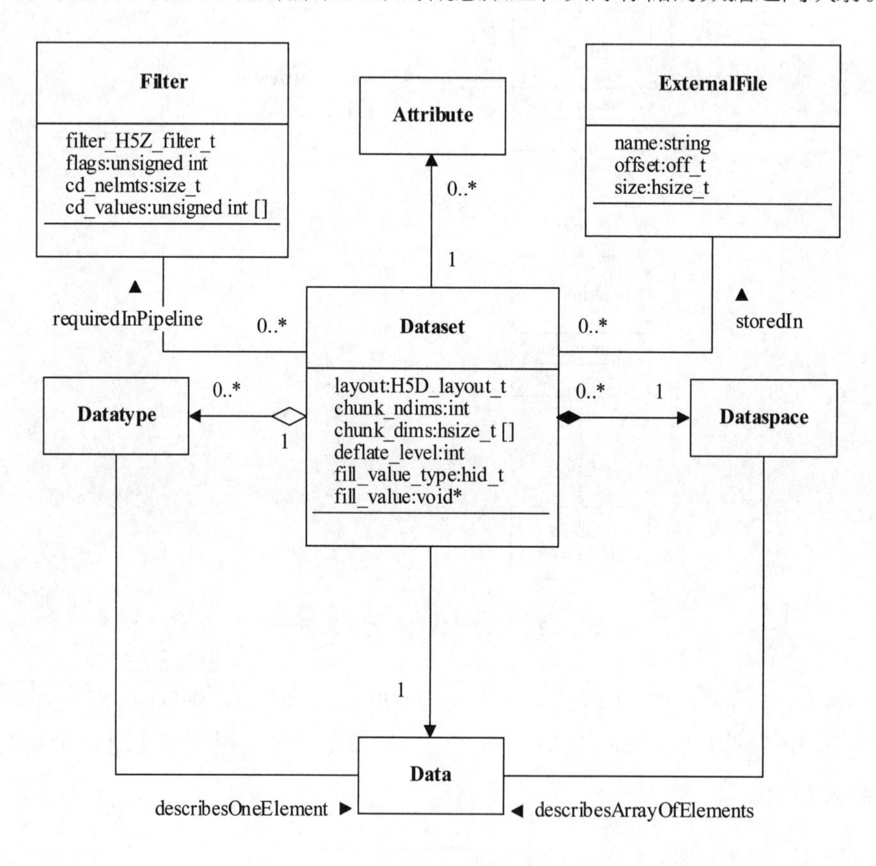

图10c-4 数据集

“dataset”（数据集）的 HDF5 概念指的是一个数组，S-100 的概念定义为“可识别的数据集合”（S-100 附录 A 术语和定义），通常解释为表示要素和 / 或信息类型实例的集合。

本部分经常用术语“data file”（数据文件）表示 S-100 含义上的数据集，用“HDF5 数据集”表示 HDF 含义上的数据集。如果不使用以上术语，其含义应从上下文中显而易见。

10c-5.1.4 Dataspace（数据空间）

HDF5 数据空间描述多维数组元素的布局。从概念上讲，该数组是具有 1 ~ 32 维的超矩形。

HDF5 数据空间可以扩展。因此，每个维度具有当前尺寸和最大尺寸，最大尺寸可以无限大。数据空间描述该超矩形：它是具有当前尺寸和最大（或无限制）尺寸的维度列表。

10c-5.1.5 DataType（数据类型）

HDF5 数据类型对象描述单个数据元素的布局。数据元素是数组的单个元素；它可以是单个数字、字符、数字或载体数组或其他数据。数据类型对象描述此数据的存储布局。

数据类型分为 11 类。每个类均根据一组规则进行解释，并具有一组特定的特征来描述其存储。例如，浮点型具有根据适当数字表示标准解释的指数位置和大小。因此，数据类型类说明了元素的含义，而数据类型描述了其存储方式。

下图是数据类型的分类。原子数据类型不可分割。每个都可以是单个对象；数字、字符串或其他一些对象。复合数据类型由原子数据类型的多个元素组成。除标准类型外，用户还可以定义其他数据类型，例如 24 位整数或 16 位浮点型。

数据集或属性具有与之关联的单个数据类型对象。请参见上面的数据集图。可以在多个对象的定义中使用数据类型对象，但是默认情况下，数据类型对象的副本将为数据集所私有。

另外，数据类型对象可以存储在 HDF5 文件中。数据类型被链接到一个组中，因此具有命名。“named datatype”（命名数据类型）可按照普通数据类型对象打开或者使用。

并非所有 HDF5 数据类型都与第 1 部分条款 1-4.5.2（表 1-2）中定义的 S-100 基本和派生数据类型完全相同。HDF5 和 S-100 数据类型之间的对应关系详见本部分后面的表 10c-2。

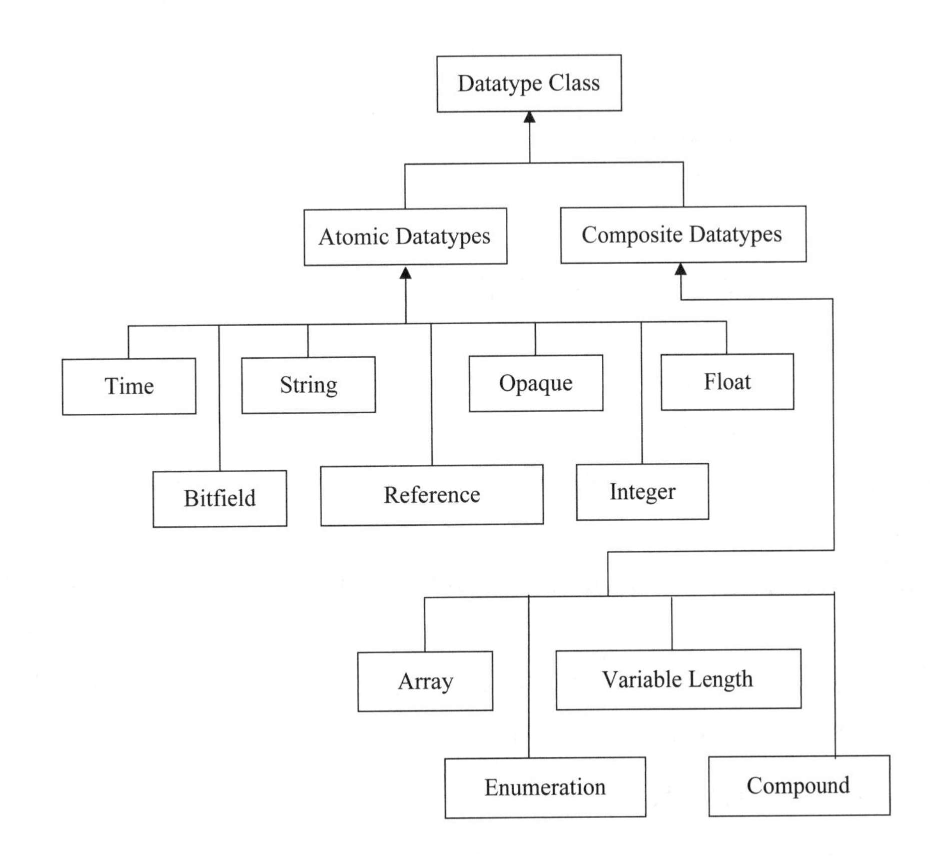

图10c-5　数据类型分类

10c-5.1.6 Attribute（属性）

任何 HDF5 命名数据对象（组、数据集或命名数据类型）都可以具有零个或多个用户定义的属性。属性用于记录对象。对象的属性与对象一起存储。

HDF5 属性具有名称和数据。数据部分的结构类似于数据集：数据空间定义数据元素数组的布局，数据类型定义元素的存储布局和解释。具体请参见下图。

数据对象的属性在原则上与专题属性等效，但是该版 HDF5 专用标准不适用于 HDF5 文件中的矢量要素或信息类型数据，因此不使用矢量对象属性。组、数据集或命名数据类型的 HDF5 属性起着元数据的作用。

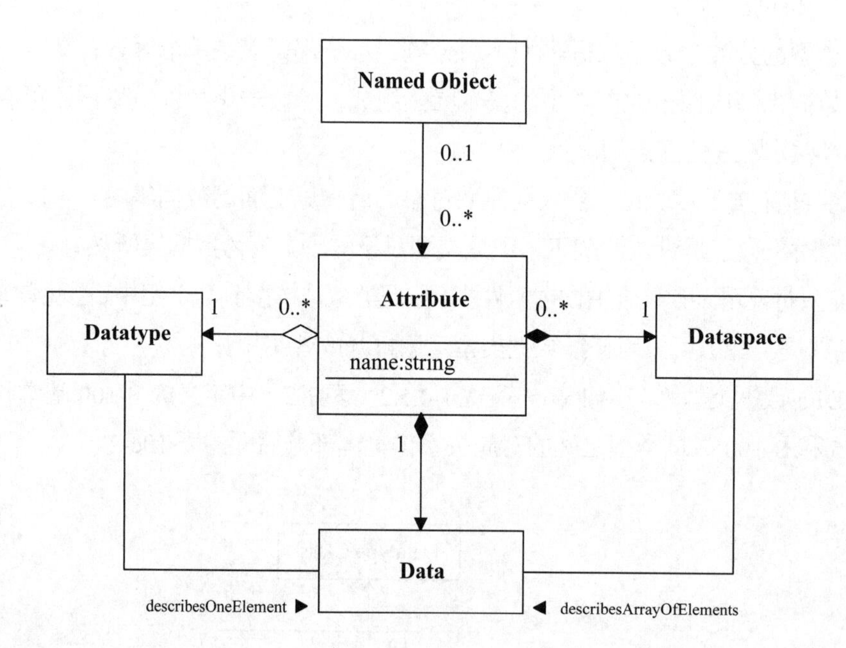

图10c-6 属性数据元素

实际上，属性与数据集非常相似，但有以下限制：

- 属性只能通过对象访问；
- 属性名称仅在对象内有意义；
- 一个属性应该是一个小对象；
- 属性的数据必须在一次访问中读取或写入（不允许部分读取或写入）；
- 属性不再包含属性。

请注意，属性的值可以是“object reference”（对象引用）。共享属性或大数组属性可以实现为对数据集的引用。

属性的名称、数据空间和数据类型是在创建属性时指定的，在属性的生命周期内无法更改。属性可以按名称、索引或通过迭代对象的所有属性打开。

10c-5.1.7 Property List（特征列表）

HDF5 有一个通用特征列表对象。每个列表都是“name-value”（名称 - 值）对的集合。每个类别的特征列表都有一组特定的特征。每个特征都有一个隐式名称，一个数据类型和一个值。创建和使用特征列表对象的方式类似于 HDF5 库的其他对象的方式。

特征列表是库中对象的附件，库的任何部分都可以使用它们。部分特征是永久性的（例如，数据集的分块策略），其他特征是临时性的（例如，数据传输的缓冲区大小）。特征列表的常见用法是将参数从调用程序传递到 VFL 驱动程序或管道的模块。

特征列表在概念上与属性相似。特征列表是与库的行为有关的信息，而属性与用户的数据和应用有关。由于特征列表将数据规范与实现结合使用，因此不建议 S-100 产品规范使用 HDF5 特征列表。

10c-5.2　HDF5 库和编程模型

HDF5 库实现了 HDF5 抽象数据模型和存储模型。HDF5 产品的两个主要目标是：提供可在尽可能多的计算平台上使用的工具（可移植性），以及提供合理的面向对象数据模型和编程接口。

有关 HDF5 模型的实现详见 HDF5 用户指南 1.8.8 版和 HDF5 参考手册 1.8.8 版。S-100 产品规范必须在 S-100 通用要素模型的环境中指定 HDF5 组、数据集和属性。

10c-5.3　禁止的 HDF5 构造

禁止使用本部分 HDF5 版本标准库无法处理的构造，禁止使用依赖于高版本库的 HDF5 构造。

10c-6　HDF5 的 S-100 专用标准

HDF5 的 S-100 专用标准对 S-100 HDF5 数据集中所用的 HDF5 数据类型和构造作出了限制；描述了 S-100 和 HDF5 数据类型与其他构造之间的对应关系；定义了 S-100 HDF5 数据集必须遵守的构造规则。

S-100 HDF5 专用标准只能用于下列信息类型—需要指出的是，并非所有的信息类型都是互斥关系，但大多数规范只能用到某几个类型的组合：

- 若干个独立、固定站点的数据；
- 规则格网数据；
- 不规则格网数据；
- 单元大小可变的格网；
- 非地理校正的格网数据（第 8 部分条款 8-8.1.2）；
- TIN 数据；
- 移动平台（例如表面漂流浮标）数据；
- 具有固定或可变间隔的静态数据或时序数据（用于任何其他类型）；
- 切片和未切片的覆盖；
- 同一数据文件中的多个要素类；
- 同一数据文件中的多种覆盖类型。

限制、对应关系和规则在以下各节中进行介绍。

10c-7 数据类型

预定义的HDF5数据类型包括“Integer”（整型）、“Float”（浮点型）、“String”（字符串）和“Enumeration”（枚举型），但是没有与 S-100 数据类型“Boolean”（布尔型），“S100_Codelist”（代码表）或“S100_TruncatedDate”（截断日期）等效的 HDF5。后面所述的几种类型映射到下表中指定的 HDF5 构造。S-100 数据类型“Date”（日期型）、“TimeDate”（日期时间型）和“Time”（时间型）映射到 HDF5 字符串，这是因为在 HDF5 时间格式的不同处理器体系结构之间，存在可移植性的潜在问题。在 S-100 HDF5 数据产品中，第 3 部分中定义的 S-100 数据类型被映射到等效的 HDF5 数据类型中。这些等效类型总结在下表 10c-1 中。不得使用此表中未提及的 HDF5 数据类型类。

表 10c-1 S-100 和 HDF5 数据类型之间的对等关系

S-100 属性值类型	HDF5 数据类型类	对 HDF5 数据类型的约束
real	Float	32 或 64 字节浮点
integer	Integer	1、2 或 4 字节的有符号和无符号整数
text (CharacterString in S-100 metadata)	String	变长字符串
enumeration	Enumeration	数值代码必须是 1 或 2 字节的无符号整数，范围为 [1, 2^8–1] 或 [1, 2^{16} - 1]
date	(Character) String, length=8	根据表 1-2（第 1 部分）的日期格式；即完整的表示形式、基本格式，如 ISO 8601 所规定
time	(Character) Variable-length string	根据表 1-2（第 1 部分）的时间格式；即完整的表示形式、基本格式，如 ISO 8601 所规定的 UTC 以“Z”后缀表示；当地时间没有后缀。也可以使用时差偏移格式）；例如 123000+0100
dateTime	(Character) Variable-length string	日期时间格式由 ISO 8601 指定。示例：19850412T101530Z 19850412T101530-0500
boolean	(Integer)	1 个无符号字节，值：1（真）；0（假）
S100_Codelist	Compound (Enumeration, variable-length string)	允许使用其中一个组件；另一个必须是数字值 0 或根据其数据类型为空（长度为 0）字符串
URI, URL, URN	String (variablelength)	在 RFC 3986（URI，URL）或 RFC 2141（URN）中指定的格式
S100_TruncatedDate	String, length=8	如第 1 部分中的表 1-2 的格式
value record (Part 8)	Compound	组件的数据类型必须根据应用模式中的值属性类型来定。“值记录”对应第 8 部分图表中 8-21，8-22，8-23，8-28，8-29 的值记录
external object reference	String	格式：extObjRef:<fileName>:<recordIdentifier> 其中，<fileName> 是 ISO 8211 或 GML 文件的基本名称，<recordIdentifier> 是该文件中矢量对象记录的记录标识符。不使用文件扩展名。记录标识符是 GML 数据集的“gml:id”，或者是 ISO 8211 数据集的记录标识号（RCID）。该文件必须存在于同一交换集中

10c-8 命名约定

在应用模式中对数据元素进行编码的 HDF5 元素（数据集、对象等）的名称（即要素类、属性、角色、枚举、代码表等），必须与应用模式中的名称一致（因为存在从应用模式到要素目录的 1/1 映射，也就是要求与要素目录保持一致）。使用的“名称”必须是驼峰式拼写名称。本部分中的其他内容规定了应用模式（或等效地，要素目录）中的名称应在哪使用。

嵌入式（“载体”）元数据和定位信息中的元素，与第 4a-4c 部分中的属性对应的，也必须与第 4a-4c 部分和第 8 部分中相关的驼峰式名称保持一致。

没有直接对应关系的元素可以拥有 HDF5 格式的唯一名称（这些区别旨在简化 ISO 19123 和 S-100 第 4、4b 及第 8 部分中的抽象，并缩短深嵌套在 XML 模式中的字段）。

适当情形下，地理坐标轴必须使用“latitude”（纬度）和“longitude”（经度）名称，不得使用“X”和“Y”，只有在纬度 / 经度不适当时才能使用“X”和“Y”。

此专用标准中的载体元数据元素与第 4-4c 部分和第 8 部分之间的对应关系，详见后文。

交换集中非嵌入式元数据和目录文件中的名称被视为矢量产品规范——即，它们必须符合标准的 S-100 元数据和交换目录模式。

对于一个 HDF5 组，如果对应于 S-100 或产品规范中已经命名的模式元素，其名称应与该元素相同，采用驼峰式拼写编码（如果指定）。例如，如果时序产品为各时间点的数据集合指定了名称，则当集合编码为组时，应将这些名称用作组名（产品规范开发人员必须注意，应指定符合 HDF5 语义要求的集合名称）。

可以添加带下划线字符的数字后缀（即后缀“NNN”），用来区分原本具有相同名称的组（例如，不同时间点的数据组）。

以下组名被保留用于特定用途：

表 10c-2 保留的组名

Positioning	各种类型和维度的离散定位信息。定位数据的类型由一个组属性或多个属性给出。包括无损压缩或有损压缩编码。不包括可以完全由格网或覆盖参数单独指定的定位（此类参数编码被附加到根组的属性中）。要求非均匀定位（例如，二阶代数公式）的规格必须视为未地理校准格网
Group_F	要素规格信息。例如，要素和属性名称、代码、类型、多重性、角色等，也包括特定于 HDF5 格式的格式元数据，如块大小
Group_IDX	索引（如果以 HDF5 组的方式进行编码）。包括索引到稀疏数组
Group_TL	切片信息（如果以组的方式进行编码）
Group_nnn	一个系列中的一个成员数据；例如，在时间序列中的某个时间点，或针对不同的站。“n”表示 0 到 9 之间的任何数字。编号必须使用 3 位数字，001 ~ 999

10c-9 数据产品的结构

10c-9.1 通用结构

S-100 HDF5 文件的结构由组构成，每个组可能包含其他组、属性和（HDF）数据集。组是不同类型信息（数据值、位置信息、元数据或辅助信息）的容器。HDF 数据集旨在保存大量数值数据，也可用于保存覆盖数据值。属性旨在保存组或数据集适用的单值信息，也可用于保存某些类型的元数据。

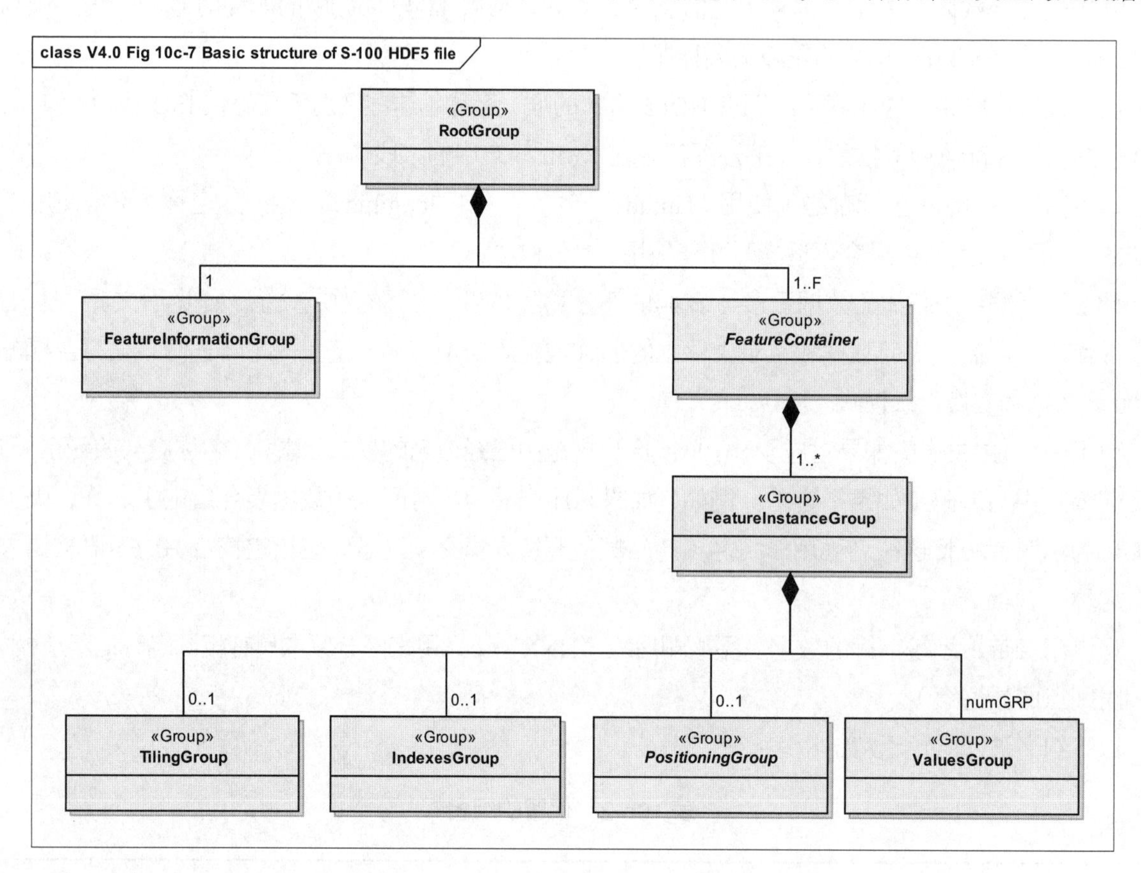

图10c-7　S-100 HDF5文件的基本结构

“Root group”（根组）中包含以下组（下面列表中的嵌套层次对应于 HDF5 文件中的嵌套层次）：

1）“Feature information group”（要素信息组）。

2）“Feature container group”（要素容器组）——每一个都作为某一要素类各个实例的容器。它的属性用于对任何要素类级元数据进行编码。

a）“Feature instance group”（要素实例组）——每一个都作为单个要素实例有关的定位、瓦片、索引和数据组的容器。它的属性用于对任何实例级元数据进行编码。

i）“Tiling information group”（切片信息组）：条件必选，仅当值存储为瓦片时。

ii）“Indexes group”（索引组）：条件必选，仅在需要数据索引的情况下。

iii）“Positioning group”（定位组）：条件必选，仅当无法根据元数据计算位置时。

iv）“Data values group(s)”（数据值组）：仅时序数据具有多个值组。

请注意，组和数据集在数据文件中的存储顺序可能与创建顺序不同。

下图描述了 S-100 HDF5 文件的基本结构。“F”是产品规范中定义的要素类的数量。不需要每个数据文件都包含所有要素类的实例。时间序列中的每个时间点都有一个值组[1]（非时间序列的数据集在每个要素实例组中只有一个值组）。

“FeatureContainer”（要素容器）和“Positioning group”（定位组）是抽象类，因为它们的属性和内容取决于覆盖的类型。

本部分后面将包含更详细的图表。

10c-9.2 元数据

元数据在逻辑结构的不同级别上定义，因此根组中的元数据适用于文件中的所有要素，要素容器级的元数据适用于该要素类的所有实例，实例级的元数据仅适用于该特定要素实例。

10c-9.2.1 发现元数据

完整的发现元数据记录在外部的发现元数据文件内，详见第 4a 部分（元数据）和第 4b 部分（影像和格网数据的元数据）。有关命名约定，请参见第 10c-12 条。

10c-9.2.2 载体（嵌套）元数据

载体元数据是在 HDF5 文件中编码的元数据。载体元数据分为通用元数据、类型元数据和实例元数据，具体取决于是否作为一个整体属于 HDF5 文件，用于描述数据对象类的结构和属性，或者提供读取数据对象类实例所需的参数。元数据在以下位置编码：

- 通用元数据，定义为适用于整个文件的通用参数。通用元数据由各类信息均适用的参数组成，例如发布日期，基准信息和整体空间范围（边界框）。这包括处理过程所需的基本通用元素和单元位置（其余的基本信息均使用要素实例进行编码）。该元数据被编码为根组的属性。
- 类型元数据，定义为描述文件中数据对象类的具体特征（例如与特定要素和属性有关），因此每个要素类均不同。该元数据用于要素和属性规范信息（与要素目录中的项相对应）。此类型信息与第 5 部分中描述的要素目录类似，但可能仅包含要素目录摘录，以及添加仅与 HDF5 编码相关的格式特定的参数。类型元数据被编码为要素信息组中的内容（HDF5 数据集）。如果 HDF5 文件需要包含要素信息组（“Group_F”），但该要素信息组不用于整个文件，那么，该要素信息组（“Group_F”）也是将来用于交换集目录或有关支持文件的相关信息的容器。
- 实例元数据，定义为应用模式中各要素类的参数。包括外部元数据文件不可用时读取数据产品信息所需的参数，其中包括覆盖范围特定的空间参数（范围、格网参数）。该元数据可以包括仅在应用模式中要素类所允许特定覆盖空间类型的环境中才有意义的参数。该元数据被编码为每个要素容器组的属性。

10c-9.2.3 扩展元数据

产品规范中定义的扩展元数据元素被编码为以下一种或两种：

- 要素容器组根的附加属性，取决于是否认为它们是处理过程中所必需的，同时也与数据文件

1 移动站数据除外。本部分后面将介绍每种覆盖类型值组的使用。

作为一个整体或要素实例相关。本部分稍后会提供一个示例（表 10c-7）（请注意，处理所必需的任何扩展元数据都意味着实现特定于产品的模块）；

- 外部 XML 文件中的扩展元数据，用于编码发现元数据或交换目录，如果将其视为发现元数据。

数据产品还可以定义矢量要素元数据；例如，具有向量几何的高质量元特征。矢量要素不在 HDF5 文件中编码，在符合第 10a 部分或第 10b 部分的独立文件中编码。如果存在矢量元要素，必须在“metaFeatures”（元要素）属性中命名该文件，载体元数据中包含对单独文件的引用（见条款 10c-9.4）。

10c-9.3　通用维度以及坐标和数据的存储

本节概述了用于表示位置信息并将数据存储在 S-100 HDF5 数据集中的通用方法。基本方法是最小化用于存储数据记录的数据结构的多样性。此专用标准以下列两种方式之一存储数据：

1）多维数据数组，其行列和维度与格网的形状完全对应。这仅用于规则格网。为了减少空间需求，未显式存储格网点的坐标，因为其可以从格网参数中计算得出；

2）一维数据数组和格网坐标，并附带描述格网形状的元信息。这也用于多点数据（没有实际的格网）。

该结构核心的关键思想是：各种类型数据的数据组织在逻辑上都是相同的，但是其信息自身的解译依赖于空间表示的类型（由属性指出）。

对于规则格网数据，定位信息不会以显式坐标的形式存储，因为格网元数据（范围和格网单元间距信息）足以指定每个格网点的坐标。例如，对于二维格网，值数组是二维的，其维数由属性“numPointsLongitudinal”（经度方向的点数量）和“numPointsLatitudinal”（纬度上点的数量）指定。通过了解格网原点和格网间距，可以通过简单公式来计算格网中每个点的位置。

还有其他定位信息，但仅针对非规则格网数据。定位信息的性质取决于数据类型：

- 固定站和移动平台数据的定位信息，以显式坐标形式存储在复合元素大小为 numPOS 的一维数组中。复合元素的组件对应于坐标轴，例如纬度、经度、z 坐标、时间等。点的顺序与固定站的位置或移动平台的顺序位置对应（视情况而定）。
- 非地理校正格网的定位信息，也作为显式坐标存储在复合元素大小为 numPOS 的一维数组中，包含坐标（如上定义）。
- 不规则格网的定位信息，存储在复合元素大小为 numPOS 的一维数组，其中包含有关填入单元的位置信息。每个格网点的坐标值都没有显式存储。另外，可以在切片组中填入瓦片，这些瓦片的空间联合恰好覆盖了格网。单元位置数组的次序必须符合要素容器组中的“sequencingRule”（序列规则）元数据属性（条款 10c-9.6）。产品规范可能会添加可选的瓦片索引组件（进入瓦片数组的索引—参见条款 10c-9.7），以加快检索速度。如果使用瓦片索引组件，必须将其命名为“tileIndex”（瓦片索引），数据类型应为“integer”（整型）。此格式适用于基于统一矩形单元的不规则形状格网。
- 单元大小可变格网的定位信息，存储为两个一维数组，其大小为复合元素的 numPOS，其中一个数组包含单元位置信息（对于不规则格网），另一个包含单元大小信息。没有显式存储每个格网点的坐标值。实际单元大小是根据基本单元大小的聚合来描述的。该格式假定变化的单元与格网对齐，并且单元大小是每个维度中基本单元大小的倍数。

- TIN 数据的定位信息，存储为大小为 numPOS 的一维数组，用于对顶点位置进行编码（使用与上述未地理校正格网相同的复合元素类型），另有一个三角形数组，用于对三角形顶点的引用和对相邻三角形的引用进行编码。

对于不规则格网和单元大小可变格网，描述单元位置和大小的辅助数组在“values”（值）组中存储，不在定位组中（这允许针对不同单元大小格式中具有不同时间点的单元采用不同的聚合）。下表总结了数据和坐标值的存储（“D”是覆盖的维数）。

存储坐标和值的 HDF 数据集，其目标是在不同覆盖类型中使用统一的数据存储结构，减少总数据量。这些标准产生了分别存储某些覆盖类型所需的附加信息（例如用于不规则和单元大小可变格网的单元位置和大小信息）。

表 10c-3　坐标和数据值的存储策略摘要

覆盖类型	坐标值	数据值
规则格网	未显式存储 根据元数据计算	D 维值元组数组
不规则格网	未显式存储 根据元数据计算	一维值元组数组 + 有关单元位置的信息
单元大小可变格网	未显式存储 根据元数据计算	一维值元组数组 + 有关单元大小和位置的信息
固定站、未地理校正格网、移动平台	一维坐标元组数组	一维值元组数组
TIN	一维坐标元组数组 + 三角形信息	一维值元组数组

数据组是包含数据值的独立组，存储在与定位信息相对应的数组中。对于未显式存储定位信息的覆盖类型（N 维规则格网），数据存储在与格网维度相对应的 N 维等级数组中（例如，对于二维数据，存储在 numCOLS × numROWS 的二维数组中）。

对于时序数据，存在多个数据组。数据组的总数为 numGRP。表 10c-4 指定了每种类型空间表示对应 numGRP 的含义。该格式允许所有表示形式的时序数据。

坐标轴多于 2 个的坐标系中，其位置使用相应的多维方式进行编码。例如，三维数据的垂直维度用作第三维。

为了提高处理效率，此专用标准建议将维数限制为不超过四个（空间和时间），但是如果数据产品需要，可以使用更高的维数。

确定数组大小的变量（numROWS、numCOLS、numPOS 和 numGRP）不同，取决于所使用的编码格式，在表 10c-4 中给出。

表 10c-4　不同覆盖类型的数组维度

编码格式	数据类型	定位	数据值			时间
		numPOS	numCOLS	numROWS	numZ（仅适用于三维）	numGRP
1	固定站	numberOfStations（站数量）	1	numberOfStations（站数量）	1	numberOfTimes（时间数量）
2	规则格网	（未被使用）	numPointsLongitudinal（经度方向的点数量）	numPointsLatitudinal（纬度方向的点数量）	numPointsVertical（垂直方向的点数量）	numberOfTimes（时间数量）
3	未地理校正格网	numberOfNodes（节点数量）	1	numberOfNodes（节点数量）	1	numberOfTimes（时间数量）
4	移动平台	numberOfTimes（时间数量）	1	numberOfTimes（时间数量）	1	1
5	不规则格网	numberOfNodes（节点数量）	1	numberOfNodes（节点数量）	1	numberOfTimes（时间数量）
6	单元大小可变	numberOfNodes（节点数量）	1	numberOfNodes（节点数量）	1	numberOfTimes（时间数量）
7	TIN	numberOfNodes（节点数量）	1	numberOfNodes（节点数量）	1	numberOfTimes（时间数量）

请注意，在 HDF5 文件中，numROWS、numCOLS、numZ 和 numPOS 未显式编码。本规范仅将它们用于表明实现用途的数组维度。它是被编码为要素实例的属性的站、节点、点等等的数量（条款 10c-9.7）。

每个数据组的名称均以字符“Group_nnn”开头，其中 n 从 1 到 numGRP 编号。最多允许 999 个数据组。数据组名称的长度为 9。

对于所有数据类型，HDF5 中的逻辑产品结构包括（a）元数据块，其后是（b）要素信息组，然后是（c）若干个数据容器组，每个组包含若干个要素实例组，依次包含切片、索引、定位和数据组，如条款 10c-9.1 所述。根据指定编码格式的 HDF5 属性指示的数据类型，有条件地选择切片、索引和定位组。

文件的物理布局可能与其逻辑数据结构不同，但是 HDF5 API 允许实现者使用逻辑数据结构访问信息。

以下各节描述了每个组的内容和属性。

10c-9.4　根组 Root Group

根组充当其他组的容器。载体元数据（表 10c-6）作为属性包含在根组中。载体元数据由以下数据和参数组成：（a）读取和解释产品中的信息所需的数据和参数，即使外部元数据文件不可用，并且大多数情况下如此；（b）不包含在元数据中的其他信息。

表 10c-5　根组

<table>
<tr><th>组</th><th>HDF5 分类</th><th colspan="3">名称</th><th>数据类型</th><th>数据空间 / 备注</th></tr>
<tr><td rowspan="10">/（root）</td><td>Attributes</td><td colspan="3">（Carrier metadata attributes）
（载体元数据属性）</td><td>Integer, Float, Enumeration, or String</td><td>（无）
参见表 10c-6</td></tr>
<tr><td>Group</td><td colspan="3">Group_F</td><td></td><td>要素信息组（请参见条款 10c-9.6）</td></tr>
<tr><td rowspan="8">Group</td><td colspan="3">（featureCode）
（要素代码）</td><td></td><td>要素容器组——对应于数据产品中单个要素类型的一个组。
名称是要素代码，在“Group_F”中给出。
有关结构和属性，请参见条款 10c-9.6</td></tr>
<tr><td>HDF5 分类</td><td colspan="2">名称</td><td></td><td></td></tr>
<tr><td rowspan="6">Group(s)</td><td colspan="2">（featureCode）.N</td><td></td><td>要素实例组——每个要素实例对应一个成员。
有关结构和属性，请参见条款 10c-9.7</td></tr>
<tr><td>HDF5 分类</td><td>名称</td><td></td><td></td></tr>
<tr><td>Group（可选）</td><td>Group_TL</td><td></td><td>仅当产品使用瓦片时才需要切片信息。
参见第 10c-9.8 节</td></tr>
<tr><td>Group（可选）</td><td>Group_IDX</td><td></td><td>空间索引信息，仅当产品使用空间索引时。
请参见 10c-9.9 节</td></tr>
<tr><td>Group</td><td>Positioning</td><td></td><td>定位信息——二维或三维。
不需要 dataEncodingFormat=2（规则格网）。
参见第 10c-9.10 节</td></tr>
<tr><td>Group(s)</td><td>Group_NNN</td><td></td><td>静态数据——仅 1 个值组
时序数据——000 ~ 999 组
请参见第 10c-9.11 节</td></tr>
</table>

通用（核心）元数据元素被指定为根组的属性，如表 10c-6 所示。根组仅包含第 4a 和 4b 部分中指定的最小元数据元素的子集。需要外部 XML 元数据文件来包含所有必选元数据元素。

表 10c-6　根组中的嵌入式元数据（载体元数据）

No	名称（英文）	名称（中文）	驼峰式拼写	多重性	数据类型	备注和 / 或单位
1	Product specification number and version	产品规范号和版本	productSpecification（产品规范）	1	String	例如[1]，“INT.IHO.S-NNN.X.X”，其中 X 表示版本号，“NNN”和“X”不表示长度限制 对应于“S100_ProductSpecification”名称和编号字段的组合
2	Time of data product issue	数据产品发行的时间	issueTime（发行时间）	0..1	String	必须与发现元数据中的“issueTime”一致
3	Issue date	发行日期	issueDate（发行日期）	1	String	必须与发现元数据中的“issueDate”一致
4	Horizontal datum	水平基准	horizontalDatumReference（水平基准参照）	1	String	例如 EPSG
5	Horizontal datum number	水平基准数字	horizontalDatumValue（水平基准值）	1	Integer	例如 4326（用于 WGS84）
6	Epoch of realization	实现纪元	Epoch（纪元）	0..1	String	表示 CRS 使用的大地基准纪元的代码。例如，G1762 用于 2013-10-16 WGS84 大地基准的实现
7a	Bounding box	边界框	westBoundLongitude（西边经度）	1	Float	参照 dataCoverage.boundingBox > EX_GeographicBoundingBox 边界框的每个组件都编码为单独的属性
7b			eastboundLongitude（东边经度）	1	Float	
7c			southBoundLatitude（南边纬度）	1	Float	
7d			northBoundLatitude（北边纬度）	1	Float	
8	Geographic location of the resource (by description)	资源的地理位置(通过说明）	geographicIdentifier（地理标识符）	0..1	String	EX_Extent > EX_GeographicDescription.geographicIdentifier > MD_Identifier.code
9	Metadata	元数据	metadata（元数据）	1	String	MD_Metadata.fileIdentifier XML 元数据文件的名称（第 10c-12 节）。 参照第 8 部分

1　最终完成后，用所有 S-100 产品中使用的通用格式替换。

续表

No	名称（英文）	名称（中文）	驼峰式拼写	多重性	数据类型	备注和 / 或单位
10	Vertical datum reference	垂直基准参照	verticalDatum（垂直基准）	0..1	Enumeration	请参阅“S100_VerticalAndSoundingDatum”条件必选，仅当“depthTypeIndex”=3
11	Meta features	元要素	metaFeatures（元要素）	0..1	String	包含元要素的 8211 或 GML 文件名称 GML 文件必须有扩展名 .GML 或 .gml；ISO 8211 文件必须具有扩展 .NNN，其中 N 是任何数字

注释

1）边界框是单元边界框；覆盖数据要素实例可能会也可能不会覆盖整个边界框。如果只有一个覆盖要素，其范围可能与该单元相同，也可能不同。

2）核心属性与“S100_DatasetDiscoveryMetadata”（第 4a 部分）中的元数据属性对应，或者与第 8 部分中的影像 / 格网 / 覆盖数据属性对应。对应关系详见备注栏。

3）垂直基准是可选的，因为它不适用于一些数据产品中某些类型的深度参照，例如表层流。

需要额外元数据属性的产品规范，可以在产品规范中通过附加属性引入。附加属性的定义方式必须与表 10c-6 相同—具体而言，它们必须带有小写字母开头的驼峰式拼写，多重性是 0..1（可选）或 1（必选），是表 10c-1 中列出的允许类型之一。此外，可以为核心载体元数据属性添加限制或其他条件。通用载体元数据属性的数据类型无法更改，但是允许值的范围可以限制，或者将可选属性更改为必选或有条件必选。

示例　下表显示了产品规范如何定义附加属性（垂直参照），如何对核心元数据属性进行条件测试（垂直基准参照）以及如何使可选元数据属性成为必选（数据产品发行时间）。

表 10c-7　扩展元数据属性和核心元数据属性的附加条件示例

编号	名称（英文）	名称（中文）	驼峰式拼写	多重性	数据类型	备注和 / 或单位
附加载体元数据						
11	Vertical reference	垂直参照	depthTypeIndex（深度类型索引）	1	枚举	1：平均层 2：海面 3：垂直基准（请参见垂直基准） 4：海底
对核心载体元数据的其他限制或条件						
2	Time of data product issue	数据产品发行的时间	issueTime（发行时间）	1	String (Time format)	在 S-111 中是必选的
9	Vertical datum reference	垂直基准参照	verticalDatum（垂直基准）	0..1	Enumeration	仅当“depthTypeIndex”=3

产品规范如何描述核心元数据和扩展元数据属性由规范编写者自行决定，但是规范应将核心属性与扩展属性区分开，明确指出核心属性的任何其他限制或条件。可以使用用于指定元数据扩展的 ISO 格式（第 4a 部分条款 4a-5.6.5）。

10c-9.5　要素信息组 Feature Information Group

要素信息组包含要素类及其属性的规范。下表中描述了要素信息组的组件。

表 10c-8　要素信息组的组件

组	HDF5 分类	名称	数据类型或 HDF 分类	数据空间
/Group_F	Dataset	featureCode 要素代码	string（变长）	Array（1-d）：i=0，F-1 Values= 要素类的代码 （F 是应用模式中要素类的数量）
	Dataset(s)（要素信息数据集—featureCode 数组中每个要素对应一个数据集）	<featureCode> 例如："SurfaceCurrent"（表层流）、"WaterLevel"（水面）	Attribute	Attribute name：组块 Type=string value= 组块维度（此要素数据值的 HDF5 组块维度，以字符串表示。请参见 10c-5.1.3 和 HDF5 文档）
			Array of Compound (String X 8)	Array（1-d）:i=0,NA_F-1（NA_F= 由 <featureCode> 命名的要素的属性数）。 复合类型的组件： code：属性的驼峰式拼写代码，如同要素目录中的代码 name：长名称，如同要素目录中的名称 uom.name：单位（源自 S-100 要素目录的名称） "fillValue"：填充值（整数或浮点值字符串表示） "datatype"：HDF5 数据类型，由"H5Tget_class()"（获取类）函数返回 "lower"：属性值的下限 "upper"：属性值的上限 "closure"：闭合的类型 "code"和"datatype"组件对第 8 部分中覆盖要素的"rangeType"（范围类型）属性进行编码。 "lower"（下限）、"upper"（上限）和"closure"（闭合类型）按照要素目录对属性值的所有约束进行编码（请参阅第 5 部分中的"S100_FC_SimpleAttribute>constraints"和第 1 部分中的"S100_NumericRange"）

注释

陆地屏蔽或未知值由属性的“fillValue”（填充值）表示。

要素说明数据集中的所有数字值都用数值字符串表示；例如，“-9999.0”而不是浮点值 -9999.0。应用程序需要解析字符串以获取数值。不适用的项由空值或空（0 长度）字符串表示。

针对 HDF5 数据文件中使用的每种要素类型，都需要“Group_F”中的一个对应项，即：

- “featureCode”（要素代码）数组必须包含每种要素类型，以便在当前物理文件中使用其要素实例。
- 对于“featureCode”（要素代码）数组中命名的每种要素类型，都必须有一个要素说明数据集。
- 每个要素说明数据集，都必须列出要素目录中要素类型的所有属性（直接属性和继承属性）。

请注意，以上要求并不强制执行要素类型的“Group_F”对应项，并不针对在 XML 要素目录中定义的要素类型，而是针对当前数据文件中无实例的要素类型。

每种要素类型的属性数量（表 10c-8 中的 NA_F）没有明确指定，但可以使用 HDF5 API 确定，判断每种要素说明数据集中的行数。

假定一个产品具有两种要素类型，“SurfaceCurrent”（表层流）和“WaterLevel”（水面），下图描述了其对应“Group_F”。这两个要素（使用要素目录中的驼峰式拼写代码）在数据集“featureCode”（要素代码）中命名。要素说明数据集“SurfaceCurrent”和“WaterLevel”描述了每种要素类型的属性。要素说明数据集具有与“featureCode”数据集中的值相同的名称，“featureCode”数据集是 XML 要素目录中要素的驼峰式拼写代码。每个要素说明数据集都是一个复合类型元素的数组，其组件是表 10c-8 中指定的 8 个组件。数据本身的组块维度在每个要素说明数据集的“chunking”（组块）属性中提供（在图右上方的两个面板中显示）。

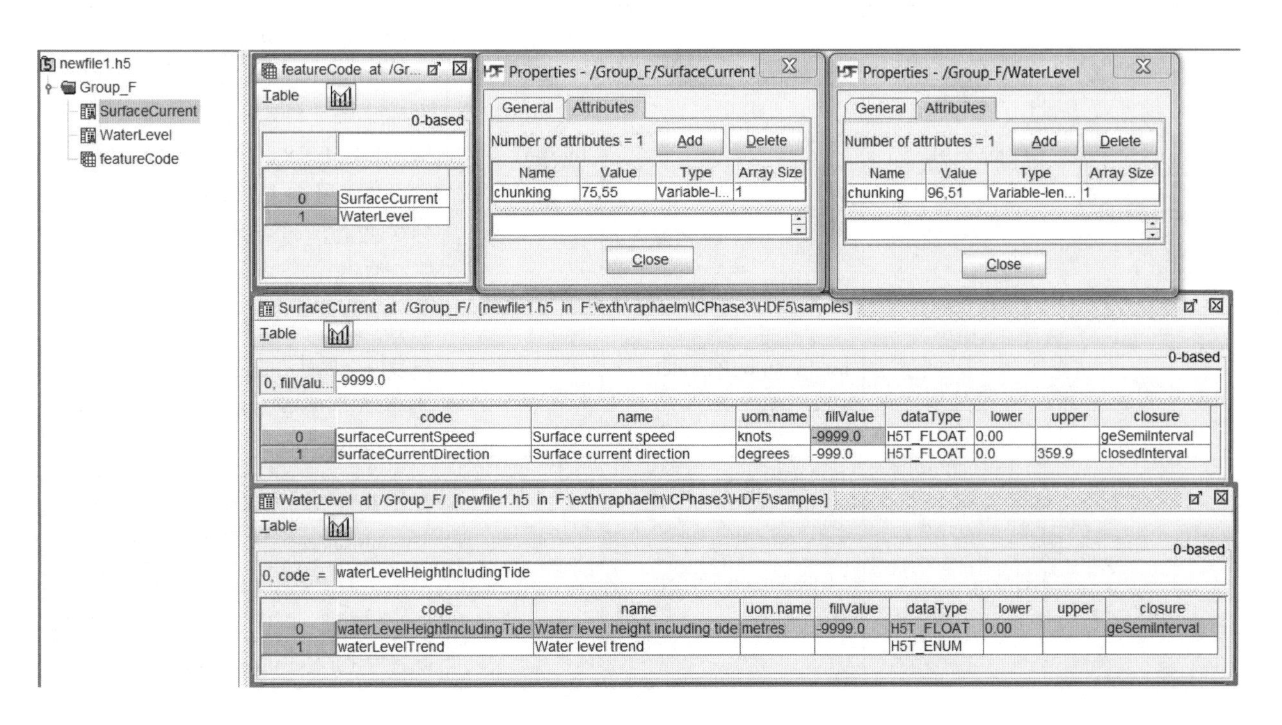

图10c-8　Group_F的示例

10c-9.6 要素容器组 Feature Container Group

要素容器组包含单个要素类所有实例的坐标和值。每个要素实例在要素容器组中分配有自己的组。该组织方法允许将整个类的属性附加到整个类，实例特定的属性附加到相应的要素实例。

注释 为每个要素实例创建不同组的决定基于以下事实：在某些情况下（例如，索引，TIN 等）单个实例有多个数据集，至少从人类的角度来看，将所有数据集直接置于容器组可能会给数据组织带来混乱（尽管后缀名对于编程来说，可能足以区分不同的实例）。

表 10c-9 为要素实例组的结构。此表还显示了要素实例组。轴名称在要素容器级别的数据集中给出。

要素类的所有实例（例如维度）的通用元数据在要素容器级别编码，这些元数据元素在表 10c-10 中列出。特定于要素实例的元数据（例如格网参数）在实例级别进行编码，这些元素在表 10c-12 中列出。

产品规范可能会添加特定于产品的元数据属性。附加元数据元素的准则与根组中的附加元数据元素相同（条款 10c-9.4）。

表 10c-9 要素容器组的结构

组	HDF5 分类	名称	数据类型	备注 / 数据空间
/（feature code）	attribute	参见表 10c-10	(see Table)	如表 10c-10 中所述的单值属性
	Dataset	axisNames 轴名称	String	Array（1-D）：0..D-1，其中 D 是“dimension”（维度）属性的值 轴应以主 - 次顺序排列；也就是说，如果要以行优先顺序存储，则 X/ 经度轴应优先
	Dataset（可选）	coordinateSize 坐标大小	Integer	Array（1-D）：0..D-1，其中 D 是“dimension”（维度）属性的值 坐标编码的大小用字节编码。允许的值为 1、2、4 或 8。如果不存在此数据集，则必须使用 64 位（8 字节）浮点型坐标和 32 位（4 字节）整数坐标对坐标进行编码
	Dataset（可选）	interpolationParameters 插值参数	Float	插值参数的 Array（1-D） 当且仅当属性“interpolationType”（插值类型）的值是“biquadratic”（双二次）或“bicubic”（双三次）时才需要
	Group	/（feature code）.N		要素类型每个实例的容器。从 1 到“numInstances”（实例数量）的顺序编号（表 10c-10）。必须使用以 0 开头的零填充，以使后缀“N”的长度相同。为了适应扩展，建议增加一个 0

注释

1）“uncertainty”（不确定度）是数据值的不确定度，位置不确定度（水平和垂直）均单独编码。

2）应在产品规范中提供“interpolationParameter”（插值参数）数据集的长度和参数此项。

表 10c-10　要素容器组的属性

编号	名称（英文）	名称（中文）	驼峰式拼写	多重性	数据类型	备注和 / 或单位
	Data organization index	数据组织索引	dataCodingFormat（数据编码格式）	1	Enumeration	此要素实例中覆盖类型的表示。用于读取数据（参见表 10c-4） 1：固定站的时间序列 2：规则格网数组 3：未地理校正格网数组 4：移动平台 5：不规则格网 6：单元大小可变 7：TIN
	Dimension	维度	dimension（维度）	1	Integer	要素实例的维度 这是坐标轴的数量，而不是存储坐标或值的 HDF5 数组的行列数。例如，固定站点数据集具有纬度和经度位置，其“dimension”=2
	Common point rule	公共点规则	commonPointRule（公共点规则）	1	Enumeration	该程序用于评估边界上的位置或几何对象之间重叠区域的覆盖 来自“CV_CommonPointRule”的值（表 10c-19）
	Horizontal position uncertainty	水平位置不确定度	horizontalPositionUncertainty（水平位置不确定度）	1	Float	水平坐标的不确定度。 例如，-1.0（未知 / 不适用）或正值（m）
	Vertical position uncertainty	垂直位置不确定度	verticalUncertainty（垂直位置不确定度）	1	Float	垂直坐标的不确定度。 例如，-1.0（未知 / 不适用）或正值（m）
	Time uncertainty	时间不确定度	timeUncertainty（时间不确定度）	0..1	Float	时间值的不确定度。 例如，-1.0（未知 / 不适用）或正值（s）仅用于时序数据
	Number of feature instances	要素实例数量	numInstances（实例数量）	1	Integer	要素实例的数量 （同一时间序列或移动平台序列中的记录按单个实例计算，不分别计算实例）
	(additional common attributes)	（其他公共属性）				（如产品规范中所指定）
dataCodingFormat =1						

续表

编号	名称（英文）	名称（中文）	驼峰式拼写	多重性	数据类型	备注和 / 或单位
	(none)	（无）				
dataCodingFormat =2						
	Sequencing rule	序列规则	sequencingRule.type（序列规则 . 类型）	1	Enumeration	用于将值序列中的值分配给格网坐标的方法 “type”（类型）和“scanDirection”（扫描方向）编码为单独的属性 type: Enumeration “CV_SequenceType”（表 10c-20） scanDirection:String <axisNames entry>（逗号分隔），例如“latitude, longitude”；沿轴反向扫描方向，通过在轴名称前添加“-”符号表示
			sequencingRule.scanDirection（序列规则 . 扫描方向）	1	String	
	Interpolation type	插值类型	interpolationType（插值类型）	1	Enumeration	推荐用于评估“S100_GridCoverage”的插值方法 值：“S100_CV_InterpolationMethod”（表 10c-21）
dataCodingFormat =3						
	Interpolation type	插值类型	interpolationType（插值类型）	1	Enumeration	推荐用于评估“S100_GridCoverage”的插值方法 Values：“S100_CV_InterpolationMethod”（表 10c-21）
dataCodingFormat =4						
	(none)	（无）				
dataCodingFormat =5						
	Sequencing rule	序列规则	sequencingRule.type（序列规则 . 类型）	1	Enumeration	用于将值序列中的值分配给格网坐标的方法 “type”（类型）和“scanDirection”（扫描方向）编码为单独的属性 type: Enumeration “CV_SequenceType”（表 10c-20） scanDirection:String <axisNames entry>（逗号分隔），例如“latitude, longitude”；沿轴反向扫描方向，通过在轴名称前添加“-”符号表示
			sequencingRule.scanDirection（序列规则 . 扫描方向）	1	String	

续表

编号	名称（英文）	名称（中文）	驼峰式拼写	多重性	数据类型	备注和 / 或单位
	Interpolation type	插值类型	interpolationType（插值类型）	1	Enumeration	推荐用于评估“S100_GridCoverage”的插值方法值：“S100_CV_InterpolationMethod”（表 10c-21）
dataCodingFormat =6						
	Sequencing rule	序列规则	sequencingRule.type（序列规则 . 类型）	1	Enumeration	用于将值序列中的值分配给格网坐标的方法 “type”（类型）和“scanDirection”（扫描方向）编码为单独的属性 type: Enumeration “CV_SequenceType”（表 10c-20） scanDirection:String<axisNames entry>（逗号分隔），例如“latitude, longitude”；沿轴反向扫描方向，通过在轴名称前添加“-”符号表示
			sequencingRule.scanDirection（序列规则 . 扫描方向）	1	String	
	Interpolation type	插值类型	interpolationType（插值类型）	1	Enumeration	推荐用于评估“S100_GridCoverage”的插值方法值：“S100_CV_InterpolationMethod”（表 10c-21）
dataCodingFormat =7						
	Interpolation type	插值类型	interpolationType（插值类型）	1	Enumeration	推荐用于评估“S100_GridCoverage”的插值方法值：“S100_CV_InterpolationMethod”（表 10c-21）
（任何“dataCodingFormat”值）						
	(additional attributes)	（其他属性）				（如产品规范中所指定）

10c-9.7 要素实例组 Feature Instance Group

要素实例组包含在要素容器组中。表 10c-11 中给出了要素实例组的结构。下表（表 10c-12）给出了每个要素实例特有的属性，同一数据集中不同实例的信息可能有所不同，例如范围、位置、时间和格网大小。

表 10c-11　要素实例组的结构

组	HDF5 分类	名称	数据类型	备注 / 数据空间
	attributes	参见表 10c-12	(see Table)	如表 10c-12 中所述的单值属性
	Dataset（可选）	domainExtent. polygon 域范围 . 多边形	Compound （Float, Float）	覆盖域的空间范围 Array（1-d）: i=0, P 组件：<longitude, latitude> 或 <X，Y>（封闭环边界多边形的顶点坐标；即，第一个和最后一个元素包含相同的值） 必须填充该属性或边界框属性。对于不规则数组，该数据集必须指定多边形，用该多边形指示为其提供数据的区域
/(feature code).N 例如：SurfaceCurrent.01	Dataset（可选）	domainExtent. verticalElement 域范围 . 垂直元素	Compound （Integer X 2, Float X 2）	复合元素的 Array（1-d），每个都提供一个格网位置以及该位置处的最大和最小垂直范围 复合类型的组件是： gridX，gridY：Integer（沿 X/ 经度轴和 Y/ 纬度轴的格网点编号） minimumValue（最小值）， maximumValue（最大值）（Float）：由 gridX 和 gridY 指定的格网点处的最小和最大 Z 值 仅适用于 3-D 格网。必须为 3-D 格网填充此数据集或“verticalExtent”（垂直范围）属性（表 10c-12）
	Dataset（可选）	extent 覆盖范围	Compound （Integer X D）	复合元素的 1 维度数组，2 行。第 0 行给出“low”值，第 1 行给出“high”值 为其提供数据的格网范围（第 8 部分图 8-23）。 复合类型的组件根据“axisNames”（轴名称）数据集中的轴名称命名
	Dataset（可选）	uncertainty 不确定度	Compound （String, Float）	Array（1-d）: i=0,（最大）NA_F 数据值的代码和不确定度 例如,（“surfaceCurrentSpeed”, 0.1） 可以从“group_F”确定此要素类（NA_F）的属性数量

续表

组	HDF5 分类	名称	数据类型	备注 / 数据空间
	Dataset（可选）	cellGeometry 单元几何	Compound (String, Float X 2, Integer X 1)	单元几何。Array（1-d）长度与上面定义的“axisNames”（轴名称）数组相同（即，如果存在，此数据集将对所有轴进行编码，包括纬度、经度等） 条件必选，仅对于使用具有轴（除了纬度\经度\垂直）或具有超过 3 个维度的坐标参照系的规则格网（dataCodingFormat =2）必需 对于使用高维格网或非标准坐标轴的数据产品，该数组用于扩展表 10c-12（要素实例组属性）格网参数属性（原点，间距，点数）中编码的信息 组件： “axisName”（轴名称）：String（上述定义的“axisNames”数组中的一个项） “gridOrigin”（格网原点）：Float（“axisName”命名轴的原点） “gridSpacing”（格网间隔）：Float（命名轴的单元间隔） “numPoints”（点数）：Integer（沿命名轴的格网线数量）
	Group（可选）	/Group_TL		瓦片信息。 条件必选，如果产品规范指定切片，则为必需
	Group（可选）	/Group_IDX		空间索引方法。 条件必选，如果产品规范指定了空间索引，则为必需
	Group（可选）	/Positioning		定位信息。数据值的坐标。 条件必选，如果“dataCodingFormat”不是 2（规则格网），则为必需
	Group	/Group_nnn		数据值组

表 10c-12　要素实例组的属性

编号	名称（英文）	名称（中文）	驼峰式拼写	多重性	数据类型	备注和 / 或单位
	Bounding box	边界框	westBoundLongitude（西边经度）	0..1	Float	格网的地理范围，作为边界框 Ref. domainExtent: EX_GeographicExtent > EX_GeographicBoundingBox 要么为该种状况，要么必须填充“domainExtent”数据集 边界必须全部填充或全部省略
			eastboundLongitude（东边经度）	0..1	Float	
			southBoundLatitude（南边纬度）	0..1	Float	
			northBoundLatitude（北边纬度）	0..1	Float	
	Number of time records	时间记录的数量	numberOfTimes（时间数量）	0..1	Integer	时间记录的总数量。 仅用于时序数据
	Time interval	时间间隔	timeRecordInterval（时间记录间隔）	0..1	Integer	时间记录之间的间隔。 单位：秒 仅用于时序数据
	Valid Time of Earliest Value	最早值的有效时间	dateTimeOfFirstRecord（第一个记录的日期时间）	0..1	Character	最早时间记录的有效时间。 单位：DateTime 仅用于时序数据
	Valid Time of Latest Value	最晚值的有效时间	dateTimeOfLastRecord（最晚记录的日期时间）	0..1	Character	最晚时间记录的有效时间。 单位：DateTime 仅用于时序数据
	Vertical extent	垂直范围	verticalExtent.minimumZ（垂直范围 . 最小 Z）	0..1	Float	3-D 格网的垂直范围 minimum Z，maximum Z：垂直方向格网空间范围的最小值和最大值。它们被编码为单独的属性
			verticalExtent.maximumZ（垂直范围 . 最大 Z）	0..1	Float	
	Number of groups	组的数量	numGRP	1	Integer	此实例组中包含的数据值组的数量
	Instance chunking	实例组块	instanceChunking（实例组块）	0..1	String	值数据集的组块大小。如果存在，此属性将覆盖此要素实例的“Group_F”中的设置 格式是用逗号分隔的正整数(字符串表示）字符串（一维值数据集只有一个数字）。字符串中的整数数量必须与值数据集的维度相对应。例如，一维数组为“50”; 二维数组为“150,200” 注释　（1）引号不是表示的一部分；（2）值数据集的维度是其数组行列数，而不是覆盖要素的空间维度

续表

编号	名称（英文）	名称（中文）	驼峰式拼写	多重性	数据类型	备注和 / 或单位
	(additional attributes specific to data product)	（特定于数据产品的附加属性）	（在产品规范中定义）			
dataCodingFormat=1						
	Number of fixed stations	固定站的数量	numberOfStations（站数量）	1	Integer	固定站的数量
dataCodingFormat=2						
	Longitude of grid origin	格网原点的经度	gridOriginLongitude（格网原点经度）	1	Float	格网原点的经度。单位：弧度
	Latitude of grid origin	格网原点的纬度	gridOriginLatitude（格网原点纬度）	1	Float	格网原点的纬度。单位：弧度
	Vertical grid origin	垂直格网原点	gridOriginVertical（垂直格网原点）	0..1	Float	垂直维度中的格网原点。仅适用于 3-D 格网。单位：产品规范指定
	Grid spacing, long.	格网间隔，经度	gridSpacingLongitudinal（格网经度间隔）	1	Float	X/ 经度维度中的单元大小。这是偏移矢量（8-7.1.4）的 X/ 经度组件。单位：弧度
	Grid spacing, lat.	格网间隔，纬度	gridSpacingLatitudinal（格网纬度间隔）	1	Float	Y/ 纬度维度中的单元大小。这是偏移矢量（8-7.1.4）的 Y/ 纬度组件。单位：弧度
	Grid spacing, Z	格网间隔，Z	gridSpacingVertical（格网垂直间隔）	0..1	Float	垂直维度中的单元大小。仅适用于 3-D 格网。单位：产品规范指定
	Number of points, long.	点数，经度	numPointsLongitudinal（经度方向的点数量）	1	Integer	X/ 经度维度中的格网点数（iMax）
	Number of points, lat.	点数，纬度	numPointsLatitudinal（纬度方向的点数量）	1	Integer	Y/ 纬度维度中的格网点数（jMax）
	Number of points, vertical	点数，垂直	numPointsVertical（垂直方向的点数量）	0..1	Integer	垂直维度中的格网点数（kMax）
	Start sequence	起始序列	startSequence（起始序列）	1	String	需要指定值序列中第一个值的格网点的格网坐标。选取哪个有效点作为起始序列是由序列规则决定的。格式：n，n...（以逗号分隔的格网点列表，每维一个—例如，0,0）
dataCodingFormat=3						
	Nodes in grid	格网中的节点	numberOfNodes（节点数量）	1	Integer	格网点的总数
dataCodingFormat=4						

续表

编号	名称（英文）	名称（中文）	驼峰式拼写	多重性	数据类型	备注和 / 或单位
	Number of stations	站的数量	numberOfStations（站数量）	1	Integer	值始终为 1
dataCodingFormat=5 或 6						
	Longitude of grid origin	格网原点的经度	gridOriginLongitude（格网原点经度）	1	Float	格网原点的经度。单位：弧度
	Latitude of grid origin	格网原点的纬度	gridOriginLatitude（格网原点纬度）	1	Float	格网原点的纬度。单位：弧度
	Vertical grid origin	垂直格网原点	gridOriginVertical（垂直格网原点）	0..1	Float	垂直维度中的格网原点。仅适用于 3-D 格网。单位：产品规范指定
	Grid spacing, long.	格网间隔，经度	gridSpacingLongitudinal（格网经度间隔）	1	Float	X/ 经度维度中的单元大小。这是偏移矢量（8-7.1.4）的 X/ 经度组件。单位：弧度 对于单元大小可变的格网，此为基本单元大小（该维度中最小单元的大小）
	Grid spacing, lat.	格网间隔，纬度	gridSpacingLatitudinal（格网纬度间隔）	1	Float	Y/ 纬度维度中的单元大小。这是偏移矢量（8-7.1.4）的 Y/ 纬度组件。单位：弧度 对于单元大小可变的格网，这是基本单元大小
	Grid spacing, Z	格网间隔，Z	gridSpacingVertical（格网垂直间隔）	0..1	Float	垂直维度中的单元大小。仅适用于 3-D 格网。单位：产品规范指定。对于单元大小可变的格网，这是基本单元大小
	Nodes in grid	格网中的节点	numberOfNodes（节点数量）	1	Integer	格网点的总数
	Start sequence	起始序列	startSequence（起始序列）	1	String	需要指定值序列中第一个值的格网点的格网坐标。选取哪个有效点作为起始序列是由序列规则决定的。格式：n，n...（以逗号分隔的格网点列表，每维一个，例如，0,0）
dataCodingFormat=7						
	Nodes in grid	格网中的节点	numberOfNodes（节点数量）	1	Integer	格网点的总数
	Triangles in grid	格网中的三角形	numberOfTriangles（三角形数量）	1	Integer	TIN 中三角形的总数
（任何数据编码格式值）						
	(additional attributes)	（其他属性）				（如产品规范中所指定）

注释

1）规则格网和单元大小可变格网的类型属性相同，除了表示各个维度点数的参数替换成了格网中的节点总数。

2）“Valid time of earliest value”（最早值的有效时间）和“Valid time of latest value”（最晚值的有效时间）属性提供了格网模型中“domainExtent”（域范围）属性的“temporalElement”（时间元素）组件（图 8-21、图 8-22、图 8-28、图 8-29）。

10c-9.7.1　重载属性

要素实例组还可以包含高层级组定义的任何下列属性。要素实例组中指定的属性值覆盖高层级组中的值。

- 根组中的“verticalDatum”（垂直基准参照）属性；
- 要素容器组中的任何属性，“numInstances”（要素实例数量）除外。

如果不是产品所必需的，则产品规范可以禁止属性重载。

注释

1）属性重载旨在允许某些产品在同一数据文件中对要素类型的变化进行编码，例如，如果应用模式定义了可以具有规则格网或固定站点信息的要素，可能需要不同的元数据属性。但是，产品规范作者应注意，可以通过在应用模式中定义要素类的适当特化解决该问题，这些要素类可以是不同的要素类型，因而可在不同的要素容器中进行编码。

2）属性重载还允许生产时间存在差异，例如不同实例的不同垂直基准。尽管这是可能的，但应避免这种做法，减少应用开发及终端用户的人为错误。

10c-9.7.2　容器和实例结构的示例

下图描述了一个假设性数据文件的结构，该文件包含“SurfaceCurrent”（表层流）要素类型的 3 个实例。

- 左侧的垂直面板显示了整体结构。数据产品包含 2 个要素（“SurfaceCurrent”（表层流）和“WaterLevel”（水面））。每个要素都用根组下面的一个组表示。它还显示了前面介绍的要素信息组（条款 10c-9.5）。
- 名为“SurfaceCurrent”（表层流）的要素容器组包含 3 个“表层流”要素类型实例（假设是 3 个不同地点的数据，每个地点都有一个局部覆盖格网），每个实例都包含时序数据的子组（“Group_001”等）。
- 位置在“Positioning”（定位）组（右上面板）中的“geometryValues”（几何值）数据集中编码。它左侧的“axisNames”（轴名称）面板为“geometryValues”的组件命名（即坐标轴）。
- 中间的“SurfaceCurrent”（表层流）面板显示了所有实例通用的元数据属性，这些实例已附加到“SurfaceCurrent”（表层流）要素容器组。
- 底部的两个面板显示了要素实例的特定于实例的元数据“SurfaceCurrent.01”（表层流 .01）和“SurfaceCurrent.02”（表层流 .02）。

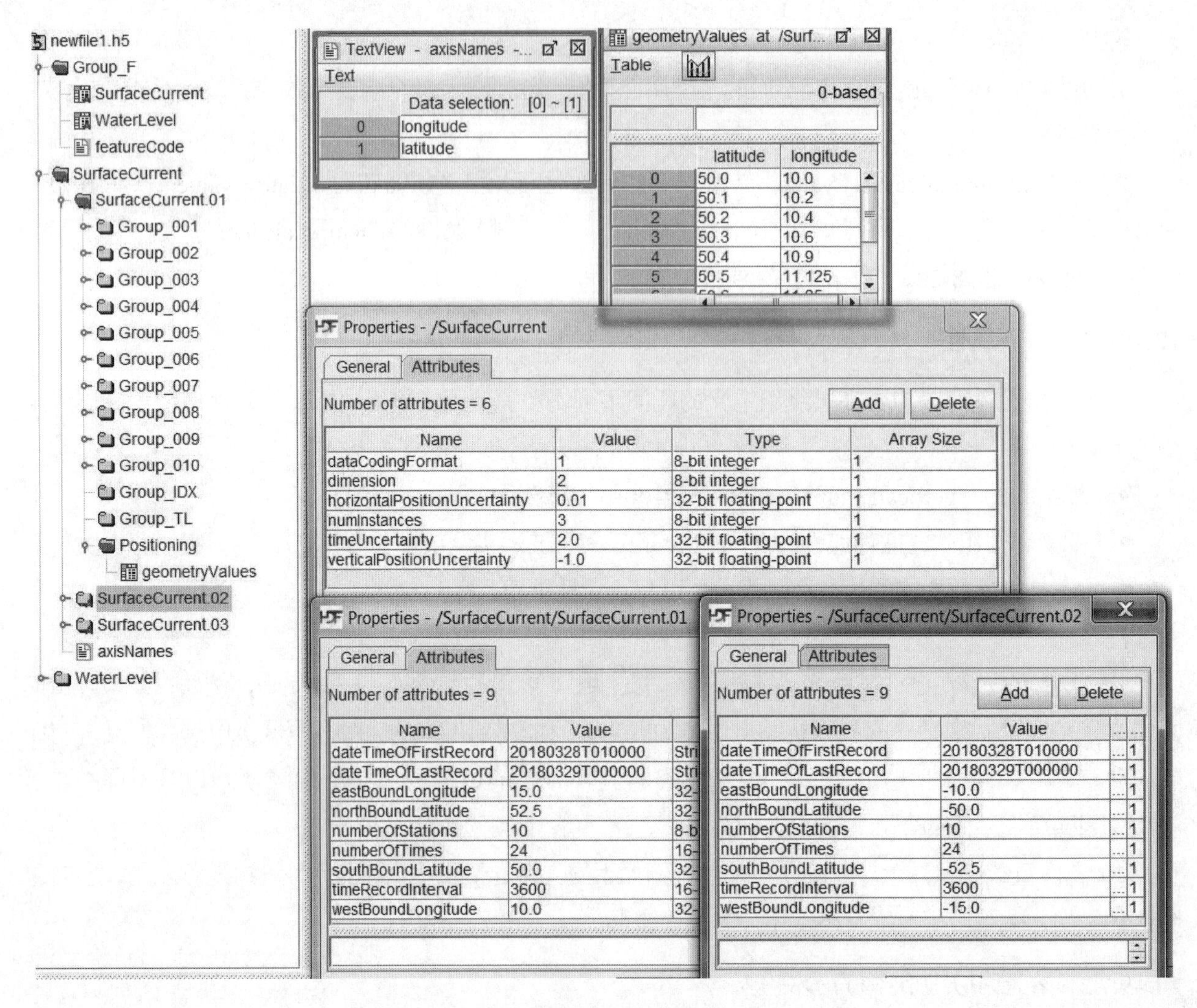

图10c-9　数据集结构的说明性示例

10c-9.8　切片信息组 Tiling Information Group

该组对（S-100）数据集中使用的切片模式进行编码，当且仅当数据被编码为多个瓦片时，它才存在。第 8 部分（条款 8-7）介绍了一些切片模式。该版 HDF5 专用标准仅支持两种切片：“Simple grid”（简单格网）和“Variable-density simple grid”（可变密度简单格网）。在这两种情况下，瓦片的范围都是根据其边界框指定的（表 10c-12）。

瓦片曲面的空间联合必须涵盖（S-100）数据集中的所有要素，反之则并不一定（通俗地来说，这意味着数据集中瓦片的某些部分可能没有被任何要素的几何所覆盖，反过来不成立—不允许要素几何的某些部分没有被至少一个瓦片所覆盖）。

请注意，切片与“chunking”（组块）的概念并不完全相同，后者在 HDF5 和 NetCDF 中定义。瓦片是基于坐标的地理分区，分块定义用于存储和检索性能优化的 HDF5 数据集切片。

切片方法的详细信息交由该版 S-100 相应产品规范完成。该专用标准未指定瓦片的顺序，也未约束分层切片模式的使用或不使用。第 8 部分（条款 8-7.1）要求使用的任何切片模式都必须作为特定数据产品所采用产品规范的一部分进行完整描述。这包含了瓦片的维度、位置和数据密度以及瓦片标识机制（tileID）。

表 10c-13 切片信息组

组	HDF5 分类	名称	数据类型或 HDF 分类	备注 / 数据空间
/Group_TL	Attribute	numTiles 瓦片数量	Integer	瓦片数量，值 >0
	Attribute	tilingScheme 切片模式	Enumeration	1:Simple grid 简单格网 2: Variable-density simple grid 密度可变的简单格网 （产品规范必须选择一个）
	Dataset	tiles 瓦片	Array Compound (Float X 4, Integer)	瓦片的边界框。 组件： westBoundLongitude: Float eastBoundLongitude: Float southBoundLatitude: Float northBoundLatitude: Float tileID：Integer（瓦片标识符）

10c-9.9 索引组 Indexes Group

索引组对空间索引信息进行编码（如果产品规范使用的话）。当且仅当产品规范规定了空间索引方法并要求对空间索引进行显式编码时，才对该组进行编码。

表 10c-14 索引组

组	HDF5 分类	名称	数据类型或 HDF 分类	备注 / 数据空间
/Group_IDX	Attribute	indexingMethod	Enumeration	空间索引方法。 （在产品规范中描述）
	Dataset(s)	spatialIndex	（取决于索引方法）	编码空间索引的数据。 （在产品规范中描述）

索引方法的详细信息和索引数据集的结构交由该版 S-100 相应产品规范完成。

10c-9.10 定位组 Positioning Group

根据数据编码格式，可以有一个定位组，即“Positioning”（定位）。该组不包含任何属性，但包含一个坐标数据集，该数据集是一个复合类型的数组，其命名组件与“Feature Container”（要素容器）组中的“axisNames”（轴名称）数据集相同。该组用于值为 1、3、4、7 的“dataCodingFormat”（数据编码格式）（条款 10c-9.3），不适用于“dataCodingFormat”=2（规则格网）、5（不规则格网）或 6（单元大小可变格网）。

不同类型格网的遍历顺序，由要素容器组中的载体元数据属性“sequencingRule”（序列规则）指定。遍历顺序不用于固定站、移动平台或 TIN 数据（“dataCodingFormat”=1、4 或 7）。

数据的维数 D 由要素容器组中的元数据属性“dimension”（维度）给出。

10c-9.10.1 空间表示策略

对于规则格网数据（“dataCodingFormat”=2），每个维度中的格网点数、格网间距和格网原点均在元数据属性中编码（例如，对于二维格网，元数据属性“numPointsLongitudinal”（经度方向的点数量）和“numPointsLatitudinal”（纬度方向的点数量）对沿经度轴和纬度轴的点进行编码）。给定上述参数和点在格网中的索引，就可以通过简单的公式计算点的位置。

对于固定站时序数据、非地理校正格网数据、移动平台数据和不规则三角网（即，当”dataCodingFormat”为 1、3、4 或 7 时），必须分别指定每个点的位置。这是在“定位”组中的 HDF5 数据集中完成的，该数据集分别给出每个位置的坐标（例如，经度和纬度）。

对于固定站时序数据，经度和纬度值是站的位置；站的总数量是“numberOfStations”（站数量）。对于未地理校正的格网数据，其值是格网中每个点的位置，格网点的数量为“numberOfNodes”（节点数量）。对于移动平台数据，值是平台每个时间的位置，平台的总数是“numberOfTimes”（时间数量）。

对于不规则格网和单元大小可变的覆盖（“dataCodingFormat”为 5 和 6），存储格式使用与规则格网相同的元数据以及 HDF5 数据集，分别指示填充或聚合了哪些单元。后者的数据集根据格网坐标中的格网点或单元地址（即格网中的索引或莫顿代码）而不是地理（纬度 / 经度）坐标来编码单元的位置。将格网坐标解释为地理坐标所需的序列和轴顺序，分别由“sequencingRule”（序列规则）和“scanDirection”（扫描方向）属性给出。通过将此信息与元数据中提供的格网参数结合起来，可以使用比规则格网数据稍微复杂的公式来计算填充的单元格 / 点的位置。

下表总结了存储坐标信息的策略。

表 10c-15 不同覆盖类型的定位数据集类型和维度

覆盖类型	数据编码格式	坐标数据集的结构
固定站	1	一维数组，长度 = numberOfStations
规则格网	2	未被使用
未地理校正格网	3	一维数组，长度 = numberOfNodes
移动平台	4	一维数组，长度 = numberOfTimes
不规则格网	5	未被使用
单元大小可变	6	未被使用
TIN	7	一维数组，长度 = numberOfNodes

注释 可以将多个移动平台编码为不同的要素实例。

10c-9.10.2 用于存储格网点位置信息的数据结构

位置数量的计算方法见条款 10c-9.3 中的表 10c-4。

表 10c-16 定位组

组	HDF5 分类	名称	数据类型	数据空间
/Positioning	Dataset	geometryValues 几何值	Compound (Float X D)	表示“size”（大小）的数组（1-d），“大小”取决于“dataEncodingFormat”（数据编码格式），请参见表 10c-15 复合类型的组件根据轴名称命名(例如,“latitude’”、“longitude’”、“Z”等) 维度 D 和组件名称分别在要素容器组的“dimension”（维度）属性和“axisNames”（轴名称）数据集中指定（表 10c-10 和 10c-9）
	Dataset	triangles(optional) 三角形（可选）	Array (Integer)	数组（2-d）：维度“numberOfTriangles” X 3 每行将一个三角形编码为“geometryValues”（几何值）数据集中 3 个坐标的索引 仅对于”dataCodingFormat”=7（TIN）是必需的
	Dataset	adjacency(optional) 邻接（可选）	Array (Integer)	数组（二维）：维度“numberOfTriangles” ×3 每一行都通过在三角形数据集中指定其索引，实现对给定三角形邻接关系的确立： adjacency[i][0]= 与 triangles[i][0] 和 triangles[i][1] 邻接的三角形 adjacency[i][1]= 与 triangles[i][1] 和 triangles[i][2] 邻接的三角形 adjacency[i][2]= 与 triangles[i][2] 和 triangles[i][0] 邻接的三角形 没有相邻三角形的边元素用值 -1 填充 仅适用于”dataCodingFormat”=7（TIN），但对于 TIN 也是可选。

10c-9.11 数据值组 Data Values Group

数据值内容的结构与定位内容的结构类似，除此之外，常规格网数据值（“dataEncodingFormat”[数据编码格式]=2）存储为与要素容器组“axisNames”（轴名称）数据集中的轴顺序相对应的 D 维数组（主索引先于次索引）。维数 D 编码在要素容器组的“dimension”（维度）属性中。

示例 二维规则格网数据的值数组是二维的，维度为“numPointsLongitudinal”（经度方向的点数量）和“numPointsLatitudinal”（纬度方向的点数量）。

对于固定站时序数据、非地理校正格网数据、移动平台数据和不规则三角网（即“dataCodingFormat”为 1、3、4 或 7 时），数据值存储为一维数据集，其长度由要素实例组（表 10c-12）的“节点数量”或“站数量”元数据属性根据“dataCodingFormat”给出。

对于不规则格网覆盖（“dataCodingFormat”=5），数据值的存储与非地理校正格网等的存储相同（即，值记录的一维数组，length=numberOfNodes），但值组包括一个数据集，该数据集指定与值数组中各项关联的格网点或单元格地址。第二个数据集使用格网坐标，即格网中的索引或莫顿代码，而不是地理（纬度/经度）坐标。将格网坐标解释为地理坐标所需的序列和轴顺序分别由“sequencingRule”（序列规则）和“scanDirection”（扫描方向）属性给出。

对于单元大小可变覆盖（“dataCodingFormat”=6），数据值的存储与不规则格网覆盖相同，但值组包含不规则格网所用的格网索引数据集，以及指示哪些单元格聚合为较大单元格的数据集。

下表描述了各种数据集及其组件。

表 10c-17　不同数据编码格式的值数据集类型和大小

覆盖类型	数据编码格式	值和辅助 HDF5 数据集的结构	HDF5 数据集组件
固定站	1	values：一维数组，length = numberOfStations	复合类型，要素信息组中相应要素信息数据集指定的每个属性都对应一个组件（表 10c-8） 组件名称：要素信息数据集中指定的属性代码 组件类型：与要素信息数据集指定的属性数据类型一致的任何 HDF5 数据类型
规则格网	2	values: D 维数组，维数由以下各项指定: 2-D：numPointsLatitudinalX numPointsLongitudinal 3-D：numPointsLatitudinalX numPointsLongitudinal X numPointsVertical 如果要素实例组中存在“cellGeometry”（单元几何），则是所有“cellGeometry[i].numPoints”值的累加。	与固定站相同
未地理校正格网	3	values：一维数组，length = numberOfNodes	与固定站相同
移动平台	4	values：一维数组，length = numberOfTimes	与固定站相同
不规则格网	5	values：一维数组，length = numberOfNodes	与固定站相同 根据要素容器组的“sequencingRule”（序列规则）和“scanDirection”（扫描方向）属性指定的序列规则，进行排序（表 10c-10）
		gridIndex：一维数组，length = numberOfNodes （数据集属性“codeSize”：Integer—给出了位字段的长度）	元素类型：bitfield（长度由格网维度确定） 元素的顺序对应于值数组 根据“sequencingRule”（序列规则）和“scanDirection”（扫描方向）属性指定的序列规则，每个元素都包含单元（格网点）代码。 例如，单元的莫顿代码

续表

覆盖类型	数据编码格式	值和辅助 HDF5 数据集的结构	HDF5 数据集组件
单元大小可变	6	values：一维数组，length = numberOfNodes	与固定站相同
		gridIndex：一维数组，numberOfNodes（数据集属性“codeSize”：Integer—给出了位字段的长度）	（与不规则格网的“gridIndex”（格网索引）数组相同） 对于聚合多个基本单元的单元，请使用在遍历中遇到的第一个单元（格网点） 例如，单元的莫顿代码
		cellScale：一维数组，numberOfNodes	要素类型：复合类型 元素的顺序对应于值数组 根据要素容器组中“axisNames”（轴名称）数据集中的轴名称来命名复合类型的组件。 每个组件的类型均为整数，并且每个组件给出了沿命名轴聚合的单元数量
TIN	7	values：一维数组，numberOfNodes	（与固定站相同）

注释

1）“gridIndex”（格网索引）数组的 64 位无符号整数，允许在每个维度中具有最多 2^{16}-1（65 535）个点 / 单元的四维格网。

2）“gridIndex”（格网索引）数据集具有一个名为“codeSize”（代码大小）的整数属性，该属性给出包含索引的位字段的长度（以位为单位）。这取决于代码的类型和维数。例如，每个维中有 8 个点的二维格网需要 6 位莫顿代码。

3）通过将容纳最大维度所需的位数乘以维数（D）来计算位字段的大小。为了降低复杂度，每个维度在位字段中分配的位数相同。例如，给 200 × 1000 数组一个 20 位的位字段，其计算公式如下：

$$codesize = 2 \times \max[(\log_2 200), (\log_2 1000)]$$

下图描述了不规则格网（左）和单元大小可变数组（右）的“gridIndex”（格网索引）和“cellScale”（单元比例）数组。两者都使用莫顿代码和每个维度上的 4 × 4 个单元的二维格网（名义上）。请注意，图中指定代码的是单元而不是格网点。左侧面板描述了一个具有 11 个填充单元的不规则格网。右侧面板描述了一个单元大小可变格网，其具有两个聚合单元，每个聚合单元聚合 2 × 2 的基本单元。

格网本身在面板下方显示，莫顿代码在相应的单元中显示[1]。右侧的示例还用括号指示了每个单元的缩放比例（推定缩放比例在所有维度上都是相同的；也就是说，单元 0100 和 1000 各自聚合了格网的 2 × 2 区域）。

格网中未显示不规则格网的缺失单元。对于单元大小可变格网的示例，灰色单元与单元 0100 或 1000 聚合在一起。

对于单元大小可变格网，此专用标准根据各个方向上覆盖的基本单元数量来指定聚合单元的大小，

1 图表底部的两个格网描述来自“高程表面模型标准专用标准”（DGIWG 116-1），版本 1.0.1，国防地理空间信息工作组（2014 年 6 月 10 日）。

不是在每个维度上应用相同的缩放系数，如右下图所示。这是为了更好地容纳矩形和奇异的聚合。奇异区域必须分为多个矩形聚合（使用矩形聚合会带来额外的存储成本）。

新版专用标准将作进一步的优化。

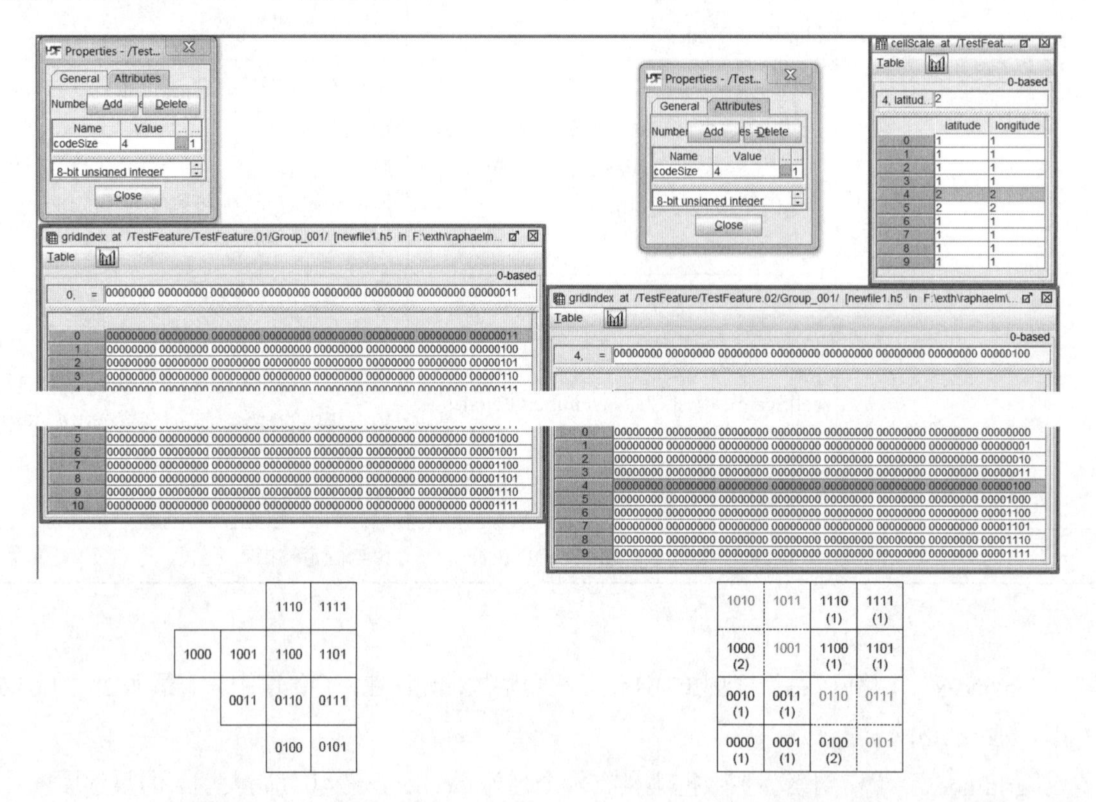

图10c-10　不规则格网的格网索引数组（左）和单元大小可变格网的格网索引和单元比例数组（右）的说明性示例

现在可以描述数据值组的结构。每个组的结构如下表所示。

表 10c-18　值组的结构

组	HDF5 分类	名称	数据类型	数据空间
/Group_NNN	Attribute	timePoint(Optional) 时间点（可选）	CharacterString (datetime format)	时序数据的时间点 对于其他类型的数据，它可以用来指示整个格网的时间
	Dataset	values 值	Compound	复合类型的数组，其数组行列数取决于“dataCodingFormat”和空间维度，如表 10c-17 中所述
	Dataset	gridIndex 格网索引	Bitfield	对于“dataCodingFormat”=5 或 6 为必需， 如表 10c-17 中所述
	Dataset	cellScale 单元比例	Compound	对于“dataCodingFormat”=6 为必需， 如表 10c-17 中所述

除移动平台格式（“dataCodingFormat”=4）以外的所有时序数据，都应在实例组内的连续组中编码。

每个子组都包含一个日期时间值和值记录数组。当”dataCodingFormat”=2、3、5 或 6 时，日期 - 时间是对整个格网而言。数据值数组是二维的，具有“numCOLS”（列数）和“numROWS”（行数）。时间序列的数据值针对序列中的每个时间。格网的速度和方向值针对格网中的每个点。

组编号为 001、002 等，最大组编号为组的最大数量，即“numGRP”（组数）。对于除移动平台以外的所有覆盖类型，组数是时间记录的数量。移动平台数据只有一个组，对应一个单一平台；其他要素实例中可以容纳其他平台。

各个组的数量由元数据变量“numGRP”（组数）给出。各个时间之间的时间间隔由元数据变量“timeRecordInterval”（时间记录间隔）给出。

代表不同时间的值从最旧到最新被顺序存储。初始日期 - 时间值包含在元数据属性中（表 10c-12）。通过了解每个记录之间的时间间隔，可以计算出适用于每个值的时间。

如果组代表不同的时间，则按从旧到新的顺序编号。

10c-10 公共枚举

10c-10.1 CV_CommonPointRule（公共点规则）

ISO 19123 声明，“CV_CommonPointRule”是代码表，用于识别处理计算操作的方法，其中计算操作的“DirectPostion”（直接位置）输入位于两个或多个几何对象内。这些规则的解释在离散覆盖和连续覆盖之间有所不同。在离散覆盖的情况下，每个“CV_GeometryValuePair”（几何值对）为每个属性提供一个值。该规则应用于“CV_GeometryValuePairs”执行包含“DirectPostion”在内相关设置时的值设置。在连续覆盖的情况下，应为每个包含“DirectPostion”的“CV_ValueObject”插入每个属性的值。然后，该规则为每个属性设置一组内插值。

表 10c-19 CV_CommonPointRule（公共点规则）枚举

项	名称（英文）	名称(中文)	说明	代码	备注
枚举	CV_CommonPointRule	CV_ 公共点规则	用于标识数据覆盖评估方法的代码，数据覆盖的位置在数据覆盖域的边界或几何对象之间的重叠区域内		ISO 19123 CV_CommonPointRule
文字	average	平均	返回属性值的平均值	1	
文字	low	下限	使用最小的属性值	2	
文字	high	上限	使用最大的属性值	3	
文字	all	所有	返回可以由该位置确定的所有属性值	4	
~~文字~~	~~start~~	~~起点~~	~~使用第二个“CV_ValueSegment”的“startValue”~~	~~5~~	~~仅用于分段曲线覆盖~~
~~文字~~	~~end~~	~~终点~~	~~使用第一个“CV_ValueSegment”的“endValue”~~	6	仅用于分段曲线覆盖

注释　对于符合此 S-100 版本的产品规范，禁止使用“start”（起点）和“终点”（end），因为分段曲线不包括在此版本第 8 部分定义的覆盖内。它们包含在表中，因为第 8 部分中的图已包含它们。

10c-10.2　CV_SequenceType（序列类型）

扫描方法在 ISO 19123 中进行了详细说明。进行扫描的顺序与属性“scanDirection”（扫描方向）（表 10c-10）的轴顺序相同。扫描的起始位置在属性“startSequence”（起始序列）中给出（表 10c-12）。

注释　产品规范的作者和生产者应注意，起始位置应与序列规则和扫描方向兼容；例如，线性遍历与格网边界框上限的起始位置以及“scanDirection”（扫描方向）中的前向扫描顺序不兼容。

表 10c-20　CV_SequenceType（序列类型）枚举

项	名称（英文）	名称（中文）	说明	代码	备注
枚举	CV_SequenceType	CV_ 序列类型	标识用于对格网点或值记录进行排序的方法的代码		ISO 19123 CV_SequenceType
文字	linear	线性	根据 scanDirection 中列出的第一个格网轴开始，遍历沿格网线是连续的	1	例如，对于 scanDirection=（x，y）的二维格网，扫描将以行作为主顺序进行
文字	boustrophedonic	交互书写	线性遍历的变体，其扫描方向在交替的格网线上相反。对于维数 >2 的格网，在交替平面上也是相反的	2	
文字	CantorDiagonal	康托对角线	沿格网的平行对角线在交替方向上进行文字排序。对于维数 >2，在连续平面中重复	3	
文字	spiral	螺旋	以螺旋顺序排序	4	
文字	Morton	莫顿	沿莫顿曲线排序	5	
文字	Hilbert	希尔伯特	沿希尔伯特曲线排序	6	

莫顿曲线是通过将每个格网点的格网坐标（轴向索引）转换为二进制数，同时交叉二进制数字生成格网点的莫顿代码。该方法详见计算机科学教科书以及 ISO 19123 和其他可访问的文章[1]。希尔伯特曲线较为复杂，但可以在计算机科学和其他参考文献中找到说明（例如条款 10c-4.2 中的非规范性引用文件）。

10c-10.3　S100_CV_InterpolationMethod（插值方法）

“S100_CV_InterpolationMethod”使用“discrete”文字扩展了 ISO 19123 代码表“CV_InterpolationMethod”。ISO 19123 代码表“CV_InterpolationMethod”包括九种插值方法。每种方法都在“备注”栏中指定了格网类型使用的环境。由于第 8 部分中的图描述了所有 ISO 值，因此此处转载了 ISO 19123 的整个列表。S-100 添加了“discrete”文字，可供没有插值时使用。

1　撰写本文时，有一篇维基百科文章：<https://en.wikipedia.org/wiki/Z-order_curve>（2018 年 4 月 26 日检索）。

表 10c-21　S100_CV_InterpolationMethod（插值方法）枚举

项	名称（英文）	名称(中文）	说明	代码	备注
枚举	S100_CV_InterpolationMethod	S100_CV_插值方法	离散覆盖内，与几何对象关联的已知要素属性值之间的插值方法代码		ISO 19123 的扩展 CV_InterpolationMethod
文字	nearestneighbor	最近邻	指定与覆盖域内最近的域对象相关联的要素属性值	1	覆盖的任何类型
~~文字~~	~~linear~~	~~线性~~	~~根据线段或者曲线的线性函数来计算值，其中，线段由两个点值对连接，曲线则由由弧长度参数的值确定位置~~	~~2~~	~~仅用于分段曲线~~
~~文字~~	~~quadratic~~	~~二次~~	~~根据值段内的二次距离函数来计算值~~	~~3~~	~~仅用于分段曲线~~
~~文字~~	~~cubic~~	~~三次~~	~~根据值段内的三次距离函数来计算值~~	~~4~~	~~仅用于分段曲线~~
文字	bilinear	双线性	指定使用格网单元内位置的双线性函数来计算值	5	仅用于四边形格网
文字	biquadratic	双二次	指定使用格网单元内位置的双二次函数来计算值	6	仅用于四边形格网
文字	bicubic	双三次	指定使用格网单元内位置的双三次函数来计算值	7	仅用于四边形格网
文字	lostarea	损失面积	指定使用 ISO 19123 中所述的损失面积方法来计算值	8	仅用于泰森多边形
文字	barycentric	重心	指定使用 ISO 19123 中所述的重心方法来计算值	9	仅用于 TIN
文字	discrete	离散	无插值方法适用于该覆盖	10	

注释

1）该版不包含分段曲线的覆盖，禁止使用“linear”（线性）、“quadratic”（二次）和“cubic”（三次）文字。

2）必要时，必须在“interpolationParameters”（插值参数）数据集中对插值参数进行编码（表 10c-10）。

10c-11 支持文件

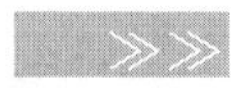

HDF5 格式不将支持文件信息编码为要素属性；也就是说，应用模式专题属性不能作为支持文件的引用。即在覆盖要素中不允许引用图片或文本文件等。

而且，不允许从覆盖到矢量要素的要素和信息关联。

根组的 HDF5“metadata”属性是对外部元数据文件的引用。引用必须是以下形式的字符串：

fileRef: <fileName>

其中，<fileName> 是 ISO 8211 或 GML 文件的基本名称。不使用文件名称的扩展名。

混合矢量覆盖数据产品可以继续与矢量要素类共同使用支持文件，并像往常一样定义具有支持文件引用相关属性的矢量要素或信息类。

10c-12 目录和元数据文件

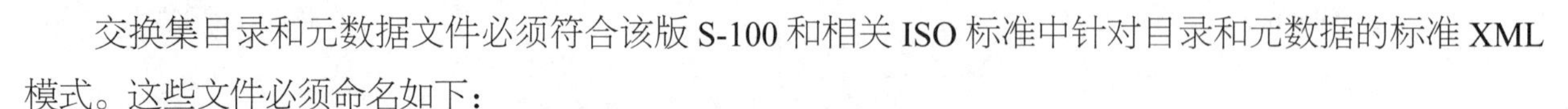

交换集目录和元数据文件必须符合该版 S-100 和相关 ISO 标准中针对目录和元数据的标准 XML 模式。这些文件必须命名如下：

CATALOG.XML（或 .xml）　　交换目录 XML 文件。

MD_<HDF5 数据文件基本名称 >.XML（或 .xml）ISO 元数据

10c-13 矢量空间对象、要素和信息类型

在某些情况下，可能需要使用矢量空间对象，例如影响多边形的面积。该版专用标准不直接在 HDF5 数据文件中对矢量空间对象编码。相反，应在外部文件（GML 或 ISO 8211 格式）中定义空间对象，对空间对象的引用应当编码。引用必须采用以下形式的字符串：

extObjRef: <fileName>:<recordIdentifier>

其中，<fileName>（文件名称）是 ISO 8211 或 GML 文件的基本名称，<recordIdentifier>（记录标识符）是该文件中矢量对象记录的记录标识符。不使用扩展文件名。记录标识符是 GML 数据集的“gml:id”，或者是 ISO 8211 数据集的记录标识号（RCID）。该文件必须在同一交换集中。

此方法可用于引用多边形等，在同一交换集中的 GML 或 8211 格式数据文件的外部文件中定义。它也可以引用 GML 或 ISO 8211 文件中的要素或信息类型实例。

示例

USSFC00001:S093546 引用在 GML 数据文件 USSFC00001.GML（GML）中“gml:id”S093456 的对象。

USSFC00001:93546 引用 ISO 8211 数据文件 USSFC0000.000（ISO 8211）中记录标识符为 93456 的对象。

10c-14 约束和检核

10c-14.1 检核测试

检核测试必须在产品规范中定义，包括以下检查：

- HDF5 文件结构符合此专用标准；
- 组中的必选属性根据“dataCodingFormat”（数据编码格式）的编码值出现；
- 组、数据集和属性名称符合此专用标准；
- 位置和值记录数组的长度一致；
- 复合类型的组件按规范要求命名。

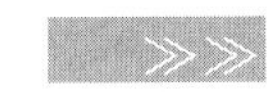

10c-15 更新

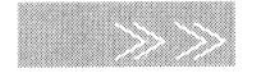

建议对 HDF5 数据文件的更新遵循与基础 HDF5 数据文件相同的结构。更新可以只包含正在更新的 HDF5 数据集。更新的特定数据集需要全部包含在更新数据文件中。

本条款意味着 S-100 数据集可以部分更新，也可以完全替换为更新数据，但进行部分更新不需要产品规范。它们可以定义更适合其特定域和应用的更新创建和管理过程。但是，如果允许更新 S-100 数据集的某些部分，必须遵循上一段中的规则。

10c-16 模型概述

HDF5 专用标准（图 10c-7）的基本结构，现在可以用前文中的组和数据集规范表示为详细的概念模型。HDF5 文件内容的概念模型如下图所示。此图显示了包含空间表示和数据值的组结构和数据集（为简便起见，不包括元数据属性和含有元数据的数据集）。“MatchingOrders”（匹配顺序）此关联表示，关联数据集中的元素序列是相互依赖的。

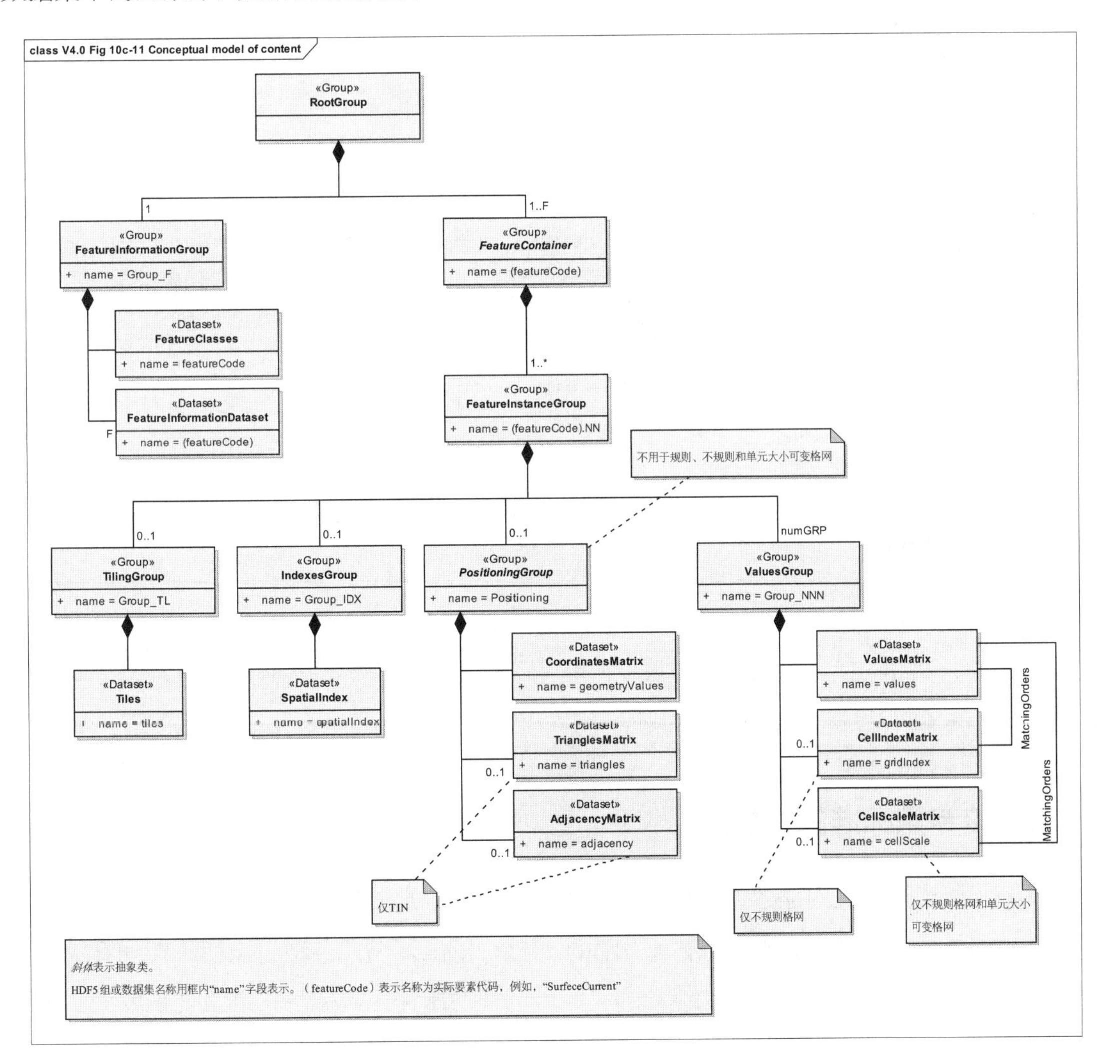

图10c-11 内容的概念模型

10c-17 产品规范开发者的规则

10c-17.1 定义此专用标准中产品规范的格式

大多数产品规范仅需要此专用标准的一部分。但是，所有产品规范都必须包含此专用标准的必选元素。

数据文件的逻辑结构必须符合图 10c-11 中描述的逻辑结构，并在前面部分给出。

产品规范的“数据格式”部分必须指明用到了专用标准的哪个部分（例如，“dataCodingFormat”可以采用哪些值，使用了哪些组和数据集，空间表示形式是 2 维、3 维等）。

建议根据本部分的概念结构描述派生 UML 图，但不是必须的。必须用文档表格说明产品特定的元数据和内容约束或限制，除非该专用标准中的相应表格未经修改即适用。

针对间隔不均匀的格网的规范，必须视为未地理校正格网，并且必须明确编码每个位置的坐标。

该专用标准不禁止要素类拥有不同的覆盖类型，但在该专用标准中不可能重复同一实例的空间属性。即一个要素实例不能有两个格网，无论它们是否属于同种类的覆盖类型。如果产品规范需要在同一实例中具有多个覆盖，应考虑将两者合并为一个覆盖对象，或使用两个要素实例。

要素和信息关联未在此专用标准中完全实现。但是，可以使用条款 10c-13 中所述的对象引用方法，将覆盖对象链接到随附的 GML 或 ISO 8211 数据集中的矢量要素或信息对象。引用矢量对象（例如影响多边形）必须使用相同的方法进行编码。

产品规范应指定在 HDF5 数据文件中编码的数值元数据元素的精度，无论是单独的还是用总括语句。例如，产品规范可能要求使用 64 位浮点型对“Float”类型的所有元数据属性进行编码。

如果位置或数据值的不确定度在单个要素的空间范围内有变化，则产品规范开发者应将解决方案视为产品规范的一部分；例如，将格网细分为不同的要素实例，或者通过定义覆盖要素对不确定度进行编码，或将不确定度属性添加到值记录，在应用模式级别解决此问题。本部分不需要任何特定的方法来解决此问题。

10c-17.2 其他规则

由于据报存在性能问题，不建议复合类型使用变长字符串作为其组件。

从理论上讲，瓦片的使用和 HDF5 组块交互使用可以提升性能。产品规格的性能是一项重要考虑因素，需要考虑可能的交互作用，并研究其幅度和后果。

10c-17.3 该专用标准的扩展

产品规范可以通过定义附加数据结构或扩展该专用标准中定义的数据结构，对该专用标准中的格式进行扩展，但是所有扩展都必须保留该专用标准的核心规范，以便实现可以在不处理其他附加文件的情况下对数据进行提取和图示表达操作。为了便于选择使用补充数据结构进行处理或图示表达，必须编写产品规范。

此类补充应放置在 HDF5 数据文件中的适当位置；例如“Group_IDX”组中的空间索引。

扩展不得重复使用该专用标准中定义的项目名称。该专用标准中定义的项目不得在产品规范中重命名。

下面给出了一些允许和不允许的扩展示例。

- 允许的扩展：
    - 四叉树索引，作为 HDF5 数据集添加到索引组中。
    - 值记录结构的扩展，保留该专用标准中描述的核心格式（即 1-d 数组结构和指定组件）。
    - 线性比例数组指示各轴上单元大小变化的格网点，作为可变单元大小数组的附件。
    - 特定于产品的元数据，作为该专用标准中指定的任何组的属性。
    - 特定于产品的元数据，作为该专用标准中指定的任何组的附加 HDF5 数据集。
    - 附加组，前提是不得替换该专用标准中的任何一个必选组。
- 不允许的扩展：
    - 更改数组数据集类型的等级；例如，使用二维数组代替一维数组。
    - 更改该专用标准定义的复合数据类型中组件的命名规则。

10c-17.4 添加元数据的扩展

虽然 10c-17.3 节允许添加元数据，但定义特定于产品的元数据意味着实现必须在应用程序中包含特定于产品的编码（如果需要对附加元数据进行任何操作，而不仅仅显示元数据）。鉴于 S-100 的生态系统包括多个数据产品，这些数据产品在理想状况下都可以由 S-100 应用程序进行处理（包括图示表达），本部分不建议添加对处理或图示表达有任何影响的特定于产品的元数据。如果此类添加必不可少，应使用 S-100 和相关文档中描述的维护机制，以对 S-100 框架本身的扩展提出添加。可以添加只显元数据（也就是说，应用程序只希望显示添加属性的内容），但不建议使用。

10c-18 实现指南

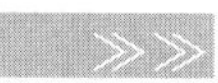

HDF5 C API 包括用于确定复合类型中组件类型的接口。这表明可以检查数据类型的大小，进而缓解转换问题。

HDF5 C API 还定义了迭代器，供迭代组中的属性或项使用。这些迭代器可用于从单个产品规范定义的数据集、组和属性中发现专用标准数据集、组或属性（特定于产品的项的名称与专用标准项的名称不同）。

检索对象的顺序可能与创建顺序不同。实现者应考虑到这一点，或调查 HDF5 API 中保序函数的可用性。

通过使用要素（驼峰式拼写）代码和属性，可以保留 XML 要素目录与 HDF5 文件对象之间的链接。

第 11 部分

产品规范
（Product Specifications）

11-1 范围

一个数据产品规范是一个精确的技术描述，它定义了一个地理空间数据产品。它描述了数据的所有要素、属性和与一个特定应用的关系以及与数据集的映射。它描述了用于数据标识的通用信息以及数据内容和结构、参照系、数据质量方面、数据获取、维护、分发和元数据的信息。不同的部门可以根据不同的需要，在不同的场合创建和使用这些数据。

S-100 该部分针对地理数据产品的海洋测绘需求，描述了数据产品规范。它旨在为任何需要书写的数据产品规范，提供一个清晰的、类似的结构。该专用标准应当与所有其他标准相一致，而那些标准已经在海洋测绘数据的 IHO S-100 地理空间标准中开发了。

此产品规范应该制定成一个“human readable”（适合人类阅读）的文档。通常，它应当也包含“machine readable”（可机读）的信息文件，比如要素目录，应用模式和 CRS 参数。附录 11-B 给出了符合标准的产品规范示例。

除了“适合人类阅读”的文档，还可能创建一个“可机读”（比如 XML）产品规范摘要。该章节后面给出的表格显示了这样一个产品规范摘要。

11-2 引用文件

该文档的应用需要以下引用文件。标注日期的引用，只有引用的版本才有效。未标注日期的引用，引用文件（包含所有更正）的最新版本才有效。

11-2.1 规范性引用文件

ISO 639-2：1998，语种名称表示代码—第 2 部分：3 字母代码（Codes for the representation of names of languages-Part 2: Alpha-3 code）

ISO 19115-1：2018，地理信息—元数据—第 1 部分—基础（Geographic information—Metadata—Part 1—Fundamentals）（2014）（由 2018 年修订版 1 修订）

ISO 19131：2007，地理信息—数据产品规范（Geographic information—Data product specification）

ISO 19157：2018，地理信息—数据质量（Geographic information—Data quality）（2013）（由 2018 年修订版 1 修订）

11-2.2 资料性引用文件

ISO 8211：1994，信息技术—信息交换用数据描述文件规范（Information technology—Specification for a data descriptive file for information interchange）

ISO 19104：2004，地理信息—术语（Geographic information—Terminology）

ISO 19106：2004，地理信息—专用标准（Geographic information—Profiles）

ISO 19109：2005，地理信息—应用模式规则（Geographic information—Rules for application schema）

ISO 19115：2003，地理信息—元数据（Geographic information—Metadata）

ISO 19123，地理信息—覆盖几何特征与函数模式（Geographic information—Schema for Coverage Geometry and Functions）

ISO 19136，地理信息—地理标记语言（Geographic information—Geography Markup Language）

ISO 19138，地理信息—数据质量度量（Geographic information—Data quality measures）

11-3 数据产品规范的通用数据结构和内容

数据产品规范定义了数据产品的需求，并构建了数据生产或获取的基础。数据产品规范应该包含数据产品的以下几方面。

1）概述——参见条款 11-4；

2）规范范围——参见条款 11-5；

3）数据产品标识——参见条款 11-6；

4）数据内容和结构——参见条款 11-7；

5）参照系——参见条款 11-7.3；

6）数据质量——参见条款 11-8；

7）数据获取——参见条款 11-9；

注释　本节可以被编码指南覆盖，比如，对于 S-101 ENC 产品规范，可以是“数据分类和编码指南”；

8）数据产品格式——参见条款 11-12；

9）数据产品分发——参见条款 11-13；

10）元数据——参见条款 11-15；

数据产品规范还可能包含数据产品的以下几部分：

11）数据维护——参见条款 11-10；

12）图示表达——参见条款 11-11；

13）其他信息——参见条款 11-14。

以下各节将描述数据产品规范中的每一个部分。

注释　该部分引自 ISO 19131

11-4 概述

概述部分为读者提供了数据产品规范的数据产品总体介绍信息，以及产品规范元数据。

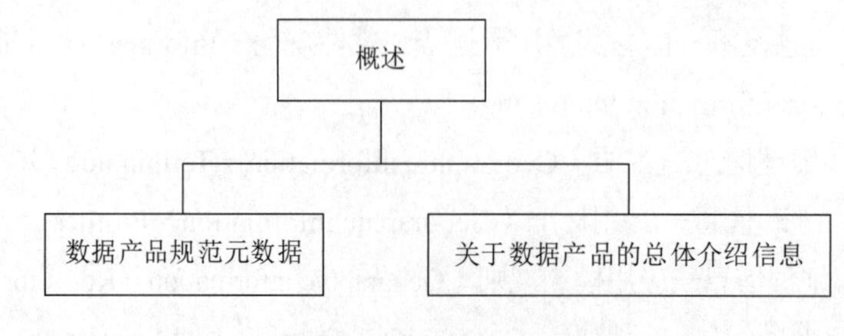

图11-1　概述部分的内容

概述应该包含以下几部分：

1）创建数据产品规范的信息；

注释 包括题目、引用日期、责任方和语言。数据产品规范的维护制度信息也应该包含其中。

2）术语和定义；

3）缩写；

4）数据产品中名称的首字缩略词；

示例 AML 附加军事层

5）数据产品的信息性描述。

此信息包含数据产品的通用信息，可能包含下表 11-1 中涉及的各方面：

表 11-1 数据产品的信息性描述

名称（英文）	名称（中文）	说明	多重性	类型
title	标题	数据产品的官方名称	1	CharacterString
abstract	摘要	数据产品的信息性描述	1	CharacterString
acronym	首字缩写词	数据产品标题的首字缩略词	0..*	CharacterString
content	内容	针对符合该规范的任何数据集，其内容的文字说明	1	CharacterString
spatialExtent	空间覆盖范围	数据产品所覆盖的空间覆盖范围的说明	1	EX_Extent (ISO 19115-1)
temporalExtent	时间覆盖范围	数据产品覆盖的时间覆盖范围的说明	0..1	EX_Extent (ISO 19115-1)
specificPurpose	具体用途	收集数据的具体用途	1	CharacterString

数据产品规范元数据应当提供能唯一标识数据产品规范的信息，以及数据产品规范的创建和维护信息。维护说明应当指示如何进行常规更新，或者给出报告需要更正的问题所需要的联系信息。数据产品规范元数据应当包括下表 11-2 中的项 [扩展自 ISO 19131]：

表 11-2 数据产品规范元数据

名称（英文）	名称（中文）	说明	多重性	类型
title	标题	数据产品规范的标题	1	CharacterString
version	版本	数据产品规范的版本	1	CharacterString
date	日期	数据产品规范创建 / 最后一次更新的日期	1	Date
language	语言	数据产品规范所用语言，例如翻译	1..*	CharacterString
classification	密级	数据产品规范安全密级编码	0..1	MD_ClassificationCode(ISO 19115-1)

续表

名称（英文）	名称（中文）	说明	多重性	类型
contact	联系	数据产品规范责任方	1	CI_Responsibility (ISO 19115-1)
URL	统一资源定位符	可以下载该数据资源的网络地址	0..1	URL
identifier	标识符	产品规范发布版本的持久唯一标识符[1]	1	CharacterString
maintenance	维护	产品规范维护制度说明	1	MD_MaintenanceInformation (ISO 19115-1)

11-5 规范范围

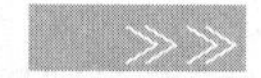

数据产品规范的某些部分可能适用于整个产品，但其他部分可能只适用于产品某些部分。坐标参照系一般适用于整个产品，而维护制度可能因航海特征和环境特征而异。如果一个规范在整个数据产品中都是一致的，那么只需要定义总体范围（根范围），因为该范围适用于数据产品的每个部分。数据产品规范可能详述了基于若干个标准进行产品数据内容的分割。这样的分割可能因数据产品规范的不同部分而异。这样的数据内容的每一部分都应当用一个规范范围描述，该范围可能继承或重载总体范围规范。

原则上，产品规范中任何或者所有的剩余部分都可能具有应用于整个产品范围的变量。每个变量必须标识它的适用范围。

示例　用于航海的数据产品通常包含两类要素类型：一类是变化比较快的航海信息，它是航海安全所必须的，另一类是背景参考信息。维护和分发信息应当以这些分组为基础进行分割，参照系信息则不是。

该部分仅适用于产品的不同部分（比如专题或者地理范围）拥有不同规范的情况。例如，规范的某些方面可能特定于水深测量或不涨潮时的海水。如果正被规定的产品属于这种情况，则该部分描述了整个产品规范的多个不同“范围”和它们应如何在数据集中被标识。

根据数据产品规范的类型，其范围可包含表 11-3 中的项：

表 11-3　规范范围信息

名称（英文）	名称（中文）	说明	多重性	类型
scopeIdentification	范围标识	范围的具体标识	1	CharacterString
level	级别	范围所限定数据的层次级别	0..1	MD_ScopeCode (ISO 19115-1)
levelName	级别名称	级别的名称	0..1	CharacterString
levelDescription	级别说明	范围所限定数据的级别的详细说明	0..1	CharacterString

1　引自符合产品规范的产品发现元数据。

续表

名称（英文）	名称（中文）	说明	多重性	类型
coverage	覆盖	要素的子类型，它将现实世界现象按照一组属性的方式进行表示	0..1	CharacterString
extent	覆盖范围	数据的空间、垂直和时间覆盖范围	0..1	EX_Extent (ISO 19115-1)

11-6 数据产品标识

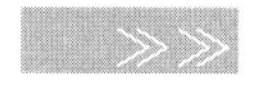

该部分描述了如何标识符合规范的数据集。数据产品的标识信息可能包括表 11-4 中的以下项。[改编自 ISO 19131]

表 11-4　识别信息

名称（英文）	名称（中文）	说明	多重性	类型
title	标题	数据产品的标题	1	CharacterString
alternateTitle	备用标题	数据产品名称的缩写或者其他名字	0..1	CharacterString
abstract	摘要	数据产品内容的简要介绍	1	CharacterString
topicCategory	专题类别	数据产品的主要专题	0..*	MD_TopicCategoryCode (ISO 19115-1)
geographicDescription	地理说明	具有标识符的数据产品所覆盖地理区域的说明	1	EX_GeographicDescription (ISO 19115-1)
spatialResolution	空间分辨率	一个可理解为数据产品中空间数据密度的因子	1	MD_Resolution (ISO 19115-1)
purpose	用途	数据产品用途概述	1	CharacterString
language	语言	数据集的语种。如果语种不适用，例如光栅数据，则使用“不适用”作为其元素的值	1..*	CharacterString (ISO 639-2)
classification	密级	数据产品的安全密级代码	0..1	MD_ClassificationCode (ISO 19115-1)
spatialRepresentationType	空间表示类型	空间表示的形式	0..1	MD_SpatialRepresentation TypeCode (ISO 19115-1)
pointOfContact	联系方	与数据相关的个人或组织的标识、联系方式	0..*	CI_Responsibility (ISO 19115-1)
useLimitation	使用限制	数据产品使用的限制	0..1	CharacterString

11-7 数据内容和结构

该专用标准允许数据产品规范的不同需求，无论是基于要素的或基于覆盖的数据还是影像数据。产品规范应当为每个已标识范围提供这些信息。

11-7.1 基于要素的数据

基于要素数据产品的内容信息采用通用要素模型和要素目录进行描述 [引自 S-100 第 3 部分和第 5 部分]。

数据产品规范应当包含一个应用模式。因为所有的数据产品规范都源自 S-100，应用模式应当用 UML 进行描述。S-100 第 3 部分中有关建立通用要素模型、尤其是符合 ISO 19109：2005 的其他所有规则都可以使用。如果此应用模式是一个单独的文档，那么产品规范中应当包括一个简略的摘要。产品规范应描述任何固定角色或其他默认角色的限制或约定。如果需要唯一的角色名称，也可以定义生成唯一名称的约定。

此数据产品规范应当包含要素目录，而要素目录提供了每个要素类型的完整说明，包括属性，属性值以及数据产品中的关系。要素目录的实现应当与 S-100 的第 5 部分一致。要素目录应当同时具有“可机读”（比如，基于 S-100 要素目录 XSD 的 XML）和“适合人类阅读”（比如，从 XML 中使用 XSLT 导出的文本）的特点。

所有的要素类型、它们的属性和属性值域、应用模式中描述的要素之间关联类型都应当在要素目录中说明。

针对基于要素的范围，其产品规范应当包含的元素详见表 11-5：

表 11-5　基于要素的数据元素

名称（英文）	名称（中文）	说明	多重性	类型
applicationSchema	应用模式	应用模式	1	DPS_ApplicationSchema
featureCatalogue	要素目录	要素目录	1	FC_FeatureCatalogue

11-7.2 基于覆盖的数据和影像数据

基于覆盖的数据产品（包括影像数据产品），其内容信息应当与 S-100 的第 7 部分描述一致。内容信息应当以下列方式描述：

数据产品规范应当能够标识规范范围内的每个覆盖类型和影像类型，同时为每个类型提供一个简要描述。

因此，下面的组件应当被标识出以描述一个覆盖或者影像（表 11-6）。

表 11-6　基于覆盖的数据和影像数据

名称（英文）	名称（中文）	说明	多重性	类型
coverageID	覆盖 ID	覆盖的唯一标识符	1	CharacterString
coverageDescription	覆盖说明	覆盖的技术说明	1	CharacterString
coverageType	覆盖类型	覆盖类型	1	CharacterString
specification	规范	其他信息	1	CV_Coverage（ISO 19123）

11-7.3　坐标参照系

数据产品规范应当包含数据产品中所用参照系的信息。所使用空间参照系应当是一个与 S-100 第 6 部分 CRS 一致的坐标参照系（CRS）。应用模式将会说明 CRS 参照如何在数据集中使用；可能是通过引用一个 CRS 参数注册表，比如 EPSG 大地测量参数数据集（EPSG Geodetic Parameter Dataset）。

产品规范可能描述了一些坐标操作参数，而这些参数用于特定 CRS 之间的操作。这些参数应当按照 S-100 第 6 部分的描述进行存档。

表 11-7　参照系标识

名称（英文）	名称（中文）	说明	多重性	类型
spatialReferenceSystem	空间参照系	所使用空间参照系的参照系标识符，例如，不同的 UTM 区域可视为不同的参照系	1..*	SC_CRS（S-100 第 6 部分）

11-7.4　对象标识符

强烈建议指定要素和信息对象的持久全局标识符。如果实际情况另有规定，或者已知不需要引用对象，则无需定义标识符，即使是来自另一产品规范的未知外部数据集。例如，无需定义制图对象标识符。

实例的标识符应使用海事资源名称（Maritime Resource Name，MRN）概念和命名空间。MRN 命名空间由国际航标协会（IALA）通过网站 http://mrnregistry.org 管理，该网站还包含对适用于 MRN 概念的全套规则的引用。最顶端的命名空间 urn:mrn 保持固定，后续命名空间用冒号分隔，并且可以通过网站上说明的应用过程使用。任何希望发布符合 MRN 标识符的组织，都应向 IALA 或已注册了命名空间的组织申请命名空间。

如果可以重新创建整个字符串，则不需要使用整个 MRN 字符串对所有要素实例进行编码，例如通过元数据。利用这种机制可以节省大量数据。此外，可以克服诸如 GML 编码限制使用“：”等技术问题。

如果出于技术原因不能使用 MRN 概念，则应制定持久全局标识符的其他方法。实现持久全局标识符的一种方法是，通过为单个要素或信息类型定义命名空间和持久且唯一的局部标识符。持久全局标识符可通过组合命名空间与局部标识符来构造。在要素或信息对象的生存期内，局部标识符在命名空间内必须是唯一的。

无论何时定义，局部标识符都必须是要素和信息数据对象的一个属性。如果可以根据元数据计算命名空间部分，则持久全局标识符不必是数据对象属性。

命名空间可以通过构造指定，例如描述如何根据可用元数据构造命名空间的规则。产品规范必须规定如何根据命名空间和局部标识符构造持久全局标识符。

产品规范应注意，基于位置的标识符可能不足以消除数据对象的歧义，因为（例如）两个机构可能会在同一区域内发布助航标志（AtoNs），例如，标记航道的物理浮标和标记部分航道以及低水上高度的虚拟助航标志（AtoNs）。在这种情况下，数据的更新和规范化必须考虑到两个项具有相似的特征（位置、助航标志等）却是不同项的情况。因此，基于位置的标识符可能不足以在两类数据之间建立联系。

11-8 数据质量

根据 S-100 第 4c 部分的规定，数据产品规范应确定数据产品内每个范围的数据质量要求。每个数据质量范围都需要列出 S-100 定义的所有数据质量元素和数据质量子元素，甚至只需要声明某一具体数据质量元素或者数据质量子元素不适用于该数据质量范围。

每个产品规范都应当说明数据质量需求。一方面是“数据质量概述元素”，该元素应允许用户确定此数据集是否是他们想要的数据集。另一方面是允许数据集中特定要素集合、要素和属性使用的元数据。

数据质量概述元素应当至少包括预期用途和质量或数据志的状况。其他数据质量元素包括：完整性、逻辑一致性、位置精度、时间精度、属性精度以及任何规定该产品所需要的元素。

产品规范应说明使用其中的哪些以及如何使用，包括对一致性测试的描述（或引用）。例如，数据是否可以仅在通过特定测试后就发布，或者是否允许发布该数据并提供一个表明不一致的质量声明？产品规范应当描述每个数据质量元素是如何被使用的，例如，说明引用数据质量评估程序（quality evaluation procedure）的机制，以及质量结果的允许值。

应用模式应当表明数据质量元素是如何与数据项相关联的，例如一个特定数据集是否具有相同的数据质量，或者质量元素是否可以与要素集合、单独要素对象或者属性相关联。

最后，编码说明（条款 15）应当指出数据质量元素是如何被编码的。

11-9 数据分类和编码指南

数据产品规范应当提供如何获取数据的信息。获取方法应尽可能详细和具体。产品规范应当为每个已标识范围提供这些信息。

产品规范应当包括数据获取标准，为了将现实世界的对象映射到数据集的概念对象。数据产品可以带有它们的数据源信息（元数据数据志元素）；产品规范和应用模式将会表明它是否符合预期，以及如何去做。

任何依照数据产品规范进行数据获取的组织，应当提供对任何具有更详细编码指南的引用，用以补充产品规范中针对数据获取过程给出的编码指南。

注释　数据获取和分类指南是数据产品规范的一个重要组成部分，它必须在数据获取进行之前编写完。

表 11-8　数据获取信息

名称（英文）	名称（中文）	说明	多重性	类型
dataSource	数据源	不同数据来源的标识，对符合当前规范的产品数据集有用	0..*	CharacterString
productionProcess	生产过程	链接到生产过程的文字说明（包括编码指南），适用于符合当前规范的数据集	0..*	CharacterString (URL)

11-10 数据维护

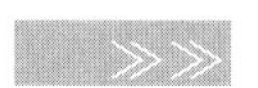

数据产品规范应当提供如何维护数据的信息。它应当说明维护的原则和标准，以及预期的更新频率。产品规范应当为每个已标识范围提供这些信息。

维护信息还应当提供如何处理数据中已知错误的规程。针对数据产品规范定义的数据产品，任何执行数据维护的组织，都应当提供一个引用，指向用于维护过程的更详细维护指南（另见元数据 / 维护信息）。有关维护数据产品规范本身的信息也包括在概述中。

表 11-9　维护信息

名称（英文）	名称（中文）	说明	多重性	类型
maintenanceAndUpdateFrequency	维护和更新频率	数据产品变更和增加的频率（每次更新范围）	1..*	MD_MaintenanceInformation (ISO 19115-1)
dataSource	数据源	用于生产数据集的各类数据源的标识	1..*	LI_Source (ISO 19115-1)
productionProcess	生产过程	适用于数据集的生产过程的文字说明（每个范围或数据源）	1..*	LI_ProcessStep (ISO 19115-1)

11-11 图示表达

数据产品规范应当提供一些信息，用于表示数据如何以图形输出进行表达的信息，例如作为矢量图或者图像。这是一个可供选择的部分；但是强烈建议在一个规定 IHO 航海产品的规范中包含该部分。当包含时，它应当采取引用到图示表达库的方式，而图示表达库包含一组图示表达规则和一组图示表达规范（表 11-10）。产品规范应当为每个已标识范围提供这些信息。

对于某一特定产品，支撑其图示表达所需要的类和属性需要在产品规范的要素目录字典和要素目录中注册。比如说，地理对象类、比例尺最大值/最小值属性、文本布局建议属性（如 $TINTS，$JUSTH）。

图示表达库应当依照 S-100 第 9 部分进行定义。

表 11-10　图示表达信息

名称（英文）	名称（中文）	说明	多重性	类型
portrayalLibraryCitation	图示表达库引用	图示表达库的参考文献	0..1	CI_Citation (ISO 19115-1)

11-12　数据产品格式（编码）

数据产品规范应当定义数据产品中每个范围分发的格式（编码）。

这部分包含了文件结构和格式的说明。文件结构（编码）应该是完全具体化的，或者是引用某个单独的专用标准或标准。例如，S-100 给出了 GML（ISO 19136）编码的指南；一个特定的产品可能有一个具体的 GML 应用模式，并采用一种或多种 XML 模式定义语言（XML Schema Definition Language）文件表示。具体的产品可能用其他编码，例如 S-100 包含了一个 ISO 8211 二进制编码专用标准。

表 11-11　数据格式信息

名称（英文）	名称（中文）	说明	多重性	类型
formatName	格式名称	数据格式名称	1..*	CharacterString
version	版本	格式的版本（日期，编号等）	0..1	CharacterString
characterSet	字符集	数据集所采用的字符编码标准（西欧的需求，希腊语、土耳其语、西里尔文）	1	MD_CharacterSetCode (ISO 19115-1)
specification	规范	子集的名称、该格式的专用标准或者产品规范	0..1	CharacterString
fileStructure	文件结构	分发文件的结构	0..1	CharacterString

11-12.1　GML 数据格式的说明

基于 GML 应用模式的编码文档应包括所需约束的说明。例如：

- 是否可以仅通过内联、引用或使用其中任何一种方法对几何进行编码；
- 数据集中对象类型次序的任何约束，例如信息类型是否必须位于空间和要素数据对象之前；
- 模式位置、命名空间、必要的导入；
- 是否需要除基于 XML 模式验证之外的验证方法，如果需要，还需要验证规则的规范或可下载的固定网络地址。例如，可能需要基于规则的验证来检查条件必选属性的值。

11-13 数据产品分发

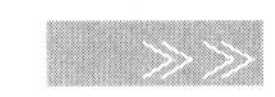

数据产品规范可能为每个已标识范围定义了分发媒介。这是一个可选部分。如果一个数据产品能以不同的格式分发，应当给出每种分发的相关信息。数据产品分发和媒介信息的规定如表 11-12 所示。

表 11-12 分发介质信息

名称（英文）	名称（中文）	说明	多重性	类型
unitsOfDelivery	分发单位	有关分发单位的说明（例如，瓦片、地理区域）	0..1	CharacterString
transferSize	传送大小	一个单位按照某种特定格式的大小估计，以兆字节表示	1	>0
mediumName	媒介名称	数据媒介的名称	1	Free text
otherDeliveryInformation	其他分发信息	分发的其他信息	1	Free text

11-14 其他信息

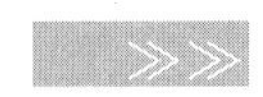

数据产品规范的该部分是可选的，它可能包含该规范中所没有提供、任何与数据产品相关的其他方面。这些方面可能包括推荐的培训、产品的创建或使用，以及相关产品的详细信息。如果这些信息仅仅适用于数据产品的一部分，其对应的范围必须明确标识（表 11-13）。

表 11-13 其他信息

名称（英文）	名称（中文）	说明	多重性	类型
additionalInformation	其他信息	说明数据产品的其他任何信息	0..1	CharacterString

11-15 元数据

ISO 19115-1 和 S-100 第 4 部分（元数据）所规定的核心元数据元素，应当包含在数据产品中。发现元数据和质量元数据应分别按照 S-100 第 4a 部分和第 4c 部分进行结构化。一个特定产品规范所需要的任何其他元数据项都应当存档到数据产品规范中。应使用 ISO 19115-1、ISO 19115-2、ISO 19157（数据质量）和 ISO 19115-3 对其进行定义，根据需要进行扩展或限制。应用模式应当说明数据集如何携带元数据。应当为每个已标识范围提供这个信息。

11-16 数字签名

数据产品规范可能需要使用签名来支持网络安全。这是一个可供选择的部分；但是强烈建议在一个规定 IHO 航海产品的规范中包含该部分。如果包括在内，具体签名方法应参照 IHO S-63 或在产品规范中进行描述。

附录 11-A　创建 S-100 产品规范（资料性）

11-A-1　引言

一个数据产品规范是一个精确的技术描述，定义了一个地理空间数据产品。它描述了用于数据标识的通用信息以及数据内容和结构、参照系、数据质量方面、数据获取、维护、分发和元数据的信息。

该附录中描述的过程应当应用于在产品中标识的每个规范范围。例如，如果产品同时包含矢量（要素）和覆盖数据，那么该产品规范应当至少标识两个范围，该过程应当对每个范围重复一次。如果产品包含了具有同样几何需求的多个范围（例如，两个具有矢量几何的范围，但是它们具有不同的应用模式或者不同的维护制度），那么过程也应当执行两次，并采用相同的路线。

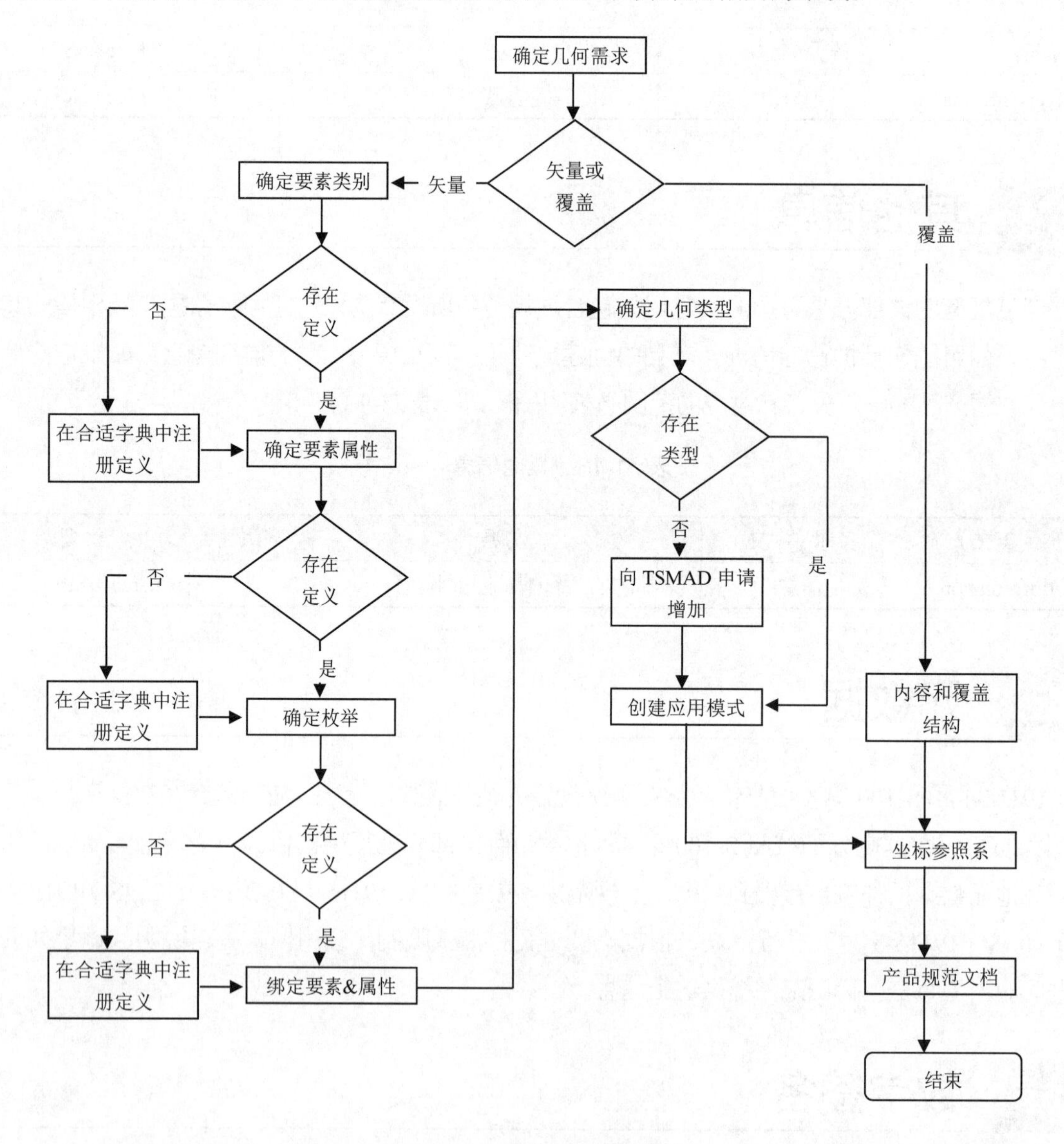

图 11-A-1　产品规范过程

创建数据产品规范的主要目的是定义新开发数据产品的特征。

11-A-2 通用方法

图 11-A-1 的流程图是创建 S-100 产品规范的一般过程。该过程的更多信息见以下部分。

11-A-2.1 确定几何需求

第一步需要确定的是该范围是否基于要素（也就是说，使用矢量几何）或基于覆盖。产品规范的某些方面只适用于基于要素的数据，而有些方面只适用于基于覆盖的数据。一个产品规范，通过使用规范范围，可能同时包含基于要素的和基于覆盖的数据。

11-A-3 基于要素的产品

11-A-3.1 确定要素属性

确定产品中需要哪些要素属性。在已有权威的要素数据字典中搜索定义。如果需要的定义不存在，那么定义新的要素属性。

11-A-3.2 确定枚举

确定产品中需要哪些枚举。在已有权威的要素数据字典中搜索定义。如果需要的定义不存在，那么定义新的枚举。

11-A-3.3 在合适的字典中注册定义

如果需要新的定义，那么试图在最合适的要素概念字典中注册它们。IHO 会持有这样的字典。如果不可能在外部字典中注册，S-100 要素目录组件允许要素或属性类型在本地定义。

11-A-3.4 绑定要素和属性

定义在要素概念字典中的要素和属性应当在要素目录中绑定。

11-A-3.5 确定几何类型

确定产品中需要哪些几何类型。S-100 包含 1 维和 2 维几何类型的定义。如果需要的几何类型不在 S-100 第 7 部分空间组件中规定，向 S-100WG 申请以便将其添加到框架中。

11-A-3.6 创建应用模式

可以采用两种不同的方式表示一个应用模式：

- 使用一个概念模式语言（逻辑模型）；
- 使用一个编码具体语言（物理模型）。

示例 概念模式语言的一个例子是 UML。编码具体语言的一个例子是 XML 模式定义语言（XML Schema Definition Language）。

S-100 应用模式可以用 UML 表达。结果模型应当包含在产品规范中，因此数据的逻辑组织可以方便地可视化。这非常有帮助，因为要素具有复杂结构或关系。UML 的介绍包含在 S-100 主要文档中。

在某些情况下，可能从逻辑应用模式中自动生成物理应用模式。

示例　GML 是符合 XML 语法的，用于编码地理信息。GML 应用模式可以使用 XML 模式定义语言（XML Schema Definition Language）编写，而 XML 模式定义语言本身是一种 XML。使用 UML 类图设计 GML 应用模式的具体规则列在 ISO 19136（针对 GML 的 ISO/TC 211）中。UML 具有标准的 XML 编码，可以用于 UML 包之间 UML 模型的交换。因此，如果使用 UML 设计 GML 应用模式的 ISO 19136 规则，就可以按照 XML 的方式导出 UML 模型，还可以将结果 XML 变换为 GML 应用模式的 XML 编码。UML 的 XML 和 GML 应用模式的 XML 之间的变换可以通过 XML 样式表（XML Stylesheet）实现。已经开发了相关工具用于完成这个任务。

物理编码机制可通过相关方法进行定义，通过这些方法，物理应用模式可用于自动验证数据实例是否与该应用模式一致。

示例　GML 模式可用于某些数据集的验证中。要素和属性的定义从字典中引用，可以展现给用户。GML 应用模式可编写为 XML 模式定义语言。它可用于表示简单的约束，例如最小值和最大值，字符模式。不能直接表达涉及多个特征类型的约束（例如，如果“颜色”的值不止一个，则必须设置“颜色图案”）。如果这些都包含在应用模式中，可能以诸如对象约束语言的规范语言表示，那么 ISO 19136 规则将忽略它们。因此，与指定产品相关联的 GML 模式只能用于有限的验证。

11-A-4　基于覆盖的产品

11-A-4.1　覆盖的内容和结构

基于覆盖的产品的内容和结构应当按照 ISO 19123 中定义的术语进行描述。

11-A-5　坐标参照系

为数据产品确定合适的 CRS。可以指定多个 CRS。如果需要，定义坐标操作的方法和参数应当与数据产品一起使用。

附录 11-B 产品规范示例（资料性）

11-B-1 概述

11-B-1.1 产品规范元数据

标题		潮汐预报信息产品规范
版本		1.0
日期		创建：2008-01-18
语言		英语
密级		非保密
联系	组织名称	数据产品所有者
	职位	所有者
标识符		IHO:S100:PSExample1
维护		每五年

11-B-1.2 产品说明

名称		潮汐预报信息
摘要		用于生成潮汐预报的编码信息和参数
内容		一个兼容的数据集可以包括与潮汐预测相关联的要素。具体内容通过要素目录和应用模式定义
空间范围	说明	只限于全球海洋区域
	东边经度	180°
	西边经度	−180°
	北边纬度	90°
	南边纬度	−90°
具体用途		数据应该针对潮汐预报而收集

11-B-1.3 规范的范围

该产品规范只定义了一个总体的范围，适用于产品规范的所有部分。

范围标识	总体范围
级别名称	总体范围

11-B-1.4 数据产品标识

标题		潮汐预报信息
摘要		用于生成潮汐预报的编码信息和参数
地理说明	说明	只限于全球海洋区域
	东边经度	180°
	西边经度	−180°
	北边纬度	90°
	南边纬度	−90°
空间分辨率	等效比例尺	10,000
用途		数据应该针对潮汐预报而收集
语言		不适用

数据产品标识范围：总体范围

11-B-2 数据内容和结构

11-B-2.1 数据产品标识

TPI 是一个基于要素的产品。该部分包含了一个要素目录和一个应用模式，并采用 UML 进行表达。

11-B-2.2 要素目录

名称：潮汐预报信息要素目录
范围：包含与潮汐预报相关的要素
应用领域：海上航行
版本号：1.0
版本日期：2009 年 5 月
生产者功能语言：国际海道测量组织
英语

要素类型
名称：潮汐预报
定义：计算潮汐运动的方法
驼峰式拼写：TidePrediction
备注：—
别名：—

要素属性

名称：	对象名称
属性类型：	简单
定义：	对象的个体名称
驼峰式拼写：	objectName
基数：	0..1
数据类型：	text

名称：	国家对象名称
属性类型：	简单
定义：	在国家语言中一个对象的个体名称
驼峰式拼写：	nationalObjectName
基数：	0..1
数据类型：	text

名称：	状态
属性类型：	简单
定义：	相关要素的几何单形
驼峰式拼写：	状态
基数：	1
数据类型：	Enumeration
值：	1：“Permanent”（持久的）
	2：“Occasional（偶尔的）
	3：“Recommended”（推荐的）
	4：“Not in use”（不用的）
	5：“Periodic/intermittent”（定期的 / 间断的）
	6：“Reserved”（预留的）

名称：	潮汐预报方法
属性类型：	简单
定义：	用于计算潮汐预报的方法
驼峰式拼写：	methodOfTidalPrediction
基数：	1
数据类型：	Enumeration

值：　1：“Simplified harmonic”（简谐波）
2：“Full harmonic”（全谐波）
3：“Time and height difference”（随时间和高度而定）

要素类型
名称：　潮汐谐波预报
定义：
驼峰式拼写：　TideHarmonicPrediction
备注：-
别名：-

要素属性
名称：　谐波分潮值
属性类型：　复杂
定义：
驼峰式拼写：　valueOfHarmonicConstituents
基数：　1
数据类型：　谐波分潮

名称：　谐波分潮
属性类型：　复杂
定义：　在潮汐或潮流中的相应方程中，起潮力数学表达式中一个谐波元素。每个分潮都代表着地球、太阳和月球之间的相对运动。
驼峰式拼写：　harmonicConstituent
基数：　1..*

子属性
名称：　谐波分潮类别
属性类型：　简单
数据类型：　Enumeration
值：　1：M2
2：S2
3：MM

名称：　分潮振幅
定义：　给定地点的分潮振幅，以米计算。
属性类型：　简单
数据类型：　Real

名称：　分潮相位
定义：　在某一特定地点分潮的相位滞后，以度计算
属性类型：　简单
数据类型：　Real

要素类型
名称：　潮汐非谐波预报
定义：　潮汐预报方法，利用月球经过不同潮汐系统平均高度的时间，并考虑到平均条件和各种由于月球相位、月球和太阳的偏差和视差变化导致的不平坦。
驼峰式拼写：　TideNonHarmonicPrediction
备注：—
别名：—

名称：　英文海图注记
定义：　文字信息，用于引起对某一事实的特别注意。
驼峰式拼写：　EnglishChartNote
备注：—
别名：—

名称：　参考站
定义：　潮汐观测的参考站。
驼峰式拼写：　ReferenceStation
备注：—
别名：—

11-B-2.3 应用模式

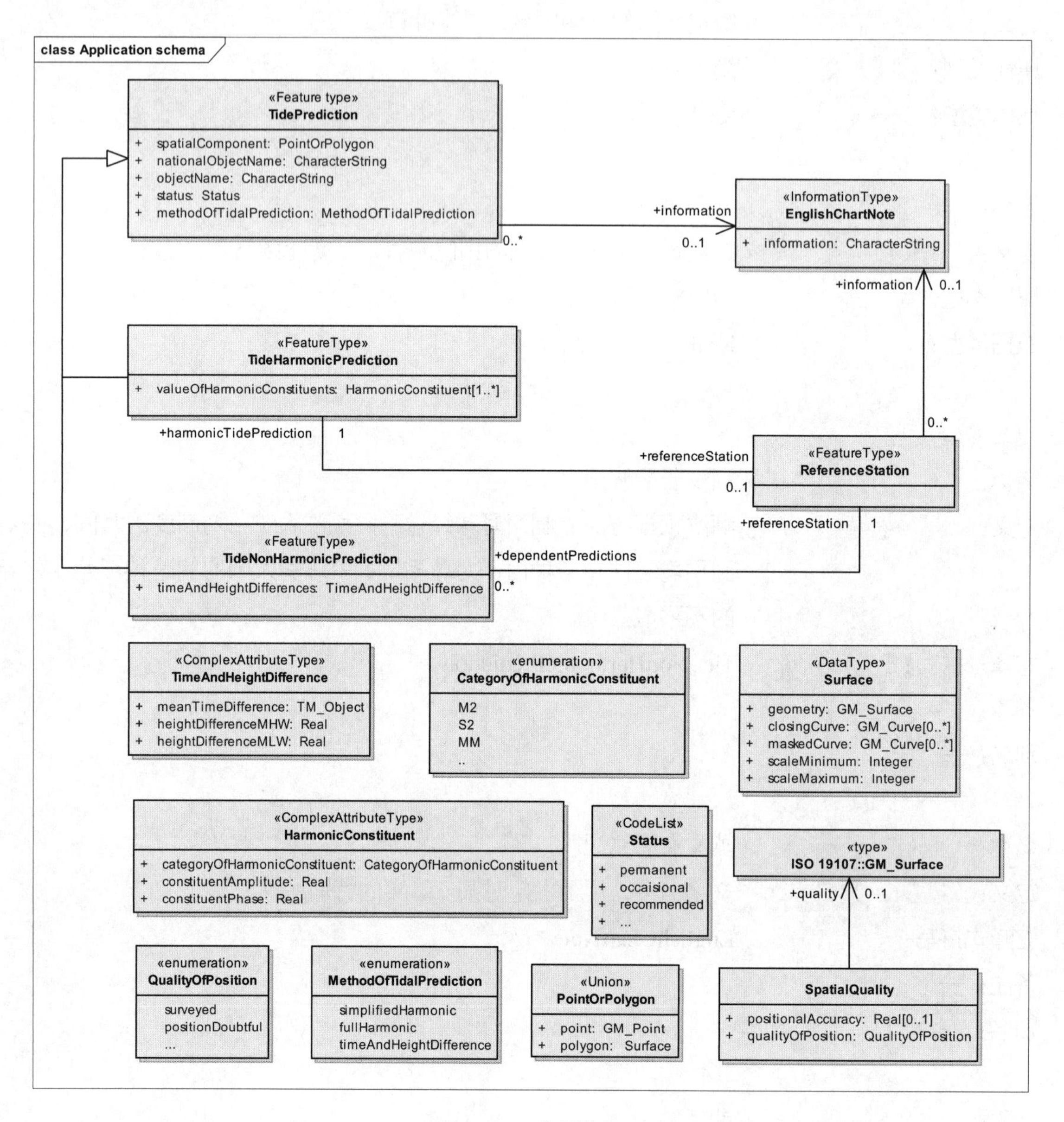

图11-B-1 应用模式

11-B-3 数据内容和结构范围：总体范围

11-B-3.1 坐标参照系

大地坐标参照系

名称	代码	WGS 84
范围		三维大地 CRS 中的水平部分，在 GPS 卫星系统中使用
大地基准		

范围		卫星导航
椭球体	长半轴	6 378 137 m
	倒数扁率	298.257 223 563
首子午线	格林尼治经度	0°
椭球体坐标系		
轴 1		
名称	代码	大地纬度
轴符号		纬度
轴方向		北
度量单位		角度
轴 2		
名称	代码	大地经度
轴符号		经度
轴方向		东
度量单位		角度

坐标参照系范围：总体范围

11-B-4　数据质量

数据质量范围：总体范围

11-B-5　数据获取

11-B-5.1　数据资源

潮汐预报使用专门的数学模型。

11-B-5.2　产品程序

遵照产品规范的数据集应当覆盖一个 1° × 1° 的范围。具有与产品单元边界交叉的曲面几何，这样的要素应当进行分割，它们的几何应当按照以下方式指定，使用了“Surface”（曲面）类：

几何	按照 ISO 19107 类型“GM_Curve”（曲线）定义的多边形几何
闭合曲线	多边形几何边界的分段，该边界符合 ISO 19107 类型“GM_Curve”（曲线）规定的单元边界
屏蔽曲线	多边形几何边界的分段，该边界不符合 ISO 19107 类型“GM_Curve”（曲线）规定的单元边界

数据获取范围：总体范围

11-B-6　数据维护

数据在需要时进行更新。

数据维护范围：总体范围

11-B-7　数据产品格式

11-B-7.1　分发格式

格式名称	地理标记语言
版本	3.1.1
规范	地理标记语言—GML—3.0，OpenGIS 实现规范，2004 年 2 月 7 日，OGC 文档号 03-105r1
语言	英语
字符集	utf8

11-B-8　数据产品分发

11-B-8.1　分发介质

媒介名称	光盘（CD）

数据产品分发范围：总体范围

11-B-9　其他信息

不适用

11-B-10　元数据

不适用

附录 11-C　代码表指南（资料性）

11-C-1　代码表简介

判断任何特定属性的使用方法时，产品规范应平衡所有相关因素，例如实现成本、应用操作环境、跨域重用以及减少维护和分发工作。

11-C-2　建模

在决定使用代码表还是枚举时，应考虑值列表的完整性、稳定性、来源、重用性和应用依赖性。

- 如果允许值的集合固定且较短（例如，小于 20 个值），必须使用枚举。
- 如果列表固定但较长，则首选枚举，但也可以使用“字典模型”代码表。
- 如果仅知道枚举的可能值，或者数据生产者或用户群体可以扩展列表，则必须使用代码表。“字典”形式或是“开放”形式哪种更为可取，取决于谁可以添加值——如果由组织进行维护，则字典形式更可取，如果用户群体或数据生产者可以添加值，则“开放”形式更可取。
- 如果允许值频繁修改，并且列表应在不对产品规范进行重大修订的情况下进行更新，则可以使用代码表。在这种情况下，“字典”形式可能更可取。
- 如果应用逻辑或图示表达规则取决于值，最好使用枚举，但如果可以编写逻辑 / 规则覆盖所有可能的值（例如，使用通配符或缺省值），或者允许从例外的值中进行正常恢复，可以使用代码表。
- ISO TC211 对该问题进行讨论之前，具有内部结构的集合（例如，船只的类型和子类型）应建模为“字典”代码表。

11-C-2.1　代码表的层次结构

代码表也可以作为具体代码表的超类型。超类型的词汇表是子类型的词汇表的并集[1]。如果允许使用附加值，则超类型必须是“open enumeration”（开放枚举）或“open dictionary”（开放字典）代码表。实际上，允许对不同领域专家组或组织开发的词汇进行整合。

11-C-3　外部组织维护的代码表

如果有负责机构对现有已完善的代码表进行维护，则可以在应用模式中引用该代码表。代码表应满足以下要求[2]：

- 必须由负责机构进行管理——可以是官方的国家或国际标准机构、历史悠久的用户群体、团体或联盟；
- 代码表及其值必须由持久 HTTP URI 标识；
- 代码表应维护良好，即所有的值必须长期保持可用状态，即使已被弃用，淘汰或被取代；

1　请注意，超类型不能使用其他定义扩充并集。这符合 INSPIRE 的用法，但如果以后需要增加，可能需要重新考虑。

2　根据 INSPIRE 指南改编。

- 代码表应使用 S-10x 产品规范中可接受的字典语言。

可能会要求 IHO 安排翻译、复制和维护仅符合上述部分要求的代码表。请注意，IHO 和相关机构可能需要进行讨论。

11-C-4 代码表类型属性的数据格式

通过在某种程度上将应用模式与数据格式解耦，S-100 代码表模型的设计具有一定的灵活性。数据格式使用的“代码表提取”，可通过从代码表字典中提取代码或值创建，并将其视为普通枚举。其结果是允许数据格式使用外部字典或普通枚举。例如，XML 数据格式可以将 IHO 维护的“ISO3166 国家代码”代码表转换为 XML 模式类型：

```
<xs:simpleType name="ISO3166CountryCodesType">
 <xs:restriction base="xs:string">
  <xs:enumeration value="EN"/>
  <xs:enumeration value="FR"/>
  ... other country codes ...
```

就使用该模式的实现而言，它与普通枚举无法区分。任何特定产品规范使用哪种方式，应取决于数据产品的情况及其使用环境。开发数据格式时，应由产品规范作者决定。显然，允许不同的数据格式使用不同的表示，会增加与某些数据格式有关的额外维护要求，这些仅限于使用“闭合”表示的格式（即，将代码表转换为普通枚举）。

11-C-4.1 GML 和其他 XML 数据格式

带模式的枚举：XML 模式中的数据格式必须符合 ISO 19136 E.2.4.9，即，枚举与模式的并集：

other：[a-zA-Z0-9]+([a-zA-Z0-9]+)*

使用示例（假设代码表中明确列出了“Norwegian”，但未列出 Nynorsk 和 Bokmål）：

```
<language>nor</language>              <!-- Norwegian is an enumerated value-->
<language>other: nno<language>        <!-- Norwegian Nynorsk is not anenumerated value -->
```

外部字典：XML 模式中的数据格式必须是 XML 模式内置类型“anyURI”。不建议使用空格。

示例　UN/LOCODEs, United Nations Code for Trade and Transport Locations（联合国 / 地方代码，联合国贸易和运输地点代码）

在 XML 模式中：类型定义：

```
<xs:simpleTypeName="unLoCodeType" type="xs:anyURI">
```

之后（在要素定义中）：

```
<xs:element name="unLoCode" type="unLoCodeType"/>
```

在数据集中：

```
<unLoCode
xlink:href="http://registry.iho.int/codelists/locode/2013/1/USNYC"/>
```

纽约市在 UN/LOCodelist 2013-1 版本（2013 年 7 月发布）中由代码“US NYC”标识。

11-C-4.2 ISO 8211 编码

带模式的枚举：为了容纳生产者定义的值（“other：xyz”），可以将其编码为“文本”类型（字符串），也可以编码为带有整数子属性的复杂属性（用于列出的允许值）和一个文本子属性（“other:...”值）。

外部字典：可以通过两种方式进行编码：

1）带有值的 URI 数据类型，通过组合词汇表（字典）的 URI 和项代码构成。例如：http://registry.iho.int/codelists/locode/2013/1/USNYC 纽约市（在 2013 年 7 月版的 UN/LOCODEs 列表中）。

2）带有两个子属性的复杂属性：词汇表位置（URI）和项代码（文本）。使用相同的示例：子属性为词汇表 =http://registry.iho.int/codelists/locode/2013/1/ 且项代码 =USNYC。

建议使用第一种方法，可以降低数据复杂性。

11-C-5 字典格式

建议使用 GML 词典或 SKOS 格式。其他格式可在强制情况下考虑使用，或在 ISO 或其他地方制定标准后考虑使用。

11-C-6 字典分发和发现

为了消除代码表值解释对网络连接的依赖，可以将代码表字典作为支持文件分发到交换集中。出于分发、发现、更新管理和版本控制的目的，可以将此类本地字典文件视为普通支持文件。支持文件的发现元数据详见第 4a 部分（详见类“S100_SupportFileDiscoveryMetadata”[支持文件发现元数据]）。

11-C-6.1 使用本地字典文件的实体解析

如果数据产品需要从命名空间到字典文件的映射，则建议使用目录文件，在这种情况下，产品规范可以指定目录文件名称和格式。目录文件本身可以视为另一个支持文件，在交换集中具有固定的文件名称和位置，详见产品规范说明。

示例 产品规范使用 XML 目录将代码表命名空间解析为本地字典文件。它指定目录文件应符合 XML 目录的 OASIS 标准（“XML 目录 1.1 版”），URL：https://www.oasis-open.org/standards#xmlcatalogsv1.1)。

产品规范将目录文件的名称标准化为 CODELSTCAT.XML。

附录 11-D　产品规范模板（资料性）

概述

该附录是 S-100 产品规范构建者的模板。可以从以下链接下载 word 版模板。

链接：https://iho.int/uploads/user/pubs/standards/s-100/Part%2011%20Appendix%20D_S-10n-ProductSpecificationTemplate_4.0.0.docx

附录 11-E　唯一标识符指南（资料性）

S-100 框架的主要优点是可以将不同产品可显示在同一个屏幕上，例如在 ECDIS 或 VTS 监视系统中。这必然需要一种机制，供 S-100 的系统同时操作不同的产品。同时操作不同产品的困难在于找到一种解决方案，允许系统恰好有一个数据实例，并且该实例可以同时包含在各种产品中。在 S-100 环境中，数据创建者提供数据，该数据可用于各种产品，而无需受海道测量部门的直接影响。只要数据基于相同的框架，并且如果多个实例使用相同的标识符，该供应链的数据交换和数据处理就相对简单。

在数据产品中保留原始标识符非常重要，便于标识不同数据集（尤其是来自不同规范的数据集）描述同一现实世界实体的数据对象，例如：标识 ECDIS 中 ENC（S-101）和海洋保护区（S-122）数据集之间同一个限制区域的实例。保留实例标识符的另一个原理是便于识别数据集之间的关联实例，尤其是依据不同规范的数据集，例如：S-124 航海警告将灯标记为故障。该航行警告可用于标记 S-201、S-125 和 S-101 中的问题。请注意，这要求保留标识符，便于系统链接相关的要素实例。

持久的唯一标识符可以减少工作量，减少翻译表格可能出现的问题，如果不同的利益相关方在同一要素中使用不同的标识符，则必须开发和维护表格，例如，灯标带有 IALA 标识符（由沿海当局创建）和 HO 标识符。随着基于 S-100 的环境中各种产品之间互操作性的发展，唯一标识符的使用越来越重要。考虑到最终结果的互操作性，唯一标识符结构的清晰、标准化的定义在该结构中至关重要，因此建议尽可能利用海事资源名称（MRN）概念（详见条款 3-10），在 S-100 体系内建立通用的标识符系统。

建立持久唯一标识符机制具有一定意义。包括：

- 数据维护的意义：必须建立一个流程，在需要标识符的要素中保留持久唯一标识符，并且贯穿整个维护周期。这意味着即使要素的属性发生修改，标识符在整个要素生命周期中仍保持不变。例如，醒目建筑物的状态可能会随时间变化，但是建筑物始终是同一座建筑物，因此标识符应保持不变。
- 必须建立生产过程，将数据源的持久唯一标识符保存到产品实例中。如果使用源对象创建合并要素（例如，建筑区由该区域中的所有建筑物组成，但无需单独显示它们），则新要素应获得新的标识符，产品可能无需保留源对象的标识符。
- 制定特定于产品的规则，确定持久唯一标识符何时以及如何随对象的修改而修改，这可能是谨慎之举。例如，平台被删除；其余障碍物会保留标识符，还是赋予新的标识符？

持久唯一标识符可以不提供要素实例版本 / 日期的信息。产品和对象类型的利益相关方应建立准则，以确定在不同的数据集描述同一现实世界实体的数据对象存在差异时，如何确定最新数据实例。

持久唯一标识符可能仅对数据源发起者是唯一的。理论上讲，两个数据源发起者有可能从同一现实世界项中生成不同的要素实例。因此，利益相关方之间的沟通非常重要，尤其是向同一终端用户系统提供数据的利益相关方之间的沟通。沟通应旨在理解域并解决互操作性问题。

第 12 部分

S-100 维护程序
（S-100 Maintenance Procedures）

12-1 范围

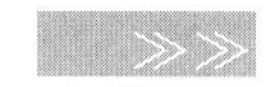

由于用户开始实现 S-100 以及相关的产品规范，可能会发现 S-100 中的错误和不足，因而需要采用统一的方式进行处理。该部分规定了更新、维护和发布 S-100 各部分需要遵守的程序。它不包含 S-100 注册系统的维护，因为每个注册表管理者都会有各自针对更新注册表的专门程序。另外，该部分不包含产品规范维护制度。然而，S-100 的版本必须向后兼容，以确保产品规范之间的互操作。

注释　所有基于 S-100 的产品规范都应当包含维护部分。

12-2 维护程序

S-100 修改提案由 S-100 工作组（S100WG）负责协调，并应通过 IHO 网站公布。任何希望修改 S-100 的组织，都必须向国际海道测量局提出申请。

对 S-100 的修改分为三个不同级别：新版、修订或更正。在每种情况下，开发、咨询和批准过程都会稍有不同，从全面的新版制度到下级机构对更正的批准。从审查、咨询和批准的角度看，新版和修订被认为是“重大修改”。

所有修改提案在正式批准前，都应当进行过技术性、商业性评估。所有提案应使用附录 12-A（规范性）中的 S-100 维护——修改提案表提交 S-100 工作组秘书。

对 IHO S-100 技术标准的修改应遵守第 2/2007 号决议的条款。

12-2.1　更正

更正是针对 S-100 的非实质性修改。通常，更正包括：消除歧义；纠正语法和拼写错误；修改或更新交叉引用；在拼写、标点和语法中插入改进图形。更正不得对 S-100 进行任何实质性语义修改。更正是相关下属机构的责任，可以委托给责任编辑。

12-2.2　修订

修订是对 S-100 的实质性语义修改。通常，修订会修改现有规范以更正事实错误；引入因实践经验或环境变化而变得显而易见的必要修改；或在现有部分中添加新规范。修订可能会对现有用户或潜在用户产生影响。因此，需要一个完整的协商程序，为各利益相关方建言献策创造机会。针对 S-100 提出的修改应在可行的情况下进行评估和测试。在对 S-100 进行任何修订之前，必须先获得成员国的批准。所有累积的更正都必须包含在经批准发布的修订版中。

不得为绕过正常的协商程序，将“修订”归类为“更正”。

12-2.3　新版

S-100 的新版包含重大修改。新版支持引入新概念，例如支持新功能或应用，或引入新的结构或数据类型。新版可能会对现有用户或潜在用户产生重大影响。因此，需要一个完整的协商程序，为各利益相关方建言献策创造机会。针对 S-100 提出的修改应在可行的情况下进行评估和测试。新版 S-100 生效之前，必须先获得成员国的批准。所有累积的更正和修订必须包括在批准的新版 S-100 发布中。

12-3 版本管理

IHO 应当根据需要发布 S-100 的新版本。新版本应包含更正、修订和新版。每个版本都应当包含一个修改列表，以标识 S-100 不同版本之间的修改。

12-3.1 更正版本管理

更正应表示为 n.n.*n*。每次更正或者在某一时间点批准的一组更新，应当对 *n* 增加 1。

12-3.2 修订版本管理

修订应以 n.*n*.0 表示。每次修订或者在某一时间点批准的一组修订，应当对 *n* 增加 1。修订版本管理应当将更正版本管理设为 0。

12-3.3 新版版本管理

新版应以 *n*.0.0 表示。在某一时间点批准的每次新版应当对 *n* 增加 1。新版版本管理应将更正和修订版本管理设置为 0。

附录 12-A S-100 维护—修改提案表（规范性）

组织	日期
联系	电子邮箱

修改提案类型（只选一项）

1. 更正	2. 修订	3. 新版

位置（标识所有修改提案的位置）

S-100 版本号	部分号	章节号	提案摘要

修改提案

请填入详细的修改提案

修改提案的理由

请填入一个修改的合适理由以及有哪些证明文件

将填写完整的表格和证明文件发送至 IHO 秘书处（addt@iho.int）

第 13 部分

脚本化
（Scripting）

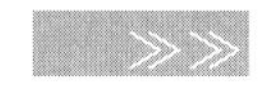

13-1 范围

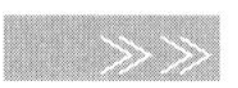

本部分定义了 S-100 产品中引入脚本支持的标准机制。脚本采用 Lua 编程语言处理基于 S-100 的数据集。

13-2 一致性

符合本部分的脚本应使用 5.1 版 Lua 编程语言实现。

13-3 规范性引用文件

该文档的应用需要以下引用文件。标注日期的引用，只有引用的版本才有效。未标注日期的引用，引用文件（包含所有更正）的最新版本才有效。

Lua5.1 参考手册，https://www.lua.org/manual/5.1/

ISO 19125-1：2004，地理信息—简单要素访问—第 1 部分：通用架构（Geographic information—Simple feature access—Part 1: Common architecture）

13-4 用途

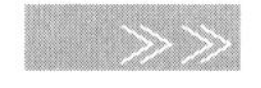

本部分的用途是允许基于 S-100 的产品规则进行规范表达和处理。可能的用法示例包括：图示表达规则、产品互操作性规则、航行危险检测规则、数据验证规则等。

脚本的运用消除了规则表达的歧义，确保了应用之间的一致性，并允许通过目录更新来修改或扩展规则。

13-5 脚本目录

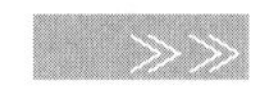

脚本目录（参见图 13-1）是为在脚本域中使用而编写的脚本文件集合。

例如，图示表达是一个脚本域。Lua 图示表达目录中的规则文件包括脚本目录。

需要保证所有脚本目录都包含条款 13-8.1 中定义的标准目录函数。脚本目录可能包含其他域特定的目录函数。标准目录函数简化了脚本域中脚本的创建、集成和测试。

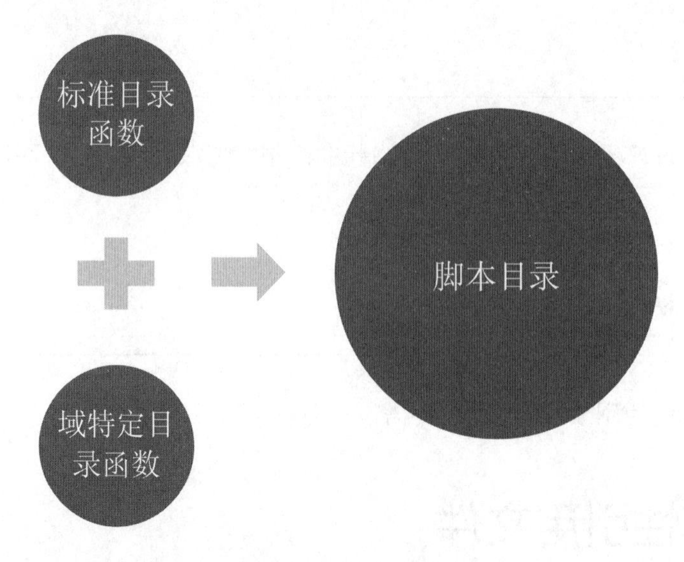

图13-1　脚本目录的组成

为了在脚本域中应用规则，脚本目录与主机函数交互。脚本目录与主机函数之间的关系如下图 13-2 所示。主机函数可将脚本目录与主机的 S-100 概念和功能实现分离。

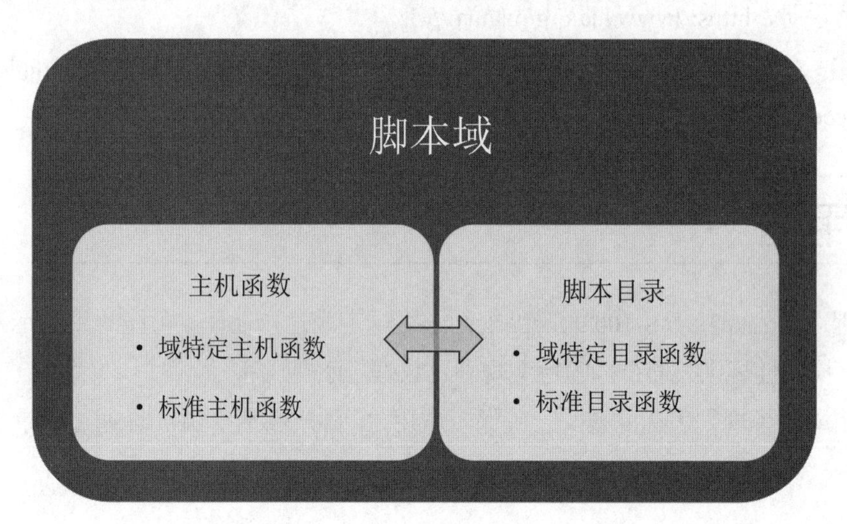

图13-2　脚本域中的脚本目录/主机交互

13-5.1　分发

脚本目录的分发机制在脚本域中定义。例如，S-100 第 9A 部分在图示表达目录中包括一个脚本目录；脚本目录的分发通过图示表达目录的分发来完成。

脚本目录的每个实例都必须包含所有标准目录函数。

13-5.2　域特定的目录函数

标准脚本函数始终在脚本目录中可用。使用脚本编写的 S-100 某些部分可以根据需要提供附加脚本函数，以支持域特定功能。在这种情况下，附加函数称为“域特定函数”。

必须在 S-100 相关部分中指定主机 / 脚本目录交互的域特定函数（参见图 13-2）。无需在 S-100 中指定脚本目录内部使用的域特定函数。

例如，假设 S-100 第 N 部分使用脚本，且需要添加脚本函数 X、Y 和 Z。如果从主机调用函数 X 和 Y，但仅从函数 X 和 Y 调用函数 Z，则 S-100 第 N 部分必须指定所需的函数 X 和 Y，并提供每个函数的文档。由于函数 Z 仅由脚本目录内部使用，因此无需记录。

用于主机和脚本目录交互的域特定函数称为“域特定主机函数”或“域特定目录函数”，具体取决于是由主机实现还是在脚本目录中实现。

13.6 数据交换

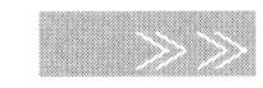

从脚本目录传递到主机的数据可以使用与数据类型相对应的 Lua C API 函数进行检索。对于简单的数据类型，例如 nil、boolean，string 和 number，数据检索并不重要。对于更复杂的数据类型，脚本目录使用本节中描述的数据交换格式（DEF）对数据进行编码。

13-6.1 数据交换格式（DEF）模式

数据交换格式（DEF）是一个字符串，格式如下所述。使用所有流行编程语言中内置的解析功能，可以轻松实现 DEF 主机解析。DEF 主机解析通常应使用字符串拆分操作，例如 Java 中的 String.split()，或使用简单的扫描解析来实现，例如 C 或 C++ 中的 strtok()。

DEF 字符串是一系列由分号（;）分隔的若干个元素。每个元素由一个项字符串组成，后跟一个冒号（:）和一个参数列表。参数列表是若干个用逗号（,）分隔的参数字符串。

请注意，字符串参数不被任何分隔符（如引号）包围，但是字符串参数中的特殊字符按照条款 13-6.1.2 中的符号（&）进行转义。

13-6.1.1 特殊字符

下表列出了 DEF 使用的特殊字符。

表 13-1 特殊字符

特殊字符	用法
分号（;）	分隔 DEF 的各个元素
冒号（:）	将每个元素分成一个项字符串和一个参数列表
逗号（,）	分隔参数列表的各个参数
和号（&）	换码 / 编码 DEF 中包含的特殊字符

13-6.1.2 字符串编码

使用下表中列出的字符序列对 DEF 中包含的特殊字符进行换码 / 编码。

表 13-2　字符串编码

特殊字符	编码
分号（;）	&s
冒号（:）	&c
逗号（,）	&m
和号（&）	&a

例如，以下包含四个元素的概念性 DEF 可用于表示绘图指令：

PenWidth:0.64;PenColor:LANDF,0.75;DrawLine;DrawTextStrings:Hello&m world!,,Foo&cbar

第一个元素具有一个参数（0.64），第二个元素具有两个参数（LANDF 和 0.75），第三个元素没有参数，第四个元素具有三个参数（Hello，world！，null 或 empty 和 Foo：bar）。

13-6.1.3　解析

解析 DEF 包括四个步骤：（1）获取每个元素，（2）获取每个元素的项和参数，（3）将参数分解为单独的片段，然后（4）解码每个参数。概念性 DEF：

Item1:P1A;Item2:P2A,P2B;Item3:Hello&m world!

主机首先应在每个分号（;）边界上将 DEF 拆分为各个元素，从而得到以下结果：

表 13-3　解析 – 步骤 1

元素 #	元素
1	*Item1:P1A*
2	*Item2:P2A,P2B*
3	*Item3:Hello&m world!*

然后，在冒号（:）边界上进行拆分，将每个元素划分为一个项和一个项参数，结果是：

表 13-4　解析 – 步骤 2

元素 #	元素	项	参数
1	*Item1:P1A*	*Item1*	*P1A*
2	*Item2:P2A,P2B*	*Item2*	*P2A,P2B*
3	*Item3:Hello&m world!*	*Item3*	*Hello&m world!*

然后，拆分每个逗号（,）边界上的参数分别提取参数，从而得到：

表 13-5　解析 – 步骤 3

元素 #	元素	项	参数 1	参数 2	…	参数 N
1	*Item1:P1A*	*Item1*	*P1A*			
2	*Item2:P2A,P2B*	*Item2*	*P2A*	*P2B*		
3	*Item3:Hello&m world!*	*Item3*	*Hello&m world!*			

将 DEF 分为其组成部分后，应通过执行表 13-2 中列出的替换，将每个参数转换为其原始字符串编码。

表 13-6　解析 – 步骤 4

元素 #	元素	项	参数 1	参数 2	…	参数 N
1	*Item1:P1A*	*Item1*	*P1A*			
2	*Item2:P2A,P2B*	*Item2*	*P2A*	*P2B*		
3	*Item3:Hello&m world!*	*Item3*	*Hello, world!*			

13-6.2　属性路径

脚本目录必须能够确定数据集中每个要素实例的属性值。为此，目录将根据需要向主机查询每个属性值。查询主机时，目录必须标识需要查询给定要素的哪个属性。如果要素实例仅包含简单属性，则对要素实例和属性代码的标识足以使主机唯一确定所请求的属性。

当属性值包含在复杂属性中时，主机需要更多信息。例如，考虑以下属性值查找：

feature.sectorCharacteristic[2].lightSector[1].valueOfNominalRange

在这里，该要素具有一个复杂属性“sectorCharacteristic”（扇形特征），它是一个数组。“sectorCharacteristic”第二项包含复杂属性“lightSector”（扇形光弧），后者的第一项包含简单属性“valueOfNominalRange”（标定作用距离值）。

当请求“valueOfNominalRange”（标定作用距离值）的值时，脚本除了必须提供所需属性的代码外，还必须为主机提供所需属性的路径，以便主机可以返回实际值。该路径是必需的，因为要素实例可能具有相同代码的多个属性实例，它们包含在其他属性路径中，例如：

feature.simpleAttribute,　或 *feature.complexAttribute[n].simpleAttribute*　或 *feature.complexAttribute[n+1].simpleAttribute*。

脚本目录从主机请求属性值时，使用 DEF 字符串向主机提供属性路径。路径的每个部分都被编码为包含“AttributeCode”（属性代码）和“Index”（索引）的元素。“AttributeCode”包含复杂属性的代码；“Index”存储复杂属性的数组索引。

在上面的示例中，“valueOfNominalRange”（标定作用距离值）的路径用 DEF 表示，如下所示：

sectorCharacteristic:2;lightSector:1

从脚本目录调用主机使用 DEF，如下所示：

HostFeatureGetSimpleAttribute(featureID, sectorCharacteristic:2;lightSector:1, valueOfNominalRange)

13-7　主机要求

本节定义了对主机施加的要求，以支持脚本功能。例如，采用 S-100 第 9A 部分图示表达来显示 S-101 ENC 的程序必须符合本节的要求。

13-7.1　Lua 版本

主机必须提供脚本引擎，即 5.1 版 Lua 解释器或虚拟机。可从 lua.org（http://www.lua.org/）获得参考实现。建议将该参考实现嵌入到主机中。为实现最佳性能，主机可以嵌入或实现 Lua 编译器，例如 LuaJIT（http://luajit.org/）。

有关嵌入的具体规则，详见 Lua 中的编程——第四部分（C API）中，详细信息参见 https://www.lua.org/pil/。

13-7.2　字符编码

主机和脚本目录间交换的所有字符串都必须用 UTF-8 编码。

13-7.3　错误处理

从主机调用 Lua 脚本目录函数时，从“lua_pcall”返回“LUA_OK”值表示成功。否则，将使用标准 Lua 错误处理机制。错误代码将返回到主机，在协议栈顶部详细说明错误的字符串。

13-7.4　数组参数

多个脚本目录函数期望将数组作为参数传递。数组是标准的 Lua 数组，应使用 Lua 中的编程——第四部分（C API）中所述的 Lua C API 数组函数创建。

13-7.5　主机函数

主机必须提供第 0 节中详述的标准主机函数。

主机还必须提供域特定主机函数，以支持域特定函数。主机未使用的域特定函数无需提供。S-100 某些部分提供了域特定主机函数的文档，描述了域特定函数。

13-7.5.1　兼容性

主机必须保证其提供的函数对所有以前发布的脚本目录具有向后兼容性。也就是说，实现函数 X 时，主机只能调用 X 过去被添加时 S-100 版本中可用的脚本目录函数。

主机尝试运行旧版脚本目录时，不符合此要求可能会导致不兼容。

13-7.5.1.1　脚本目录 / 主机不兼容

随着新版 S-100 的发布，可能会添加脚本函数。尽管可能会否决使用某个特定函数，但脚本函数永远不会从 S-100 中删除。

尽管可以保证向后兼容，但是新版脚本目录可能试图调用当前主机不支持的主机函数。这种情况表明主机尚未使用最新的主机脚本函数进行更新。为了限制这种情况的发生，应使用最早的脚本函数的子集来编写脚本目录。

脚本初始化期间会指出脚本不兼容（缺少主机函数）。“从 lua_pcall”返回“LUA_ERRERR”可以向主机指示不兼容；协议栈顶部的错误字符串将详细说明不兼容的原因。发生这种情况时，主机应恢复旧版脚本目录（如果有）。并建议提醒用户检查主机软件的更新。

13-8 标准脚本函数

本节描述构成脚本系统的一组标准脚本函数。描述了两组函数：标准目录函数和标准主机函数。脚本目录的实现仅存在于脚本域中。

每个脚本目录中都提供了第 13-8.1 节中所述的标准目录函数。如第 13-8.2 节所述，标准主机函数由托管脚本环境程序实现。

下图是脚本环境中各类脚本函数的位置。

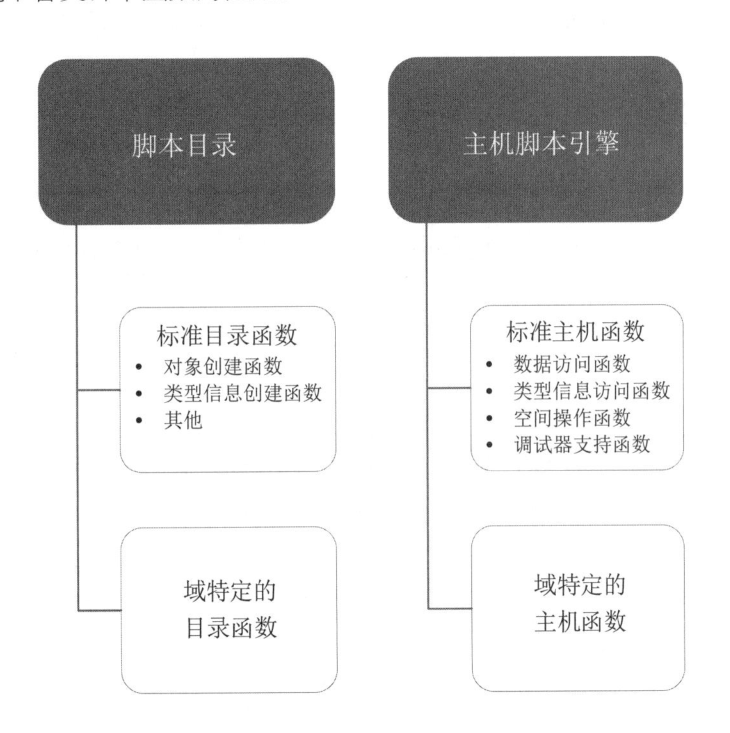

图13-3　脚本函数在脚本环境中的位置

每个标准脚本函数都在下文进行专页描述，并提供了函数用途的描述以及参数和返回值的描述。为清楚起见，用“void”（空）表示函数没有返回值。

可接受多种类型的功能参数显示为“variant”（变量）。如果函数可以返回多个类型，也将使用“variant”（变量）。例如，一个函数同时接受整数和字符串作为其第一个参数，并根据第一个参数传递的类型返回整数或字符串，则该函数的签名为：

“variant param1”（变量函数）

函数说明指示该“variant”参数允许的类型。

许多标准脚本函数都接受“featureID”“InformationTypeID”或“spatialID”参数。对于脚本会话期间所有产品类型的所有数据集，主机必须确保不同的“ID”参数可唯一标识每个实例。由于每种类型的“ID”都是字符串，因此一种实现方法是在“ID”之前添加相关信息。例如，“S101.101US003DE01M.000.F1”可标识所引用 S-101 数据集中的第一个要素。

13-8.1 标准目录函数

本节描述所有脚本目录提供的标准函数集。

传递给这些函数的所有字符串都必须使用 UTF-8 编码。

调用这些函数时，属性值总是使用字符串从主机传递到脚本环境。这样可以清晰地传递不包含 Lua 等效项的值。也允许在处理 IEEE 浮点类型期间传递十进制值，这样不会出现精度损失。

如果属性值存在但未知，则应使用从 GetUnknownAttributeString() 返回的值。

下表显示了由“S100_CD_AttributeValueType”（属性值类型）定义类型的字符串表示：

表 13-7　S100_CD_AttributeValueType 定义类型的字符串表示

S100_CD_AttributeValueType	表示
boolean	“0”表示假 “1”表示真
enumeration	S100_FC_ListedValue:code，不使用 S100_FC_ListValue:label
integer	有符号整数的字符串表示
real	十进位数的字符串表示，只在重要时才允许使用后补零
text	按规定
date	按照 ISO 8601 日期格式规定进行编码的字符
time	按照 ISO 8601 时间格式规定进行编码的字符
dateTime	按照 ISO 8601 日期时间格式规定进行编码的字符
URI	按照 RFC 3986URI 格式规定进行编码的字符
URL	按照 FRC 3986URL 格式规定进行编码的字符
URN	按照 RFC 2141URN 格式规定进行编码的字符
S100_CodeList	按规定
S100_TruncatedDate	按规定

13-8.1.1 对象创建函数

这些函数减轻了主机构建与脚本目录复杂类型相对应 Lua 表的负担。它们允许主机创建对象，这些对象传递到脚本目录中。所创建对象的模式和内容对主机不透明——仅供脚本目录使用。

13-8.1.1.1　SpatialAssociation CreateSpatialAssociation (string *spatialType*, string *spatialID*, string *orientation*, variant *scaleMinimum*, variant *scaleMaximum*)

返回值：

SpatialAssociation

一个包含空间关联对象的 Lua 表。

参数：

spatialType: string

空间类型“Point”（点）、“MultiPoint”（多点）、“Curve”（曲线）、“CompositeCurve”（组合曲线）或“Surface”（曲面）其中之一。

spatialID: string

主机用来唯一标识空间对象。

orientation: string

空间的方向，正向或反向之一。

scale Minimum: integer or nil

空间的最小显示比例，整数或空。

scale Maximum: integer or nil

空间的最大显示比例，整数或空。

备注：

从主机调用以创建空间关联，供脚本目录使用。

主机无需处理返回对象，该对象旨在从主机回传脚本目录。

13-8.1.1.2　Point CreatePoint(string *x*, string *y*, variant *z*)

返回值：

Point

一个包含点对象的 Lua 表。

参数：

X: string

点的 X 坐标。

Y: string

点的 Y 坐标。

Z: string or nil

点的 Z 坐标。对于二维点，该值应为空。

备注：

x，y 和 z 使用条款 13-8.1 中所述的“real”串进行表示。

从主机调用以创建点空间对象，供脚本目录使用。

主机无需处理返回对象，该对象旨在从主机回传脚本目录。

13-8.1.1.3　MultiPoint CreateMultiPoint (Point[] *points*)

返回值：

MultiPoint

一个包含多点对象的 Lua 表。

参数：

points: Point[]

点的 Lua 数组，主机通过调用 CreatePoint 创建每个点。

备注：

从主机调用以创建多点空间对象，供脚本目录使用。

主机无需处理返回对象，该对象旨在从主机回传脚本目录。

13-8.1.1.4　CurveSegment CreateCurveSegment (Point[] *controlPoints*, string *interpolation*)

返回值：

CurveSegment

一个包含曲线段对象的 Lua 表。

参数：

controlPoints: Point[]

点数组，定义曲线段的控制点，主机通过调用“CreatePoint”创建每个“controlPoint”。

Interpolation: string

连接控制点时使用的插值，“S100_CurveInterpolationL:name”其中之一。

备注：

从主机调用以创建曲线段空间对象。

主机无需处理返回对象，该对象旨在从主机回传脚本目录。

13-8.1.1.5　Curve CreateCurve (Point *startPoint*, Point *endPoint*, CurveSegment[] *segments*)

返回值：

Curve

一个包含曲线对象的 Lua 表。

参数：

startPoint: Point

曲线的起点，主机通过调用“CreatePoint”创建。

endpoint: Point

曲线的终点，主机通过调用“CreatePoint”创建。

segments: CurveSegment[]

包含曲线的一组曲线段数组，每个数组条目都是通过调用“CreateCurveSegment”创建的。

备注：

从主机调用以创建曲线空间对象。

主机无需处理返回对象，该对象旨在从主机回传脚本目录。

13-8.1.1.6　CompositeCurve CreateCompositeCurve (SpatialAssociation[] *curveAssociations*)

返回值：

CompositeCurve

一个包含组合曲线对象的 Lua 表。

参数：

curveAssociations: SpatialAssociation[]

定义组合曲线元素的空间关联数组，主机通过调用“reateSpatialAssociation”创建每个SpatialAssociation。

备注：

从主机调用以创建组合曲线空间对象。

主机无需处理返回对象，该对象旨在从主机回传脚本目录。

13-8.1.1.7　Surface CreateSurface (SpatialAssociation *exteriorRing*, variant *interiorRings*)

返回值：

Surface

一个包含曲面对象的 Lua 表。

参数：

exteriorRing: SpatialAssociation

定义曲面外环的空间关联，主机通过调用“CreateSpatialAssociation”创建。

interiorRings: SpatialAssociation[] or nil

定义曲面内的“hole”（孔洞），主机通过调用“CreateSpatialAssociation”创建每个内环。如果没有洞，则此参数为空。

备注：

从主机调用以创建曲面空间对象。

主机无需处理返回对象，该对象旨在从主机回传脚本目录。

13-8.1.1.8　ArcByCenterPoint CreateArcByCenterPoint (SpatialAssociation *centerPoint*, *real radius*,)

返回值：

ArcByCenterPoint

一个包含 ArcByCenterPoint 对象的 Lua 表。

参数：

centerPoint: SpatialAssociation

定义圆弧圆心点的空间关联，主机通过调用“CreateSpatialAssociation”创建。

radius: real

定义到圆心的测地距离。

startAngle: real

弧的起始方位角（以度为单位），范围限制为 [0.0，360.0]。

angularDistance: real

弧的角距（以度为单位），范围限制为 [-360.0，360.0]，正数表示顺时针方向。

备注：

从主机调用以创建“ArcByCenterPoint”（圆心表示的圆弧）空间对象。圆弧始于“startAngle”（起始角度）参数给定的方位角，并终止于通过将“angularDistance”（角距）参数值添加到起始角而计算出的方位角。圆弧的方向由角距的符号给出。方位角参照真北，除了以任一极为中心的弧（真北是未定义的或不明确的），应使用首子午线作为参考方向。

主机无需处理返回对象，该对象旨在从主机回传脚本目录。

13-8.1.1.9 CircleByCenterPoint CreateCircleByCenterPoint (SpatialAssociation *centerPoint*, real *radius*, real *startAngle*, real *angularDistance*)

返回值：

CircleByCenterPoint

一个包含 CircleByCenterPoint 的 Lua 表。

参数：

centerPoint: SpatialAssociation

定义圆的圆心点的空间关联，主机通过调用“CreateSpatialAssociation”创建。

radius: real

定义到圆心的测地距离。

startAngle: real

可选。弧的起始方位角（以度为单位），范围限制为 [0.0，360.0]，缺省值为 0。

angularDistance: real

可选。圆的角距（以度为单位）必须为 −360.0（逆时针）或 360.0（顺时针）。正数表示顺时针方向。缺省值为 360（顺时针）。

备注：

从主机调用以创建“CircleByCenterPoint”（圆心表示的圆）对象。

主机无需处理返回对象，该对象旨在从主机回传脚本目录。

13-8.1.2 类型信息创建函数

这些函数减轻了主机构建与脚本目录复杂类型相对应 Lua 表的负担。这些函数减轻了主机构建与脚本目录复杂类型相对应 Lua 表的负担。它们允许主机创建对象，这些对象传递到脚本目录中。所创建对象的模式和内容对主机不透明——仅供脚本目录使用。

复杂类型对应于 S-100 第 5 部分——要素目录中描述的类。本节中描述的每种类型信息创建函数都给出了相应的 S-100 第 5 部分要素目录类型。

故意省略了“FC_DefinitionReference”及（定义引用）其依赖类型的创建函数，包括“CI_Citation”（引用）类。没有给出“FC_DefinitionReference”用例，并且“CI_Citation”的实现将比当前本节定义的内容更为复杂。

13-8.1.2.1 Item CreateItem (string *code*, string *name*, string *definition*, string *remarks*, string[] *alias*)

返回值：

Item

一个 Lua 表，包含对应于“S100_FC_Item”的项。

参数：

code: string

唯一标识了要素目录中命名类型的代码。

name: string

该项的名称。

definition: string

以自然语言定义该命名类型。

remarks: string

可选，关于该项的进一步说明。

alias: string[]

该项的等效名称。

备注：

从主机调用以创建一个项。

主机无需处理返回对象，该对象旨在从主机回传脚本目录。

13-8.1.2.2 NamedType CreateNamedType (Item *item*, boolean *abstract*, AttributeBinding[] *attributeBindings*)

返回值：

NamedType

一个 Lua 表，包含对应于“S100_FC_NamedType”的命名类型。

参数：

item: Item

通过调用“CreateItem()”创建项的实例。

abstract: boolean

表明该命名类型的实例是否可以存在于地理数据集中。抽象类型是不能实例化的，但是可以作为其他类型（非抽象类型）的基类。

attributeBindings: AttributeBinding[]

零个或多个绑定到此命名类型特征的属性数组。

备注：

从主机调用以创建命名对象。

主机无需处理返回对象，该对象旨在从主机回传脚本目录。

13-8.1.2.3 ObjectType CreateObjectType (NamedType *namedType*, *InformationBinding*[] *informationBindings*)

返回值：

ObjectType

一个 Lua 表，包含对应于“S100_FC_ObjectType”对象类型。

参数：

namedType: NamedType

通过调用“CreateNamedType()”创建命名类型的实例。

informationBindings: InformationBinding[]

零个或多个绑定到信息类型的数组，这些信息类型可以通过信息关联与此对象类型关联。

备注：

从主机调用以创建对象类型。

主机无需处理返回对象，该对象旨在从主机回传脚本目录。

13-8.1.2.4　InformationType CreateInformationType (ObjectType *objectType*, string *superType*, string[] *subType*)

返回值：

InformationType

一个 Lua 表，包含对应于“S100_FC_InformationType”的信息类型。

参数：

objectType: ObjectType

通过调用“CreateObjectType()”创建命名类型的实例。

superType: string

可选。派生出该类型的信息类型的代码。

subtype: string[]

从该类型派生出零个或多个信息类型，对应的代码数组。

备注：

从主机调用以创建信息类型。

主机无需处理返回对象，该对象旨在从主机回传脚本目录。

13-8.1.2.5　FeatureType CreateFeatureType (ObjectType *objectType*, string *featureUseType*, string[] *permittedPrimitives*, FeatureBinding[] *featureBindings*, *string superType*, string[] *subType*)

返回值：

FeatureType

一个 Lua 表，包含对应于“S100_FC_FeatureType”的要素类型。

参数：

objectType: ObjectType

通过调用“CreateObjectType()”创建的命名类型的实例。

featureUseType: string

一个“S100_CD_FeatureUseType:Name”。

permittedPrimitives: string[]

为要素类型指定零个或多个允许空间单形类型的数组；每个条目都是一个“S100_FC_SpatialPrimitiveType:Name”。

featureBindings: FeatureBinding[]

零个或多个要素类型绑定的数组，这些要素类型可以通过要素关联与此要素类型相关。

superType: string

可选。派生出该类型的要素类型的代码；子类型继承了其超类型的所有特征：名称、定义以及代码通常会被子类型覆盖，尽管子类型可以增加新的特征。

subType: string []

从该类型派生出零个或多个要素类型，对应的代码数组。

备注：

从主机调用以创建要素类型。

主机无需处理返回对象，该对象旨在从主机回传脚本目录。

13-8.1.2.6 InformationAssociation CreateInformationAssociation (NamedType *namedType*, Role[] *roles*, string *superType*, string[] *subType*)

返回值：

InformationAssociation

一个 Lua 表，包含对应于“S100_FC_InformationAssociation”的信息关联。

参数：

namedType: NamedType

通过调用“CreateNamedType()”创建的命名类型的实例。

roles: Role[]

此关联的零到两个角色的数组。

superType: string

可选。派生出该关联的信息关联的代码。

subType: string []

从该关联派生出零个或多个信息关联，对应的代码数组。

备注：

从主机调用以创建信息关联。

主机无需处理返回对象，该对象旨在从主机回传脚本目录。

13-8.1.2.7 FeatureAssociation CreateFeatureAssociation (NamedType *namedType*, Role[] *roles*, string *superType*, string [] *subType*)

返回值：

FeatureAssociation

一个 Lua 表，包含对应于“S100_FC_FeatureAssociation”的要素关联。

参数：

namedType: NamedType

通过调用“CreateNamedType()”创建的命名类型的实例。

roles: Role[]

此关联的零到两个角色的数组。

superType: string

可选。表示此关联从哪个要素关联派生。

subType: string []

从此关联派生的零个或多个要素关联的数组。

备注：

从主机调用以创建要素关联。

主机无需处理返回对象，该对象旨在从主机回传脚本目录。

13-8.1.2.8　Role CreateRole(*Item item*)

返回值：

Role

一个 Lua 表，包含“100_FC_Role”对应角色。

参数：

item: Item

通过调用“CreateRole()”创建角色的实例。

备注：

从主机调用以创建角色。

主机无需处理返回对象，该对象旨在从主机回传脚本目录。

13-8.1.2.9　SimpleAttribute CreateSimpleAttribute (Item *item*, string *valueType*, string *uom*, string *quantitySpecification*, AttributeConstraints *attributeContraints*, ListedValue[] *listedValues*)

返回值：

SimpleAttribute

一个 Lua 表，包含对应于“S100_FC_SimpleAttribute”的简单属性。

参数：

item: string

通过调用“CreateItem()”创建的项的实例。

valueType: string

该要素属性的值类型；一个“S100_CD_AttributeValueType:Name”。

uom: string

可选。该要素属性值的度量单位；一个“S100_UnitOfMeasure:Name”。

quantitySpecification: string

可选。数量的规范；一个“S100_CD_QuantitySpecification:Name”。

attributeContraints: AttributeConstraints

可选。可以应用于该属性的约束；通过调用“CreateAttributeConstraints()”创建。

listedValues: ListedValue[]

枚举属性域零个或多个列举值对应的数组。每个列举值都是通过调用“CreateListedValue()”创建的。仅在“valueType”（值类型）为“Enumeration”（枚举）或“S100_Codelist”（具有开放枚举的“代码表类型”）时适用。

备注：

从主机调用以创建简单属性类型信息对象。

主机无需处理返回对象，该对象旨在从主机回传脚本目录。

13-8.1.2.10 ComplexAttribute CreateComplexAttribute (Item *item*, AttributeBinding[] *subAttributeBindings*)

返回值：

ComplexAttribute

一个 Lua 表，包含对应于“S100_FC_ComplexAttribute”的复杂属性。

参数：

item: Item

通过调用“CreateItem()”创建的项的实例。

subAttributeBindings: AttributeBinding[]

子属性若干个属性绑定的数组。

备注：

从主机调用以创建复杂属性类型信息对象。

主机无需处理返回对象，该对象旨在从主机回传脚本目录。

13-8.1.2.11 ListedValue CreateListedValue (string *label*, string *definition*, integer *code*, string *remarks*, string[] *aliases*)

返回值：

ListedValue

一个 Lua 表，包含对应于“S100_FC_ListedValue”的列举值。

参数：

label: string

唯一标识要素属性一个值的描述性标签。

definition: string

以自然语言定义该列举值。

code: integer

唯一标识要素属性相应列举值的数值代码，正整数。

remarks: string

可选。该列举值的进一步解释。

aliases: string[]

可选。该列举值零个或多个等效名称对应的数组。

备注：

从主机调用以创建列举值类型信息对象。

主机无需处理返回对象，该对象旨在从主机回传脚本目录。

13-8.1.2.12 AttributeBinding CreateAttributeBinding (string *attributeCode*, integer *lowerMultiplicity*, integer *upperMultiplicity*, boolean *sequential*, integer[] *permittedValues*)

返回值：

AttributeBinding

一个 Lua 表，包含对应于“S100_FC_AttributeBinding”的属性绑定。

参数：

attributeCode: string

绑定到项或复杂属性的复杂或简单属性的代码。

lowerMultiplicity: integer

此属性所需的最小出现次数。对于可选属性，该值为 0。

upperMultiplicity: integer

此属性允许出现的最大次数。对于无限数量的允许属性，该值为 0。

sequential: boolean

描述了属性的序列是否有意义只适用于出现多次的属性。

permittedValues: integer[]

该属性零个或多个允许值对应的数组。每个条目是一个“S100_FC_ListedValue:code”。仅适用于数据类型枚举的属性。

备注：

从主机调用以创建属性绑定对象。

主机无需处理返回对象，该对象旨在从主机回传脚本目录。

13-8.1.2.13 InformationBinding CreateInformationBinding (string *informationTypeCode*, integer *lowerMultiplicity*, integer upperMultiplicity, string *roleType*, string *role*, string *association*)

返回值：

InformationBinding

一个 Lua 表，包含对应于“S100_FC_InformationBinding”的信息绑定。

参数：

informationTypeCode: string

目标信息类型的“S100_FC_InformationType:code”。

lowerMultiplicity: integer

此属性所需的最小出现次数。对于可选属性，该值为 0。

upperMultiplicity: integer

此属性允许出现的最大次数。对于无限数量的允许属性，该值为 0。

roleType: string

关联端的性质。一个“S100_FC_RoleType:Name”。

role: Role

可选。用于绑定的角色的代码。它必须是用于绑定的关联的一部分，且需要定义关联的端。

association: string

用于绑定的关联的代码；与“role”配合使用。

备注：

从主机调用以创建信息绑定对象。

主机无需处理返回对象，该对象旨在从主机回传脚本目录。

13-8.1.2.14 FeatureBinding CreateFeatureBinding (string *featureTypeCode*, integer *lowerMultiplicity*, integer *upperMultiplicity*, string *roleType*, string *role*, string *association*)

返回值：

FeatureBinding

一个 Lua 表，包含对应于“S100_FC_FeatureBinding”的要素绑定。

参数：

featureTypeCode: string

目标要素类型的代码。

lowerMultiplicity: integer

此属性所需的最小出现次数。对于可选属性，该值为 0。

upperMultiplicity: integer

此属性允许出现的最大次数。对于无限数量的允许属性，该值为 0。

roleType: string

关联端的性质。一个“S100_FC_RoleType:Name”。

role: string

用于绑定的角色的代码。它必须是用于绑定的关联的一部分，且需要定义关联的端。

association: string

用于绑定的关联的代码。

备注：

从主机调用以创建要素绑定对象。

主机无需处理返回对象，该对象旨在从主机回传脚本目录。

13-8.1.3 其他函数

以下几页中描述的函数不属于上述函数之一。

13-8.1.3.1 string GetUnknownAttributeString()

返回值：

string

表示一个存在但未知属性值的字符串。

备注：

旨在允许将未知字符串值与空字符串值区分开。该函数返回一个常数。

13-8.1.3.2 string EncodeDEFString(string *input*)

返回值：

string

“*input*”的编码，如条款 13-6.1.2 所述。

参数：

input：string

未编码字符串。

备注：

如条款 13-6.1.2 所述对输入字符串进行编码。

13-8.1.3.3　string DecodeDEFString (string *encodedString*)

返回值：

string

encodedString 的解码版本。

参数：

encodedString: string

编码的字符串。

备注：

解码输入字符串，该字符串先前已按照第 13-6.1.2 节中的描述进行了编码。

13-8.2　标准主机函数

主机必须提供一组“callback”（回调）函数，为脚本编写环境提供：访问针对 S-100 通用要素模型的主机实现；访问由模型定义的任何实体的类型信息；访问空间操作，该操作可用于对模型定义的空间元素执行关系测试和操作。主机可以选择性地提供与调试器进行交互的回调函数。

将任务交由主机处理，而不是在主机和脚本之间传递严格的数据结构，主机就可以使用通用要素模型的最佳方式与脚本交互。使用脚本时，主机无需将内部数据模型转换为特定输入模式。

在执行脚本的过程中，可以从脚本目录中调用任何标准主机函数。

13-8.2.1　数据访问函数

主机必须实现以下页面中的函数，以允许脚本编写环境访问主机从数据集中加载的数据。脚本编写环境可以通过这些函数访问要素、空间、属性值和信息关联。

13-8.2.1.1　string[] HostGetFeatureIDs()

返回值：

string[]

包含数据集所有要素 ID 的一个 Lua 数组。

备注：

指示主机返回与当前脚本目录操作相关的所有要素 ID，通常是“S100_Dataset”（数据集）或“S100_DataCoverage”（数据覆盖范围）中的所有要素。

如条款 13-8 所述，对于脚本会话期间所有产品类型的所有数据集，主机必须确保各个要素“ID”可唯一标识每个要素实例。

13-8.2.1.2　string HostFeatureGetCode (string *featureID*)

返回值：

string

要素目录为要素实例所属要素类型定义的代码。

参数：

featureID: string

主机用来唯一标识要素实例。

备注：

指示主机返回由"*featureID*"标识的要素实例的要素类型代码。

13-8.2.1.3　string[] HostGetInformationTypeIDs()

返回值：

string[]

包含数据集中所有信息类型 ID 的一个 Lua 数组。

备注：

允许脚本向主机查询给定数据集中包含的信息类型的列表。指示主机返回一个包含给定数据集中所有信息 ID 的数组。

13-8.2.1.4　string HostInformationTypeGetCode (string *informationTypeID*)

返回值：

string

要素目录为信息类型实例所属信息类型定义的代码。

参数：

informationTypeID: string

主机用来唯一标识信息类型实例。

备注：

指示主机返回信息类型代码，对应于"*informationTypeID*"标识的信息类型实例。

13-8.2.1.5　string[] HostFeatureGetSimpleAttribute (string *featureID*, path *path*, string *attributeCode*)

返回值：

string[]

每个属性值的文本表示，如条款 13-8.1 所述，即使该属性只有单个值，也会返回一个数组。

参数：

featureID: string

主机用来唯一标识要素实例。

path: path

如条款 13-6.2 所述的属性路径。

attributeCode: string

由"*featureID*"标识的要素类型的某一个属性代码，属性代码在要素目录中定义。

备注：

针对由“*featureID*”标识的要素实例，指示主机在其 *path* 路径中的“*attributeCode*”属性执行简单属性查找。如果请求的属性不存在，则返回空数组。

13-8.2.1.6 integer HostFeatureGetComplexAttributeCount (string *featureID*, path *path*, string *attributeCode*)

返回值：

integer

要素实例路径上存在的匹配复杂属性的数量。

参数：

featureID: string

主机用来唯一标识要素实例。

path: path

如条款 13-6.2 所述的属性路径。

attributeCode: string

由“*featureID*”标识的要素类型的某一个属性代码，属性代码在要素目录中定义。

备注：

指示主机在给定要素实例的给定属性路径处，返回与“*attributeCode*”匹配的属性的数量。给定的路径对于要素实例将始终有效。返回的整数可以为 0。

13-8.2.1.7 SpatialAssociation[] HostFeatureGetSpatialAssociations (string *featureID*)

返回值：

SpatialAssociation[]

包含由“*featureID*”表示的要素实例的所有空间关联的一个 Lua 数组。

参数：

featureID：string

主机用来唯一标识要素实例。

备注：

指示主机返回一个数组，该数组包含给定要素实例的空间关联。对于要素包含的每个空间关联，主机调用标准目录函数“CreateSpatialAssociation”来创建“SpatialAssociation”对象。

如果该要素没有空间关联，则主机应返回一个空数组。

13-8.2.1.8 string[] HostFeatureGetAssociatedFeatureIDs (string *featureID*, string *associationCode*, variant *roleCode*)

返回值：

string[]

包含关联要素 ID 的一个 Lua 数组。

参数：

featureID: string

主机用来唯一标识要素实例。

associationCode: string

用于请求关联的代码，该关联由要素目录定义。

roleCode: string or nil

用于请求角色的代码，该角色由要素目录定义。如果“*associationCode*”本身足以指定关联，或者需要由“*associationCode*”定义的所有角色，则可以为空。

备注：

调用时，主机返回一个数组，该数组包含与给定要素实例关联的要素ID，该要素实例与“*associationCode*”和“*roleCode*”匹配。如果找不到匹配项，主机将返回一个空数组。

“*roleCode*”可以为空，在这种情况下，仅“*associationCode*”用于查找。

13-8.2.1.9 string[] HostFeatureGetAssociatedInformationIDs (string *featureID*, string *associationCode*, variant *roleCode*)

返回值：

string[]

包含关联信息ID的一个Lua数组。

参数：

featureID: string

主机用来唯一标识要素实例。

associationCode: string

用于请求关联的代码，该关联由要素目录定义。

roleCode: string or nil

用于请求角色的代码，该角色由要素目录定义。如果“*associationCode*”本身足以指定关联，或者需要由“*associationCode*”定义的所有角色，则可以为空。

备注：

调用时，主机返回一个数组，该数组包含与给定要素实例关联的信息ID，该要素实例与“*associationCode*”和“*roleCode*”匹配。如果找不到匹配项，主机将返回一个空数组。

“*roleCode*”可以为空，在这种情况下，仅“*associationCode*”用于查找。

13-8.2.1.10 string[] HostGetSpatialIDs()

返回值：

string[]

包含数据集中所有空间ID的一个Lua数组。

备注：

指示主机返回与当前脚本目录操作相关的所有空间ID。这通常是“S100_Dataset”（数据集）或“S100_DataCoverage”（数据覆盖范围）中的所有空间对象。

如条款13-8所述，对于脚本会话期间所有产品类型的所有数据集，主机必须确保各个空间“ID”可唯一标识每个空间实例。

13-8.2.1.11　Spatial HostGetSpatial(string *spatialID*)

返回值：

Spatial

通过备注中所列标准目录函数创建的空间对象。

参数：

spatialID: string

主机用来唯一标识空间对象。

备注：

对主机查询给定空间对象。

主机返回由条款 13-8.1.1 标准目录函数之一创建的空间对象。

13-8.2.1.12　variant HostSpatialGetAssociatedInformationIDs (string *spatialID*, string *associationCode*, variant *roleCode*)

返回值：

nil

信息关联对此空间对象无效。

String[]

包含关联信息 ID 的 Lua 数组。

参数：

spatialID: string

主机用来唯一标识空间对象。

associationCode: string

用于请求关联的代码，该关联由要素目录定义。

roleCode: string or nil

用于请求角色的代码，该角色由要素目录定义。如果“*associationCode*”本身足以指定关联，或者需要由“*associationCode*”定义的所有角色，则可以为空。

备注：

当被调用时，主机返回一个数组，该数组包含与“*associationCode*”和“*roleCode*”匹配的给定空间实例的信息 ID。如果根据要素目录，信息关联对此要素无效，则主机返回空。如果找不到匹配项，主机将返回一个空数组。

“*roleCode*”可以为空，在这种情况下，仅“*associationCode*”用于查找。

13-8.2.1.13　string[] HostSpatialGetAssociatedFeatureIDs (string *spatialID*)

返回值：

string[]

一个包含关联要素 ID 集合的 Lua 数组，其关联要素 ID 通过“*spatialID*”标识的空间对象进行获取。

Nil

没有要素与由“*spatialID*”标识的空间对象相关联。

参数：

spatialID: string

主机用来唯一标识空间对象。

备注：

调用时，主机将返回一个包含所有要素实例的数组，这些要素实例引用给定的空间实例。要素实例可通过要素上的空间关联直接关联到空间实例，也可在组合曲线引用曲线的情况下间接关联到空间实例。

13-8.2.1.14 string[] HostInformationTypeGetSimpleAttribute (string *informationTypeID*, path *path*, string *attributeCode*)

返回值：

string[] or nil

每个属性值的文本表示，如条款 13-8.1 所述。即使该属性只有单个值，也会返回一个数组。如果请求的属性不存在，则主机返回空。

参数：

informationTypeID: string

主机用来唯一标识信息实例。

path: path

如条款 13-6.2 所定义的属性路径。

attributeCode: string

由“*informationTypeID*”标识的信息类型的某一个属性代码，属性代码在要素目录中定义。

备注：

指示主机在指定的“*path*”上，对由“*informationTypeID*”标识的信息实例的“*attributeCode*”属性进行简单查找。如果请求的属性不存在，则返回 0。

13-8.2.1.15 integer HostInformationTypeGetComplexAttributeCount (string *informationTypeID*, path *path*, string *attributeCode*)

返回值：

integer

信息实例路径上存在的匹配复杂属性的数量。

参数：

informationTypeID: string

主机用来唯一标识信息实例。

path: path

如条款 13-6.2 所述的属性路径。

attributeCode: string

由“*informationTypeID*”标识的信息类型的某一个属性代码，属性代码在要素目录中定义。

备注：

指示主机在给定信息实例的给定属性路径处，返回与“*attributeCode*”匹配的属性的数量。给定的路径对于信息实例将始终有效。返回的整数可以为 0。

13-8.2.2 类型信息访问函数

这些函数允许脚本环境从任何数据集中为任何实体查询类型信息。主机提供的类型信息必须与相关要素目录中的信息匹配。

13-8.2.2.1 string[] HostGetFeatureTypeCodes()

返回值：

string[]

一个数组，包含要素目录中定义的所有要素类型代码。

备注：

13-8.2.2 string[] HostGetInformationTypeCodes()

返回值：

string[]

一个数组，包含要素目录中定义的所有信息类型代码。

备注：

13-8.2.2.3 string[] HostGetSimpleAttributeTypeCodes()

返回值：

string[]

一个数组，包含要素目录中定义的所有简单属性类型代码。

备注：

13-8.2.2.4 string[] HostGetComplexAttributeTypeCodes()

返回值：

string[]

一个数组，包含要素目录中定义的所有复杂属性类型代码。

备注：

13-8.2.2.5 string[] HostGetRoleTypeCodes()

返回值：

string[]

一个数组，包含要素目录中定义的所有角色类型代码。

备注：

13-8.2.2.6 string[] HostGetInformationAssociationTypeCodes()

返回值：

string[]

一个数组，包含要素目录中定义的所有信息关联类型代码。

备注：

13-8.2.2.7　string[] HostGetFeatureAssociationTypeCodes()

返回值：

string[]

一个数组，包含要素目录中定义的所有要素关联类型代码。

备注：

13-8.2.2.8　FeatureType HostGetFeatureTypeInfo (string *featureCode*)

返回值：

FeatureType

由“CreateFeatureType()”函数创建的 Lua 数据结构。

参数：

featureCode: string

与要素目录中的条目匹配的要素代码。

备注：

13-8.2.2.9　InformationType HostGetInformationTypeInfo (string *informationCode*)

返回值：

InformationType

由“CreateInformationType()”函数创建的 Lua 数据结构。

参数：

informationCode: string

与要素目录中的条目匹配的信息代码。

备注：

13-8.2.2.10　SimpleAttribute HostGetSimpleAttributeTypeInfo (string *attributeCode*)

返回值：

SimpleAttribute

由“CreateSimpleAttribute()”函数创建的 Lua 数据结构。

参数：

attributeCode: string

与要素目录中的条目匹配的简单属性代码。

备注：

13-8.2.2.11　ComplexAttribute HostGetComplexAttributeTypeInfo (string *attributeCode*)

返回值：

ComplexAttribute

由“CreateComplexAttribute()”函数创建的 Lua 数据结构。

参数：

attributeCode: string

与要素目录中的条目匹配的复杂属性代码。

备注：

13-8.2.3 空间操作函数

这些函数允许脚本编写环境对空间元素执行关系测试和操作。

主机必须实现以下页面中描述的函数，以允许脚本编写环境具有将空间实体彼此关联的能力。

13-8.2.3.1 boolean HostSpatialRelate (string *spatialID1*, string *spatialID2*, string *intersectionPatternMatrix*)

返回值：

boolean

如果两个空间表示的几何如 DE-9IM 矩阵中指定的那样相关，则返回真。

参数：

spatialID1: string

主机用来唯一标识空间实例。

spatialID2: string

主机用来唯一标识空间实例。

intersectionPatternMatrix: string

DE-9IM 相交矩阵以行作为主要顺序表示为九个字符。例如，在测试两个区域之间的重叠时："T*T***T**"

备注：

如果"*spatialID1*"和"*spatialID2*"表示的几何在空间上关联，则使用"*intersectionPatternMatrix*"字符串表示 DE-9IM 相交情况。

有关 DE-9IM 字符串表示，详见 ISO 19125-1: 2004，地理信息—简单要素访问—第 1 部分: 通用架构，第 6.1.14.2 节：维度扩展的九交模型（DE-9IM）（Geographic information—Simple feature access -- Part 1: Common architecture, section 6.1.14.2 The Dimensionally Extended Nine—Intersection Model (DE-9IM)）。

13-8.2.4 调试器支持函数

这些函数允许脚本编写环境与可能在主机上运行的调试器进行交互。在开发所需标准主机函数时，可能需要调试器作为辅助工具。

调试器支持函数的主机实现是可选的。无论主机是否实现这些函数，脚本都将正常执行。

13-8.2.4.1 void HostDebuggerEntry (string *debugAction*, string *message*)

返回值：

无

参数：

debugAction: string

指示请求的调试器行为：

break—暂停脚本执行。

Trace—在调试控制台中显示字符串。

Start_profiler—开始逐行分析脚本代码。

Stop_profiler—停止逐行分析脚本代码。

Message: string

在调试控制台上显示的消息。对于“Trace”行为，此选项是必选的，对于其他所有调试行为，则是可选的。

备注：

此函数的主机实现是可选的。

第 14 部分

在线数据交换
（Online Data Exchange）

14-1 范围

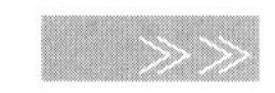

本部分描述规定在线信息交换所需的组件和过程。它可以是一组数据或具有连续性的数据。后者也称为“streaming data”（流数据），即动态数据，不适用于静态数据集的交换（通常以文件形式处理）。

14-2 规范性引用文件

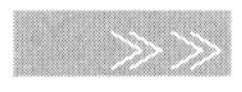

该文档的应用需要以下引用文件。标注日期的引用，只有引用的版本才有效。未标注日期的引用，引用文件（包含所有更正）的最新版本才有效。

IEC 61162，海上导航以及无线电通信设备及系统—数字接口—第 1 部分：单方通话器和多方收听器（Maritime navigation and radiocommunication equipment and systems—Digital interfaces – Part 1: Single tanker and multiple instances）

IEC 61174，海上导航以及无线电通信设备及系统—电子海图显示与信息系统（ECDIS）—操作和性能要求、测试方法和要求的测试结果（Maritime navigation and radiocommunication equipment and systems—Electronic chart display and information system (ECDIS)—Operational and performance requirements, methods of testing and required test results）

ISO/IEC 8211：1994，信息交换用数据描述文件规范（Specification for a data descriptive file for information interchange Structure implementations）。

ISO/IEC 7498，信息处理系统—开放式系统互连—基本参考模型（Information processing systems—Open Systems interconnection—Basic Reference Model）

ISO/IEC 8859-1：1998，信息技术—8 位单字节编码图形字符集—第 1 部分：拉丁字母（Information technology—8-bit single-byte coded graphic character sets—Part 1: Latin alphabet No. 1）

海上安全信息的 S-124 IHO 草案（IHO Draft on S-124 for Maritime Safety Information）（http://www.iho.int/mtg_docs/com_wg/CPRNW/S100_NWG/2016/S-124NW-CG-01_2016-Draft_Product_Specification-03.12.2015.zip）

OGC 传感器观测服务（OGC Sensor Observation Service）(http://www.opengeospatial.org/standards/sos)

W3C 建议书“SOAP 1.2 版第 1 部分：消息框架（第二版）”（W3C Recommendation “SOAP Version 1.2 Part 1: Messaging Framework (Second Edition)）（https://www.w3.org/TR/soap12/）

W3C 建议书“Web 服务说明语言（WSDL）”（W3C Recommendation “Web Services Description Language (WSDL)”）(https://www.w3.org/TR/wsdl20/)

14-2.1 开放式系统互联（OSI）

本部分参照开放式系统互连所用的 ISO/OSI 标准参考模型（ISO/IEC 7498），但就提供具体服务而言，不遵循该标准。ISO/OSI 标准用作协议栈中各个层的命名参照（参见图 14-1）。

以下约定适用：

- 关于功能，协议定义涵盖 OSI 模型（A- 专用标准）的会话、表示和应用层；
- 协议需要一组传输服务。这些服务可能由任意数量的不同传输协议栈（T- 专用标准）提供；
- 本部分未将 A- 专用标准描述为分层的。本部分将 ISO/OSI 模型的上面三层合并为一个协议；
- 本部分将配套标准或用户层称为应用层顶部的不同协议层。

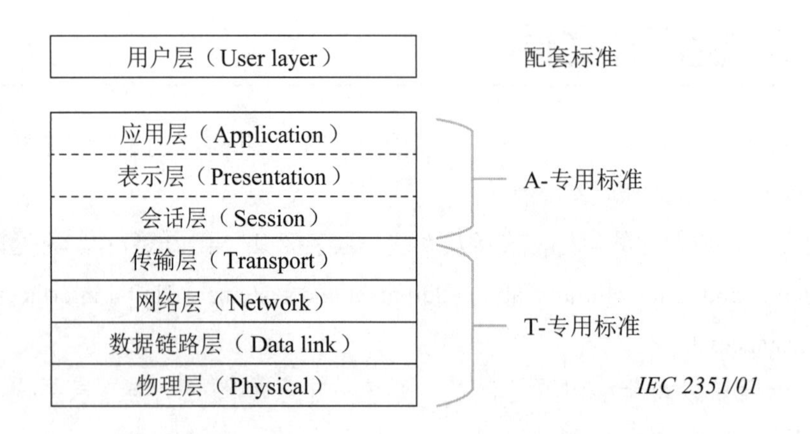

图14-1　协议分层

14-3 引言

为了支持各种海上操作需求，应用 / 设备之间的在线数据交换遵循不同的通信模式。

多个客户端可以与服务进行交互，以交换按照 S-100 建模的数据。可以区分单向消息流和交互式信息交换。

可采用“面向会话的通信”这一概念来构建通信环境。因此，可以将不同通信设备间的通信分配给逻辑实体——会话。这允许存储分配给会话的交互元数据。

服务所用的通信方式应在通信栈中定义。指定通信栈将确保服务的通信协调一致，更容易实现。

14-3.1 通信栈

按照 ISO-OSI 参考模型定义的协议栈组织通信，详见 A- 专用标准，例如：

- 会话协议（例如 WSDL、SOAP、REST、SoS）用来定义消息类型；
- 编码和压缩（例如 GML、XML、ISO 8211、HDF 等）用来序列化数据；
- 加密（例如 HTTPS）通信协议（例如 HTTP）用来定义网关之间的交互；
- 加密（例如 SSL）传输层（例如 TCP / IP）用来定义网关之间的传输节点。

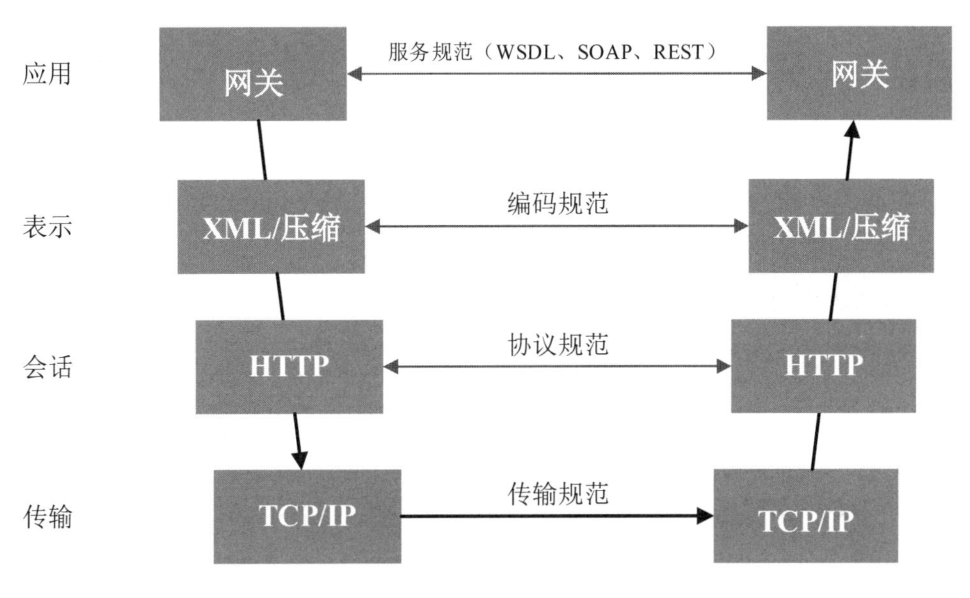

图14-2 通信栈

本部分仅解释应用和表示层中的概念。覆盖 T- 专用标准的底层不在 S-100 的范围内，例如，可以是网络协议或 VDES 协议。

14-4 面向会话的通信

定义信息交换环境应使用“会话”这一概念。

面向会话的服务通常包含三个组件，每个组件都处理不同类型的数据：

- 会话组件：描述会话数据的处理（服务请求、服务响应、登录，登录响应、注销）。
- 服务组件：描述维护服务的信息（例如，保活消息、服务状态）。
- 数据组件：描述数据本身；例如“船只交通影像”数据（对象）。

每个组件所需的其他元数据可以在产品规范中详细说明。

在面向会话的服务中，接口是指客户端和服务器之间的点对点连接。客户端和服务器管理会话（参见图 14-3）并双向交换信息。服务说明应包含交互模型。交互模型应描述会话的生命周期（会话的发起、维护和终止）。

交互模型中的每个元素都应在服务产品规范中进行详细说明。目的是确保服务交互的协调性和可靠性。例如，如果对于服务而言必不可少，那么服务中使用的协议说明需要提供足够的反馈，以确保完全接收数据。

使用会话概念的每个服务都可以定义交互。例如以下消息：

- 发起会话
  - 发起并确认会话
- 会话的维护
  - 保活信息
- 会话的终止
  - 关闭会话请求

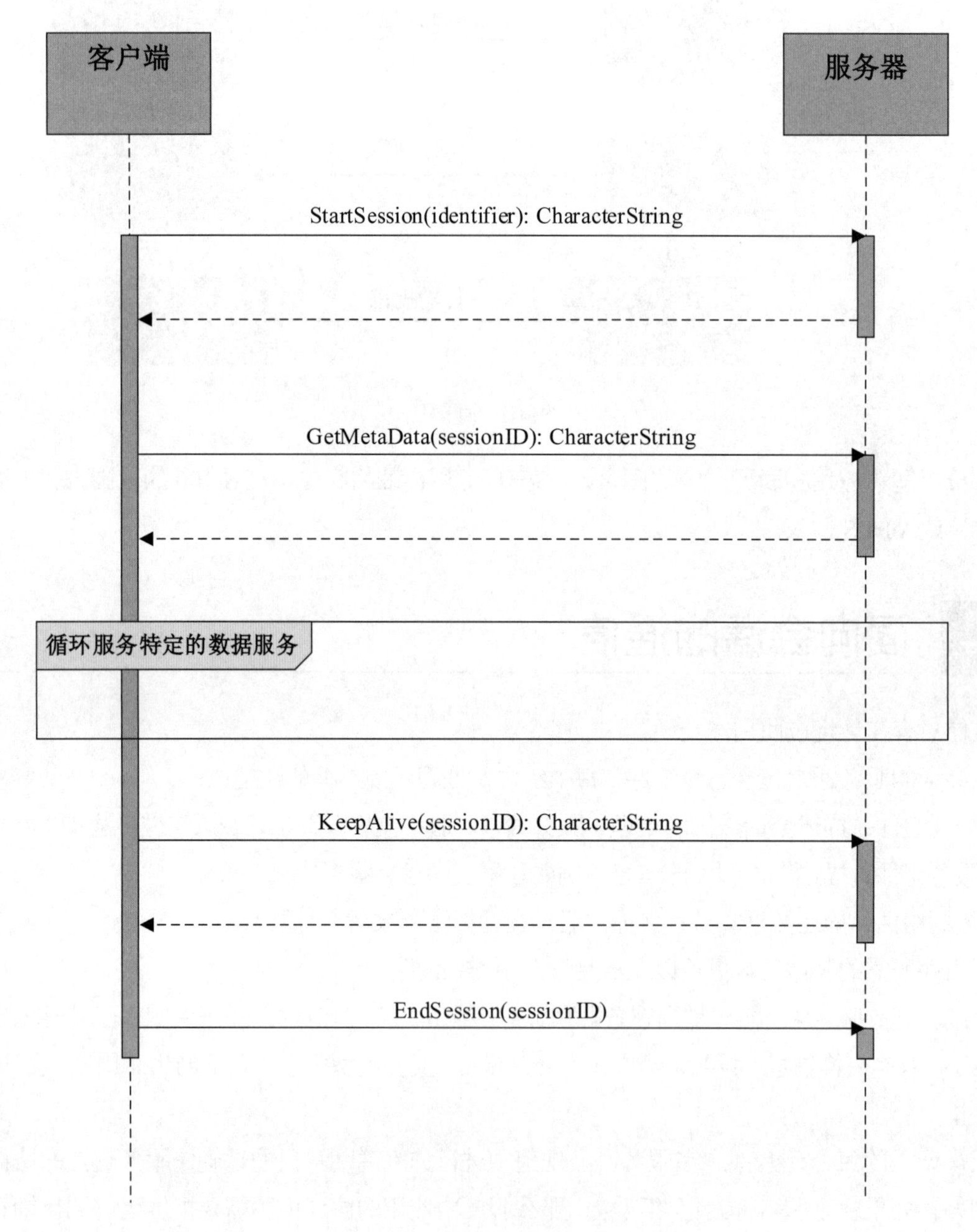

图14-3　会话交互模型的示例

14-5 无会话交互通信

交互式通信广泛用于不同应用之间的数据交换。通常使用客户端服务器通信模式。客户端启动与服务器之间的通信，客户端和服务器都通过（定义的）数据集交换消息。

无会话消息交换遵循无状态通信范式的概念，要求将所有相关信息封装在请求中。仅基于封装的信息，服务器应可以作出恰当的响应。元数据将成为此响应的一部分，也可以在服务规范中提供。所有操作都是特定于服务的，此处不予考虑。

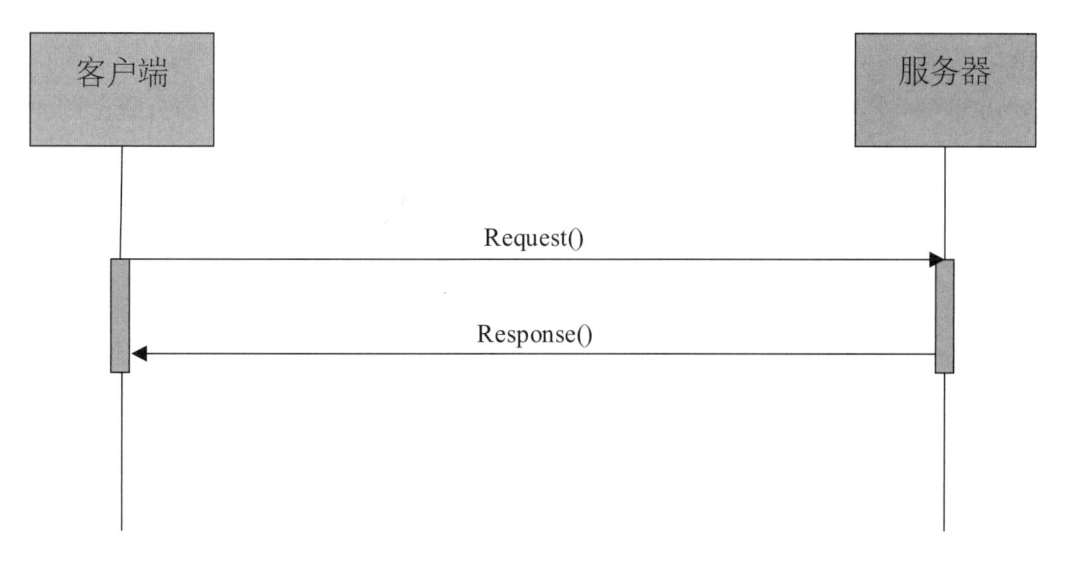

图14-4 无会话的客户端-服务器通信

14-6 消息流

消息流是包含良好定义数据集的消息单向流。使用的通信介质可以确保消息流的次序和完整性。

广播消息与会话概念相反，大多与环境无关。服务器消息流有可能由来自客户端的消息触发，但不是必须的。因此，客户端可以广播无指向的信息请求，由服务器进行无指向回答。必须提供标识符，以便关联响应消息与请求。消息流中的消息必须包含传输数据集相关的元数据。

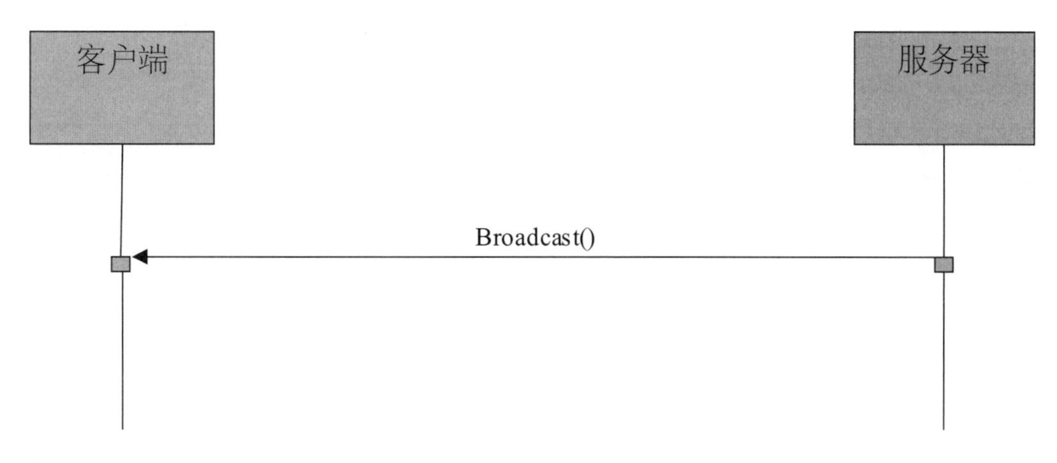

图14-5 消息流通信

14-7 基于 IP 的技术

在线数据交换一般适用于不同的 ISO/OSI 服务栈。基于 IP 的通信，建议使用 Web 服务技术传输符合 S-100 的数据。

以下小节中介绍了两种通用的 Web 服务技术。

14-7.1 SOAP

SOAP 依靠 Web 服务定义语言（WSDL）和 XML 在因特网上提供 Web 服务。W3C 建立了 SOAP 标准。SOAP 规范可以从广义上定义为由以下三个概念性组件组成：协议概念、封装概念和网络概念。它旨在支持扩展并提供以下概念：

- WS-Addressing 是与传输无关的机制规范，Web 服务通过该机制可以传达寻址信息。它本质上由两部分组成：一个结构，用于传输对 Web 服务端点的引用；一组消息寻址特征，用于将寻址信息与特定消息相关联；
- WS-Policy 代表一组规范，描述介质和端点上安全（和其他业务）策略的能力及其约束（例如，所需的安全标记、支持的加密算法和隐私规则），以及如何关联服务策略和端点；
- WS-Security 是 SOAP 的扩展，将安全性应用于 Web 服务；
- WS-Federation 是大型 Web 服务安全框架的一部分。WS-Federation 定义了允许不同安全领域代理身份、身份属性和身份验证信息的机制；
- WS-ReliableMessaging 描述了一种协议，该协议允许在软件组件、系统或网络出现故障时，在分布式应用之间稳妥地传递 SOAP 消息；
- WS-Coordination 描述了一个可扩展框架，用于提供协调分布式应用程序操作的协议；
- WS-AtomicTransaction 由协议和服务组成，共同确保 Web 服务的自动激活、注册、传播和原子终止。这些协议通过 WS-Coordination 环境管理框架实现，模拟 ACID 事务特征。

SOAP 消息是一个 XML 文档，由 SOAP- 封套组成，包含可选 SOAP- 标头、SOAP- 正文和有关处理消息时发生错误的可选 SOAP- 故障信息。封套为消息创建命名空间；可选标头可以包含关于路由和加密的元数据；正文包含向 SOAP- 接收器发送的消息数据。

```
<?xml version="1.0"?>
<s:Envelope xmlns:s="http://www.w3.org/2003/05/soap-envelope">
    <s:Header>
    </s:Header>
    <s:Body>
    </s:Body>
    <s:Fault>
    </s:Fault>
</s:Envelope>
```

在 S-100 的环境中使用 SOAP 需要在 SOAP- 标头中使用服务定义模型的引用，并将 S100_ 数据集放入 SOAP- 正文中。有关示例见附录 B。

14-7.2 REST

REST 是“REpresentational State Transfer”（表述性状态转移）的缩写。它是分布式超媒体系统的体系结构样式，由罗伊·菲尔丁于 2000 年首次提出。REST 有 6 项指导约束，如果需要将接口称为 RESTful，必须满足这些约束。这些原则在下面列出。

REST 的指导原则：

- 客户端 - 服务器：REST 将用户接口与数据存储区分开来，提升了跨多个平台的用户接口可移植性，通过简化服务器组件提高了可伸缩性。
- 无状态：从客户端到服务器的每个请求都必须包含理解该请求所必需的所有信息，不得利用服务器上的任何存储环境。因此，会话状态完全保留在客户端上。
- 可缓存：缓存约束要求，请求响应中的数据用隐式或显式的方法标记为可缓存或不可缓存。如果响应是可缓存的，则授权客户端缓存可以将响应数据重新用于后续的等效请求。
- 统一接口：将通用软件工程原理应用于组件接口，简化了整个系统架构，并提高了组件的可视性。获得统一接口需要多个体系结构约束来指导组件的行为。REST 由四个接口约束定义：来源标识、通过表示来操纵资源、自描述消息和作为应用状态引擎的超媒体。
- 分层系统：分层系统样式允许通过限制组件的行为来使体系结构由分级层组成，从而使得每个组件都无法“看到”与它们交互的直接层之外的层。
- 按需代码（可选）：REST 允许通过以小应用程序或脚本的形式下载并执行代码来扩展客户端功能。这通过减少预先实现的要素数量简化了客户端。

REST 中信息的关键抽象是一种资源。任何可命名信息都可以是资源：文档或影像、临时服务、其他资源的集合、非虚拟对象（例如人），等等。REST 使用资源标识符来标识组件之间交互所涉及的特定资源。

14-8 服务定义模型

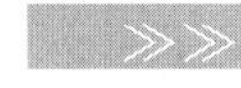

图 14-6 给出了服务定义模型。它给出了如何以通用方式描述服务操作。该模型的中心部分是类“S100_OC_ServiceMetaData”（服务元数据）。此类定义了实现和使用服务所需的所有信息。因此，它引用了“S100_FC_FeatureCatalogue”（要素目录），其中包含通过服务 API 交换的数据集的所有必要元数据。该 API 由若干个接口定义（使用类“S100_OC_ServiceInterface”[服务接口]）来定义。它们由一组操作组成，这些操作以两种方式表示：

1）规范性说明：应以与技术无关的方式描述每个操作，该方式指定操作参数及其结果。“S100_OC_ParameterBinding”（参数绑定）是包含了一个“direction”（方向），定义该参数是只读型、可写入型，或者既可读也可写入（通过服务）。

附加的“S100_OC_ParameterBinding”（direction：return）指定操作的结果数据类型。

2）技术相关的说明：每个“S100_OC_ServiceInterface”由技术标识符（REST、SOAP 等）和若干个外部技术相关的说明文件组成，这些文件通过“interfaceDescription”（接口说明）URL 进行引用。此外，如果未通过相关技术定义数据编码，则“S100_OC_ServiceInterface”可以指定数据的编码。使用时，编码属性必须定义所用编码的名称，例如 ISO8211、为 S100 指定的 GML 等。这些编码属性用于数据集中的数据时，可以被参数绑定的编码属性覆盖。这允许进一步指定参数值的内容。

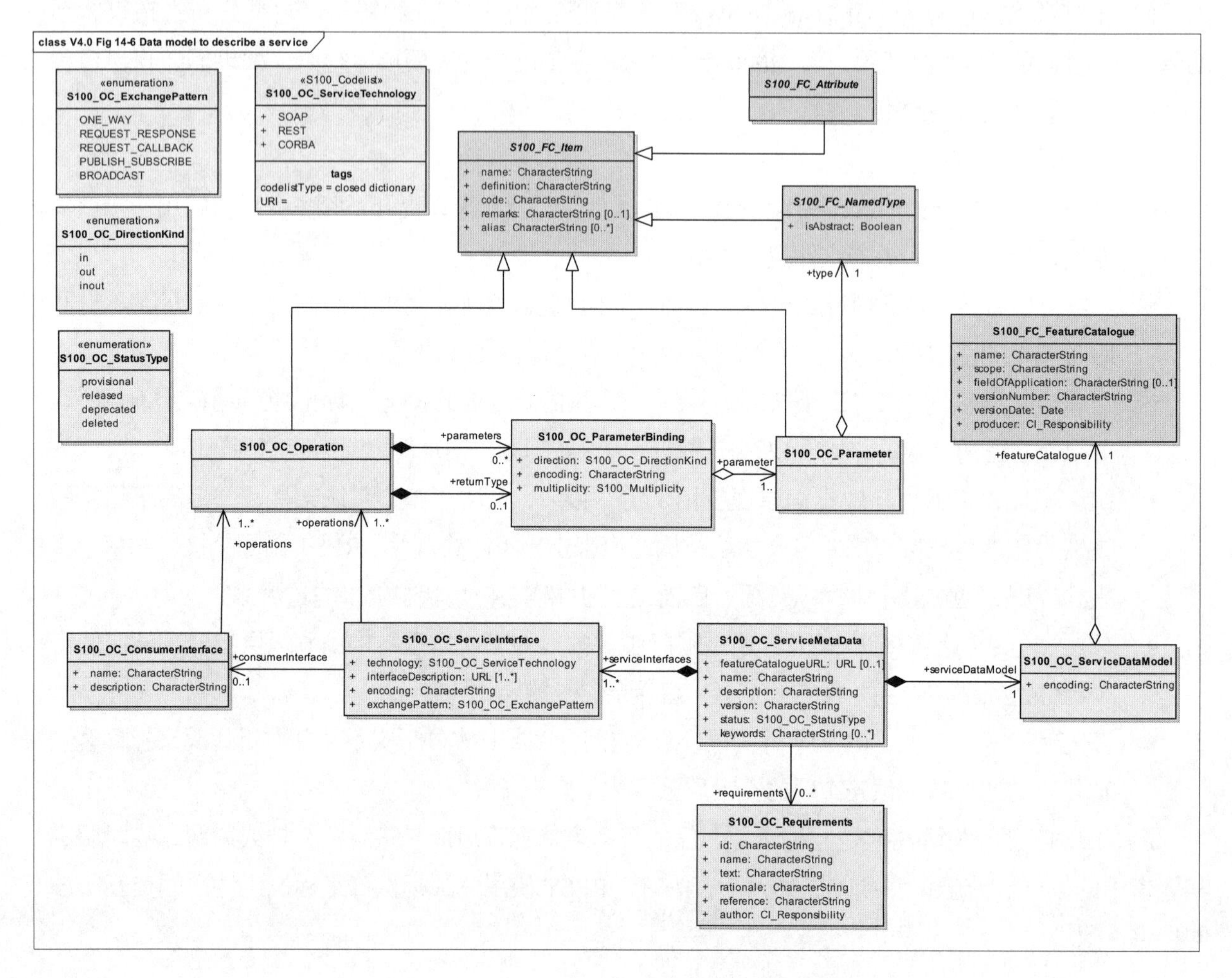

图14-6 描述服务的数据模型

14-8.1 类型

14-8.1.1 S100_OC_ServiceMetaData（服务元数据）

定义实现该服务所需的所有信息。

角色名称	名称（英文）	名称（中文）	说明	多重性	类型	备注
类	S100_OC_ServiceMetaData	S100_OC_服务元数据	根入口点，用于正式描述服务，包括其交互模型和数据产品	—	—	—
组合	serviceDataModel	服务数据模型	描述服务的逻辑数据模型	1	S100_OC_ServiceDatamodel	必选
组合	serviceInterfaces	服务接口	描述服务中与技术无关的接口和特定于技术的接口	1..*	S100_OC_ServiceInterface	必选

续表

角色名称	名称（英文）	名称（中文）	说明	多重性	类型	备注
属性	featureCatalogueURL	要素目录URL	所使用要素目录的URL。如果可能的话，URL应指向要素目录的可机读表示，而要素目录在交换集中被引用	0..1	URL	必选
关联	requirements	需求	指服务的需求规范。业务需求、功能性和非功能性需求应在此处列出。至少应给出一个需求	0..*	S100_OC_Requirements	
属性	name	名称	适合人类阅读的服务名称。服务名称最多使用一行简要标签。同一服务规范的新版本不得更改该名称	0..1	CharacterString	
属性	description	说明	该服务适合人类阅读的简短说明。该说明应包含实现本规范的服务将执行的操作摘要	0..1	CharacterString	
属性	version	版本	服务规范的版本。服务规范由其名称和版本唯一标识。服务数据模型或服务接口定义中的任何更改都要求发布新版本服务规范	0..1	CharacterString	
属性	status	状态	服务规范的状态	0..1	S100_OC_StatusType	
属性	keywords	关键词	与服务相关联的关键词列表	0..*	CharacterString	

14-8.1.2 S100_OC_ServiceInterface（服务接口）

指定给定的技术，以及对该接口技术相关描述的引用。“interfaceDescription”（接口说明）必须指向与技术相关的接口定义文件，该文件与通过“operations”（操作）聚合来定义的操作相匹配。此外，如果使用的技术未定义数据编码，则“ServiceInterface”（服务接口）可以指定数据编码。

角色名称	名称（英文）	名称（中文）	说明	多重性	类型	备注
类	S100_OC_ServiceInterface	S100_OC_服务接口	技术无关的接口和特定于技术的接口，用于描述服务	—	—	—

续表

角色名称	名称（英文）	名称（中文）	说明	多重性	类型	备注
属性	technology	技术	使用的技术	1	S100_OC_ServiceTechnology	必选
属性	interfaceDescription	接口说明	技术有关的定义文件，用于该操作。必须与“operations”（操作）聚合相匹配	1..*	URL	必选
属性	encoding	编码	此“interfaceDefinition”（接口定义）中使用的数据集编码。如果未通过使用的技术定义编码，则必须设置	0..1	CharacterString	条件必选，如果未通过使用的技术定义编码，则必须设置
属性	exchangePattern	交换模式	描述支持的交互类型	1	S100_OC_ExchangePattern	必选
关联	operations	操作	与技术无关的说明，用于此服务提供的操作	1..*	S100_OC_Operation	必选
关联	consumerInterface	用户接口	可选引用，指向服务用户应提供的接口定义，以补充该服务接口。尤其是在设计了“发布/订阅”服务接口的情况下，有必要描述服务订阅方期望提供的内容	0..1	S100_OC_ConsumerInterface	可选

14-8.1.3 S100_OC_Operation（操作）

定义可能用于特定服务的操作，采用与技术无关的方式。指定参数以及操作结果（详见“S100_OC_ParameterBinding”）。

角色名称	名称（英文）	名称（中文）	说明	多重性	类型	备注
类	S100_OC_Operation	S100_OC_操作	指定服务可以执行的操作	—	—	—
泛化	—	—	对要素、属性……和操作使用相同的描述方法	1	S100_FC_Item	必选
组合	parameters	参数	拥有的参数绑定的列表。其约束由操作的语义来定义，例如，可能需要输入/输出	0..*	S100_OC_ParameterBinding	
组合	returnType	返回类型	将操作结果传递回调用方所用的参数	0..1	S100_OC_ParameterBinding	

14-8.1.4 S100_OC_ParameterBinding（参数绑定）

将“S100_OC_Parameter”指定给操作。它遵循 S-100 概念中对属性分配和限制的要求，并以“direction”（方向）的定义作为补充（详见第 14-8.2 节）。

角色名称	名称（英文）	名称（中文）	说明	多重性	类型	备注
类	S100_OC_ParameterBinding	S100_OC_参数绑定	用于描述如何将属性绑定到操作的类	—	—	—
属性	direction	方向	指定操作如何使用参数	1	S100_OC_DirectionKind	必选
属性	encoding	编码	如果设置，则此属性指定用于此参数的编码。如果未设置，则使用与技术相关的编码	0..1	CharacterString	
属性	multiplicity	多重性	实例的最小和最大数量，其中最大数量可能是无限的。如果未提供多重性，则假定多重性为 1	0..1	S100_Multiplicity	
聚合	parameter	参数	用于描述参数的类型	1..*	S100_OC_Parameter	

14-8.1.5 S100_OC_Requirement（需求）

该项服务必须满足的需求。

角色名称	名称（英文）	名称（中文）	说明	多重性	类型	备注
类	S100_OC_Requirement	S100_OC_需求		—	—	—
属性	id	id	全局唯一的需求标识	1	CharacterString	必选
属性	name	名称	适合人类阅读的需求名称 / 摘要。不得超过一行	1	CharacterString	必选
属性	text	文本	适合人类阅读的需求文本。通常以“应该”语句形式表示	1	CharacterString	必选
属性	rationale	理由	此要求的基本理由。关于为何存在该项需求的文字说明。提供有关服务需求的背景信息	1	CharacterString	必选
属性	Reference	引用文件	有关最初在何处提出需求的可选信息。如果要求来自外部文档，则此属性应引用此来源	0..1	CharacterString	可选
属性	Author	作者	可选引用，指向相关需求的作者的管理信息	0..1	CI_Responsibility	可选

14-8.1.6 S100_OC_ConsumerInferface（用户接口）

期望由服务用户提供的接口规范。例如，如果设计了请求 / 回调服务接口，必须描述该服务在客户端上期望的接口。

角色名称	名称（英文）	名称(中文)	说明	多重性	类型	备注
类	S100_OC_ ConsumerInterface	S100_OC_ 用户接口	接口规范，应当有服务用户提供。例如，如果采用了“请求/回调”服务接口，有必要对客户端的服务接口进行描述	—	—	—
属性	Name	名称	适合人类阅读的接口名称。该名称不得超过一行	1	CharacterString	必选
属性	description	说明	该接口适合人类阅读的说明	1	CharacterString	必选
关联	operations	操作	指用户接口支持的服务操作规范	1..*	S100_OC_Operation	必选

14-8.2 代码表和枚举

14-8.2.1 S100_OC_ServiceTechnology（服务技术）

角色名称	名称（英文）	名称（中文）	说明	多重性	类型	备注
S100_ 代码表	S100_OC_ ServiceTechnology	S100_OC_ 服务技术	常用服务（说明 / 实现）技术列表	—	—	—
项	SOAP	简单对象访问协议	—	—	—	—
项	REST	表述性状态转移	—	—	—	—
项	CORBA	公共对象请求代理架构	—	—	—	—

14-8.2.2 S100_OC_ServiceTechnology（服务技术）

角色名称	名称（英文）	名称（中文）	说明	多重性	类型	备注
枚举	S100_OC_ DirectionKind	S100_OC_ 方向种类	描述操作如何使用参数	—	—	—
文字	in	入	输入参数只能由所属的操作读取，但永远不会更改	—	—	—
文字	out	出	所属操作可以使用输出参数，以存储调用者的其他信息，其初始内容无法读取或删除（清除）	—	—	—

续表

角色名称	名称（英文）	名称（中文）	说明	多重性	类型	备注
文字	inout	双向	所属操作可以使用输入 / 输出参数，以存储调用者的其他信息，但参数内容也会影响操作的执行	—	—	—

14-8.2.3　S100_OC_StatusType（状态类型）

角色名称	名称（英文）	名称（中文）	说明	多重性	类型	备注
枚举	S100_OC_StatusType	S100_OC_状态类型	定义操作处理类型	—	—	—
文字	provisional	临时	服务规范 / 设计未正式发布，服务实例可用，但未正式运行	—	—	—
文字	released	已发布	服务规范 / 设计 / 实例已正式发布	—	—	—
文字	deprecated	弃用	服务规范 / 设计 / 实例仍然可用，但是生命周期已快结束	—	—	—
文字	deleted	删除	服务规范 / 设计 / 实例不再可用	—	—	—

14-8.2.4　S100_OC_ExchangePattern（交换模式）

角色名称	名称（英文）	名称（中文）	说明	多重性	类型	备注
枚举	S100_OC_ExchangePattern	S100_OC_交换模式	定义操作处理类型	—	—	—
文字	ONE_WAY	单_向	单方向（从服务用户到服务提供者）的数据发送，无需确认	—	—	—
文字	REQUEST_RESPONSE	请求_响应	服务用户向服务提供者发送请求，希望收到服务提供者的响应	—	—	—
文字	REQUEST_CALLBACK	请求_回调	（异步“REQUEST_RESPONSE”（请求_响应））服务用户向服务提供者发送请求；响应是在对服务的独立调用中异步提供的	—	—	—
文字	PUBLISH_SUBSCRIBE	发布_订阅	服务用户在服务提供者处订阅，以接收服务提供者发出的出版物	—	—	—
文字	BROADCAST	广播	服务提供者分发信息，独立于任何用户	—	—	—

14.9 通信管理数据类型

客户端向返回会话 ID 的服务提供者请求创建会话。后续通信（其操作不属于这些建议）始终使用“会话 ID”进行。第二个操作关闭活动会话。图 14-7 显示最小操作集。“GetMetaData”（获取元数据）操作允许在运行时请求数据集的元数据。调用“KeepAlive”（保活）是防止会话超时。

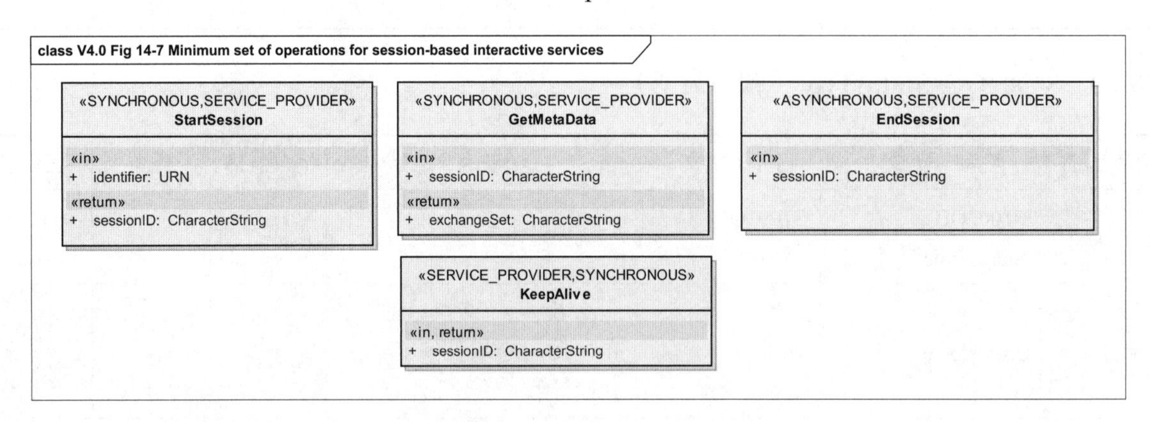

图14-7　基于会话的交互式服务的最小操作集

14-9.1　类型

14-9.1.1　StartSession（开始会话）

操作类型：同步（SYNCHRONOUS）

操作所有者：服务_提供者（SERVICE_PROVIDER）

角色名称	名称（英文）	名称（中文）	说明	多重性	类型	方向
操作	StartSession	开始会话	请求开始新的会话	—	—	—
参数	identifier	标识符	请求者的全球唯一标识	1	URN	输入
参数	sessionID	会话 ID	会话的服务唯一标识，必须与 ITU-T Rec X.667 | ISO/IEC 9834-8 相匹配。如果此参数为空，则登录失败，“message”（消息）参数包含失败原因	1	CharacterString	返回

14-9.1.2　EndSession（结束会话）

操作类型：同步（SYNCHRONOUS）

操作所有者：服务_提供者（SERVICE_PROVIDER）

角色名称	名称（英文）	名称（中文）	说明	多重性	类型	方向
操作	EndSession	结束会话	要求关闭会话	—	—	—
参数	sessionID	会话 ID	即将关闭的会话，应与 ITU-T Rec X.667 | ISO/IEC 9834-8 匹配	1	CharacterString	输入

14-9.1.3 GetMetaData（获取元数据）

操作类型：同步（SYNCHRONOUS）

操作所有者：服务 _ 提供者（SERVICE_PROVIDER）

角色名称	名称（英文）	名称（中文）	说明	多重性	类型	方向
操作	GetMetaData	获取元数据	对交换数据集的元数据的请求	—	—	—
参数	sessionID	会话 ID	识别活动会话	1	CharacterString	输入
参数	exchangeSet	交换集	描述数据集的交换集	1	CharacterString	返回

14-9.1.4 KeepAlive（保活）

操作类型：同步（SYNCHRONOUS）

操作所有者：服务 _ 提供者（SERVICE_PROVIDER）

角色名称	名称（英文）	名称（中文）	说明	多重性	类型	方向
操作	KeepAlive	保活	防止会话超时	—	—	—
参数	sessionID	会话 ID	识别活动会话	1	CharacterString	输入
参数	sessionID	会话 ID	识别活动会话	1	CharacterString	返回

附录 14-A 示例：高效数据广播（资料性）

本示例描述了提供数据广播的服务。该服务嵌入外部产品规范提供的数据结构。根据产品规范构造的数据项通过通信介质（例如 VDES）进行广播。因此，它们会根据 S-100（第 10a 部分）标准定义的 IEC/ISO 8211 编码进行序列化和发送。

图 14-A-1 显示了如何有效地交换信息。静态数据（例如，根据产品定义的数据结构）被视为服务规范（StaticData_ISO8211）的一部分。由于客户端必须已经知道此信息才能使用该服务，因此仅需要交换动态数据（DynamicData_ISO8211）。服务提供者通过删除服务规范中已涵盖的所有静态数据来减少 ISO 8211 中序列化的数据集。客户端接收数据并将其与静态数据记录合并。这样就可以重建整个数据集。此类概念的基础是 S-100 第 10a 部分中所述的插入、删除和修改机制。因此，可以按 ISO 8211 标准规定的要求分别表示静态和动态数据。

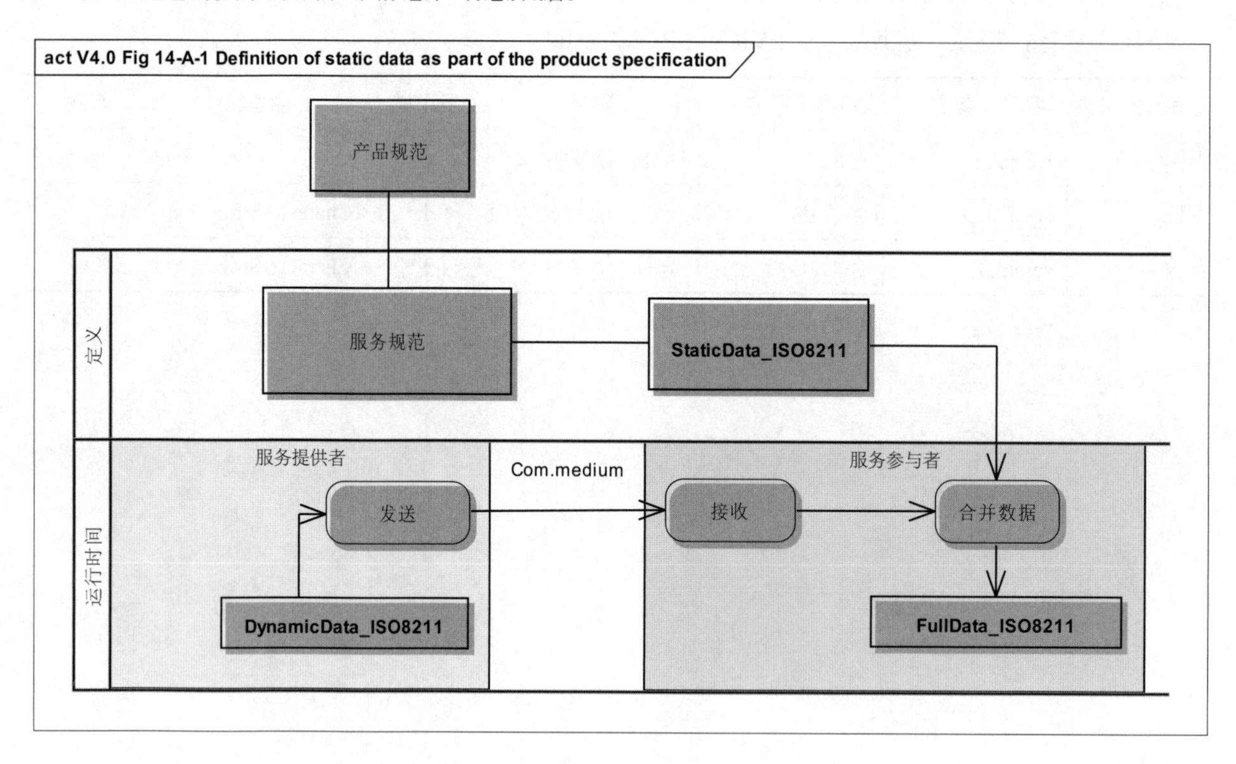

图14-A-1　产品规范中交换服务的定义示例

附录 14-B 示例：基于会话的 Web 服务（资料性）

该示例描述了基于会话的概念（参见条款 14-4），用于发送航行警告。此类消息的数据结构在产品规范 S-124 中定义，以 XML 模式提供。

用户可以通过该服务请求特定区域的消息。在技术级别上使用 SOAP。图 14-B-1 显示了“ServiceInterface”（服务接口）的属性值。如第 14.8 节所述，“ServiceInterface”由形式部分和技术特定部分组成。所有必要操作的形式规范如图 14-B-2 所示。

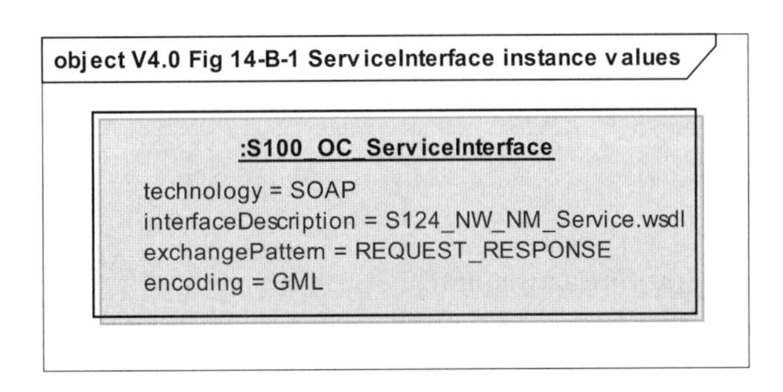

图 14-B-1 服务接口实例值

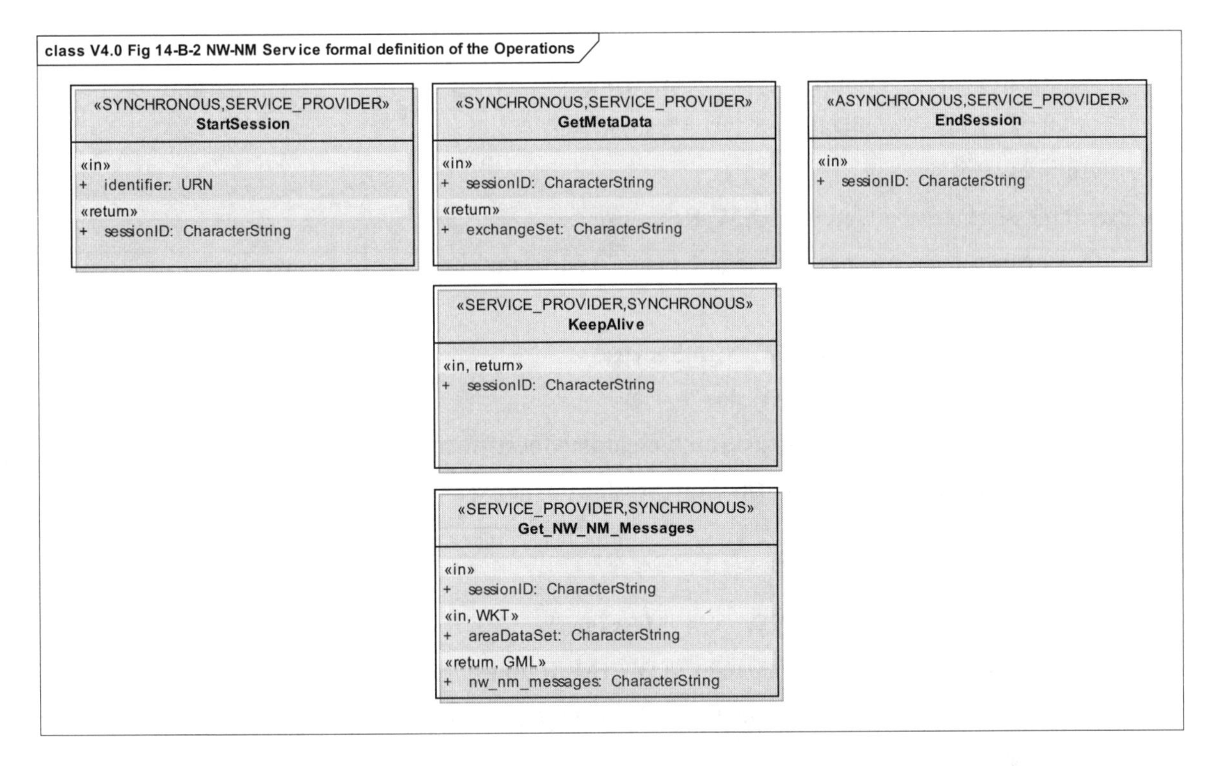

图14-B-2 航行警告-航海通告（NW-NM）服务相关操作的形式定义

如“ServiceInterface”（服务接口）中所定义，特定于技术的部分由 WSDL 文件描述。如下所示。

如果客户端希望访问向船员发送的“Nautical Warnings and Notices to Mariners”（航行警告和航海通告），它将使用“StartSession”（开始会话）操作启动会话，服务器将通过发出“sessionID”（会话 ID）来响应该会话。然后，客户端开始使用“Get_NW_NM_Messages”（获取 _ 航行警告 _ 航海通告 _ 消息）操作请求特定区域的消息。服务器的响应将是“nw_nm_messages”（航行警告 _ 航海通告

_消息）数据集，客户端可以通过 S-124 产品规范对其进行解释。

```
<?xml version="1.0" encoding="UTF-8" standalone="no"?>
<wsdl:definitions xmlns:tns="http://www.example.org/S124_NW_NM_Service/"
    xmlns:soap="http://schemas.xmlsoap.org/wsdl/soap/" xmlns:wsdl="http://schemas.xmlsoap.org/wsdl/"
    xmlns:xsd="http://www.w3.org/2001/XMLSchema" name="S124_NW_NM_Service"
    targetNamespace="http://www.example.org/S124_NW_NM_Service/">

  <wsdl:types>
   <xsd:schema xmlns:xsd="http://www.w3.org/2001/XMLSchema">
        <xsd:import id="S124.xsd" schemaLocation="http://www.iho.int/S124/gml/1.0" name-
        space="S124"/>
   </xsd:schema>
  </wsdl:types>
  <wsdl:message name="StartSessionRequest">
    <wsdl:part name="identifier" type="xsd:string" />
  </wsdl:message>
   ...
  <wsdl:message name="Get_NW_NM_Request">
    <wsdl:part name="sessionID" type="xsd:string" />
    <wsdl:part name="areaDataSet" type="xsd:string" />
  </wsdl:message>
  <wsdl:message name="Get_NW_NM_Response">
    <wsdl:part name="nw_nm_messages" type=" xsd:string" />
  </wsdl:message>
  <wsdl:portType name="S124_NW_NM_Service">
    <wsdl:operation name="StartSession">
          <wsdl:input message="tns:StartSessionRequest" name="" />
          <wsdl:output message="tns:StartSessionResponse" />
    </wsdl:operation>
          ...
    <wsdl:operation name="Get_NW_NM_Messages">
          <wsdl:input message="tns:Get_NW_NM_Request" />
          <wsdl:output message="tns:Get_NW_NM_Response" />
    </wsdl:operation>
  </wsdl:portType>

  <wsdl:binding name="S124_NW_NM_ServiceSOAP" type="tns:S124_NW_NM_Service">
    <soap:binding style="document"
                transport="http://schemas.xmlsoap.org/soap/http" />
          <wsdl:operation name="StartSession">
```

```
        <soap:operation
            soapAction="http://www.example.org/S124_NW_NM_Service/StartSession" />
        <wsdl:input name="">
            <soap:body use="literal" />
        </wsdl:input>
        <wsdl:output>
            <soap:body use="literal" />
        </wsdl:output>
    </wsdl:operation>
  </wsdl:binding>
  <wsdl:service name="S124_NW_NM_Service">
    <wsdl:port binding="tns:S124_NW_NM_ServiceSOAP" name="S124_NW_NM_ServiceSOAP">
        <soap:address location="http://www.example.org/" />
    </wsdl:port>
  </wsdl:service>
</wsdl:definitions>
```

S124_NW_NM_Service.wsdl

附录 14-C 操作（资料性）

“StartSession”（开始会话）、“EndSession”（结束会话）、“KeepAlive”（保活）和“GetMetaData”（获取元数据）操作的相关描述可以在第 14.9 节中找到，此处不作解释。

14-C.1 Get_NW_NM_Service（获取 _ 航行警告 _ 航海通告 _ 服务）

操作类型：SYNCHRONOUS（同步）

操作所有者：SERVICE_PROVIDER（服务 _ 提供者）

角色名称	名称（英文）	名称（中文）	说明	多重性	类型	方向	编码
操作	Get_NW_NM_Messages	获取 _ 航行警告 _ 航海通告 _ 消息	提供特定区域的航行警告和航海通告消息	—	—	—	
参数	sessionID	会话 ID	识别活动会话	1	CharacterString	in	
参数	areaDataSet	区域数据集	区域定义	0..1	CharacterString	in	WKT
参数	nw_nm_messages	航行警告 _ 航海通告 _ 消息	为该区域返回的消息	1	CharacterString	return	GML

该操作针对参数绑定，使用附加编码字段来规定两个参数的内容和格式，即“return”（返回）消息将返回一个 CharacterString，其内容采用 GML 编码，从而得到其含义。输入参数“areaDataSet”（区域数据集）期望字符串编码为“Well Known Text”（WKT）几何图形，至少在不为空的情况下进行编码。

第 15 部分

数据保护模式
（Data Protection Scheme）

15-1 范围

S-100 第 15 部分，下称“数据保护模式”或“保护模式”，描述了基于“IHO S-100 通用海洋测绘数据模型”的海洋测绘或空间信息保护推荐标准。它定义了必须遵循的安全构造和操作程序，确保正确执行“保护模式”，同时提供了相关规则，允许参与者建立合规系统，并以安全且具备商业可行性的方式发布数据。

15-2 规范性引用文件

该文档的应用需要以下引用文件。标注日期的引用，只有引用的版本才有效。未标注日期的引用，引用文件（包含所有更正）的最新版本才有效。

FIPS 出版物 81，DES 操作模式（DES Modes of Operation），美国国家标准与技术研究院 <www.itl.nist.gov/fipspubs/fip81.htm>

FIPS 出版物 180-4，安全散列标准（Secure Hash Standard，SHS）<https://nvlpubs.nist.gov/nistpubs/FIPS/NIST.FIPS.180-4.pdf>

FIPS 出版物 186，数字签名标准（Digital Signature Standard，DSS）<www.itl.nist.gov/div897/pubs/fip186.htm>

IHO S-57，IHO 数字海道测量数据传输标准（IHO Transfer Standard for Digital Hydrographic Data）

ISO/IEC 13239：2002，CRC32 校验和算法，信息技术—系统间远程通信和信息交换—高级数据链路控制规程（Information technology—Telecommunications and information exchange between systems—High-level data link control (HDLC) procedures）

ISO/IEC 18033-3，信息技术—安全技术—加密算法—第 3 部分：分组密码（Information technology—Security techniques—Encryption algorithms—Part 3: Block ciphers）

ISO/IEC 21320-1，文档容器文件—第 1 部分：核心（Document Container File—Part 1: Core）

开放 SSL 密码系统和 SSL/TLS 工具包（Open SSL Cryptography and SSL/TLS Toolkit）<https://www.openssl.org/>

PKCS # 10 第 1.7 版，认证请求语法规范（Certification Request Syntax Specification）<https://tools.ietf.org/html/rfc2986>

RFC 1423，因特网电子邮件的隐私强化：第三部分：算法、模式和标识符（Privacy Enhancements for Internet Electronic Mail: Part III: Algorithms, Modes and Identifiers）<ftp://ftp.isi.edu/in-notes/rfc1423.txt>

RFC 2451，ESP CBC- 模式密码算法（ESP CBC-Mode Cipher Algorithms）<https://tools.ietf.org/html/rfc2451>

RFC 2459 第 3 版，因特网 X.509 公钥基础结构和属性证书框架（Internet X.509 Public-key infrastructure and attribute certificate frameworks）<https://tools.ietf.org/html/rfc2459>

RFC 5651，加密消息语法（Cryptographic Message Syntax，CMS），国际电信联盟（ITU）<https://tools.ietf.org/html/rfc5652#section-6.3>

X.509 第 3 版，信息技术—开放系统互连—目录：认证框架，国际电信联盟（X.509 Version 3, Information Technology—Open Systems Interconnection—The Directory: Authentication Framework）

15-3 通用说明

本部分规定了一种保护数字航海、海洋测绘和空间相关产品和信息的方法。数据保护的目的有三方面：

1. 盗版保护：通过对产品信息进行加密来防止未经授权使用数据。
2. 选择性访问：将访问权限限制为客户已获得许可的产品。
3. 认证：确保产品来自经认证的来源。

盗版保护和选择性访问，通过对产品加密及提供数据解密许可实现。数据许可证有一个到期日，允许在许可期内访问产品。数据服务器将加密数字产品，然后再将其提供给数据客户端。然后，加密的产品在重新格式化并导入系统内部格式（例如 SENC）之前，将由终端用户系统（例如 ECDIS/ECS）进行解密。通过应用于产品文件的数字签名来提供身份验证。

该安全模式未针对性地解决产品信息进入终端用户应用后如何保护的问题。这是原始设备制造商（OEM）的责任。

该方案允许通过硬介质（例如 DVD）大规模分发受保护数据集，所有持有效数据许可证的客户都可以访问和使用。通过为用户提供包含加密单元密钥的一组数据许可证，可以支持对单个产品的选择性访问。该许可证是使用目标系统的唯一硬件标识符创建的，并且对于每个数据客户端都是唯一的。因此，不能在各个数据客户端之间交换许可证。

该模式使用压缩算法来减小数据集的大小。未加密的产品文件包含许多重复的信息模式；例如坐标信息。因此，总是在对数据文件进行加密之前对产品文件进行压缩，而对数据客户端系统（通常为 ECDIS/ECS）进行解密之后再对其进行解压缩。

15-4 保护模式参与者

该模式有几种类型的用户，如下所示：

- 模式管理员（SA），只有一个；
- 数据服务器（DS），可以有多个；
- 数据客户端（DC），可以有多个；
- 原始设备制造商（OEM），可以有多个；
- 域协调者，可能有很多。

这些术语的详细说明如下。保护模式参与角色的细节由 IHO 作为 SA 进行管理。

15-4.1 模式管理员

“Scheme Administrator”（模式管理员，SA）全权负责保护模式的维护和协调。SA 的角色由国际海道测量组织代表IHO成员国和其他参与保护模式的组织承担。这些组织可以在航海产品领域中发挥协调作用，例如IMO和IALA。作为SA的IHO将使用保护模式，与产品域运营商共同制定流程，保护其产品。通过参与保护模式的成员组织身份，域协调员可以对数字证书进行数字签名。

SA负责控制模式的成员资格，并确保所有参与者都按照定义的程序进行操作。SA维护用于操作保护模式的顶级数字根证书，并且是唯一可以证明该模式其他参与者身份的机构。

SA负责直接将制造商ID（M_ID）和制造商密钥（M_KEY）分发给所有参与保护模式的注册数据服务器。

SA还是与S-100第15部分所有有关文档的管理人。

15-4.2 数据服务器

“Data Server，DS”（数据服务器）负责按照模式中定义的程序和过程对数据集进行加密和数字签名。数据服务器颁发许可证（数据许可证），供持有有效用户许可证的数据客户端解密产品数据。

数据服务器使用SA提供的“M_KEY”和“HW_ID”信息，向每个特定安装发布加密产品密钥。虽然每个数据集的密钥对单个数据客户端而言都是相同的，但仍然使用唯一的“HW_ID”进行加密，因此无法在同一制造商的其他系统安装之间进行传输（数据）。

该模式不妨碍代理商或分销商向客户提供数据服务。实现此目的的协议和结构不在本文档的范围之内。本文档仅包含生产符合该标准的保护数据集的技术规范。

海道测量部门、数据生产者、增值经销商和RENC组织是数据服务器的示例。

15-4.3 数据客户端

“Data Client，DC”（数据客户端）是数据集的最终用户，从数据服务器接收受保护的信息，访问和使用数据集和服务。数据客户端的软件应用（OEM系统）负责验证产品文件的数字签名，并按照模式中定义的过程解密数据集信息。

带有ECDIS/ECS系统的导航系统是数据客户端的示例。

15-4.4 原始设备制造商

订阅S-100数据保护模式的“Original Equipment Manufacturer”（原始设备制造商，OEM）必须根据本文档中列出的规范构建软件应用，并根据SA规定的条款进行自我验证和验证其应用。本部分将建立测试数据，以便产品上市时针对各种S-100产品规范对OEM应用进行查证和验证。SA将为成功申请OEM的申请方提供其自己的唯一制造商密钥和标识（M_KEY和M_ID）。

制造商必须在其软件系统中提供一种安全机制，以唯一标识每个终端用户安装。该模式要求每个安装都具有唯一的硬件标识符（HW_ID）。

软件应用可以使用应用中附带或编程的硬锁或软锁设备中存储的“HW_ID”，解密数据许可证中的产品密钥，供后续压缩数据集文件的解密和解压使用。可以通过对数据集文件随附的数字签名进行身份验证，验证S-100产品文件中可用的基础产品文件一致性控件，从而验证产品完整性。

15-4.5　参与者关系

“Scheme Administrator”（模式管理员，SA），只能有一个，对模式中其他参与者的身份进行验证。所有数据服务器和系统制造商（OEM）必须向 SA 申请成为模式参与者，如被接受，可以获取量身定制的专有信息。数据客户端是数据服务器和原始设备制造商的用户，数据服务器提供数据服务；OEM 设备可用来解密和显示此类服务。

15-4.5.1　域协调员

SA 将在数据服务器的公共密钥上签名，创建其数字证书，供保护模式运行使用。“Domain Coordinator”（域协调员）也可以签署其成员组织的公钥，创建数字证书。域协调员将告知 SA 数据服务器的身份和联系方式。数据服务器加入保护模式并添加更多数据客户端时，SA 将直接向参与保护模式的所有数据服务器分发“M_ID”和“M_KEY”信息。

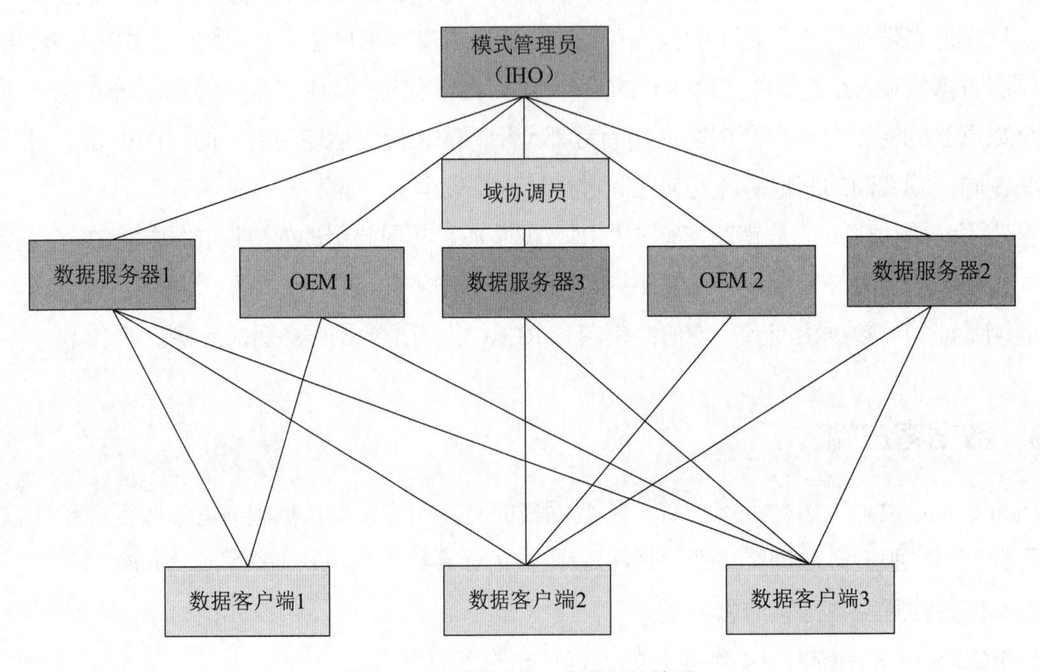

图15-1　保护模式参与者之间的关系

15-5　数据无损压缩

15-5.1　概述

鉴于 S-100 数据模型产品的结构，其内容将包含重复的信息模式，例如文件内坐标信息的细微变化。

如果使用压缩，则文件在加密之前总是先压缩，因为任何压缩算法的有效性都取决于结构化数据内容的存在。基于 S-100 的各个产品规范将指定是否使用压缩。

15-5.2　压缩算法

保护模式使用 ZIP 算法进行文件压缩和解压缩。压缩方法为 DEFLATE。每个文件都压缩为一个文件包。不使用 ZIP 的加密和数字签名特性。

15-5.3 编码

如果正在使用压缩功能，则 S-100 产品规范将提供更多详细信息，以及将压缩哪些文件。

压缩方式编码为：

- “S100_ExchangeCatalogue-compressionFlag”（压缩标记），值为 1；
- “S100_ExchangeCatalogue-algorithmMethod”（算法），值为 S100p15e1.0.0。

15-6 数据加密

15-6.1 哪些数据需加密

任何基于 S-100 数据模型的产品规范，都必须定义是否使用加密以及哪些文件需要加密。

加密时，加密算法必须是密码分组链接（CBC）操作模式下的高级加密标准（AES）。始终假定整个文件都需要加密。

此外，OEM 系统的“HW_ID”也需要加密，并以用户许可的形式提供给数据客户端。用于加密文件的密钥本身由数据服务器加密，并作为数据许可证提供给数据客户端。条款 15-6.2.1 是有关加密算法的信息。

15-6.2 如何加密

每个产品都使用唯一的密钥进行加密。与产品关联的所有文件以及针对该产品版本发布的所有更新，使用同一密钥进行加密。但是，该模式允许根据数据服务器的决定更改密钥。密钥以数据许可证的形式交付给数据客户端。

15-6.2.1 加密算法

许可证和数据文件的加密使用高级加密标准（AES）分组加密算法。这是一种对称密钥算法。这意味着加密和解密使用同一个密钥。该算法定义了纯文本块如何转换为密文块，及其反向操作。AES 的分组（块）大小始终为 16 字节（128 位）。密钥长度可以从 128 位、192 位或 256 位中选择。相应的变体名为 AES-128、AES-192 或 AES-256。

AES 算法只能加密一个纯文本块。大容量消息必须使用分组密码操作模式。该保护模式选用密码分组链接（CBC）模式对多个数据块进行加密。在这种操作模式下，要求纯文本的长度必须是块大小的精确倍数，并且需要填充。

15-6.2.2 AES 填充

填充方法详见 PKCS#7。它向消息添加 N 个字节，直到其长度为 16 字节的倍数。每个字节的值均为 N。请注意，如果原始纯文本的长度已经是 16 的倍数，则必须添加 16 个字节值为 16 的完整块。

表 15-1　纯文本填充

纯文本	填充的纯文本
xx	xx **0F 0F 0F 0F 0F 0F 0F** **0F 0F 0F 0F 0F 0F 0F 0F**
xx xx	xx xx **0E 0E 0E 0E 0E 0E** **0E 0E 0E 0E 0E 0E 0E 0E**
xx xx xx	xx xx xx **0D 0D 0D 0D 0D** **0D 0D 0D 0D 0D 0D 0D 0D**
xx xx xx xx	xx xx xx xx **0C 0C 0C 0C 0C** **0C 0C 0C 0C 0C 0C 0C**
xx xx xx xx xx	xx xx xx xx xx **0B 0B 0B** **0B 0B 0B 0B 0B 0B 0B 0B**
xx xx xx xx xx xx	xx xx xx xx xx xx **0A 0A** **0A 0A 0A 0A 0A 0A 0A 0A**
xx xx xx xx xx xx xx	xx xx xx xx xx xx xx **09** **09 09 09 09 09 09 09 09**
xx xx xx xx xx xx xx xx	xx xx xx xx xx xx xx xx **08 08 08 08 08 08 08 08**
xx xx xx xx xx xx xx xx xx	xx xx xx xx xx xx xx xx xx **07 07 07 07 07 07 07**
xx xx xx xx xx xx xx xx xx xx	xx xx xx xx xx xx xx xx xx xx **06 06 06 06 06 06**
xx xx xx xx xx xx xx xx xx xx xx	xx xx xx xx xx xx xx xx xx xx xx **05 05 05 05 05**
xx xx xx xx xx xx xx xx xx xx xx xx	xx xx xx xx xx xx xx xx xx xx xx xx **04 04 04 04**
xx xx xx xx xx xx xx xx xx xx xx xx xx	xx xx xx xx xx xx xx xx xx xx xx xx xx **03 03 03**
xx xx xx xx xx xx xx xx xx xx xx xx xx xx	xx xx xx xx xx xx xx xx xx xx xx xx xx xx **02 02**
xx xx xx xx xx xx xx xx xx xx xx xx xx xx xx	xx xx xx xx xx xx xx xx xx xx xx xx xx xx xx **01**
xx xx xx xx xx xx xx xx xx xx xx xx xx xx xx xx	xx xx xx xx xx xx xx xx xx xx xx xx xx xx xx xx **10 10 10 10 10 10 10 10** **10 10 10 10 10 10 10 10**

xx= 任意字节

15-6.2.3 AES 加密 CBC 模式

在 CBC 模式下，每个纯文本块在加密之前都与前一个密文块进行异或（XORed）。第一个块需要初始化矢量 IV。数学公式为：

$$C_i = E_K(P_i \oplus C_{i-1});\ i \geqslant 1 \tag{3a}$$

$$C_0 = IV \tag{3b}$$

C_i 是密文的第 i 个块；P_i 是纯文本的第 i 个块。E_K 是 AES 精确加密一个块的加密方法。IV 是初始化矢量，⊕是异或运算。

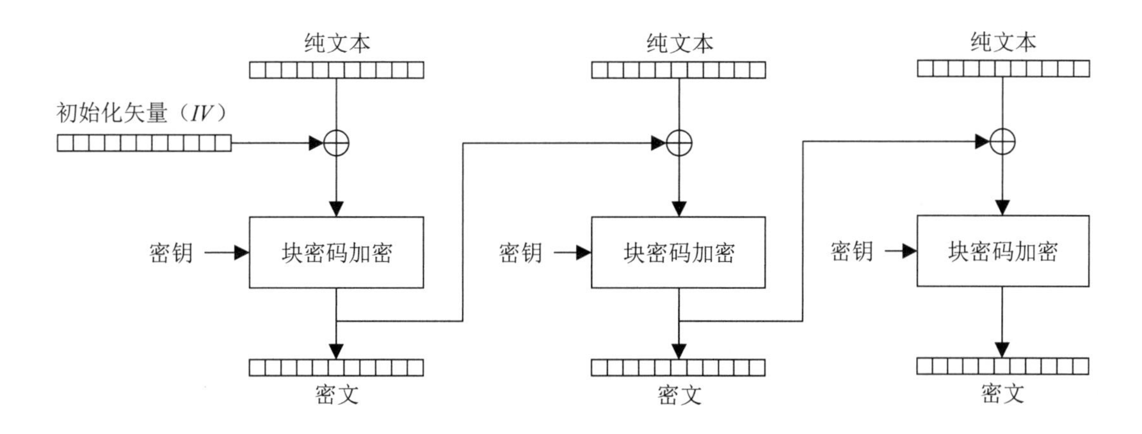

图15-2 密码分组链接（CBC）模式加密（来源：维基百科）

解密定义为：

$$P_i = D_K(C_i) \oplus C_{i-1};\ i \geqslant 1 \tag{4a}$$

$$C_0 = IV \tag{4b}$$

D_K 是 AES 精确解密一个块的解密方法。

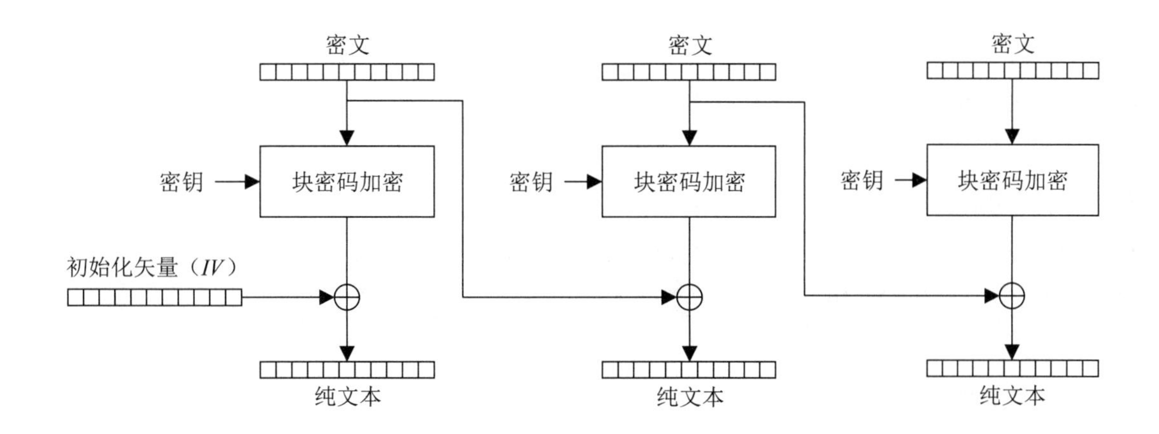

图15-3 密码分组链接（CBC）模式解密（来源：维基百科）

通常，初始化矢量（IV）必须从加密转移到解密。但是，IV 解密错误只会破坏第一个纯文本块。从公式和图表中可以很容易地识别出这一点。每个纯文本块仅取决于两个相邻的密文块。

该行为用于对 CBC 模式进行以下修改：

数据文件加密时，纯文本以单个随机块开头。然后，通常使用随机初始化矢量进行加密。该矢量不必转移到数据客户端上的解密中。

解密时可以使用任意初始化矢量，CBC 正常解密后，删除第一个纯文本块。其余的是原始纯文本数据文件。

该过程不需要数据许可内的 *IV* 传输或预测 *IV* 的使用。第一种选择会使数据传输过程变得复杂，而第二种选择会使它容易受到攻击，特别是如果第一个纯文本块是众所周知的情况下（如 ISO/IEC 8211 数据描述记录）。

15-6.2.4 AES 示例

以下示例摘自 FIPS 文档。精确加密和解密一个块：

Key_{128}： K = {00, 01, 02, 03, 04, 05, 06, 07, 08, 09, 0a, 0b, 0c, 0d, 0e, 0f}

纯文本：P = {00, 11, 22, 33, 44, 55, 66, 77, 88, 99, aa, bb, cc, dd, ee, ff}

密文： C = {69, c4, e0, d8, 6a, 7b, 04, 30, d8, cd, b7, 80, 70, b4, c5, 5a}

Key_{192}： K = {00, 01, 02, 03, 04, 05, 06, 07, 08, 09, 0a, 0b, 0c, 0d, 0e, 0f, 10, 11, 12, 13, 14, 15, 16, 17}

纯文本：P = {00, 11, 22, 33, 44, 55, 66, 77, 88, 99, aa, bb, cc, dd, ee, ff}

密文： C = {dd, a9, 7c, a4, 86, 4c, df, e0, 6e, af, 70, a0, ec, 0d, 71, 91}

Key_{256}： K = {00, 01, 02, 03, 04, 05, 06, 07, 08, 09, 0a, 0b, 0c, 0d, 0e, 0f, 10, 11, 12, 13, 14, 15, 16, 17, 18, 19, 1a, 1b, 1c, 1d, 1e, 1f}

纯文本：P = {00, 11, 22, 33, 44, 55, 66, 77, 88, 99, aa, bb, cc, dd, ee, ff}

密文： C = {8e, a2, b7, ca, 51, 67, 45, bf, ea, fc, 49, 90, 4b, 49, 60, 89}

以下示例记录修改后的 CBC 模式：

Key_{128}： K = {12, 34, 56, 78, 9a, bc, de, f0, 12, 34, 56, 78, 9a, bc, de, f0}

纯文本：P = {fe, dc, ba, 98, 76, 54, 32, 10}

在随机块之前添加纯文本：

P’ = {48, d2, 4e, 7c, 00, 2f, 67, 4e, 93, 1d, ee, 27, 42, 17, a3, 4c}

{fe, dc, ba, 98, 76, 54, 32, 10}

纯文本（填充的）：

P” = {48, d2, 4e, 7c, 00, 2f, 67, 4e, 93, 1d, ee, 27, 42, 17, a3, 4c}

{fe, dc, ba, 98, 76, 54, 32, 10, 08, 08, 08, 08, 08, 08, 08, 08}

初始化矢量（随机的）：

IV_E = {45, b5, 00, d7, 28, 39, 42, bb, 85, 61, 28, d5, 97, 15, ca, 25}

使用 CBC 模式的密文：

C = {ba, 45, ee, 06, 02, a6, 29, 35, 7a, e3, 90, 2c, 22, 4d, d9, d5}

{dd, 3b, 07, 3b, 84, 7f, 4d, 43, 28, 71, 19, 43, 97, d9, a6, 03}

为了解密，可以使用任意的初始化矢量；例如：

IV_D = {00, 00, 00, 00, 00, 00, 00, 00, 00, 00, 00, 00, 00, 00, 00, 00}

使用 CBC 的解密将给出以下纯文本。填充添加的字节已删除：

P_D' = {0d, 67, 4e, ab, 28, 16, 25, f5, 16, 7c, c6, f2, d5, 02, 69, 69}

{fe, dc, ba, 98, 76, 54, 32, 10}

请注意，第一个块与 P’ 中的块不同。

删除第一个块后，将恢复原始消息。

P_D = {fe, dc, ba, 98, 76, 54, 32, 10} = P

15-7 数据加密和许可

15-7.1 引言

数据客户端通常不购买 S-100 产品，但已获得使用许可。许可是数据服务器在给定的时间段内为数据客户端提供选择性地访问最新产品的方法。

为了有效地运行该模式，必须有一种数据客户端系统可以解锁加密数据的方法。要解锁数据，数据客户端系统必须有权访问用于加密许可数据文件的密钥。这些密钥在包含一组许可的许可文件中以加密方式提供给数据客户端。这些数据许可证包含加密密钥。

为了使每组数据许可证都是唯一的，必须使用数据客户端系统独有的东西对密钥进行加密。OEM 为每个系统分配一个唯一的标识符（HW_ID），并以用户许可证的形式向每个数据客户端提供此标识符的加密副本。“HW_ID”已加密并存储在用户许可证中。

OEM 使用其唯一制造商密钥（M_KEY）加密“HW_ID”，以使“HW_ID”不能被其他制造商复制。作为模式管理员，IHO 为数据服务器提供了访问 OEM“M_KEY”的权限，因此可以解密用户许可证中存储的“HW_ID”。生成一组数据许可证时，数据服务器使用制造商“HW_ID”对单元密钥进行加密。这使它们对于数据客户端来说是唯一的，因此不能在数据客户端系统之间转移。

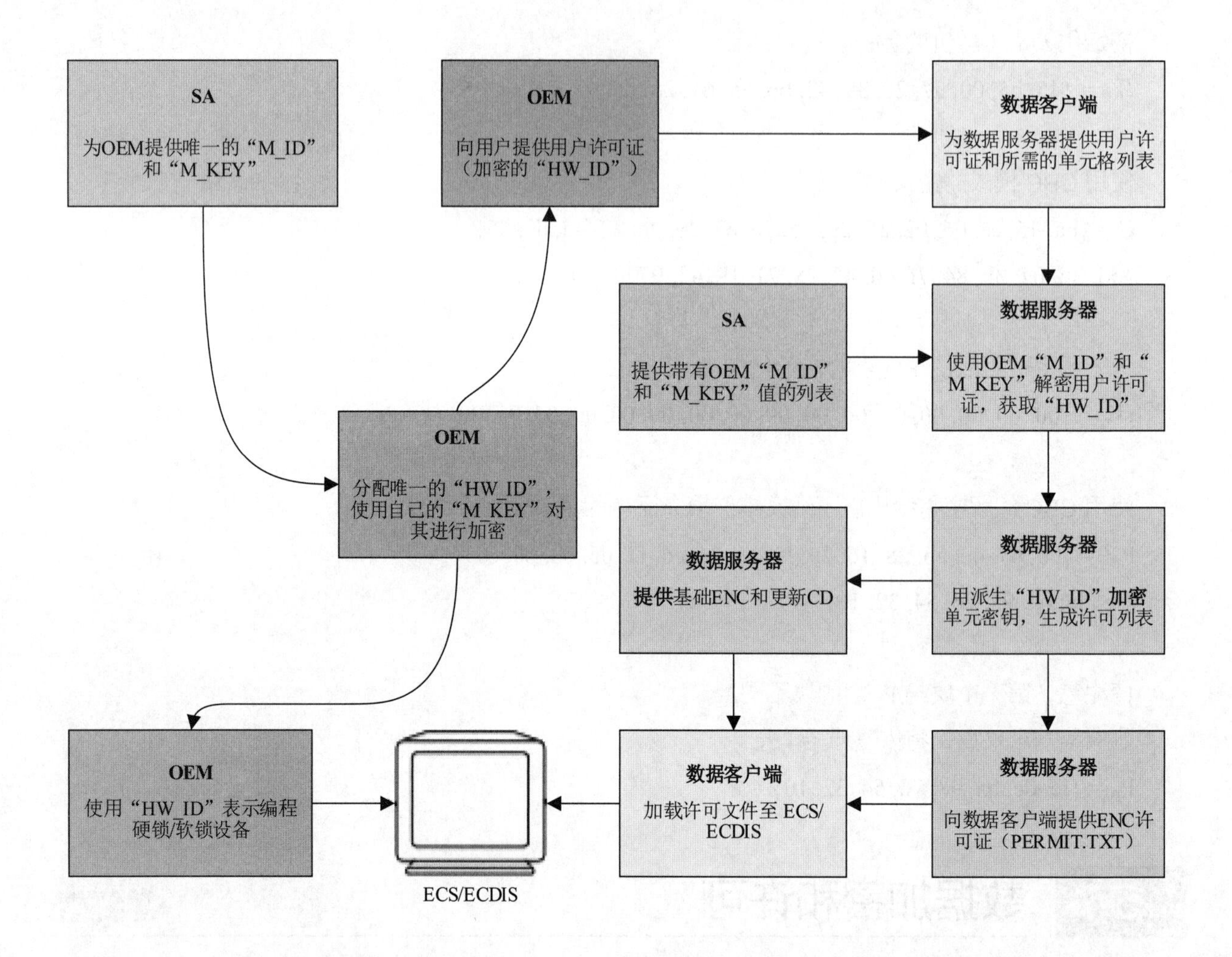

图15-4　基于S-101 ENC产品的高级许可图表

15-7.2　位串到整数的转换

15-7.2.1　将位串转换为整数

一组位序列 $\{b_1, b_2, \cdots, b_n\}$ 通过以下方式定义了一个无符号整数 I：

$$I=b_1 2^{n-1} + b_2 2^{n-2} +\cdots+b_{n-1} 2^1+b_n;\ b_i \in \{0,1\} \tag{1a}$$

或

$$I=\sum_{i=1}^{n} b_i 2^{n-i} \tag{1b}$$

位 b_1 是序列的最高有效位，位 b_n 是序列的最低有效位。整数将在以下范围内：$0 \leqslant I < 2^n$。

在大多数实现中，位串将被组织为字节序列 $\{B_1, B_2, \cdots, B_m\}$，其中：

$$B_{m-j} = \left\{x_{n-8j-7}, x_{n-8j-6}, \cdots, x_{n-8j}\right\};\forall j \in \{0\cdots m\}$$

其中

$$x_i = \{b_i; \forall ii>0\ 0; \forall ii \leqslant 0 \quad \text{and } m=[\frac{n}{8}] \tag{2}$$

将字节序列转换为整数可以通过以下给定的伪代码实现。

Input: Byte sequence $B=\{B_0, B_1,\cdots,B_m\}$

Output: non-negative integer number I

```
    Let I=0
    for k from 0 to m
        I = I * 2^8
        I = I + B_k
    Return I
```

15-7.2.2　将整数转换为位串

公式 1a 和 1b 描述了位串如何与对应的（非负）整数关联。假定位串按（2）的定义组织为字节序列，以下算法显示了如何将无符号整数转换为位串。

Input: a non-negative integer number I with $0 <= I < 2^n$

Output: a sequence of bytes B of length $m = \{1; I = 0\ [\frac{n}{8}]; I > 0$

```
Let B be an empty sequence
If I = 0
    Append the byte b = 0 to B
Else
    While I > 0 do
        Let
        Prepend c to B
        Let
      While the length of B is < m
        Prepend 0 to B
Return B
```

请注意，除以 2^8 等效于通过移位运算 $I >> 8$。

15-7.2.3　将无符号整数转换为十六进制文本表示

以下伪代码显示了如何将无符号整数转换为其十六进制文本表示。在此文本表示中，每个数字可以具有 16 个不同的值。

整数 I 定义为：

$$I = d_n 16^{n-1} + d_{n-1} 16^{n-2} + \cdots + d_2\, 16 + d_1 \tag{3}$$

表 15-2　无符号整数到十六进制文本的转换

数字 d	位串	字符	ASCII 代码（十六进制）	ASCII 代码（十进制）
0	0000	‘0’	30	48
1	0001	‘1’	31	49
2	0010	‘2’	32	50
3	0011	‘3’	33	51
4	0100	‘4’	34	52
5	0101	‘5’	35	53
6	0110	‘6’	36	54
7	0111	‘7’	37	55
8	1000	‘8’	38	56
9	1001	‘9’	39	57
10	1010	‘A’	41	65
11	1011	‘B’	42	66
12	1100	‘C’	43	67
13	1101	‘D’	44	68
14	1110	‘E’	45	69
15	1111	‘F’	46	70

该算法是：

Input: An unsigned integer number I

Output: The hexadecimal text representation S

Let S be an empty sequence of characters.

If I = 0

　　Let S = “0”

Else

　　While I > 0

　　　　Let c be the character corresponding to the value d=I mod 16

　　　　Prepend c to S

　　　　Let I = *I div* 16

Return S

15-7.2.4　将十六进制文本表示转换为无符号整数

以下算法显示了如何将无符号整数的十六进制文本表示转换为整数本身。

Input: A hexadecimal text representation S of an unsigned integer number $S = \{s_1, s_2, \ldots, s_m\}$

Output: An unsigned integer number I

Let I = 0

For I = *1 to m*

  I = *I**16

  I = *I* + *d; where d is the digit value corresponding to the character* S_i

Return I

15-7.3 用户许可证

用户许可证由 OEM 创建，并作为其系统的一部分提供给数据客户端，供客户端从数据服务器获得对加密产品的必要访问权限。以下部分定义用户许可证的组成和格式。

所有能使用数据系统的数据客户端，根据 IHO 数据保护模式进行保护，必须具有由数据客户端在终端用户系统中定义的唯一“HW_ID”。这样的“HW_ID”通常实现为加密锁，也可以通过其他方式来实现，以确保每个安装都具有唯一防篡改的标识。

“HW_ID”对数据客户端来说是未知的，但是 OEM 可以提供用户许可证，该许可证是“HW_ID”的加密版本，也是数据客户端系统所独有的。通过获取分配的“HW_ID”并使用制造商密钥（M_KEY）加密来创建用户许可证。CRC32 算法在加密的“HW_ID”上运行，并将结果附加到该算法上。最后，制造商将其分配的制造商标识符（M_ID）附加到结果字符串的末尾。“M_KEY”和“M_ID”值由 SA 提供，对于每个提供 IHO 数据保护模式兼容系统的制造商来说都是唯一的。

数据客户端通过向数据服务器提供其用户许可证来访问加密的 S-100 产品。这样一来，数据服务器就可以签发特定于数据客户端用户许可证的数据许可。由于用户许可证包含制造商唯一的“M_ID”，因此数据服务器可以使用它来标识使用哪个“M_KEY”来解密用户许可证中的硬件 ID。“M_ID”是用户许可证的最后六个字符。SA 向订阅该模式的所有数据服务器发布并更新制造商“M_KEY”和“M_ID”值的列表。随着新的 OEM 加入该模式，该列表将定期更新。

15-7.3.1 用户许可证的定义

用户许可证的长度为 28 个字符，必须以 ASCII 文本编写，具有以下必选格式和字段长度：

表 15-3 用户许可证字段结构

加密 HW_ID	校验和（CRC）	M_ID 制造商 ID
128 位（32 个十六进制数字）	8 个十六进制数字	6 个十六进制数字

任何字母字符都将大写。

示例 用户许可证结构：

AD1DAD797C966EC9F6A55B66ED98281599B3C7B1859868

下一节将说明该用户许可证的结构。

15-7.3.1.1 HW_ID 格式

“HW_ID”是 OEM 定义的 32 位十六进制数字。这样的“HW_ID”通常实现为加密锁，也可以通过其他方式来实现，以确保每个安装都具有唯一防篡改的标识。

“HW_ID”以加密的形式存储在用户许可证中。使用 AES 算法，以“M_KEY”进行加密，得到一个 128 位的值，该值被编码为 32 位（16 字节）十六进制数。然后，加密的“HW_ID”在用户许可证中以 ASCII 形式表示为 32 位。请注意，“HW_ID”的大小与 AES 块的大小相同，不需要任何填充。

“HW_ID”的示例：40384B45B54596201114FE99042201

加密 HW_ID 的示例如下：AD1DAD797C966EC9F6A55B66ED982815 (M_KEY=4D5A79677065774A7343705272664F72)

15-7.3.1.2 校验和（CRC）的格式

校验和是一个 8 位的十六进制数字。通过获取加密“HW_ID”，并将其转换为 32 个字符的十六进制字符串生成。然后使用算法 CRC32 对其进行散列处理，并将 4 个字节转换为 8 个字符的十六进制字符串。

校验和未加密，并允许检查用户许可证的完整性。上例中的校验和为：

- 示例 HW_ID：40384B45B54596201114FE99042201
- 示例加密 HW_ID：AD1DAD797C966EC9F6A55B66ED982815
- 校验和：99B3C7B1

15-7.3.1.3 “M_ID”格式

“M_ID”是由 SA 提供的以 ASCII 表示的 6 字符字母数字代码。SA 为所有许可的制造商提供各自的唯一“M_KEY”和“M_ID”（制造商密钥和标识符）组合。制造商必须保护此信息。

当新的制造商加入该模式时，SA 将向所有许可的数据服务器提供所有制造商代码的完整列表。数据服务器使用此信息来确定在创建“数据客户端”单元许可证时，使用哪个“M_KEY”（密钥）来解密用户许可证中的“HW_ID”。

上例中的“M_ID”为：859868

15-7.3.2 “M_KEY”格式

“M_KEY”是分配给制造商并由 SA 提供的 32 位随机十六进制（128 位）数字。生成用户许可证时，OEM 使用此密钥加密分配的“HW_IDs”。数据服务器使用此密钥来解密分配的“HW_ID”。请注意，“M_KEY”的大小与 AES 块的大小相同，不需要任何填充。

M_KEY 的示例：4D5A79677065774A7343705272664F72

15-7.4 数据许可证

要解密数据文件，数据客户端必须有权访问该数据文件的加密密钥（详见第 15-6.2.1 节）。由于加密密钥仅限数据服务器所知，因此需要通过受保护的方式将此信息传递给数据客户端。此信息由数据服务器以许可证的加密形式提供给数据客户端。有一个数据许可证分发文件，名称为 PERMIT.XML（详见条款 15-7.4.1）。根据数据客户端要求的产品覆盖，该文件可能包含多个许可证。

PERMIT.XML 文件根据数据服务器的操作流程，以硬媒介或使用在线服务的形式提供。购买许可证时，这些流程可供数据客户端使用。

数据许可文件中的每个记录还包含其他字段，可用于帮助 OEM 系统管理数据客户端许可，并允许来自多个数据服务器的文件，详见条款 15-7.4.2。

数据客户端可以通过向数据服务器提供其唯一的用户许可证获得产品访问许可证（见条款 15-7.3）。数据服务器可以使用数据客户端的“M_KEY”从用户许可证中提取“HW_ID”，然后基于此值创建特定于客户端的许可证。许可文件记录的格式详见条款 15-7.4.1 至 15-7.4.4。

由于数据许可证是针对特定的“HW_ID”发布的，因此无法在不同安装（数据客户端系统）间进行转移。这种将许可证链接到安装的方法支持生成通用加密的数据，该数据可以分发给所有订阅服务的数据客户端。

数据客户端系统使用通过硬件或软件方式存储的分配“HW_ID”对许可证进行解密。然后，解密的密钥可由系统用于解密许可的产品。由于多个数据服务器可以为特定类型的产品制作许可文件，因此数据客户端系统负责管理来自多个数据服务器的许可文件。

15-7.4.1 许可证文件（PERMIT.XML）

文件名将始终以大写形式提供，文件中包含的任何字母字符也将始终为大写。该文件完全以 ASCII 进行编码。OEM 应该意识到，保护模式生成的所有 ASCII 文本文件都可能包含有歧义的行尾标记，例如 CR 或 CRLF，OEM 应该能够处理这些标记。

PERMIT.XML 文件可以包含带有相应 XML 元素的多个部分，如下所示：

表 15-4 PERMIT.XML 元素

XML 元素（英文）	XML 元素（中文）	说明
header	标头	包括文件创建日期、数据服务器的名称和格式版本
product	产品	数据服务器提供的许可，针对指定产品
digitalSignature	数字签名	许可证的数据服务器数字签名，附加到 PERMIT.XML 文件中

请注意，PERMIT.XML 文件可以包含数据服务器提供的多种产品的许可证。OEM 必须确保终端用户软件能合并来自多个数据服务器的许可证。

15-7.4.2 许可证文件—标头内容

下表定义了许可证 XML 文件中每个部分的内容和格式。

表 15-5 PERMIT.XML 的内容和格式

内容	XML 元素（英文）	XML 元素（中文）	说明
日期和时间	date	日期	字段名称，日期和时间由空格字符（SP <h20>）分隔。日期格式为 YYYYMMDD，时间使用 24 小时制，格式为 HH：MM 示例：DATE 20180320 17:11
提供者	dataserver	数据服务器	生成许可证文件的数据服务器的名称。数据服务器名称应保持一致，并使用与“S100_ExchangeCatalogue – contact”中定义的相同组织联系人

续表

内容	XML 元素（英文）	XML 元素（中文）	说明
版本	version	版本	S-100 的版本号。与 IHO 版本编号模式 X.Y.Z 兼容，例如 4.0.0
用户许可证	userpermit	用户许可证	许可证所针对的用户许可证。允许客户端系统或实现者对目标进行验证。终端用户系统必须可以检查许可证是否适用于桥接了多系统桥的指定系统

15-7.4.3　产品部分和许可证记录字段

PERMIT.XML 文件中的标头元素后跟一个称为“products”（产品）的元素，其中包含多个“产品”记录，每个记录均包含这些产品的实际许可证。允许单个 PERMIT.XML 文件包含所有单一终端用户系统的多个产品的许可证。

15-7.4.4　许可证记录的定义

PERMIT.XML 文件中的每个产品元素都包含一系列“permit”（许可）元素。这些元素包含所标识产品的实际许可证。下表定义了许可证元素中包含的元素以及每个元素的用途。

表 15-6　许可证记录元素

字段（英文）	字段（中文）	用途	格式
filename	文件名	在“S100_DatasetDiscoveryMetaData – filename”中定义的文件名。数据客户端系统通过该文件名，可以将正确的加密密钥链接到相应的加密文件	CharacterString
editionNumber	版次	“S100_DatasetDiscoveryMetaData - editionNumber”定义的产品文件的版本号	CharacterString
issueDate	发行日期	可选，如果产品中没有版本号，则可选用发行日期作为标识	xs:date
expiry	有效期终止	这是数据客户端许可证的到期日。系统必须阻止在此日期之后安装任何新版本或更新	xs:date
encryptedKey (EK)	加密密钥（EK）	EK 包含产品文件指定版本的解密密钥	32位十六进制数字，标识 128 位密钥

15-7.4.5　permit.xml 文件示例

```
<permit>
    <header>
        <date>20180607 14:11:59</date>
        <dataserver>primar</dataserver>
        <version>1.0.0</version>
        <userpermit>80352805938502220302542</userpermit>
```

```xml
</header>
<products>
    <product id="S-101">
        <permit>
            <filename>101GB40079ABCDEF.000</filename>
            <edition>10</edition>
            <expiry>20183112</expiry>
            <encryptedKey>2011AA840D5C2204</encryptedKey>
        </permit>
        <permit>
            <filename>101NO32802411223.001</filename>
            <edition>5</edition>
            <expiry>20180610</expiry>
            <encryptedKey>2065AF8E5D5C1411</encryptedKey>
        </permit>
    </product>
    <product id="S-102">
        <permit>
            <filename>102NO329048208</filename>
            <edition>1</edition>
            <expiry>20183112</expiry>
            <encryptedKey>3176BD8F5D6C0608</encryptedKey>
        </permit>
    </product>
</products>
<digitalSignature>
    <signedpublicKey id="primar" rootKey="IHO"> MIIBtjCCASsGByqGSM44BAEw-
        ggEeAoGBAMwvcLfFri7k1qxaTwztsWCgcYqOhNpKx7vIzstyiVM+xZlf-
        gljKDToRQito0AIy9nkfXCOXA1QzuUhMNoLim8s1oudLOeiDwjHq7fnm/
        HNQVLNKG9XFxOSChBz8AaknPTPnSRuTv1JiTKzH17CAGhkCFzqf7k-
        K+AexqttT05skhAhUApHDc0AdnfLvcB6lQco/biZ7cv2UCgYBDWl36giFV-
        2j4R2B7AxDmwwylcif7KiEeU9T+rrzQbQflMCJeRLHVmNe0uO/L9Y-
        StBWNd+7vUIHQVzRNRmcODHlQTbojm8FSofNyOKc3LbQraAlMG/
        dcrDX7XafgFpdeCcyNyntD+7nd076zATYec5Ad4RJeo1Bq/UphJPYBSpNgOBhAAC-
        gYAIb5BNjP4YJOw/y7dcUS2k7aLt3YaWEM8sIyhOAGo4Z8bpzdDRkj5NY-
        SYSzqKzHBTVRxPna4YKf7XvTQwflhWDDCo+yCuYirLFsmMJv5Mp8wL8+MX-
        ZNr4IA1k/xgTBCZfZPdbAaGpoQ4nmgt0tQyJBxck+M2jUjGbQ2VCECI sNQQ==
    </signedpublicKey>
    <signature>
        <R>28F549549614ED4896BECBB056BE0F36ECA172EC</R>
```

<S>399A5F5FC5B4DC52F1B750233F85AE3849227603</S> </signature>
</digitalSignature>
</permit>

15-8 数据认证

本部分指定了 S-100 产品规范实现复制保护和 / 或身份验证方法所需的机制、结构和内容；定义了数据集以及要素和图示表达目录中基于文件的标准化加密方法；定义了用于数字签名的算法和方法，以及 IHO 数据保护模式中密钥管理和身份保证所需的基础设施。

15-8.1 数据认证和完整性检核简介

S-100 中的数字签名技术采用通行的标准算法和密钥交换机制。数字签名在类似 PKI 的基础架构模式中使用非对称公钥算法，将数据文件与发布者的身份牢不可破地绑定在一起。

该模式依赖于数据文件校验和的非对称加密[1]。通过验证发行者的公钥签名以及根据顶级身份验证颁发者的公钥，确保用户具有签名者的身份。关于数字签名的详细技术描述超出了本文的范围，读者可以参阅数字签名标准（DSS–FIPS 出版物 186）以获取更详细和易于理解的解释。S-100 的该部分假定您具有数字签名条款和 PKCS 验证模式的基本知识。

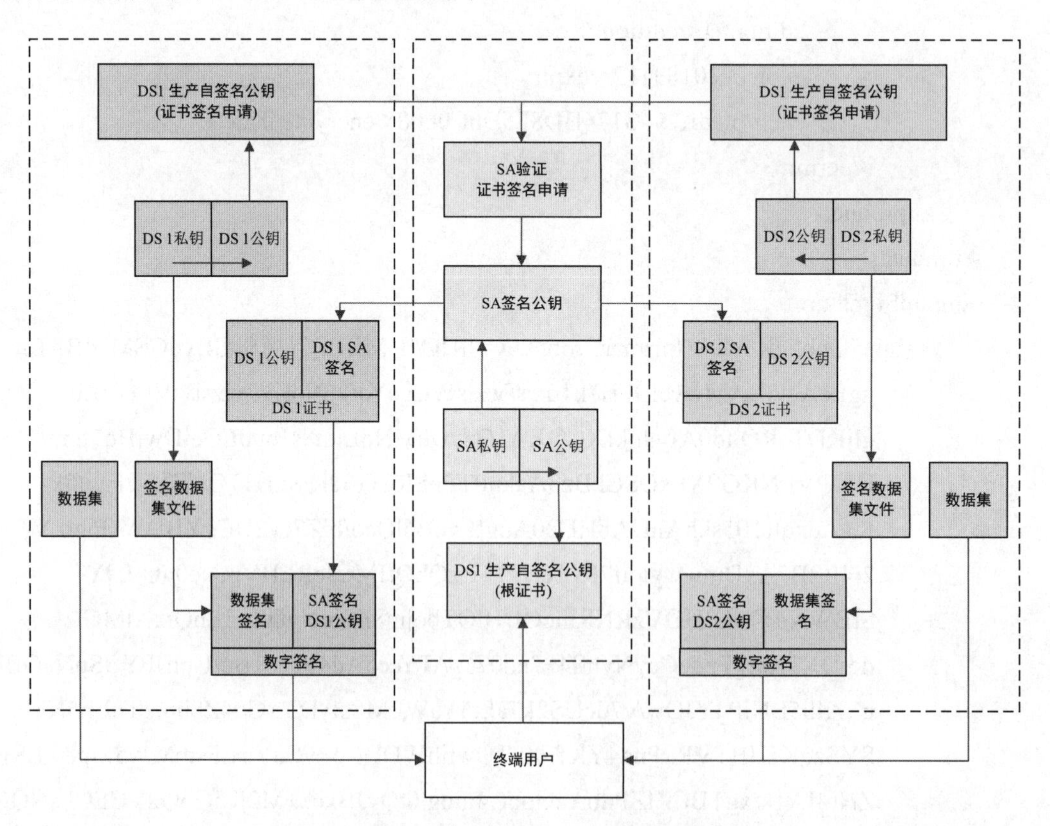

图15-5 使用ENC产品的认证过程示例

1 非对称加密依赖于使用不同密钥进行加密和解密的算法。因此，一个人可以加密数据，并为其他人提供解密密钥进行数据解密。这些密钥被称为“private key”（私钥）和“public key”（公钥），统称为“key pair”（密钥对）。

IHO 数据保护模式可以具有三个不同的阶段：

1）模式管理员（SA）验证 S-100 产品的数据服务器身份，并向供应商提供信息，供产品数字签名使用。

2）数据服务器发布使用其身份签名的产品（以及 SA 对其身份的验证）。

3）数据客户端随后验证数据服务器的身份、与 SA 的关联以及产品数据的完整性。

应该注意的是，S-100 数字签名机制并非仅用于 S-100 产品规范的数据文件。可以对任何文件数据进行加密（和发布许可证）和数字签名，本部分中描述的机制可用于要素和图示表达目录签名。该机制对 IHO 发布的要素和图示表达目录有效。

15-8.2 数据保护模式设置、数据服务器注册和验证序列

以下是数据保护模式中，各机构在数据文件数字签名期间采取的步骤列表。

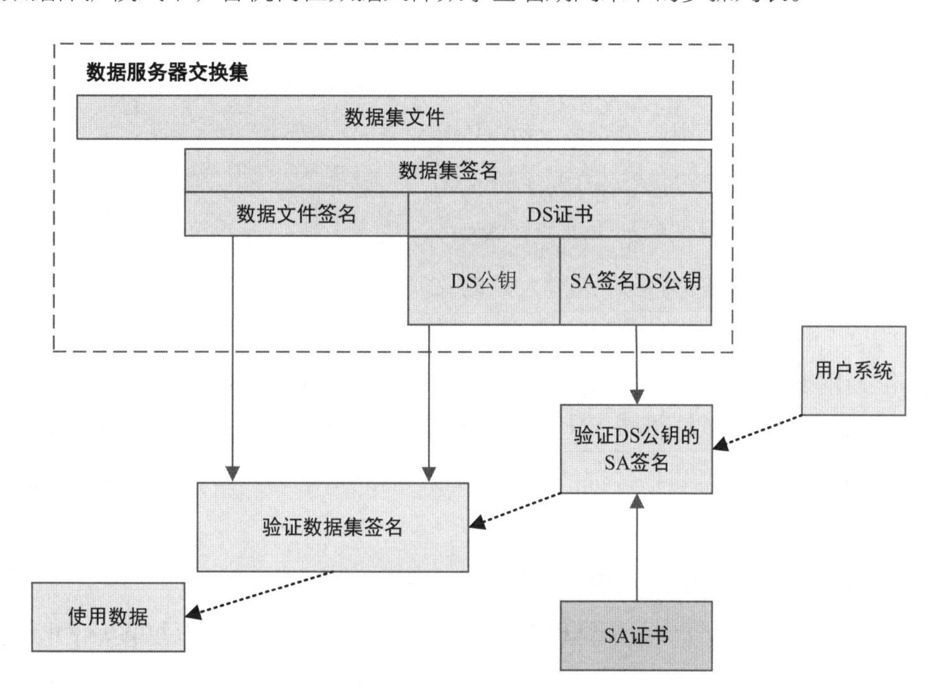

图15-6 客户端系统的数据认证流程

1）模式创建和设置（仅一次，在数据保护模式的倡导下）：

a）SA 创建自己的公钥 / 私钥对并进行自签名。

b）SA 将自签名的公钥（也称为“证书”）放在公共域中。

c）SA 公钥嵌入到 OEM 系统所需的位置。

2）数据服务器设置（仅一次）：

a）数据服务器创建一个公钥和私钥对。

b）数据服务器对公钥（及其私钥）进行签名，创建自签名密钥（有时也称为“证书签名请求”）。

c）申请加入 IHO S-100 数据保护模式时，数据服务器的自签名密钥（SSK）发送到 SA 进行验证。数据保护模式中的任何其他要求和职责，都在此阶段向预期数据服务器发布。

3）数据服务器身份验证：

a）如果被接受，则 SA 验证数据服务器的 SSK 和身份。

b）SA 用自己的私钥在数据服务器的 SSK 上签名，生成 SA 签名数据服务器证书。

c）然后将数据服务器证书返回到数据服务器。

d）数据服务器验证证书是否根据“SA 公钥”对其公钥进行了签名。

4）然后，数据服务器可以生成数据文件的数字签名。模式参与者也可以按需生成要素和图示表达目录数字签名。

15-8.3 数字签名、密钥和证书的数据格式和标准

数据认证需要以下类别的内容：

1）密钥对、私钥和公钥。这些都是 PEM 编码的 DSA 密钥及其 DSA 密钥参数。这些密钥都应为 1024 位长。

2）证书签名请求和数字签名的公钥。当公钥进行数字自签名时，称为“证书”（因为公钥通过使用私钥进行验证而得到“认证”）。当公钥用相应的私钥签名时，称为“self-signed”（自签名）证书。这些记录以 X.509 记录的形式列出，可以是 DER 或 PEM 编码，发送给 SA 进行签名。当嵌入 XML 文件中时，密钥应经过 PEM 编码，纯文本可以作为 XML 元素插入。

3）SA 签名公钥（“证书”）的数字格式为 X509v3 格式，编码为 PEM。

PEM 格式定义了 DSA 算法所需的多个大数的文本编码（以及 DSA 算法所需的 DSA 参数）。PEM 编码（最初是为电子邮件编码而开发的，但在加密社区中广泛用于对密钥和数字签名的长整数进行编码）允许将公钥和数据服务器证书嵌入 XML 文件，以允许 XML 文件的创建、目录和支持文件元数据的创建以及图示表达和要素目录数字签名的生成。S-100 数据文件的数字签名必须嵌入目录元数据，具有针对未加密数据文件及其源身份验证的校验和的双重目的。因此，它们必须在任何加密机制之前生成，因为复制保护本身是可选的。

如上所述，SA 证书表示长度为 1024 位的 DSA 公钥，作为 PEM 编码的文本文件提供。SA 证书将始终位于名为 IHO.PEM 的文件中。IHO.PEM 文件可从 IHO 获取，网址为 http://www.iho.int。

S-100 中的数字签名是数字签名标准（DSS）的实现。DSS 使用安全散列算法（SHA256）创建文件内容的消息摘要（散列），内容为 256 位长。然后，将消息摘要输入数字签名算法（DSA），使用非对称加密算法和签名者密钥对的“私钥”生成消息数字签名。DSA 密钥长度为 1024 位。

在 DSA 算法中，签名是两个整数序列。按照惯例，称为 R 和 S（“RS 对”）。嵌入 XML 文件中时，数字签名的格式如下：

<digitalSignature>302C021433796C6647CC1C55A67DC72FA7C6E157A6594B2B02145D3768B4 4F3A6ABA11A77178B738AD3B6A0DE344

</digitalSignature>

两个 R、S 大整型的编码是 Base64 ASN.1 字节序列[1]。它们是由 openssl 实现本机生成的，无需分

1 抽象语法标记（Abstract Syntax Notation One，ASN.1）是一种定义数据结构的标准接口描述语言，用于跨平台方式序列化和反序列化。在电信和计算机网络中广泛使用，特别是密码领域。https://en.wikipedia.org/wiki/Abstract_Syntax_Notation_One

解单个 R 和 S 整数即可生成和验证。这种编码可以方便地将两个值清晰地包装到一个字节数组中。然后，对表示 R、S 对的 ASN.1 序列进行 Base64（RFC 4648）编码，以便在 XML 数字签名元素中表示。

上例中的 ASN.1 模式如下：

序列（2 元素）

整型（158 字节）7B980FF65B48DF1D9A9396F918E37FC7B6B8F5D4

整型（158 字节）73740AF5AA63116E23E57352B5B88D143BFC630C

数字签名也可以包含以下属性：

1）一个“id”属性作为标识符。

2）一个“certificateRef”（证书引用）属性，用于标识数据服务器证书，其中包含用于身份验证的正确公钥。如果签名由 SA 进行身份验证，则“certificateRef”（证书引用）是 SA 的标识符，在 XML 容器类型的“schemeAdministrator”（模式管理员）元素中定义。

上述属性详见第 15-8.8 节。

15-8.4 密钥材料和证书签名请求的生成（已签名的公钥）

常用的“openssl package”（openssl 包）提供了公共域的开源工具，可根据本部分给出的开放标准生成密钥材料。

下表 15-7 是创建公钥和私钥对、证书生成以及数据文件数字签名的基本命令行示例。

15-8.4.1 SA 设置

此过程仅执行一次。表中的命令 SA-1 设置了一组新的 DSA 参数，SA-2 命令创建了 SA 的“root certificate”（根证书）——它们的自签名密钥用于身份的自我认证。

当数据服务器创建 X509 证书签名请求（CSR）时，SA 使用命令 SA-3 对其进行签名。这将创建数据服务器公钥的 SHA256 签名版本。“signedicds.crt”文件的 PEM 编码版本是嵌入到许可证文件和目录元数据中的“数据服务器证书”。

表 15-7 创建公钥和私钥对 - 基本命令

任务	命令
SA-1 创建 DSA 参数	openssl dsaparam 1024 -out dsaparam.txt
SA-2 创建 SA 根密钥和自签名根证书	openssl req -x509 -sha256 -nodes -days 365 -newkey dsa:dsaparam.txt -keyout iho.key -out iho.crt
SA-3 签署已验证的证书签名请求	openssl x509 -req -in CSR.csr -sha256 -CA iho.crt - CAkey iho.key -CAcreateserial -out signedicds.crt

15-8.4.2 数据服务器设置

数据服务器用命令 DS-1 至 DS-5 描述的一次性过程来设置其与 SA 的身份。将 SA 签名的证书交付数据服务器，该证书随每次的签名材料一起交付给数据客户端。

表 15-8　数据服务器设置 - 命令

任务	命令
DS-1 创建 DSA 参数文件	openssl dsaparam 1024 -out ICDSparam.txt
DS-2 创建数据服务器密钥 DS-3 从私钥中拆分公钥	openssl req -out CSR.csr -new -newkey dsa:ICDSparam.txt - nodes -keyout icds.key openssl dsa -outform pem -in icds.txt -out icdspubkey.txt - pubout
DS-4 创建证书签名请求	openssl req -out CSR.csr -key icds.key -new
DS-5 验证从 SA 收到的证书	openssl verify -verbose -CAfile iho.crt signedicds.crt
DS-6 制作数据文件 DS-7 签名数据文件 DS-8 创建一个十六进制签名 DS-9 验证二进制签名	echo "hello world" > hw.txt openssl dgst -sha256 -sign icds.key hw.txt > hw.sig xxd -u -ps hw.sig > data.txt (to convert back use xxd –r -u -ps data.txt > data.sig) openssl dgst -sha256 -verify icdspubkey.txt -keyform pem –signature hw.sig hw.txt

DS-6 至 DS-9 命令显示了如何创建简单文本文件“hello world”，以及用数据服务器的私钥签名创建 DSA-SHA256 签名，然后进行验证。DS-8 创建了一个十六进制格式的签名，可以转换为以下 XML，以便能够嵌入到一个 XML 文件中（根据需要嵌入 PERMIT.XML 或目录元数据）。

<digitalSignature>302C021433796C6647CC1C55A67DC72FA7C6E157A6594B2B02145D3768B4 4F3A6ABA11A77178B738AD3B6A0DE344

</digitalSignature>

15-8.5　示例公钥

以下是 PEM 编码的公钥示例。实际上，签名公钥取自该格式并嵌入相关的 XML 文件中。PEM 编码提供了一种可用于渲染复杂二进制信息的实用方法，可在 XML 编码文件的文本中进行传输。上一节中所列的命令会对公钥和证书签名请求进行适当的格式化处理，以便在 SA 和 DS 之间进行通信。

-----BEGIN PUBLIC KEY-----

MIIDSDCCAjoGByqGSM44BAEwggItAoIBAQD9Pm/tjwRDRMYc1FzABkQqXKpTptvQ

9EVDdl8VJSCC82hdyJQDeS1DyLCp9LNTfdp+2lkMAcSUSzBJdRUQMvww78/L/zyH

D/owQKlbvyYwUfcAfJ1LgA/5cFzL174H/XRpDuWlCKRoq959QhVW6wY5PMKHAGpx

gpzb5SiqukxqWw07XllcQqPnvIdO1OeeCTOYD7WIPS1HXwCkcP9Bcd4dfVolfDvP

azsDavtZ48qcxU53XS+W3M646qbpueFLQ66kQ1Lt0XEopJeWnxjJISGomN1vLhFx

eY0uszEwBXoG8q6T/Cf8WNBnAfj4uq1/vAiwNTNeANnDcNPtu9mlK5nxAiEAtcfr

VKQyMjfcJUpl1NeGX/qYnzXmABiAMBjqgRS5mBkCggEBAKCTVhDlBm6jADkYXmxv

HjT9ry33zNJbQIAvycSUdIw8NYFVHSDqR8hILVf9LYzbrhENu0ffHdxgImA0GZJl

duxVoxhdMHOsdKGQOlVnzv7RB961S3F4Ho46r7MVUb6z7F6JZ7oFeWt5XSlYUlbr

ecG9cXi5vfDC/HT5sR4353SkudnYaRLdcDbpc0aHqVD6DyaqockyAMXDzTHEjlK9

Lw2+mWeKqIzX7SoBfb1N0DU0Ot6R5Ni0TdL0q59rUosu7UbvIFmOd3QQxGYk0Ro/
M+9drVaEAK1zJflvVjKuLQQPDGMhMfOktXLWi3D6UXPfRBdJSEn8PjhkmrKUNeCo
+RoDggEGAAKCAQEAkfEyvn8ALb3hAnWOmikUgjuwTxMq58/aswh4LXaIaG3UtpkL
SjnO31VH/3NG31ywAatJsmraGUijiIq4JR1m8DTI8P3lxeHcqB3ln1XYLYUw3pp3
8ABbGjuNJ4vTP+lwgOg9DPqpKsmJEb6cMtcFf7qSpMy9Hx76SO6z46r0xdMwoOkN
bHr3JNKxu9gLQZ3MY8AT7nhMcQRraO38KVahSadp35zDshlLHEd8HcCetrj1AFnN
m2AxTXeNzaLqAM6INlHZXHXO5UTu1EZW4ES4F7hdp6NwQV5ijm2IFeZg/KsuOiCW ISLCa5sU9z
w9MLrHBOF1ZqyUdBXkn4naNCZg5Q==
-----END PUBLIC KEY-----

15-8.6 数据服务器创建数字签名

数据服务器使用 DSA 算法及其私钥为所需的数据文件创建数字签名，详见条款 15-8.3。

S-100 交换集中包含的所有文件必须在“S100_DiscoveryMetadata-digitalSignatureValue”（发现元数据-数字签名值）或“S100_SupportFileDiscoveryMetadata-digitalSignatureValue”（支持文件发现元数据-数字签名值）中编码。

“digitalSignatureReference”（数字签名引用）字段必须编码为“dsa”。

“digitalSignature”（数字签名）字段必须编码为 1（真）。

数字签名嵌入到两个区域的目录元数据（和支持文件元数据）：

- 数据文件的 DSA-SHA256 数字签名，RS 对根据以下 XML 片段嵌入到适当的 XML 元素中：

<digitalSignature>302C021433796C6647CC1C55A67DC72FA7C6E157A6594B2B02145D3768B44F3A6ABA11A77178B738AD3B6A0DE344</digitalSignature>

它们的数据服务器证书保持不变。根据条款 15-8.3 进行编码，同时应嵌入到目录元数据标头。该证书提供了验证数字签名（和文件内容）所用的公钥。数据服务器证书本身是由模式管理者签署的，实施者有责任确保实施系统上有一个单独安装的 SA 根证书。在对数据集文件进行认证之前，应该先对证书进行认证。数据服务器证书只需一次性包含。由于证书不会改变，当包括多个数字签名时，可以通过其 "id " 属性来引用（如在交换集目录中，每个数据集文件都有一个签名）。在这种情况下，随后的 signedpublicKey 元素可以被命名为，例如：

<signedpublicKey id=” primar” />

数字签名的另一个示例编码在 PERMIT.XML 文件中，其中包含全部许可文件内容的签名，它由数据服务器发布的许可生成。

<digitalSignatureValue>
<signedpublicKey id="primar" rootKey="IHO">
MIIBtjCCASsGByqGSM44BAEwggEeAoGBA MwvcLfFri7k1qxaTwztsWCgcYqOhNpKx7vIzsty-
iVM+xZlfgljKDToRQito0AIy9nkfXCOXA1Qz uUhMNoLim8s1oudLOeiDwjHq7fnm/HNQVLNKG9X-
FxOSChBz8AaknPTPnSRuTv1JiTKzH17CAGhk CFzqf7kK+AexqttT05skhAhUApHDc0AdnfLvcB6lQco/
biZ7cv2UCgYBDWl36giFV2j4R2B7AxD mwwylcif7KiEeU9T+rrzQbQflMCJeRLHVmNe0uO/L9YStBWN-
d+7vUIHQVzRNRmcODHlQTbojm8F SofNyOKc3LbQraAlMG/dcrDX7XafgFpdeCcyNyntD+7nd076zA-

TYec5Ad4RJeo1Bq/UphJPYBSp NgOBhAACgYAIb5BNjP4YJOw/y7dcUS2k7aLt3YaWEM8sIyhOAGo4Z8b-
pzdDRkj5NYSYSzqKzHBT VRxPna4YKf7XvTQwflhWDDCo+yCuYirLFsmMJv5Mp8wL8+MXZNr4IA1k/
xgTBCZfZPdbAaGpoQ4 nmgt0tQyJBxck+M2jUjGbQ2VCECIsNQQ==
</signedpublicKey>
<digitalSignature>302C021433796C6647CC1C55A67DC72FA7C6E157A6594B2B02145D3768B4
4F3A6ABA11A77178B738AD3B6A0DE344</digitalSignature>
</digitalSignatureValue>

从 PERMIT.XML 中获取的 XML 可以看出，“signedPublicKey”（签名公钥）表示数据服务器证书，<digitalSignature> 元素包含定义签名的 RS 对。数据客户端系统验证许可文件的真实性时，只能使用 PERMIT.XML 文件中的标头和产品元素。

15-8.7　使用 S-100 数字签名验证数据完整性和数字身份

数字签名验证是一种对三个独立数据（所有格式化都应符合 S-100 中该部分的要求）进行运算的算法：

1）一些需要验证的“内容”；

2）适当编码的“公钥”。在采用的 DSA 算法中，此公钥由一组 DSA 参数和一个公钥组成；

3）一个“签名”。在 DSA 算法中，签名由两个数字组成，按照惯例这些数字称为 R 和 S（RS 对）。

签名验证过程将识别 RS 对能否根据给定的公钥对内容进行验证。结果只能为真或假。

DSA 数字签名验证获得两个结果：

- 认证：实现系统根据 SA 公钥（“公钥”）验证数据服务器公钥（“内容”）和数据服务器证书中的签名（“签名”），以确认证书中的供应商公钥是有效的，且数据服务器是 S-100 数据保护模式的真正成员。
- 完整性校验：实现系统根据数据文件（“内容”）验证数据文件签名（“签名”）和数据服务器证书中的数据服务器公钥（“公钥”）。这会验证数据文件的内容。

如果验证成功，则表明数据文件没有任何损坏，并且单元签名中数据服务器身份已通过 SA 根证书定义的 SA 身份验证。

15.9　S-100 数据保护模式和计算术语词汇表

S-100 全篇使用的通用缩写词，请参见第 0 部分条款 0-2。S-100 全篇使用的通用术语和定义表，详见附录 A。

表 15-9　S-100 数据保护模式条款

AES	高级加密标准，模式中使用的加密算法
数据许可证	包含解密许可产品所需的加密产品密钥的文件。它是专门为特定用户创建的

续表

数据客户端	表示接收加密 ENC 信息的终端用户的术语。数据客户端将使用软件应用（例如 ECDIS）执行模式中详细介绍的操作。通常为 ECDIS 用户
数据服务器	表示生产加密数据文件或向终端用户发布单元许可证组织的术语
M_ID	SA 分配给每个制造商的唯一标识符。数据服务器使用该标识符标识解密用户许可证时使用哪个“M_KEY”
M_KEY	模式管理员提供给 OEM 的 ECDIS 制造商的唯一标识密钥。OEM 创建用户许可证时用它来加密“HW_ID”
HW_ID	OEM 为其系统中的每个实现分配的唯一标识符。该值使用 OEM 的唯一“M_KEY”加密，并作为用户许可证提供给数据客户端。该方法允许数据客户端购买许可证以解密 ENC 单元
PKCS	公钥密码标准
IV	AES-CBC 加密算法使用的初始化矢量
SA	模式管理员。IHO 负责维护和协调保护模式的所有操作事项和文件
SHA	安全散列算法
SSK	自签名密钥（自签名证书文件）
用户许可证	“HW-ID”加密形式，可唯一标识数据客户端系统

表 15-10　计算术语

CRC	循环冗余码校验
加密锁	有时称为硬锁设备，是 OEM 提供的硬件设备，在安全性中具有唯一的系统标识符（HW_ID）
XOR	异或

附录 A　术语和定义

针对本文档的用途，使用了以下术语和定义：

2.5 维 2.5 dimension

限定二维流形的三维坐标系所使用的二维拓扑 [ISO 19107]

抽象类 abstract class

抽象类定义了一个多态的对象类，不能被实例化 [ISO 19103]

精度 accuracy

测试结果与公认参考值之间的接近程度 [ISO 3534-1]

注释　测试结果可以是观测结果或量测结果。

增加 addition

在注册表中添加一项 [ISO 19135]

仿射坐标系 affine coordinate system

在欧几里德空间中，坐标轴不一定互相垂直的坐标系 [ISO 19111]

聚合 aggregation

关联的特殊形式，用以说明集合（整体）与组成部分之间的整体 - 部分关系（见组合）[ISO 19103]

注记 annotation

以更正为目的，在说明性材料上做的文字标注

注释　包括数字、字母、符号和记号 [ISO 19117:2012 (E), 4.1]。

应用开发接口 application programming interface

IEC 61162-401 中定义的对所需应用服务的一种实现

注释　虽然基本功能相同，但不同制造商开发的 API 可以不同。

应用模式 application schema

一个或多个应用所需数据的概念模式 [ISO 19101]

关联 association

两个或两个以上类元之间的语义关系，定义了类中实例间的连接 [ISO 19103]

注释　二元关联是恰好两个类元之间的关联（包括一个类元与其本身的关联）。

属性 attribute

（1）实体的命名特征 [ISO/IEC 2382-17 ： 1999]

注释　描述实体的几何、拓扑、专题或者其他特征。

（2）类元的特征，描述该类元的实例可能具有的值域。

注释 1　一个属性语义上等同于一个组合关联，但是，目的和用途是不同的。

注释 2　此定义中的“Feature”（特征）是 UML 中的术语概念，而不是该标准中第 4 部分中的概念（译者：“Feature”在第 4 部分表示“要素”的意思）。

A- 专用标准 A-profile

提供应用服务的通信协议（详见 OSI 5 至 7）

波段 band

电磁辐射的波长范围，而电磁辐射能通过传感设备产生一个简单的响应 [ISO/TS 19101-2：2008]

基础标准 base standard

能够用于构建专用标准的 ISO 地理信息标准或其他信息技术标准 [ISO 19106：2005]

边界 boundary

表示一个实体界限的集合 [ISO 19107]

注释　边界通常用在几何结构中，这里的几何是点的集合或代表这些点的对象的集合。

笛卡尔坐标系 cartesian coordinate system

坐标系，给出了点在 n 个互相垂直轴中的位置 [ISO 19111]

字符 character

在线数据交换中：ISO/IEC 8859-1 定义集中一个 8 位字节的代码。空字符（8 位字节全为 0）可能具有特殊含义

更正 clarification

对注册项进行的非实质性修改 [ISO 19135]

注释　非实质性修改不改变注册项的语义或技术上的含义。更正不会导致注册项的注册状态改变。

类 class

具有相同的属性（域）、操作、方法、关系与语义的对象集的描述 [ISO/TS 19103:2005]

注释 1　类代表正被建模的系统中的概念。取决于模型的种类，概念可能是现实世界的（用于分析模型），也可能包含算法和计算机实现的概念（用于设计模型）。类元是类的泛化，包含了其他似类元素，比如数据类型、角色和组件。

注释 2　类可以用接口的集合来定义提供给外界（环境）的操作集。参见：接口。

分类 classification

在要素目录中，为真实世界某一要素确定合适类型的过程，包含了对数据质量的考虑

类元 classifier

描述行为和结构特征的机制 [ISO 19103]

注释　类元包括接口、类、数据类型和组件。

客户端 client

使用服务的技术实体（例如：设备、程序）

代码表 code list

包括每一个允许值代码的值域 [ISO 19136]

组合曲线 composite curve

曲线的序列，其每条（第一条除外）在该序列的上一条曲线的结尾处开始 [ISO 19107]

组合 composition

一种聚合形式，作为整体中的一个组成部分，具有强所有关系 [ISO 19103]

注释　组合本身可以创建无固定多重性的组件，但创建完成后，组件随其存在或消失（即，共享生存期）。这样的组件在该组合消失前还可以显式移除。组合可以是递归的。同义词：组合聚合（composite aggregation）。

复合坐标参照系 compound coordinate reference system

用至少两个相互独立的坐标参照系描述位置的坐标参照系 [ISO 19111]

级联坐标操作 concatenated coordinate operation

多个坐标操作的顺序应用组成的坐标操作 [ISO 19111]

概念模型 conceptual model

定义一个论域概念的模型 [ISO 19101]

概念模式 conceptual schema

概念模型的形式化描述 [ISO 19101]

一致性 conformance

满足规定的要求 [ISO 19105]

连续覆盖 continuous coverage

在域中单一空间对象、时间对象或时空对象内的不同直接位置处，针对同一要素属性返回不同值的覆盖 [ISO 19123]

注释　尽管连续覆盖的域通常在其空间和/或时间范围中绑定，但仍可以细分为无数个直接位置。

控制组 control body

对注册表内容作决定的技术专家组 [ISO 19135]

坐标 coordinate

用 n 个有序数组表示一个点在 n 维空间中的位置 [ISO 19111]

注释　在一个坐标参照系中，坐标数值由单位限定。

坐标转换 coordinate conversion

基于同一基准的，从一个坐标参照系到另一个坐标参照系一一对应的坐标操作 [ISO 19111]

坐标操作 coordinate operation

从一个坐标参照系到另一个参照坐标系一一对应的坐标改变 [ISO 19111]

坐标参照系 coordinate reference system

通过基准与现实世界相关联的坐标系 [ISO 19111]

注释　对大地基准和垂直基准而言，关联对象是地球。

坐标系 coordinate system

给点赋予坐标的数学规则集 [ISO 19111]

坐标变换 coordinate transformation

基于不同基准，实现两个坐标参照系一一对应的坐标操作 [ISO 19111]

坐标元组 coordinate tuple

由有顺序的坐标所构成的坐标串

覆盖 coverage

在空间域、时间域或时空域中，为任意直接位置充当函数，从其值域中返回数值的要素 [ISO 19123：2005]

示例　实例有栅格影像、多边形覆盖或数字高程矩阵。

覆盖几何 coverage geometry

用坐标描述的覆盖域的结构 [ISO 19123]

曲线 curve

一维几何单形，表示一条线的连续映射 [ISO 19107]

注释　一条曲线的边界是曲线两端点的集合。如果曲线是一个圈，则两个端点相同，这条曲线（如果拓扑上是闭合的）被认为没有边界。第一个点被称为起点，最后一个点被称为终点。曲线的连通性由“一条线的连续映射”条款保证。拓扑定理指出，一个连续集合的连续映射是连续的。

曲线段 curve segment

一维几何对象，用来表达一条曲线内的某一连续组件，使用同种插值和定义方法来表达 [ISO

19107]

注释　用一个单独的曲线段表达的几何集合与一条曲线等价。

圈 cycle

没有边界的空间对象 [ISO 19107]

注释　圈用来描述边界组成部分（参见环）。圈没有边界，因为它自身闭合，但它是有界的（即它不具有无限的外延）。例如，圆环或球，没有边界，但却是有界的。

数据 data

为便于交流、解释或处理，对信息的可再解释的形式化表示 [ISO/IEC 2382-1：1993]

数据获取和分类指南 data capture and classification guide

描述数据获取过程和分类过程的说明

数据有损压缩 data compaction

通过除去不必要的冗余，移除不相关的元素或者使用专门的编码，对数据的生成、传送和存储，不带信息丢失地减少数据元素数量、带宽、成本和时间 [ANS T1.523-2001]

注释　有损数据压缩减少了用于表示给定数量信息的数据量，而无损数据压缩没有。

数据无损压缩 data compression

无损压缩：减少用于表示源影像数据的位数 [ISO 10918-1（JPEG 第 1 部分）]

注释　数据无损压缩没有减少用于表示指定数量信息的数据量，而数据有损压缩有丢失信息。两种压缩都会导致使用更少的数据元素来表示给定数量的信息。

数据编组 data marshalling

定义了数据记录的传输格式，该格式与计算机体系结构、专用网络、编译器和编程语言无关。数据编组例程在此传输格式和不同模块中使用的内部数据表示之间进行转换

数据产品 data product

与数据产品规范一致的数据集或数据集系列 [ISO 19131]

数据产品规范 data product specification

数据集或数据集系列的详细描述及补充说明，从而使其他方能够创建、提供和使用数据集或数据集系列 [ISO 19131]

注释　数据产品规范提供了论域的描述，以及将论域映射到数据集的详细描述。可用于生产、销售、终端应用或其他目的。

数据质量日期 data quality date

进行数据质量度量的日期或日期范围 [ISO 19113]

数据质量元素 data quality element

定量描述数据集质量的组成部分 [ISO 19101]

注释　数据质量元素对数据集的适用性依赖于数据集的内容及其产品规范；究其原因不是所有的数据质量元素适用于所有的数据集。

数据质量评价过程 data quality evaluation procedure

应用和报告质量评价方法及评价结果的操作 [ISO 19113]

数据质量度量 data quality measure

数据质量子元素的取值 [ISO 19113]

示例　属性值正确的百分率。

数据质量概述元素 data quality overview element

说明数据集质量的非量化组成部分 [ISO 19101]

注释　关于数据集的目的、应用和数据志的信息是非定量信息。

数据质量结果 data quality result

数据质量度量得到的一个值或一组值，或者将获取的一个值或一组值同规定的一致性质量级别相比较得到的评价结果 [ISO 19113]

示例　“完整性，多余错误”数据质量元素及其数据质量子元素的一个数据质量评价结果为“90”、数据质量值类型为“百分比”，这个例子是对数据质量范围确定的数据进行数据质量度量而得到的。数据质量评价结果为“真”、数据质量值类型为“布尔型变量”是将值（90）同规定的一致性质量等级（85）相比较的示例，评价结果为良好、合格或不合格。

数据质量范围 data quality scope

被报告质量信息的数据的范围或特征 [ISO 19113]

注释　一个数据集的数据质量范围可以由该数据集所属的数据集系列组成，也可以由该数据集本身，或是物理上位于数据集中、拥有共同特征的较小的数据组组成。共同特征可以是相同的要素类型、要素属性或要素关系；可以是相同的数据采集标准；或是一个指定的地理或时间范围。

数据质量子元素 data quality subelement

数据质量元素的组成部分，描述数据质量元素的某一方面 [ISO 19113]

数据质量值类型 data quality value type

记录数据质量结果的值的类型 [ISO 19113]

示例　“布尔型变量”“百分比”“比率”

注释　每个数据质量评价结果都提供数据质量值类型。

数据质量值单位 data quality value unit

记录数据质量结果值的单位 [ISO 19113]

示例　“米”

注释　仅当数据质量评价结果可应用时，才提供数据质量值单位。

数据类型 data type

允许在值域内对值进行操作的值域的说明 [ISO/TS 19103：2005]

示例　整型、浮点型、布尔型、字符串、直接位置和日期型

注释 1　数据类型包括基本预定义类型和用户定义类型。

注释 2　数据类型用术语标识，比如，整型（Integer）。

数据集 dataset

可识别的数据集合 [ISO 19115]

注释　数据集可能是一组较小的数据，尽管受到某些约束（如空间范围或要素类型）的限制，但在物理上位于较大的数据集中。从理论上讲，数据集可以小到更大数据集内的单个要素或要素属性。一张硬拷贝地图或图表均可以被认为是一个数据集。

数据集系列 dataset series

符合相同产品规范的数据集集合 [ISO 19115：2003]

基准 datum

定义原点位置、比例尺和坐标系方位的参数或参数集 [ISO 19113]

依赖 dependency

两个建模元素之间的关系，一个建模元素（独立元素）发生改变会影响另一个建模元素（依赖元素）

直接位置 direct position

用坐标参照系中的一组坐标描述的位置 [ISO 19107]

离散覆盖 discrete coverage

在一个数据覆盖域中，任何一个空间对象、时间对象或时空对象的不同直接位置都返回相同要素属性值 [ISO 19123]

注释　离散覆盖的时空域由几何对象的有限集组成。

域 domain

定义明确的集合 [ISO/TS 19103：2005]

注释　域用于定义域的集合以及属性、算子和函数的范围集合。

域特定目录函数 domain specific catalogue functions

脚本目录提供的脚本函数，不属于标准目录函数

域特定函数 domain specific functions

S-100 第 13 部分以外的所有脚本函数。域特定主机函数和域特定目录函数的合集

域特定主机函数 domain specific host functions

主机提供的脚本函数，用于支持域特定功能

椭球 ellipsoid

绕椭圆的一个主轴旋转所形成的表面 [ISO 19111]

数学上它可表示为笛卡尔坐标：$\frac{x^2+y^2}{a^2}+\frac{z^2}{b}=1$

其中 a 是长半轴，b 是短半轴。后者是旋转轴，这样一个椭球体被称为扁平椭球体。

椭球坐标系 ellipsoidal coordinate system

点位置由大地纬度、大地经度和椭球面高（三维情况下）来确定的坐标系 [ISO 19111]

椭球面高 ellipsoidal height

沿从椭球面到点的法线方向量测的该点到椭球面的距离，向上或向外为正 [ISO 19111]

编码 encoding

由数据向一系列代码的转换 [ISO 19118]

终点 end point

曲线的最后一个点 [ISO 19107]

事件 event

在某时刻发生的活动 [ISO 19108:2002]

外部 exterior

在宇宙与闭包之间的差 [ISO 19107]

注释　“外部”这个概念对拓扑复形和几何复形都适用。

面 face

二维拓扑单形 [ISO 19107]

注释　面的几何实现是曲面。面的边界是在该拓扑复形内通过边界关系关联到该面的有向边的集合。这些有向边的集合可以组织成若干环。

要素 feature

对现实世界现象的抽象 [ISO 19101:2003]

注释　要素可以通过类型或实例的形式出现。当仅表达一种含义时，应使用要素类型或要素实例。

示例　现象“埃菲尔铁塔”可与其他现象共同归类为要素类型“塔”（tower）。

要素关联 FeatureAssociation

一个要素类型的实例与其他相同或不同要素类型的实例链接的关系 [ISO 19110]

要素属性 feature attribute

要素的特征 [ISO 19101]

注释　要素属性包括名称、数据类型及与其相关的值域。某个要素实例的要素属性也具有一个来自于其值域的属性值。

示例 1　一个名为“colour”（颜色）的要素属性的一个属性值为“green”（绿色），数据类型为“text”（文本）。

示例 2　一个名为“length”（长度）的要素属性的一个属性值为“82.4”，数据类型为“Real”（实型）。

要素目录 feature catalogue

包含对一组或多组地理数据的要素类型、要素属性以及要素关联的定义和描述的目录 [ISO 19110]

要素图示表达函数 feature portrayal function

将地理要素映射到符号的函数 [ISO 19117：2012（E），4.10]

字段 field

带标签“subfield”（子字段）的命名集合。

示例　IHO 属性标签 / 代码和 IHO 属性值聚合为“Feature Record Attribute”（要素记录属性）字段。

扁率 flattening

椭球长半轴（a）与短半轴（b）之差和长半轴之比，即：f=(a-b)/a [ISO 19111]

函数 function

从一个域（源或函数的定义域）中的每一个元素到另一个域（目标域，因变量域、值域）中一个唯一元素相关联的规则 [ISO 19107]

注释　值域由其他域定义。

泛化 generalization

一般元素和特殊元素之间的分类关系 [ISO 19103]

注释　特殊元素与一般元素保持完全的一致性，并且包含其他的信息。如果一般元素允许，可以使用特殊元素的实例。参见：继承。

大地坐标参照系 geodetic coordinate reference system

基于大地基准的坐标参照系 [ISO 19111]

大地基准 geodetic datum

描述地球二维或三维坐标系关系的基准 [ISO 19111]

大地纬度 geodetic latitude

从赤道平面与通过给定点的椭球法线间的夹角，向北为正 [ISO 19111]

大地经度 geodetic longitude

首子午面与通过给定点子午面间的夹角，向东为正 [ISO 19111]

地理信息 geographic information

与地球上的位置直接或间接相关的现象的信息 [ISO 19101：2003]

地理定位信息 geolocation information

用于确定对应于影像位置的地理位置的信息

几何聚合 geometric aggregate

没有内部结构的几何对象的集合 [ISO 191107]

几何边界 geometric boundary

由一组限定几何对象范围的、较低几何维数的几何单形所表达的边界 [ISO 19107]

几何复形 geometric complex

分离的几何单形的集合，其每一个几何单形的边界都可以表达为该集合内其他维数更低的几何单形的联合 [ISO 19107]

注释 集合中的几何单形是分离的，意味着没有一个直接位置能同时在两个或两个以上的几何单形的内部。集合在边界操作中闭合，意味着几何复形中的每一个元素，存在一个代表该元素边界的几何单形的集合（也就是一个几何复形）。回想一下，点（几何中唯一的 0 维单形对象类型）的边界是空。因此，如果最高维的几何单形是曲面（2 维），按照这个定义，边界算子的运算最多 2 步结束。事实上，任何对象的边界是一个圈（cycle)。

几何维数 geometric dimension

在几何集内每一个直接位置都可以与其内部具有该直接位置的子集相关联，且相似（同构）于 n 维欧几里德空间的 Rn[ISO 19107]

几何对象 geometric object

表示一个直接位置集合的空间对象 [ISO 19107]

注释 几何对象由几何单形、几何单形的组合或处理为一个单独实体的几何复形构成。几何对象可以作为一个对象（诸如要素或要素的一个重要部分）的空间特征。

几何单形 geometric primitive

表达空间中单一、相连和同质元素的几何对象 [ISO 19107]

注释 几何单形描述几何结构信息不可再分的对象。几何单形包括点、曲线、曲面和体。

几何值对象 geometry value object

由一组几何值对组成的对象，这些几何值对构成的几何对象是更大的几何对象的元素 [ISO 19123]

地理校正 georectified

依照地球表面进行位置变换的校正

地理参照 georeferencing

确定影像坐标中的数据位置和它的地理或者地图位置之间关系的过程

格网 grid

由两组或多组曲线组成的网络，其中每组中的成员按系统规则与其他组中成员相交 [ISO 19123:2005]

注释　曲线集把空间分割成格网单元。

格网坐标系 grid coordinate system

根据曲线交点指定位置的坐标系

格网坐标 grid coordinates

规定某一点在格网上位置的两个或多个数字序列

格网点 grid point

在一个格网中，两个或多个曲线相交形成的点 [ISO 19123]

格网数据 gridded data

属性值与格网坐标系中位置相关联的数据

地面控制点 ground control point

具有精确地理位置的地球上的点

主机 host

托管 Lua 解释器的环境。通常，主机是使用一个或多个 S-100 产品的应用，例如 ECDIS

主机函数 host functions

主机提供的脚本函数。标准主机函数和域特定主机函数的并集

人类可读 human readable

便于人类阅读的信息表示方法

标识符 identifier

一个语言上独立的字符序列，可以唯一、固定标识它所关联的信息 [改自 ISO/IEC 11179-3:2003]

图像 image

格网覆盖，它的属性值是物理参数的数字表示

注释　物理参数是传感器或源自一个模型的预报的结果。

影像坐标参照系 image coordinate reference system

基于影像基准的坐标参照系

影像基准 image datum

定义了影像与坐标系关系的基准

影像 imagery

以图像表示现象，而这些图像是通过电子或光学方法产生的 [ISO 19101-2：2008]

注释 在 ISO 9115 中，认为对象和现象是通过相机、红外多光谱扫描仪、雷达和光度计或其他遥感手段和设备感知或侦测到的。

继承 inheritance

特殊元素从行为相关的一般元素中获得其结构和行为的机制 [ISO 19103]

注释 参见：泛化（generalization）。

实例 instance

包含操作并具有存储操作效果状态的实体 [ISO 19103]

注释 参见：对象（object）。

内部 interior

在几何对象上且不在其边界上的所有直接位置的集合 [ISO 19107]

注释 一个拓扑对象的内部是对应几何实现的内部的同态映射。由于它遵从拓扑法则，所以没有写在定义内。

ISO/IEC 8211 记录 ISO/IEC 8211 record

S-57 记录的 ISO/IEC 8211 实现，包含一个或多个字段

标签 label

用于标识子字段的 ISO/IEC 8211 实现概念

机读 machine readable

可由计算机处理的信息表示方法

地图投影 map projection

从大地坐标系到平面坐标系的坐标转换 [ISO 19111]

子午线 meridian

包含椭球短半轴的平面与椭球的交线 [ISO 19111]

消息 message

一种用于交换的固定格式的数据序列

元数据 metadata

关于数据的数据 [ISO 19115：2005]

元数据元素 metadata element

元数据的基本单元

注释　元数据元素在元数据实体中是唯一的。

注释　与 UML 术语中的一个属性同义 [ISO 19115：2005]

元数据实体 metadata entity

一组说明数据相同特征的元数据元素

注释　可以包括一个或一个以上的元数据实体。

注释　与 UML 术语中的一个类同义。

[ISO 19115：2005]

元数据子集 metadata section

元数据的子集合，由相关的元数据实体和元素组成

注释　与 UML 术语中的一个包同义 [ISO 19115：2005]

元模型 metamodel

定义模型表达语言的模型

模型 model

对论域某些方面的抽象 [ISO 19101]

注释　一个系统语义上完整的摘要。

修改 modification

对注册项实质性的修改 [ISO 19135]

多重性 multiplicity

规定了特征可能出现的次数，或者可以参加到指定关系的元素个数 [ISO 19103]

示例　1..*（1 对多），1（只有一个），0..1（0 或 1 个）。

对象 object

具有明确定义的边界与标识，封装了状态与行为的实体

注释　状态由属性和关联表示。行为由操作、方法和状态机表示。对象是类的实例。参见：类、实例。

操作 operation

在线数据交换中：在线数据交换服务中的服务器和 / 或客户端上需要执行的一个函数，以正确地完成预期的服务

包 package

把多个元素组织为组的通用机制 [ISO 19103]

注释　包可以镶嵌在其他包内。模型元素和图可以都出现在一个包中。

轨迹 pass

针对感兴趣目标进行的远程、移动测量系统的单个实例。

注释　在 ISO 19115 中，测量系统通常是遥感平台。在导航领域，测量系统一般是 GPS 卫星。

像素 pixel

赋予属性的数字图像的最小元素 [ISO 19129]

注释　它是可见图像的最小显示单位。

平台 platform

支持一个或多个传感器的结构

点 point

表示位置的 0 维几何单形 [ISO 19107]

注释　点的边界为空集。

点覆盖 point coverage

域由点组成的覆盖 [ISO 19123]

极化 polarisation

限制辐射，特别是光线、振动到一个简单平面上

图示表达 portrayal

向人类表达信息 [ISO 19117]

注释　该国际标准范围内的图示表达仅限于地理信息的图示表达。

图示表达目录 portrayal catalogue

针对要素目录定义的图示表达集合

注释　图示表达目录的内容包括图示表达函数、符号和图示表达上下文 [ISO 19117：2012(E)，4.21]。

图示表达上下文 portrayal context

地理数据集以外的条件参数，该条件参数影响该数据集的图示表达

注释　图示表达上下文会影响图示表达函数的选择和符号的构造。

示例　图示表达上下文因素包括显示比例尺或制图比例尺、观察条件（白天 / 夜晚 / 黄昏）以及显示方向要求等（北方不一定在屏幕或页面的顶部）[ISO 19117：2012(E)，4.22]。

图示表达函数 portrayal function

将地理要素映射到符号的函数

注释　图示表达函数还可以包括不依赖于地理要素特征的参数和其他计算 [ISO 19117：2012(E)，4.23]。

图示表达规则 portrayal rule

以声明性语言表达的特定类型的图示表达函数

注释　声明性语言是基于规则的，包括决策和分支语句 [ISO 19117：2012(E)，4.25]。

先序遍历序列 pre-order Traversal Sequence

在一个树结构图中，表示信息被解释的次序。该次序特别重要，并且是不能有冲突的，在 ISO/IEC 8211 数据记录中不能有其他外在的方法用于规定双亲 / 孩子关系

首子午线 prime meridian

以此起算，确定其他子午线经度的子午线 [ISO 19111]

专用标准 profile

一个或多个基本标准或基本标准子集的集合，以及适用时实现特定函数所必需的、基本标准内选定条款、类、选项和参数的标识

注释　专用标准源于基本标准，因此根据定义，与专用标准一致就是与其所衍生的基本标准一致 [ISO 19106：2005]。

投影坐标参照系 projected coordinate reference system

通过地图投影从二维大地坐标参照系得到的坐标参照系 [ISO 19111]

四叉树 quadtree

将二维对象表示为一个四叉的树结构，它的构造方式是：对每个不一致的象限进行递归细分，直到所有的象限在所选特征方面都是一致的，或者直到达到预定义截止深度 [ISO 2382]

质量 quality

一个产品满足规定的和隐含需求的能力特征的总和 [ISO 19113]

值域 < 覆盖 >range <coverage>

通过函数，与覆盖域内元素关联的要素属性值的集合 [ISO 19123]

栅格 raster

通常由平行扫描线形成的或者与阴极射线管显示相对应的矩形图案 [ISO 19123]

注释　栅格是格网的一种类型。

实现 realization

一个规范和它的实现之间的关系 [ISO 19103]

注释　表示行为的继承，但是不继承结构。

记录 record

有限的、命名的相关项（对象或值）集合 [ISO 19107]

注释　从逻辑上讲，记录是 < 名称、项 > 对的集合。

校正格网 rectified grid

格网坐标和外部坐标参照系坐标之间存在线性关系（仿射变换）的格网 [ISO 19123]

注释　如果某个坐标参照系通过基准与地球相关，该格网就是地理校正格网。

可参照性格网 referenceable grid

与一个变换相关联的格网，该变换常用来将格网坐标值转换成参照外部坐标参照系的坐标值 [ISO 19123]

注释　如果坐标参照系以地球为基准，该格网就是地理可参照性格网。

注册表 register

包含注册项标识符和相关项说明的文件集合 [ISO 19135]

注释　说明可由多种信息组成，包含名称、定义和代码。

注册表管理员 register manager

受注册表所有者委托管理注册表的组织 [ISO 19135]

注释　对于 IHO 注册表，注册表管理员行使 IHO 导则（IHO Directives）中规定的注册机构的职责。

注册表所有者 register owner

建立注册表的机构 [ISO 19135]

注册 registration

为某一项分配一个永久、唯一和无二义的标识符的过程 [ISO 19135]

注册系统 registry

维护注册表的信息系统 [ISO 19135]

关系 relationship

模型元素间的语义连接 [ISO 19103]

注释　关系的种类包括关联、泛化、元关系、流程以及几种依赖。

遥感 remote sensing

不与目标进行物理接触，对目标信息的收集和解释

渲染 render

将数字图形数据转换为可视形式 [ISO 19117]

示例　在视频显示器上生成图像。

（传感器的）分辨率 resolution (of a sensor)

传感器中能分辨的最小区别

注释　对于影像，分辨率指的是辐射的、光谱的、空间的和时间的分辨率 [ISO/TS 19101-2：2008]。

资源 resource

能满足某种需求的资产或手段

示例　数据集、服务、文档、人力或机构。

[ISO 19115：2005]

停用 retirement

某一注册项不再适用于新数据生产的声明 [ISO 19135]

注释　停用项目的状态从有效变为停用。停用项目保留在注册表中，以支持对在其停用前生产数据的解释。

环 ring

是圈的简单曲线 [ISO 19107]

注释　环用来描述在二维和三维坐标系中曲面的边界组件。

模式 schema

模型的形式化描述 [ISO 19101]

脚本目录 scripting catalogue

通用术语，用于描述包含脚本函数的一个或多个文件的集合

脚本域 scripting domain

脚本在 S-100 域中的应用，例如图示表达

脚本引擎 scripting engine

Lua 解释器或 Lua 虚拟机

脚本函数 scripting function

用 Lua 编写的函数

长半轴 semi-major axis

椭球的最长轴的半径 [ISO 19111]

短半轴 semi-minor axis

椭球的最短轴的半径 [ISO 19111]

传感器 sensor

测量设备或测量链的元素，它受被测物理量直接影响 [国际计量学词汇，VIM]

传感器模型 sensor model

传感器辐射的和几何的特征说明 [ISO 19101-2：2008]

服务器 server

向客户端提供服务的技术实体（例如：设备、程序）

服务规范 service specification

服务规范的目的是，在逻辑级别（包括 A- 专用标准）提供一项特定服务及其构建块的整体概述。可以由基于模型的说明来补充（例如，描述服务接口、操作和数据结构的 UML 模型）。服务规范描述了定义明确的服务基线，明确标识了服务版本

会话 session

客户端服务通信集。会话在某个时间点组建或建立，然后在以后的某个时间点终止。建立的通信会话可能在各个方向上都涉及多条消息。会话是有状态的，这意味着与无状态通信相反，至少一个通信部分需要保存会话历史信息，以便通信继续，在无状态通信中，通信由带有响应的独立请求组成

空间参照 spatial reference

现实世界位置的描述

时空域 < 覆盖 >spatiotemporal domain <coverage>

空间和 / 或时间坐标描述的几何对象组成的域 [ISO 19123]

注释　连续覆盖的时空域包括一组直接位置，它们与几何对象集合相关联。

规范 specification

对某事是什么或做什么的声明性描述

注释　对比：实现（implementation）。

规范范围 specification scope

基于一个或多个标准，对产品的数据内容进行分割 [改编自 ISO 19131]

光谱分辨率 spectral resolution

电磁光谱中的具体波长间隔

示例　Landsat TM 波段 1 在 0.45 ～ 0.52 μm，在光谱的可见部分中。

标准目录函数 standard catalogue functions

脚本函数，其必须是所有脚本目录的一部分

标准主机函数 standard host functions

必须由主机提供的脚本函数。脚本函数调用标准主机函数，获取有关正在处理的数据集的信息

标准脚本函数 standard scripting functions

S-100 第 13 部分中定义的所有脚本函数。标准主机函数和标准目录函数的结合

起点 start point

曲线的第一个点 [ISO 19107]

构造型 stereotype

扩展元模型语义的新的建模元素类型 [ISO 19103]

注释　构造型必须基于元模型中某些已有的类型或类。

构造型可以扩展语义，但不可以扩展已有的类型和类的结构。

某些构造型在 UML 中预先定义，而在其他情况下可以是用户定义。构造型是 UML 三种扩展机制之一。另外两个是限制和标记值。

流 stream

在线数据交换中：由通信系统传输的一系列连续的分块数据

子字段 subfield

子字段是字段的一部分。它是个连续的字节流，它的位置、长度和数据类型描述在字段数据说明中。它是该标准中描述信息的最小单元

注释　某些格式化了的子字段，比如日期（YYYYMMDD），必须通过应用以进一步解决。

提交组织 submitting organization

经注册表所有者授权的、提请修改注册表内容的机构 [ISO 19135]

亚区 subregion

数据集中某一地区的地理空间数据的集合，这些地理空间数据符合一个通用的、具体的、但是可能与单元内其他集合不同的获取需求

取代 supersession

用一个或多个新注册项置换某一注册项 [ISO 19135]

注释　被置换项目的状态由“有效”变为“被取代”。被取代的项目保留在注册表中，以便解释在取代之前生产的数据。

曲面 surface

2 维几何单形，局部表示某平面一个区域的连续映像 [ISO 19107]

注释　曲面的边界是定义曲面界限的有向、闭合曲线的集合。

曲面片 surface patch

2 维且相连的几何对象，用于表达使用相同插值与定义方法的曲面的连续部分 [ISO 19107]

符号 symbol

SVG 中定义的线条样式、图案、文本和点符号图形等图示表达单形

标记 tag

ISO/IEC 8211 实现的一个概念，用于标识字段的每个实例

标记值 tag value

用一组“名称 - 值”对特征的显式定义

注释　在一个标记值中，名称指的是标记。某些标记在 UML 中预先定义，其他情况下可以为用户定义。标记值是 UML 的三个扩展机制之一。另外两个是约束和构造型。

技术服务 technical service

技术服务是从面向服务架构中引入的概念，是指一组面向不同用途、可重用、相关的软件功能。技术服务是由一个电子设备提供给另一电子设备的服务。通常，操作服务由提供多种技术服务的电子设备来实现

时间参照系 temporal reference system

度量时间的参照系

镶嵌式分割 tessellation

将空间分割成相同维数的、相接的一组子空间 [ISO 19123]

注释　由全等正多边形或正多面体组成的镶嵌称为规则镶嵌，由不全等的正多边形或正多面体组成的镶嵌称为半规则镶嵌，否则称为不规则镶嵌。

不规则三角网（TIN）triangulated irregular network

由三角形组成的镶嵌式分割 [ISO 19123]

元组 tuple

值的有序排列

类型 type

类的一种构造型，用于规定实例（对象）的域，以及可应用于这些对象的操作，但不定义这些对象的物理实现

注释　类型可有属性和关联。

单位 unit

表达量化参数时所定义的量

值 value

类型域的元素 [ISO/TS 19103：2005]

注释 1　值可以认为是类或类型（域）中对象的可能状态。

注释 2　数据值是数据类型的实例，是没有标识的值。

值域 value domain

允许值的集合 [ISO/TS 19103：2005]

示例　范围 3-28，所有整数，任何 ASCII 字符，所有可接受值（绿、蓝、白）的枚举。

垂直坐标参照系 vertical coordinate reference system

基于垂直基准的一维坐标参照系 [ISO 19111]

垂直坐标系 vertical coordinate system

用于重力高度或深度测量的一维坐标系 [ISO 19111]

垂直基准 vertical datum

描述重力相关的高度或深度的基准 [ISO 19111]